Buch-Updates
Registrieren Sie dieses Buch auf unserer Verlagswebsite. Sie erhalten damit Buch-Updates und weitere, exklusive Informationen zum Thema.

Galileo BUCH UPDATE

Und so geht's

> Einfach **www.sap-press.de** aufrufen

<<< Auf das Logo **Buch-Updates** klicken

> Unten genannten **Zugangscode** eingeben

Ihr persönlicher Zugang zu den Buch-Updates

177789033234

Praxishandbuch SAP®-Controlling

SAP PRESS

SAP PRESS ist eine gemeinschaftliche Initiative von SAP und Galileo Press. Ziel ist es, Anwendern qualifiziertes SAP-Wissen zur Verfügung zu stellen. SAP PRESS vereint das fachliche Know-how der SAP und die verlegerische Kompetenz von Galileo Press. Die Bücher bieten Expertenwissen zu technischen wie auch zu betriebswirtschaftlichen SAP-Themen.

Uwe Brück

Praxishandbuch SAP®-Controlling

Galileo Press

Bonn • Boston

Liebe Leserin, lieber Leser,

vielen Dank, dass Sie sich für ein Buch von SAP PRESS entschieden haben.

Die Controlling-Komponente ist einer der wichtigsten Bestandteile von SAP ERP Financials, mit Funktionen für Gemeinkosten-, Produktkosten- sowie Ergebnisrechnung, um die wichtigsten zu nennen. Als Kernstück der SAP-Software sind diese klassischen Werkzeuge seit Jahren im tausendfachen Einsatz.

Es ist mir eine besondere Freude, Ihnen die dritte Auflage unseres Buches zum SAP-Controlling zu präsentieren – eines Buches, das in unserem Buchprogramm mittlerweile ebenfalls zum Klassiker geworden ist. Auch dieses Mal versteht es der Autor Uwe Brück, Ihnen ein komplexes und zuweilen auch trockenes Thema nicht nur gut verständlich, sondern sogar kurzweilig nahezubringen. Auf den neuesten Releasestand gebracht, wird Ihnen dieses Buch in Ihrer täglichen Arbeit im Controlling auch weiterhin gute Dienste leisten.

Wir freuen uns stets über Lob, aber auch über kritische Anmerkungen, die uns helfen, unsere Bücher besser zu machen. Am Ende dieses Buches finden Sie daher eine Postkarte, mit der Sie uns Ihre Meinung mitteilen können. Als Dankeschön verlosen wir unter den Einsendern regelmäßig Gutscheine für SAP PRESS-Bücher.

Ihre Eva Tripp
Lektorat SAP PRESS

Galileo Press
Rheinwerkallee 4
53227 Bonn

eva.tripp@galileo-press.de
www.sap-press.de

Auf einen Blick

Der Name Galileo Press geht auf den italienischen Mathematiker und Philosophen Galileo Galilei (1564–1642) zurück. Er gilt als Gründungsfigur der neuzeitlichen Wissenschaft und wurde berühmt als Verfechter des modernen, heliozentrischen Weltbilds. Legendär ist sein Ausspruch *Eppur se muove* (Und sie bewegt sich doch). Das Emblem von Galileo Press ist der Jupiter, umkreist von den vier Galileischen Monden. Galilei entdeckte die nach ihm benannten Monde 1610.

Gerne stehen wir Ihnen mit Rat und Tat zur Seite:
eva.tripp@galileo-press.de bei Fragen und Anmerkungen zum Inhalt des Buches
service@galileo-press.de für versandkostenfreie Bestellungen und Reklamationen
thomas.losch@galileo-press.de für Rezensionsexemplare

Lektorat Eva Tripp
Korrektorat Angelika Glock, Wuppertal
Illustrationen Peter Butschkow
Einbandgestaltung Silke Braun
Titelbild Masterfile/Bill Frymire
Typografie und Layout Vera Brauner
Herstellung Katrin Müller
Satz Typographie & Computer, Krefeld
Druck und Bindung Bercker Graphischer Betrieb, Kevelaer

Bibliografische Information der Deutschen Bibliothek
Die Deutsche Bibliothek verzeichnet diese Publikation in der Deutschen Nationalbibliografie; detaillierte bibliografische Daten sind im Internet über http://dnb.ddb.de abrufbar.

ISBN 978-3-8362-1190-1

3., aktualisierte Auflage 2009

Inhalt

Vorwort zur dritten Auflage

Als mich Uwe Brück fragte, ob ich bereit wäre, für dieses Buch ein Vorwort zu schreiben, war ich natürlich erstaunt, aber vor allem geehrt, da er mir damit das Vertrauen entgegenbrachte, die ersten Sätze zu einem solch komplexen und umfassenden Werk zum Controlling mit SAP zu schreiben. Das Vorwort zu einem Buch ist wie eine erste Begrüßung unter Fremden oder eine Aufforderung zum Eintritt in eine neue, unter Umständen unbekannte Welt. Informationen über den Autor, Ziel und Zweck des Buches wie auch Wirkung seines Inhalts auf den Lesenden sind gleichermaßen zu berücksichtigen und dem »Eintretenden« in kurzen Sätzen näherzubringen, um ihn damit auf das Buch neugierig zu machen.

Auf kein anderes Thema trifft dieser Umstand wohl mehr zu als auf Controlling und SAP. Für Controller wie auch für SAP-Berater stellt sich zu Beginn einer Systemeinführung oder später im operativen Betrieb doch immer wieder die Frage: »Controlling und SAP ... lässt sich das überhaupt vereinen?« Wobei die Frage meist eher von Controllerseite gestellt wird.

Natürlich stecken im Controlling Zahlen und dahinter Formeln, Tabellen und Berichte, die ohne Weiteres in einem System gespeichert und zum richtigen Zeitpunkt abgerufen werden können. Controlling wird aber auch von vielen als Philosophie betrachtet, die es zu leben gilt und die in diesem Sinne in den Unternehmen vermittelt werden muss. Und lässt sich eine Philosophie in einem technischen System abbilden, sich darin einzwängen?

Auch hört man immer wieder die Aussage: »Ein System ist nur so gut wie die Anwender, die es täglich benutzen.« Und bei SAP als ERP-System ist dies besonders zutreffend. Nur gut ausgebildete Mitarbeiter, die die Integration des SAP-Systems verstehen, können aus dem unermesslichen Fundus von Daten die richtigen bereitstellen und sie so aufbereiten, dass auch der Nicht-SAP-Kenner oder eben Nicht-Controller aus den präsentierten Zahlen heraus die richtigen Entscheidungen für die Zukunft, z. B. über die Weiterführung eines Produkts, fällen kann.

Als ehemaliger Leiter des Kosten-Leistungs-Controllings bei den Schweizerischen Bundesbahnen SBB bereitet es mir eine besondere Freude, festzustellen, wie es Uwe Brück – wie kein anderer – versteht, eine Verbindung von Systemanwendung zur Controllingphilosophie herzustellen und den Softwareanwendern die Bereiche des Controllings mit SAP in klar verständlichen Worten näherzubringen. Er vereint Kenntnisse von der praktischen Anwendung des Controllings mit sehr komplexem SAP-Wissen.

Dies zeigt sich beispielsweise zu Beginn jedes Kapitels, wenn er mit einer treffenden Karikatur auf den Inhalt neugierig macht und durch eine kurze betriebswirtschaftliche Erklärung auf den Kern des Kapitels hinweist, um anschließend anhand der Erläuterung von Strukturen und Wirkungsweise von SAP die technische Umsetzung eingehend zu beleuchten.

Das vorliegende Werk ist ein »echtes Praxishandbuch«, das für SAP-Anfänger wie auch für bereits erfahrene Anwender geschrieben wurde; es richtet sich an Personen, die ihr SAP-Wissen in Trainings- oder in Einführungsprojekten an zukünftige SAP-Anwender weitergeben möchten, wie auch an Nicht-Controller, die auf Grundlage der Zahlen entscheiden müssen. All denjenigen wird in diesem Buch die Integration und die Wirkungsweise des Controllings, umgesetzt mit SAP, leicht verständlich erklärt.

Als ich Uwe Brück kennenlernte, waren wir bei der SBB AG gerade im Begriff, für unsere SAP-Super- und -Expert-User eine SBB-interne SAP-Akademie im Bereich Rechnungswesen aufzubauen. In diese Zeit fiel zudem der technische Upgrade von SAP R/3 4.7 auf ECC 6.0.

Für den Aufbau der Akademie waren wir auf externe Hilfe angewiesen. Gerade für die Mithilfe im CO-Bereich verlangten wir von unseren Beratern neben sehr tiefgehenden SAP-Controlling-Kenntnissen auf dem neuesten technischen Stand auch umfassende praktische Erfahrungen in der Anwendung des Controllings. Uwe Brück wurde mir damals von der SAP (Schweiz) AG als CO-Experte vorgeschlagen, und ich habe die Entscheidung, ihn in mein Entwicklungsteam zu nehmen, nie bereut. Die Zusammenarbeit gestaltete sich so gut, dass er heute weiterhin als externer Trainer und als Zertifizierungsexperte CO in der SBB-SAP-Akademie zum Einsatz kommt – und zur Verbesserung der Qualifizierung und somit der Arbeitsqualität unserer Mitarbeiter einen wesentlichen Beitrag leistet, auf den ich nicht mehr verzichten möchte.

Mit einer Controllerweisheit möchte ich mein Vorwort schließen: »Die richtigen Dinge tun oder die Dinge richtig tun« ist nicht dasselbe. Ich kann Ihnen jedoch versichern: Mit der Lektüre dieses Buches tun Sie »das richtige Ding richtig«.

Rolf Konrad
Schweizerische Bundesbahnen SBB AG
Leiter Corporate Training

Vorwort zur ersten Auflage

Zwei Monate vor meiner Berufung zum CFO in den Vorstand der Hochland AG hatte ich das Vergnügen, von Götz Werner in Karlsruhe empfangen zu werden. Götz Werner ist geschäftsführender Gesellschafter der Drogeriemarktkette dm und war damals Mitglied des Aufsichtsrats der Hochland AG. Am 15. Februar 2000 hatte ich die Gelegenheit, ihn von meiner Eignung für den Vorstand zu überzeugen, und er legte mir seine Erwartungen an einen CFO dar:

> *Ihre Aufgabe ist es, Transparenz zu schaffen. Als CFO beeinflussen Sie die Wahrnehmung im gesamten Unternehmen. Sie können mit Zahlen aus dem Finanzbereich Zusammenhänge zwischen Ursache und Wirkung aufdecken und Lernen ermöglichen – oder eben nicht.*

Seit diesem Gespräch bin ich besessen von dem Ziel, ein transparentes Unternehmen zu schaffen.

Manchmal frage ich mich allerdings, ob SAP auf dem Weg zu diesem Ziel eher hilft oder eher behindert. Inzwischen habe ich erkannt: SAP kann beides – Transparenz schaffen und Transparenz zerstören! Entscheidend ist, *wie* SAP eingesetzt wird. Aber trifft das nicht auf viele Werkzeuge zu? Ein Hammer und eine Säge sind hilfreich beim Bau, aber auch beim Abriss einer Holzhütte.

Das »Praxishandbuch SAP-Controlling« wird Ihnen helfen, sich im Dickicht der Möglichkeiten nicht zu verlieren und SAP richtig einzusetzen. Denn das ist ja das Faszinierende an SAP: Fast alles ist möglich, SAP lässt kaum einen Controllerwunsch unerfüllt.

Im Gegensatz zum externen Rechnungswesen findet der Controller auch keine »Leitplanken« in Form von Buchhaltungsstandards, wie sie in HGB, IAS oder US-GAAP festgelegt sind. Die Stimmenvielfalt der Controllingpäpste an den wirtschaftswissenschaftlichen Universitäten hilft ebenfalls in der Praxis nicht wirklich weiter. Und so wandelt sich zuweilen der Traum einer verursachungsgerechten Kostenzuordnung in den Albtraum einer unverständlichen Zahlenflut. Lassen Sie es nicht so weit kommen!

Uwe Brück schätze ich seit vielen Jahren als einen ausgewiesenen SAP-Experten, der die Möglichkeiten von R/3, BW und SEM kennt, ihnen aber nicht verfällt. Als früherer Leiter »Anwendungsentwicklung« und Leiter »Controlling« versteht er sowohl die Welt der IT als auch des Controllings. Ich wünsche seinem Buch eine große Leserzahl, damit SAP sich für viele Unternehmen zum nützlichen Werkzeug entwickeln kann!

Peter Stahl
Vorstand Hochland AG

Kapitel 1

Bestandsaufnahme

Verständlichkeit geht vor Genauigkeit, und Einheitlichkeit geht vor Gerechtigkeit.[1]

1 Grundlagen

1.1 Liebe Leserin, lieber Leser!

Herzlich willkommen zur 3., aktualisierten Auflage des *Praxishandbuchs SAP-Controlling*. Das Buch hat sich mit großem Erfolg am Markt etabliert, für die vielen positiven Rückmeldungen danke ich Ihnen vielmals. Das Buch ist 2003 in der ersten Auflage erschienen und wurde 2005 erstmals neu aufgelegt. Nach weiteren drei Jahren war es wieder an der Zeit, das Buch zu überarbeiten. Dabei habe ich die ERP-Systembeispiele in Release 6.0 nachgestellt und alle Screenshots erneuert. Die Systembeispiele für SAP NetWeaver BI und die BI-integrierte Planung sind jetzt in Release 7.0 realisiert. An den betriebswirtschaftlichen Zusammenhängen hat sich nichts geändert. Wir werden auch in dieser 3. Auflage der »Bäckerei Becker« über die Schulter sehen und im Detail analysieren, wie dieses Unternehmen seine Prozesse im Controlling mit Software von SAP umsetzt.

Dieses Buch wurde geschrieben für Controller, für Manager in Unternehmen, für Leiter und Mitarbeiter von SAP-Projektteams sowie für alle, die schon immer einmal wissen wollten, wie Controlling mit SAP in der Praxis funktioniert. Beschrieben werden die vom Controlling genutzten SAP-Bausteine *SAP ERP Financials – Controlling* mit allen Ausprägungen und Verknüpfungen, *SAP NetWeaver BI* sowie die *BI-integrierte Planung*.

1.1.1 An wen richtet sich dieses Buch?

Sie als Manager in Produktion, Einkauf, Vertrieb oder Marketing sind der wahre Controller in Ihrem Unternehmen. Nur Sie, mit Ihrem Fach- **Manager**

1 Henning Kagermann, Strategische Unternehmensführung bei der SAP AG, in: Wirtschaftsinformatik 2/2000.

wissen, können aus den Informationen des Controllings die richtigen Schlüsse ziehen und geeignete Maßnahmen ableiten. So gelingt es Ihnen, Kosten zu sparen – bei angemessener Reduzierung der Leistungen – oder die Leistungen zu erhöhen – bei angemessener Erhöhung der Kosten. Sie kennen die Situation am Markt, sei es bei der Beschaffung der verfügbaren Technik oder beim Vertrieb. Sie kennen die Möglichkeiten und Wünsche Ihrer Lieferanten, Kunden oder Endverbraucher und können so das Notwendige vom Machbaren unterscheiden. Ihre Aufgabe ist die Erhöhung des Gewinns Ihres Unternehmens. Ein wichtiges Werkzeug bei der Erfüllung dieser Aufgabe ist ein funktionierendes und verständliches Controllingsystem. Dieses Buch vermittelt Ihnen grundlegende betriebswirtschaftliche Kenntnisse, vertiefte Kenntnisse des Controllings mit SAP und gibt Ihnen Anregungen, das Werkzeug Controlling noch wirkungsvoller zu nutzen.

Controller

Sie als Controller kennen die betriebswirtschaftlichen Zusammenhänge in Ihrem Unternehmen besser als jeder andere. Sie wissen am besten, wie sich die verschiedenen Vorgänge im IT-System niederschlagen. Sie können komplexe Zusammenhänge für die verschiedenen Empfänger Ihrer Informationen verständlich aufbereiten. Sie weisen mit Ihren Analysen auf die entscheidenden Ansatzpunkte zur Verbesserung des Geschäfts hin. Die verschiedenen Welten – Produktion, Einkauf, Vertrieb und Marketing – finden vor allem durch Ihre Moderation eine gemeinsame Grundlage zur Diskussion. Dieses Buch zeigt Ihnen, wie Sie mit verschiedenen Komponenten aus dem Hause SAP Ihre Informationen empfängergerecht aufbereiten.

Sie erlangen vertiefte Kenntnisse über die Möglichkeiten und Grenzen der einzelnen Controllingmodule. Vorgestellt werden außerdem die Zusammenhänge zwischen den einzelnen Komponenten des Controllings sowie die Schnittstellen zu den Partnermodulen *Finanzbuchhaltung*, *Materialwirtschaft*, *Vertrieb* und *Produktion*.

SAP-Projektteam

Sie als Mitarbeiter oder Leiter im Projektteam zur Einführung oder Weiterentwicklung der SAP-Komponenten kennen die Abläufe in Ihrem Fachbereich genauso gut wie die technischen Möglichkeiten und Grenzen Ihres IT-Systems. Sie sind Key-User, Leiter oder Mitarbeiter des IT-Bereichs oder auch externer oder interner Berater. Sie sammeln zurzeit Ihre ersten Erfahrungen in einem Controlling-Projektteam oder verfügen über Erfahrungen aus einem Partnermodul und wollen wissen, »was die da im Controlling so machen«. Hier erhalten Sie fundiertes Grundlagenwissen zu den betriebswirtschaftlichen Aspekten des Controllings. Außerdem finden Sie wichtige Hinweise für die technische Umsetzung des Controllings mit den verschiedenen Komponenten aus dem Hause SAP.

Lehrer, Studenten und andere Wissbegierige

Sie wissen, was Controlling ist, und Sie wollten schon immer einmal erfahren, wie es mit SAP-Komponenten in der Praxis umgesetzt wird. Oder Sie sind als Softwareentwickler an betriebswirtschaftlichen Aspekten interessiert. Sie sind Student oder Professor an einer Wirtschaftshochschule und möchten einen Blick über den Tellerrand der Theorie hinaus wagen. Hier erhalten Sie Einblicke in das Controlling, wie es in der Praxis abläuft. Das Buch basiert auf meinen praktischen Erfahrungen als Controller in einem mittelgroßen Unternehmen der Konsumgüterindustrie.

Controllingexperte

In diesem Buch werden klare Empfehlungen für die Gestaltung der verschiedenen SAP-Komponenten im Controlling gegeben. Im Fokus liegen produzierende Unternehmen. Behandelt werden die Funktionen, mit denen ich praktische Erfahrungen gesammelt habe. Eine vollständige Aufzählung aller technischen Möglichkeiten wird hier gar nicht erst versucht. Sie als Experte für das Controlling werden in manchen Punkten mit meinen Ansichten übereinstimmen, in manchen Punkten anderer Meinung sein.

Sie alle sind herzlich eingeladen, die in diesem Buch gemachten Aussagen kritisch zu würdigen. Meine aktuellen Kontaktdaten für die fachliche Diskussion finden Sie im Internet unter *www.uwebrueck.de*. Ich freue mich darauf.

1.1.2 Wie sollten Sie dieses Buch lesen?

Einsteiger

Als Einsteiger im Controlling empfehle ich Ihnen, das Buch zweimal zu lesen. Beim ersten Mal sollten Sie sich auf die betriebswirtschaftlichen Abschnitte konzentrieren. Kümmern Sie sich beim ersten Lesen nicht um technische Details, die Sie nicht auf Anhieb verstehen. Wenn Sie danach mit den Grundlagen in allen Kapiteln vertraut sind, beginnen Sie von vorn und lesen diesmal auch die Passagen, die sich mit der Umsetzung im System beschäftigen.

Experten

Als Experte steigen Sie sicher gleich tiefer ein. Mit dem »Querlesen« der betriebswirtschaftlichen Abschnitte verschaffen Sie sich einen Eindruck von jedem Thema und konzentrieren sich gleich auf die Systembeispiele.

1.2 Controlling mit SAP

Komponenten

Ein modernes Controlling nutzt Komponenten aus verschiedenen Produktfamilien des Hauses SAP. Die Klassiker sind die Controllingmodule *Gemeinkostenrechnung*, *Produktkostenrechnung* und *Ergebnisrechnung* von SAP ERP. Für das Managementreporting der Controllingzahlen direkt am Bildschirm reichen die Funktionen in ERP nicht aus. Das SAP-System *SAP NetWeaver BI* (ehemals SAP Business Information Warehouse [BW]) bietet dafür eine wichtige Ergänzung. Ein weiterer Baustein für die Planung im Controlling, über die Funktionen von ERP hinaus, heißt *Business Intelligence – Integrated Planning*, auf Deutsch *BI-integrierte Planung* (BI-IP). Die Beispiele wurden umgesetzt in einem System mit Release ERP 6.0 bzw. einem BI-System Release 7.0.

Integration im Ist

Die Stärke des Controllings mit SAP ERP liegt in der Integration mit praktisch allen anderen SAP-Modulen. Bei jedem betriebswirtschaftlichen Vorgang im Unternehmen werden automatisch die entsprechenden Buchungen im Controlling generiert. Betriebswirtschaftliche Vorgänge in diesem Sinne sind:

- Entnahme von Rohmaterial für die Produktion
- Erfassung von Personal- oder Maschinenzeit für die Fertigung
- Fertigmeldung von Produkten und Ablieferung an ein Lager
- Lieferung und Verkauf von Produkten
- Buchung von Aufwand/Kosten für Personal, Energie, Abschreibungen etc.

Beim gemeinsamen und abgestimmten Einsatz der SAP-Module *Materialwirtschaft*, *Produktion*, *Vertrieb* und *Finanzbuchhaltung* braucht sich der Controller um die Übernahme dieser Buchungen nicht mehr zu kümmern. Ein Monatsabschluss dauert nach dem Buchungsschluss der Finanzbuchhaltung im Idealfall nicht Tage oder Wochen, sondern nur noch wenige Stunden. Der Controller kann sich so seiner eigentlichen Aufgabe widmen. Er kann die Zahlen analysieren, interpretieren und präsentieren. Er kann in einer ersten Ausbaustufe des SAP-Systems die Daten in entscheidungsrelevante Informationen übersetzen. Eine weitere Aufgabe eines Controllers im Umfeld von SAP-Systemen könnte darin liegen, Funktionen für das Online-Reporting zu schaffen sowie die Manager in der Benutzung und Interpretation dieser Werkzeuge aus- und weiterzubilden.

Operative Planung

Controlling mit SAP ERP bietet – selbstverständlich – Funktionen zur Unterstützung der Planung. Die Planung mit SAP ERP Controlling kann dann funktionieren, wenn sie sich auf die Fortschreibung von Daten innerhalb der Strukturen des Ist konzentriert, d. h. Planung der Kosten für bestehende Fertigungsmethoden und Produktgruppen und Planung der Erlöse in bestehenden Kundensegmenten und Märkten. Bei der Planung mit SAP ERP sollte der Planungshorizont nicht über das Folgejahr hinausgehen. Die Abbildung der Jahresplanung in SAP ERP ist keine Option, sondern eine zwingende Voraussetzung für ein aussagekräftiges und abgestimmtes Controlling im Ist. Die Planung mit SAP ERP ist ausführlich in Kapitel 7, »Integrierte Planung«, beschrieben.

Strategische Planung

Für die Unterstützung einer eher visionären und längerfristigen Planung ist ERP das falsche Werkzeug. SAP bietet hierfür die BI-integrierte Planung (siehe Kapitel 9, »BI-integrierte Planung«).

Fehlende Funktionen

Von den Systemen aus dem Hause SAP werden verschiedene Aufgaben des Controllings nicht oder nur mäßig unterstützt. So nutzen Controller Tabellenkalkulationsprogramme auch in Unternehmen mit einem umfassenden Einsatz von SAP z. B. für die folgenden Bereiche:

- **Investitionsrechnungen**
  Sie werden in verschiedensten Ausprägungen manuell durchgeführt. Mit Investitionsrechnung ist das weite Feld von Amortisationsrechnung bei einer Ersatzbeschaffung bis zur Ergebnisplanung für eine neue Betriebsstätte in einem neuen Markt gemeint.
- **Angebotskalkulationen**
  In welchem Umfang die Produktkostenrechnung in SAP ERP die Erstellung von Angebotskalkulationen unterstützt, hängt sehr stark von der Fragestellung im Einzelnen ab. So können die Auswirkungen von Preisänderungen bei Komponenten sowie die Änderungen von Komponentenmengen in Stücklisten gut mit der Produktkostenrechnung ermittelt werden. Auch die Berechnung der Fertigungsleistungen funktioniert so lange korrekt, wie der Auftrag innerhalb der »normalen« Produktion erfüllt wird. Die einfache Simulation von Fixkosteneffekten leistet ERP nicht. Ein Fixkosteneffekt entsteht, wenn sich durch die starke Veränderung der Produktionsmenge für jedes einzelne Produkt die anteiligen Kosten für Gebäude, Verwaltung, Vertrieb etc. stark verändern.

Details zu den Möglichkeiten und Grenzen der Produktkostenrechnung finden Sie in diesem Buch im gleichnamigen Kapitel 4.

Online-Reporting

Die Verfügbarkeit von Informationen direkt am Bildschirm des Managers wird zunehmend zur Selbstverständlichkeit. Dabei sollen hochverdichtete Daten wie das Ergebnis des Unternehmens oder des Konzerns dargestellt werden, aber auch Datenelemente wie Einzelbuchung auf einer Kostenstelle, möglichst mit Darstellung des eingescannten Originalbelegs. Das Online-Reporting hat dann einen Sinn, wenn konsistente Daten bereitgestellt werden, sowohl vertikal von hochverdichtet bis detailliert als auch horizontal über alle Unternehmensbereiche bzw. Kunden oder Produkte. Die notwendigen Datenmengen in Verbindung mit hinreichend kurzen Antwortzeiten und benutzerfreundlichen Bildschirmoberflächen werden von spezialisierten Reportingsystemen wie SAP NetWeaver BI zur Verfügung gestellt.

1.3 Betriebswirtschaft »for Beginners«

Zum Verständnis für die »Nicht-Betriebswirte« unter meinen Lesern erlauben Sie mir eine kleine Einführung in die doppelte Buchführung, wie sie von jeder Finanzbuchhaltung durchgeführt wird. Als Buchhaltungsexperte verzeihen Sie mir bitte die sehr vereinfachte Darstellung.

Anfangsbilanz

Als Beispiel soll die kleine, handwerklich betriebene Bäckerei Becker dienen. Die Firma wird als GmbH geführt. Am Beginn jeder buchhalterischen Tätigkeit steht eine Bestandsaufnahme. So ermittelt unser Herr Becker folgende Vermögenswerte am Beginn des ersten Jahres seiner Tätigkeit:

- Pkw: 20.000 EUR → »Pkw«
- Rührer, Backofen und andere Maschinen: 20.000 EUR → »Maschinen«
- Rohstoffe (Mehl, Zucker etc.): 10.000 EUR → »Rohstoffe«
- Guthaben Girokonto: 5.000 EUR → »Bank«

Außerdem muss bei der Bestandsaufnahme berücksichtigt werden, welche Schulden das Unternehmen gemacht hat:

- Bankkredit, Zins 8 % pro Jahr mit 5 % anfänglicher Tilgung: 30.000 EUR → »Bankdarlehen«

Als Ergebnis der Bestandsaufnahme entsteht eine erste Bilanz zum 1.1.2009 (siehe Tabelle 1.1). Dabei werden die Vermögenswerte auf der linken Seite als *Aktiva* dargestellt, die rechte Seite zeigt Schulden und Eigenkapital und heißt *Passiva*. Buchhalter sagen statt Aktiva auch *Mittelverwendung* und statt Passiva *Mittelherkunft*. Jeder Eintrag der Tabelle stellt ein Bilanzkonto dar. »Pkw«, »Maschinen«, »Rohstoffe« und »Bank« sind die Kategorien, in denen der Unternehmenswert gebunden ist, sie heißen *Aktivkonten*. Die Konten »Eigenkapital« und »Darlehen« geben an, wer den Unternehmenswert finanziert hat. Diese Konten heißen *Passivkonten*. Die Summe der Aktiva muss immer exakt mit der Summe der Passiva übereinstimmen. Diese Summe, hier 55.000 EUR, wird *Bilanzsumme* genannt.

Eigenkapital

In diesem Beispiel ergibt sich das Eigenkapital von 25.000 EUR aus der Differenz von Bilanzsumme und Bankdarlehen. Das Eigenkapital repräsentiert den Eigenbeitrag unseres Existenzgründers und stellt den buchhalterischen Unternehmenswert dar.

Aktiva		Passiva	
Pkw	20.000 EUR	Eigenkapital	25.000 EUR
Maschinen	20.000 EUR	Bankdarlehen	30.000 EUR
Rohstoffe	10.000 EUR		
Bank	5.000 EUR		
Summe	55.000 EUR	Summe	55.000 EUR

BILANZSUMME

Tabelle 1.1 Bilanz zum 1.1.2009

Gewinn- und Verlustrechnung (GuV)

Alle Einnahmen und Ausgaben, die während des Jahres anfallen, werden in der Finanzbuchhaltung in einer Gewinn- und Verlustrechnung, kurz GuV, verzeichnet.

Bestandsveränderung aus Produktion und Verkauf Unser Jungunternehmer backt im ersten Geschäftsjahr Kuchen im Wert von 40.000 EUR. Drei Viertel der Produktion werden im gleichen Jahr verkauft. Der Saldo aus Bestandserhöhung durch Produktion (+40.000 EUR) und Bestandsverringerung durch Verkauf (–30.000 EUR) ergibt also 10.000 EUR. Dieser Saldo wird als Bestandsveränderung in der GuV ausgewiesen.

Erlös und Gesamtleistung Für die verkauften Produkte erzielt das Unternehmen einen *Erlös* von 60.000 EUR. Die Summe aus Erlösen und Bestandsveränderungen nennt der Buchhalter *Gesamtleistung*.

Aufwand Im Laufe des Jahres entsteht Aufwand in der Bäckerei. Die Aufwandskonten der Buchhaltung sind hier in Anführungszeichen gesetzt:

- Verbrauch von Rohstoffen: 5.000 EUR → »Materialaufwand«
- Gehalt für Unternehmer: 30.000 EUR → »Personalaufwand«
- Lohn für Aushilfe: 10.000 EUR → »Personalaufwand«
- Abschreibung für Pkw und Maschinen, 4 Jahre linear:
  2 × 5.000 EUR → »Abschreibungen«
- Energie und Sonstiges: 2.000 EUR → »Energie und Sonstiges«
- Zinsen für Bankdarlehen: 2.400 EUR → »Zinsaufwand«

GuV Aus den Erlösen, Bestandsveränderungen und Aufwänden entsteht die Gewinn- und Verlustrechnung für das Jahr 2009 (siehe Tabelle 1.2). Das Ergebnis oder auch der Gewinn des Jahres 2009 wird hier mit 10.600 EUR ausgewiesen.

GuV 1 – 12/2009	
Erlöse	+60.000 EUR
Bestandsveränderungen	+10.000 EUR
Gesamtleistung	+70.000 EUR
Materialaufwand	–5.000 EUR
Personalaufwand	–40.000 EUR
Abschreibungen	–10.000 EUR
Energie und Sonstiges	–2.000 EUR
Zinsaufwand	–2.400 EUR
Gewinn	+10.600 EUR

Tabelle 1.2 Gewinn- und Verlustrechnung

Doppelte Buchführung

Es ist ein Grundsatz der doppelten Buchführung, dass jede Buchung zweimal ausgeführt wird. Die Buchung in der GuV wird gleichzeitig auf einem entsprechenden Konto der Bilanz ausgewiesen. »Was soll das?«, werden Sie fragen. »Wenn ich Geld ausgegeben habe und das einmal sauber aufschreibe, muss das doch reichen!« Nein, das reicht in der doppelten Buchführung nicht. Dafür gibt es drei Gründe:

1. **Ein historischer Grund**
   Die doppelte Buchführung wurde im Mittelalter von italienischen Kaufleuten erfunden. Damals gab es noch keine Computer, alle Aufzeichnungen und Berechnungen mussten von Hand vorgenommen werden. Wenn jeder Vorgang unter verschiedenen Aspekten zweimal gebucht wurde, konnten die Berechnungen in den beiden Aufzeichnungen abgestimmt werden. Nur so konnte man Fehler finden. Heute gibt es Computer, und die machen keine Fehler beim Rechnen. Trotzdem ist die doppelte Buchführung bis heute internationaler Standard. Also wird es noch andere Gründe geben.
2. **Ein praktischer Grund**
   Wenn Sie jeden Vorgang gleichzeitig in der GuV und in der Bilanz buchen, dann wissen Sie zu jeder Zeit, über welche Ressourcen Sie verfügen (Bilanz) und welchen Weg Sie bereits bewältigt haben (GuV). Vergleichen könnte man das vielleicht mit einem Auto: Wenn Sie von München nach Hamburg fahren, fühlen Sie sich nur dann wohl, wenn Sie zuverlässig zu jedem Zeitpunkt den Stand Ihrer Tankfüllung kennen (Bilanz) und wissen, wie weit Sie schon gefahren sind (GuV). Natürlich kommen Sie auch ans Ziel, wenn Sie nur einen Kilometerzähler hätten und alle 200 km anhalten würden, um mit einer Sonde zu prüfen, wie viel Benzin noch im Tank ist. Das entspricht einer Buchhaltung, die laufend Aufwand und Ertrag bucht und einmal am Ende des Jahres eine Bestandsaufnahme macht. Moderne Autos verfügen allerdings über einen Kilometerzähler und eine Tankanzeige, die gleichzeitig und zeitnah die richtigen Werte liefern. Und genauso ist es bei einer modernen Buchhaltung auch. Bilanz und GuV werden gleichzeitig fortgeschrieben.
3. **Der wahre Grund**
   Die doppelte Buchführung mit Buchung und Gegenbuchung ist, wie sie ist. Punkt.

Gegenbuchungen in der Bilanz

Betrachten wir die Gegenbuchungen im Einzelnen:

- Durch die Lieferung von Waren gewähren wir den Kunden einen Kredit, bis die Rechnung bezahlt ist. Der Erlös aus der GuV erzeugt in der Bilanz einen offenen Posten für »Forderungen aus Lieferungen und Leistungen«, kurz »Ford. aLuL«.
- Für die produzierten Waren werden Bestandsveränderungen in der GuV gebucht. Gleichzeitig erhöht sich der Wert des Bestandskontos »Fertigprodukte« in der Bilanz. Die Lieferung an Kunden reduziert den Wert der Fertigprodukte in der Bilanz und wird – wie die Produktion – gleichzeitig in der GuV als Bestandsveränderung gebucht.
- Der Materialaufwand (GuV) verringert den Bestand des Kontos »Rohstoffe« (Bilanz).
- Die Abschreibungen (GuV) verringern die Werte der Sachanlagenkonten »Pkw« und »Maschinen« (beide Bilanz).
- Energie und Sonstiges, Zins und Personalaufwand (alle GuV) werden gegen das Konto »Bank« (Bilanz) gebucht.

Bilanzbuchungen

Nicht alle betriebswirtschaftlichen Vorgänge sind in der GuV sichtbar. Folgende Vorgänge werden mit jeweils zwei Bilanzkonten gebucht, und zwar ohne Beteiligung der GuV:

- Das Unternehmen tilgt 5 % des Darlehens, also 1.500 EUR. Die Tilgung wird innerhalb der Bilanz auf den Konten »Bank« (Aktiva) und »Darlehen« (Passiva) gebucht. Beide Konten weisen jetzt einen niedrigeren Saldo aus.
- Außerdem hat der Betrieb für 10.000 EUR Rohmaterial eingekauft. Dadurch entsteht dem Lieferanten gegenüber eine Schuld in gleicher Höhe. Die entsprechende Buchung betrifft das Aktivkonto »Rohstoffe« sowie das Passivkonto »Verbindlichkeiten aus Lieferungen und Leistungen« (kurz »Verb. aLuL«).
- Ein Teil der Rechnungen an Kunden wird durch Zahlung ausgeglichen. Im Beispiel gehen 50.000 EUR im Jahr 2009 auf dem Bankkonto ein. Dadurch verringert sich der Wert des Kontos »Forderungen aus Lieferungen und Leistungen« und erhöht sich mit gleichem Betrag das Bankguthaben. Am Ende des Jahres bleiben unbezahlte Rechnungen an Kunden mit einem Betrag von 10.000 EUR auf dem Konto »Ford. aLuL« stehen.

- Zuletzt wird die Hälfte des angelieferten Rohmaterials bezahlt. Die Schuld im Konto »Verbindlichkeiten aus Lieferungen und Leistungen« verringert sich um 5.000 EUR. Entsprechend verringert sich das Guthaben auf dem Konto »Bank«.

Schlussbilanz

Aus der Anfangsbilanz, den Buchungen der GuV und den Buchungen innerhalb der Bilanz ergibt sich die Schlussbilanz zum 31.12.2009 (siehe Tabelle 1.3).

Aktiva		Passiva	
Pkw	15.000 EUR	Eigenkapital	35.600 EUR
Maschinen	15.000 EUR	Verb. aLuL	5.000 EUR
Fertigprodukte	10.000 EUR	Bankdarlehen	28.500 EUR
Rohstoffe	15.000 EUR		
Ford. aLuL	10.000 EUR		
Bank	4.100 EUR		
Summe	69.100 EUR	Summe	69.100 EUR

Tabelle 1.3 Bilanz zum 31.12.2009

Bankkonto

Die einzelnen Buchungen auf dem Konto »Bank« sind in Tabelle 1.4 zu sehen.

Bankguthaben	
Anfangsbestand am 1.1.2009	+5.000 EUR
Energie und Sonstiges	–2.000 EUR
Lohn und Gehalt	–40.000 EUR
Zins für Darlehen	–2.400 EUR
Tilgungen für Darlehen	–1.500 EUR
Zahlungseingang von Kunden	+50.000 EUR
Zahlungsausgang an Lieferanten	–5.000 EUR
Endbestand am 31.12.2009	+4.100 EUR

Tabelle 1.4 Buchungen auf dem Konto »Bank«

Die Veränderung des Eigenkapitals von 25.000 EUR auf 35.600 EUR, also eine Steigerung um 10.600 EUR, stimmt exakt mit dem Ergebnis überein, das die GuV ausweist. Das ist kein Zufall. Ein ordentlicher Buchhalter bildet das Eigenkapital nicht als Saldo von Bilanzsumme und Verbindlichkeiten, wie bei der Anfangsbilanz angedeutet. Der Buchhalter bucht den Gewinn auf dem sogenannten *Schlussbilanzkonto* der GuV gegen die Position *Eigenkapital* in der Bilanz.

Betriebswirtschaftliche Steuerung durch das Controlling

Für den Kleinunternehmer im angeführten Beispiel reicht die zeitnahe Erstellung einer GuV und einer Bilanz für die Steuerung seines Betriebes sicherlich aus. Bei einer Betriebsgröße von zehn, fünfzig oder gar einhundert Mitarbeitern, verschiedenen Produktlinien und verschiedenen Kundengruppen werden detailliertere Analysen notwendig. Dazu reicht die Buchhaltung allein nicht aus, denn sie beantwortet die folgenden Fragen nicht:

1. Wie kann ich die Kosten einzelnen Bereichen und Produkten im Unternehmen zuordnen, d. h., welche Kosten entstehen pro Artikel und Kunde?
2. Wie kann ich Erlöse, Kosten und Gewinn meinen Kunden und Kundengruppen und meinen Produkten und Produktgruppen zuordnen, d. h., welchen Gewinn erwirtschafte ich mit welchem Artikel und welchem Kunden?
3. Und ganz wichtig: Wie kann ich planen, welche Erlöse, welche Kosten und welche Gewinne eintreffen werden – möglichst solange ich noch reagieren kann?

Diese Fragen beantwortet das Controlling mit verschiedenen Komponenten. Die Kosten der einzelnen Bereiche des Unternehmens werden mit der *Gemeinkostenrechnung* genau untersucht. Die Ermittlung und Analyse der Kosten für die Produkte im Plan und im Ist erfolgt in der *Produktkostenrechnung*. Für die Gliederung des Gewinns nach sogenannten *Ergebnisobjekten*, d. h. Kunden, Kundengruppen, Ländern, Produkten, Produktgruppen, Marken, wird die *Ergebnisrechnung* verwendet.

Zusammenfassung

Kurz gesagt ist Controlling:

- die Differenzierung der Buchhaltungs-GuV
- die Planung aller betriebswirtschaftlichen Faktoren
- die Analyse, Kommentierung und Besprechung von Abweichungen zwischen geplanten und tatsächlich eingetretenen Faktoren

Kapitel 2

Wer liefert von wo was an wen wohin?

In diesem Buch werden wir uns mit betriebswirtschaftlichen Grundlagen im Controlling beschäftigen. Für die technische Umsetzung des Controllings werden verschiedene Bausteine aus dem Hause SAP betrachtet. Das Softwarepaket SAP ERP ist dabei von überragender Bedeutung, deshalb lohnt es sich, die Strukturen dieser Lösung kennenzulernen.

2 Strukturen in SAP ERP

2.1 Softwaremodule

SAP hat die Software ERP in einzelne Module gegliedert, die jeweils die speziellen Anforderungen aus den einzelnen Bereichen im Unternehmen abdecken. Englische Abkürzungen wurden vom deutschen Softwarehaus SAP gewählt, um die internationale Ausrichtung des Unternehmens zu unterstreichen.

Wichtige SAP-Module

Die wichtigsten Module aus der Sicht des Controllings sind:

- **SD (Sales and Distribution) – Vertrieb**
  Das Modul SD wird genutzt für die Verwaltung von Kundenbestellungen und Angeboten, für die Abwicklung von Lieferungen und für die Erstellung von Rechnungen, auch Fakturen genannt.
- **MM (Materials Management) – Materialwirtschaft**
  Im Modul MM sind das Bestellwesen und die Einkaufsabwicklung zu finden. Außerdem ist die Lagerverwaltung für Rohstoffe, Halbfertig- und Fertigerzeugnisse der Materialwirtschaft zugeordnet.
- **PP (Production Planning) – Produktionsplanung und -steuerung**
  In den Stücklisten des Moduls PP wird verwaltet, welche Rohstoffe für die Produktion welcher Fertigerzeugnisse eingesetzt werden. In Arbeitsplänen ist hinterlegt, welcher Zeitbedarf für welche Ressourcen bei der Produktion zu berücksichtigen ist. Auf der Basis dieser Stammdaten werden Produktionspläne erstellt und überwacht.

- **FI (Financials) – Finanzwesen**
  Die wichtigsten Aufgaben des Moduls FI kennen Sie bereits: Hier werden durch die Erfassung vieler Einzelbelege Bilanzen sowie Gewinn- und Verlustrechnungen generiert.
- **CO – Controlling**
  Auch die Aufgaben des Controllings habe ich bereits beschrieben: Die GuV der Finanzbuchhaltung wird hier differenzierter betrachtet; und alle betriebswirtschaftlichen Faktoren im Unternehmen werden nicht nur im Ist abgerechnet, sondern bereits in der Planung bearbeitet. Zur Steuerung des Unternehmens werden die Daten in Soll-Ist-Vergleichen aufbereitet.

Komponenten

Die Module werden weiter untergliedert in Komponenten. Die drei wichtigsten Komponenten im Controlling sind:

- **CO-OM (Overhead Management) – Gemeinkostenrechnung**
  Die Gemeinkostenrechnung beschäftigt sich mit der Verwaltung von Kostenstellen und Projekten, in SAP Innenaufträge genannt.
- **CO-PC (Product Costing) – Produktkostenrechnung**
  Das Thema der Produktkostenrechnung steckt im Namen – es geht um die Dinge, die ein Unternehmen produziert und verkauft. Hier beschäftigen wir uns mit Produktkalkulationen.
- **CO-PA (Profitability Analysis) – Ergebnis- und Marktsegmentrechnung** (kurz: Ergebnisrechnung)
  Die Ergebnis- und Marktsegmentrechnung verknüpft Erlöse aus dem Vertrieb mit Kosten aus der Gemeinkosten- und Produktkostenrechnung.

Jeder dieser Komponenten ist ein Kapitel in diesem Buch gewidmet (siehe Kapitel 3, »Gemeinkostenrechnung«, Kapitel 4, »Produktkostenrechnung«, und Kapitel 5, »Ergebnis- und Marktsegmentrechnung«).

Die drei Komponenten des Controllings stehen in enger Beziehung zueinander. Ohne die Gemeinkostenrechnung ist keine Produktkostenrechnung möglich. Die Ergebnisrechnung ist auf Daten aus der Gemeinkosten- und der Produktkostenrechnung angewiesen. Außerdem besteht eine enge Verbindung von jeder einzelnen Komponente des Controllings zu einem oder zwei anderen Modulen (siehe Abbildung 2.1).

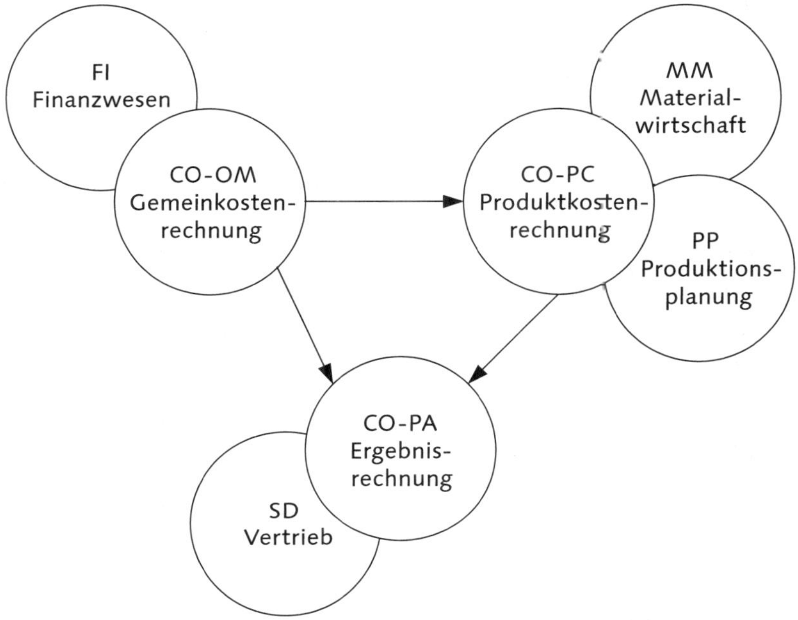

Abbildung 2.1 Komponenten des Controllings in Verbindung mit anderen Modulen

Die Gemeinkostenrechnung z. B. übernimmt viele Buchungen aus dem Finanzwesen; Rechnungen an Kunden werden vom Vertrieb erzeugt und direkt an die Ergebnisrechnung übergeben; die Produktkostenrechnung ist auf Materialstämme aus der Materialwirtschaft sowie auf Stücklisten und Arbeitspläne aus der Produktion angewiesen.

2.2 Organisationsstrukturen

Fragen zur Struktur von Unternehmen werden im System SAP ERP mit Organisationseinheiten beantwortet. Die wichtigsten Fragen mit den zugehörigen Einheiten lauten:

- Wo werden Waren hergestellt, gelagert und ausgeliefert?
  → *Werk* und *Lagerort*
- Welche Einheiten sind rechtlich selbstständig und müssen daher eigene Bilanzen sowie Gewinn- und Verlustrechnungen erstellen?
  → *Buchungskreis*

- Wer verkauft auf welchem Weg welche Waren?
  → *Vertriebsbereich*
- Wo hat die Kostenrechnung ihren Sitz? Wird das Controlling für jeden Buchungskreis separat oder für mehrere gemeinsam ausgeführt?
  → *Kostenrechnungskreis*
- Wie sollen Ergebnisse im Konzern oder für Teilkonzerne zusammengeführt werden?
  → *Ergebnisbereich*

Werk Das *Werk* repräsentiert den Produktionsstandort. Einem abgeschlossenen Betriebsgelände wird normalerweise ein Werk in SAP zugeordnet. Ob ein zweiter Standort auf der anderen Straßenseite oder in der gleichen Stadt oder erst in 100 km Entfernung als eigenes Werk geführt wird, kann pauschal nicht beantwortet werden. Solche Entscheidungen sollten immer von Kennern des Unternehmens gemeinsam mit erfahrenen SAP-Beratern aller Module getroffen werden.

Aus der Sicht des Controllings ist das Werk deshalb so wichtig, weil hier die Bewertung der Materialien stattfindet. Dem gleichen Material können in unterschiedlichen Werken unterschiedliche Preise zugeordnet werden. Unterschiedliche Preise entstehen bei eigengefertigten Materialien möglicherweise dadurch, dass unterschiedliche Maschinen, unterschiedliches Personal und unterschiedliche Rohstoffe für die Herstellung des gleichen Fertigerzeugnisses verwendet werden. Bei den Rohstoffen entstehen Preisunterschiede zwischen Werken z. B. dadurch, dass in einem Werk eingekauft wurde, als der Preis hoch war. Im zweiten Werk wurde zugekauft, als der gleiche Rohstoff billig am Markt zu beschaffen war. Zwischen den Werken erfolgt in diesem Fall kein Ausgleich der Werte.

Jedes Werk wird genau einem Buchungskreis zugeordnet. Zu einem Buchungskreis können mehrere Werke gehören.

Lagerort Der *Lagerort* beschreibt einen abgeschlossenen Bereich innerhalb des Werkes, in dem Materialien gelagert werden. Die Definition von Lagerorten bleibt in SAP-Projekten den Teams vorbehalten, die für die Produktion, die Materialwirtschaft und den Vertrieb verantwortlich sind. Aus Sicht des Controllings spielt die Trennung von Warenbeständen nach Lagerorten keine Rolle. Entweder ist die Ware irgendwo im Unternehmen vorhanden, dann hat sie einen Wert, oder sie ist nicht vorhanden, dann hat sie eben keinen Wert.

Lagerorte sind immer genau einem Werk zugeordnet. Zu einem Werk gehören meist mehrere Lagerorte.

Buchungskreis

Der *Buchungskreis* in SAP steht für eine rechtlich selbstständige Einheit. Jede GmbH, AG oder KG muss in SAP als eigener Buchungskreis abgebildet werden. Dabei ist es unerheblich, ob die einzelne Firma nur als Mantel existiert oder tatsächlich operativ tätig ist. Umgekehrt darf kein Buchungskreis angelegt werden, wenn für das Management nur interne Bilanzen für einen Teilbereich eines Unternehmens erstellt werden sollen. Derartige Anforderungen müssen im Einzelfall geprüft werden und können möglicherweise durch Geschäftsbereiche der Buchhaltung oder Profit-Center des Controllings abgedeckt werden.

Eine mögliche Unternehmensstruktur aus Buchungskreisen, Werken und Lagerorten ist in Abbildung 2.2 dargestellt.

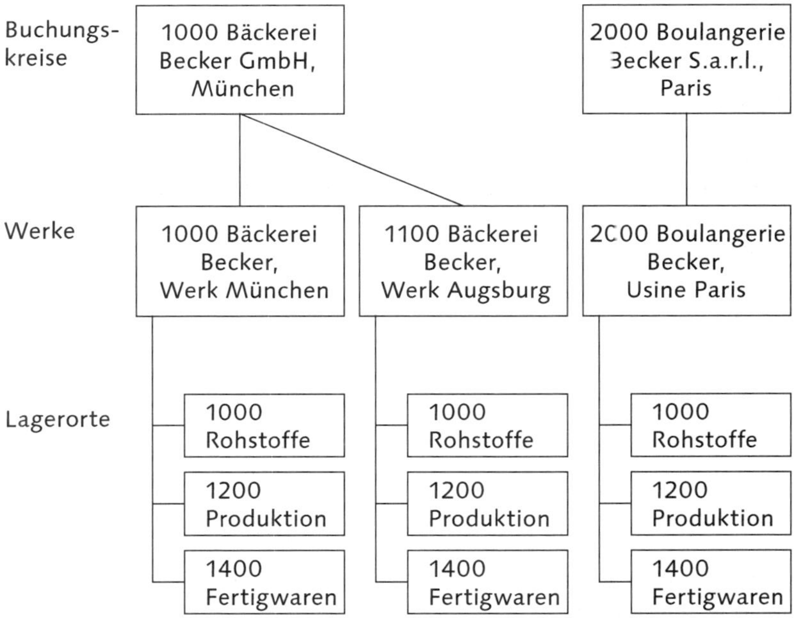

Abbildung 2.2 Organisation von Buchungskreis, Werk und Lagerort

Vertriebsbereich

Im *Vertriebsbereich* wird definiert, wer auf welchem Weg welche Waren verkauft. Diese drei Fragen werden in drei getrennten Organisationseinheiten abgebildet:

- **Wer? → Verkaufsorganisation**
  Die Verkaufsorganisation steht für die interne Aufbauorganisation im Vertrieb. Unterschiedliche Abteilungen für Inlandsvertrieb und Export könnten durch Verkaufsorganisationen abgebildet werden.
- **Welcher Weg? → Vertriebsweg**
  Der Vertriebsweg beschreibt die unterschiedlichen Absatzkanäle. Die Direktbestellung über das Internet könnte so von der Belieferung des Großhandels getrennt werden.
- **Welche Waren? → Sparte**
  Die Sparte ist eine Eigenschaft der Materialien. Wenn unsere Bäckerei sowohl Kuchen aus der eigenen Herstellung als auch Mehl und andere Backzutaten als Handelsware verkauft, wäre eine Trennung nach den Sparten Kuchen und Backzutaten denkbar.

Vertriebsbereiche

Mit zwei Verkaufsorganisationen (1000 Inland, 2000 Export), zwei Sparten (01 Kuchen, 02 Backzutaten) und zwei Vertriebswegen (01 Internet, 02 Großhandel) sind theoretisch acht Vertriebsbereiche denkbar (siehe Tabelle 2.1).

Vertriebsbereich	Verkaufsorganisation	Vertriebsweg	Sparte
1000/01/01	Inland	Internet	Kuchen
1000/01/02	Inland	Internet	Backzutaten
1000/02/01	Inland	Großhandel	Kuchen
1000/02/02	Inland	Großhandel	Backzutaten
2000/01/01	Export	Internet	Kuchen
2000/01/02	Export	Internet	Backzutaten
2000/02/01	Export	Großhandel	Kuchen
2000/02/02	Export	Großhandel	Backzutaten

Tabelle 2.1 Vertriebsbereich, Verkaufsorganisation, Vertriebsweg und Sparte

In der Praxis sind selten alle denkbaren Kombinationen aus Verkaufsorganisation, Vertriebsweg und Sparte tatsächlich vorhanden. Wenn wir uns z. B. vorstellen, dass der Vertrieb über das Internet nur für Kuchen und nur im Inland eingerichtet ist, verringert sich die Anzahl der Vertriebsbereiche auf fünf.

Jeder Beleg im Vertrieb, ob Bestellung, Angebot, Lieferung oder Rechnung, ist immer genau einem Vertriebsbereich zugeordnet. Der Vertriebsbereich ist in der Ergebnisrechnung des Controllings sichtbar. Die Elemente des Vertriebsbereichs sind zum einen ein wichtiges Selektionskriterium für Auswertungen und zum anderen die Bezugsbasis für Kostenverteilungen.

Buchungskreis

Verkaufsorganisationen sind immer Buchungskreisen untergeordnet. Ein Buchungskreis kann also mehrere Verkaufsorganisationen haben. Eine Verkaufsorganisation, die für mehrere *Buchungskreise* tätig ist, kann dagegen im System nicht abgebildet werden.

Kostenrechnungskreis

Der *Kostenrechnungskreis* ist die Organisationseinheit, in der die Controller ihr Wesen und Unwesen treiben. Alle Aktivitäten der Gemeinkosten- und der Produktkostenrechnung beziehen sich auf einen Kostenrechnungskreis. Er ist dem Buchungskreis übergeordnet. Für Standorte, an denen eine operative Gesellschaft, gemeinsam mit einer oder mehreren »Briefkastenfirmen«, eingetragen ist, wird oftmals ein einziger Kostenrechnungskreis gebildet, der alle Firmen umfasst. Ansonsten gilt: Jeder Buchungskreis ist es wert, einen eigenen Kostenrechnungskreis zu bekommen.

Ergebnisbereich

Der *Ergebnisbereich* ist das Spielfeld für die Ergebnis- und Marktsegmentrechnung. Hier fließen die Daten von verschiedenen Kostenrechnungskreisen zusammen. In mittelgroßen Unternehmen mit einem einzigen wesentlichen Geschäftszweck sollte ein Ergebnisbereich zur Darstellung aller Aktivitäten genügen.

Eine mögliche Struktur von Buchungskreisen, Kostenrechnungskreisen und einem Ergebnisbereich ist in Abbildung 2.3 zu sehen.

Buchhaltung vs. Controlling

Beteiligungsverhältnisse werden in den Strukturen des Controllings nicht abgebildet. Hier in diesem Beispiel ist es denkbar, dass die Firma BCM Becker Capital Management AG Eigentümerin der Bäckerei Becker GmbH, München, und der Boulangerie Becker S.a.r.l. ist. Dieser Zusammenhang wird in den Strukturen der Buchhaltung für die fiskalische Konsolidierung abgebildet. Das Controlling interessiert sich nicht für Kapitalverflechtungen, sondern für das operative Geschäft. In dieser Sicht steht die BCM Becker Capital Management AG auf einer Stufe mit den anderen Buchungskreisen. Die BCM Becker Capital Management AG steht nicht für ein operatives Geschäft mit Einkauf, Produktion und Verkauf. Sie produziert nichts als Kosten – zumindest beim Blick durch die graue Brille der Controller.

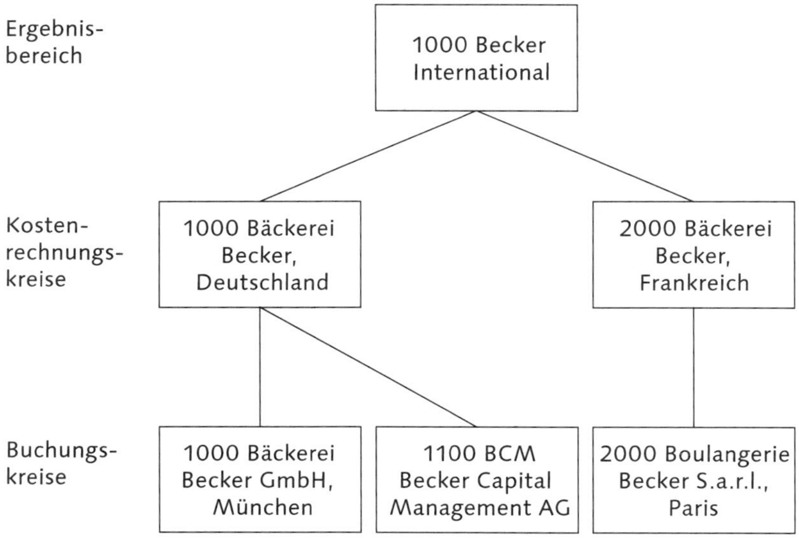

Abbildung 2.3 Ergebnisbereich, Kostenrechnungskreis, Buchungskreis

2.3 Zusammenfassung

Ohne Organisationseinheiten geht in SAP ERP gar nichts. Die Konzeption und die technische Umsetzung von Werken, Lagerorten, Buchungskreisen, Vertriebsbereichen, Kostenrechnungskreisen und Ergebnisbereichen stehen am Anfang einer Neueinführung von SAP ERP. In vielen Fällen können einmal festgelegte Strukturen nicht mehr verändert werden. In der Anfangsphase von SAP-Projekten ist es leider oft so, dass die Berater das Unternehmen kaum kennen und die internen Projektmitglieder vom SAP-System wenig wissen. Gemeinsam schaffen sie Strukturen, die möglicherweise später infrage gestellt werden. Also: Lassen Sie sich Zeit bei der Abbildung Ihrer Organisation und – lesen Sie dieses Buch.

Kapitel 3

Fressen die Kosten das Unternehmen?

Wie wirken sich Buchungen der Finanzbuchhaltung im Controlling aus? Welche Funktion haben Kostenarten, Kostenstellen und Innenaufträge? Wie sind Gemeinkosten mit Produktkosten und der Ergebnisrechnung verknüpft?

3 Gemeinkostenrechnung

Was sind Gemeinkosten? Gemeinkosten fallen allgemein im Unternehmen an, ohne unmittelbaren Bezug auf die Produkte, die das Unternehmen herstellt. Das Gegenstück zu den *Gemeinkosten* heißt in der Betriebswirtschaft *Einzelkosten*. Diese haben einen direkten Bezug zu Produkten. Mit Einzelkosten werden wir uns in Kapitel 4, »Produktkostenrechnung«, ausführlich beschäftigen. Die Kosten für Zutaten (Mehl, Eier, Zucker), die beim Backen von Schokoladenkuchen verwendet werden, sind typische Beispiele für Einzelkosten.

Zunächst aber zu den Gemeinkosten. Die wichtigsten Strukturen, mit denen Gemeinkosten in SAP ERP gegliedert werden sind:

- Kostenarten
- Kostenstellen
- Innenaufträge

Jedem dieser Themen ist in diesem Kapitel ein Abschnitt gewidmet.

3.1 Kostenarten

Kostenarten sind entweder Kopien der Konten aus der Gewinn-und-Verlust-Rechnung der Finanzbuchhaltung oder Rucksäcke für den Transport von Kosten zwischen verschiedenen Controllingobjekten. Die erste Gruppe, die Kopien, nennt SAP primäre Kostenarten. Die zweite Gruppe, die Rucksäcke, heißen sekundäre Kostenarten.

Kostenartenrechnung

Schon aus dieser verkürzten und zugegebenermaßen etwas plakativen Beschreibung wird klar, dass eine Kostenartenrechnung – wie sie im SAP-Menü genannt wird – allein wenig zusätzliche Information liefert. Kostenarten sind allerdings als Stammdaten für alle Controllingkomponenten eine notwendige Voraussetzung. Für die sinnvolle Strukturierung der Kostenarten werden umfangreiche Kenntnisse von den Komponenten des Controllings sowie den angrenzenden Modulen *Finanzbuchhaltung*, *Materialwirtschaft*, *Produktion* und *Vertrieb* benötigt. Ihnen diese Kenntnisse zu vermitteln, ist das Anliegen dieses Buches.

3.1.1 Primäre Kostenarten

Kostenartentyp

Primäre Kostenarten können für jedes Konto der Gewinn-und-Verlust-Rechnung (kurz GuV) aus der Finanzbuchhaltung (kurz FI) angelegt werden. GuV-Konten der Finanzbuchhaltung heißen auch Sachkonten. Voraussetzung für die Anlage einer primären Kostenart ist die Existenz des entsprechenden Sachkontos – quasi als Kopiervorlage. Die primäre Kostenart wird zwingend mit dem gleichen Schlüssel wie das FI-Sachkonto angelegt. Bei der Definition der Kostenart wird ein Kostenartentyp festgelegt; Details hierzu sind in Abschnitt 3.1.3, »Primäre Kostenarten in SAP ERP«, aufgeführt. Nach der ersten Buchung kann der Kostenartentyp erst zum nächsten Geschäftsjahr geändert werden. Kostenarten sind auch mit bestem Willen nicht mehr löschbar, daher ist bei der Anlage besondere Vorsicht geboten.

Kontenplan der Finanzbuchhaltung

Das Verzeichnis aller Sachkonten der Finanzbuchhaltung heißt Kontenplan. Primäre Kostenarten sind Kopien der FI-Sachkonten, also müssen die Belange des Controllings bereits bei der Anlage des Kontenplans berücksichtigt werden.

Sachkonten

Bei der Überarbeitung von Kontenplänen wollen manche Buchhalter die Zahl der Sachkonten reduzieren, was durchaus begrüßenswert ist, um Zweifel beim manuellen Buchen zu vermeiden. Beim Einsatz eines integrierten SAP-Systems werden allerdings viele Buchungen automatisch durch andere Module generiert, z. B. Materialwirtschaft, Produktion oder Vertrieb. Details hierzu sind in den entsprechenden Kapiteln dieses Buches nachzulesen. Für Sachkonten, die automatisch bebucht werden, lautet meine Empfehlung: so differenziert wie möglich. Die Analyse der Konten in der Finanzbuchhaltung bzw. der Kostenarten im Controlling wird durch eine stärkere Differenzierung vereinfacht. Aus Sicht der Finanzbuchhaltung können »gleichartige« Konten bei der Strukturierung der GuV in der gleichen Position dargestellt werden und blähen so die entsprechenden Berichte nicht unnötig auf.

Internationales Umfeld

Unternehmen mit Standorten in unterschiedlichen Ländern sehen sich einem Interessenskonflikt zwischen Buchhaltern und Controllern ausgesetzt. Entsprechend den landesspezifischen Vorschriften müssen die Daten der Buchhaltung in unterschiedlichen Gliederungen an den lokalen Fiskus gemeldet werden. Die Buchhalter in den einzelnen Ländern wollen auf Konten buchen, die dieser Gliederung entsprechen, denn die landesspezifische Gliederung haben sie in der Schule gelernt und bei ihren bisherigen Arbeitgebern auch nutzen dürfen. Die Buchhaltung in der Zentrale hat gegen diesen Wunsch nichts einzuwenden, weil sie mit SAP ERP die Landeskonten auf einen Konzernkontenplan umschlüsseln kann. Jetzt melden sich die Controller in der Zentrale zu Wort. Sie müssen mit den landesspezifischen Kontenplänen aus jedem einzelnen Land arbeiten. Der Konzernkontenplan, den die Buchhaltung in der Zentrale nutzt, steht für die Controllingfunktionen nicht zur Verfügung. Welche Lösung bietet ERP für diesen Konflikt?

Betrachten wir die Ausgangslage noch einmal im Detail und mit einem Beispiel: Im Handelsrecht und im Steuerrecht jedes Landes ist die Strukturierung von Bilanz und GuV für alle in diesem Land tätigen Unternehmen zwingend vorgeschrieben. Die Vorschriften für diese Gliederungen sind mehr oder weniger detailliert und unterscheiden sich von Land zu Land teilweise erheblich. Ein Unternehmen mit einer Produktionsstätte in Deutschland und einer rechtlich selbstständigen Vertriebsgesellschaft in Frankreich erstellt also drei Jahresabschlüsse:

- Für die deutsche Produktionsstätte eine Bilanz und GuV nach deutschem Recht mit Verkaufserlösen aus den Warenlieferungen vom deutschen Werk an das französische Vertriebslager
- Für die französische Vertriebsgesellschaft eine Bilanz und eine GuV nach französischem Recht mit Verkaufserlösen von Kunden in Frankreich und Aufwandsbuchungen für die Zukäufe aus dem deutschen Werk

- Für das gesamte Unternehmen eine Bilanz und eine GuV entweder nach den Vorschriften des Stammhauses oder nach den international anerkannten Bilanzierungsregeln IAS (International Accounting Standard) oder US-GAAP (United States – Generally Accepted Accounting Principles). Dieser konsolidierte Konzernabschluss zeigt, stark vereinfacht dargestellt, die Kosten der Produktionsstätte in Deutschland und die Erlöse, die von Kunden in Frankreich erwirtschaftet werden. Die Erlöse (aus deutscher Sicht) bzw. Einkaufskosten (aus französischer Sicht) für den Warenverkehr innerhalb des Konzerns werden hier eliminiert.

Landeskontenplan operativ

Im genannten Beispiel sind also drei Kontenpläne anzulegen. Ein französischer, ein deutscher und ein internationaler. Für die Gestaltung von Kontenplänen in einer internationalen Konzernstruktur bietet das System SAP ERP verschiedene Alternativen. In SAP-Projekten ergibt sich bei der Diskussion mit den Buchhaltern in ausländischen Unternehmen regelmäßig folgende Konstellation: Das Reporting an Finanzbehörden muss nach den gesetzlichen Vorgaben des einzelnen Landes erfolgen – das ist unstrittig. Behauptet wird allerdings ebenfalls oft, dass auch die operativen Buchungen zwingend auf landesspezifischen Konten erfasst werden müssen – das bezweifle ich. Wenn die Buchhalter im zentralen Projektteam dieser Behauptung nachgeben, werden landesspezifische Kontenpläne als operative Kontenpläne für die einzelnen Gesellschaften im Ausland hinterlegt. Die manuellen FI-Buchungen können also entsprechend den Gegebenheiten in jedem Land durchgeführt werden. Für die Zusammenführung der Einzelergebnisse der Landesgesellschaften, die sogenannte Konsolidierung, wird dann ein einheitlicher Konzernkontenplan angelegt. In jeder Landesgesellschaft wird jedes einzelne Konto dem entsprechenden Konto im Konzernkontenplan zugeordnet. Die Bedürfnisse der Buchhalter vor Ort sowie der Mitarbeiter in der zentralen Konsolidierung sind also erfüllt.

Diese naheliegende Lösung birgt zwei erhebliche Nachteile:

- Die Systemeinstellungen für automatische Buchungen aus der Materialwirtschaft, der Produktion und dem Vertrieb sowie wesentliche Teile der Systemeinstellungen im Controlling beziehen sich auf den operativen Kontenplan des jeweiligen Buchungskreises. Somit müssen die Einstellungen für jede Landesgesellschaft neu entwickelt werden.

- Der Vergleich der Daten aus den einzelnen Landesgesellschaften untereinander mit den Funktionen des Controllings ist schwierig, zuweilen unmöglich.

Wichtige Ziele eines internationalen Roll-outs von SAP ERP sind:

Landeskontenplan als Alternativkontenplan

- Mit dem einheitlichen System soll gleichzeitig eine einheitliche betriebswirtschaftliche Basis für Performancevergleiche zwischen den Standorten geschaffen werden.
- Das zentrale EDV-System soll schnell in jeder neuen Landesgesellschaft produktiv eingesetzt werden.

Durch die Entscheidung, landesspezifische Kontenpläne als operative Pläne im Buchungskreis zu nutzen, wird die Erreichung beider Ziele wesentlich erschwert, teilweise sogar ausgeschlossen. Der Ausweg und die konkrete Empfehlung an dieser Stelle lautet also: Der operative Kontenplan für alle Buchungskreise eines Konzerns ist ein internationaler Kontenplan. Das landesspezifische Reporting erfolgt auf der Basis von Alternativkonten, die den rechtlichen Vorschriften genügen. Konsequenz dieser Empfehlung ist, dass die Buchhalter in allen Ländern ihre Buchungen auf Kontonummern gemäß der Konzernvorgabe erfassen müssen.

Bezeichnungen von Kostenarten

Anmeldesprache und Bezeichnung

Bei der Anlage einer primären Kostenart wird als Bezeichnung die Bezeichnung des FI-Sachkontos vorgeschlagen. Allerdings wird hier nur der Text aus der Anmeldesprache übernommen. Beim FI-Sachkonto können Bezeichnungen in mehreren Sprachen hinterlegt sein. Im internationalen Umfeld sind Kontentexte üblicherweise in der Landessprache des Standorts hinterlegt (z. B. Deutsch) und in der Konzernsprache (z. B. Englisch). Wird der gleiche FI-Kontenplan von mehreren Landesgesellschaften genutzt, sind die Kontentexte entsprechend in allen Landessprachen gepflegt. Wenn der deutsche Controller vor Ort beim Anlegen einer primären Kostenart in Deutsch angemeldet ist, wird nur der deutsche Text ins Controlling übernommen. Der Konzerncontroller arbeitet in SAP ERP mit der Anmeldesprache Englisch. Für die Konten, die vor Ort in Deutsch gepflegt wurden, sieht der Konzerncontroller keine Bezeichnungen, sondern nur Nummern. Abhilfe schafft nur der manuelle Nachtrag der Bezeichnung in der englischen Anmeldung. Entsprechend sind weitere Anmeldungen am System mit anderen Anmeldesprachen unvermeidlich, wenn der Text der Kostenart in weiteren Sprachen verfügbar sein soll.

Änderung des Sachkontos

Die spätere Änderung von Bezeichnungen bei FI-Sachkonten, selbst in der Ursprungssprache, hat keinerlei Auswirkungen auf die Bezeichnungen der primären Kostenarten. Dadurch besteht die Gefahr, dass Bezeichnungen von FI-Konten und Kostenarten des Controllings »auseinanderlaufen«. Aus der Sicht eines zentralen Controllers mit Durchgriff auf die Kostenrechnungen einzelner Landesgesellschaften hat das Datenmodell der SAP an dieser Stelle durchaus Entwicklungspotenzial.

Abstimmung von Finanzbuchhaltung und Controlling

Der GuV-Teil des Kontenplans der Finanzbuchhaltung bildet die Grundlage für die primären Kostenarten des Controllings (siehe Tabelle 3.1).

GuV-Struktur eines Kontenplans	
Erlöse	+500 EUR
Bestandsveränderungen	+100 EUR
Gesamtleistung	+600 EUR
Materialaufwand	–100 EUR
Personalaufwand	–100 EUR
Abschreibungen	–100 EUR
Sonstige betriebliche Erträge	+50 EUR
Sonstige betriebliche Aufwendungen	–50 EUR
Betriebsergebnis	+300 EUR
Finanzergebnis	–100 EUR
Ergebnis der gewöhnlichen Geschäftstätigkeit	+200 EUR
Ertragssteuern	–50 EUR
Ergebnis nach Ertragssteuern	+150 EUR
Ausschüttungen an Anteilseigner	–50 EUR
Jahresüberschuss	+100 EUR

Tabelle 3.1 GuV-Kontenplan

Jede der in Tabelle 3.1 aufgeführten Zeilen repräsentiert die Zusammenfassung vieler einzelner Konten. Hinter »Materialaufwand« verbergen sich z. B. Konten wie »Aufwand Rohstoffe«, »Aufwand Verpackungsmaterial«, »Aufwand Hilfsstoffe«, aber auch Konten wie »Inventurdifferenzen«, »Differenzen aus Umbewertung« etc. Hinter »Personalaufwand« sind Konten verborgen wie z. B. »Löhne«, »Gehälter«, »Soziale Leistungen«, »Einmalzahlungen« etc. In einem mittleren Unternehmen setzt sich der Kontenplan aus einigen Hundert, bei großen Konzernen aus Tausenden von Einzelkonten zusammen. Die Struktur lässt sich im Wesentlichen immer auf das hier Dargestellte zurückführen.

Der Inhalt der Konten »Erlöse«, »Bestandsveränderungen« und weiter bis zum »Betriebsergebnis« wurde bereits in Kapitel 1, »Grundlagen«, besprochen. Die Zeile »Finanzergebnis« in Tabelle 3.1 steht für Zinsen, die für Darlehen gezahlt wurden, bzw. Zinsen und Kapitalerträge, die aus Finanzanlagen erwirtschaftet wurden. »Ertragssteuern« steht bei Personengesellschaften für Einkommensteuern und bei Kapitalgesellschaften für Körperschaftssteuern. Die Anteilseigner von Unternehmen verlangen meist laufende Erträge aus ihrem finanziellen Engagement. Diese Erträge sind hier in der Position »Ausschüttungen an Anteilseigner« aufgeführt.

Abstimmung bis EBIT

Zu der Frage, welche Konten nun tatsächlich als Kostenart anzulegen sind und damit auf die eine oder andere Art im Controlling sichtbar werden, hat die Wissenschaft schon viele verschiedene Antworten gegeben. Auch in der Praxis werden immer wieder hitzige Diskussionen zu diesem Thema geführt. Ich schlage Folgendes vor: Das interne Rechnungswesen (Controlling) wird mit dem externen Rechnungswesen (Finanzbuchhaltung) harmonisiert. Die Abstimmung erfolgt zwischen GuV der Finanzbuchhaltung und der Ergebnisrechnung im Controlling auf der Ebene des Betriebsergebnisses. Für »Betriebsergebnis« setzt sich zunehmend die im angelsächsischen gebräuchliche Bezeichnung EBIT durch, d. h. Earnings Before Interest and Taxes (deutsch: Gewinn vor Zins und Steuer).

Finanzergebnis

Die Art der Finanzierung, d. h. die Eigenkapitalquote eines Unternehmens sowie der Erfolg aus Finanzanlagen, ist im Wesentlichen durch firmenpolitische Entscheidungen geprägt und durch das operative Geschäft nicht beeinflussbar. Deshalb wird das Finanzergebnis im Controlling nicht dargestellt.

Kalkulatorische Zinsen

Unternehmen binden Kapital in Anlagen, Vorräten und Kundenforderungen. Die Kosten, die durch diese Kapitalbindung entstehen, unterscheiden sich oftmals stark zwischen verschiedenen Produktgruppen, zwischen verschiedenen Kundengruppen oder zwischen verschiedenen Unternehmensbereichen. Zur Abbildung dieser Unterschiede werden kalkulatorische Zinsen ausgewiesen. Diese kalkulatorischen Zinsen sollten allerdings erst in der Ergebnisrechnung ermittelt werden, um so eine klare Trennung vom EBIT zu ermöglichen. In manchen Unternehmen werden kalkulatorische Zinsen für Sachanlagen bereits in der Anlagenbuchhaltung und damit auf Kostenstellen ermittelt. Dieses Vorgehen stört die Harmonisierung von Finanzbuchhaltung und Controlling.

Nach dem EBIT führt in der Finanzbuchhaltung die Saldierung mit dem Finanzergebnis zu einem »Ergebnis der gewöhnlichen Geschäftstätigkeit«. Im Controlling werden vom EBIT die kalkulatorischen Zinsen abgezogen, um ein Ergebnis zu Vollkosten auszuweisen. Das tatsächliche Finanzergebnis wird sich immer von den kalkulatorischen Zinsen unterscheiden. Dementsprechend ist es nicht sinnvoll, das »Ergebnis der gewöhnlichen Geschäftstätigkeit« aus der Finanzbuchhaltung mit dem »Ergebnis zu Vollkosten« des Controllings abstimmen zu wollen. Dem Thema *Harmonisierung im Rechnungswesen* wurde in diesem Buch das gleichnamige Kapitel 6 gewidmet. Näheres lesen Sie bitte dort.

Alle Sachkonten ins Controlling

Zurück zur eingangs gestellten Frage: Welche Konten der GuV aus der Finanzbuchhaltung sollen als Kostenart angelegt werden und damit im Controlling sichtbar sein? Antwort: Alle, die zum Betriebsergebnis führen. Die wenigen, technisch bedingten Ausnahmen werden in späteren Kapiteln genannt.

3.1.2 Abschreibungen

Bei der Harmonisierung von externem und internem Rechnungswesen wird kaum ein Thema heftiger diskutiert als das Thema Abschreibungen.

Zunächst zum Grundsätzlichen: Beim Kauf eines Wirtschaftsgutes, das über mehrere Jahre genutzt wird, erscheint nicht der gesamte Kaufpreis in der GuV des Jahres der Anschaffung als Aufwand. Stattdessen werden über die Zeit der Nutzungsdauer Teilbeträge als *Ab-*

schreibung für Abnutzung – kurz AfA – gebucht. Die AfA repräsentiert den Wertverlust für jedes einzelne Jahr. Dabei werden entweder lineare oder degressive Berechnungsmethoden genutzt.

Beispiel 1: Lineare AfA

Angeschafft wird eine Produktionsmaschine für 100.000 EUR. Die Abschreibungsdauer beträgt zehn Jahre. Die Maschine verliert also jedes Jahr einen Wert von 10.000 EUR. Der Restbuchwert am Anfang des zweiten Jahres der Nutzung beträgt 90.000 EUR, am Anfang des dritten Jahres 80.000 EUR etc. Die Abschreibung von 10.000 EUR wird in jedem Jahr als Aufwand in der Finanzbuchhaltung dargestellt. Nach zehn Jahren ist die Maschine vollständig abgeschrieben, der Restbuchwert ist null, es entstehen keine weiteren Aufwandsbuchungen.

Beispiel 2: Degressive AfA

Angeschafft wird ein Betriebs-Pkw für 30.000 EUR. Entsprechend dem hohen Wertverlust zu Beginn der Nutzungsdauer entscheidet sich das Unternehmen hier, die degressive Methode zur Abschreibung zu nutzen. Abgeschrieben werden in jedem Jahr 20 %, im ersten Jahr also 6.000 EUR. Im zweiten Jahr werden wieder 20 % abgeschrieben, jetzt allerdings vom Restbuchwert 24.000 EUR, also nur noch 4.800 EUR. In jedem Jahr verringert sich so der Abschreibungsbetrag. Dieses Verfahren allein würde nie zu einer vollständigen Abschreibung einer Anlage führen. Deshalb wird die degressive Abschreibung zu einem geeigneten Zeitpunkt durch die lineare Abschreibung ersetzt.

In diesem Beispiel wäre bei einer Nutzungsdauer des Fahrzeugs von sechs Jahren die lineare Abschreibung 16,7 % des Anschaffungswertes pro Jahr, also 5.000 EUR. Bereits im zweiten Jahr der Nutzung übersteigt die lineare Abschreibung (5.000 EUR) die degressive Abschreibung (4.800 EUR), also ist dies der geeignete Zeitpunkt zum Wechsel.

Im zweiten bis fünften Jahr werden also jeweils 5.000 EUR als AfA verbucht. Zu Beginn des sechsten Jahres sind noch 4.000 EUR als Restbuchwert für den Pkw in der Anlagenbuchhaltung verzeichnet. Dieser verbleibende Betrag wird dann in diesem Jahr als Abschreibung in der GuV dargestellt.

Steuer- und Handelsrecht

Üblicherweise erstellen Unternehmen einen Abschluss nach Handelsrecht, in Deutschland nach HGB oder IAS bzw. US-GAAP. Dieser Abschluss wird dann entsprechend den Regeln des Fiskus in einen Steuerabschluss übergeleitet. Ich gehe hier davon aus, dass in der Anlagenbuchhaltung der Abschluss nach Handelsrecht geführt wird und die Abschreibungen im Wesentlichen der tatsächlichen Nutzungsdauer entsprechen.

AfA im Controlling

Nun melden sich die Controller zu Wort. Sie sagen, die Abschreibungen der Finanzbuchhaltung seien für das Controlling aus folgenden Gründen nicht geeignet:

Eigene AfA im Controlling: Pro

- **Argument 1: Sie sind zu wenig differenziert**
  In der Anlagenbuchhaltung werden Anlagenklassen gebildet. Eine Anlagenklasse, z. B. »Maschinen«, umfasst viele verschiedene einzelne Anlagen. Die jeweilige Nutzungsdauer wird einmalig bei der Anlagenklasse hinterlegt. Die Anlagen einer Klasse werden mit einer einheitlichen Nutzungsdauer abgeschrieben. Jede einzelne Maschine oder zumindest jeder Maschinentyp hat jedoch eine sehr individuelle technische Nutzungsdauer. Die tatsächliche Nutzungsdauer muss zumindest für jeden Maschinentyp getrennt ermittelt und verwaltet werden.
- **Argument 2: Sie entsprechen nicht den betrieblichen Gegebenheiten**
  Beim Bau von Maschinen werden oftmals verschiedene Bauteile in einer Anlage installiert. Die Anlagenbuchhaltung führt alle Bauteile gemeinsam unter einer einzigen Anlagennummer. Diese Anlage ist der Kostenstelle zugeordnet, auf der sie installiert wurde. Nach einiger Zeit wird im Rahmen von Umbaumaßnahmen die Anlage zerlegt. Die einzelnen Bauteile werden in unterschiedlichen Anlagen, womöglich auf unterschiedlichen Kostenstellen, weiter genutzt. Die Anlagenbuchhaltung ist ausschließlich am ursprünglichen Gesamtwert und der sich daraus ergebenden Gesamtabschreibung interessiert. Der Verbleib einzelner Bauteile auf unterschiedlichen Kostenstellen ändert nichts an der Gesamtabschreibung und wird daher in der Anlagenbuchhaltung nicht nachgetragen. Die summarische Betrachtung verfälscht das Bild im Controlling.
- **Argument 3: Sie werden von Anschaffungswerten gerechnet statt von Wiederbeschaffungswerten**
  Abschreibungen sind im Controlling ein wichtiger Faktor zur Ermittlung von Fertigungskosten für Produkte. Die Fertigungskosten wiederum sind Bestandteil der Produktkalkulation, die einen wesentlichen Einfluss auf die Gestaltung von Verkaufspreisen nimmt. Die Produktkosten müssen so viele anteilige Kosten für die genutzten Maschinen tragen, dass die Maschinen jederzeit unter Berücksichtigung des technischen Fortschritts neu beschafft werden können. Das funktioniert nur, wenn in jedem Jahr der aktuelle Wie-

derbeschaffungswert als Grundlage zur Berechnung der Abschreibung herangezogen wird und nicht der historische, vielleicht längst überholte Anschaffungswert.

- **Argument 4: Sie lassen keine Abschreibung unter null zu**
  Nach der endgültigen Abschreibung werden viele Maschinen weiter genutzt. Die Bedeutung von Produktkalkulationen wurde bereits im dritten Punkt dargestellt. Wenn eine abgeschriebene Maschine weiter genutzt wird, fallen die Fertigungskosten schlagartig um den Anteil der »kostenlos« genutzten Maschinen. Solange die abgeschriebene Maschine weiter zur Produktion genutzt wird, werden die Produkte viel zu billig verkauft. Wenn später die Neuanschaffung der Maschine fällig wird, steigen die Produktkosten schlagartig wieder an. Der Verkaufspreis der Produkte am Markt ist zerstört, das Unternehmen ist nicht mehr in der Lage, kostendeckend zu verkaufen.

Eigene AfA im Controlling: Kontra

Die Harmonisierung von externem und internem Rechnungswesen ist einer der herausragenden Aspekte in diesem Buch. Die Harmonisierung sollte aus meiner Sicht so weit gehen, dass Abschreibungen zwischen Finanzbuchhaltung und Controlling synchronisiert werden. Also werde ich versuchen, Argumente gegen die eben genannten Punkte zu formulieren:

- **Kontra zu Argument 1: Stärker differenzieren**
  Bei der gemeinsamen Nutzung einer Abschreibungsdauer für alle Maschinen einer Anlagenklasse treten im Einzelfall tatsächlich Verwerfungen auf. In der betrieblichen Praxis hat sich jedoch gezeigt, dass die Verwerfungen unwesentlich sind. Um die jeweilige echte technische Nutzungsdauer zu ermitteln, wie unter »Pro« gefordert, müssten regelmäßige Diskussionsrunden zu diesem Thema mit Vertretern aus Technik und Betriebswirtschaft stattfinden. Das geschieht in der Praxis kaum. Wenn allerdings ohne eine solche Expertenrunde die jeweilige Nutzungsdauer vom Controller nur geschätzt wird, bleibt es fraglich, ob die so ermittelten Daten tatsächlich bessere Ergebnisse liefern, als die jeweils durchschnittliche Nutzungsdauer der Anlagenklasse ergeben hätte.
- **Kontra zu Argument 2: Betriebliche Praxis muss abgebildet werden**
  Selbstverständlich muss die betriebliche Praxis in der Anlagenbuchhaltung abgebildet sein, um brauchbare Daten für das Controlling liefern zu können. Entsprechend muss die Anlagenbuch-

haltung also bereit sein, beim Bau einer Anlage die jeweiligen wiederverwendbaren Bauteile einzeln zu führen. Beim Umbau von Anlagen muss der »Umzug« auf andere Kostenstellen im Anlagenstamm nachgetragen werden. Das unter Punkt 2 angeführte Argument ist nicht nur ein Argument gegen die Nutzung von FI-Abschreibungen im Controlling, sondern ein Argument gegen die Nutzung einer integrierten Software wie SAP ERP schlechthin. Mit der Einstellung, dass Daten von jeder Abteilung nur in der für sie selbst hinreichenden Qualität gepflegt werden, ergibt Controlling mit SAP ERP keinerlei Sinn. Der einzige Ausweg liegt darin, die betroffenen Fachabteilungen (hier: die Anlagenbuchhaltung) vom Sinn der Mehrarbeit zu überzeugen und damit einen Beitrag zur Optimierung des ganzen Systems zu leisten.

- **Kontra zu Argument 3: Abschreibung zu Wiederbeschaffungswerten**
  Bei diesem Argument wird davon ausgegangen, dass am Absatzmarkt grundsätzlich Preise erzielt werden, die mindestens die eigenen Kosten decken. Realität ist allerdings, dass die Kosten der Produktion nur sehr bedingt die Marktpreise beeinflussen. Im heutigen Umfeld eines immer weiter zunehmenden Wettbewerbs besteht eher die Gefahr, dass sich Unternehmen mit kalkulatorischen Kostenbestandteilen »aus dem Markt kalkulieren«. Die Firma nimmt in Kauf, Aufträge zum Marktpreis abzulehnen, weil sie vermeintlich nicht kostendeckend sind. Abschreibungen zu Wiederbeschaffungswerten sind zum Teil kalkulatorische Kosten, weil sie die tatsächlich in der Periode anfallenden Kosten übersteigen.
- **Kontra zu Argument 4: Abschreibung unter null**
  Noch stärker als im dritten Punkt werden hier kalkulatorische Kosten im Controlling verarbeitet. Die grundsätzliche Gefahr, die hier in Kauf genommen wird, wurde bereits angesprochen. Des Weiteren zeigt die Praxis, dass abgeschriebene Maschinen durch Minderleistungen und dadurch bedingten höheren manuellen Aufwand und durch höhere Kosten bei Wartung und Reparatur nur vermeintlich billiger sind als neuere Anlagen. Eine Berücksichtigung von fiktiven Abschreibungen würde also dem gewünschten Effekt genau zuwiderlaufen. Die Maschinenkosten würden in den Kalkulationen quasi doppelt ausgewiesen. Nach meiner Erfahrung bergen Abschreibungen unter null Gefahren

und Fehlerquellen, die nicht durch den möglichen Nutzen aufgewogen werden.

Bei der Harmonisierung von externem und internem Rechnungswesen ist die Synchronisation der Abschreibungen eine der größeren Hürden für die Controller. Wenn Sie sich von diesem Satz angesprochen fühlen, habe ich einen Trost für Sie: Auch für die Buchhalter habe ich noch einige Kröten in diesem Buch vorbereitet, die auf dem Weg zu einem abgestimmten Berichtswesen zu schlucken sind.

3.1.3 Primäre Kostenarten in SAP ERP

Genug der Vorrede, beginnen wir mit SAP ERP. Die Kollegen der Finanzbuchhaltung legen Sachkonten an (siehe Abbildung 3.1). Im Block STEUERUNG IM KONTENPLAN wird mit dem Schalter ERFOLGSKONTO/BESTANDSKONTO festgelegt, ob es sich hier um ein Konto der GuV oder der Bilanz handelt. GuV-Konten werden als ERFOLGSKONTO gekennzeichnet. Bilanzkonten sind BESTANDSKONTEN. Primäre Kostenarten im Controlling können nur für Erfolgskonten definiert werden. Falls Sie die Kontodaten im Original sehen wollen, hier die entsprechende Transaktion: FS00, im Menü: RECHNUNGSWESEN • FINANZWESEN • HAUPTBUCH STAMMDATEN • EINZELBEARBEITUNG • ZENTRAL.

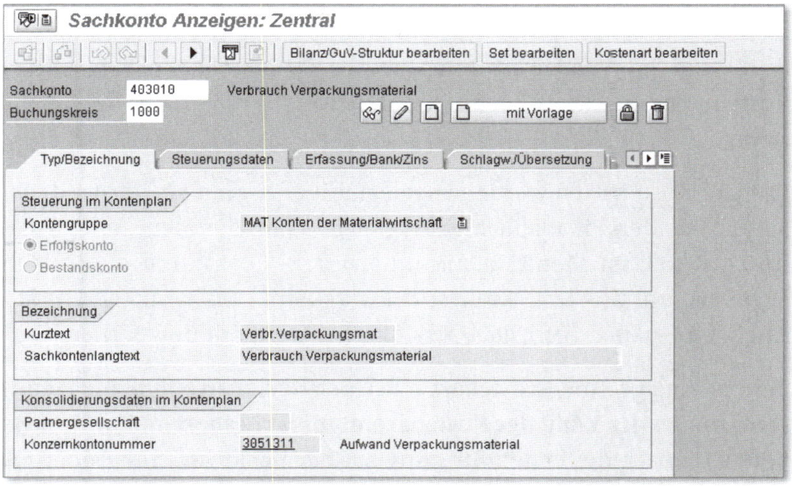

Abbildung 3.1 Sachkonto der Finanzbuchhaltung

Kostenrechnungskreis

Bevor Sie mit der Arbeit in der Kostenstellenrechnung beginnen, überprüfen Sie bitte, welcher Kostenrechnungskreis gesetzt ist. Die meisten Controller werden in genau einem Kostenrechnungskreis arbeiten und diesen fest in ihren Benutzereinstellungen speichern. Einige wenige Controller, die Konzerncontroller, haben das Recht, auf die Daten verschiedener Kostenrechnungskreise im Unternehmen zuzugreifen. Für sie ist die Transaktion OKKS besonders wichtig, im Menü: Rechnungswesen • Controlling • Kostenstellenrechnung • Umfeld • Kostenrechnungskreis setzen (siehe Abbildung 3.2).

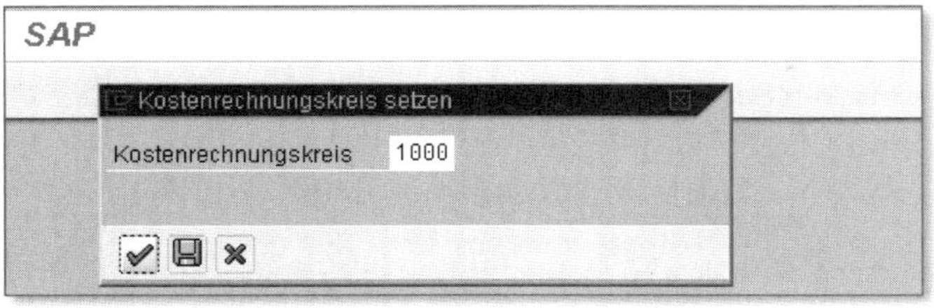

Abbildung 3.2 Kostenrechnungskreis setzen

Mit dem Button Als Benutzerparameter sichern wird der gewählte Kostenrechnungskreis für den angemeldeten Benutzer gespeichert und bleibt für alle zukünftigen Anmeldungen voreingestellt. Die Funktion Kostenrechnungskreis setzen ist nicht nur über den genannten Pfad erreichbar, sondern von fast jeder Transaktion der Gemeinkostenrechnung über die Menüleiste. Alle Beispiele in diesem Buch sind im Kostenrechnungskreis 1000 erstellt worden. Dieser Kostenrechnungskreis bleibt für den weiteren Verlauf fest eingestellt.

Stammdaten pflegen

Primäre Kostenarten werden angelegt mit Bezug auf ein vorhandenes Sachkonto der Finanzbuchhaltung. Die Transaktionen sind KA01, KA02, KA03, im Menü: Rechnungswesen • Controlling • Kostenartenrechnung • Stammdaten • Kostenart • Einzelbearbeitung • Anlegen Primär, Ändern, Anzeigen (siehe Abbildung 3.3).

Kostenartentypen

Bei der Anlage einer Kostenart muss der Kostenartentyp angegeben werden. Bei der Wahl des Kostenartentyps ist besondere Vorsicht geboten, da nach der ersten Buchung auf der Kostenart eine Änderung für das laufende Geschäftsjahr nicht mehr möglich ist. Die drei wichtigsten Kostenartentypen für primäre Kostenarten sind in Tabelle 3.2 kurz beschrieben.

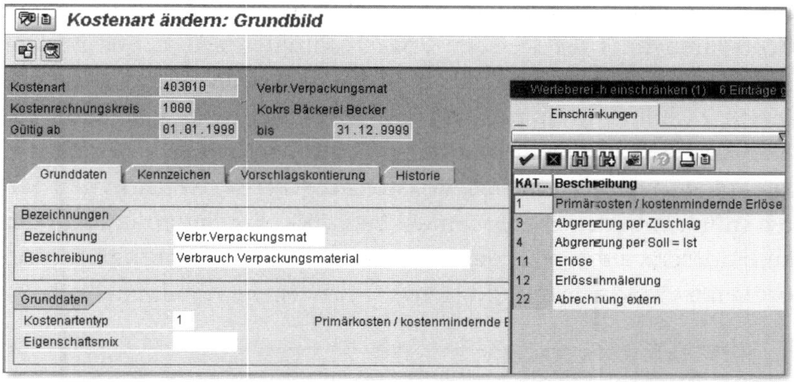

Abbildung 3.3 Primäre Kostenart pflegen

Typ	Beschreibung	Erläuterung
01	Primärkosten/ kostenmindernde Erlöse	Dieser Kostenartentyp ist die Standardeinstellung für alle Kostenarten, die aus den FI-Konten der Bereiche »Bestandsveränderung« oder »Aufwand« entstanden sind. Aber auch diejenigen Erlöskonten, die im Controlling auf Innenaufträgen oder Kostenstellen gebucht werden, insbesondere aus Bereichen wie »Sonstige Erlöse«, bekommen bei der Anlage der entsprechenden Kostenart dieses Merkmal. Damit wird sichergestellt, dass die Erlöse als echte negative Kosten auf den Kostenstellen auflaufen und nicht nur statistisch im Anhang des Kostenstellenberichtes erscheinen.
11	Erlöse	Dieser Eintrag ist allen Sachkonten vorbehalten, die erstens Erlöse oder Erlösschmälerungen repräsentieren und die zweitens über Fakturen des Moduls SD (Vertrieb) direkt in die Ergebnisrechnung des Controllings überführt werden.
12	Erlösschmälerung	Technisch kein Unterschied zum Kostenartentyp 11

Tabelle 3.2 Kostenartentypen für primäre Kostenarten

Weitere Kostenartentypen für primäre Kostenarten existieren für Abgrenzungskostenarten. Mit solchen Kostenarten können aperiodische Aufwendungen wie z. B. Urlaubsgeld, Weihnachtsgeld oder Versicherungsbeiträge über alle Perioden des Jahres gleichmäßig verteilt werden.

Vorschlagskontierung

Eine weitere wichtige Einstellung bei der Definition einer primären Kostenart erfolgt auf der Seite Vorschlagskontierung. Die Kostenstelle oder der Innenauftrag, der hier eingetragen wird, steht – wie die Bezeichnung vermuten lässt – bei der manuellen Erfassung von Buchungen in der Finanzbuchhaltung als Vorschlag zur Verfügung. Diese Funktion des Eintrags Vorschlagskontierung ist in den Fällen sinnvoll, in denen ein manuell bebuchtes Sachkonto immer oder zumindest überwiegend dem gleichen Objekt im Controlling zuzuordnen ist.

Beispiele

- Buchung der Telefonrechnung auf einem Sachkonto »Telefon« und einer einzigen Kostenstelle zur Verrechnung der Telefonkosten (siehe Abbildung 3.4). Die Weiterbelastung auf die einzelnen Kostenstellen mit externem Telefonanschluss könnte dann mittels interner Leistungsverrechnung gemäß telefonierter Einheiten erfolgen.
- Buchung von Energierechnungen entsprechend dem eben beschriebenen Verfahren
- Buchung von Werbekosten auf einem gleichnamigen Sachkonto und einer Kostenstelle »Marketing«

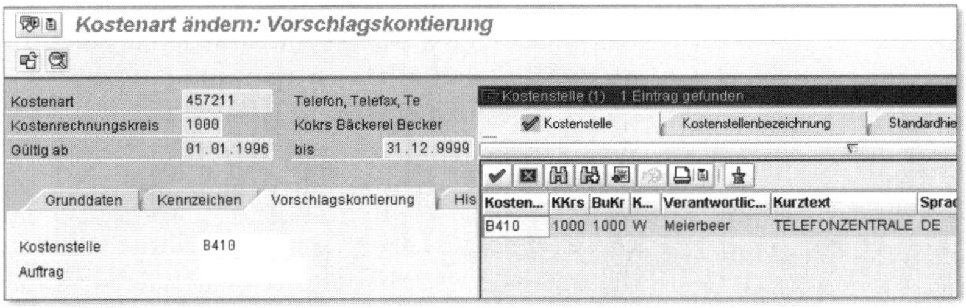

Abbildung 3.4 Vorschlagskontierung für Kostenart »Telefon«

Exkurs für Experten

Die Vorschlagskontierungen sind in zwei weiteren Fällen wichtig:

- beim nachträglichen Anlegen einer Kostenart und der anschließenden Übernahme von bereits gebuchten Belegen in das Controlling
- bei der Versorgung von automatischen Buchungen mit einem Controllingobjekt, für die im SAP-Standard keine Übergabe in die Kostenrechnung vorgesehen ist

In den bisherigen Ausführungen wurde deutlich, dass sich die Bereiche Finanzbuchhaltung und Controlling bei der Definition von Sachkonten und Kostenarten eng abstimmen müssen. Die Zusammenarbeit muss so früh wie möglich beginnen sowie dauerhaft und eng gestaltet werden. Trotzdem lässt es sich in der Praxis nicht immer vermeiden, dass in der Finanzbuchhaltung Sachkonten angelegt werden, die nachträglich als Kandidaten für Kostenarten auftauchen. Die Buchungen auf dem Sachkonto, die vor der Anlage der Kostenart durchgeführt wurden, sind dann im Controlling allerdings nicht verfügbar. Abhilfe schafft eine Funktion im Customizing, mit der Belege der Finanzbuchhaltung »nachgebucht« werden können. Diese Funktion lässt allerdings keine manuelle Angabe eines Controllingobjekts zu. Also muss die betroffene Kostenart zwingend mit einer Vorschlagskontierung versorgt werden, um die genannte Funktion nutzen zu können.

Einige maschinelle Buchungen der Materialwirtschaft zielen auf Sachkonten der Bereiche Bestandsveränderungen oder Materialaufwand, ohne Controllingobjekte wie Kostenstellen oder Fertigungsaufträge mitzuliefern.

Hier einige Beispiele:

- Umbewertung von eigenen Erzeugnissen durch die Freigabe von Kalkulationen
- Buchung von Inventurdifferenzen
- Buchung von Preisdifferenzen ohne ausreichenden Materialbestand

Der SAP-Standard geht davon aus, dass diese Buchungen in der GuV der Finanzbuchhaltung dargestellt werden, aber keine Relevanz für das Controlling haben. Entsprechend der in diesem Buch propagierten Harmonisierung von externem und internem Rechnungswesen müssen für diese Buchungen Sammelobjekte im Controlling geschaffen werden. Diese Sammelobjekte, z. B. Innenaufträge, werden dann als Vorschlagskontierung in den Stammdaten der Kostenart hinterlegt. Von diesen Sammelobjekten können Abrechnungen in die Ergebnisrechnung definiert werden. Somit ist die Synchronisation von Finanzbuchhaltung und Controlling in diesem Punkt sichergestellt.

Und nun?

Auf den vorigen Seiten wurde beschrieben, wie primäre Kostenarten im Controlling anzulegen sind. Der Aspekt »Harmonisierung im Rechnungswesen« wurde einige Male angesprochen. Also ist Controlling nichts weiter als die Kopie der Finanzbuchhaltung? Nein, selbstverständlich nicht!

Böse Zungen bezeichnen die Buchhalter als »Erbsenzähler«. Wenn das richtig ist, dann sind die Controller »Linsenspalter«. Mit der korrekten Buchung eines Betrages auf einem Sachkonto der Finanzbuchhaltung geben sich die Controller nämlich nicht zufrieden.

Lohn

Wenn der Buchhalter beispielsweise Lohnzahlungen bucht, genügt ihm die Information, welchen Betrag das Unternehmen insgesamt in einem Monat für diese Position aufwendet. Die Verknüpfung mit den Personen, die den Lohn erhalten, erfolgt nicht in der Finanzbuchhaltung, sondern in einem Lohnbuchhaltungssystem, z. B. im Modul HR (Human Resources) von SAP ERP. In den meisten Unternehmen dürfen die Controller aus Datenschutzgründen die personenbezogenen Buchungen nicht verarbeiten. Sie sind aber mit der pauschalen Betrachtung der Buchhaltung nicht zufrieden. Also werden im Controlling Kostenstellen gebildet, die z. B. die Abteilungen eines Unternehmens repräsentieren. Bei der Übernahme der Lohnkosten in die Finanzbuchhaltung werden dann Zwischensummen für die einzelnen Kostenstellen gebildet. Der Gesamtbetrag der primären Kostenart »Lohn« wird also in einzelne Buchungen für jede Kostenstelle gesplittet.

Materialverbrauch

Ebenso lassen sich die unterschiedlichen Blickwinkel von Finanzbuchhaltung und Controlling am Beispiel des Materialverbrauchs darstellen. Bei der Entnahme von Rohmaterial für die Produktion entstehen Aufwände durch die entsprechende Verringerung des Lagerbestandes an Rohmaterial. Die Buchhalter sind zufrieden mit der Buchung des Wertes der verbrauchten Rohmaterialien. Selbst eine einzige Zahl, die den Gesamtwert des Rohmaterialverbrauchs darstellt, genügt den Anforderungen aus der Finanzbuchhaltung. Die Controller dagegen wollen mehr wissen:

1. Welches Material wurde verbraucht?
2. Es interessiert sie außer dem Wert (Euro) auch die verbrauchte Menge (Kilogramm, Liter, Meter etc.).
3. Wofür wurde das Rohmaterial eingesetzt?

Normalerweise wird das »Wofür« in SAP ERP durch einen Fertigungsauftrag abgebildet. Bei Buchungen im Modul PP (Produktionsplanung und -steuerung) wird angegeben, für welches produzierte Halbfabrikat oder Fertigprodukt ein entnommenes Rohmaterial eingesetzt wurde. Die Buchungen auf der primären Kostenart »Materialverbrauch« sind aufgeteilt nach allen im Unternehmen hergestellten Zwischen- und Endprodukten.

Integration von Buchhaltung und Controlling

Die Buchhaltung interessiert sich für verdichtete Daten je Sachkonto und Monat. Das Controlling möchte die Zahlen zusätzlich nach Controllingobjekten gegliedert sehen. Im System SAP ERP wird diesen unterschiedlichen Anforderungen dadurch Rechnung getragen, dass in allen betroffenen Systemen die jeweils kleinste Einheit gebucht wird. Die Buchhalter finden also als Einzelposten auf den Sachkonten alle Detailbuchungen, die durch die vorgelagerten Systeme entstehen, sei es Materialwirtschaft, Produktion oder Vertrieb. Auch die manuellen Buchungen der Finanzbuchhaltung selbst werden entsprechend den Bedürfnissen der Controller aufgeteilt. Technisch gesehen werden durch die Buchungen auf primären Kostenarten immer zwei Datensätze geschrieben, ein Datensatz in den Datenbanktabellen der Buchhaltung und ein redundanter Datensatz in den Tabellen des Controllings. Finanzbuchhaltung und Controlling enthalten also im Prinzip dieselben detaillierten Daten.

3.1.4 Sekundäre Kostenarten

Mit den primären Kostenarten werden Daten aus der Finanzbuchhaltung übernommen. Für weitere Verrechnungen von Kosten und Erlösen innerhalb des Controllings werden sekundäre Kostenarten gepflegt.

Zu Beginn von Abschnitt 3.1, »Kostenarten«, wurden die sekundären Kostenarten als »Rucksäcke zum Transport von Kosten zwischen verschiedenen Controllingobjekten« bezeichnet. Controllingobjekte sind Kostenstellen, Innenaufträge, Fertigungsaufträge und Ergebnisobjekte. Was aber sind Kostenstellen, Innenaufträge, Fertigungsaufträge und Ergebnisobjekte? *Kostenstellen* repräsentieren die Abteilungen in einem Unternehmen; *Innenaufträge* stehen für Projekte, die im Unternehmen durchgeführt werden; ein *Fertigungsauftrag* sammelt Informationen über Produktionsmengen, und ein *Ergebnisobjekt* ist jede Zeile einer Ausgangsrechnung, die Auskunft darüber gibt, welches Produkt an welchen Kunden in welcher Menge zu welchem Preis verkauft wurde. Zwischen den unterschiedlichen Controllingobjekten werden intensiv Kosten verrechnet.

Beispiele für Kostenverrechnungen

- **Zwischen Kostenstellen**
  Die Schlosserei repariert Anlagen in der Fertigung. Für diese Leistung erhält die Schlosserei eine innerbetriebliche Gutschrift, die entsprechende Kostenstelle in der Fertigung wird mit genau diesen Kosten belastet.

- **Von Kostenstelle auf Innenauftrag**
  Ein Mitarbeiter des Vertriebs wird für einige Zeit für ein Projekt »Marktchancen in Osteuropa« abgestellt. Für diese Zeit werden die Personalkosten dieses Mitarbeiters von der Kostenstelle »Vertrieb« auf den Innenauftrag dieses Projekts verrechnet.
- **Von Kostenstelle auf Fertigungsauftrag**
  Für die Herstellung von Produkten werden Maschinen, Personal und Energie genutzt. Die Kosten hierfür werden zunächst auf Kostenstellen gebucht. Erst mit der Meldung von Arbeits- und Maschinenzeiten erfolgt die Verrechnung von der Produktionskostenstelle auf den Fertigungsauftrag.
- **Von Innenauftrag auf Ergebnisobjekt**
  Die Kosten der Werbung für eine bestimmte Marke werden auf einem Innenauftrag geführt. Vom Innenauftrag werden die Kosten in die Ergebnisrechnung an alle Produkte verrechnet, die diesen Markennamen tragen.

Alle genannten Verrechnungen sind für die Finanzbuchhaltung nicht relevant. Für die betriebswirtschaftliche Steuerung eines Unternehmens sind Verrechnungen dieser Art allerdings unerlässlich. Und genau hier beginnt die Existenzberechtigung des Controllings. Und sie beginnt mit der Definition von sekundären Kostenarten mit den Transaktionen KA06, KA02, KA03, im Menü: Rechnungswesen • Controlling • Kostenartenrechnung • Stammdaten • Kostenart • Einzelbearbeitung • Anlegen Sekundär, Ändern, Anzeigen (siehe Abbildung 3.5).

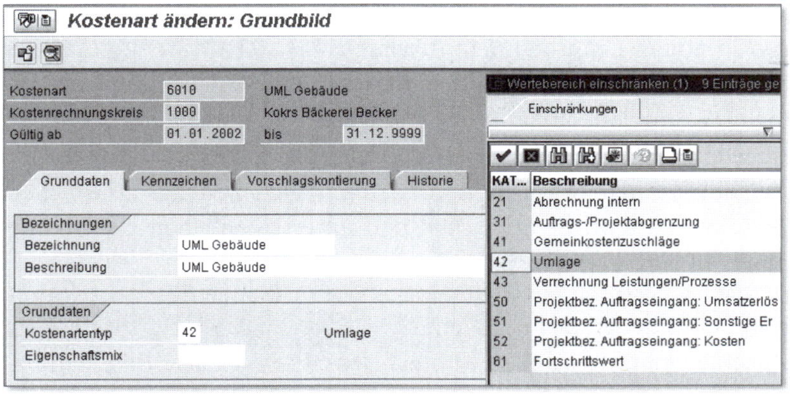

Abbildung 3.5 Sekundäre Kostenart anlegen

Wie bei der Anlage von primären Kostenarten muss auch bei der Anlage von sekundären Kostenarten der Kostenartentyp festgelegt werden. Die wichtigsten Kostenartentypen sind 21 »Abrechnung intern«, 41 »Gemeinkostenzuschläge«, 42 »Umlage« und 43 »Verrechnung Leistungen/Prozesse«.

Der Kostenartentyp 21 wird zur Abrechnung von Aufträgen genutzt (siehe Abschnitte 3.3.4 und 3.3.6). Die Umlagen von Kostenstellen mit Kostenarten vom Typ 42 können auf andere Kostenstellen als Empfänger zielen (siehe Abschnitte 3.2.3 und 3.2.4) oder auf Objekte in der Ergebnisrechnung (siehe Abschnitt 5.4.4). Die innerbetriebliche Leistungsverrechnung (Kostenartentyp 43) sendet von Kostenstellen an andere Kostenstellen (siehe Abschnitte 3.2.3 und 3.2.4) oder an Produkte (siehe Abschnitt 4.4).

3.2 Kostenstellen

3.2.1 Grundlagen

»Wenn sich drei Deutsche treffen, gründen sie einen Verein« – so lautet ein bekanntes Vorurteil. Übertragen auf die betriebliche Praxis könnte man sagen: »Wenn drei Personen am selben Ort in einem Unternehmen eine vergleichbare Tätigkeit ausführen, bekommen sie eine Kostenstelle.« Kostenstellen haben also etwas zu tun mit Raum (Büro, Produktionsfläche, Maschine, Verkaufsstelle) und mit Menschen (Abteilungsleiter, Mitarbeiter, Maschinenführer, Handwerker etc.). Kostenstellen gelten normalerweise unbefristet.

Definition von Kostenstellen

Aber wie genau ist bei der Definition von Kostenstellen vorzugehen? Brauche ich für meinen Produktionsbereich eine, zehn oder gar hundert Kostenstellen? Wie soll der Verwaltungsbereich sinnvoll in Kostenstellen gegliedert werden? Darf ich Kostenstellen anlegen, auf denen nur eine Person tätig ist? Auf diese Fragen gibt es leider keine allgemeingültige Antwort. Die Struktur der Kostenstellen richtet sich einerseits nach den betrieblichen Gegebenheiten. Die Einrichtung neuer oder der Abbau bestehender Produktionsanlagen wird auf die Struktur der Kostenstellen Einfluss nehmen. Aber auch das Kostenrechnungsverfahren, d. h. die Verrechnungsmethode, entscheidet darüber, welche Kostenstellen im Unternehmen eingerichtet werden.

Datenschutz bei Kostenstellendaten

Außerdem dürfen bei der Festlegung einer Kostenstellenstruktur die Vorgaben des Datenschutzes und der Mitarbeitervertretungen nicht außer Acht gelassen werden. Wenn die Anzahl der Personen auf einer Kostenstelle zu gering wird, liegen die Gehälter dieser Personen für diejenigen offen, die Zugriffsrechte auf diese Kostenstelle haben. Wenn unterschiedliche Vergütungsarten in unterschiedlichen Kostenarten abgebildet sind, verschärft sich dieses Problem. Oftmals werden Lohn, tarifliches Gehalt und außertarifliches Gehalt in Kostenarten differenziert. So kann, selbst auf einer Kostenstelle mit zehn Personen, das Gehalt des Kostenstellenleiters mit einem Blick auf den Kostenstellenbericht abgelesen werden, weil er als Einziger außertariflich bezahlt wird. Als Ausweg aus dieser Situation könnten zwei unterschiedliche Kostenstellenberichte im System angelegt werden. Im ersten Bericht sind alle Kostenarten sichtbar. Dieser erste Bericht darf nur vom Leiter der Kostenstelle aufgerufen werden. In einem zweiten Bericht werden die Kostenarten für Personalkosten ausgeblendet. Mit diesem zweiten Bericht können weitere autorisierte Personen, z. B. ein Assistent des Kostenstellenleiters, ihre Analysen durchführen.

Arten von Kostenstellen

Kostenstellenverzeichnisse werden sehr individuell für jedes Unternehmen eingerichtet. Sie unterscheiden sich zwischen den Branchen erheblich. Für produzierende Firmen lassen sich allerdings fünf wesentliche Arten von Kostenstellen unterscheiden:

- **Produktionskostenstellen**
  Alle Kostenstellen, die direkt oder indirekt an der Herstellung von Gütern beteiligt sind, werden als Kostenstellen der Produktion bezeichnet. Kostenstellen der Produktion sind die eigentlichen Fertigungslinien mit dem entsprechenden Personal, aber auch Stellen wie Produktionsleitung, Arbeitsvorbereitung und Qualitätsmanagement fallen in diese Gruppe.
- **Dienstleister**
  Als Dienstleister werden Kostenstellen bezeichnet, die für andere Kostenstellen tätig sind. Das können Handwerker wie Schlosser und Elektriker oder soziale Einrichtungen wie die Kantine sein. Aber auch Energiekostenstellen oder die Telefonzentrale werden als Dienstleister bezeichnet.
- **Beschaffung und Lager**
  Unter einer Gruppe »Beschaffung und Lager« werden alle Kostenstellen zusammengefasst, die mit dem Einkauf von Rohmaterial, Maschinen und Dienstleistungen beschäftigt sind, sowie die Kosten-

stellen, bei denen die Kosten gesammelt werden, die für die Lagerung von Rohmaterial, Halbfabrikaten oder Fertigwaren anfallen.

- **Verwaltung**
  Unter »Verwaltung« werden Kostenstellen wie Geschäftsleitung, Buchhaltung, EDV, Personal und – nicht zu vergessen – Controlling zusammengefasst.
- **Vertrieb**
  Der letzte Bereich an Kostenstellen repräsentiert alle unternehmerischen Aktivitäten des Vertriebs und des Marketings.

3.2.2 Stammdaten – Kostenstellen

Jede Kostenstelle ist im System in einem Stammsatz repräsentiert. Die Transaktionen sind KS01, KS02 und KS03, im Menü: RECHNUNGSWESEN • CONTROLLING • KOSTENSTELLENRECHNUNG • STAMMDATEN • KOSTENSTELLE • EINZELBEARBEITUNG • ANLEGEN, ÄNDERN, ANZEIGEN (siehe Abbildung 3.6).

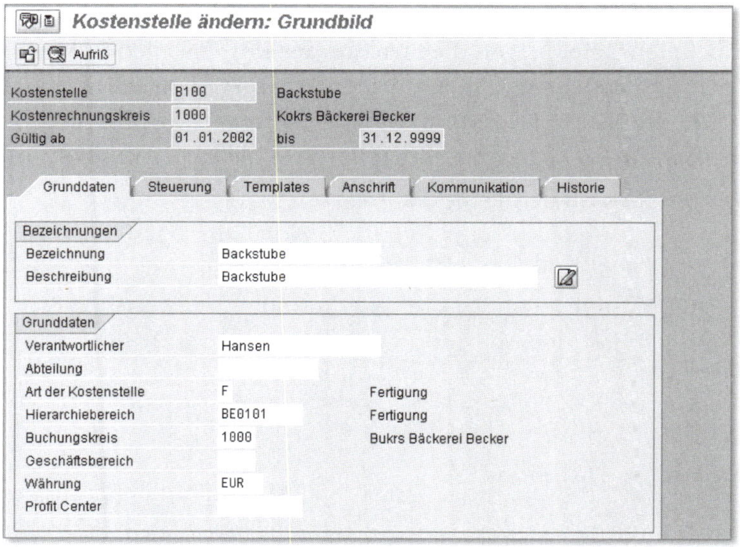

Abbildung 3.6 Grunddaten zur Kostenstelle

Im zweiten Register des Kostenstellenstamms, STEUERUNG, werden Sperren gesetzt und aufgehoben (siehe Abbildung 3.7). Diese Kostenstelle ist für die Buchung von Kosten aller Art geöffnet und für die Buchung von Erlösen gesperrt. Das ist auch gut so, denn Erlöse gehören nicht auf Kostenstellen, sondern in die Ergebnisrechnung.

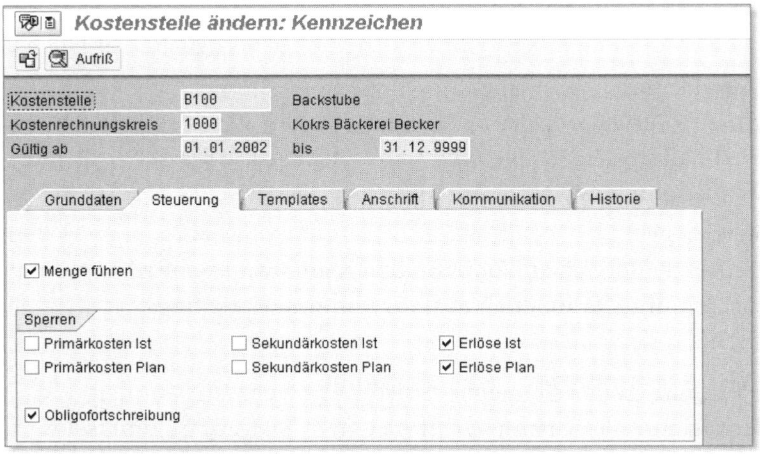

Abbildung 3.7 Kostenstelle – Steuerung

Kostenstellen-hierarchie

Kostenstellen, so einfach hintereinander angelegt, fühlen sich orientierungslos, sie rufen nach einer übergeordneten Struktur. Die sollen sie haben. Die Struktur der Kostenstellen entspricht der Struktur des Unternehmens. Sie pflegen die Struktur der Kostenstellen in hierarchischen Kostenstellengruppen mit den Transaktionen KSH1, KSH2 und KSH3, im Menü: RECHNUNGSWESEN • CONTROLLING • KOSTENSTELLENRECHNUNG • STAMMDATEN • KOSTENSTELLENGRUPPE • ANLEGEN, ÄNDERN, ANZEIGEN (siehe Abbildung 3.8).

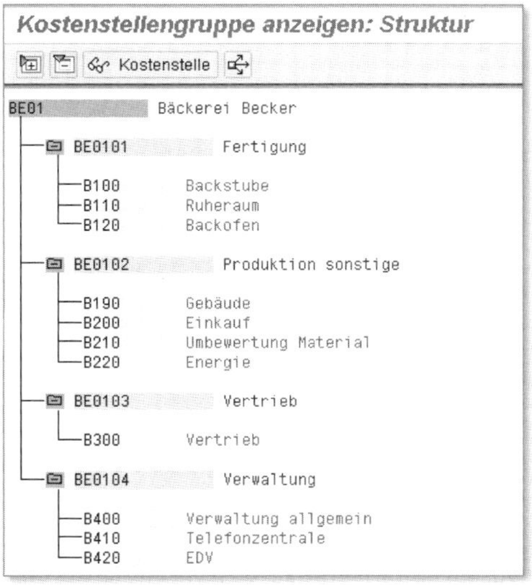

Abbildung 3.8 Kostenstellengruppen

3.2.3 Planung mit Kostenstellen

Am Anfang von allem steht ein Plan. Und hier liegt ein wichtiger Unterschied zwischen Buchhaltung und Controlling. Die Buchhalter blühen erst dann richtig auf, wenn sie einen Beleg haben, d.h. die Rechnung eines Lieferanten oder die Rechnung an einen Kunden. Die Buchhalter sind orientiert am *Ist*. Das Ist ist wichtig, keine Frage – mit der gleichen Freude blicken die Controller allerdings auf den *Plan*. Wie viel will wer wofür ausgeben, und was erhalten wir dafür? Was wird uns die Herstellung dieses Produkts kosten? Das sind die typischen Fragen des Controllers.

Planversion anlegen

Die Planung in der Gemeinkostenrechnung beginnt mit dem Customizing einer Planversion. Versionen werden gepflegt mit Transaktion S_ALR_87005830, im Menü: Rechnungswesen • Controlling • Kostenstellenrechnung • Planung • Laufende Einstellungen • Versionen pflegen (siehe Abbildung 3.9).

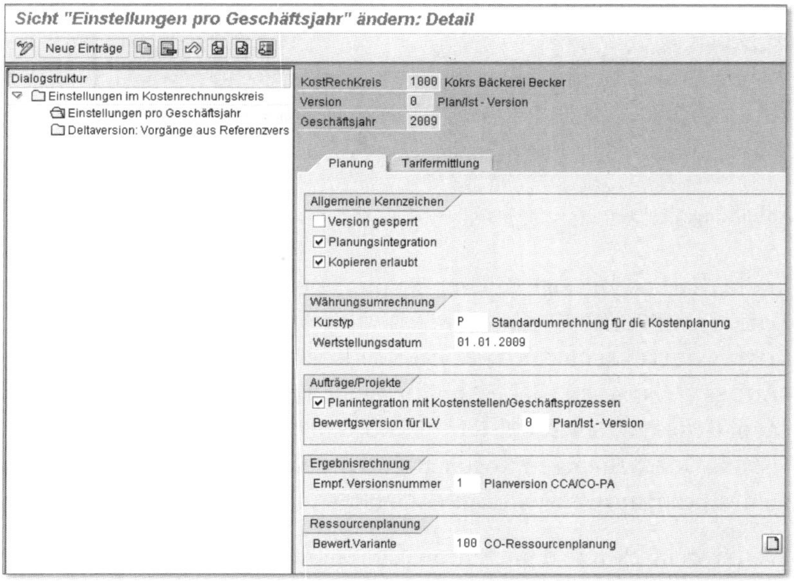

Abbildung 3.9 Planversion pflegen

Planung mit Kostenarten

Die Stammdaten der Kostenstellen sind das Skelett eines Unternehmens. So richtig Spaß macht das Leben aber erst mit Fleisch und Blut oder, auf die Kostenstellen übertragen, mit Kosten und Leistungen.

Der erste Schritt der Planung verknüpft Strukturen der Buchhaltung (primäre Kostenarten) mit denen des Controllings (Kostenstellen). Eine Planung dieser Art wird in den meisten Unternehmen einmal im Jahr, meist im Herbst, für das Folgejahr durchgeführt.

Planerprofil

Eine technische Grundeinstellung bei der Planung ist die Wahl eines geeigneten Planerprofils mit Transaktion KP04, im Menü: Rechnungswesen • Controlling • Kostenstellenrechnung • Planung • Planerprofil setzen (siehe Abbildung 3.10). Das Planerprofil SAPALL ermöglicht die wichtigsten Planungsschritte innerhalb der Gemeinkostenrechnung.

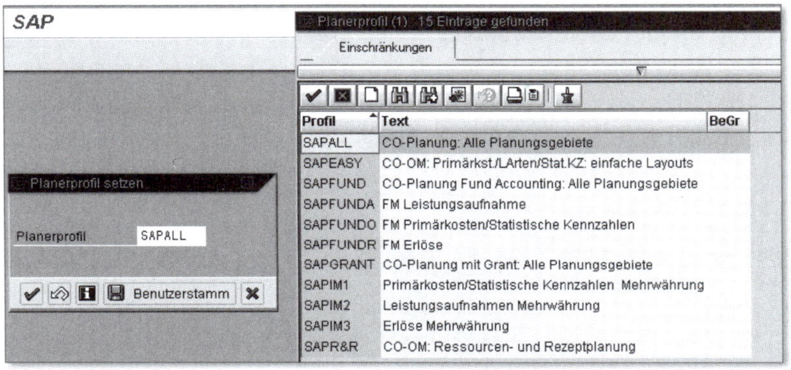

Abbildung 3.10 Planerprofil setzen

Kosten auf Kostenstellen

In die Masken zur eigentlichen Planung gelangen Sie mit den Transaktionen KP06/KP07, im Menü: Rechnungswesen • Controlling • Kostenstellenrechnung • Planung • Kosten/Leistungsaufnahmen • Ändern/Anzeigen (siehe Abbildung 3.11). Geplant werden hier alle Monate des Jahres 2009. Für die Kostenstelle »Gebäude« ist die Erfassung von beliebigen Kostenarten vorgesehen. Die Bedeutung des Feldes Leistungsart wird im Folgenden erklärt.

Weiter geht es mit dem Button Übersichtsbild. Das Resultat zeigt Abbildung 3.12. Geplant werden hier Jahreswerte für die beiden Kostenarten 431010 und 451111. Die eingegebenen Zahlen stehen für Euro, das ist die Kostenrechnungskreiswährung der Bäckerei Becker. Die Währung ist auf diesem Bild nicht zu sehen, aber wenn man ein paar Mal mit dieser Funktion gearbeitet hat, weiß man's halt. Der Verteilungsschlüssel 1 in der Spalte VS gibt an, dass die Jahreswerte gleichmäßig auf alle zugrunde liegenden Perioden verteilt werden.

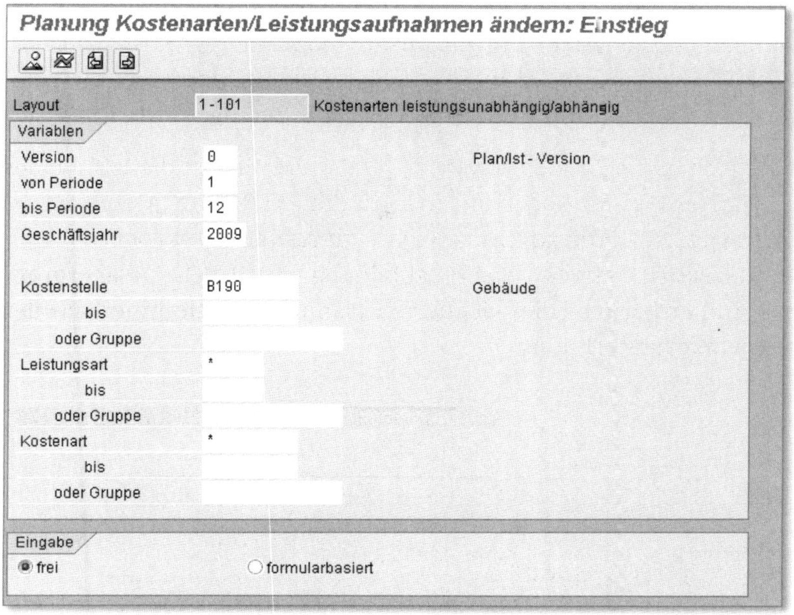

Abbildung 3.11 Planung mit Kostenarten – Einstieg

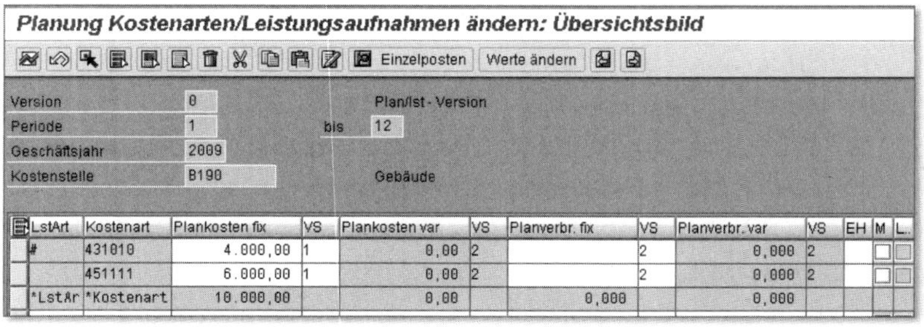

LstArt	Kostenart	Plankosten fix	VS	Plankosten var	VS	Planverbr. fix	VS	Planverbr. var	VS	EH	M	L..
#	431010	4.000,00	1	0,00	2		2	0,000	2			
	451111	6.000,00	1	0,00	2		2	0,000	2			
*LstAr	*Kostenart	10.000,00		0,00		0,000		0,000				

Abbildung 3.12 Planung mit Kostenarten – Übersichtsbild

Mit dem Button PERIODENBILD werden die Planwerte einer Kostenart für die einzelnen Perioden dargestellt (siehe Abbildung 3.13). Im System gespeichert werden die Werte für jeden einzelnen Monat (= Periode). Im Übersichtsbild wurden 4.000 EUR erfasst, entsprechend dem Verteilungsschlüssel wurden automatisch zwölf gleiche Einzelwerte zu 333 EUR ermittelt. Charakteristisch für SAP ERP ist die Rundung von Werten auf ganze Cent. Deshalb werden abwechselnd 333,33 EUR und 333,34 EUR als Periodenbetrag ermittelt.

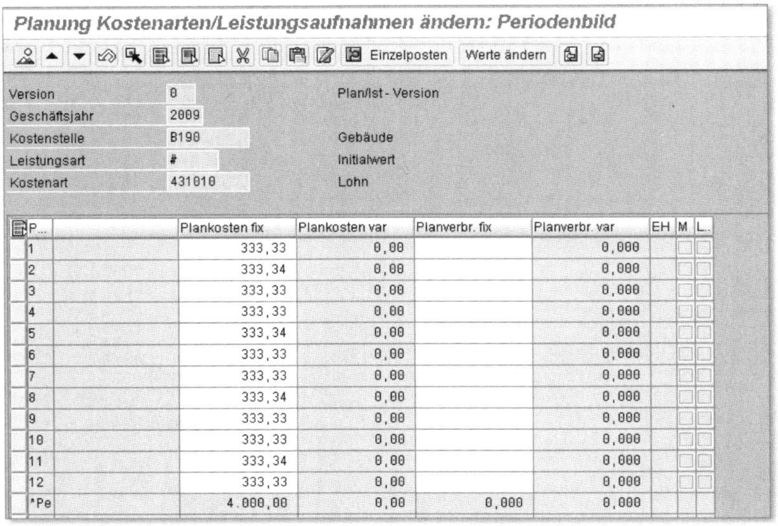

Planung Kostenarten/Leistungsaufnahmen ändern: Periodenbild
Einzelposten
Werte ändern
Version 0
Plan/Ist - Version
Geschäftsjahr 2009
Kostenstelle B190
Gebäude
Leistungsart #
Initialwert
Kostenart 431010
Lohn
P... Plankosten fix Plankosten var Planverbr. fix Planverbr. var EH M L..
1 333,33 0,00 0,000
2 333,34 0,00 0,000
3 333,33 0,00 0,000
4 333,33 0,00 0,000
5 333,34 0,00 0,000
6 333,33 0,00 0,000
7 333,33 0,00 0,000
8 333,34 0,00 0,000
9 333,33 0,00 0,000
10 333,33 0,00 0,000
11 333,34 0,00 0,000
12 333,33 0,00 0,000
*Pe 4.000,00 0,00 0,000 0,000

Abbildung 3.13 Planung mit Kostenarten – Periodenbild

Bericht zur Kostenstelle

Die Nummern der geplanten Kostenarten 431010 und 451111 sind aussagekräftig für vielleicht zwei oder drei Experten im Unternehmen. Alle anderen sind froh, wenn sie zur Nummer auch den Text der Kostenart angezeigt bekommen. Die gewünschte Information wird sichtbar, wenn Sie zur Anzeige nicht die Planungsfunktionen nutzen, sondern über das Infosystem einsteigen, z. B. mit dem Report S_ALR_87013611, im Menü: Rechnungswesen • Controlling • Kostenstellenrechnung • Infosystem • Berichte zur Kostenstellenrechnung • Plan/Ist-Vergleiche • Kostenstellen: Ist/Plan/Abweichung (siehe Abbildung 3.14).

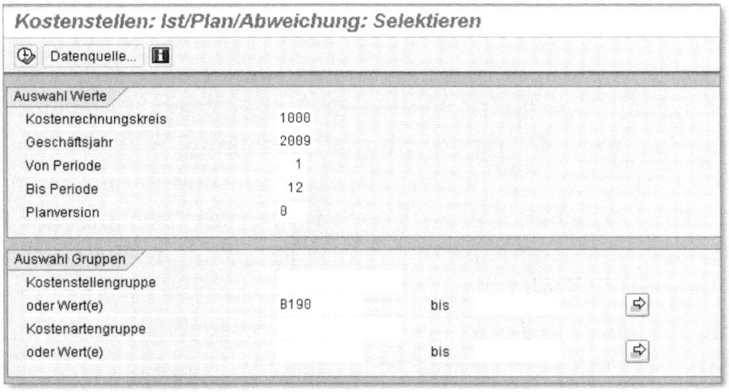

Abbildung 3.14 Anzeige der Kostenstellendaten – Einstieg

Mit dem Button AUSFÜHREN wird der Bericht aufgerufen (siehe Abbildung 3.15). Die Kostenart 431010 steht also für »Lohn und Gehalt« und die Kostenart 451111 für »Gebäudemieten«.

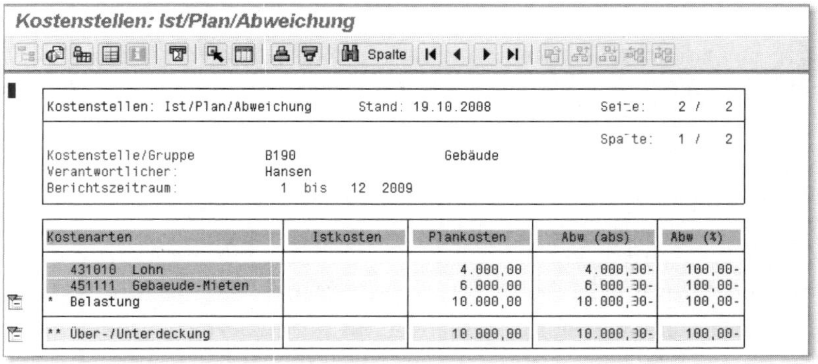

Kostenstellen: Ist/Plan/Abweichung

Spalte

Kostenstellen: Ist/Plan/Abweichung Stand: 19.10.2008 Seite: 2 / 2

Spalte: 1 / 2

Kostenstelle/Gruppe B190 Gebäude
Verantwortlicher: Hansen
Berichtszeitraum: 1 bis 12 2009

Kostenarten	Istkosten	Plankosten	Abw (abs)	Abw (%)
431010 Lohn		4.000,00	4.000,30-	100,00-
451111 Gebaeude-Mieten		6.000,00	6.000,30-	100,00-
* Belastung		10.000,00	10.000,30-	100,00-
** Über-/Unterdeckung		10.000,00	10.000,30-	100,00-

Abbildung 3.15 Kostenstelle – der erste Bericht

Fixe und variable Kosten

Für das Verständnis der weiteren Planung ist die Erläuterung der Begriffe fixe und variable Kosten wichtig. In einer modernen Kostenrechnung werden die Kosten danach untersucht, wie sie sich bei Änderungen von Leistungen verhalten. Die Leistung der Bäckerei ist die Produktion von Kuchen. Bei der Steigerung der Produktionsmenge werden mehr Zutaten (Mehl, Eier, Zucker) benötigt. Außerdem steigen die Kosten für Energie (Backofen, Rührer) und für Personal (Überstunden, Aushilfen). Diese Kosten sind *variabel*. Dagegen werden die Kosten für das Gebäude und für die Abschreibung der Maschinen von der Produktionsmenge nicht beeinflusst. Sie fallen in gleicher Höhe an, egal, ob rund um die Uhr oder gar nicht produziert wird. Diese Kosten sind *fix*.

Nur mit der Trennung der Kosten in fixe und variable Bestandteile können wichtige unternehmerische Fragen beantwortet werden wie: »Soll ich einen Zusatzauftrag mit geringerem Erlös pro Stück annehmen? Wie verändern sich durch die bessere Auslastung die Kosten für jeden einzelnen Kuchen, wenn sich die fixen Kosten auf eine höhere Produktionsmenge verteilen?«, oder: »Wie verändert sich im umgekehrten Fall meine Kostenstruktur, wenn ich einen Auftrag verliere? Die fixen Kosten kann ich nicht reduzieren, sie belasten eine geringere Produktionsmenge.«

Trennung von fix und variabel

Bei genauer Betrachtung wird klar, dass die Trennlinie zwischen fixen und variablen Kosten fließend ist. Wenn der Betrachtungszeitraum lang genug ist, sind alle Kosten variabel. Nach dem Verkauf oder der Auflösung des Unternehmens fallen nämlich keine Kosten mehr an. Umgekehrt sind variable Kosten nicht immer so variabel, wie sie zunächst erscheinen. Für die Einsatzmaterialien bestehen vielleicht Lieferverträge, die nicht ohne Konsequenzen gekündigt werden können. Arbeitsverträge sind alles andere als flexibel und werden zunehmend starrer. Personalkosten können also nicht ohne Schwierigkeiten an Produktionsschwankungen angepasst werden.

Wartung und Reparatur

Ganz dünn wird das Eis bei der Frage, ob Kosten für die Wartung und die Reparatur von Maschinen fix oder variabel sind. Bestimmte Wartungsintervalle werden eingehalten, ob produziert wird oder nicht; das ist ein Hinweis auf fixe Kosten. Reparaturen fallen nur an, wenn die Maschinen auch laufen, das ist ein Hinweis auf variable Kosten. Andererseits zeigt sich immer wieder, dass Maschinen, die »im Schwung« sind, weniger störanfällig sind als solche, die nur einmal pro Monat in Betrieb genommen werden, was zum krönenden Abschluss ein Hinweis auf *invers variable* Kosten ist. Invers variabel heißt: Mit steigender Leistung sinken die Kosten, und so etwas ist viel zu kompliziert, um in einem verständlichen Kostenrechnungssystem abgebildet zu werden. Also sagen wir doch einfach: Reparatur und Wartung sind fix.

Meine Empfehlung lautet: Trennen Sie fixe und variable Kosten in Ihrem Unternehmen grob, dafür aber klar und einheitlich. »Einsatzmaterialien, Produktionspersonal und Energie sind variabel, der Rest ist fix« könnte so eine grobe Richtlinie lauten. Mit einer solchen Festlegung, die weit genug oben in der Hierarchie abgesegnet ist, vermeiden Sie viele unfruchtbare Diskussionen.

Fixe Kosten Gebäude

Blicken wir zurück zur Planung der Kostenstelle »Gebäude« (siehe Abbildung 3.12). Hier wurden 6.000 EUR für die Miete (Kostenart 451111) und 4.000 EUR für Lohn und Gehalt (Kostenart 431010) geplant. Diese Kosten sind fix.

Planung mit Kostenarten und Leistungsarten

Voraussetzung für die Trennung der Kosten nach fixen und variablen Bestandteilen ist die Bestimmung der Leistung einer Kostenstelle. In SAP ERP werden hierfür Leistungsarten angelegt. Die geplante Kostenstelle »Gebäude« erbringt keine Leistung. Daher wurden die beiden Kostenarten ohne Bezug auf eine Leistungsart geplant, dargestellt durch das Zeichen # in der Spalte LSTART (siehe Abbildung 3.12).

Leistungsart

Betrachten wir die Kostenstelle »Backstube«, die Leistungen erbringt und bei der fixe und variable Kosten geplant werden. Was könnte die geeignete Leistungsart sein? »Anzahl Kuchen«? Was würde dann geschehen? Bei der Herstellung von 100 Stück Kuchen wäre die Leistung der Kostenstelle unabhängig davon, ob es sich bei den 100 Stück um aufwendigen Schokoladenkuchen mit Glasur handelt oder um 100 Stück Marmorkuchen mit deutlich weniger Aufwand. Die Leistungsmessung der Kostenstelle wäre ungerecht. Geeigneter wäre eine Leistungsart »Produktionszeit«. Wenn wir für jede Kuchensorte die benötigte Zeit für die Herstellung festlegen, können wir der Kostenstelle eine »Leistungsgutschrift« gewähren – je nachdem, welcher Kuchen gefertigt wurde. Für Schokoladenkuchen werden so mehr Leistungseinheiten pro Stück verrechnet als für Marmorkuchen. Außerdem ist es sinnvoll, die Produktionszeiten in manuelle Tätigkeiten und Maschinenzeiten für Rührer und Backofen zu trennen, weil bei diesen beiden Leistungsarten völlig unterschiedliche Kostenstrukturen zugrunde liegen. Manuellen Tätigkeiten wird die Kostenart »Personalkosten« zugeordnet, sie sind überwiegend variabel. Den Maschinenzeiten werden Abschreibungen, Kosten für Reparatur und Wartung sowie Energie zugeordnet. Diese Kosten sind überwiegend fix. Die beiden Leistungsarten der Backstube heißen Personalzeit und Maschinenzeit.

Pflegen Sie zunächst die gewünschten Leistungsarten mit den Transaktionen KL01, KL02, KL03, im Menü: RECHNUNGSWESEN • CONTROLLING • KOSTENSTELLENRECHNUNG • STAMMDATEN • LEISTUNGSART • EINZELBEARBEITUNG • ANLEGEN, ÄNDERN, ANZEIGEN (siehe Abbildung 3.16). Beachten Sie bitte die Zuordnung der Leistungsart zur Verrechnungskostenart 6001 »DILV Maschinenzeit«. Es handelt sich um eine sekundäre Kostenart von Typ 43 »Verrechnung Leistungen«. DILV in der Bezeichnung der Kostenart steht für »direkte interne Leistungsverrechnung«.

Leistungsmenge

Vom Skelett jetzt wieder zu Fleisch und Blut, von den Stammdaten der Leistungsart zur Planung der Leistungsmengen. Nutzen Sie hierfür das bekannte Planerprofil SAPALL (siehe Abbildung 3.10).

Abbildung 3.16 Leistungsart – Stammsatz

Die Datenerfassung bzw. -anzeige erfolgt mit den Transaktionen KP26, KP27, im Menü: RECHNUNGSWESEN • CONTROLLING • KOSTENSTELLENRECHNUNG • PLANUNG • LEISTUNGSERBRINGUNG/TARIFE • ÄNDERN, ANZEIGEN (siehe Abbildung 3.17).

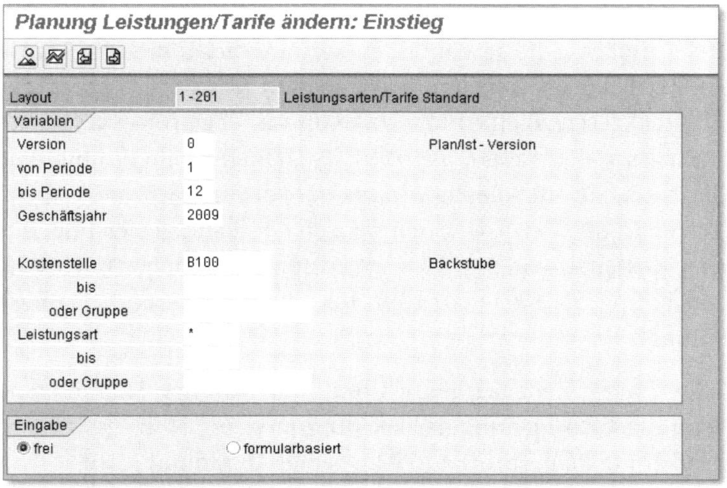

Abbildung 3.17 Planung – Leistungen/Tarife, Einstieg

Der Button ÜBERSICHTSBILD aktiviert die Maske zur Datenerfassung
(siehe Abbildung 3.18). Geplant wird eine Gesamtleistung der Leistungsart MASCH (Maschinenzeit) von 1.500 Stunden. Mit jeder
Stunde Maschinenzeit werden zwei Personen beschäftigt, so ergibt
sich für die Leistungsart PERS (Personalzeit) eine geplante Leistung
von 3.000 Stunden.

Planung Leistungen/Tarife ändern: Übersichtsbild

Version	8		Plan/Ist - Version
Periode	1	bis 12	
Geschäftsjahr	2009		
Kostenstelle	B100		Backstube

LstArt	Planleistung	VS	Kapazität	VS	EH	Tarif fix	Tarif var	Tar.EH	P...	P..D.	VKostenart	T	Ä-Ziff	Disp.Leis
MASCH	1.500,0	2		2	STD			00001	1	☐☐	6001	1	1	
PERS	3.000,0	2		2	STD			00001	1	☐☐	6002	1	1	
*LstAr	4.500,0		0,0										2	

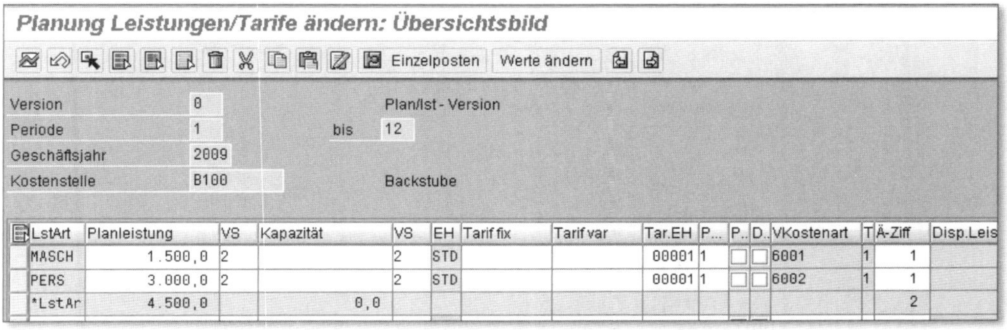

Abbildung 3.18 Planung – Leistungen/Tarife

Nach der Planung der Leistungsmengen kann die Planung der Kosten
auf der Kostenstelle »Backstube« beginnen (und zwar genau in dieser
Reihenfolge). Für die Planung von variablen Kosten sollten Sie keine
festen Beträge für das komplette Jahr planen, sondern Kostensätze je
Leistungseinheit, z. B. Euro pro Personalstunde. Diese Art der Planung funktioniert mit dem bisher verwendeten Planerprofil SAPALL
nicht. Nutzen Sie stattdessen das Planerprofil SAPR&R (Ressourcen-
und Rezeptplanung). Die Aktivierung des Planerprofils erfolgt wie
bereits erwähnt mit der Transaktion KP04.

Variable Kosten

Für die Erfassung der Plandaten wählen Sie die bereits genannten
Transaktionen KP06, KP07, im Menü: RECHNUNGSWESEN • CONTROL-
LING • KOSTENSTELLENRECHNUNG • PLANUNG • KOSTEN/LEISTUNGSAUF-
NAHMEN • ÄNDERN, ANZEIGEN (siehe Abbildung 3.19). Wegen des
neuen Planerprofils hat sich das Bild verändert.

Aktivieren Sie mit dem Button NÄCHSTES LAYOUT das Planungslayout
1–1R2 »wertmäßige Rezeptplanung«.

Mit dem Button ÜBERSICHTSBILD geht es weiter (siehe Abbildung
3.20). Betrachten wir in dieser Abbildung die einzelnen Zeilen Feld
für Feld.

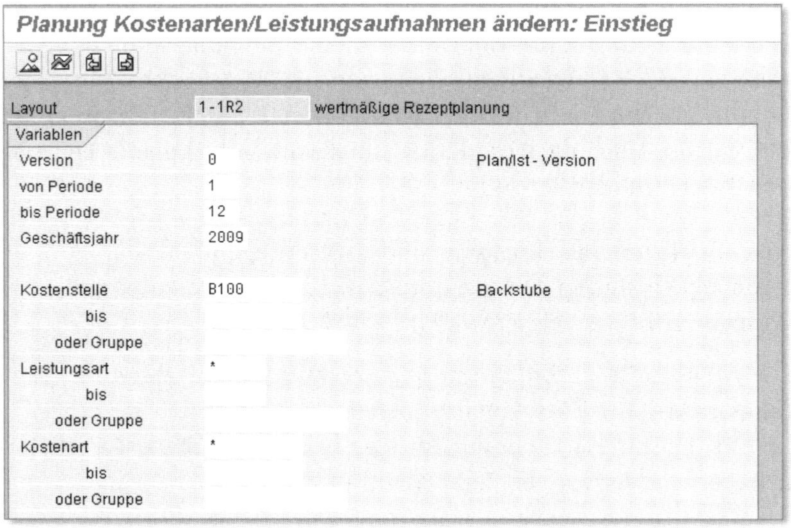

Abbildung 3.19 Kostenplanung mit Leistungsarten – Einstieg

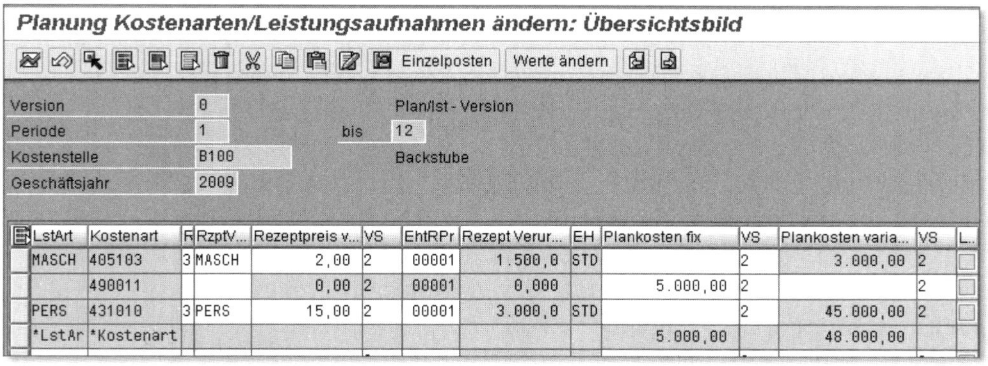

LstArt	Kostenart	R	RzptV...	Rezeptpreis v...	VS	EhtRPr	Rezept Verur...	EH	Plankosten fix	VS	Plankosten varia...	VS	L..
MASCH	405103	3	MASCH	2,00	2	00001	1.500,0	STD		2	3.000,00	2	
	490011			0,00	2	00001	0,000		5.000,00	2		2	
PERS	431010	3	PERS	15,00	2	00001	3.000,0	STD		2	45.000,00	2	
*LstAr	*Kostenart								5.000,00		48.000,00		

Abbildung 3.20 Kostenplanung mit Leistungsarten

Erste Zeile Die erste Zeile bezieht sich auf die Leistungsart MASCH (Maschinenstunde), wie aus dem Eintrag in der Spalte LstArt zu erkennen ist. Die Kostenart 405103 steht für »Stromkosten«. Das R in der Überschrift der dritten Spalte steht für »Rezepttyp«, der Schlüssel 3 in dieser Spalte bedeutet »in Bezug auf die Leistungsart«. In der Spalte RzptVArt (Rezept-Verursachungsart) wird die Leistungsart MASCH wiederholt. Der Rezeptpreis variabel mit 2,00 EUR in Kombination mit der Zahl 1 in EhtRPr (Einheit des Rezepturpreises) gibt an, dass für eine Maschinenstunde 2,00 EUR Stromkosten anfallen. Die 1.500

Stunden in der Spalte Rezept VerursMge (Rezept-Verursachungsmenge) werden hier zur Information aus der Mengenplanung angezeigt – die Mengenplanung für diese Kostenstelle haben wir bereits mit Transaktion KP26 durchgeführt (siehe Abbildung 3.18). Die Leistungsmenge (oder Rezept-Verursachungsmenge) kann hier nicht verändert werden. Ebenfalls zur Information werden in der Spalte Plankosten variabel die 2,00 EUR pro Stunde mit den 1.500 Stunden ausmultipliziert, als Ergebnis sind 3.000 EUR zu sehen. Für die Stromkosten sind in dieser Planung keine fixen Kosten vorgesehen, deshalb bleibt das Feld Plankosten fix leer.

Zweite Zeile

Die zweite Zeile in Abbildung 3.20 bezieht sich ebenfalls auf die Leistungsart MASCH (Maschinenstunde). Ein leerer Eintrag in der Spalte LstArt (Leistungsart) bei der Anzeige bedeutet: Für diese Zeile gilt der Wert aus der vorigen Zeile. Achtung, diese Regel bezieht sich nur auf die Anzeige bereits vorhandener Sätze. Bei der Erfassung von neuen Zeilen bedeutet ein leeres Feld in der Spalte LstArt: Dieser Satz wird ohne Bezug auf eine Leistungsart angelegt. Bei der Anzeige bereits vorhandener Sätze wird eine Zeile ohne Bezug auf eine Leistungsart mit dem Zeichen # gekennzeichnet (siehe Abbildung 3.12). Die Kostenart 490011 steht für »Kalkulatorische Abschreibungen Sachanlagen«. Die Spalten R (Rezeptur-Typ) und RzptVArt (Rezeptur-Verursachungsart) sind in der zweiten Zeile leer, d. h., hier ist keine Planung von variablen Kostensätzen vorgesehen. Die Regel »Leere Zelle = Eintrag aus der vorigen Zeile« gilt hier nicht. Die Spalten zur Eingabe von variablen Kostensätzen sind wegen der fehlenden Einträge in den Spalten R und RzptVArt gesperrt. Als Plankosten fix sind 5.000 EUR hinterlegt. Plankosten variabel sind für Abschreibungen nicht vorgesehen, das Feld ist leer.

Dritte Zeile

Die dritte Zeile bezieht sich auf die Leistungsart PERS (Personalzeit) und die Kostenart 431010 »Lohn und Gehalt«. Diese Zeile ist genauso strukturiert wie die erste.

Infosystem

Für die Anzeige der Planung der Kostenstelle B190 »Gebäude« wurde der Bericht Kostenstellen: Ist/Plan/Abweichung benutzt. Dieser Bericht trennt nicht nach fixen und variablen Kosten und ist daher für die Anzeige der Kostenstelle B100 »Backstube« nur bedingt geeignet. Besser eignet sich der Planungsbericht hinter der Transaktion KSBL, im Menü: Rechnungswesen • Controlling • Kostenstellenrechnung • Infosystem • Berichte zur Kostenstellenrechnung •

Planungsberichte • Kostenstellen: Planungsübersicht (siehe Abbildung 3.21).

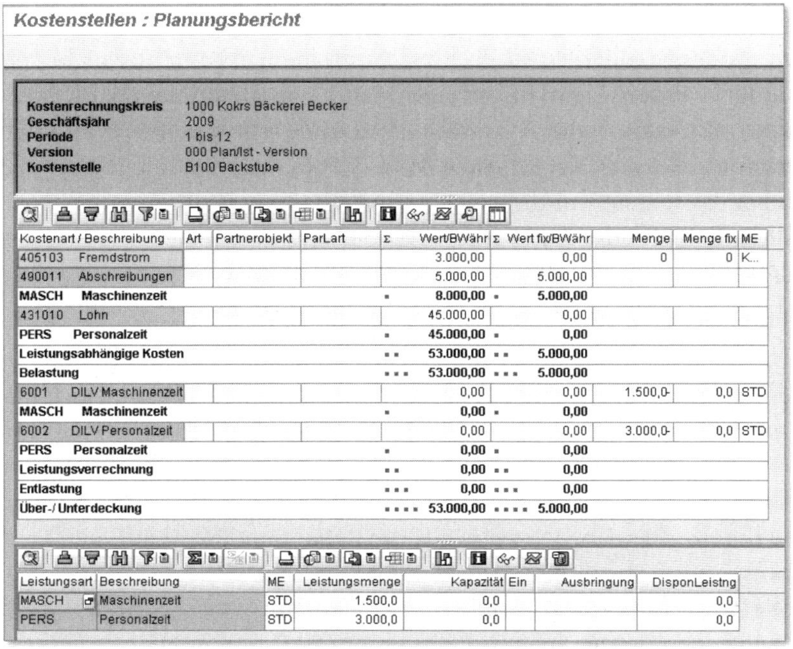
Kostenstellen : Planungsbericht

Kostenrechnungskreis 1000 Kokrs Bäckerei Becker
Geschäftsjahr 2009
Periode 1 bis 12
Version 000 Plan/Ist - Version
Kostenstelle B100 Backstube

Kostenart / Beschreibung	Art	Partnerobjekt	ParLart	Σ	Wert/BWähr	Σ	Wert fix/BWähr	Menge	Menge fix	ME
405103 Fremdstrom					3.000,00		0,00	0	0	K...
490011 Abschreibungen					5.000,00		5.000,00			
MASCH Maschinenzeit				•	**8.000,00**	•	**5.000,00**			
431010 Lohn					45.000,00		0,00			
PERS Personalzeit				•	**45.000,00**	•	**0,00**			
Leistungsabhängige Kosten				••	**53.000,00**	••	**5.000,00**			
Belastung				•••	**53.000,00**	•••	**5.000,00**			
6001 DILV Maschinenzeit					0,00		0,00	1.500,0-	0,0	STD
MASCH Maschinenzeit				•	**0,00**	•	**0,00**			
6002 DILV Personalzeit					0,00		0,00	3.000,0-	0,0	STD
PERS Personalzeit				•	**0,00**	•	**0,00**			
Leistungsverrechnung				••	**0,00**	••	**0,00**			
Entlastung				•••	**0,00**	•••	**0,00**			
Über-/Unterdeckung				••••	**53.000,00**	••••	**5.000,00**			

Leistungsart	Beschreibung	ME	Leistungsmenge	Kapazität	Ein	Ausbringung	DisponLeistng
MASCH	Maschinenzeit	STD	1.500,0	0,0			0,0
PERS	Personalzeit	STD	3.000,0	0,0			0,0

Abbildung 3.21 Planungsbericht für Backstube

Kostenstellenbe- und -entlastung

Be- und Entlastung

Kostenstellen in einem Unternehmen werden mit Kosten aus primären Kostenarten belastet. Das sind z. B. Personalkosten, Abschreibungen für Maschinen oder Energiekosten. Außerdem werden innerbetriebliche Leistungen als Belastungen mit sekundären Kostenarten ausgewiesen. Innerbetriebliche Leistungen sind z. B. Handwerkerstunden oder Telefoneinheiten. Die Belastung einer Kostenstelle mit Kosten ist vergleichbar mit der Buchung einer Eingangsrechnung bei einem Unternehmen. Das Unternehmen muss für empfangene Leistungen oder Waren zahlen. Die Kostenstelle wird für empfangene Leistungen oder Waren belastet.

Ziel einer geschlossenen Kostenstellenrechnung ist die Buchung von Entlastungen auf jeder Kostenstelle in gleicher Höhe wie die Belastungen. Die Kostenstellen sollen zu null »abgeräumt« werden. Kostenentlastungen auf Kostenstellen werden gebucht mit sekundären Kostenarten.

Empfänger von Kosten

Empfänger der Kosten sind Fertigungsaufträge von Produkten, Objekte in der Ergebnisrechnung oder andere Kostenstellen. Mit der Entlastung erstellt die Kostenstelle quasi eine Rechnung für Leistungen, die sie selbst erbringt. Eine Verrechnung von Kosten auf eine andere Kostenstelle kann z. B. für ein Gebäude sinnvoll sein. Die Gebäudekosten für Abschreibungen und Instandhaltung werden nach Quadratmetern Bürofläche auf alle Kostenstellen verteilt, die Flächen nutzen. Auch die Verrechnung von EDV-Kosten oder Kosten der Telefonzentrale sind Beispiele für die Kostenentlastung durch sekundäre Kostenarten. Die EDV-Abteilung verrechnet ihre Kosten entsprechend der Anzahl der PCs auf diejenigen Kostenstellen, die diesen EDV-Service nutzen. Den Verrechnungsschlüssel für die Telefonzentrale liefert die Telefonanlage in Form von telefonierten Einheiten. Da die EDV externe Telefonate führt und die Telefonzentrale einen PC nutzt, entsteht hier eine zirkuläre Beziehung, die nur durch mehrere Rechenschritte, sogenannte Iterationen, aufgelöst werden kann.

Beispiel

In der Bäckerei Becker wurden fünf Kostenstellen definiert (siehe Tabelle 3.3). Für jede Kostenstelle sind die primären Kosten sowie die Verrechnungsmethode angegeben.

Kostenstelle	primäre Kosten	Verrechnungsmethode
B100 Backstube	53.000 EUR	Leistungsverrechnung durch Maschinenstunden auf Produkte
B190 Gebäude	10.000 EUR	Umlage auf Kostenstellen nach Quadratmetern
B400 Verwaltung allg.	20.000 EUR	Umlage in die Ergebnisrechnung
B410 Telefonzentrale	5.000 EUR	Umlage auf Kostenstellen nach Telefoneinheiten
B420 EDV	10.000 EUR	Umlage auf Kostenstellen nach Anzahl der PCs

Tabelle 3.3 Kostenstellen mit primären Kosten und Verrechnungsmethoden

Die Empfänger für die Umlagen zwischen Kostenstellen sind in Tabelle 3.4 aufgeführt.

Sender	Schlüssel	Empfänger
Gebäude Gesamt: 1.000 qm	100 qm 100 qm 800 qm	Verwaltung allgemein EDV Produktion
EDV Gesamt: 5 St. (PC)	1 St. 1 St. 3 St.	Verwaltung allgemein Telefonzentrale Produktion
Telefonzentrale Gesamt: 1.000 Einh.	800 Einh. 100 Einh. 100 Einh.	Verwaltung allgemein EDV Produktion

Tabelle 3.4 Kostenstellen mit Sender- und Empfängerbeziehungen

Die Beziehungen der Kostenstellen untereinander sind zusätzlich noch grafisch dargestellt in Abbildung 3.22.

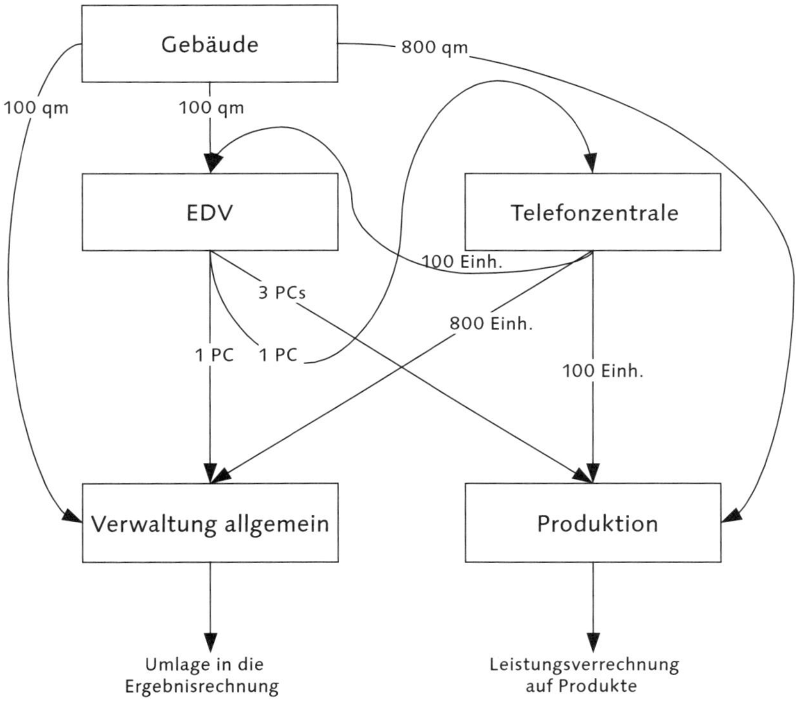

Abbildung 3.22 Kostenverrechnungen zwischen Kostenstellen

Das Beispiel ist stark vereinfacht im Vergleich zu Beziehungen zwischen Kostenstellen in der betrieblichen Praxis. Trotz dieser Vereinfachung sind die Auswirkungen der Verrechnungen zwischen den Kostenstellen von Hand kaum noch nachvollziehbar. Das Ergebnis der Verrechnungen wurde mit der Funktion ZIELWERTSUCHE in Microsoft Excel ermittelt und ist in Form vereinfachter Kostenstellenberichte dargestellt (siehe Tabelle 3.5).

Kostenstelle		
Be-/Entlastung	**Kostenart**	**Wert**
B100 Backstube		
Belastung	Primäre Kostenarten	53.000 EUR
	UML Gebäude	8.000 EUR
	UML EDV	7.041 EUR
	UML Telefon	735 EUR
	Summe	68.776 EUR
Entlastung	ILV Produktion	68.776 EUR
B190 Gebäude		
Belastung	Primäre Kostenarten	10.000 EUR
Entlastung	UML Gebäude	10.000 EUR
B400 Verwaltung allgemein		
Belastung	Primäre Kostenarten	20.000 EUR
	UML Gebäude	1.000 EUR
	UML EDV	2.347 EUR
	UML Telefon	5.878 EUR
	Summe	29.224 EUR
Entlastung	UML Erg. Verwaltung	29.224 EUR
B410 Telefonzentrale		
Belastung	Primäre Kostenarten	5.000 EUR
	UML EDV	2.347 EUR
	Summe	7.347 EUR
Entlastung	UML Telefon	7.347 EUR

Tabelle 3.5 Kostenstellenberichte nach Verrechnungen

Kostenstelle		
Be-/Entlastung	**Kostenart**	**Wert**
B420 EDV		
Belastung	Primäre Kostenarten	10.000 EUR
	UML Gebäude	1.000 EUR
	UML Telefon	735 EUR
	Summe	11.735 EUR
Entlastung	UML EDV	11.735 EUR

Tabelle 3.5 Kostenstellenberichte nach Verrechnungen (Forts.)

Umlagen und Leistungsverrechnung

In dieser Tabelle steht UML für »Umlage«, d. h. sekundäre Kostenart vom Typ 42. ILV steht für »interne Leistungsverrechnung«, d. h. sekundäre Kostenart vom Typ 43. Die Kostenarten »UML Gebäude«, »UML EDV« und »UML Telefon« werden für Umlagen zwischen Kostenstellen genutzt. Die Summe der Belastungen unter einer solchen Kostenart ist innerhalb des Kostenstellenberichtes genau so hoch wie die Summe der Entlastungen. Nachvollzogen am Beispiel von »UML EDV«: Entlastet wird die Kostenstelle »B420 EDV« um 11.735 EUR. Mit EDV-Kosten belastet wurden die Kostenstellen »B100 Backstube«, »B400 Verwaltung allgemein« und »B410 Telefonzentrale«. Die einzelnen Beträge (7.041 EUR + 2.347 EUR + 2.347 EUR) ergeben in Summe ebenfalls 11.735 EUR. Die Gegenbuchung von »UML Verwaltung« erscheint nicht innerhalb der Kostenstellenberichte, sondern als Belastung in der Ergebnisrechnung (siehe Kapitel 5, »Ergebnis- und Marktsegmentrechnung«).

Bis hierher, also für Umlagen zwischen Kostenstellen und für die Umlagen von Kostenstellen in die Ergebnisrechnung, ergibt sich im Plan und im Ist dasselbe Bild. »ILV Produktion« repräsentiert die Leistungsverrechnung von Kostenstellen auf Produkte. Für die Gegenbuchung von »ILV Produktion« muss zwischen Ist und Plan unterschieden werden. Im Ist sind die korrespondierenden Belastungen auf Fertigungsaufträgen sichtbar. Im Plan hängen diese Buchungen zunächst »in der Luft«. Erst durch die Übernahme von Produktkalkulationen in die Ergebnisrechnung schließt sich der Kreis. Die Entlastungen aus »ILV Produktion« werden so als Belastung in der Ergebnisrechnung sichtbar. Für detaillierte Informationen zur Abwicklung in Leistungsverrechnungen auf Produkte im Ist lesen Sie bitte Kapitel 4, »Produktkostenrechnung«. In Kapitel 7, »Integrierte Planung«, sind weitere Informationen zur Verrechnung dieser Leistungen im Plan verfügbar.

Umlage zwischen Kostenstellen

Rechnet SAP ERP genauso gut wie Microsoft Excel? Wer jetzt schmunzelt, hat noch nie eine Einführung von SAP im Controlling begleitet – oder er kennt die Frage aus solchen Projekten und schmunzelt deshalb. Also: Können diese Verrechnungen im Controlling mit SAP ERP nachgestellt werden?

Die Stammdaten für Kostenstellen und die Plandaten für primäre Kosten sind im System eingestellt. Die Plandaten können mit dem bereits erwähnten Bericht Kostenstelle: Ist/Plan/Abweichung angezeigt werden (siehe Abbildung 3.23). Beim Einstieg in den Kostenstellenbericht wird nicht eine einzelne Kostenstelle benutzt, sondern die Kostenstellengruppe BE01, die alle Kostenstellen der Bäckerei Becker vereinigt (siehe Abschnitt 3.2.2, »Stammdaten – Kostenstellen«).

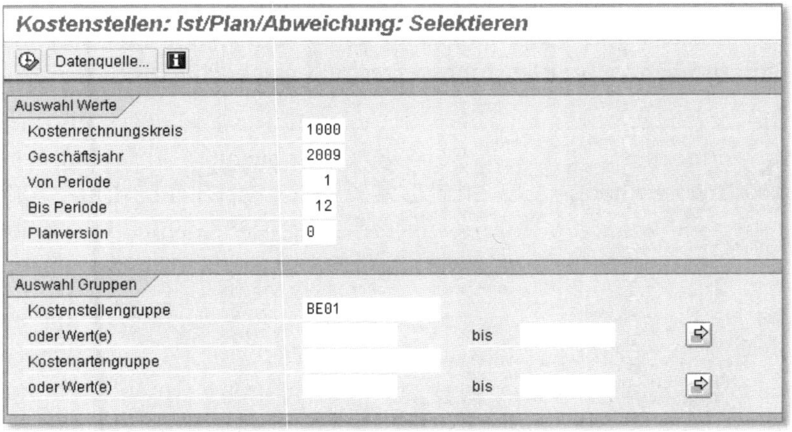

Abbildung 3.23 Kostenstellenbericht – Einstieg

Durch den Einstieg mit Kostenstellengruppe zeigt der Bericht im linken Bereich eine sogenannte *Variation* der Kostenstellen (siehe Abbildung 3.24). Durch einen einfachen Klick auf eine Gruppe oder eine einzelne Kostenstelle wird innerhalb von Sekundenbruchteilen auf die Daten der entsprechenden Auswahl umgeschaltet. Zunächst ist der Knoten BE01 markiert. Die Daten im rechten Bereich zeigen die Summe der Kosten aller Kostenstellen.

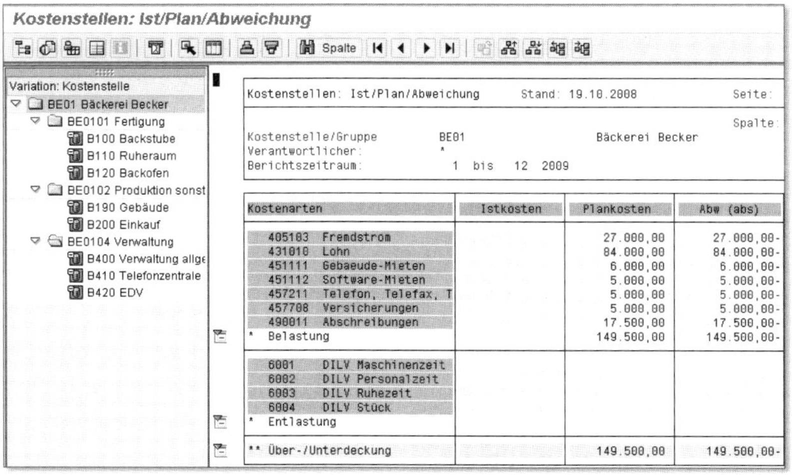

Abbildung 3.24 Kostenstellenbericht – alle Kostenstellen

Der Button SEITE RECHTS verschiebt die Ansicht (siehe Abbildung 3.25). Zu sehen sind jetzt die Mengen, die bei der Planung der Leistungsarten erfasst wurden. In Bezug auf diese Mengen werden später Entlastungen aus der Leistungsverrechnung gebucht.

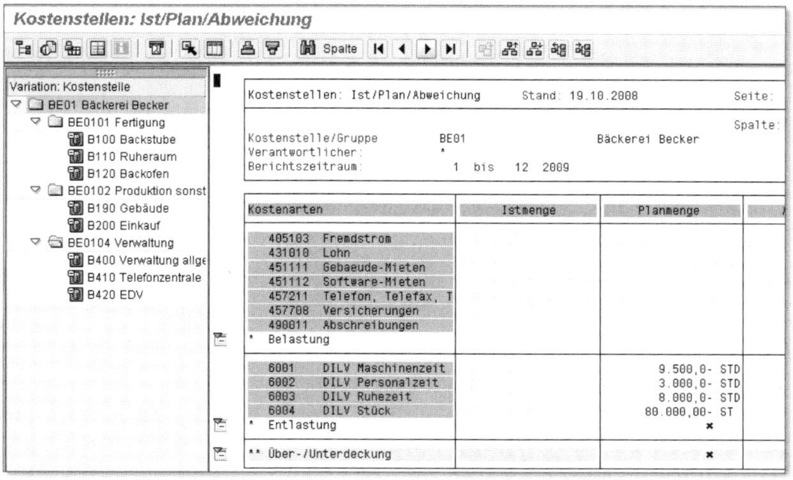

Abbildung 3.25 Kostenstellenbericht – Leistungsmengen

Der Mausklick auf BE0104 VERWALTUNG zeigt die primären Kostenarten für die drei Kostenstellen dieses Knotens (siehe Abbildung 3.26).

Abbildung 3.26 Kostenstellenbericht – Gruppe Verwaltung

Der Klick auf B400 VERWALTUNG ALLGEMEIN aktiviert diese Kostenstelle (siehe Abbildung 3.27).

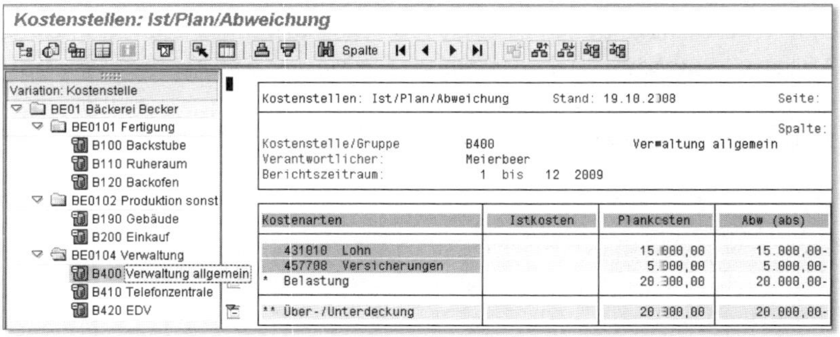

Abbildung 3.27 Kostenstellenbericht – Kostenstelle »Verwaltung«

Zum Vergleich noch einmal die Kostenstelle B100 BACKSTUBE (siehe Abbildung 3.28). Im Planungsbericht in Abbildung 3.21 war die Trennung der Kosten nach fixen und variablen Bestandteilen zu sehen. In diesem Bericht KOSTENSTELLEN: IST/PLAN/ABWEICHUNG werden die Gesamtkosten ohne Trennung dargestellt.

Definition des Zyklus

Die Rechenregeln für die Umlage zwischen Kostenstellen werden in SAP ERP in einem *Zyklus* gespeichert. Für die Umlagen der Kostenstellen »Gebäude«, »Telefonzentrale« und »EDV« wird der Zyklus BE09 angelegt.

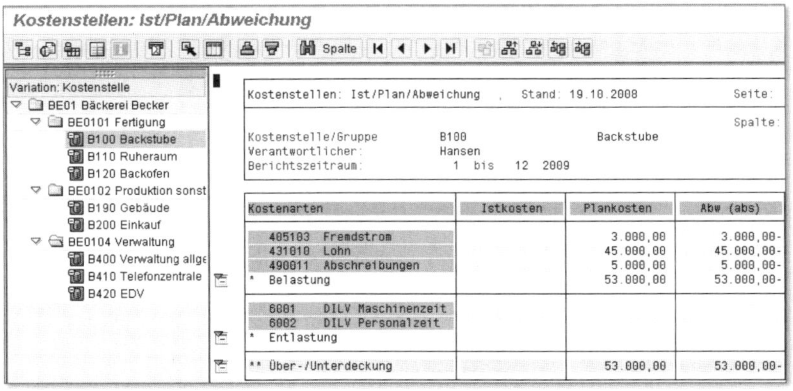

Abbildung 3.28 Kostenstellenbericht – Kostenstelle »Backstube«

Wählen Sie hierfür die Transaktionen KSU7, KSU8, KSU9. Sie erreichen diese Transaktionen, indem Sie zunächst KSUB wählen, im Menü: RECHNUNGSWESEN • CONTROLLING • KOSTENSTELLENRECHNUNG • PLANUNG • VERRECHNUNGEN • UMLAGE. Sie sehen den Bildschirm zum Ausführen von Umlagen. Von hier gelangen Sie über die Menüleiste in die Pflege der Umlagezyklen mit ZUSÄTZE • ZYKLUS • ANLEGEN, ÄNDERN, ANZEIGEN (siehe Abbildung 3.29).

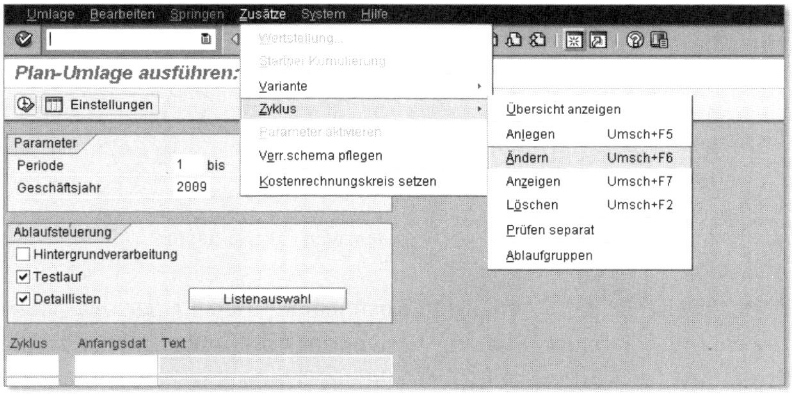

Abbildung 3.29 Zykluspflege aufrufen für Plan-Umlage

Bei den Kopfdaten des Zyklus pflegen Sie den Gültigkeitszeitraum, einen Text, Sie setzen das Kennzeichen ITERATIV, und Sie wählen im Feld VERSION die Planversion, in der die Umlage durchgeführt werden soll (siehe Abbildung 3.30).

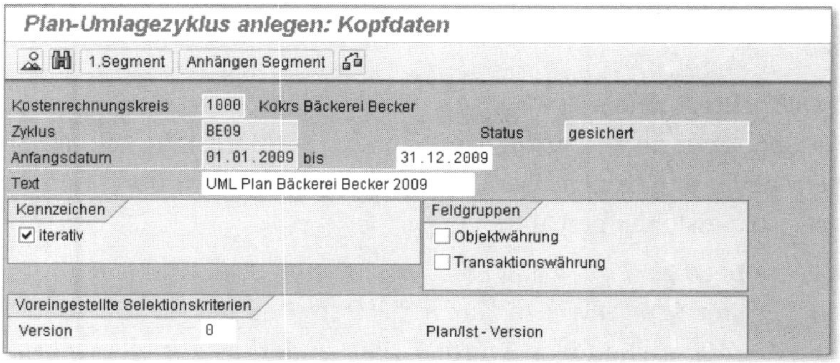

Abbildung 3.30 Kopfdaten zum Zyklus

Segmente

Der Umlagezyklus gliedert sich in mehrere Segmente. Für jede Kostenstelle, die Kosten abgeben will, empfehle ich ein eigenes Segment (siehe Abbildung 3.31). Der Eintrag B190 als Segmentname stellt informativ den Bezug zur Kostenstelle her. Es handelt sich hier allerdings um ein Freitextfeld; eine technische Verknüpfung zur Kostenstelle wird so nicht geschaffen.

Für jedes Segment werden die vier Registerkarten SEGMENTKOPF, SENDER/EMPFÄNGER, SENDERWERTE und EMPFÄNGERBEZUGSBASIS ausgefüllt. Unter der Umlagekostenart 6010 UML GEBÄUDE, einer sekundären Kostenart vom Typ 42, sind nach der Verrechnung die Entlastungen auf der sendenden Kostenstelle und die Belastungen auf den empfangenden Kostenstellen zu sehen.

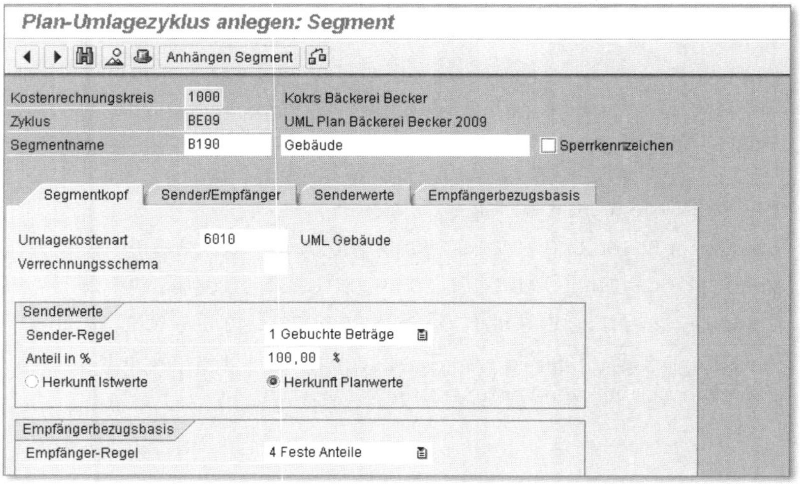

Abbildung 3.31 Erstes Segment im Umlagezyklus – Segmentkopf

Senderwerte/Regel

Im Feld SENDERWERTE/SENDER-REGEL gibt es folgende Eingabemöglichkeiten:

- **1 Gebuchte Beträge**
  Als Senderwerte werden die auf der Senderkostenstelle gebuchten Beträge herangezogen. Diese Einstellung ist hier im Buch für alle drei Kostenstellen gewählt.
- **2 Feste Beträge**
  Im Register SENDERWERTE geben Sie feste Beträge für die Sender an. Mit diesen Beträgen werden die Senderkostenstellen direkt entlastet.
- **3 Feste Tarife**
  Im Register SENDERWERTE geben Sie feste Tarife für die Sender an. Die eingegebenen festen Tarife werden mit den Empfängerbezugsbasen multipliziert. Das Ergebnis wird an die Empfänger verrechnet.

Empfängerbezugsbasis/Regel

Das Feld EMPFÄNGERBEZUGSBASIS/EMPFÄNGER-REGEL steuert, mit welcher Methode die Verteilungsfaktoren ermittelt werden. Es gibt folgende Möglichkeiten:

Beispiel

Sie wollen die Kosten für die Personalentwicklung gemäß den Personalkosten auf den einzelnen Kostenstellen verteilen. Dabei liegt die Annahme zugrunde, dass die teuren Mitarbeiter einen höheren Entwicklungsbedarf als die billigen haben. Ob das die verschiedenen Mitarbeiter auch so sehen und ob das beim Betriebsrat gut ankommt, sei dahingestellt.

Die Kostenstelle A »Personalentwicklung« verteilt 100.000 EUR auf drei Empfängerkostenstellen B »Produktion«, C »Verwaltung« und D »Vertrieb«. Die Bezugsbasis sind die geplanten Personalkosten auf der Kostenart 430000 (siehe Tabelle 3.6).

Das SAP-System ermittelt folgende Werte:

Empfänger B: 100.000 EUR/500.000 × 200.000 = 40.000 EUR

Empfänger C: 100.000 EUR/500.000 × 100.000 = 20.000 EUR

Empfänger D: 100.000 EUR/500.000 × 200.000 = 40.000 EUR

Als Bezugsbasis auf der Empfängerseite können Sie statt der Kosten auch gebuchte Mengen von Leistungsarten verwenden.

Empfänger	Kostenart	Betrag
B Produktion	430000 Lohn und Gehalt	200.000 EUR
C Verwaltung	430000 Lohn und Gehalt	100.000 EUR
D Vertrieb	430000 Lohn und Gehalt	200.000 EUR
Summe		500.000 EUR

Tabelle 3.6 Lohn und Gehalt als Bezugsbasis für Verteilung

- **1 Variable Anteile**
  Die Bezugsbasen werden aus gebuchten Werten bei den Empfängern ermittelt.
- **2 Feste Beträge**
  Im Register EMPFÄNGERBEZUGSBASIS definieren Sie feste Beträge. Mit diesen Beträgen werden die Empfänger direkt belastet. Der Betrag, um den sich der Sender entlastet, ergibt sich aus der Summe der Empfängerbeträge. Die Regel, die für die Ermittlung der Senderwerte herangezogen wird, findet in diesem Fall keinerlei Verwendung. Gebuchte Senderbeträge oder erfasste feste Senderbeträge werden nicht berücksichtigt.
- **3 Feste Prozentsätze**
  Im Register EMPFÄNGERBEZUGSBASIS definieren Sie feste Prozentsätze für die Empfänger. Der Senderwert wird nach diesen Prozentsätzen auf die Empfänger verteilt. Dabei ist zu beachten, dass die Summe der Empfängerbezugsbasen 100 % nicht übersteigen darf. Ist die Summe der Empfängerbezugsbasen kleiner als 100 %, bleibt ein Teil des Senderwertes auf dem Sender stehen.
- **4 Feste Anteile**
  Im Register EMPFÄNGERBEZUGSBASIS definieren Sie feste Anteile für die Empfänger. Das Verfahren ähnelt dem mit festen Prozentsätzen. Bei dem Verfahren »Feste Anteile« wird der Sender allerdings immer vollständig entlastet. Diese Einstellung ist hier im Buch für alle drei Kostenstellen gewählt.

Register »Sender/Empfänger«

Im Register SENDER/EMPFÄNGER wird im Feld SENDER/KOSTENSTELLE die Kostenstelle B190 angegeben, die in diesem Segment ihre Kosten abgeben soll (siehe Abbildung 3.32). Alle Kostenarten werden umgelegt, daher der Eintrag 0–9999999999 bei KOSTENART VON/BIS. Potenzielle Empfänger der Gebäudekosten sind alle Kostenstellen von

B100 bis B999. Welche Kostenstelle welchen Anteil der Kosten empfangen soll, wird erst im Register EMPFÄNGERBEZUGSBASIS festgelegt.

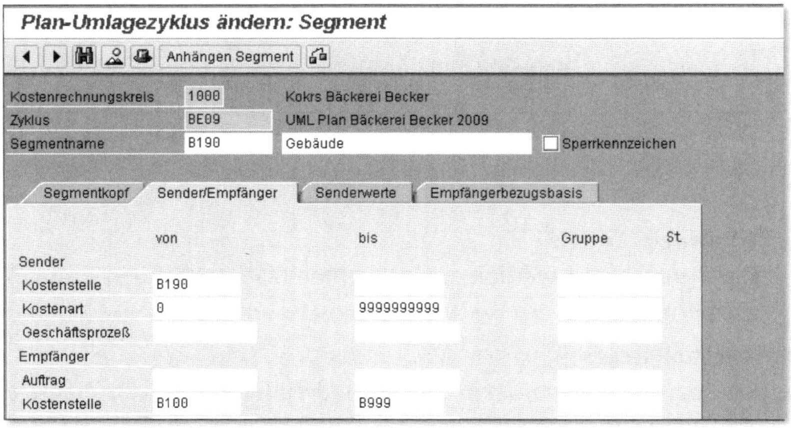

Abbildung 3.32 Register »Sender/Empfänger« im Segment

Register »Senderwerte«

Im Register SENDERWERTE werden im Block SENDERWERTE Angaben aus dem Segmentkopf wiederholt (siehe Abbildung 3.33). Bei den Selektionskriterien muss die Planversion 0 nochmals eingetragen werden, obwohl diese Planversion bereits im Kopf des Zyklus für alle Segmente festgeschrieben ist. Die doppelte Eingabe der Planversion scheint an dieser Stelle sinnlos. Das Programm zur Pflege von Zyklusdefinitionen wird allerdings nicht nur zur Umlage zwischen Kostenstellen genutzt. In anderem Zusammenhang werden im Block SELEKTIONSKRITERIEN durchaus abweichende Planversionen gepflegt. Akzeptieren wir diese unnötige Eingabe einfach als Feature (so nennen manche SAP-Berater die Fehler des Systems).

Register »Empfängerbezugsbasis«

Im Register EMPFÄNGERBEZUGSBASIS werden zunächst alle potenziellen Empfängerkostenstellen aufgelistet (siehe Abbildung 3.34). Mit den Werten in der Spalte ANTEIL/PROZENT erfassen Sie dann die Quadratmeter, die von jeder einzelnen Kostenstelle genutzt werden. Der Doppelklick auf die Zeile B100 zeigt die Details zur Kostenstelle.

Weitere Segmente

Für die Kostenstellen Telefonzentrale und EDV sind ebenfalls Segmente im Zyklus angelegt. Alle drei Segmente nutzen die gleichen Sender- und Empfängerregeln. Die Einträge im Register EMPFÄNGERBEZUGSBASIS sind für jedes Segment individuell ausgeprägt. Die einzelnen Werte sind in Tabelle 3.4 dargestellt.

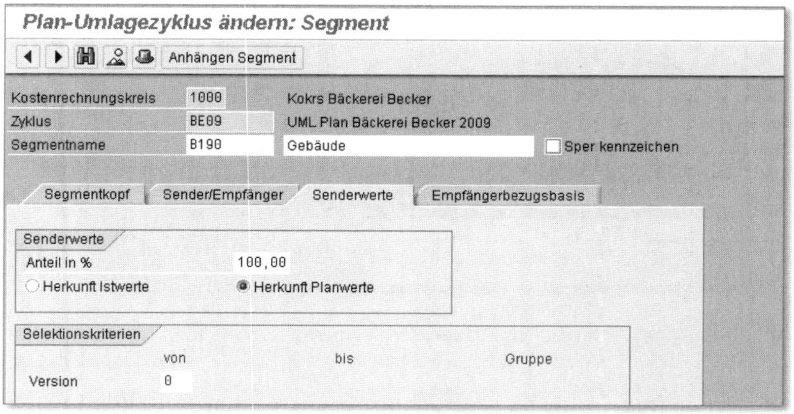

Abbildung 3.33 Register »Senderwerte« im Segment

Der Button ÜBERSICHT SEGMENTE zeigt eine Liste mit allen Segmenten dieses Zyklus (siehe Abbildung 3.35).

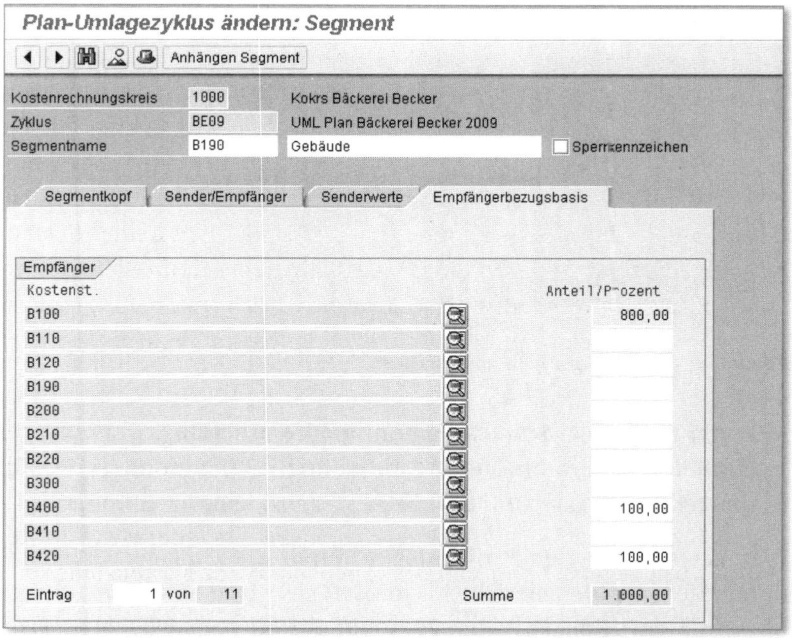

Abbildung 3.34 Register »Empfängerbezugsbasis« im Segment

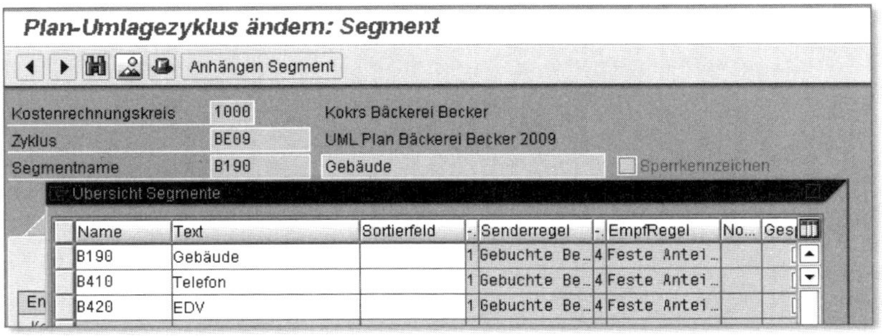

Abbildung 3.35 Umlagezyklus – Übersicht Segmente

Die Rechenregeln für die Verrechnung von Kosten zwischen Kostenstellen sind jetzt im Zyklus hinterlegt. Nun kann das System rechnen. Nutzen Sie dazu Transaktion KSUB, im Menü: RECHNUNGSWESEN • CONTROLLING • KOSTENSTELLENRECHNUNG • PLANUNG • VERRECHNUNGEN • UMLAGE (siehe Abbildung 3.36).

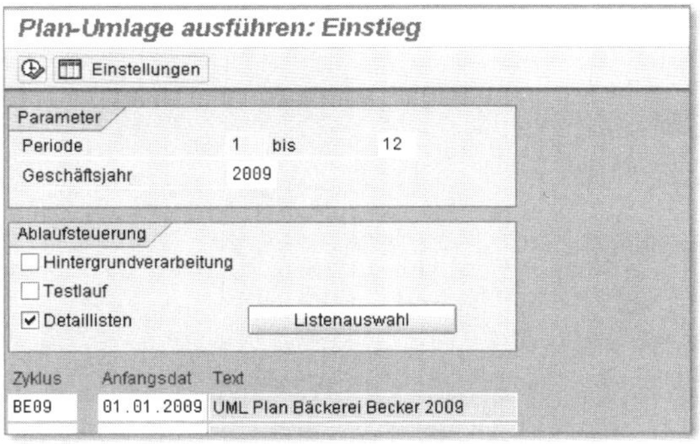

Abbildung 3.36 Umlagezyklus ausführen

Mit dem Button AUSFÜHREN beginnt die Verarbeitung. Der Umlagezyklus liefert ein Protokoll (siehe Abbildung 3.37). Besonders wichtig ist die Zeile VERARBEITUNG WURDE FEHLERFREI ABGESCHLOSSEN.

Was hat sich auf den Kostenstellen durch die Umlage verändert? Rufen Sie dazu den Bericht KOSTENSTELLEN: IST/PLAN/ABWEICHUNG nochmals auf. Zunächst der Blick auf die Kostenstelle B190 »Gebäude« (siehe Abbildung 3.38). Unter der Kostenart 6010 »UML Gebäude« wurde eine Entlastung in Höhe von 10.000 EUR gebucht. Damit verschwindet die Differenz aus Belastung und Entlastung, auch Über-/Unterdeckung genannt.

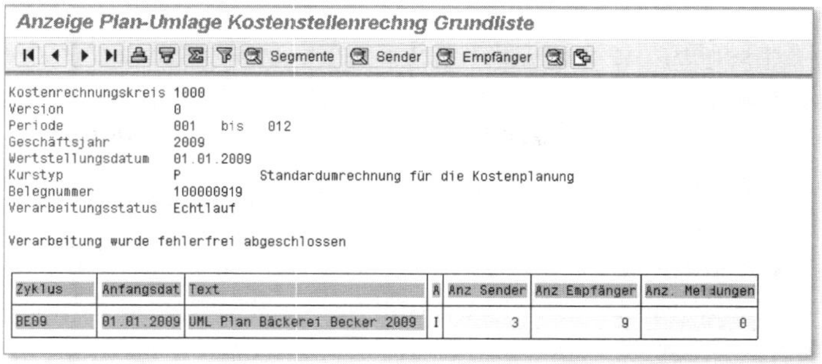

Abbildung 3.37 Umlagezyklus – Protokoll

Abbildung 3.38 Kostenstellenbericht nach Umlage

Gibt es für diese Entlastungsbuchung Empfänger? Welcher Empfänger wurde mit welchen Kosten belastet? Diese Fragen werden mit einem Detailbericht beantwortet. Der Doppelklick auf die Zeile UML GEBÄUDE zeigt die möglichen Folgeberichte (siehe Abbildung 3.39). Wählen Sie KOSTENSTELLEN: AUFRISS NACH PARTNER.

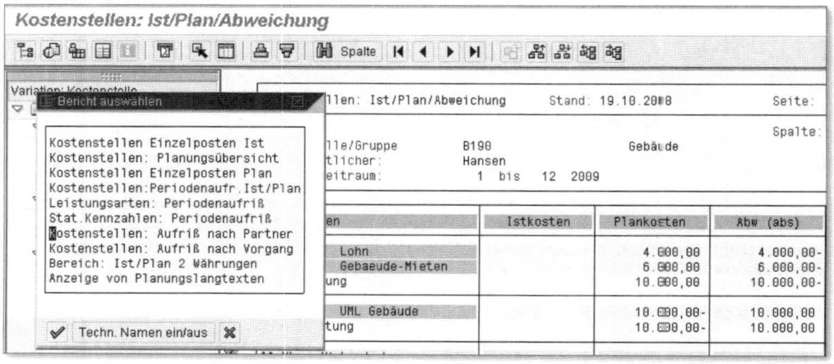

Abbildung 3.39 Details zur Kostenart UML Gebäude

Im Bericht KOSTENSTELLEN: AUFRISS NACH PARTNER sind die drei Kostenstellen zu sehen, die mit Gebäudekosten belastet wurden (siehe Abbildung 3.40). Im Zyklus hatten wir 800,00, 100,00 und nochmals 100,00 Anteile als Schlüssel für die Verteilung von Gebäudekosten erfasst (siehe Abbildung 3.34). Diese Anteilswerte stehen für die Quadratmeter, die von den verschiedenen Kostenstellen genutzt werden. Erstaunlich ist jetzt, dass wir die 10.000,00 EUR Gebäudekosten nicht exakt mit 8.000,00 EUR und zweimal 1.000,00 EUR auf die drei Kostenstellen gebucht bekommen. Stattdessen werden um acht bzw. vier Cent abweichende Beträge ausgewiesen. Wie kommt es zu dieser Rundungsdifferenz?

Erinnern Sie sich an die Planung der primären Kosten (siehe Abschnitt 3.2.3, »Planung mit Kostenstellen«). Dort hatte ich Ihnen gezeigt, wie der Planwert von 4.000 EUR auf die zwölf Monate des Jahres aufgeteilt wurde. In den einzelnen Monaten hatten wir jeweils Beträge mit glatten Centwerten, also 333,33 und 333,34 in den einzelnen Perioden gefunden. Intern funktioniert die Umlage genauso. Die geplanten Anteilswerte für die drei Empfängerkostenstellen werden auf zwölf Perioden aufgeteilt; so entstehen 36 Empfängerwerte, auf die der Senderbetrag verteilt wird. Bei jedem der 36 Empfängerwerte werden glatte Centbeträge gebucht mit dem Ziel, dass die Summe der Empfänger mit dem Sender übereinstimmt. So kann es, wie hier, zu Rundungsdifferenzen kommen, wenn die Perioden für eine Empfängerkostenstelle summiert werden.

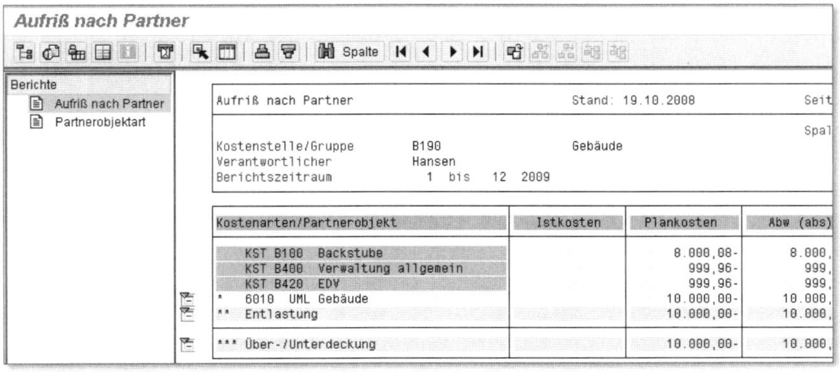

Abbildung 3.40 Umlageempfänger der Gebäudekosten

Iterative Umlage

Zurück zum Bericht KOSTENSTELLEN: IST/PLAN/ABWEICHUNG und dort zur Kostenstelle B410 »Telefonzentrale« (siehe Abbildung 3.41). Zusätzlich zu den 5.000,00 EUR primären Kosten wurden 2.346,92 EUR sekundäre Kosten aus Umlagen von der EDV belastet. Für eine vollständige Entlastung wurde der Gesamtbetrag von 7.346,92 EUR gebucht – ein Ergebnis der sogenannten *iterativen Umlage*.

Abbildung 3.41 Ergebnis der iterativen Umlage für die Telefonzentrale

Die Kostenstelle »EDV« zeigt ein ähnliches Bild (siehe Abbildung 3.42). Hier wurden als zusätzliche Belastung die Umlagen aus Gebäude und Telefon eingestellt.

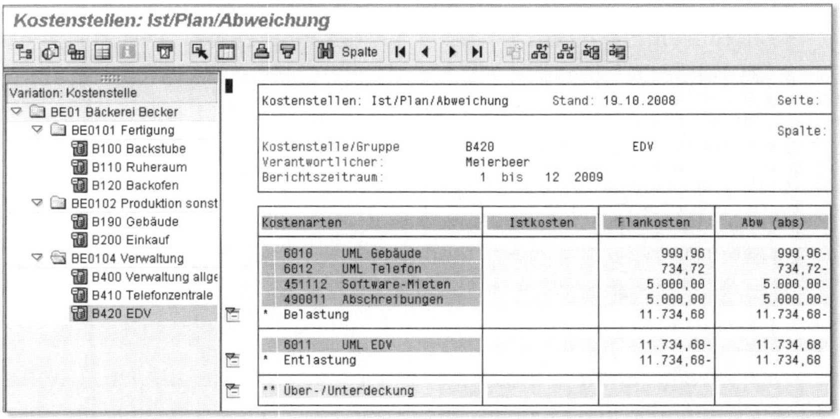

Abbildung 3.42 Ergebnis der iterativen Umlage für EDV

Mit Papier und Bleistift

Die von SAP ERP umgelegten Werte in Abbildung 3.38, Abbildung 3.41, und Abbildung 3.42 stimmen mit den Zahlen überein, die Excel für Tabelle 3.5 ermittelt hat. Aber sind die Zahlen auch richtig? Lässt sich die Umlage vielleicht doch mit Papier und Bleistift nachvollziehen? Für dieses kleine Beispiel lautet die Antwort: Ja. In der betrieblichen Praxis, bei einer Umlage zwischen hundert oder gar tausend Kostenstellen, die zyklisch miteinander verbunden sind, lautet die Antwort: Nein, dazu sind die Beziehungen zu komplex. Die Umlageergebnisse von SAP ERP in der Praxis müssen Sie einfach glauben.

Bleiben wir bei der Theorie und begeben uns mit Papier und Bleistift zur Umlage zwischen den Kostenstellen »Gebäude«, »EDV« und »Telefonzentrale«.

Erste Iteration

Die einzelnen Rechenschritte bei der Auflösung eines Zyklus heißen *Iterationen*. Die Ausgangsbasis für die erste Iteration sind geplante Primärkosten auf den Kostenstellen »Gebäude«, »Telefonzentrale« und »EDV« in Höhe von 10.000 EUR, 5.000 EUR und 10.000 EUR (siehe Abbildung 3.43, erster Block). Im ersten Segment des Umlagezyklus für die Kostenstelle »Gebäude« sind als Empfängerbezugsbasis 800, 100 und 100 Quadratmeter angegeben. Daraus ergibt sich für die Entlastung des Gebäudes mit 10.000 EUR ein Verteilungsschlüssel von 80 % : 10 % : 10 % bzw. 8.000 EUR, 1.000 EUR und 1.000 EUR auf die Kostenstellen »Backstube«, »Verwaltung« und »EDV«. Die Verteilungsschlüssel für die Kostenstellen »Telefonzentrale« und »EDV« sind ebenso im Umlagezyklus definiert. Die Verrechnung erfolgt analog.

Zweite Iteration

Für die zweite Iteration hat sich die Belastung auf der Kostenstelle »Telefonzentrale« um 2.000 EUR aus der EDV erhöht. Der Ausgangswert auf der Kostenstelle »EDV« ist durch Belastungen vom Gebäude und von der Telefonzentrale um 1.500 EUR höher. Die Kosten der Kostenstelle »Gebäude« sind unverändert bei 10.000 EUR, da das Gebäude in keinem Segment als Empfänger eingetragen ist. Die Verrechnungsschlüssel bleiben gleich. Durch die höheren Belastungen ergeben sich entsprechend höhere Beträge zur Weiterverrechnung. Von der Telefonzentrale werden jetzt 700 EUR, 5.600 EUR und 700 EUR statt 500 EUR, 4.000 EUR und 500 EUR umgelegt.

Dritte bis fünfte Iteration

Das Verfahren wiederholt sich in den nächsten Iterationen. Die Belastungen durch Umlagen aus EDV und Telefonzentrale werden immer höher. Die Steigerungen werden allerdings in jedem Schritt kleiner.

Sechste Iteration

Die Belastung durch Umlagen auf den Kostenstellen »EDV« und »Telefonzentrale« unterscheidet sich von der in der fünften Iteration nur durch einen Euro. Bedingt durch Rundungsdifferenzen sind die Entlastungen sogar unverändert. Wir können die Rechnung beenden. Weitere Schritte bringen keine Veränderung mehr in den Zahlen.

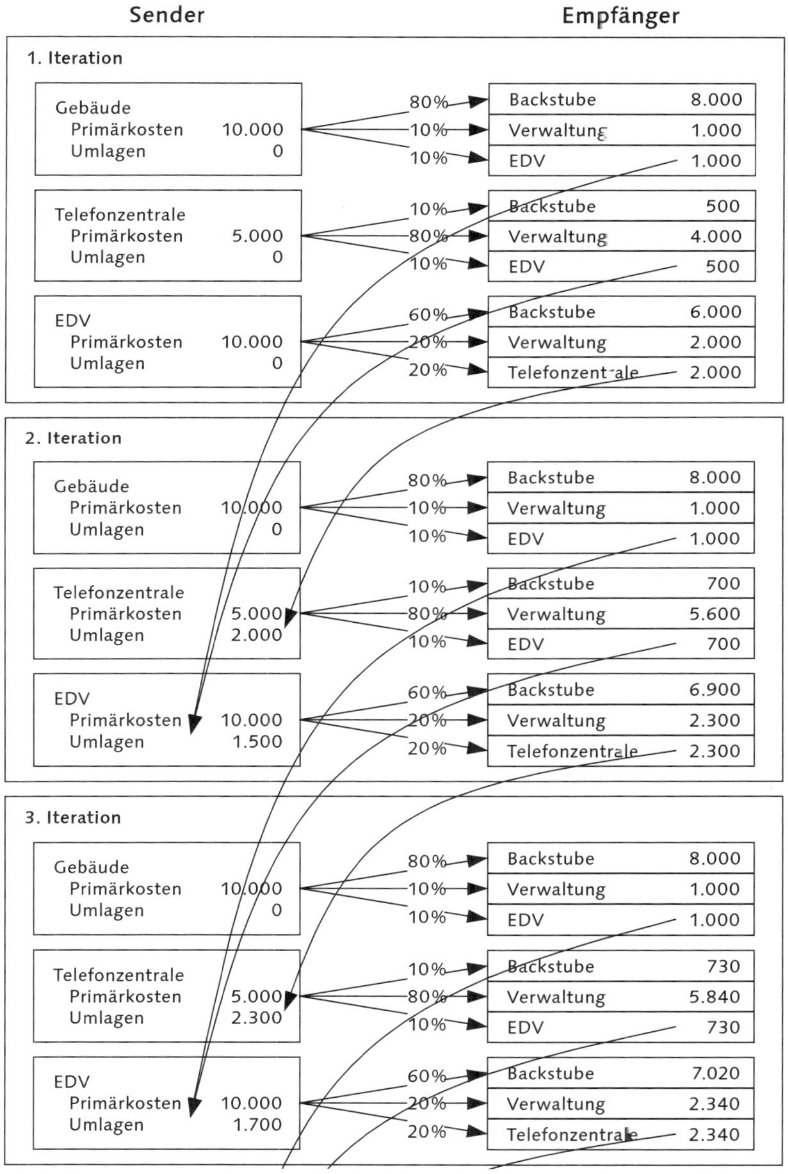

Abbildung 3.43 Die ersten drei Iterationen des Umlagezyklus

Bei der sechsten Iteration beträgt die Umlage von der EDV auf die Telefonzentrale 2.347 EUR (siehe Abbildung 3.44), die EDV wird durch

Umlagen aus der Telefonzentrale und vom Gebäude mit 1.735 EUR belastet. Das sind exakt die Zahlen, die im Vorfeld schon von Excel und von SAP ERP ermittelt wurden. SAP und Excel rechnen richtig – hurra!

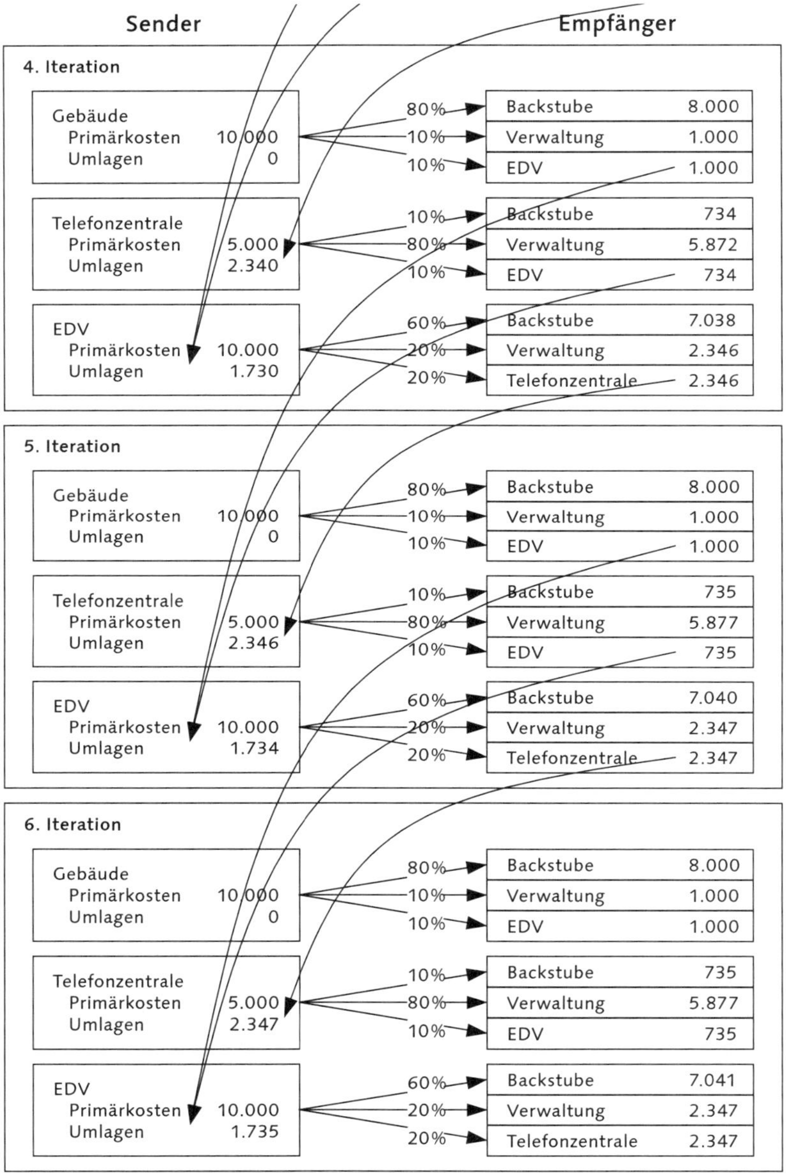

Abbildung 3.44 Die vierte bis sechste Iteration des Umlagezyklus

Kostenstellen nach der Umlage

Ein weiterer Blick auf den Bericht KOSTENSTELLEN: IST/PLAN/ABWEICHUNG, verdichtet über alle Kostenstellen, zeigt eine Belastung, die um mehr als 29.000 EUR auf 178.582 EUR gestiegen ist (siehe Abbildung 3.45). Die zusätzlichen Belastungen werden exakt ausgeglichen durch Entlastungen in den Kostenarten »UML Gebäude«, »UML EDV« und »UML Telefon«. Zuvor war bereits zu sehen, dass die Kostenstellen »Gebäude«, »EDV« und »Telefonzentrale« nach der Umlage vollständig entlastet sind. Die Kosten wurden durch die Umlage auf die beiden Kostenstellen »Backstube« und »Verwaltung allgemein« verschoben.

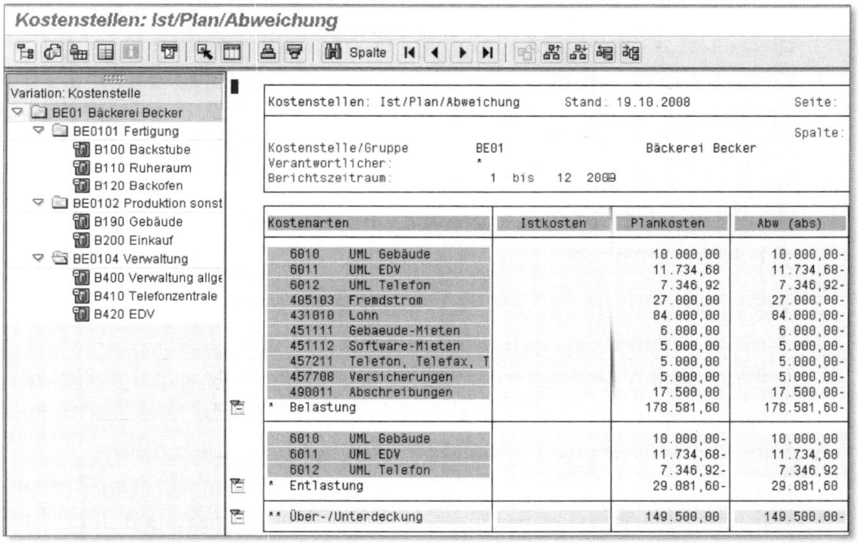

Kostenarten	Istkosten	Plankosten	Abw (abs)
6010 UML Gebäude		10.000,00	10.000,00-
6011 UML EDV		11.734,68	11.734,68-
6012 UML Telefon		7.346,92	7.346,92-
405103 Fremdstrom		27.000,00	27.000,00-
431010 Lohn		84.000,00	84.000,00-
451111 Gebaeude-Mieten		6.000,00	6.000,00-
451112 Software-Mieten		5.000,00	5.000,00-
457211 Telefon, Telefax, T		5.000,00	5.000,00-
457708 Versicherungen		5.000,00	5.000,00-
490011 Abschreibungen		17.500,00	17.500,00-
* Belastung		178.581,60	178.581,60-
6010 UML Gebäude		10.000,00-	10.000,00
6011 UML EDV		11.734,68-	11.734,68
6012 UML Telefon		7.346,92-	7.346,92
* Entlastung		29.081,60-	29.081,60
** Über-/Unterdeckung		149.500,00	149.500,00-

Abbildung 3.45 Kostenstellen nach Umlage

Kritische Betrachtung der Umlage

Was haben wir durch die Umlage erreicht? Das Ziel der Kostenumlage ist es, eine »gerechte« Zuteilung von Kosten auf Produkte und Kunden zu erreichen. Die Kostenstellen »Gebäude«, »EDV« und »Telefonzentrale« wissen vermutlich nicht, für welche Produkte oder Kunden sie welche Kosten aufwenden. Bei der Backstube dürfen wir hoffen, dass sie durch ihren direkten Kontakt zu den produzierten Artikeln ziemlich genau weiß, welcher Aufwand für welches Produkt anfällt. Die Backstube ist in Bezug auf die umgelegten Kosten so etwas wie ein Durchlauferhitzer.

Bei der Kostenstelle »Verwaltung« ist die Hoffnung eher unberechtigt, durch die Umlage eine bessere Zuordnung zu Produkten und Kunden zu finden. Gerechte Verteilungsschlüssel für diese Kostenstelle zu finden, ist genauso schwierig wie für die umgelegten Kostenstellen »Gebäude«, »EDV« und »Telefonzentrale«. Also vielleicht doch viel Lärm um nichts?

Controllers Liebe: die Umlage

Umlagen werden von vielen Controllern gerne genutzt – auch ich konnte der Versuchung nicht widerstehen und habe dem Thema diesen Abschnitt *Umlage zwischen Kostenstellen* mit knapp 20 Seiten gewidmet. Oft werden durch Umlagen die Kostenverursacher und Verantwortlichkeiten allerdings nicht transparent gemacht, sonder eher verschleiert. So führt z. B. die Umlage der Gebäudekosten zu monatlich schwankenden Belastungen auf allen Kostenstellen, die Gebäudeflächen nutzen. Der Verantwortliche für das Gebäude ist zufrieden, weil er immer alle seine Kosten verrechnen kann. Die Empfänger dieser Kosten werden sich allerdings nicht für solche Schwankungen in die Pflicht nehmen lassen. Wenn sich durch die iterative Verrechnung die EDV-Kosten durch höhere Gebäudekosten erhöhen, wird die Identifizierung des »Schuldigen« noch schwieriger. Nicht umsonst sagen böse Zungen statt Umlage auch »Umlüge«.

Wie kommt es zu diesem Spannungsfeld? Vielleicht liegt es daran, dass in einem integrierten System wie SAP ERP fast alle Daten des Controllings in Vorsystemen entstehen. Fehler, die von der Buchhaltung, der Lagerverwaltung, dem Einkauf oder dem Verkauf im System gemacht werden, schlagen voll auf das Controlling durch. Manchmal werden diese Fehler sogar erst hier bemerkt. Das Aufspüren von Fehlern ist eine wichtige, aber nicht immer ausfüllende Tätigkeit. Die Definition von Umlagen ist eines der letzten Reservate für Controller, in dem sie sich ganz unbehelligt von anderen Modulen austoben können. Zu weit hergeholt? Falls in dieser Idee nur ein Fünkchen Wahrheit steckt, wäre das ein hinreichender Grund, Umlagen zwischen Kostenstellen kritisch zu hinterfragen und – in vielen Unternehmen – deutlich zu reduzieren.

Leistungsverrechnung

Nach der Kostenstellenumlage ist die Leistungsverrechnung eine weitere Methode, mit der sich Kostenstellen entlasten können. Voraussetzung für die Leistungsverrechnung sind Leistungsarten wie z. B. Maschinenzeit oder Personalzeit. Nach der Mengenplanung stellt sich dem Controller die Frage: Wie hoch sind die Kosten für eine Maschinenstunde oder eine Personalstunde?

Zur Erinnerung: Für die Kostenstelle B100 »Backstube« wurden zur Leistungsart MASCH (Maschinenstunde) 1.500 Stunden geplant (siehe Abbildung 3.46). Wir hatten für diese Mengenplanung die Transaktion KP26 genutzt.

Mengenplanung

Planung Leistungen/Tarife ändern: Übersichtsbild

				Plan/Ist - Version								
Version	0											
Periode	1	bis	12									
Geschäftsjahr	2009											
Kostenstelle	B100			Backstube								

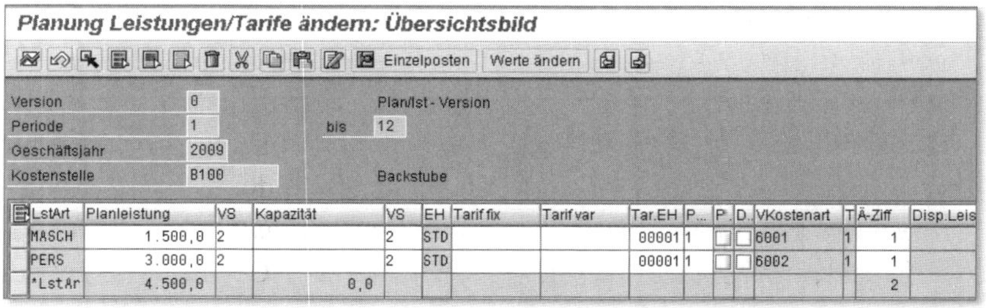

LstArt	Planleistung	VS	Kapazität	VS	EH	Tarif fix	Tarif var	Tar.EH	P...	P.	D.	VKostenart	T	Ä-Ziff	Disp.Leis
MASCH	1.500,0	2		2	STD			00001	1	☐	☐	6001	1	1	
PERS	3.000,0	2		2	STD			00001	1	☐	☐	6002	1	1	
*LstAr	4.500,0		0,0											2	

Abbildung 3.46 Planung von Leistungsmengen

Auch die Planung der Kosten mit dem Planerprofil SAPR&R und der Transaktion KP06 hatte ich bereits beschrieben (siehe Abbildung 3.47). Die Kosten für die Maschinenstunde betragen 3.000 EUR für Strom (Kostenart 405103) und 5.000 EUR für Abschreibungen (Kostenart 490011). Als Personalkosten sind 45.000 EUR geplant.

Kostenplanung

Planung Kostenarten/Leistungsaufnahmen ändern: Übersichtsbild

				Plan/Ist - Version						
Version	0									
Periode	1	bis	12							
Kostenstelle	B100			Backstube						
Geschäftsjahr	2009									

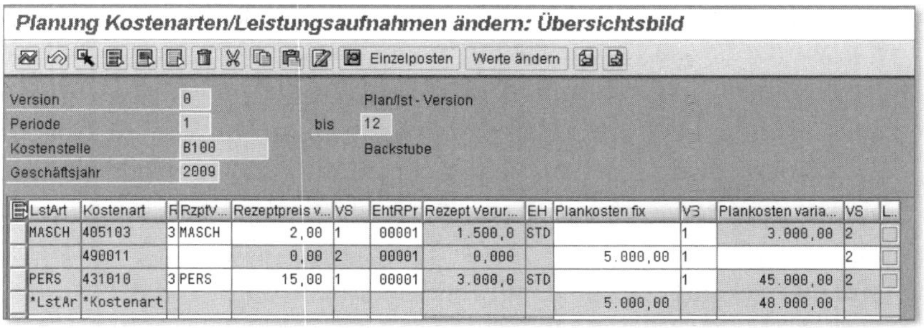

LstArt	Kostenart	R	RzptV	Rezeptpreis v...	VS	EhtRPr	Rezept Verur...	EH	Plankosten fix	VS	Plankosten varia...	VS	L...
MASCH	405103	3	MASCH	2,00	1	00001	1.500,0	STD		1	3.000,00	2	☐
	490011			0,00	2	00001	0,000		5.000,00	1		2	☐
PERS	431010	3	PERS	15,00	1	00001	3.000,0	STD		1	45.000,00	2	☐
*LstAr	*Kostenart								5.000,00		48.000,00		

Abbildung 3.47 Kostenplanung für Leistungsarten

Also ergibt sich als Kostensatz (SAP gebraucht den Ausdruck *Tarif*):

3.000 EUR : 1.500 Std. = 2,00 EUR/Std. variabler Tarif für Strom

5.000 EUR : 1.500 Std. = 3,33 EUR/Std. fixer Tarif für Abschreibungen

Damit erhalten wir einen Gesamttarif für die Maschinenstunde von 5,33 EUR/Std.

Ist das alles? Nein, wir haben die Umlagen vergessen. Werfen wir noch einmal einen Blick auf die Kostenstelle vor der Tarifermittlung (siehe Abbildung 3.48).

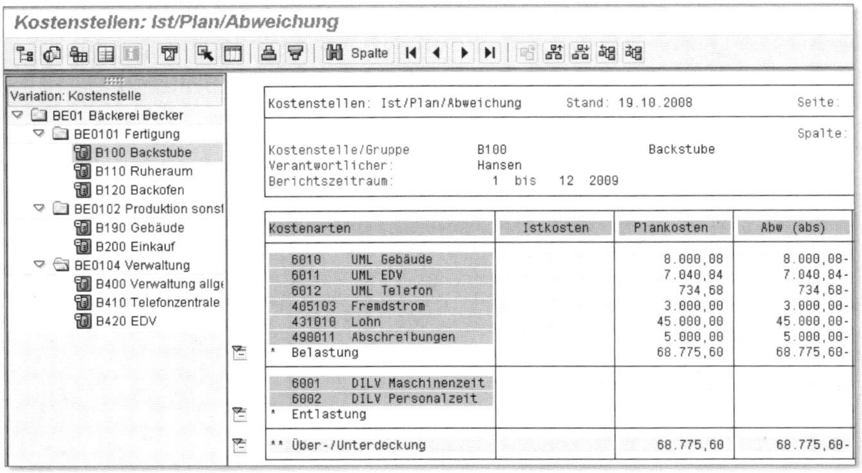

Kostenstellen: Ist/Plan/Abweichung   Stand: 19.10.2008   Seite:
Spalte:
Kostenstelle/Gruppe   B100   Backstube
Verantwortlicher: Hansen
Berichtszeitraum: 1 bis 12 2009

Kostenarten	Istkosten	Plankosten	Abw (abs)
6010 UML Gebäude		8.000,08	8.000,08-
6011 UML EDV		7.040,84	7.040,84-
6012 UML Telefon		734,68	734,68-
405103 Fremdstrom		3.000,00	3.000,00-
431010 Lohn		45.000,00	45.000,00-
490011 Abschreibungen		5.000,00	5.000,00-
* Belastung		68.775,60	68.775,60-
6001 DILV Maschinenzeit			
6002 DILV Personalzeit			
* Entlastung			
** Über-/Unterdeckung		68.775,60	68.775,60-

Abbildung 3.48 Kostenstelle Backstube vor der Tarifermittlung

Aufteilung von Umlagen

Die Personalkosten von 45.000 EUR beeinflussen die Tarifermittlung der Maschinenstunde nicht. Für die Personalstunden wird ein eigener Tarif berechnet. Aber was soll mit den Umlagen geschehen? Die Kostenstelle »Backstube« will – wie alle anderen auch – die gesamten Kosten aus der Belastung wieder loswerden. Die einzige Möglichkeit, die wir der Backstube für die Buchung von Entlastungen zugestehen, ist die Leistungsverrechnung. Also müssen die umgelegten Kosten aus Gebäude, EDV und Telefonzentrale in Höhe von 15.776 EUR auf die beiden Leistungsarten »Maschinenstunde« und »Personalstunde« aufgeteilt werden. Was ist für die Aufteilung ein geeigneter Schlüssel, und wie wird der Schlüssel im System erfasst? Da mir nichts Besseres einfällt, verteilen wir die Umlagen jeweils zur Hälfte auf die Maschinenstunden und auf die Personalstunden. Genau dieser Schlüssel ist bereits bei der Leistungsplanung als Standardvorschlag vom System gespeichert worden (siehe Abbildung 3.46). Die Spalte Ä-Ziff (Äquivalenzziffern) enthält für beide Leistungsarten den Wert 1. Die Aufteilung von Fixkosten ohne Bezug zu Leistungsarten erfolgt entsprechend den Äquivalenzziffern, hier also 1 : 1.

Zusätzlich zum direkten Tarif von 5,33 EUR/Std. erwarten wir also einen fixen Tarifanteil aus Umlagen von:

15.766 EUR : 2 : 1.500 Std. = 5,26 EUR/Std. fixer Tarif für Umlagen

Der Gesamttarif für die Maschinenstunde auf der Kostenstelle »Backstube« wäre demnach 5,33 + 5,26 = 10,59 EUR/Std.

Was errechnet SAP ERP? Probieren wir es aus mit Transaktion KSPI, im Menü: Rechnungswesen • Controlling • Kostenstellenrechnung • Planung • Verrechnungen • Tarifermittlung (siehe Abbildung 3.49).

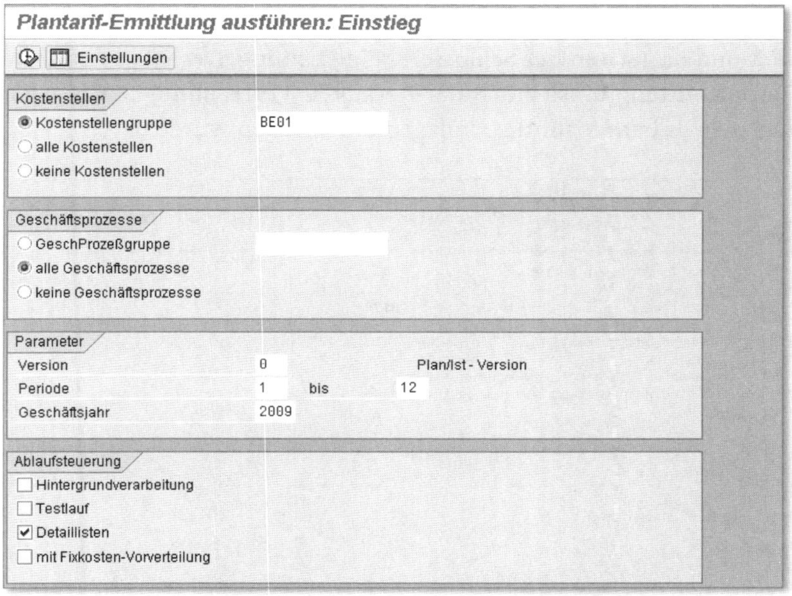

Abbildung 3.49 Tarifermittlung – Einstieg

Überprüfung der Tarife

Siehe da! Der Tarif für die Leistungsart MASCH auf der Kostenstelle B100 beträgt 10.591,87 EUR pro 1.000 Stunden – erkennbar an den Werten in den Spalten Tarif ges. und TarEh – Tarifeinheiten (siehe Abbildung 3.50). Das entspricht 10,59 EUR pro Stunde – wie erwartet. Als fixen Anteil hatten wir 3,33 EUR/Std. für Abschreibungen und 5,26 EUR/Std. für Umlagen ausgerechnet, also 8,59 EUR/Std. Auch dieser Wert entspricht den 8.591,87 EUR pro 1.000 Stunden, die in der Spalte Tarif fix zu sehen sind.

Die Tarife für Personalstunden und für weitere Kostenstellen wurden gleich mit berechnet.

Iterationen der Tarifermittlung

Das war ja richtig einfach im Vergleich zu den Umlagen. Leider nur in diesem theoretischen Beispiel. Die Leistungsverrechnung wurde hier nur für Kostenstellen durchgeführt, die sich auf Produkte verrechnen; siehe auch Kapitel 4, »Produktkostenrechnung«. In der Praxis wird die Leistungsverrechnung auch für die Verrechnung von

Kosten zwischen Kostenstellen genutzt. Ein typisches Beispiel sind Handwerker. Die Kostenstellen für Schlosser und Elektriker notieren die Stunden, die sie für die Kostenstellen in der Produktion leisten. Mit diesen Stundenaufschreibungen werden dann Leistungsverrechnungen zwischen Kostenstellen durchgeführt. Die Schlosser arbeiten auch ab und zu für die Elektrowerkstatt, und die Elektriker ziehen hier und da auch in der Schlosserei eine Leitung. Deshalb gilt für die Tarifermittlung hinsichtlich der iterativen Verrechnungen das Gleiche, wie es bereits für die Umlagen beschrieben wurde.

Ergebnisse Tarifermittlung Plan: Grundliste

Nachrichten | Senderanalyse

```
Kostenrechnungskreis 1000       Kokrs Bäckerei Becker
Version              0          Plan/Ist - Version
Geschäftsjahr        2009       Periode             001 bis       012

Tarifermittlung Plan 2          Durchschnittstarif
Elementeschema (Haup BE         Bäckerei Becker
Währung              EUR        Währung der Mitgliedsländer der EWU
Kurstyp              P          Standardumrechnung für die Kostenplanung
Wertstellungsdatum   01.01.2009

Verarbeitungsstatus  Echtlauf
Anzahl Nachrichten   5
Max. Kategorie       Warnung

Verarbeitung mit Warnungen abgeschlossen

Belegnummer          100000912
```

			Kreiswährung				
Objektnummer	LstMenge	LstEinh	Tarif ges.	Tarif fix	TarEh	TKz	PL<>DL
LEI B100/MASCH	1.500,0	STD	10.591,87	8.591,87	1000	1	>>
LEI B100/PERS	3.000,0	STD	17.629,27	2.629,27	1000	1	>>
LEI B110/RUHE	8.000,0	STD	6,25	6,25	100	1	>>
LEI B120/MASCH	8.000,0	STD	3,25	0,25	1	1	>>
LEI B200/STCK	80.000,000	ST	31,25	31,25	100	1	>>

Abbildung 3.50 Tarifermittlung – Protokoll

Umlagen und Leistungsverrechnung gemischt

Schwierig wird es, wenn Sie Umlagen und Leistungsverrechnungen zwischen Kostenstellen mischen. Das ist in der Praxis der Normalfall und nicht die Ausnahme.

Beispiel

Die Gebäudekostenstelle verrechnet ihre Quadratmeter teilweise an die Elektriker – per Umlage; die Elektriker finden für einige ihrer Stunden keinen besseren Empfänger als die Kostenstelle »Gebäude« – sie verrechnen sich per Leistungsverrechnung. Die automatische Iteration funktioniert nur innerhalb der Umlagenrechnung und innerhalb der Tarifermittlung.

Ein Lauf, der die übergreifenden Abhängigkeiten automatisch auflöst, existiert nicht. In einem solchen Fall beginnen Sie mit der Ausführung des Umlagezyklus, danach führen Sie eine Tarifermittlung durch, dann wieder die Umlage, die Tarifermittlung, die Umlage ..., so oft, bis die Über-/Unterdeckungen auf den Kostenstellen nahezu eliminiert sind.

Tarifbericht

Mit dem Verlassen der Transaktion KSPI zur Tarifermittlung verschwindet das Protokoll. Sie können die bereits errechneten Tarife mit der Transaktion KSBT wieder anzeigen, im Menü: RECHNUNGSWESEN • CONTROLLING • KOSTENSTELLENRECHNUNG • INFOSYSTEM • BERICHTE ZUR KOSTENSTELLENRECHNUNG • TARIFE • KOSTENSTELLEN: LEISTUNGSARTENTARIFE (siehe Abbildung 3.51).

Kostenstelle	LeistArt	Kostenst.kurztext	Leistar.kurztext	KWähr	Tarif gesamt	Tarif variabel	Tarif fix	TKz
B100	MASCH	Backstube	Maschinenzeit	EUR	10.591,8	2.000,00	8.591,87	1
	PERS	Backstube	Personalzeit	EUR	17.629,2	15.000,00	2.629,27	1
B110	RUHE	Ruheraum	Ruhezeit	EUR	62,5	0,00	62,50	1
B120	MASCH	Backofen	Maschinenzeit	EUR	3.250,0	3.000,00	250,00	1
B200	STCK	Einkauf	Stück	EUR	312,5	0,00	312,50	1

Abbildung 3.51 Bericht – Leistungsartentarife

Ergebnisse im Planungsbericht

Zur Darstellung der Ergebnisse der Tarifermittlung auf der Kostenstelle B100 »Backstube« lohnt wieder ein Blick auf den Planungsbericht unter Transaktion KSBL, im Menü: RECHNUNGSWESEN • CONTROLLING • KOSTENSTELLENRECHNUNG • INFOSYSTEM • BERICHTE ZUR KOSTENSTELLENRECHNUNG • PLANUNGSBERICHTE • KOSTENSTELLEN: PLANUNGSÜBERSICHT (siehe Abbildung 3.52).

Reduzierung der Über-/Unterdeckung

Betrachten wir jetzt wieder den Bericht KOSTENSTELLEN: IST/PLAN/ABWEICHUNGEN für alle Kostenstellen (siehe Abbildung 3.53). Für die Kostenarten DILV sind als Entlastung Werte gebucht. Die Über-/Unterdeckung wurde auf 29.224 EUR reduziert.

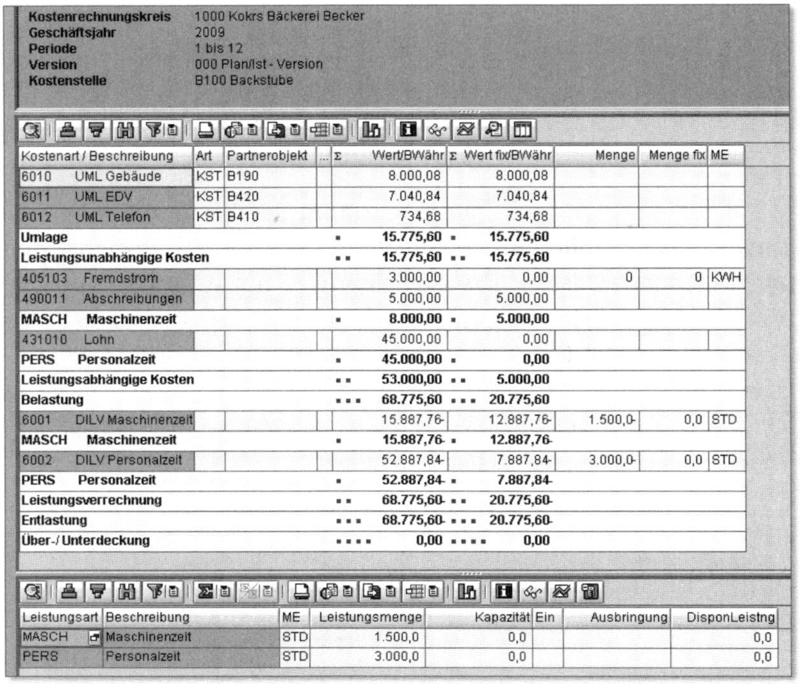

Kostenrechnungskreis 1000 Kokrs Bäckerei Becker
Geschäftsjahr 2009
Periode 1 bis 12
Version 000 Plan/Ist-Version
Kostenstelle B100 Backstube

Kostenart / Beschreibung	Art	Partnerobjekt	...	Σ Wert/BWähr	Σ Wert fix/BWähr	Menge	Menge fix	ME
6010 UML Gebäude	KST	B190		8.000,08	8.000,08			
6011 UML EDV	KST	B420		7.040,84	7.040,84			
6012 UML Telefon	KST	B410		734,68	734,68			
Umlage				▪ **15.775,60**	▪ **15.775,60**			
Leistungsunabhängige Kosten				▪▪ **15.775,60**	▪▪ **15.775,60**			
405103 Fremdstrom				3.000,00	0,00	0	0	KWH
490011 Abschreibungen				5.000,00	5.000,00			
MASCH Maschinenzeit				▪ **8.000,00**	▪ **5.000,00**			
431010 Lohn				45.000,00	0,00			
PERS Personalzeit				▪ **45.000,00**	▪ **0,00**			
Leistungsabhängige Kosten				▪▪ **53.000,00**	▪▪ **5.000,00**			
Belastung				▪▪▪ **68.775,60**	▪▪▪ **20.775,60**			
6001 DILV Maschinenzeit				15.887,76-	12.887,76-	1.500,0-	0,0	STD
MASCH Maschinenzeit				▪ **15.887,76-**	▪ **12.887,76-**			
6002 DILV Personalzeit				52.887,84-	7.887,84-	3.000,0-	0,0	STD
PERS Personalzeit				▪ **52.887,84-**	▪ **7.887,84-**			
Leistungsverrechnung				▪▪ **68.775,60-**	▪▪ **20.775,60-**			
Entlastung				▪▪▪ **68.775,60-**	▪▪▪ **20.775,60-**			
Über-/Unterdeckung				▪▪▪▪ **0,00**	▪▪▪▪ **0,00**			

Leistungsart	Beschreibung	ME	Leistungsmenge	Kapazität	Ein	Ausbringung	DisponLeistng
MASCH	Maschinenzeit	STD	1.500,0	0,0			0,0
PERS	Personalzeit	STD	3.000,0	0,0			0,0

Abbildung 3.52 Kostenstelle Backstube nach Umlage und Leistungsverrechnung

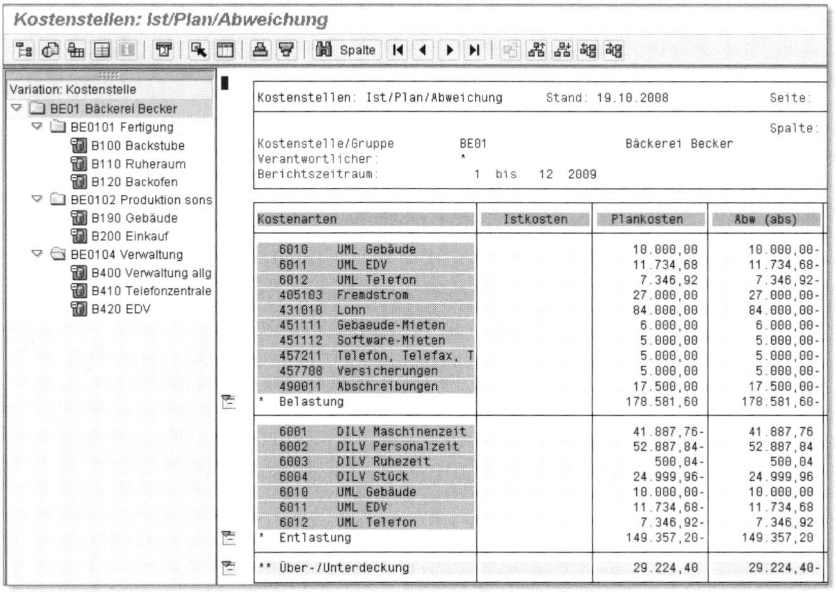

Kostenstellen: Ist/Plan/Abweichung

Spalte

Variation: Kostenstelle
- BE01 Bäckerei Becker
  - BE0101 Fertigung
    - B100 Backstube
    - B110 Ruheraum
    - B120 Backofen
  - BE0102 Produktion sons
    - B190 Gebäude
    - B200 Einkauf
  - BE0104 Verwaltung
    - B400 Verwaltung allg
    - B410 Telefonzentrale
    - B420 EDV

```
Kostenstellen: Ist/Plan/Abweichung      Stand: 19.10.2008          Seite:
                                                                   Spalte:
Kostenstelle/Gruppe        BE01                   Bäckerei Becker
Verantwortlicher:          *
Berichtszeitraum:            1  bis   12  2009
```

Kostenarten	Istkosten	Plankosten	Abw (abs)
6010 UML Gebäude		10.000,00	10.000,00-
6011 UML EDV		11.734,68	11.734,68-
6012 UML Telefon		7.346,92	7.346,92-
405103 Fremdstrom		27.000,00	27.000,00-
431010 Lohn		84.000,00	84.000,00-
451111 Gebaeude-Mieten		6.000,00	6.000,00-
451112 Software-Mieten		5.000,00	5.000,00-
457211 Telefon, Telefax, T		5.000,00	5.000,00-
457708 Versicherungen		5.000,00	5.000,00-
490011 Abschreibungen		17.500,00	17.500,00-
* Belastung		178.581,60	178.581,60-
6001 DILV Maschinenzeit		41.887,76-	41.887,76
6002 DILV Personalzeit		52.887,84-	52.887,84
6003 DILV Ruhezeit		500,04-	500,04
6004 DILV Stück		24.999,96-	24.999,96
6010 UML Gebäude		10.000,00-	10.000,00
6011 UML EDV		11.734,68-	11.734,68
6012 UML Telefon		7.346,92-	7.346,92
* Entlastung		149.357,20-	149.357,20
** Über-/Unterdeckung		29.224,40	29.224,40-

Abbildung 3.53 Kostenstellenbericht nach Tarifermittlung

Umlage in die Ergebnisrechnung

Umlagen nach CO-PA

Auf welcher Kostenstelle sind die soeben genannten 29.224 EUR stehen geblieben, die nach Umlage und Tarifermittlung nicht weiter verrechnet wurden? Um das herauszufinden, können Sie im Bericht KOSTENSTELLEN: IST/PLAN/ABWEICHUNG mit einem Klick einen Blick auf jede einzelne Kostenstelle werfen.

Bericht – Bereich: Kostenstellen

Einfacher geht es allerdings mit einem Bericht, der alle Kostenstellen untereinander auflistet und für jede einzelne nur die Über-/Unterdeckung anzeigt. Sie finden diesen Bericht im Report S_ALR_87013612, im Menü: RECHNUNGSWESEN • CONTROLLING • KOSTENSTELLENRECHNUNG • INFOSYSTEM • BERICHTE ZUR KOSTENSTELLENRECHNUNG • PLAN/IST-VERGLEICHE • BEREICH: KOSTENSTELLEN (siehe Abbildung 3.54).

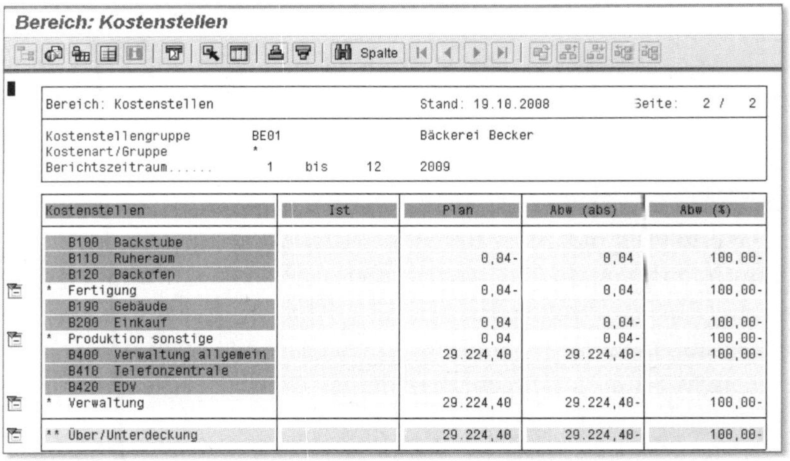

Bereich: Kostenstellen | Stand: 19.10.2008 | Seite: 2 / 2

Kostenstellengruppe BE01 Bäckerei Becker
Kostenart/Gruppe *
Berichtszeitraum...... 1 bis 12 2009

Kostenstellen	Ist	Plan	Abw (abs)	Abw (%)
B100 Backstube				
B110 Ruheraum		0,04-	0,04	100,00-
B120 Backofen				
* Fertigung		0,04-	0,04	100,00-
B190 Gebäude				
B200 Einkauf		0,04	0,04-	100,00-
* Produktion sonstige		0,04	0,04-	100,00-
B400 Verwaltung allgemein		29.224,40	29.224,40-	100,00-
B410 Telefonzentrale				
B420 EDV				
* Verwaltung		29.224,40	29.224,40-	100,00-
** Über/Unterdeckung		29.224,40	29.224,40-	100,00-

Abbildung 3.54 Kostenstellenbericht – nur Über-/Unterdeckung

Fehlende Entlastung für Verwaltung

Die Kostenstelle B400 »Verwaltung allgemein« ist also der Übeltäter. Diese Kostenstelle hat bisher keine Methode gefunden, mit der sie ihre Kosten weiter verrechnen kann. Bei der Umlage an andere Kostenstellen konnten keine Empfänger ermittelt werden, und auch für die Leistungsverrechnung konnte keine angemessene Leistungseinheit bestimmt werden. Die Kosten fallen aber dennoch an, und so ganz verzichten möchte man auf Buchhaltung, Controlling und Geschäftsführung dann doch nicht. Also müssen für eine geschlossene Kostenstellenrechnung Verfahren gefunden werden, mit denen diese

Kosten mehr oder weniger gewaltsam doch noch weiter verrechnet werden können.

»Wie wäre es mit den Produkten und Kunden in der Ergebnisrechnung? Die Erlöse werden direkt auf die Produkte in die Ergebnisrechnung gebucht. Alle Kosten landen irgendwann ebenfalls dort. Buchen wir die Verwaltungskosten mit Umlagen doch direkt nach CO-PA. Wenn wir Kosten aus der Verwaltung auf die Produktionskostenstelle verrechnen, müssten wir uns womöglich beim Verantwortlichen der Empfängerkostenstelle rechtfertigen – die Ergebnisrechnung dagegen wehrt sich nicht.« Habe ich überzogen? Ähnliche Überlegungen habe ich jedenfalls bei Controllern in der Praxis schon beobachtet.

Umlage in die Ergebnisrechnung

Bleiben wir dabei und verrechnen die Verwaltungskosten direkt in die Ergebnisrechnung. In diesem Beispiel halte ich diese Umlage für angemessen. Die entsprechende Funktion in SAP ERP heißt *Umlage in die Ergebnisrechnung*. Die Masken zur Definition von Zyklen und zum Ausführen der Umlage sehen auf den ersten Blick so aus wie die zur Umlage zwischen Kostenstellen. Die wichtigsten Unterschiede sind: Bei der Umlage zwischen Kostenstellen sind die Empfänger der Kosten andere Kostenstellen oder auch Innenaufträge; die Verrechnung erfolgt in mehreren Iterationen. Bei der Umlage in die Ergebnisrechnung sind die Empfänger Ergebnisobjekte, also Kunden, Produkte, Länder, Produktgruppen oder Ähnliches; die Verrechnung erfolgt in einem Schritt und nur in eine Richtung, von den Kostenstellen weg hin zur Ergebnisrechnung. Genau genommen ist das Wort Zyklus für die Umlage in die Ergebnisrechnung falsch, weil eben keine zyklische Verrechnung erfolgt, sondern eine Verrechnung in einem Schritt – aber sei's drum.

Umlagezyklus anlegen und ausführen

Die Ausführung des Zyklus zur Umlage von Kostenstellen in die Ergebnisrechnung erfolgt mit Transaktion KEUB, im Menü: Rechnungswesen • Controlling • Ergebnis- und Marktsegmentrechnung • Planung • Planungsintegration • Kostenstellen-/Prozessplanung übernehmen • Umlage (siehe Abbildung 3.55). Die Funktionen zur Pflege von Zyklen finden Sie, wie bei der Umlage zwischen Kostenstellen, in der Menüleiste über Zyklus • Anlegen/Ändern/Anzeigen. Die Transaktionscodes sind: KEU7/KEU8/KEU9.

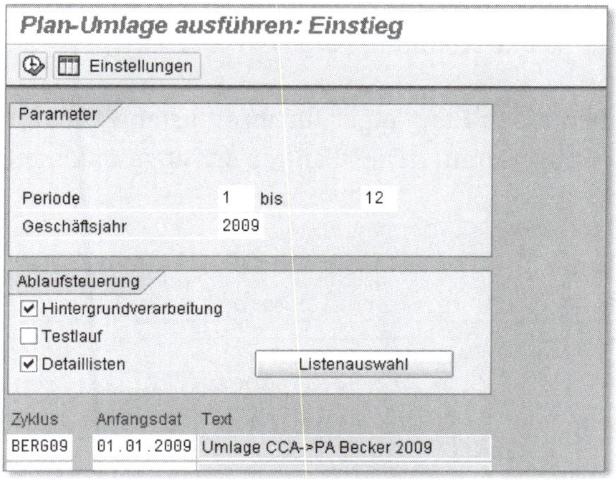

Abbildung 3.55 Umlage von Kostenstellen in die Ergebnisrechnung ausführen

Die Pflege von Zyklen zur Umlage von Kostenstellen in die Ergebnisrechnung wird erst mit Kenntnissen der Strukturen der Ergebnisrechnung verständlich. Deshalb verzichte ich hier auf nähere Informationen zu diesem Thema und verweise auf Kapitel 5, »Ergebnis- und Marktsegmentrechnung«.

Für die Kostenstelle B400 »Verwaltung allgemein« wurde durch die Umlage in die Ergebnisrechnung eine Entlastung mit der sekundären Kostenart 6020 »UML Erg. Verwaltung« generiert (siehe Abbildung 3.56).

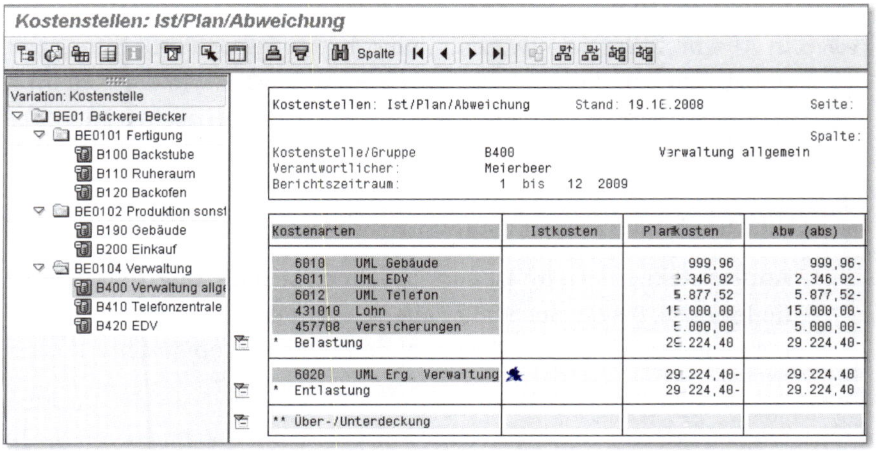

Abbildung 3.56 Kostenstelle »Verwaltung allgemein« nach Umlage in die Ergebnisrechnung

Verwaltungskostenstelle wurde entlastet

Nach der erfolgreichen Ausführung der Umlage sind alle Kostenstellen vollständig entlastet (siehe Abbildung 3.57).

Alle Kostenstellen sind verrechnet

Alle Kostenstellen haben einen Empfänger für ihre Kosten gefunden und sind vollständig »abgeräumt«. Die Planung ist abgeschlossen. Auf zum Ist.

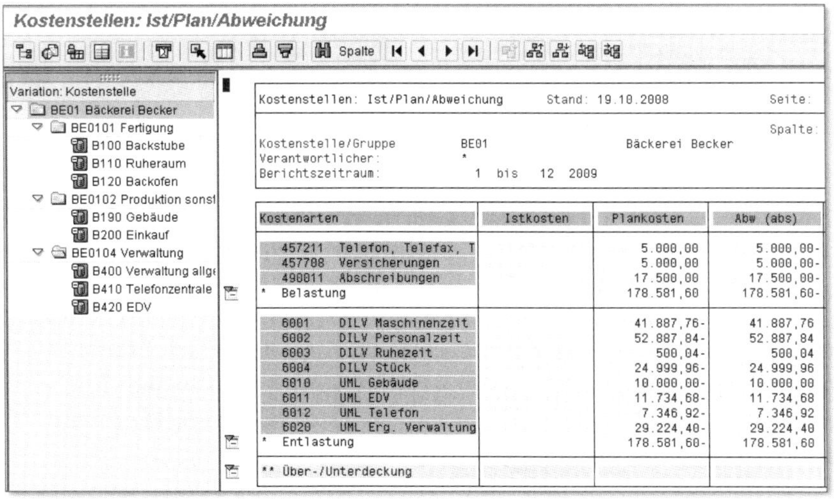

Abbildung 3.57 Kostenstellenbericht nach Umlage in die Ergebnisrechnung

3.2.4 Istbuchungen mit Kostenstellen

Primärkosten

Verflechtung von Buchhaltung und Controlling

In Abschnitt 2.1, »Softwaremodule«, hatte ich die Verflechtung von Buchhaltung und Gemeinkostenrechnung erwähnt. In der bisher beschriebenen Planung halten sich die Kollegen Buchhalter allerdings noch höflich zurück. Sie warten, bis der Planungsprozess abgeschlossen ist, und übernehmen dann verdichtete Zahlen des Controllings für ihre Planung der Gewinn-und-Verlust-Rechnung.

Anders stellt es sich im Ist dar. Da lehnen sich die Controller zurück und warten, bis die Buchhalter alle Belege fein und säuberlich im System abgelegt haben, der Rest geht dann (fast) automatisch.

Einstieg über Kostenstellenbericht

Sobald Belege, z. B. Rechnungen von Lieferanten, von der Buchhaltung erfasst sind, erscheinen die entsprechenden Werte in der Spalte ISTKOSTEN des bereits bekannten Berichts KOSTENSTELLEN: IST/PLAN/ABWEICHUNGEN (siehe Abbildung 3.58).

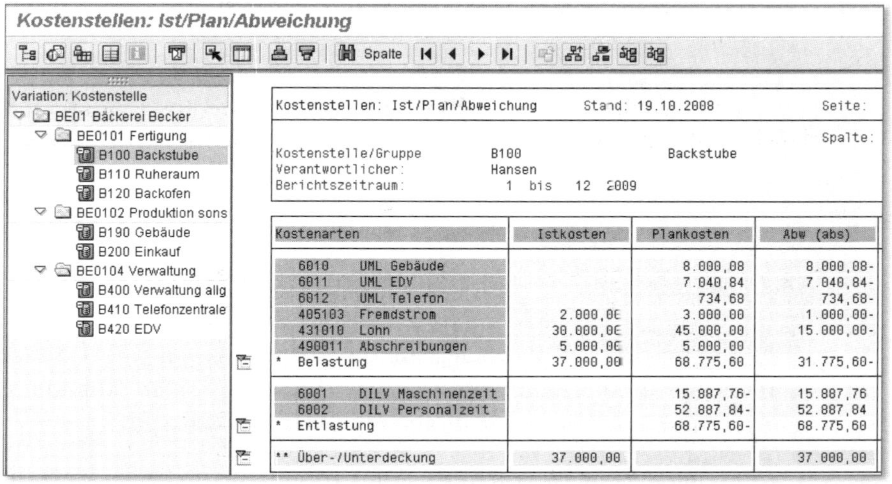

Abbildung 3.58 Kostenstelle »Backstube« mit Primärkosten im Ist

Belege suchen

Der Controller ist von Natur aus ein misstrauisches Wesen, er glaubt zunächst einmal gar nichts. Auch bei den Istkosten möchte er wissen: Wer und was steckt dahinter? Diese Information ist in SAP ERP online verfügbar. Der Doppelklick auf das Feld STROMKOSTEN/ISTKOSTEN zeigt ein Popup-Menü, mit dem zu verschiedenen Detailberichten verzweigt werden kann (siehe Abbildung 3.59).

Abbildung 3.59 Popup-Menü für Detailberichte

Kostenrechnungsbeleg anzeigen

Der Doppelklick auf die Zeile KOSTENSTELLEN: EINZELPOSTEN IST zeigt einen Bericht mit allen Kostenrechnungsbelegen, die zu dem angezeigten Betrag von 2.000 EUR geführt haben. In diesem Fall ist genau ein Beleg betroffen (siehe Abbildung 3.60).

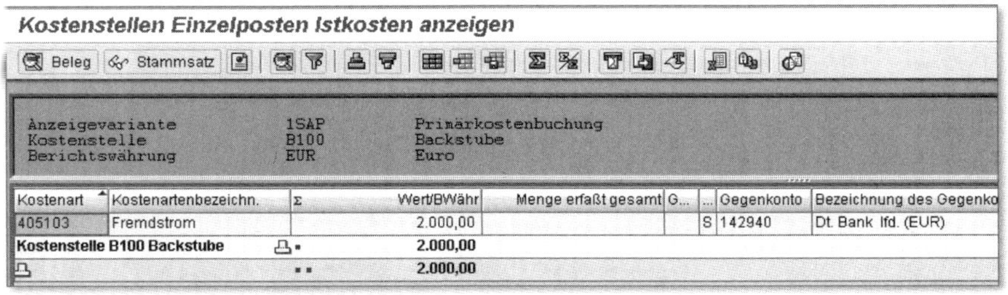

Abbildung 3.60 Kostenrechnungsbeleg

Der Doppelklick auf die Belegzeile in Abbildung 3.60 führt direkt zum Ursprungsbeleg in der Finanzbuchhaltung (siehe Abbildung 3.61). Diese Buchung ist unsinnig in mehrfacher Hinsicht:

»Unschärfen« in den Beispieldaten

1. So unterschiedliche Vorgänge wie Strom, Lohn und Abschreibungen (AfA) werden sicher nie in einem Beleg gebucht.
2. Kreditorenbelege wie Strom werden immer gegen das Konto des Lieferanten als offener Posten gebucht und nicht gegen ein Bankkonto.
3. Ganz absurd ist es bei den Abschreibungen, die als Gegenkonto natürlich eine Anlage benötigen und keine Bank.

In diesem Buch geht es nicht um eine aufgeräumte Buchhaltung, sondern um die Darstellung der Auswirkungen im Controlling, und hier sind die Gegenkonten nicht relevant. Verzeihen Sie mir also bitte diese Schlamperei.

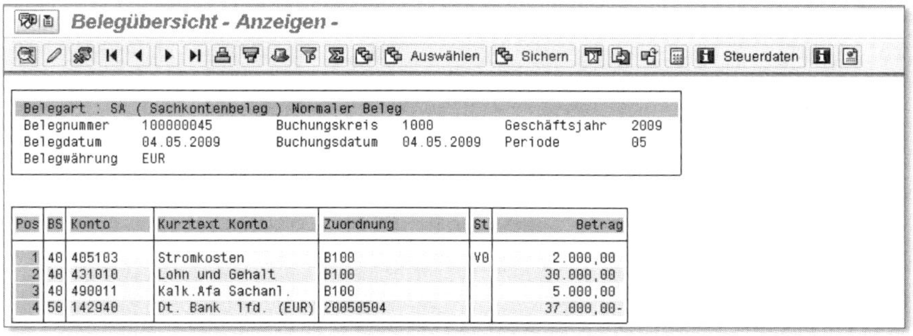

Abbildung 3.61 Buchhaltungsbeleg zur Primärkostenbuchung

Details zum Buchhaltungsbeleg

Wichtig ist allerdings: Was hat die Buchhaltung unternommen, um den Beleg auf der Kostenstelle B100 »Backstube« sichtbar zu machen? Mit einem Doppelklick in der Zeile STROMKOSTEN in Abbildung 3.61

erscheinen die Details zu dieser Belegposition (siehe Abbildung 3.62). Entscheidend ist der Eintrag B100 im Feld KOSTENSTELLE.

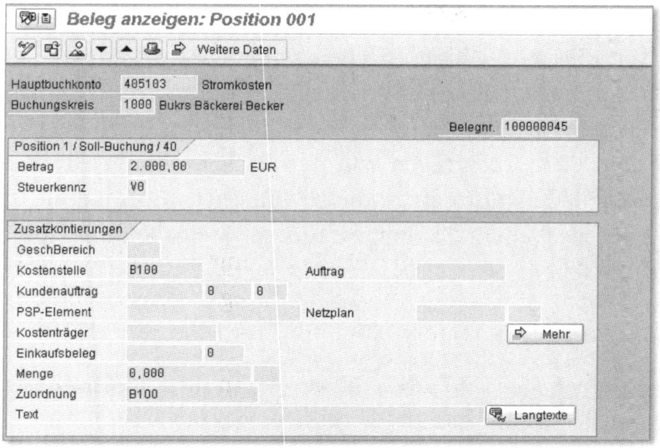

Abbildung 3.62 Buchhaltungsbelege – Detail zu Position 001

Wie sieht ein »echter« Buchhaltungsbeleg aus?

An dieser Stelle möchte ich Sie nicht mit einem unsinnigen Buchhaltungsbeleg im Regen stehen lassen. Deshalb hat ein Kunde von mir erlaubt, einen kleinen Blick auf sein produktives SAP-System zu werfen. Von einem Bericht KOSTENSTELLEN: IST/PLAN/ABWEICHUNG habe ich mich wie bereits beschrieben zu einem Buchhaltungsbeleg »vorgeklickt« (siehe Abbildung 3.63). Das Konto 456207 »Sonst. Fremdleistungen« ist im Controlling als Kostenart zu sehen. Die Gegenbuchung erfolgt auf dem Konto des Kreditors 713465 »Uwe Brück Consulting«. Außerdem ist für diesen Vorgang Vorsteuer abzuführen, zu sehen in der Zeile 122100 »Vorsteuer«.

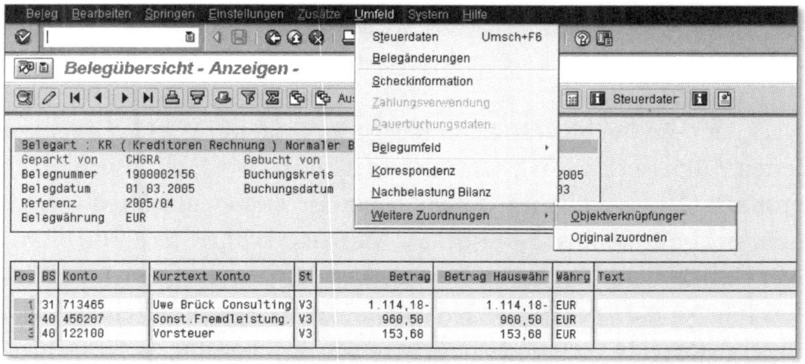

Abbildung 3.63 FI-Beleg auf einem produktiven System

Originalrechnung am Bildschirm

Zusätzliche Informationen zu diesem Vorgang sind über die Menüleiste UMFELD • WEITERE ZUORDNUNGEN • OBJEKTVERKNÜPFUNGEN verfügbar (siehe Abbildung 3.63). Dadurch erscheint ein sogenanntes *archiviertes Dokument*, d. h. die eingescannte Originalrechnung, die als Vorlage für diesen Buchhaltungsbeleg im System gedient hat (siehe Abbildung 3.64). Diese Funktion zum Abrufen von Originalbelegen steht jedem Kostenstellenverantwortlichen online zur Verfügung. So werden viele Rückfragen von den Fachabteilungen in der Buchhaltung vermieden. Oftmals ist die gewünschte Information auf dem Beleg oder der ebenfalls eingescannten Freigabefahne (hier nicht im Bild) zu sehen.

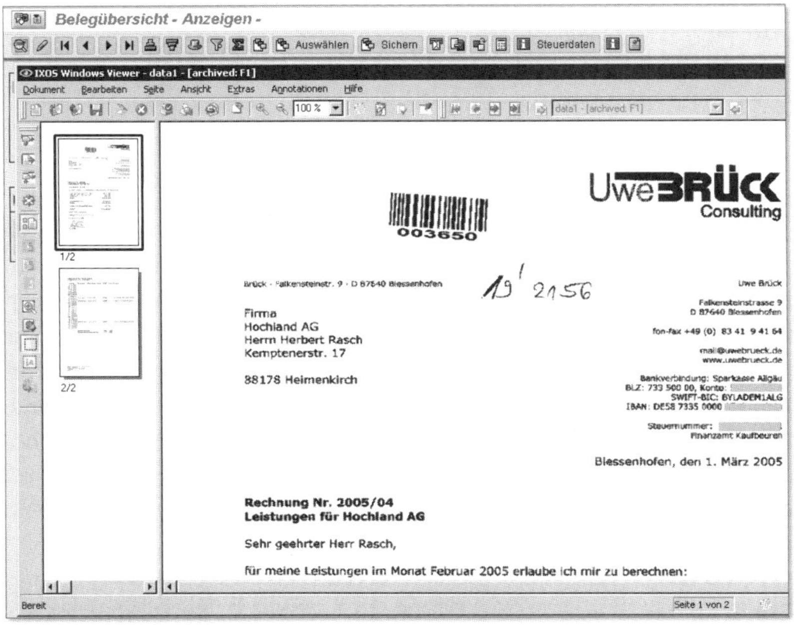

Abbildung 3.64 Darstellung der eingescannten Originalrechnung

Nachdem die Buchhaltung alle Belege im System für einen abgelaufenen Monat erfasst hat, wird dieser Monat für weitere Buchungen gesperrt. Die Buchhalter sagen: »Jetzt ist Buchungsschluss.« Nach dem Buchungsschluss beginnt der Monatsabschluss im Controlling. Mit Umlagen und Leistungsverrechnung werden die gebuchten Kosten filigran auf andere Kostenstellen, Innenaufträge, Produkte oder Ergebnisobjekte verteilt. Nachdem in der Buchhaltung die Erbsen gezählt sind, werden im Controlling die Linsen gespalten.

Leistungsbuchung

Tarifermittlung nur im Plan

Im Plan hatten wir nach der Erfassung der Primärkosten die Umlage zwischen Kostenstellen durchgeführt und danach eine Leistungsverrechnung gebucht. Im Ist werden die Plantarife für die Verrechnung von Leistungen genutzt, nur so ist eine aussagekräftige Abweichungsanalyse möglich. Eine Tarifermittlung im Ist wird nicht durchgeführt, Umlagen im Ist können die Tarife also nicht beeinflussen.

Leistungsmengen im Ist

Die Erfassung von Leistungsmengen, z. B. Schlosserstunden, beeinflusst allerdings die Belastung der Kostenstellen, die am Umlageverfahren teilnehmen. Deshalb muss im Ist die Leistungsbuchung vor der Umlage durchgeführt werden.

Reihenfolge für Leistungsbuchung und Umlage

So richtig schlüssig ist die Forderung »Leistungsbuchung vor Umlage« in Bezug auf das Beispiel in diesem Buch nicht. Hier werden nämlich keine Leistungsverrechnungen an andere Kostenstellen durchgeführt. Also wäre es hier doch wieder egal gewesen, ob wir die Umlagen oder die Leistungsbuchungen zuerst durchführen. Im Allgemeinen gilt aber für das Ist: »Leistungsbuchung vor Umlage«.

Nehmen wir an, Sie hätten eine Aufschreibung in Ihrer Produktion, bei der die Stunden der einzelnen Anlagen und Mitarbeiter den verschiedenen Fertigprodukten zugeordnet werden. Die Kosten für die Produktion wollen Sie auf Fertigungsaufträgen sammeln. Dann können Sie die Kosten für die geleisteten Stunden mittels Leistungsbuchung von den Kostenstellen auf die Fertigungsaufträge verrechnen. Nutzen Sie hierfür die Transaktion KB21N, im Menü: Rechnungswesen • Controlling • Kostenstellenrechnung • Istbuchungen • Leistungsverrechnung • Erfassen (siehe Abbildung 3.65).

Leistungsverrechnung auf Produktionsauftrag

Die Kostenstelle B100 »Backstube« hat für den Auftrag 4000001600 (das ist die Auftragsnummer für »Schokoladenkuchen«) im Monat Dezember 800 Stunden die Maschinen zur Verfügung gestellt und 1.500 Personalstunden geleistet. Die Zahlen habe ich deshalb so groß gewählt, damit der Ist-Plan-Bericht zur Jahresplanung passt, die Ihnen bereits vertraut ist. Die Beziehungen »Kostenstelle« (SendStelle)/»Leistungsart« (SLstArt)/»Auftrag« (EmpfAuftrag) sowie die »Stundenzahl« (Menge gesamt) werden eingegeben, der Betrag wird automatisch vom System errechnet.

Details zur Leistungsbuchung

Durch Doppelklick auf Position 0001 in Abbildung 3.65 werden Details zur Buchung sichtbar (siehe Abbildung 3.66). Beachten Sie den

Tarif von 10,59 EUR pro Maschinenstunde. Diesen Tarif kennen Sie bereits aus der Planung der Kostenstelle B100 »Backstube«.

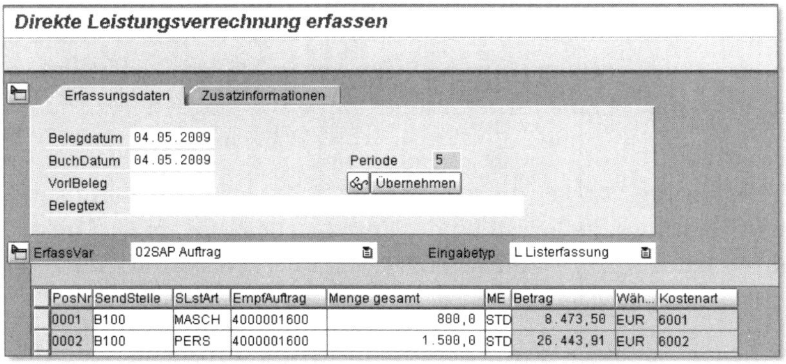

Abbildung 3.65 Leistungsbuchung – Listenerfassung

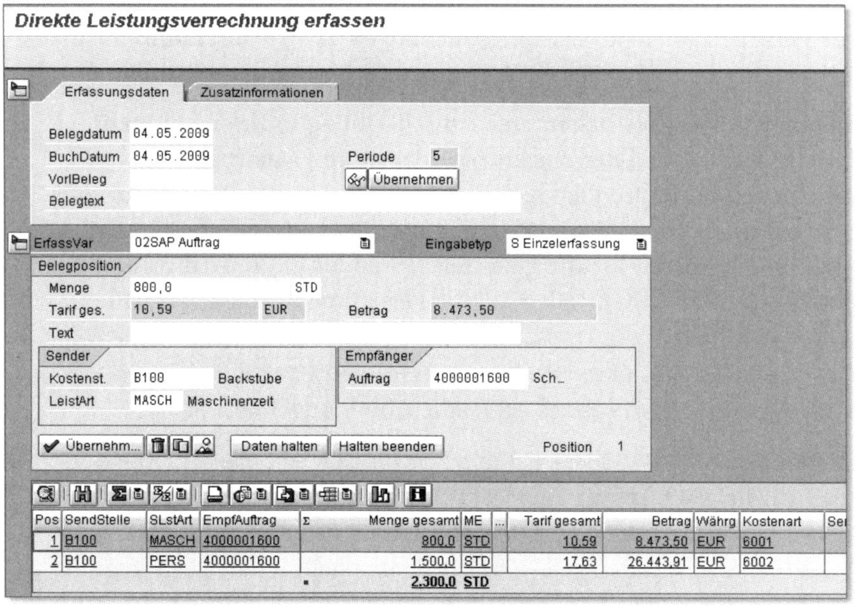

Abbildung 3.66 Leistungsbuchung – Einzelerfassung

Leistungsbuchung auf der Kostenstelle

Wie wirkt sich die Leistungsbuchung auf die Kostenstelle aus? Sehen wir uns den Bericht KOSTENSTELLE: IST/PLAN/ABWEICHUNG an (siehe Abbildung 3.67). Die bei der Leistungsmeldung ermittelten Beträge von 8.473,50 EUR für Maschinenzeit und 26.443,91 EUR für Personalzeit sind hier als Entlastungen zu sehen.

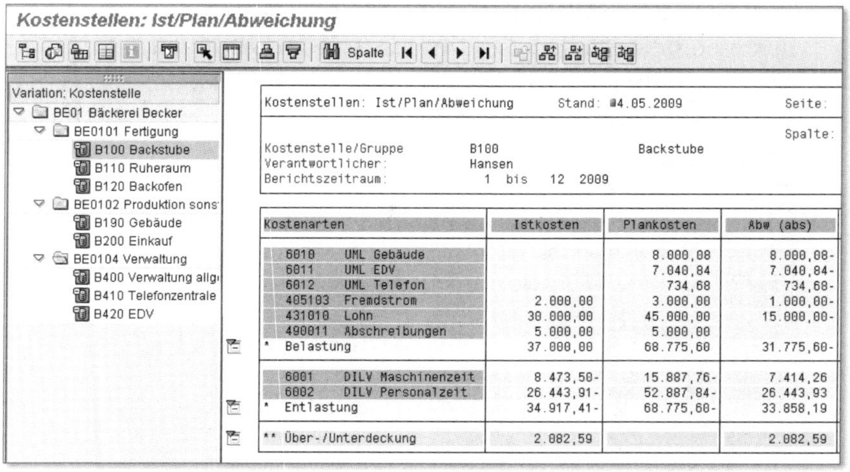

Kostenarten	Istkosten	Plankosten	Abw (abs)
6010 UML Gebäude		8.000,00	8.000,00-
6011 UML EDV		7.040,84	7.040,84-
6012 UML Telefon		734,68	734,68-
405103 Fremdstrom	2.000,00	3.000,00	1.000,00-
431010 Lohn	30.000,00	45.000,00	15.000,00-
490011 Abschreibungen	5.000,00	5.000,00	
* Belastung	37.000,00	68.775,60	31.775,60-
6001 DILV Maschinenzeit	8.473,50-	15.887,76-	7.414,26
6002 DILV Personalzeit	26.443,91-	52.887,84-	26.443,93
* Entlastung	34.917,41-	68.775,60-	33.858,19
** Über-/Unterdeckung	2.082,59		2.082,59

Abbildung 3.67 Kostenstelle »Backstube« mit Entlastungen aus Leistungsbuchungen

Leistungsmengen auf der Kostenstelle

Im unteren Teil des Berichtes für die Kostenstelle »Backstube« sind die Leistungen im Vergleich Ist zu Plan zu sehen (siehe Abbildung 3.68).

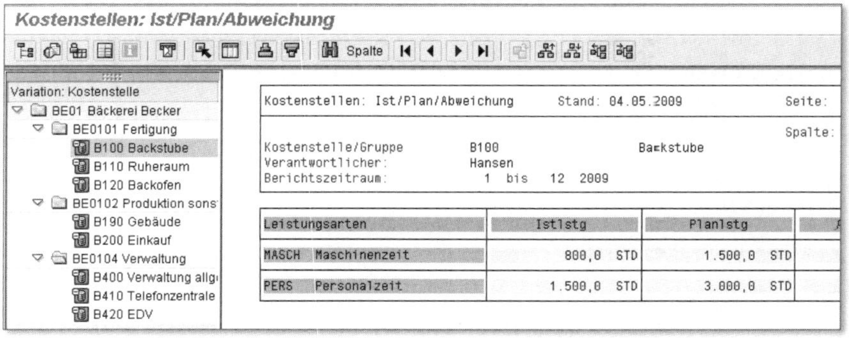

Leistungsarten	Istlstg	Planlstg
MASCH Maschinenzeit	800,0 STD	1.500,0 STD
PERS Personalzeit	1.500,0 STD	3.000,0 STD

Abbildung 3.68 Kostenstelle »Backstube« – Leistungsmengen

Umlagen zwischen Kostenstellen

Umlagezyklus im Ist

Der nächste Schritt im Rahmen des Monatsabschlusses für Kostenstellen ist die Buchung von Umlagen. Die Funktionen ZYKLUS ANLEGEN und AUSFÜHREN unterscheiden sich nicht von denen, die bereits bei der Planung vorgestellt wurden. Für die Buchung von Istdaten muss allerdings ein neuer Zyklus mit neuem Namen angelegt werden. Vorgesehen ist hier, die gleichen Regeln für die Verrechnung von Gebäude, Telefon und EDV zu nutzen, die bereits bei der Planung verwendet wurden. Also kopieren wir den Plan-Zyklus in einen

Ist-Zyklus mit der Transaktion KSU2 Zyklus anlegen (siehe Abbildung 3.69). Sie finden diese Transaktion im Menü: Rechnungswesen • Controlling • Kostenstellenrechnung • Periodenabschluss • Einzelfunktionen • Verrechnungen • Umlage und dann weiter über die Menüleiste Umfeld • Zyklus • Anlegen.

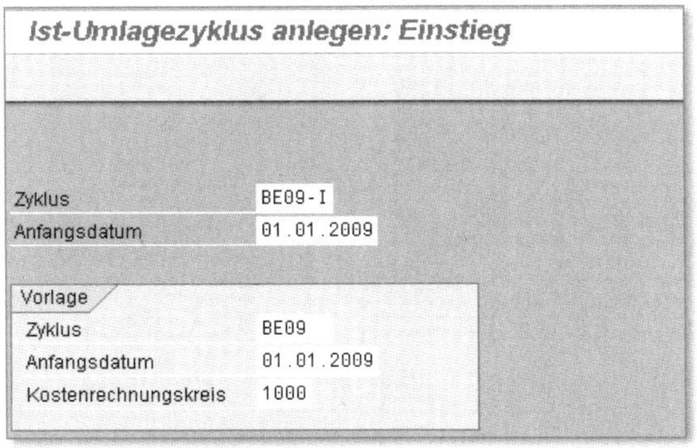

Abbildung 3.69 Plan-Zyklus in Ist-Zyklus kopieren

Zyklus ausführen

Die Transaktion zum Ausführen der Umlagen heißt KSU5, im Menü: Rechnungswesen • Controlling • Kostenstellenrechnung • Periodenabschluss • Einzelfunktionen • Verrechnungen • Umlage (siehe Abbildung 3.70).

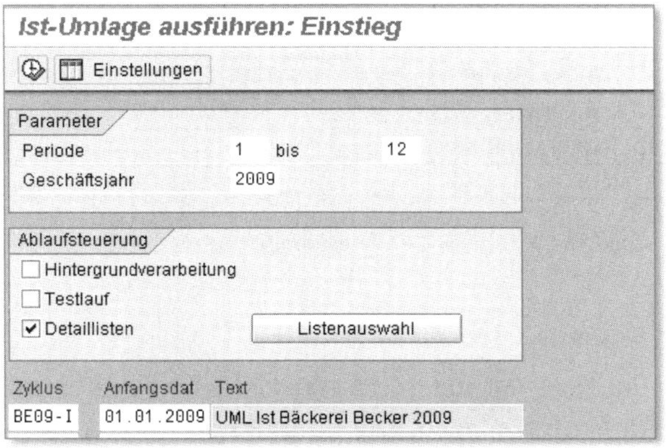

Abbildung 3.70 Umlagezyklus ausführen

3.2.5 Kostenstellenanalyse

Die Buchung der Umlagen wirkt sich auch auf die Kostenstelle »Backstube« aus (siehe Abbildung 3.71).

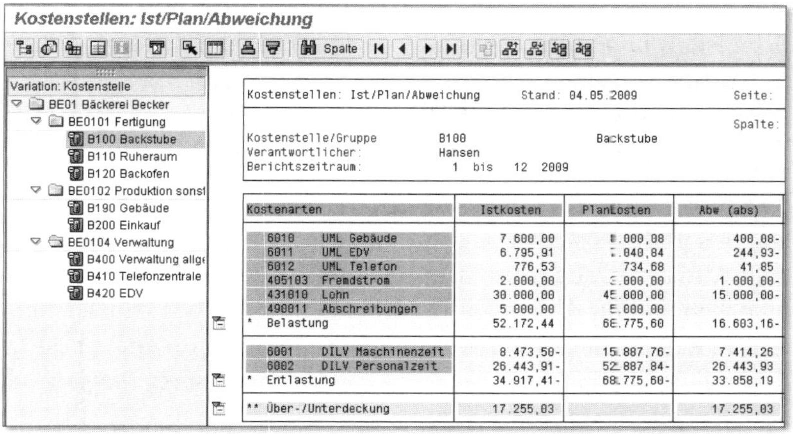

Kostenstellen: Ist/Plan/Abweichung

Variation: Kostenstelle
BE01 Bäckerei Becker
BE0101 Fertigung
B100 Backstube
B110 Ruheraum
B120 Backofen
BE0102 Produktion sonst
B190 Gebäude
B200 Einkauf
BE0104 Verwaltung
B400 Verwaltung allg
B410 Telefonzentrale
B420 EDV

Kostenstellen: Ist/Plan/Abweichung   Stand: 04.05.2009   Seite:
Spalte:
Kostenstelle/Gruppe   B100   Backstube
Verantwortlicher: Hansen
Berichtszeitraum: 1 bis 12 2009

Kostenarten	Istkosten	Plankosten	Abw (abs)
6010 UML Gebäude	7.600,00	[illegible].000,08	400,08-
6011 UML EDV	6.795,91	[illegible].040,84	244,93-
6012 UML Telefon	776,53	734,68	41,85
405103 Fremdstrom	2.000,00	[illegible].000,00	1.000,00-
431010 Lohn	30.000,00	45.000,00	15.000,00-
490011 Abschreibungen	5.000,00	5.000,00	
* Belastung	52.172,44	6[illegible].775,60	16.603,16-
6001 DILV Maschinenzeit	8.473,50-	15.887,76-	7.414,26
6002 DILV Personalzeit	26.443,91-	52.887,84-	26.443,93
* Entlastung	34.917,41-	68.775,60-	33.858,19
** Über-/Unterdeckung	17.255,03		17.255,03

Abbildung 3.71 Kostenstelle »Backstube« nach Umlagen

In diesem Stadium des Monatsabschlusses kann die Analyse der Produktionskostenstellen durchgeführt werden. Zu sehen ist eine Abweichung bei den Belastungen zwischen Ist und Plan von 16.603,16 EUR. Die Istkosten sind deutlich niedriger als die Plankosten – das ist gut. Der Betrag der Entlastungen aus Leistungsbuchungen im Ist unterschreitet die Belastung allerdings deutlich. Die Unterdeckung beträgt 17.255,03 EUR – das ist schlecht. Sollen wir den Kostenstellenverantwortlichen loben für die gute Ist-Plan-Abweichung oder tadeln für die Unterdeckung seiner Kostenstelle im Ist?

Ist-Plan-Vergleich

Betrachten wir den Bericht zunächst horizontal im Vergleich Ist zu Plan. Herrn Hansen die gesamten Plankosten als Messlatte zuzugestehen, ist nicht gerechtfertigt. Grundlage der Plankosten sind nämlich 1.500 Stunden Maschinenleistungen und 3.000 Stunden Personalleistungen. Geleistet wurden nur 800 und 1.500 Stunden. Weniger Leistung im Ist bedeutet: Die Kostenstelle muss weniger Kosten verbrauchen. Der Ist-Plan-Vergleich ist für die Besprechung von Produktionskostenstellen also wenig hilfreich.

Über-/Unterdeckung

Eine der Ursachen für die Unterdeckung der Kostenstelle um 17.255,03 EUR ist die sogenannte Variabilisierung von Fixkosten. Bei der Ermittlung der Plantarife wurden die fixen Kosten ebenso wie die variablen Kosten durch die Planmenge geteilt. Mit diesen Gesamttarifen wurde die Buchung der Entlastung im Ist durchgeführt. Herr Hansen wird es zu Recht ablehnen, die Verantwortung für die Unterdeckung voll zu tragen, weil er die fixen Kosten für Abschreibungen, Gebäude und EDV nicht beeinflussen kann. Durch die niedrigen Istleistungen wurden ihm für diesen Teil der Kosten zu geringe Gutschriften zugerechnet.

Messung des Erfolgs auf Produktionskostenstellen

Zur Beantwortung der Frage, ob Herr Hansen auf der Kostenstelle »Backstube« gut oder schlecht gewirtschaftet hat, hilft uns der Ist-Plan-Bericht mit Über-/Unterdeckung nicht wirklich weiter. Aber woran soll die Kostenstelle denn nun gemessen werden? Eine sinnvolle Messlatte wäre: Herr Hansen darf die geplanten Fixkosten verbrauchen und für die variablen Kosten den Anteil, der seinen Istleistungen entspricht. Diese Definition stammt nicht von mir, sie ist im Controlling als *Sollkosten* bekannt. Die Lösung unserer Frage lautet also: Ist-Soll-Vergleich.

Sollkosten

Wie hoch sind die Sollkosten genau? Die geplanten Fixkosten waren 5.000,00 EUR für Abschreibungen und 15.775,60 EUR aus Umlagen (Summe »UML Gebäude«, »UML EDV« und »UML Telefon«), insgesamt also 20.775,60 EUR. Für die Ermittlung der variablen Sollkosten wird der variable Teil der Tarife mit den Istmengen multipliziert. Wie hoch war noch gleich der variable Teil der Tarife? Sehen wir uns dazu den Tarifbericht noch einmal an mit Transaktion KSBT, im Menü: Rechnungswesen • Controlling • Kostenstellenrechnung • Berichte zur Kostenstellenrechnung • Tarife • Kostenstellen: Leistungsartentarife (siehe Abbildung 3.72). Hier sind die variablen Tarife der Kostenstelle B100 »Backstube« zu sehen: 2.000,00 EUR pro 1.000 Maschinenstunden (MASCH) und 15.000,00 EUR pro 1.000 Personalstunden (PERS).

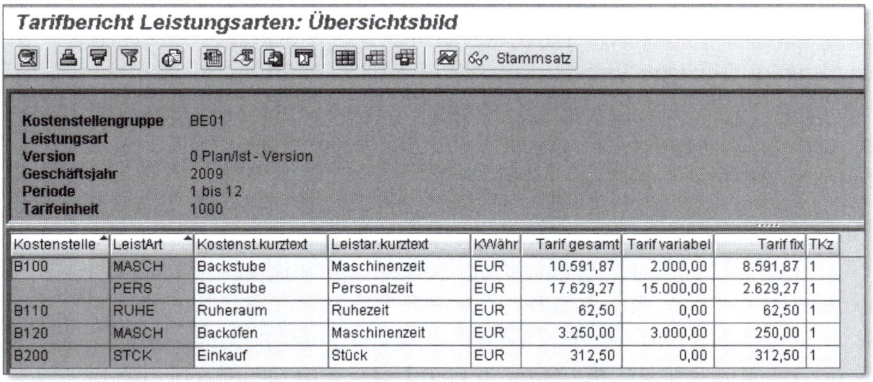

Kostenstelle	LeistArt	Kostenst.kurztext	Leistar.kurztext	KWähr	Tarif gesamt	Tarif variabel	Tarif fix	TKz
B100	MASCH	Backstube	Maschinenzeit	EUR	10.591,87	2.000,00	8.591,87	1
	PERS	Backstube	Personalzeit	EUR	17.629,27	15.000,00	2.629,27	1
B110	RUHE	Ruheraum	Ruhezeit	EUR	62,50	0,00	62,50	1
B120	MASCH	Backofen	Maschinenzeit	EUR	3.250,00	3.000,00	250,00	1
B200	STCK	Einkauf	Stück	EUR	312,50	0,00	312,50	1

Abbildung 3.72 Tarife für Kostenstellen

Jetzt sind die Daten für die Berechnung der Sollkosten komplett (siehe Tabelle 3.7).

Sollkosten	
Fixe Kosten: Plankosten fix	20.775,60 EUR
Variable Kosten: Istleistung × Plantarif variabel	
Maschinen: 800 Std. × 2.000 EUR/1.000 Std.	1.600,00 EUR
Personal: 1.500 Std. × 15.000 EUR/1.000 Std.	22.500,00 EUR
Summe	44.875,60 EUR

Tabelle 3.7 Ermittlung von Sollkosten

SAP-Bericht für Sollkosten

So, und jetzt müssen Sie bitte für die 150 Produktionskostenstellen in Ihrem Unternehmen die Sollkosten von Hand ausrechnen. Kleiner Scherz – natürlich gibt es dafür in SAP ERP einen Standardbericht. Den finden Sie im Report S_ALR_87013625, im Menü: RECHNUNGSWESEN • CONTROLLING • KOSTENSTELLENRECHNUNG • INFOSYSTEM • BERICHTE ZUR KOSTENSTELLENRECHNUNG • SOLL/IST-VERGLEICHE • KOSTENSTELLEN: IST/SOLL/ABWEICHUNG (siehe Abbildung 3.73). Die Spalte ISTKOSTEN hat sich im Vergleich zum Bericht IST/PLAN/ABWEICHUNG nicht verändert. Neu sind einige Zahlen in der Spalte SOLLKOSTEN. Im Feld BELASTUNG/SOLLKOSTEN kommt dieser Bericht zum gleichen Ergebnis wie die soeben durchgeführte manuelle Berechnung der Sollkosten: 44.875,60 EUR.

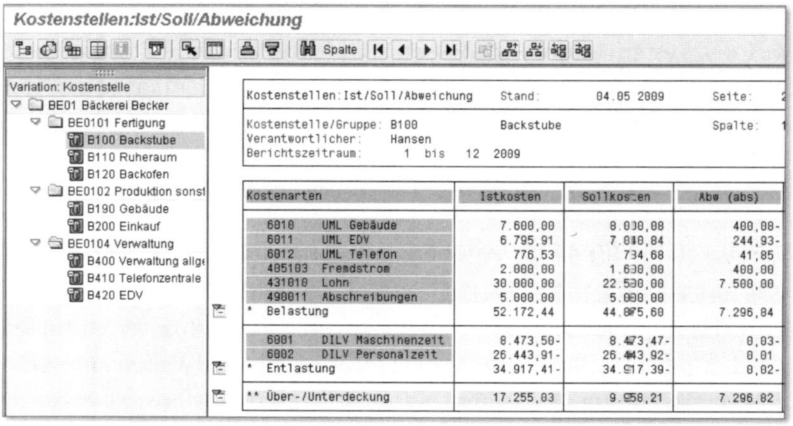

Abbildung 3.73 Soll-Ist-Vergleich für Backstube

Erkenntnisse aus der Betrachtung der Sollkosten

Wissen wir jetzt mehr? Ja, Herr Hansen hat tatsächlich Kosten überzogen. Das Problem auf dieser Kostenstelle ist allerdings nicht so groß, wie es die Zahl in Über-/Unterdeckung nahelegt. Erklärungsnot hat Herr Hansen nur für 7.296,84 EUR, die Abweichung zwischen Ist und Soll.

Was aber geschieht mit der Unterdeckung in der Spalte ISTKOSTEN? Im Abschnitt zur Planung mit Kostenstellen hatte ich geschrieben, dass Kostenstellen eine vollständige Entlastung anstreben. Das gilt auch für das Ist. Die Unterdeckung von 17.255,03 EUR wird in die Ergebnisrechnung umgelegt und verschlechtert dort das Ergebnis. Für diese Ergebnisverschlechterung aus der Kostenstelle »Backstube« ist Herr Hansen nur zum Teil verantwortlich, nämlich wie beschrieben für die 7.296,84 EUR Ist-Soll-Abweichung. Die restliche Ergebnisverschlechterung von 9.958,19 EUR sollte genau genommen dem Vertrieb angelastet werden. Dadurch dass die vom Vertrieb geplanten Absatzmengen nicht eingetroffen sind, konnten die Kapazitäten der Produktion nicht wie vorgesehen ausgelastet werden.

Was kann das Unternehmen »verkraften«?

Eine filigrane Kostenstellenanalyse, bei der Abweichungen aus der Produktion vom Vertrieb zu kommentieren sind, ist – wie Sie sehen – mit SAP ERP möglich. Allerdings bleibt fraglich, ob eine Organisation in der Praxis in der Lage ist, eine solche Kette aus Ursache und Wirkung in allen betroffenen Fachbereichen verständlich zu machen. In den mir bekannten, eher mittelständisch organisierten Unternehmen gibt es das jedenfalls nicht. Das Controlling von SAP kann meistens viel mehr, als die Unternehmen brauchen. Die Herausforderung bei der Einführung von SAP ERP liegt nicht darin, alles zu aktivieren, was das System kann. Stattdessen sollte jede einzelne Fragestellung sehr genau analysiert werden, damit eine überschaubare und verständliche Lösung geschaffen wird, die zum Problem passt – und nicht umgekehrt.

Umlage in die Ergebnisrechnung

Verrechnung der Verwaltung

Wie im Plan endet auch im Ist der Monatsabschluss in der Kostenstellenrechnung mit der Umlage in die Ergebnisrechnung. Wie im Plan werden jetzt die Kostenstellen verrechnet, für die weder eine Leistungsverrechnung noch eine Umlage an andere Kostenstellen vorgesehen ist. In unserem Beispiel wird die Kostenstelle B400 »Verwaltung allgemein« so verrechnet. In der Realität sind auch die

Kostenstellen des Vertriebs und des Marketings typische Kandidaten für diese Art der Entlastung.

Neu im Ist im Vergleich zum Plan ist die Umlage von Abweichungen auf Produktionskostenstellen in die Ergebnisrechnung. Abweichungen auf solchen Kostenstellen mit Leistungsverrechnung treten im Plan nicht auf, weil die Tarife genau so ermittelt werden, dass sich die Kostenstellen vollständig verrechnen. Im Ist werden die Entlastungen mit den geplanten Tarifen und mit Istleistungen gebucht. Dadurch entstehen Abweichungen für Kostenstellenanalysen.

Umlagezyklus

Die Umlage von Kostenstellen in die Ergebnisrechnung wird in SAP ERP mit Zyklen durchgeführt. Die Transaktion heißt KEU5, im Menü: Rechnungswesen • Controlling • Ergebnis- und Marktsegmentrechnung • Istbuchungen • Kostenstellen-/Prozessplanung übernehmen • Umlage (siehe Abbildung 3.74). Vor der Ausführung muss der Zyklus angelegt sein (siehe Kapitel 5, »Ergebnis- und Marktsegmentrechnung«).

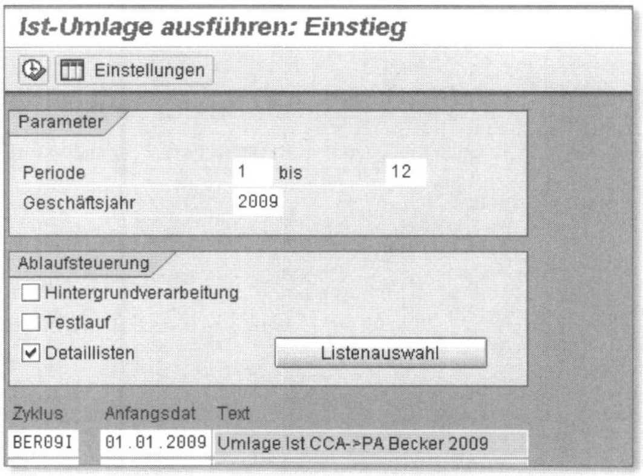

Abbildung 3.74 Umlage von Kostenstellen in die Ergebnisrechnung

Unterdeckung wird umgelegt

Nach der Umlage in die Ergebnisrechnung verschwindet die Unterdeckung auf der Kostenstelle B100 »Backstube«. Stattdessen erscheint dieser Betrag als Entlastung mit der Kostenart 6022 »UML Erg. Abweichungen« (siehe Abbildung 3.75).

Nach erfolgreichem Monatsabschluss sind alle Über-/Unterdeckungen im Ist verschwunden, wie der Klick auf den Knoten BE01 Bäckerei Becker im Bericht Kostenstellen Ist/Plan/Abweichung zeigt (siehe Abbildung 3.76).

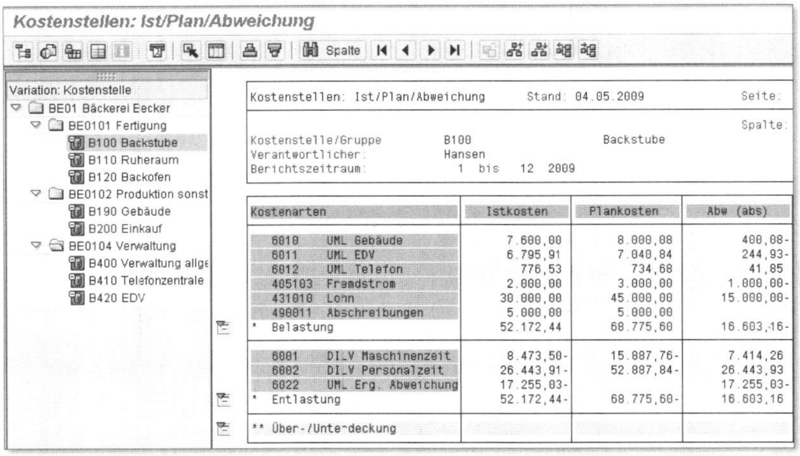

Kostenstellen: Ist/Plan/Abweichung

Spalte

Variation: Kostenstelle
BE01 Bäckerei Becker
BE0101 Fertigung
B100 Backstube
B110 Ruheraum
B120 Backofen
BE0102 Produktion sonst
B190 Gebäude
B200 Einkauf
BE0104 Verwaltung
B400 Verwaltung allge
B410 Telefonzentrale
B420 EDV

Kostenstellen: Ist/Plan/Abweichung   Stand: 04.05.2009   Seite:

Spalte:

Kostenstelle/Gruppe   B100   Backstube
Verantwortlicher: Hansen
Berichtszeitraum: 1 bis 12 2009

Kostenarten	Istkosten	Plankosten	Abw (abs)
6010 UML Gebäude	7.600,00	8.000,08	400,08-
6011 UML EDV	6.795,91	7.040,84	244,93-
6012 UML Telefon	776,53	734,68	41,85
405103 Fremdstrom	2.000,00	3.000,00	1.000,00-
431010 Lohn	30.000,00	45.000,00	15.000,00-
490011 Abschreibungen	5.000,00	5.000,00	
* Belastung	52.172,44	68.775,60	16.603,16-
6001 DILV Maschinenzeit	8.473,50-	15.887,76-	7.414,26
6002 DILV Personalzeit	26.443,91-	52.887,84-	26.443,93
6022 UML Erg. Abweichung	17.255,03-		17.255,03-
* Entlastung	52.172,44-	68.775,60-	16.603,16
** Über-/Unterdeckung			

Abbildung 3.75 Kostenstelle »Backstube« nach Abrechnung der Überdeckung

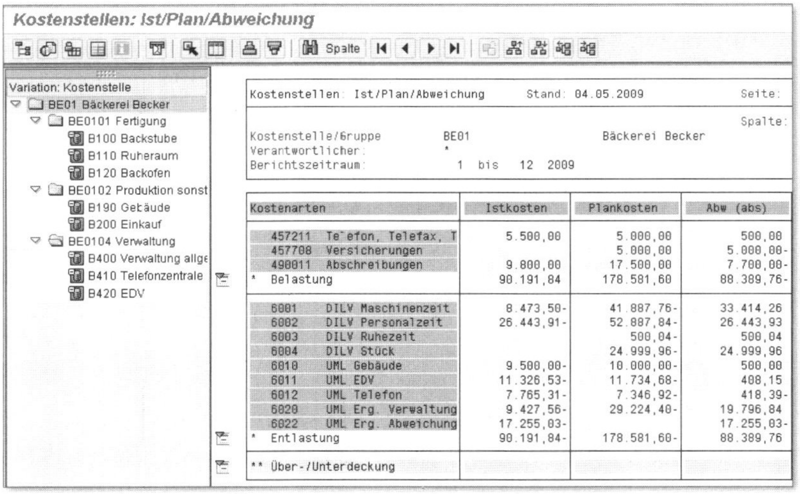

Kostenstellen: Ist/Plan/Abweichung

Spalte

Variation: Kostenstelle
BE01 Bäckerei Becker
BE0101 Fertigung
B100 Backstube
B110 Ruheraum
B120 Backofen
BE0102 Produktion sonst
B190 Gebäude
B200 Einkauf
BE0104 Verwaltung
B400 Verwaltung allge
B410 Telefonzentrale
B420 EDV

Kostenstellen: Ist/Plan/Abweichung   Stand: 04.05.2009   Seite:

Spalte:

Kostenstelle/Gruppe   BE01   Bäckerei Becker
Verantwortlicher: *
Berichtszeitraum: 1 bis 12 2009

Kostenarten	Istkosten	Plankosten	Abw (abs)
457211 Telefon, Telefax, T	5.500,00	5.000,00	500,00
457708 Versicherungen		5.000,00	5.000,00-
490011 Abschreibungen	9.800,00	17.500,00	7.700,00-
* Belastung	90.191,84	178.581,60	88.389,76-
6001 DILV Maschinenzeit	8.473,50-	41.887,76-	33.414,26
6002 DILV Personalzeit	26.443,91-	52.887,84-	26.443,93
6003 DILV Ruhezeit		500,04-	500,04
6004 DILV Stück		24.999,96-	24.999,96
6010 UML Gebäude	9.500,00-	10.000,00-	500,00
6011 UML EDV	11.326,53-	11.734,68-	408,15
6012 UML Telefon	7.765,31-	7.346,92-	418,39-
6020 UML Erg. Verwaltung	9.427,56-	29.224,40-	19.796,84
6022 UML Erg. Abweichung	17.255,03-		17.255,03-
* Entlastung	90.191,84-	178.581,60-	88.389,76
** Über-/Unterdeckung			

Abbildung 3.76 Alle Kostenstellen verdichtet

3.3 Innenaufträge

3.3.1 Grundlagen

Innenaufträge werden genutzt, um Projekte, Maßnahmen oder Gliederungen von Kostenstellen in SAP ERP abzubilden. Aufträge sind, anders als Kostenstellen, nicht räumlich gebunden. Das Personal, das für einen Auftrag tätig ist, wird diesem nicht vollständig zugeordnet, sondern nur zeitlich begrenzt im Rahmen der Projektarbeit. Grundsätzlich werden in SAP ERP folgende zwei Typen von Aufträgen unterschieden:

- echte Aufträge
- statistische Aufträge

Echte Aufträge

Bei *echten Aufträgen* werden Belastungen aus primären Kosten und aus Verrechnungen von Kostenstellen gebucht. Der Auftrag ersetzt die Buchung auf eine Kostenstelle vollständig. Wie bei der Kostenstelle gilt für den Auftrag, dass die belasteten Kosten weiterverrechnet werden sollen. Die Verrechnung von Auftragskosten heißt Abrechnung. Je nach Zweck des Auftrags können unterschiedliche Controllingobjekte als Empfänger der Abrechnung festgelegt werden.

Beispiele für echte Aufträge sind:

- **Projekt zur Untersuchung eines neuen Marktes**
  Die Abrechnung erfolgt auf die Kostenstelle des internen Auftraggebers.
- **Frachtkosten**
  Die Abrechnung erfolgt auf den betroffenen Kunden in der Ergebnisrechnung.
- **Marketingmaßnahme**
  Die Abrechnung erfolgt auf die betroffene Marke in der Ergebnisrechnung.
- **Bau einer neuen Produktionsanlage**
  Die Abrechnung erfolgt auf eine Anlage im Bau in der Anlagenbuchhaltung.
- **Wartungsaufträge für Maschinen**
  Die Abrechnung erfolgt auf die Kostenstellen, denen die Maschinen jeweils zugeordnet sind.

Statistische Aufträge

Statistische Aufträge werden immer einer Kostenstelle zugeordnet. Bei der Buchung von Kosten auf einem statistischen Auftrag erfolgt die eigentliche Buchung auf dieser Kostenstelle. Die Kosten liegen dann zur Weiterverrechnung auf der Kostenstelle. Zusätzlich zur Gliederung nach Kostenarten kann die Kostenstelle jetzt nach den statistischen Aufträgen analysiert werden. Eine Abrechnung von statistischen Aufträgen ist nicht möglich, da sonst eine doppelte Weiterbelastung der Kosten erfolgen würde. Beispiele für statistische Aufträge sind:

- einzelne Fahrzeuge auf einer Kostenstelle »Fuhrpark«
- Reisekosten für einzelne Mitarbeiter
- Kosten für Werbematerial, getrennt nach unterschiedlichen Maßnahmen zur Verkaufsförderung

3.3.2 Echte Aufträge – Stammdaten

Beispiel: Marketing

Als Beispiel für die Nutzung eines echten Auftrags betrachten wir Kosten für Werbung, die von der Bäckerei Becker durchgeführt wird. Beworben wird die Marke »Kuchenglück«.

Wie die Kostenstellenrechnung – oder besser gesagt, wie alles in SAP ERP – beginnt auch die Verwaltung von CO-Innenaufträgen mit der Pflege von Stammdaten. Nutzen Sie hierfür die Transaktion KO04, im Menü: RECHNUNGSWESEN • CONTROLLING • INNENAUFTRÄGE • STAMMDATEN • ORDER MANAGER (siehe Abbildung 3.77). Zum Anlegen von neuen Innenaufträgen nutzen Sie den Button ANLEGEN oben links im Bild. Sie werden dann nach der Auftragsart gefragt, einer wichtigen Eigenschaft des Auftrags, die im Customizing angelegt wird. Näheres zur Auftragsart finden Sie im weiteren Verlauf dieses Abschnitts.

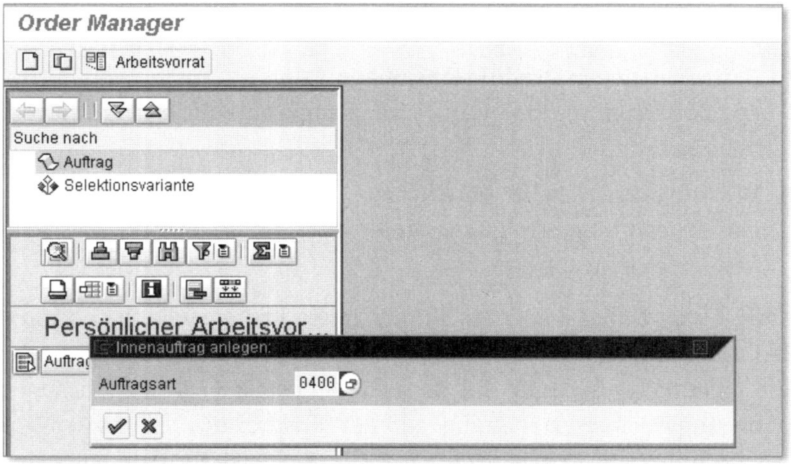

Abbildung 3.77 CO-Innenauftrag anlegen – Auftragsart wählen

Kurztext und Zuordnungen

Nach dem KURZTEXT im Kopf des Auftrags pflegen Sie im ersten Register ZUORDNUNGEN den Buchungskreis, zu dem der Auftrag gehört (siehe Abbildung 3.78).

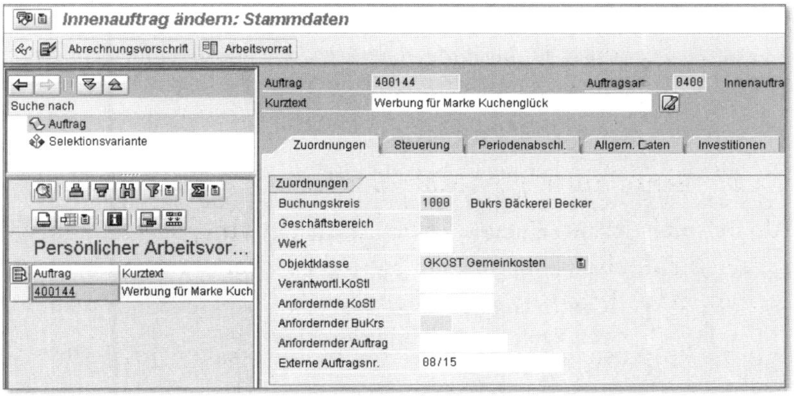

Abbildung 3.78 Innenauftrag – Kurztext und Zuordnungen

Steuerung

Im nächsten Register STEUERUNG sehen Sie den Block STATUS (siehe Abbildung 3.79). Mit der Statusverwaltung können Sie sich im Customizing beliebig lange beschäftigen. Ich erinnere mich an eine SAP-Schulung bei einem großen deutschen Elektronikunternehmen, bei der hundert unterschiedliche Auftragsstatus verwendet wurden. Jeder Status regelt, wer im Unternehmen welche Art von Buchung durchführen darf, in welchem Prozessschritt der Genehmigung oder der Abrechnung sich der Auftrag gerade befindet. Dieses Vorgehen erscheint mir wenig sinnvoll.

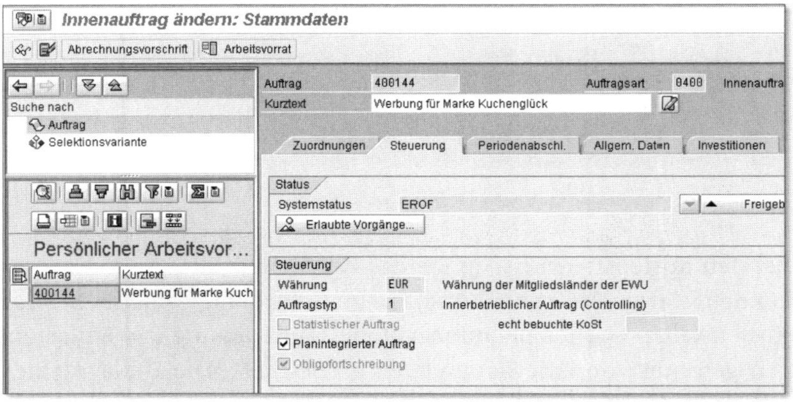

Abbildung 3.79 Innenauftrag – Status EROF (eröffnet)

Status im Standard

In der mir geläufigen Praxis reichen die vier Standardstatus aus (siehe Tabelle 3.8).

Status	Bemerkung
Eröffnet	Der Auftrag ist als Stammsatz angelegt, darf aber noch nicht für Buchungen herangezogen werden. Eine Freigabe durch autorisierte Stellen muss erst erfolgen.
Freigegeben	Buchungen aller Art sind erlaubt.
Technisch abgeschlossen	Der Auftrag ist beendet. Keine weiteren Bestellungen zu diesem Auftrag sind erlaubt. Für FI-Buchungen und Abrechnungen bleibt der Auftrag weiter offen.
Abgeschlossen	Alle FI-Buchungen sind durchgeführt, die Abrechnung im Controlling ist erfolgt. Nach einer vorgegebenen Wartezeit kann der Auftrag gelöscht werden.

Tabelle 3.8 Auftragsstatus

Die Buttons rechts vom Feld SYSTEMSTATUS ändern den Status des Auftrags (siehe Abbildung 3.79 und Abbildung 3.80). Mit dem Pfeil nach oben wird der nächste Status aktiviert, mit dem Pfeil nach unten lässt sich der vorhergehende Status wiederherstellen.

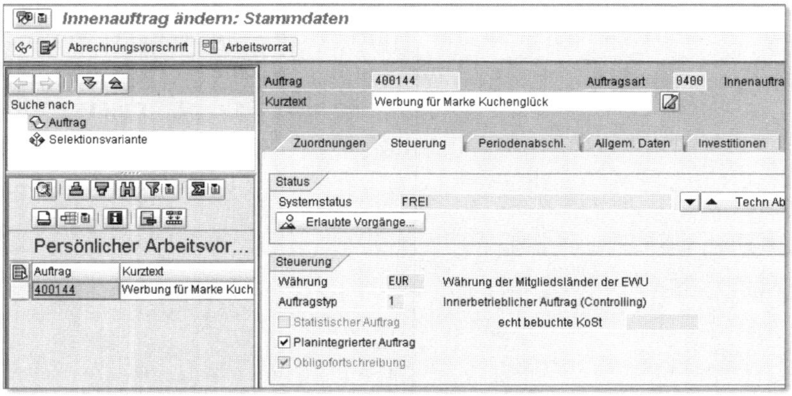

Abbildung 3.80 Neuer Status FREI (freigegeben)

Be- und Entlastung bei Aufträgen

Bei den Kostenstellen haben Sie das Prinzip der Be- und Entlastung kennengelernt. Das ist bei Aufträgen im Controlling genauso. Bei den Kostenstellen wurden die Informationen zur Buchung von Entlastungen getrennt von den Stammdaten gespeichert. Die Umlagezyklen oder Leistungsbuchungen enthalten die Rechenregeln, nach denen Kostenstellen ihre Kosten abgeben.

Auftrags-abrechnung

Bei den Aufträgen ist das anders. Hier gibt es nur eine Methode zur Buchung von Entlastungen, die Abrechnung. Die Regel, wer die Kosten erhalten soll, wird in der Abrechnungsvorschrift mit den Stammdaten des Auftrags gespeichert. Zur Pflege der Abrechnungsvorschrift drücken Sie den Button ABRECHNUNGSVORSCHRIFT in der Kopfzeile der Auftragsstammdaten (siehe Abbildung 3.81). In diesem Beispiel ist die Abrechnung des Auftrags zu 100 % an ein Objekt in der Ergebnisrechnung vorgesehen.

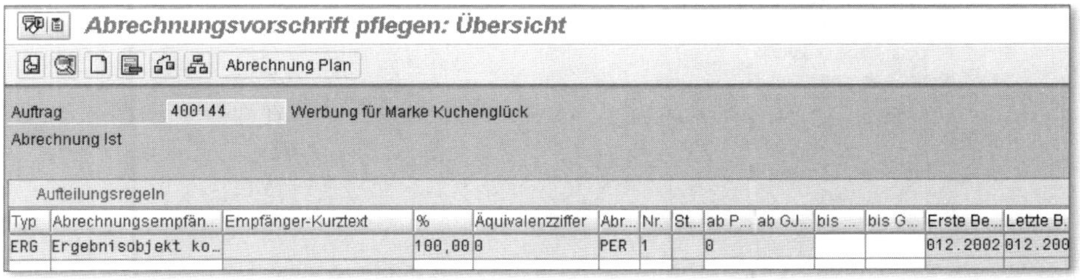

Abbildung 3.81 Abrechnungsvorschrift Ist – Überblick

Aufteilungsregel

Der Doppelklick auf die ABRECHNUNGSVORSCHRIFT in Abbildung 3.81 aktiviert die Detailansicht (siehe Abbildung 3.82).

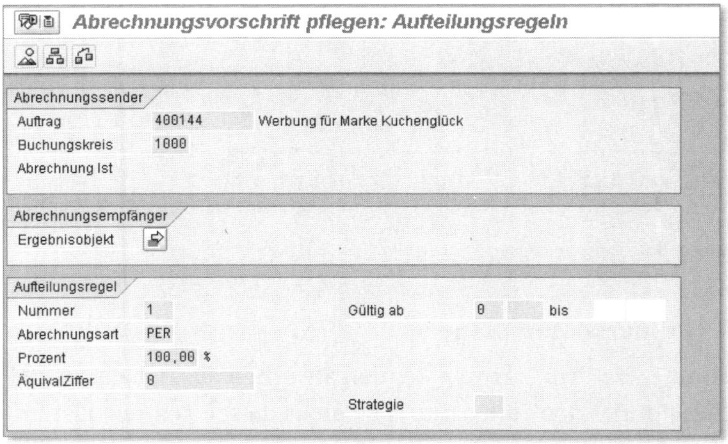

Abbildung 3.82 Abrechnungsvorschrift Ist – Detail

Zusätzliche Informationen enthält Abbildung 3.82 im Vergleich zu Abbildung 3.81 nicht. Allerdings findet sich hier hinter dem Feld ERGEBNISOBJEKT ein Button, mit dem der Abrechnungsempfänger genau beschrieben wird (siehe Abbildung 3.83). MATERIALGRP 2 ist ein Feld im Materialstamm. Mit dem Schlüssel 746 sind alle Fertigerzeugnisse gekennzeichnet, die den Markennamen »Kuchenglück« tragen. Die Abrechnung dieses Auftrags wird in der Ergebnisrechnung weiterbearbeitet (siehe Kapitel 5, »Ergebnis- und Marktsegmentrechnung«).

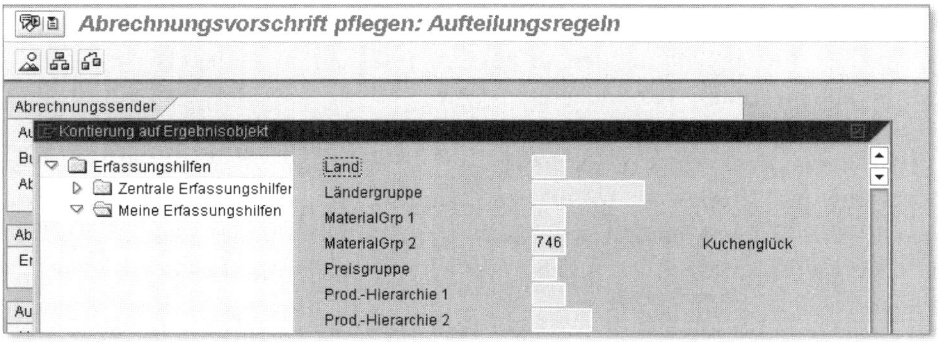

Abbildung 3.83 Abrechnungsvorschrift Ist – Ergebnisobjekt

Für Plan und Ist, im Plan sogar für jede Planversion, wird eine eigene Abrechnungsvorschrift angelegt (siehe Abbildung 3.84).

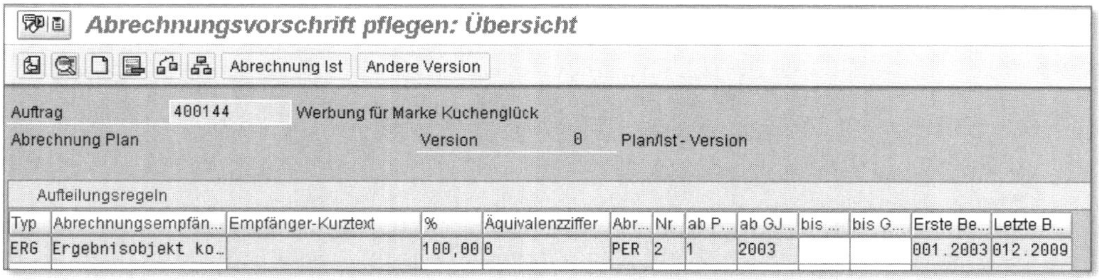

Abbildung 3.84 Abrechnungsvorschrift Plan

3.3.3 Primärkosten planen

Die Planung von Primärkosten kennen Sie schon aus der Kostenstellenrechnung. Bei den Innenaufträgen sieht dieser Teil der Planung fast genauso aus.

Planerprofil

Überprüfen Sie zunächst wieder das Planerprofil mit Transaktion KP04, im Menü: Rechnungswesen • Controlling • Innenaufträge • Planung • Planerprofil setzen (siehe Abbildung 3.85). Das ist die gleiche Transaktion, die schon für die Planung von Kostenstellen erwähnt wurde, nur in einem anderen Menüpfad.

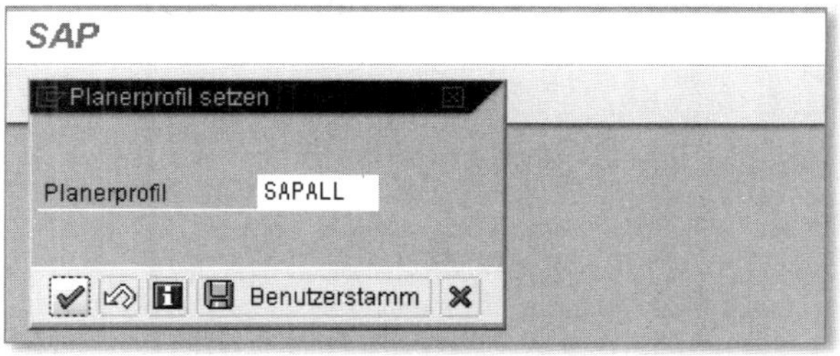

Abbildung 3.85 Planerprofil setzen

Planung der primären Kosten

Erfassung und Anzeige der Plankosten erfolgen mit den Transaktionen KPF6/KPF7, im Menü: RECHNUNGSWESEN • CONTROLLING • INNENAUFTRÄGE • PLANUNG • KOSTEN/LEISTUNGSAUFNAHMEN • ÄNDERN/ANZEIGEN (siehe Abbildung 3.86).

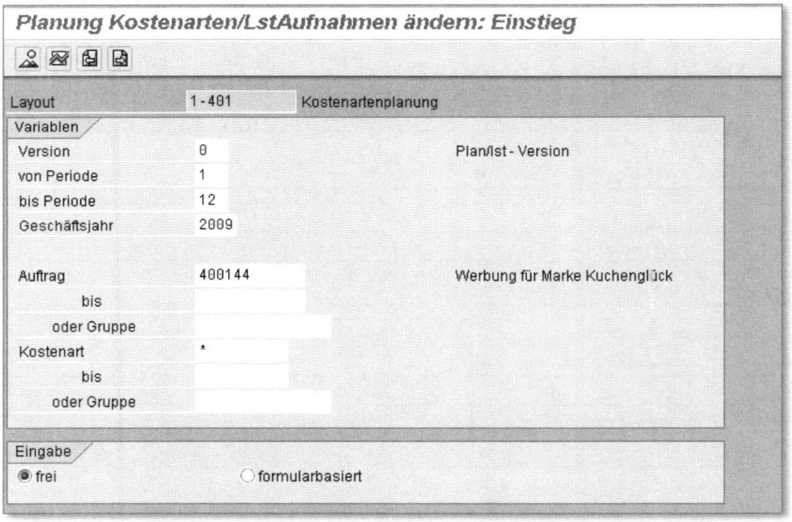

Abbildung 3.86 Primärkostenplanung ändern – Einstieg

Die Plankosten für den Auftrag werden in Bezug auf die eine primäre Kostenart 453150 »Marketing u. Werbung« erfasst (siehe Abbildung 3.87). Eine Trennung der Kosten nach fixen und variablen Bestandteilen ist bei Aufträgen nicht vorgesehen. Praktisch ist an diesem Planungslayout im Vergleich zu den Standardlayouts der Kostenstellenrechnung, dass die Bezeichnung der Kostenart gleich mit angezeigt wird.

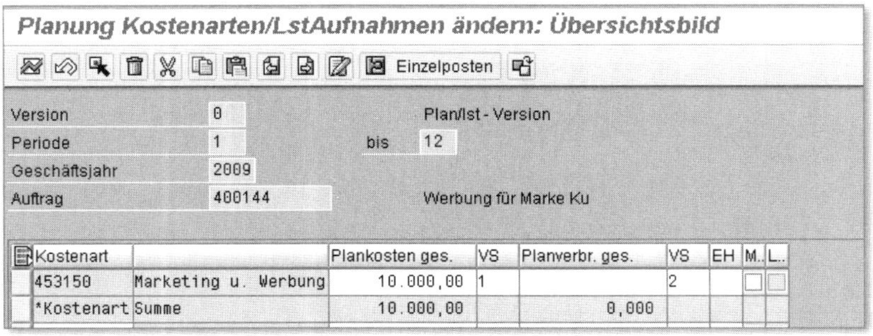

Abbildung 3.87 Primärkostenplanung erfassen

Bericht für Aufträge

Wie immer wollen wir die neu entstandenen Daten nach der Erfassung in einem Bericht sehen. Für die Aufträge nutzen Sie hierfür die Transaktion S_ALR_87012993, im Menü: RECHNUNGSWESEN • CONTROLLING • INNENAUFTRÄGE • INFOSYSTEM • BERICHTE ZU INNENAUFTRÄGEN • PLAN/IST-VERGLEICHE • AUFTRAG: IST/PLAN/ABWEICHUNG (siehe Abbildung 3.88).

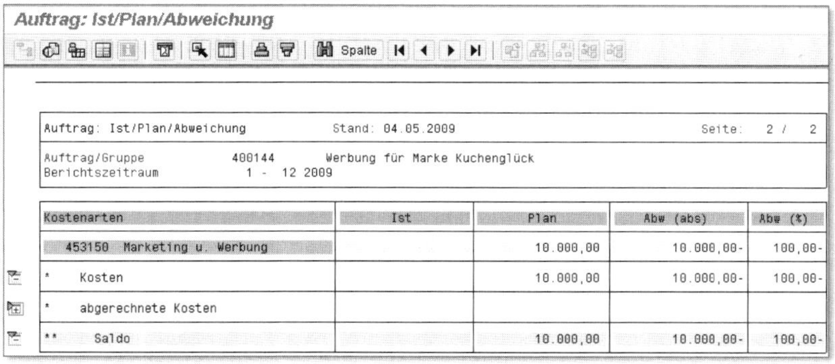

Auftrag: Ist/Plan/Abweichung
Spalte
Auftrag: Ist/Plan/Abweichung Stand: 04.05.2009 Seite: 2 / 2
Auftrag/Gruppe 400144 Werbung für Marke Kuchenglück
Berichtszeitraum 1 - 12 2009
Kostenarten Ist Plan Abw (abs) Abw (%)
453150 Marketing u. Werbung 10.000,00 10.000,00- 100,00-
* Kosten 10.000,00 10.000,00- 100,00-
* abgerechnete Kosten
** Saldo 10.000,00 10.000,00- 100,00-

Abbildung 3.88 Auftragsbericht Ist-Plan-Abweichung

3.3.4 Abrechnung im Plan

Entlastung durch Abrechnung

In den Stammdaten wurde bereits festgelegt, dass die Abrechnung des Auftrags in die Ergebnisrechnung an die Marke »Kuchenglück« erfolgen soll. Eine Pflege von Umlagezyklen oder Leistungsbeziehungen wie bei der Kostenstellenrechnung ist hier nicht erforderlich. Die Abrechnung kann sofort mit der Transaktion KO9G beginnen, im Menü: RECHNUNGSWESEN • CONTROLLING • INNENAUFTRÄGE • PLANUNG • VERRECHNUNGEN • ABRECHNUNG • SAMMELVERARBEITUNG (siehe Abbildung 3.89).

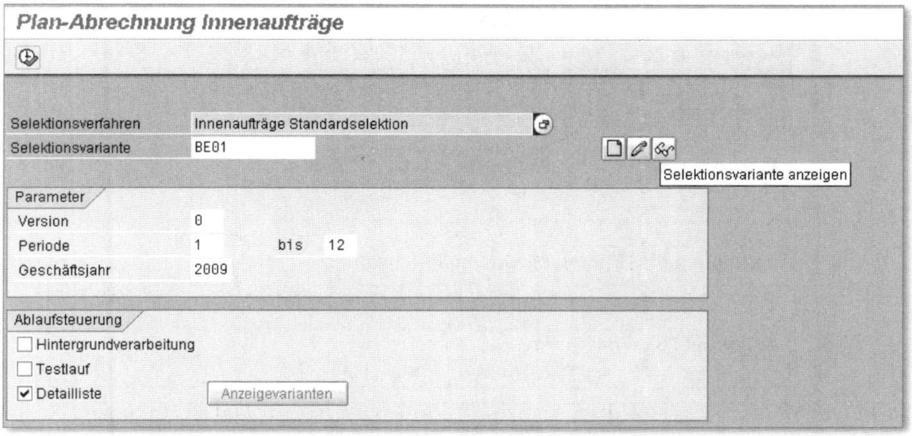

Abbildung 3.89 Auftragsabrechnung – Einstiegsbild

Damit das System weiß, welche Aufträge Sie bearbeiten wollen, nutzen Sie die Funktion SELEKTIONSVARIANTE mit den Buttons ANLEGEN/ÄNDERN/ANZEIGEN (siehe Abbildung 3.90). Mit dieser Selektionsvariante werden alle Aufträge der Auftragsart 0400 im Kostenrechnungskreis und Buchungskreis 1000 zur Abrechnung ausgewählt.

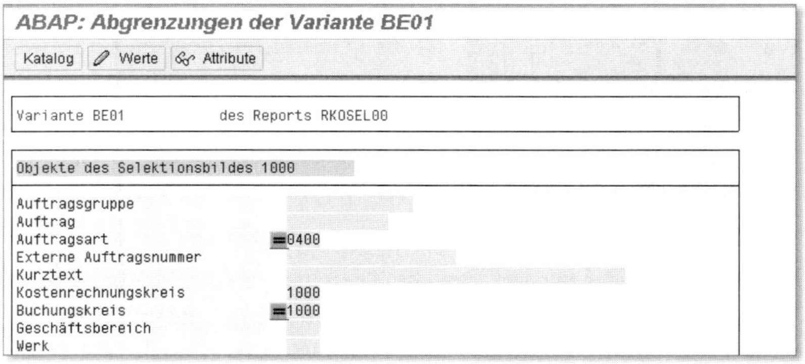

Abbildung 3.90 Auftragsabrechnung – Selektionsvariante BE01

Nach der Abrechnung wird in einem Protokoll der Abrechnungsbetrag für jeden Auftrag angegeben (siehe Abbildung 3.91).

Kosten und abgerechnete Kosten

Wie im Abschnitt zur Kostenstellenrechnung werde ich auch hier den entsprechenden Bericht AUFTRAG: IST/PLAN/ABWEICHUNG häufiger einfügen, damit Sie sich ein Bild von den Auswirkungen der einzelnen Buchungen machen können (siehe Abbildung 3.92).

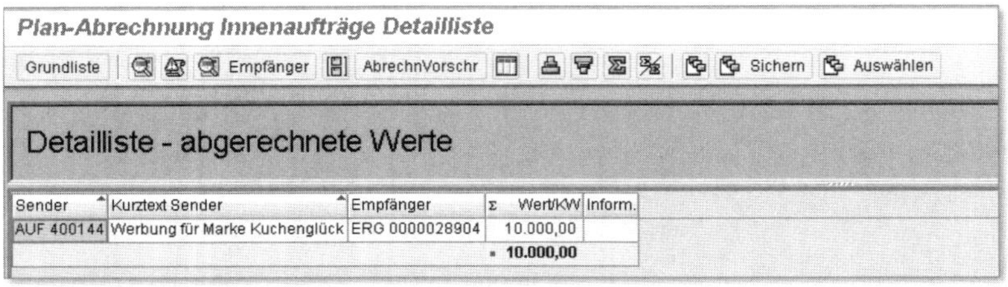

Abbildung 3.91 Auftragsabrechnung durchgeführt – Protokoll

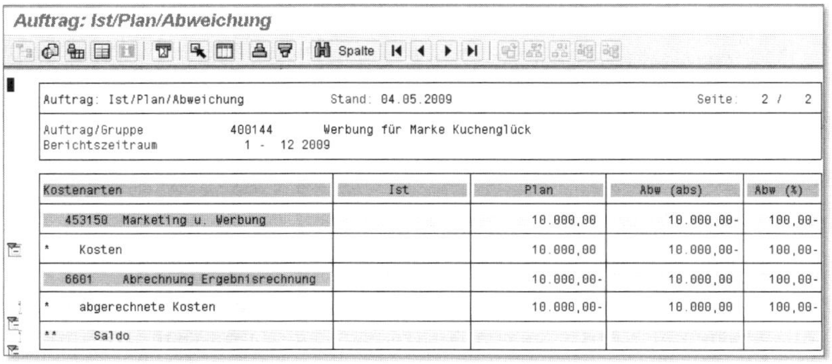

Auftrag: Ist/Plan/Abweichung
Spalte
Auftrag: Ist/Plan/Abweichung
Stand: 04.05.2009
Seite: 2 / 2
Auftrag/Gruppe 400144 Werbung für Marke Kuchenglück
Berichtszeitraum 1 - 12 2009
Kostenarten
Ist
Plan
Abw (abs)
Abw (%)
453150 Marketing u. Werbung 10.000,00 10.000,00- 100,00-
* Kosten 10.000,00 10.000,00- 100,00-
6601 Abrechnung Ergebnisrechnung 10.000,00- 10.000,00 100,00-
* abgerechnete Kosten 10.000,00- 10.000,00 100,00-
** Saldo

Abbildung 3.92 Auftragsbericht nach der Abrechnung im Plan

Was bei den Kostenstellen *Belastung* genannt wurde, heißt hier *Kosten*, statt *Entlastung* steht hier *abgerechnete Kosten*, und die Bezeichnung der Zeile, die bisher *Über-/Unterdeckung* genannt wurde, ist jetzt *Saldo*. Ansonsten ist dieser Bericht direkt vergleichbar mit dem Bericht Kostenstellen: Ist/Plan/Abweichung aus den Abschnitten zur Kostenstellenrechnung.

Customizing zur Abrechnung

Woher wusste das System, welche Kostenarten für die Abrechnung herangezogen werden sollen? Wo ist hinterlegt, dass die Abrechnungskostenart die Nummer 6601 hat? Welche zusätzlichen Informationen sind erforderlich, um die Empfängerbuchung in der Ergebnisrechnung durchführen zu können? Bei der Verrechnung von Kostenstellen hätten wir diese Fragen mit einem Blick in die Definition der Umlagezyklen beantworten können. Diese Definition gibt es hier nicht. Also müssen diese Einstellungen in anderen Funktionen des Customizing vorgenommen werden.

Verrechnungsschema

Für die Senderseite stellen Sie ein, welche Kostenarten für die Verrechnung herangezogen werden. Eine unterschiedliche Behandlung unterschiedlicher Kostenarten wäre möglich. Die Abrechnungskostenart wird hier ebenfalls festgelegt. Zur Pflege des Verrechnungsschemas gelangen Sie über das Customizing: SPRO • SAP REFERENZ-IMG • CONTROLLING • INNENAUFTRÄGE • ISTBUCHUNGEN • ABRECHNUNG • VERRECHNUNGSSCHEMATA PFLEGEN (Abbildungen 3.93, 3.94 und 3.95).

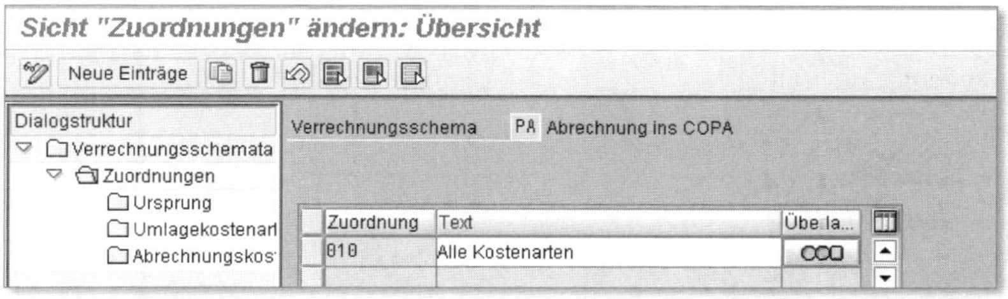

Abbildung 3.93 Verrechnungsschema – Zuordnungen

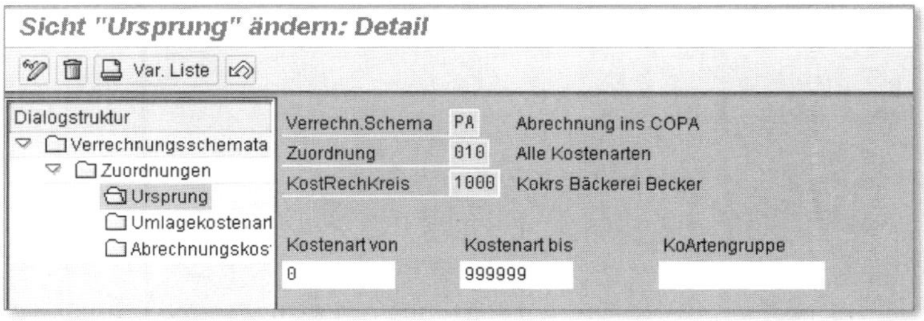

Abbildung 3.94 Verrechnungsschema – Ursprung

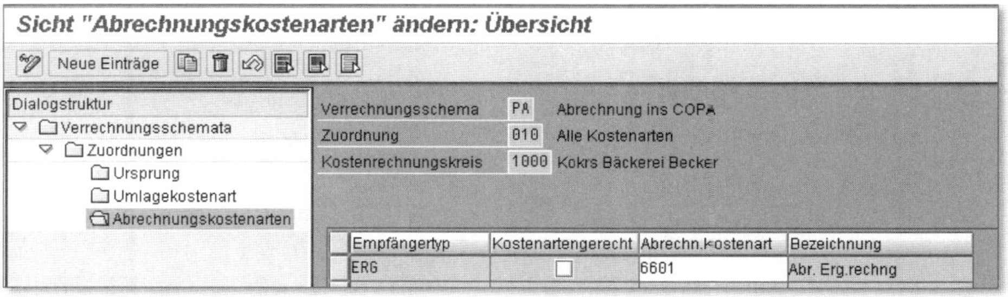

Abbildung 3.95 Verrechnungsschema – Abrechnungskostenarten

Das Customizing der Abrechnung ist für Plan und Ist identisch. In den Pfadangaben wurde der Zweig über Istbuchungen gewählt, weil hier die Bilder direkt aus dem Pfad angesprungen werden. Im Customizingpfad für die Planung müssen Sie über ein zusätzliches Popup-Menü gehen, um zu den gleichen Bildern zu gelangen.

Ergebnisschema Im Ergebnisschema geben Sie für die Empfängerseite an, welche Kostenarten des Auftrags in welche Spalte der Ergebnisrechnung geschrieben werden sollen. Die Spalten der Ergebnisrechnung heißen WERTFELD. Ergebnisschemata pflegen Sie im Customizing: SPRO • SAP REFERENZ-IMG • CONTROLLING • INNENAUFTRÄGE • ISTBUCHUNGEN • ABRECHNUNG ERGEBNISSCHEMATA PFLEGEN (siehe Abbildungen 3.96, 3.97 und 3.98).

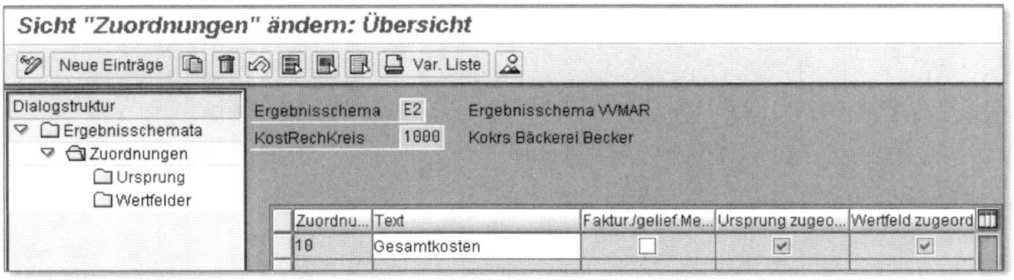

Abbildung 3.96 Ergebnisschema – Zuordnungen

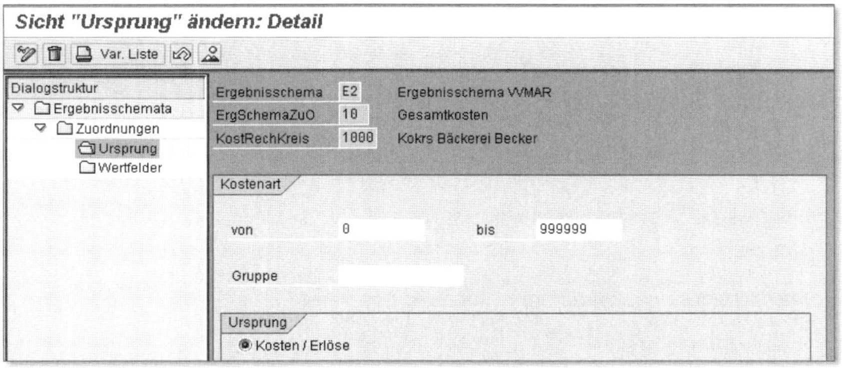

Abbildung 3.97 Ergebnisschema – Ursprung

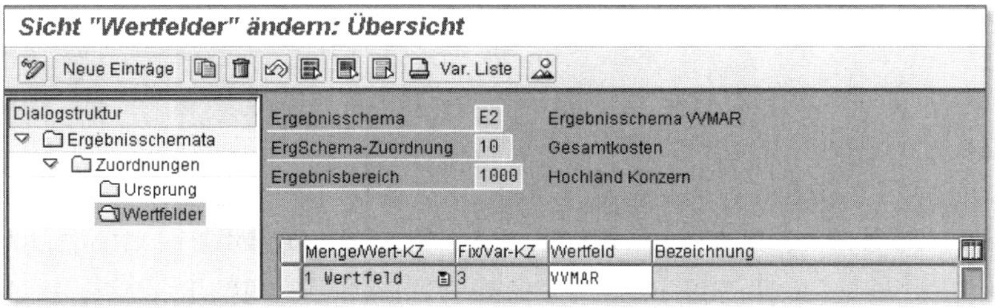

Abbildung 3.98 Ergebnisschema – Wertfelder

Abrechnungsprofil

Das Verrechnungsschema PA und das Ergebnisschema E2 werden jetzt in einem Abrechnungsprofil verknüpft.

Muss das so kompliziert sein? Ich habe inzwischen aufgehört, mir diese Frage beim Customizing in SAP ERP zu stellen, und begnüge mich damit, das Customizing zu verstehen – für Vereinfachungen sorge ich dann bei der Pflege von Stammdaten und der Konzeption von Verrechnungsregeln. Da gibt es immer und überall viel zu tun.

Jetzt aber zur Pflege des Abrechnungsprofils im Customizing: SPRO • SAP Referenz-IMG • Controlling • Innenaufträge • Istbuchungen • Abrechnung • Abrechnungsprofile pflegen (siehe Abbildung 3.99).

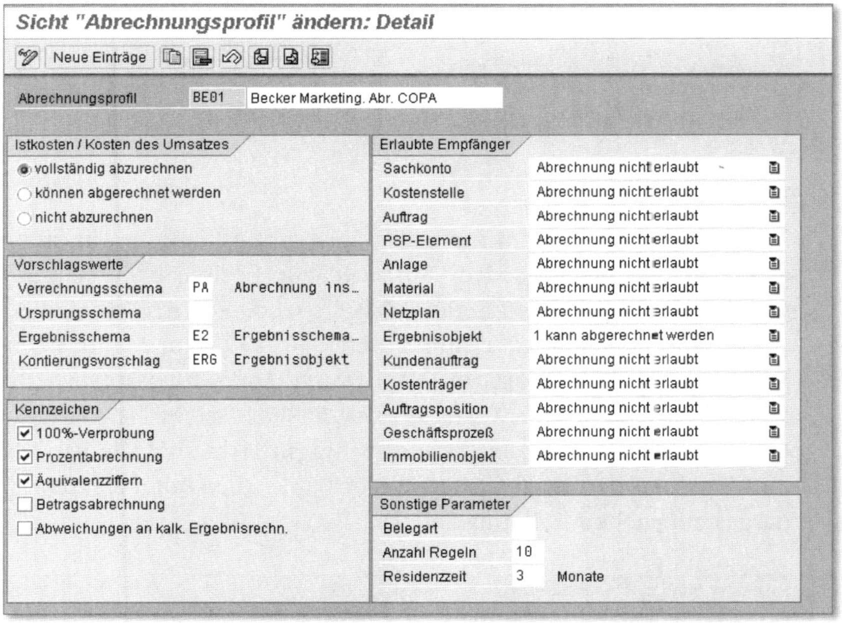

Abbildung 3.99 Abrechnungsprofil

Zuordnung in der Auftragsart

Aber woher weiß der Auftrag, dass er mit dem Abrechnungsprofil BE01 bearbeitet wird? In den Stammdaten des Auftrags ist ein solches Feld nicht vorgesehen. Die Zuordnung erfolgt in der Auftragsart. Da jeder Auftrag genau einer Auftragsart zugeordnet ist, findet das System die richtigen Rechenregeln. Ändern Sie die Definition der Auftragsart mit Transaktion KOT2_OPA, im Customizing: SPRO • SAP Referenz-IMG • Controlling • Innenaufträge • Auftragsstammdaten • Auftragsarten definieren (siehe Abbildung 3.100).

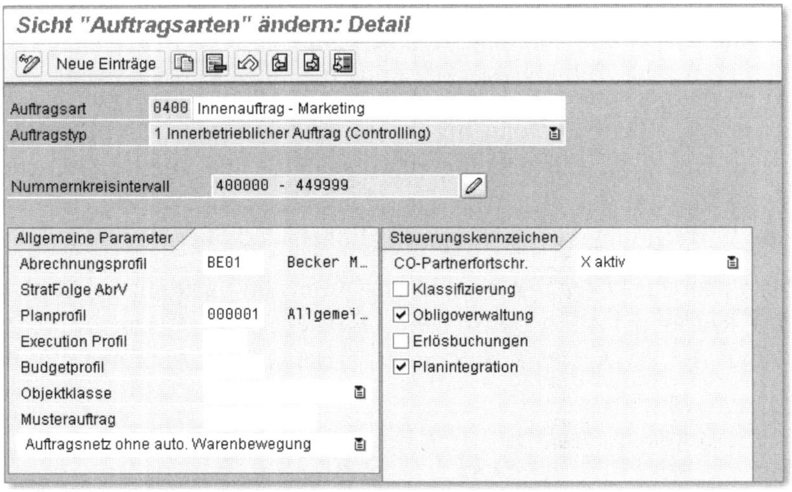

Abbildung 3.100 Abrechnungsprofil bei der Auftragsart pflegen

3.3.5 Istbuchung

Buchungen der Finanzbuchhaltung

Zu den Istbuchungen auf Innenaufträgen gibt es kaum etwas zu sagen, was Sie nicht aus dem Abschnitt zur Kostenstellenrechnung wüssten. Wir nutzen den Bericht, den Sie schon von der Anzeige der Plandaten kennen: Transaktion S_ALR_87012993, im Menü: RECHNUNGSWESEN • CONTROLLING • INNENAUFTRÄGE • INFOSYSTEM • BERICHTE ZU INNENAUFTRÄGEN • PLAN/IST-VERGLEICHE • AUFTRAG: IST/PLAN/ABWEICHUNG. In diesem Auftragsbericht sind die gebuchten Werte aus der Buchhaltung im Block links oben unter KOSTEN/IST dargestellt (siehe Abbildung 3.101).

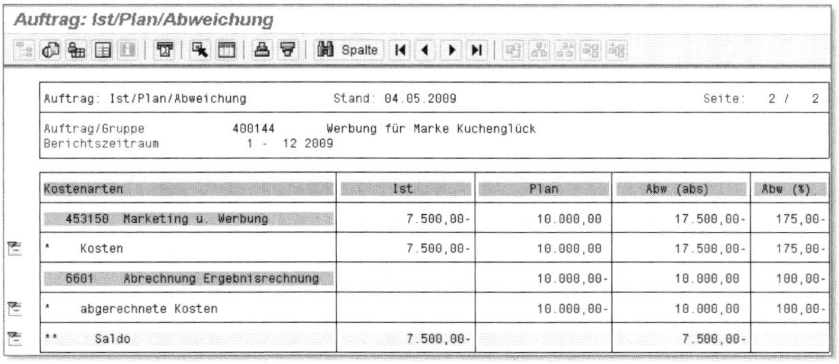

Auftrag: Ist/Plan/Abweichung
Spalte
Auftrag: Ist/Plan/Abweichung Stand: 04.05.2009 Seite: 2 / 2
Auftrag/Gruppe 400144 Werbung für Marke Kuchenglück
Berichtszeitraum 1 - 12 2009
Kostenarten | Ist | Plan | Abw (abs) | Abw (%)
453150 Marketing u. Werbung | 7.500,00- | 10.000,00 | 17.500,00- | 175,00-
* Kosten | 7.500,00- | 10.000,00 | 17.500,00- | 175,00-
6601 Abrechnung Ergebnisrechnung | | 10.000,00- | 10.000,00 | 100,00-
* abgerechnete Kosten | | 10.000,00- | 10.000,00 | 100,00-
** Saldo | 7.500,00- | | 7.500,00- |

Abbildung 3.101 Auftragsbericht mit Buchung im Ist

Einzelposten zum Auftrag

Der Doppelklick auf den oberen Wert 7.500,00 EUR führt zu Einzelposten der Kostenrechnung (siehe Abbildung 3.102) und der Buchhaltung (siehe Abbildung 3.103). Für das fragwürdige Gegenkonto der »Dt. Bank« hatte ich mich in Abschnitt 3.2.4, »Istbuchungen mit Kostenstellen«, schon entschuldigt

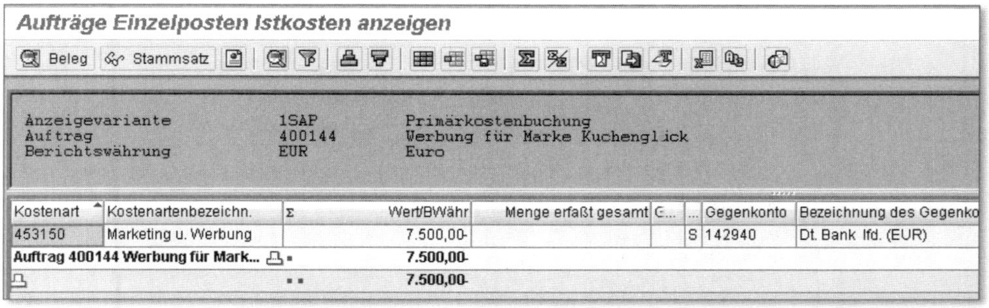

Abbildung 3.102 Kostenrechnungsbeleg

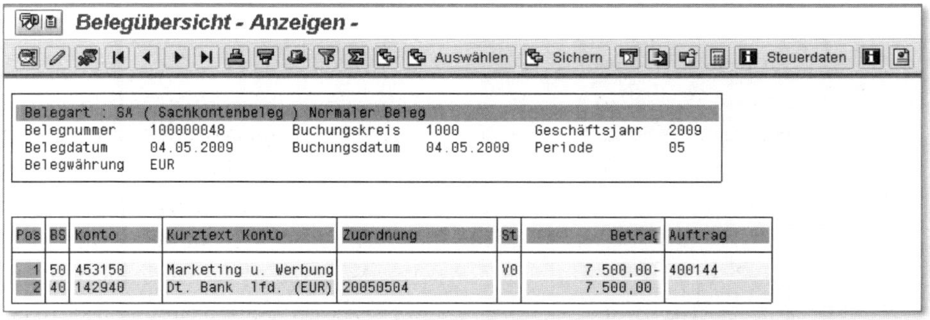

Abbildung 3.103 Buchhaltungsbeleg

3.3.6 Abrechnung im Ist

Entlastung

Auch im Ist möchten die Aufträge ihre Kosten durch Abrechnung an andere Objekte abgeben. Sowohl das Customizing als auch die Durchführung der Abrechnung wurden im Abschnitt zur Planung bereits beschrieben. Neu ist die Transaktion KO8G, mit der Sie die Funktion Abrechnung starten, im Menü: Rechnungswesen • Controlling • Innenaufträge • Periodenabschluss • Einzelfunktionen • Abrechnung • Sammelverarbeitung (siehe Abbildung 3.104).

Protokoll zur Abrechnung

Das Protokoll zur Abrechnung zeigt den Abrechnungsbetrag zum Auftrag (siehe Abbildung 3.105).

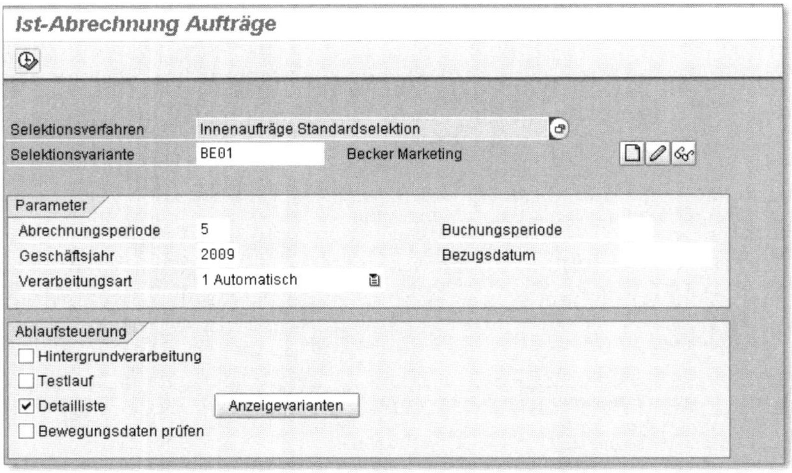

Abbildung 3.104 Auftragsabrechnung – Einstiegsbild

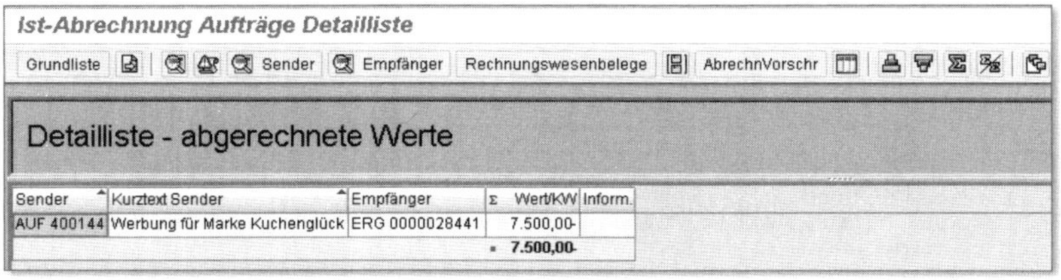

Abbildung 3.105 Auftragsabrechnung – Protokoll

Im abschließenden Bericht sind nun auch im Ist wie zuvor im Plan alle Kosten abgerechnet, der Auftragssaldo ist null und der Controller glücklich (siehe Abbildung 3.106).

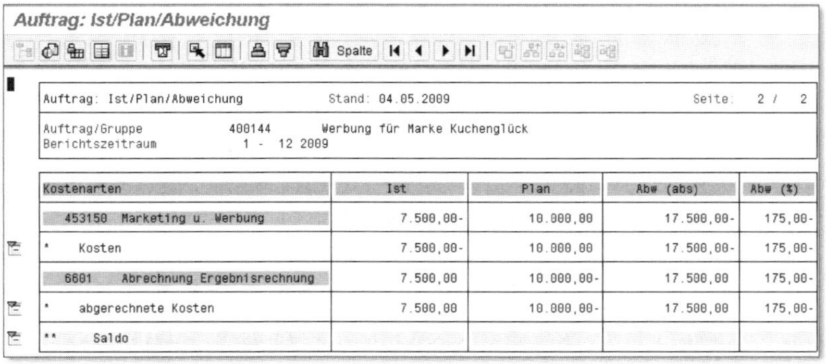

Abbildung 3.106 Auftragsbericht nach dem Periodenabschluss

3.3.7 Statistische Aufträge

Aufträge als Zusätze von Kostenstellen

Statistische Aufträge sind nichts anderes als Anhängsel von Kostenstellen. Die Buchung auf statistischen Aufträgen wird direkt an die verbundene Kostenstelle durchgereicht. Von der Kostenstelle werden die Kosten dann weiterverrechnet. Für den statistischen Auftrag erübrigt sich eine Abrechnung. Beispiele für Einsatzbereiche dieses Auftragstyps wurden in Abschnitt 3.3.1, »Grundlagen« genannt. Im Register ZUORDNUNGEN der Stammdaten ist ein statistischer Auftrag noch nicht von einem echten Auftrag zu unterscheiden (siehe Abbildung 3.107).

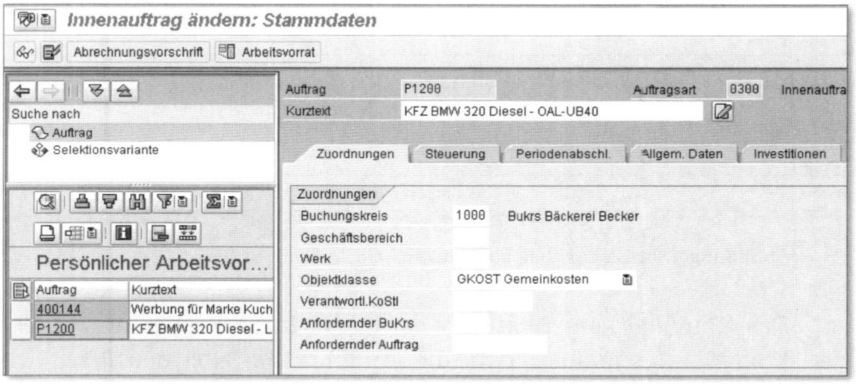

Abbildung 3.107 Stammdaten »Statistischer Auftrag« – Zuordnungen

Kennzeichen in Stammdaten

Im Register STEUERUNG wird im Feld STATISTISCHER AUFTRAG das entscheidende Häkchen gesetzt (siehe Abbildung 3.108).

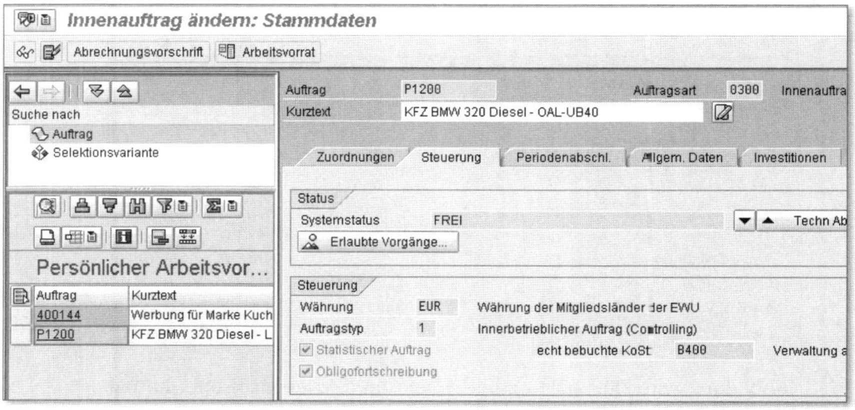

Abbildung 3.108 Stammdaten »Statistischer Auftrag« – Steuerung

Damit endet das Eigenleben dieses Auftrags. P1200 existiert von nun an als Parasit der Kostenstelle, die im Feld ECHT BEBUCHTE KOST angegeben ist, hier: B400 VERWALTUNG ALLGEMEIN.

Keine Abrechnung für statistische Aufträge

Abrechnung und Planung gibt es für statistische Aufträge nicht. Entsprechend dünn stellt sich der Auftragsbericht dar (siehe Abbildung 3.109). Gefüllt ist nur der Block KOSTEN/IST.

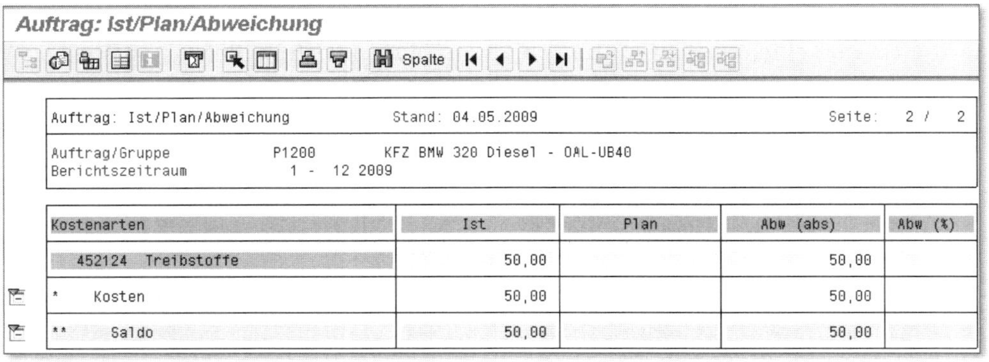

Abbildung 3.109 Istbuchung auf statistischem Auftrag

Kostenstelle im Beleg

Das »Durchklicken« zum Beleg der Buchhaltung zeigt in den Feldern KOSTENSTELLE und AUFTRAG die Kombination B400 und P1200, die schon in den Stammdaten des Auftrags sichtbar war (siehe Abbildung 3.110). Bei der Erfassung dieses Belegs in der Buchhaltung wird mit der Zuordnung der Auftragsnummer die Nummer der Kostenstelle automatisch eingestellt.

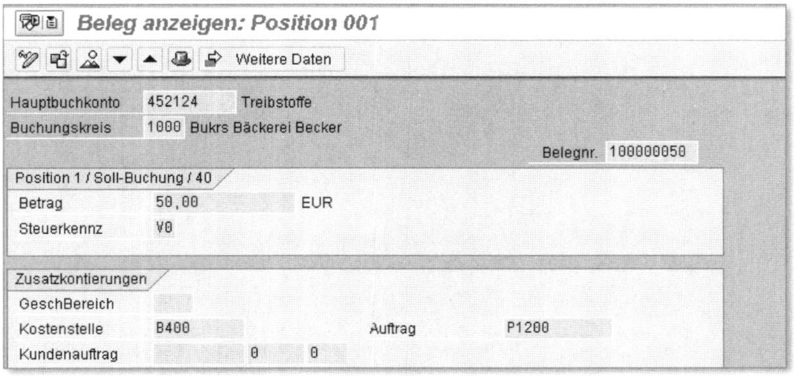

Abbildung 3.110 Buchhaltungsbeleg Detail mit Kostenstelle und Auftrag

Darstellung auf der Kostenstelle

Wenn, wie erwähnt, die eigentliche Buchung auf dem statistischen Auftrag die Buchung auf der zugehörigen Kostenstelle ist, dann müsste dieser Betrag im Kostenstellenbericht für B400 zu sehen sein. So ist es: 50,00 EUR für Treibstoffe sind hier gebucht (siehe Abbildung 3.111).

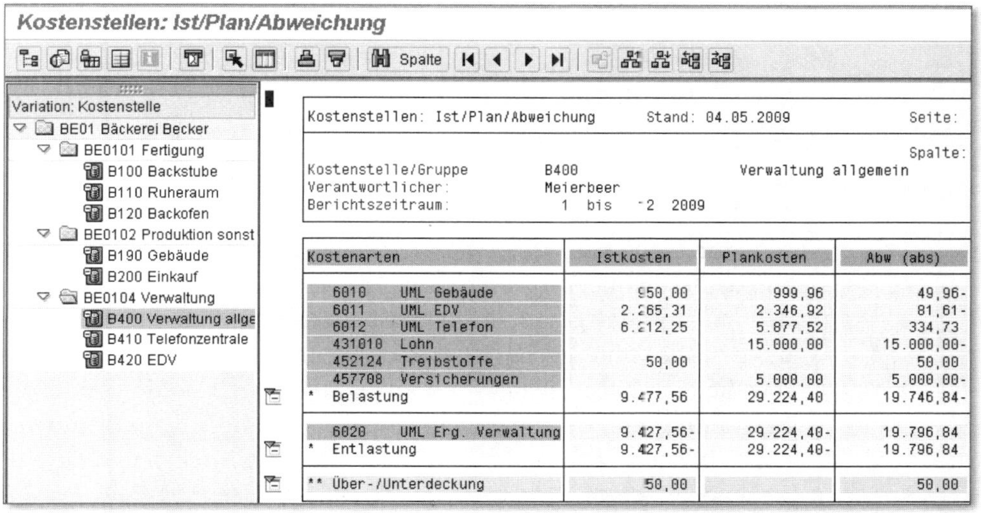

Kostenarten	Istkosten	Plankosten	Abw (abs)
6010 UML Gebäude	950,00	999,96	49,96-
6011 UML EDV	2.265,31	2.346,92	81,61-
6012 UML Telefon	6.212,25	5.877,52	334,73
431010 Lohn		15.000,00	15.000,00-
452124 Treibstoffe	50,00		50,00
457708 Versicherungen		5.000,00	5.000,00-
* Belastung	9.477,56	29.224,40	19.746,84-
6020 UML Erg. Verwaltung	9.427,56-	29.224,40-	19.796,84
* Entlastung	9.427,56-	29.224,40-	19.796,84
** Über-/Unterdeckung	50,00		50,00

Abbildung 3.111 Auftragsbuchung auf der Kostenstelle

3.4 Was es sonst noch gibt

Zur Prozesskostenrechnung, der Profit-Center-Rechnung, und zum Projektsystem werden hier keine detaillierten Informationen geliefert. Wenn Sie zu diesen Themen Näheres wissen wollen, empfehle ich Ihnen das Buch *Gemeinkosten-Controlling mit SAP* von Uwe Brück und Alfons Raps, das bei SAP PRESS erschienen ist.

3.4.1 Prozesskostenrechnung

Die Prozesskostenrechnung versucht, Gemeinkostenstellen, die nicht am Fertigungsprozess beteiligt sind, mit einer Art Leistungsverrechnung in Produktkosten darzustellen. Entscheidend bei diesem Verfahren ist die Identifikation von aussagekräftigen Kostentreibern. Für die Einkaufsabteilung könnte z. B. die Anzahl der Bestellungen ein geeigneter Kostentreiber sein. Während der Planung wird für jede Bestellung ein kalkulatorischer Kostensatz ermittelt, vergleichbar mit dem Tarif in der Leistungsverrechnung. Die zugekauften Materialien werden dann entsprechend der Anzahl der Bestellungen in der Produktkalkulation verteuert.

Das Anliegen der Prozesskostenrechnung in SAP ERP ist, möglichst viele Kostentreiber automatisch aus dem Datenbestand der Module PP, MM und SD zu lesen.

3.4.2 Profit-Center-Rechnung

In vorliegendem Kapitel haben wir uns ausschließlich mit Kosten beschäftigt. Erlöse erwarten wir vom Verkauf der Produkte an Kunden (siehe Kapitel 5, »Ergebnis- und Marktsegmentrechnung«). Mit diesen Komponenten kann der Beitrag einzelner Kunden oder Produkte zum Unternehmensergebnis dargestellt werden. In manchen Unternehmen soll der gesamte Ergebnisbeitrag eines Kunden oder Produkts weiter untergliedert werden. Die Frage lautet: »Welchen Beitrag liefern die einzelnen Fertigungsstufen, der Vertrieb und die Verwaltung zum Unternehmensgewinn?« Um diese Frage beantworten zu können, müssen die Leistungen der Kostenstellen und die entstehenden Zwischenprodukte mit Transferpreisen innerhalb des Unternehmens quasi verkauft und eingekauft werden. Die Einheiten, die Leistungen und Produkte innerhalb des Unternehmens heißen dann *Profit-Center*.

3.4.3 Projektsystem

Mit dem Projektsystem können Sie alle bei einem Projekt anfallenden Kosten, Erlöse und Investitionen planen und im Ist verfolgen. »Projekt« kann im Sinne der SAP-Software der Bau einer Maschine, eines Gebäudes oder eines Werkes sein. Aber auch Reparaturmaßnahmen, eine Marketingoffensive oder eine Aktivität zur Personalentwicklung könnte als Projekt mit dem Projektsystem verwaltet werden.

Das Projektsystem von SAP ERP wurde nicht nur konzipiert, um die Anforderungen des Controllings zu erfüllen, sondern bietet auch Unterstützung bei Kapazitätsplanung, Mengenplanung und Terminierung – ist also eng mit Logistikfunktionen verzahnt.

3.5 Zusammenfassung und Empfehlung

Mit Kostenarten, Kostenstellen und Innenaufträgen haben Sie die wichtigsten Elemente der Gemeinkostenrechnung in SAP ERP kennengelernt. Am Beispiel der Bäckerei Becker konnten Sie sich ein Bild machen von der Kostenbe- und -entlastung im Plan und im Ist. Die wichtigsten Verrechnungsmethoden – Umlage, Leistungsverrechnung und Auftragsabrechnung – sind Ihnen nun vertraut.

Um ein wirksames Controlling in Ihrem Unternehmen zu schaffen, wird entscheidend sein, das technisch Machbare vom betriebswirtschaftlich Sinnvollen zu trennen. Wenn Sie die Gemeinkostenrechnung von SAP einführen, werden Sie – wie viele vor Ihnen – den einen oder anderen Irrweg beschreiten. Lassen Sie sich nicht entmutigen, verbessern Sie Ihr Controllingkonzept, indem Sie regelmäßig alle bisher getroffenen Entscheidungen infrage stellen.

Prüfen Sie einmal im Jahr, welche Strukturen und Verfahren die Aussagefähigkeit Ihrer Kostenrechnung erhöhen und welche nicht. Nur in einem solchen ständigen Prozess der Verbesserung schaffen Sie ein verständliches und einheitliches System zur Unternehmenssteuerung.

Kapitel 4

Wie viel muss oben hinein, damit unten etwas herauskommt?

Was kostet die Herstellung eines Produkts? Welche Komponenten und welche Leistungen werden benötigt? Welche Istkosten sind bei der Produktion angefallen, weichen sie von den geplanten Kosten ab, wenn ja – wo?

4 Produktkostenrechnung

Produkte sind Güter oder Waren, die von einem Unternehmen hergestellt werden. Für die Produktkostenrechnung ist es zunächst unerheblich, ob diese Waren zum Verkauf bestimmt sind oder ob sie Zwischenprodukte in einem Fertigungsprozess sind und später im Unternehmen weiterverarbeitet werden. Zum Verkauf bestimmte Waren heißen *Fertigerzeugnisse*, Zwischenprodukte heißen *Halbfabrikate*. Die Bewertung von Dienstleistungen ist mit der hier beschriebenen Produktkostenrechnung nicht möglich.

Komponenten der Produktkosten

Produktkosten setzen sich aus zwei Komponenten zusammen, die sich jeweils weiter untergliedern lassen (siehe Abbildung 4.1).

- Kosten des Materialeinsatzes (z. B. Rohmaterial, Halbfabrikate, Verpackungsmaterial)
- Kosten der Leistungen (z. B. Abschreibungen, Personaleinsatz, Energie)

Zur Berechnung der Kosten des Materialeinsatzes werden *Stücklisten* und *Preise von Einsatzmaterialien* benötigt. Für die Berechnung der Kosten für Leistungen müssen Arbeitspläne und Tarife für Leistungsarten vorhanden sein. Tarife entstehen bei der Kombination von *Leistungsarten* und *Kostenstellen* (siehe Kapitel 3, »Gemeinkostenrechnung«). Leistungsarten, wie sie im Controlling heißen, werden im Modul Produktion *Vorgabewerte* genannt. Vorgabewerte werden Arbeitsplätzen zugeordnet. In *Arbeitsvorgängen* entsteht aus den Zeitangaben in Vorgabewerten auf Arbeitsplätzen der *Arbeitsplan*.

Darstellung von Mengen und Werten

So wie in den Stücklisten die Mengen an Einsatzmaterialien verwaltet werden, so sind im Arbeitsplan die Mengen bzw. Zeiten der Leistungen abgebildet. Im Arbeitsplan wird verzeichnet, welche Zeit oder Leistungsmenge jedem einzelnen Vorgang zugeordnet ist. Die Bewertung erfolgt auf der Seite des Materialeinsatzes mit dem Materialpreis. Dementsprechend gibt der Tarif den Preis für jede Leistungseinheit an. Der Tarif ist z. B. der Kostensatz für eine Maschinenstunde oder eine Leistungseinheit Stück.

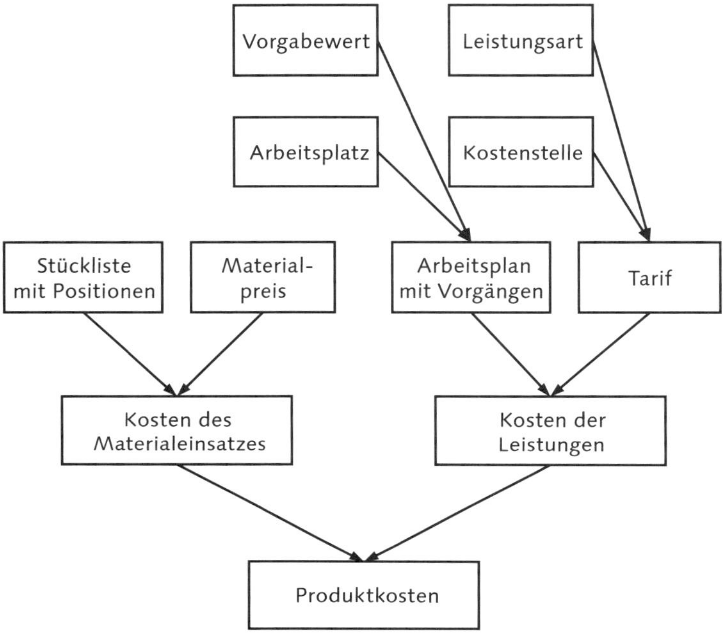

Abbildung 4.1 Komponenten der Produktkostenrechnung

Die Produktkostenrechnung ist keine alleinige Funktion des Controllings, sondern entsteht aus der engen Verzahnung der Module *Materialwirtschaft*, *Produktion* und *Controlling*. Ohne intensive Nutzung der beiden erstgenannten Module ist in SAP ERP keine Produktkostenrechnung möglich.

4.1 Materialstamm

In diesem Abschnitt werden grundsätzliche Begriffe erklärt und die Funktionsweise bei der Erfassung und Pflege von Stammdaten erläutert. Die Bedeutung der einzelnen Felder im Detail folgt später, jeweils im Zusammenhang mit der Beschreibung von verschiedenen Komponenten, die auf den Materialstamm zugreifen.

4.1.1 Material – Begriffe in SAP ERP

Dieser Abschnitt erläutert die folgenden Begriffe:

- Material
- Materialart
- Materialstamm
- Sicht im Materialstamm

Material ist der Sammelbegriff für alle Waren, die ein Unternehmen einkauft, produziert oder verkauft.

Materialart

Mit den *Materialarten*, wie Rohware, Verpackungsmaterial, Halbfabrikat, Fertigerzeugnis, Ersatzteil etc., wird unterschieden, wie ein spezielles Material im Unternehmen normalerweise verwendet wird. Für Rohwaren und Verpackungsmaterial müssen Informationen zum Einkauf und zur Disposition hinterlegt werden. Bei Halbfabrikaten werden Angaben zur Produktionsplanung erfasst. Für Fertigerzeugnisse sind die Informationen des Verkaufs wichtig. Alle Materialien werden gelagert und bewertet, entsprechend sind für alle Materialarten Daten für die Lagerhaltung, die Buchhaltung und die Kostenrechnung erforderlich.

Materialstamm

Im *Materialstamm* von SAP ERP werden diese spezifischen Informationen hinterlegt. Für jedes Material wird genau ein Materialstamm angelegt, der mit einer 18-stelligen alphanumerischen Materialnummer identifizierbar ist. In einem Materialstamm können einige Hundert Datenfelder gefüllt werden, um ein Material für alle möglichen Verwendungen zu beschreiben. In der Praxis werden für jedes einzelne Material nur die Datenfelder gefüllt, die entsprechend der Verwendung dieses Materials genutzt werden.

In den Sichten des Materialstamms werden die Datenfelder nach Verwendungszwecken gruppiert. Verkaufssichten werden für Fertigartikel angelegt, Dispositionssichten für Rohwaren und Verpackungsmaterial. Eine Sicht für die Arbeitsvorbereitung wird für alle Artikel angelegt, die im Unternehmen hergestellt werden, also für Halbfabrikate und Fertigerzeugnisse. Für alle Materialstämme existieren die Sichten Grunddaten, Mengeneinheiten, Texte, Buchhaltung und Kostenrechnung.

4.1.2 Pflege des Materialstamms

Dieser Abschnitt behandelt die folgenden Themen:

- Material anlegen, ändern, anzeigen
- alternative Mengeneinheiten
- Basismengeneinheit
- Kurztexte
- Organisationsebenen im Materialstamm
- Voreinstellungen zu Sichten und Organisationsebenen

Material anlegen, ändern, anzeigen

Die wichtigsten Transaktionen zur Pflege des Materialstamms in SAP ERP sind die Funktionen zum Anlegen, Ändern und Anzeigen:

- **Anlegen**
  MM01, im Menü: LOGISTIK • MATERIALWIRTSCHAFT • MATERIALSTAMM • MATERIAL • ANLEGEN ALLGEMEIN • SOFORT
- **Ändern**
  MM02, im Menü: LOGISTIK • MATERIALWIRTSCHAFT • MATERIALSTAMM • MATERIAL • ÄNDERN • SOFORT (siehe Abbildung 4.2)
- **Anzeigen**
  MM03, im Menü: LOGISTIK • MATERIALWIRTSCHAFT • MATERIALSTAMM • MATERIAL • ANZEIGEN • ANZEIGEN AKT. STAND

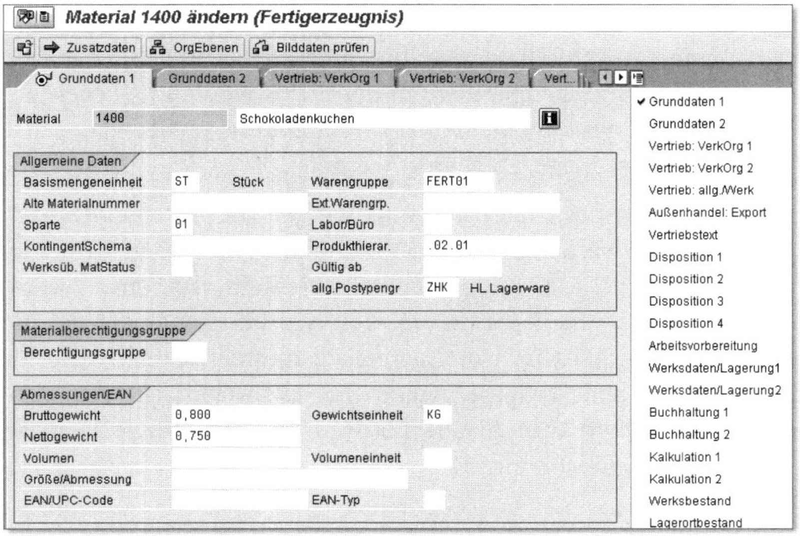

Abbildung 4.2 Materialstamm: Sicht »Grunddaten 1«

Abbildung 4.2 zeigt die Sicht GRUNDDATEN 1 des Fertigerzeugnisses »Schokoladenkuchen«. Die Artikelnummer lautet 1400. Mit einem Klick auf die Register GRUNDDATEN 2 oder VERTRIEB: VERKORG 1 werden zusätzliche Sichten am Bildschirm dargestellt. Alternativ dazu können die Sichten des Materialstamms über den kleinen Button oben rechts angesprungen werden. Damit erhalten Sie eine Liste aller für dieses Material verfügbaren Sichten. Die aktuelle Sicht ist mit einem Häkchen markiert. Mit dem Button ZUSATZDATEN gelangen Sie zu einer Auswahl mit sieben weiteren Sichten (Kurztexte, Mengeneinheiten, Zusätzliche EANs, Dokumentdaten, Grunddatentext, Prüftext, Interner Vermerk).

Mengeneinheiten

Die Sicht MENGENEINHEITEN gibt Auskunft über die verschiedenen Gebinde des Materials (siehe Abbildung 4.3). Vier Stück werden in einem Karton verpackt. Zehn Kartons ergeben auf einer Europalette eine Lage. Zehn Lagen übereinander bilden eine vollständige Palette. Die Umrechnungsfaktoren der alternativen Mengeneinheiten (AME, hier Karton, Lage und Palette) werden immer in Bezug auf die Basismengeneinheit (BME, hier Stück) angegeben.

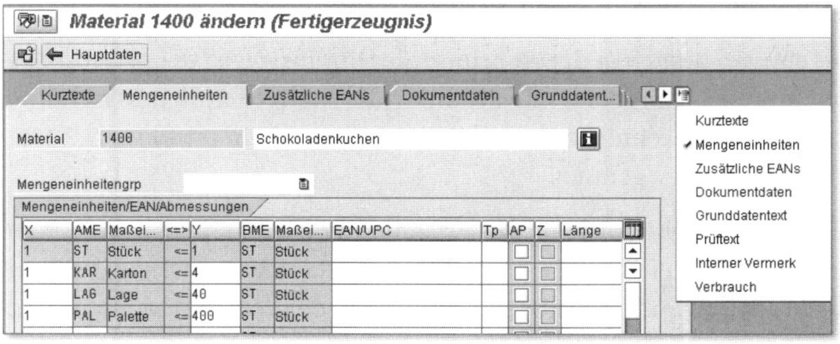

Abbildung 4.3 Materialstamm: Zusatzdaten – Mengeneinheiten

Basismengeneinheit

Bei der Wahl der Basismengeneinheit entstehen im Rahmen der Einführung von SAP ERP oft hitzige Diskussionen zwischen den Fachbereichen. Im gezeigten Beispiel könnte die Produktion den Karton als Basismengeneinheit favorisieren, weil die Produktionsplanung immer in dieser Mengeneinheit stattfindet. Die Kollegen der Materialwirtschaft dagegen lagern immer nur ganze Paletten und sehen hier die Basismengeneinheit. Die Preise im Vertrieb beziehen sich immer auf Stück, also – so die dritte Meinung – muss dies die Basismengeneinheit sein. Alle genannten Fachbereiche können eine der alternativen Mengeneinheiten unabhängig voneinander als »ihre« Mengeneinheit festlegen. Der Verkauf wird also auf seiner Sicht Stück als Verkaufsmengeneinheit pflegen, die Produktion wird Karton als Fertigungsmengeneinheit erfassen, und für die Lagerverwaltung wird Palette als Ausgabemengeneinheit hinterlegt.

Kalkulationslosgröße

Für die Produktkostenrechnung kann keine alternative Mengeneinheit als Grundlage für Kalkulationen angegeben werden. Stattdessen haben wir nur die Möglichkeit, eine Kalkulationslosgröße anzugeben. Kalkuliert werden in der Produktkostenrechnung so viele Basismengeneinheiten, wie die Kalkulationslosgröße vorgibt. Zum Beispiel werden bei einem Material mit Basismengeneinheit Stück und Kalkulationslosgröße 1.000 die Kalkulationen vom System immer für 1.000 Stück angelegt.

Fast alle kommen so zu ihrem Recht – außer der Ergebnisrechnung. Ein Feld ERGEBNISRECHNUNGSEINHEIT existiert nicht. In der Ergebnisrechnung werden die Mengen grundsätzlich in der Basismengeneinheit dargestellt. Also wird die Basismengeneinheit so gewählt, dass sie für alle Artikel einer Produktgruppe oder vielleicht sogar für alle Artikel des Unternehmens zu aussagekräftigen Daten führt.

In einigen Branchen der Nahrungsmittelindustrie ist der »kleinste gemeinsame Nenner« für alle Produkte die Mengeneinheit Kilogramm. In der Getränkeindustrie wird die Mengeneinheit 1/1tel für 0,7 Liter bzw. 0,75 Liter genutzt.

Kurztexte

Ein positives Beispiel für die Erfassung von mehrsprachigen Texten hat SAP bei den Kurztexten des Materialstamms realisiert. Die Textzeile auf den Sichten der Hauptdaten zeigt die Bezeichnung in der Anmeldesprache. Bezeichnungen in anderen Sprachen können ohne neue Anmeldung auf der Sicht KURZTEXTE der Zusatzdaten gepflegt werden (siehe Abbildung 4.4).

Organisationsebenen im Materialstamm

Die Materialstammdaten sind eng mit den Organisationsebenen Mandant, Werk, Buchungskreis, Verkaufsorganisation und Einkaufsorganisation verknüpft. Die Grunddatensichten und die Zusatzdaten existieren in jedem Mandanten nur einmal. Einmal vergebene Artikelnummern sind also mit genau einer Bedeutung innerhalb eines Konzerns belegt. Alle anderen Sichten werden für jede relevante Organisationseinheit neu angelegt.

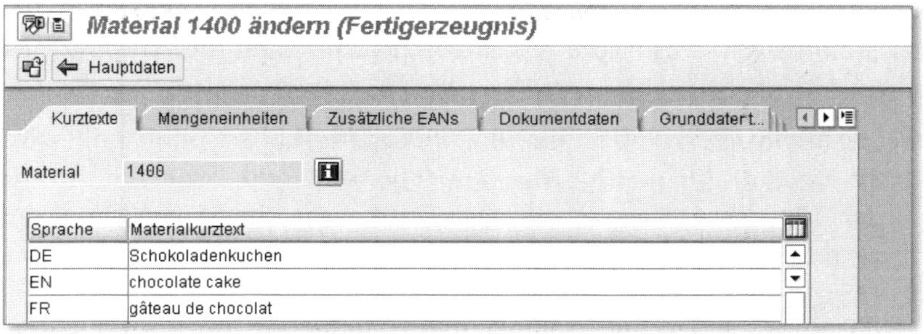

Abbildung 4.4 Materialstamm: Zusatzdaten – Kurztexte

Die Sicht BUCHHALTUNG beispielsweise existiert für jedes Werk, in dem das Material eingekauft, gelagert, produziert oder verkauft wird (siehe Abbildung 4.5). Eines der wichtigsten Felder auf dieser Sicht ist die Bewertungsklasse; sie steuert die Kontenfindung. Hiermit wird festgelegt, auf welchen Konten der Buchhaltung die Bestandswerte und Bestandsveränderungen gebucht werden. Hier im Werk 1000 handelt es sich um ein eigengefertigtes Produkt, also werden hinter der Bewertungsklasse 7921 die Konten für eigene Produktion zu finden sein. Denkbar ist, dass in einem anderen Werk der gleiche Artikel 1400 nicht selbst produziert, sondern als Handelsware zugekauft wird. Dann würde im Feld BEWERTUNGSKLASSE bei diesem Werk ein Eintrag zu finden sein, dem die Materialkonten für Handelswaren zugeordnet sind.

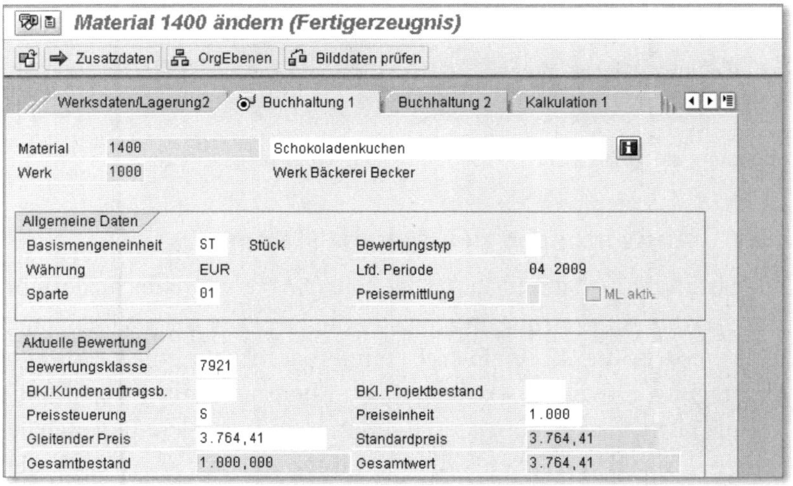

Abbildung 4.5 Materialstamm: Sicht »Buchhaltung 1« zum Werk 1000

Voreinstellungen zu Sichten und Organisationsebenen

Die meisten Benutzer des Systems SAP ERP pflegen Daten des Materialstamms nur für definierte Organisationsebenen und ausgewählte Sichten. Die entsprechenden Einschränkungen können vom Anwender voreingestellt werden, um beim Öffnen der Materialstämme diese Angaben nicht jedes Mal erfassen zu müssen. Sie erreichen die Bilder für diese Voreinstellungen von den Einstiegsmasken der Transaktionen MM01, MM02 und MM03 über EINSTELLUNGEN • SICHTENAUSWAHL bzw. EINSTELLUNGEN • ORGEBENEN... in der Menüleiste. Die typische Voreinstellung eines Controllers ist die Auswahl der Sichten BUCHHALTUNG und KALKULATION (siehe Abbildung 4.6). Das Häkchen bei SICHTENAUSWAHL NUR AUF ANFORDERUNG sorgt dafür, dass beim Öffnen des Materialstamms die Frage nach den gewünschten Sichten übersprungen wird.

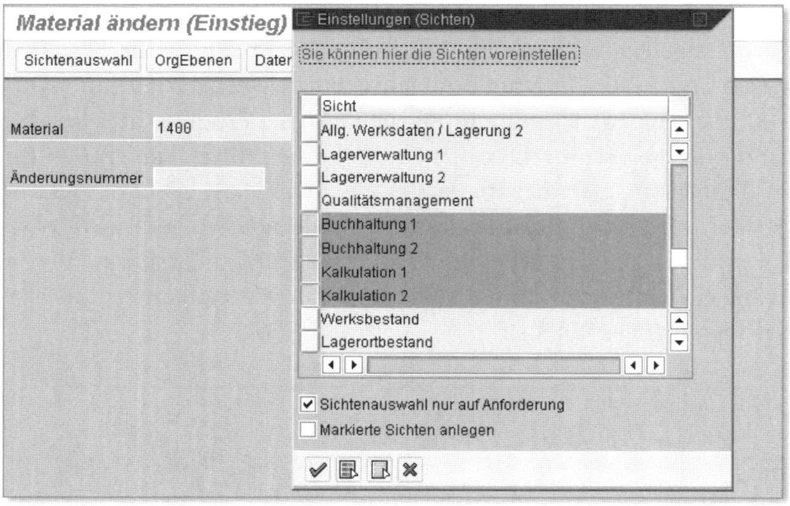

Abbildung 4.6 Materialstamm – Voreinstellung für Sichten

4.1.3 Auswertungen zum Materialstamm

Mit Listen zum Materialstamm ist es in SAP eher schlecht bestellt. Eine flexible Auswertungsmöglichkeit, bei der alle Materialien angezeigt werden, die in einem frei definierbaren Feld eine bestimmte Ausprägung aufweisen, existiert nicht. Ebenso vermisse ich oft eine flexible Liste, bei der zur Materialnummer und -bezeichnung eine beliebige Auswahl von Datenfeldern mit ihren Ausprägungen angezeigt wird. Die Transaktion MM17, die im nächsten Abschnitt beschrieben wird, erfüllt diese Anforderungen; sie ist allerdings eine Transaktion zur Massenänderung von Materialstämmen und nicht gedacht für die flexible Auswertung. Diese Transaktion MM17 wird sicher auch nur für erfahrene Key-User oder EDV-Mitarbeiter freigegeben und steht dem »normalen« Anwender nicht zur Verfügung; schon deswegen scheidet sie für Standardauswertungen aus.

Materialverzeichnis

Die einzige rudimentäre Liste zu Materialien ist die Transaktion MM60, im Menü: LOGISTIK • MATERIALWIRTSCHAFT • MATERIALSTAMM • SONSTIGE • MATERIALVERZEICHNIS (siehe Abbildung 4.7). Die Selektion ist auf die Merkmale Material, Werk, Materialart und Warengruppe beschränkt.

Materialverzeichnis

Materialverzeichnis

Material / Kurztext	Werk	ÄndDat	MArt	Warengrp. / Ersteller	ME	EKG	ABC	DMk	BwKl	Prs	Preis	Währ	pro
1400	1000	15.12.08	FERT	FERT01	ST			PD	7921	S	3.764,41	EUR	1.000
Schokoladenkuchen				BRU									
1401	1000	15.12.08	FERT	FERT01	ST			PD	7921	S	3.604,41	EUR	1.000
Nusskuchen				BRU									
1402	1000	15.12.08	FERT	FERT01	ST			PD	7921	S	3.356,54	EUR	1.000
Marmorkuchen				BRU									
13000	1000	15.12.08	ROH	R028	KG	210		VB	3000	V	0,50	EUR	1
Schokoladenglasur				BRU									
13001	1000	15.12.08	ROH	R028	KG	210		VB	3000	V	2,00	EUR	1
Butter				BRU									
13002	1000	15.12.08	ROH	R028	KG	210		VB	3000	V	0,50	EUR	1
Zucker				BRU									
13003	1000	15.12.08	ROH	R028	PCK	210		VB	3000	V	0,02	EUR	1
Vanillezucker				BRU									

Abbildung 4.7 Materialverzeichnis

Die Liste MATERIALVERZEICHNIS zeigt die aktuellen Preise der Materialien. Deshalb wird diese Liste trotz aller Unzulänglichkeiten gerade von Controllern oft genutzt. Eine direkte Möglichkeit zur Übertragung der Daten nach Microsoft Excel fehlt hier völlig. Da viele Controller jedoch nur glücklich werden, wenn ihre Daten in einer Excel-Datei gespeichert sind, lohnt sich ein Exkurs, in dem dargestellt wird, wie jede beliebige SAP-Liste nach Excel übertragen werden kann.

Exkurs: Übertragung einer SAP-Liste nach Excel

In vielen SAP-Listen, insbesondere im Bereich Logistik, fehlt die direkte Übertragungsmöglichkeit nach Microsoft Excel. Am Beispiel der Liste MM60 MATERIALVERZEICHNIS wird dargestellt, wie Daten aus SAP dennoch nach Excel übertragen werden können.

Die erforderlichen Schritte sind im Folgenden beschrieben:

1. SAP-Liste in lokaler Datei sichern
2. lokale Datei in Excel-Format umwandeln
3. Excel-Datei nachbearbeiten

SAP-Liste in lokaler Datei sichern

Erstellen Sie zunächst aus der Bildschirmanzeige eine lokale Datei über das Menü SYSTEM • LISTE • SICHERN • LOKALE DATEI. Wählen Sie auf dem nächsten Bild den Eintrag TABELLENKALKULATION (siehe Abbildung 4.8).

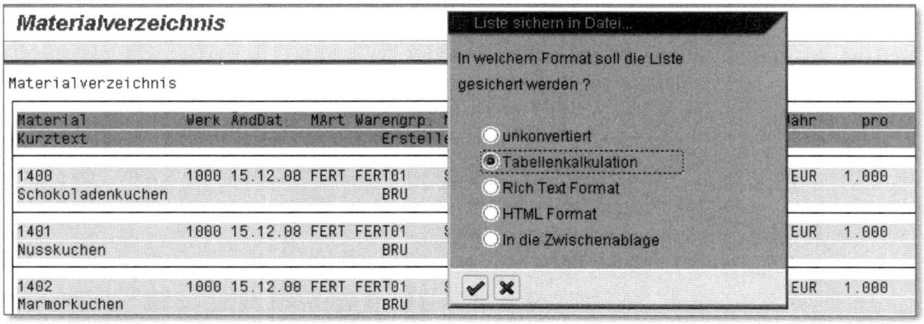

Abbildung 4.8 Liste in lokale Datei sichern

Diese Funktion steht nicht nur für Bildschirmlisten aus der Anwendung zur Verfügung, sondern auch für Spool-Dateien, die noch auf dem System verfügbar sind. Wenn Sie also eine beliebige Liste nach Excel überführen möchten, dann drucken Sie in eine Spool-Datei, indem Sie die Optionen SOFORT DRUCKEN und LÖSCHEN NACH AUSGABE deaktivieren. Mit der Anzeigefunktion für den entstehenden Druckjob können Sie dann wie beschrieben verfahren. Wählen Sie danach einen Pfad, und geben Sie einen Dateinamen ein (siehe Abbildung 4.9).

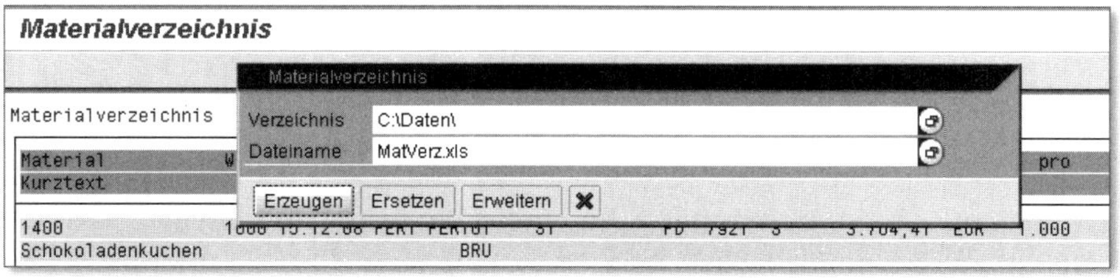

Abbildung 4.9 Pfad und Dateiname für lokale Datei wählen

Lokale Datei in Excel-Format umwandeln

Beim Öffnen der Datei mit Excel wird ein Textkonvertierungs-Assistent aufgerufen (siehe Abbildung 4.10). Die Daten wurden in SAP mit der Option TABELLENKALKULATION gespeichert, die Spalten sind deshalb mit Tabulatoren voneinander getrennt. Die Option GETRENNT unter WÄHLEN SIE DEN DATENTYP... ist bereits voreingestellt. Mit dem Button FERTIG STELLEN wird die Datei im Excel-Format angezeigt.

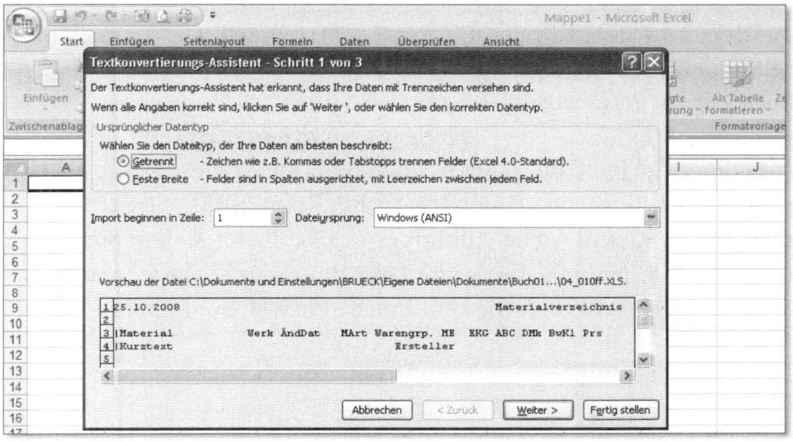

Abbildung 4.10 Öffnen der Datei mit Excel

Die Datei steht jetzt in Excel zur Verfügung und kann hier weiterbearbeitet werden (siehe Abbildung 4.11).

	A	B	C	D	E	F	G	H	I	J
1	15.12.2008									
2										
3	|Material	Werk ÄndDat	MArt Warengrp. ME	EKG ABC DMk	BwKl Prs		Preis Währ	pro		|
4	|Kurztext		Ersteller				|			
5										
6		1400	1000	15.12.2008	FERT	FERT01		ST		PD
7		Schokoladenkuchen					BRU			
8										
9		1401	1000	15.12.2008	FERT	FERT01		ST		PD
10		Nusskuchen					BRU			
11										
12		1402	1000	15.12.2008	FERT	FERT01		ST		PD
13		Marmorkuchen					BRU			
14										
15		13000	1000	15.12.2008	ROH	R028		KG	210	VB
16		Schokoladenglasur					BRU			

Abbildung 4.11 Materialverzeichnis in Excel

Excel-Datei nachbearbeiten

In der Excel-Datei in Abbildung 4.11 sind die Materialnummer und die Bezeichnung – wie in der ursprünglichen Liste – in zwei Zeilen getrennt. Außerdem werden für jedes Material drei Zeilen spendiert. Um in jeweils einer Zeile Materialnummer und Bezeichnung darzustellen und die Leerzeilen zu eliminieren, gehen Sie wie folgt vor:

Fügen Sie vor der ersten Materialnummer einen Verweis auf die Bezeichnung ein (siehe Abbildung 4.12). Kopieren Sie diesen Verweis in alle Zellen der Spalte A.

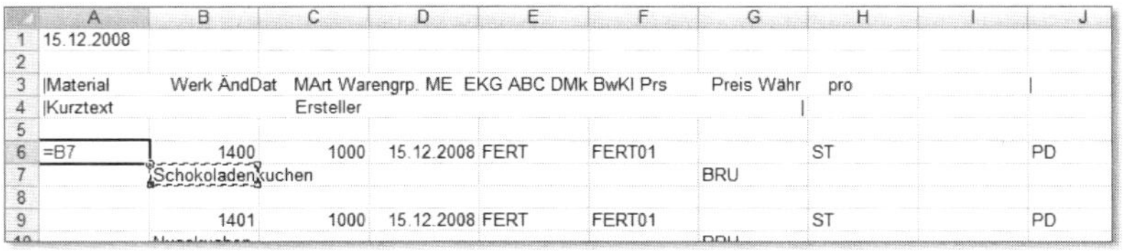

Abbildung 4.12 Materialbezeichnung in einer Zeile mit Materialnummer

Markieren Sie jetzt die Spalte A, und kopieren Sie diese Spalte auf sich selbst. Beim Einfügen wählen Sie die Funktion INHALTE EINFÜGEN mit der Option WERTE (siehe Abbildung 4.13). Damit stellen Sie sicher, dass beim folgenden Sortiervorgang die tatsächlichen Materialbezeichnungen sortiert werden und nicht Verweise auf andere Zellen.

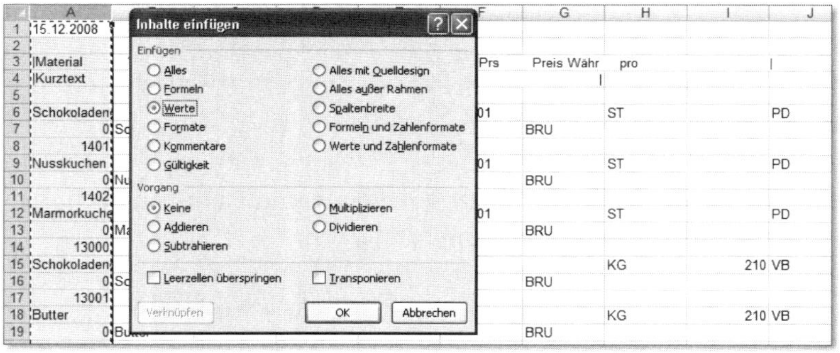

Abbildung 4.13 Spalte A auf sich selbst kopieren

Jetzt können Sie die entstandene Datei nach der Spalte B (MATERIALNUMMER) sortieren (siehe Abbildung 4.14).

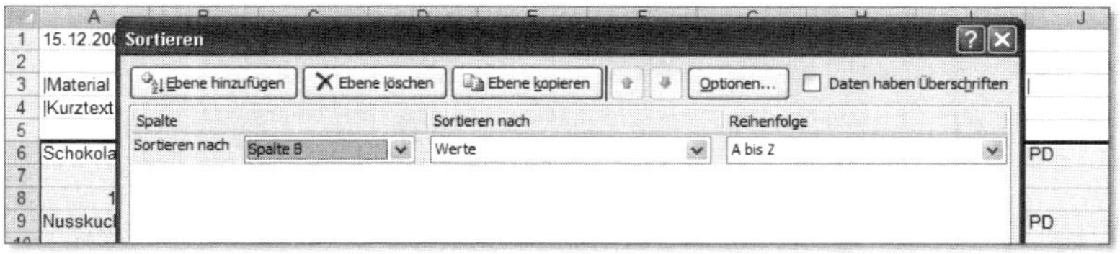

Abbildung 4.14 Liste sortieren

Wenn Sie jetzt überflüssige Zeilen löschen, nicht benötigte Spalten ausblenden und ein bisschen Kosmetik anwenden, erhalten Sie eine brauchbare Excel-Datei, mit der die weitere Arbeit Freude bereitet (siehe Abbildung 4.15).

	A	B	C	D	E	F	G	H	I
1	15.12.2008								
2	**Material**	**Nummer**	**Werk**	**Einheit**	**Bewertungskl**	**Preisst**	**Preis**	**Währung**	**Preiseinheit**
3	Schokoladenkuchen	1400	1000	ST	7921	S	3.840,14	EUR	1.000
4	Nusskuchen	1401	1000	ST	7921	S	3.474,76	EUR	1.000
5	Marmorkuchen	1402	1000	ST	7921	S	3.523,43	EUR	1.000
6	Schokoladenglasur	13000	1000	KG	3000	V	0,50	EUR	1
7	Butter	13001	1000	KG	3000	V	2,00	EUR	1
8	Zucker	13002	1000	KG	3000	V	0,50	EUR	1
9	Vanillezucker	13003	1000	PCK	3000	V	0,02	EUR	1

Abbildung 4.15 »Schönes« Materialverzeichnis in Excel

4.1.4 Massenpflege des Materialstamms

Mehrere Materialstämme gleichzeitig pflegen

Zum Bearbeiten der Materialstämme habe ich Ihnen die Transaktionen MM01, MM02 und MM03 vorgestellt. Mit diesen Funktionen pflegen Sie jeweils ein Material. Manchmal wollen Sie vielleicht mehrere Materialstämme gleichzeitig bearbeiten. Dafür nutzen Sie die Funktion MASSENPFLEGE. Die Transaktion MM17 finden Sie im Menü unter LOGISTIK • MATERIALWIRTSCHAFT • MATERIALSTAMM • MATERIAL • MASSENPFLEGE... Mit der Massenpflege des Materialstamms kann man viele gute Dinge tun, aber leider auch sehr schnell viele Daten zerstören. Deshalb wird diese Transaktion in den meisten Unternehmen ungern für die »breite Masse« der SAP-Anwender freigegeben. Nur ausgewählte Experten dürfen mit der Massenpflege arbeiten. Sicher sind Sie ein solcher Experte oder wollen es werden, sonst würden Sie dieses Buch nicht lesen. Also lohnen sich die folgenden Absätze für Sie.

Bei Benutzung der Massenpflege werden die folgenden Schritte durchgeführt:

1. Änderung planen
2. Technische Namen der Datenfelder identifizieren
3. Änderungsmaske erstellen
4. Materialien selektieren
5. Änderungen erfassen und speichern
6. Meldungen analysieren
7. Anwendungslog auswerten
8. Ergebnisse prüfen

Änderung planen

Zunächst machen Sie sich bitte klar, was Sie tun wollen: Welche Datenfelder wollen Sie ändern? Sind Sie ganz sicher, dass Sie alle Auswirkungen der Änderung übersehen? Sprechen Sie dazu mit Materialstammverantwortlichen in anderen Abteilungen, und testen Sie die Änderung an einzelnen Materialien. Welche Materialien wollen Sie ändern, wie können Sie diese Materialien identifizieren? Welche Werte sollen eingetragen werden?

Im folgenden Beispiel wird für alle Rohwaren mit den Nummern 13000 bis 13020 das Dispomerkmal auf VB Manuelle Bestellpunktdisposition gesetzt. Parallel dazu wird der Meldebestand für die einzelnen Komponenten individuell festgelegt.

Technische Namen der Datenfelder identifizieren

Der technische Name eines Datenfeldes in SAP besteht aus dem Tabellennamen mit vier Zeichen und dem Feldnamen mit fünf Zeichen, verbunden durch einen Bindestrich. Aus der Änderungs- oder Anzeigetransaktion des Materialstamms MM02 oder MM03 kann diese Information abgerufen werden. Die Anzeige erfolgt mit der F1-Hilfe im gesuchten Feld – hier: Dispomerkmal auf der Sicht Disposition 1 (siehe Abbildung 4.16).

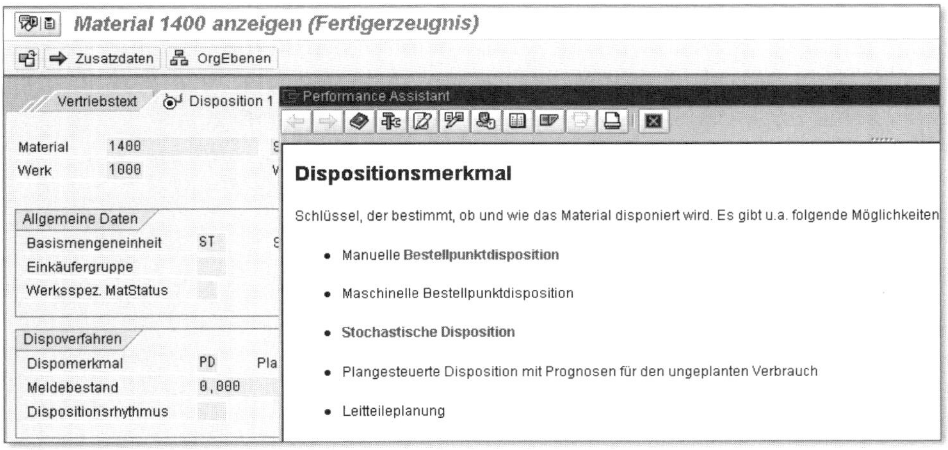

Abbildung 4.16 »F1«-Hilfe zum Feld »Dispomerkmal«

Von der F1-Hilfe geht's weiter mit dem Button Technische Info (siehe Abbildung 4.17). Die relevanten Einträge sind im Block Feld-Daten unter Transparente Tab und Feldname zu finden. Der gesuchte Feldname lautet also MARC-DISMM. Der technische Name für den Meldebestand lautet MARC-MINBE.

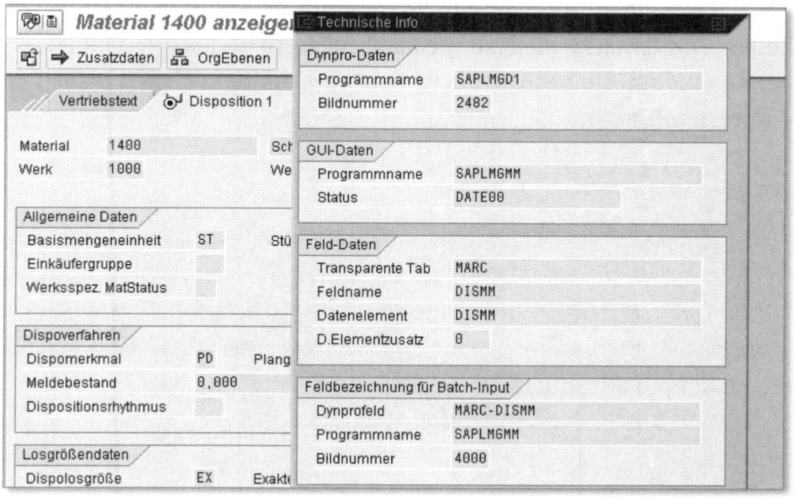

Abbildung 4.17 Technische Info zum Feld »Dispomerkmal«

Änderungsmaske erstellen

Jetzt geht's endlich los mit der Transaktion MM17 MASSENPFLEGE. In dieser Funktion legen Sie zunächst fest, welche Datenfelder Sie in welchen Tabellen bearbeiten wollen. Im ersten Bild markieren Sie die gewünschte Tabelle, hier: WERKSDATEN ZUM MATERIAL/MARC (siehe Abbildung 4.18).

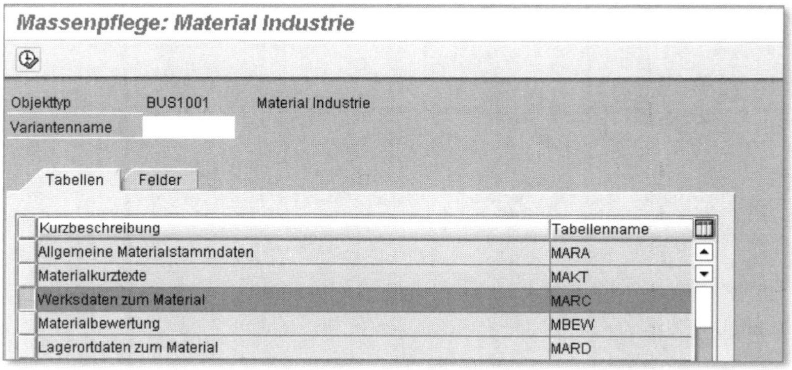

Abbildung 4.18 Massenpflege – Auswahl der Tabelle

Auf dem Blatt FELDER markieren Sie dann den gewünschten Feldnamen (siehe Abbildung 4.19). Die Funktion SUCHEN ist dort unverzichtbar, sie wird mit dem Button FERNGLAS aufgerufen. Wichtig ist hier die Meldung, die beim Aufrufen der Suchfunktion in der Statuszeile angezeigt wird: »Die Suche beginnt ab der ersten sichtbaren Zeile.« Das ist tatsächlich so, deshalb müssen Sie nach jedem gefundenen Feld für die nächste Suche zunächst mit dem Cursor zurück in den ersten Eintrag.

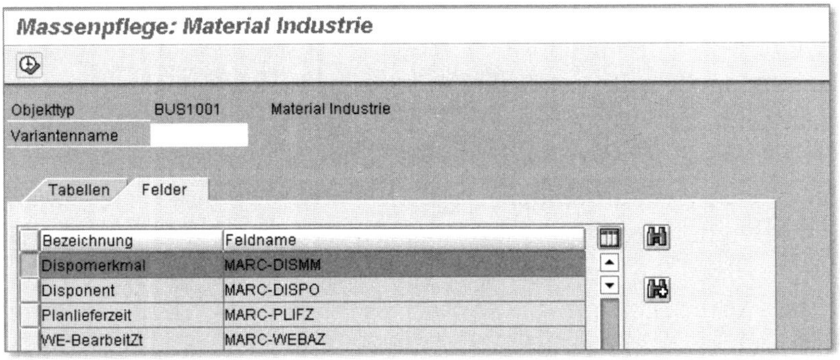

Abbildung 4.19 Massenpflege – Auswahl der Felder

Das nächste Bild, MATERIALIEN SELEKTIEREN, wird von hier aus mit dem Button AUSFÜHREN (oben links) aufgerufen.

Materialien selektieren

Im Selektionsbild für die Materialien werden die Materialnummer und das Werk als Auswahlfelder vorgeschlagen (siehe Abbildung 4.20).

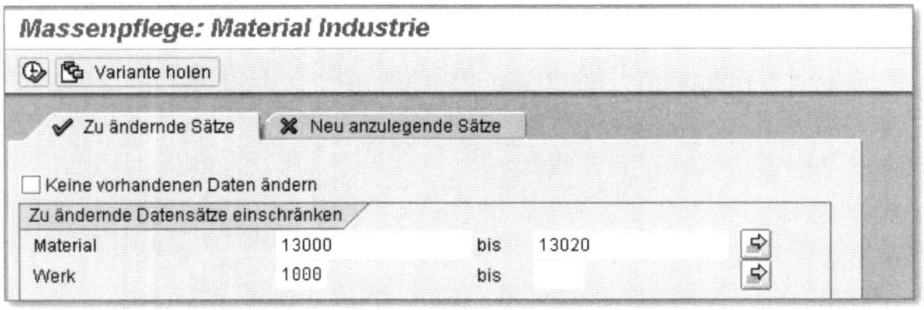

Abbildung 4.20 Massenpflege – Materialien selektieren

Die bis hierher vorgenommenen Einstellungen bezüglich der Auswahl der Tabellen und der Felder, die geändert werden sollen, sowie der Selektionsmerkmale lassen sich mit der Funktion SPEICHERN in einer Variante sichern.

Die Funktion SPEICHERN wird über das Disketten-Icon aufgerufen. Dieser Button befindet sich in der SAP-Standard-Buttonleiste am oberen Bildschirmrand und ist hier nicht abgedruckt. Falls Sie mit den gleichen Einstellungen häufiger Massenänderungen durchführen wollen, ist die Arbeit mit Varianten sehr hilfreich. Weiter geht es wieder mit dem Button Ausführen oben links.

Änderungen erfassen und speichern

Das nächste Bild zeigt für die selektierten Materialien die vorher definierten Datenfelder mit den aktuell gespeicherten Inhalten (siehe Abbildung 4.21). In der Zeile Neue Werte werden die gewünschten neuen Inhalte eingetragen. Der Eintrag des neuen Wertes VB erfolgt in der Spalte Dispomerkmal. Das Feld Neue Werte/Meldebestand bleibt leer, weil für Meldebestand nicht ein Wert für alle ausgewählten Komponenten gelten soll, sondern individuell unterschiedliche Werte. Beachten Sie auch, dass die Spalte Dispomerkmal markiert ist, die Spalte Meldebestand jedoch nicht. Damit wird sichergestellt, dass sich die nächste Aktion Feldwerte ändern nur auf das Dispomerkmal auswirkt.

Der Button Massenänderung durchführen übernimmt den Wert aus der Zeile Neue Werte in alle markierten Zeilen des unteren Bildschirmbereichs (siehe Abbildung 4.21). In dieser Abbildung ist der Bildschirm vor dem Ausführen der Funktion Feldwerte ändern dargestellt.

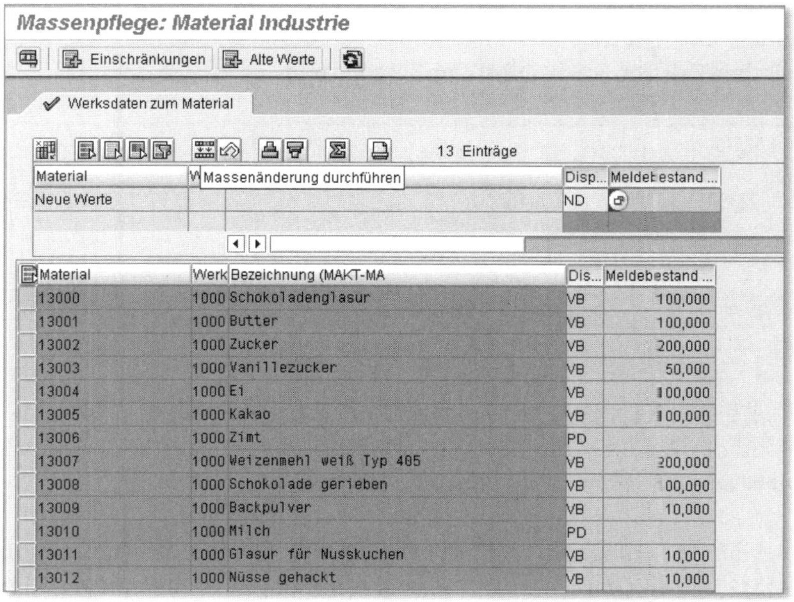

Massenpflege: Material Industrie
Einschränkungen
Alte Werte
Werksdaten zum Material
13 Einträge
Material
Massenänderung durchführen
Disp...
Meldebestand ...
Neue Werte
ND
Material
Werk
Bezeichnung (MAKT-MA
Dis...
Meldebestand ...
13000 1000 Schokoladenglasur VB 100,000
13001 1000 Butter VB 100,000
13002 1000 Zucker VB 200,000
13003 1000 Vanillezucker VB 50,000
13004 1000 Ei VB 100,000
13005 1000 Kakao VB 100,000
13006 1000 Zimt PD
13007 1000 Weizenmehl weiß Typ 405 VB 200,000
13008 1000 Schokolade gerieben VB 00,000
13009 1000 Backpulver VB 10,000
13010 1000 Milch PD
13011 1000 Glasur für Nusskuchen VB 10,000
13012 1000 Nüsse gehackt VB 10,000

Abbildung 4.21 Massenpflege – Daten ändern

Die Meldungen aus der Transaktion MM17 MASSENPFLEGE werden am Bildschirm angezeigt und gleichzeitig im Anwendungslog gespeichert (siehe Abbildung 4.22).

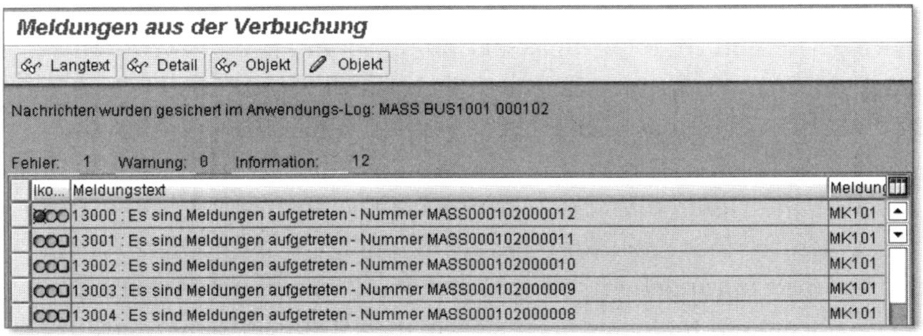

Abbildung 4.22 Massenpflege – Meldungen

Meldungen analysieren

Bei diesem Vorgang ist eine Fehlermeldung aufgetreten. Den Inhalt der Meldung zum Artikel 13000 sehen Sie, indem Sie die entsprechende Zeile markieren und dann den Button DETAIL anklicken (siehe Abbildung 4.23). Die Meldung »Die Konzerndaten des Materials 13000 sind von Benutzer BRU gesperrt« bedeutet, dass der Materialstamm zum Zeitpunkt der Verbuchung im Änderungsmodus geöffnet ist. BRU ist mein eigener Username; in einem anderen Modus hatte ich das Material mit MM02 MATERIAL ÄNDERN geöffnet, um die Änderung von Dispomerkmal und Meldebestand zu testen – ein klassischer Fall von »sich selbst ein Bein gestellt«.

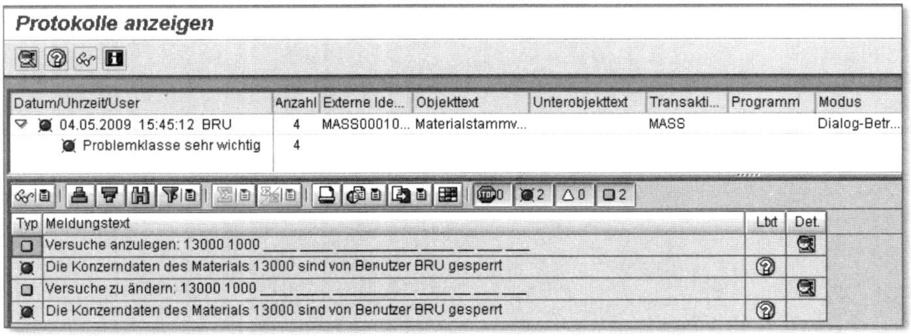

Abbildung 4.23 Massenpflege: Meldung – Detail

Anwendungslog auswerten

Bei der Änderung von größeren Datenbeständen mit der Transaktion MM17 MASSENPFLEGE kann es vorkommen, dass die Analyse der Meldungen unterbrochen wird. Sie gehen in die Mittagspause und melden sich dazu natürlich vom SAP-System ab. Wenn Sie zurückkommen, suchen Sie eine Transaktion, mit der Sie die gespeicherten Meldungen wieder unverändert auf den Bildschirm bekommen – Sie suchen vergeblich.

Als Ausweg bleibt nur die Transaktion SLG1. SLG1 ist eine generische Funktion zur Auswertung aller Protokolle, die im Anwendungslog abgelegt werden (siehe Abbildung 4.24). Die Anzeige des Protokolls über SLG1 Anwendungslog unterscheidet sich in drei wesentlichen Punkten von der Protokollanzeige in MM17 MASSENPFLEGE. Beim Einstieg in SLG1 Anwendungslog müssen Sie Objekt und Unterobjekt angeben; zudem wird in der Protokollübersicht die Materialnummer nicht angezeigt, und der Button DETAIL existiert nicht, der Aufruf der Meldung ist komplizierter.

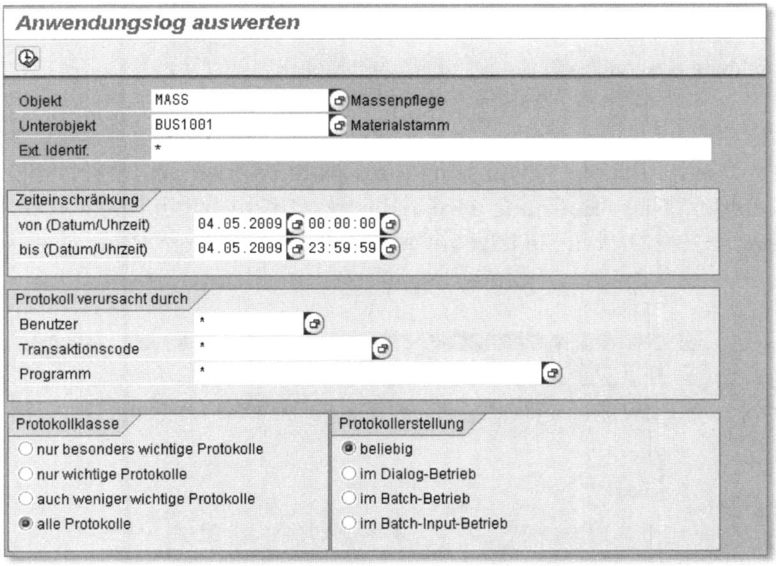

Abbildung 4.24 Anwendungslog – Einstiegsbild

Hier die notwendigen Schritte bei der Bedienung von SLG1 Anwendungslog im Einzelnen: Die Einträge für Objekt MASS und für Unterobjekt BUS1001 nehmen Sie selbst vor. Die Angaben bei Zeiteinschränkung und Benutzer verkürzen die Suche und verringern die Anzahl der gefundenen Protokolle.

Mit AUSFÜHREN oben links wird eine Liste der Protokolle angezeigt, die zu den Suchkriterien passen. Der Doppelklick auf die entsprechende Zeile zeigt im unteren Teil des Bildschirms den Protokollüberblick (siehe Abbildung 4.25). Beim Vergleich mit Abbildung 4.23 wird der genannte zweite Unterschied klar: Die Materialnummer fehlt, sie wird erst sichtbar durch Aktivierung der Lupe in der Spalte DET. – Detail (ohne Bild).

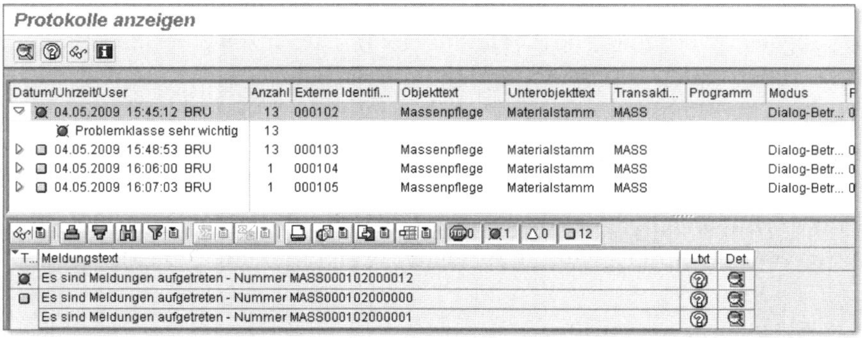

Abbildung 4.25 Anwendungslog – Übersicht Protokoll

Was Sie jetzt sehen wollen, ist die Fehlermeldung zu einer Protokollzeile. Sie hoffen, die gewünschte Information mit einem Doppelklick zu finden. Diese Hoffnung wird leider noch nicht erfüllt (siehe Abbildung 4.26). Klicken Sie jetzt auf AUSFÜHREN unter dem Hinweis »Sehen Sie sich das Anwendungslog an«.

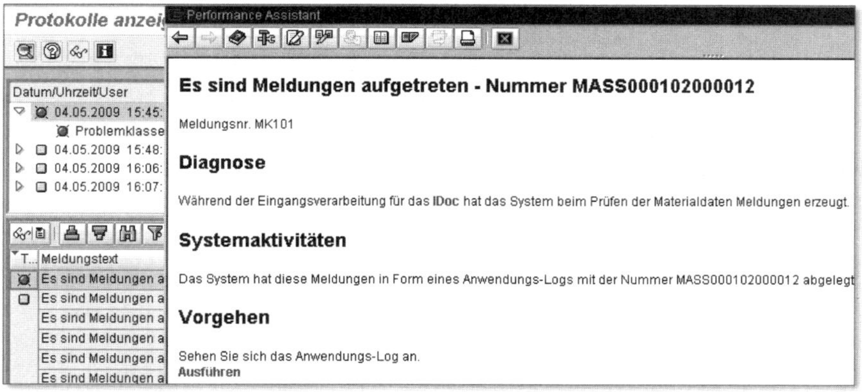

Abbildung 4.26 Anwendungslog – Langtext anzeigen 1

Die Nummer des Anwendungslogs, hier MASS00010200012, wird automatisch in das folgende Auswahlbild übertragen (siehe Abbildung 4.27). Weiter geht es mit AUSFÜHREN oben links.

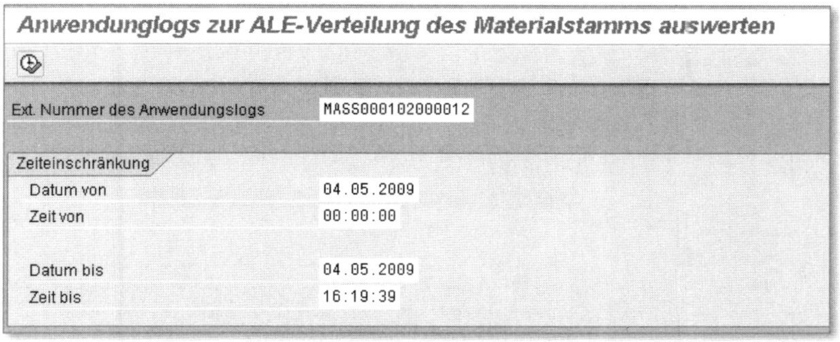

Abbildung 4.27 Anwendungslog – Langtext anzeigen 2

Und schwups: Schon sind wir wieder bei der Fehlermeldung, die durch die Massenpflege generiert wurde (siehe Abbildung 4.28).

Protokolle anzeigen								
Datum/Uhrzeit/User	Anzahl	Externe Ide...	Objekttext	Unterobjekttext	Transakti...	Programm	Modus	Prot
▽ ◉ 04.05.2009 15:45:12 BRU	4	MASS00010...	Materialstammv...		MASS		Dialog-Betr...	0000
◉ Problemklasse sehr wichtig	4							

Typ	Meldungstext	Lbd	Det.
☐	Versuche anzulegen: 13000 1000 _____		🔍
◉	Die Konzerndaten des Materials 13000 sind von Benutzer BRU gesperrt	⑦	
☐	Versuche zu ändern: 13000 1000 _____		🔍
◉	Die Konzerndaten des Materials 13000 sind von Benutzer BRU gesperrt	⑦	

Abbildung 4.28 Anwendungslog – Langtext anzeigen 3

Die Materialien mit Fehlermeldungen werden entweder einzeln mit MM02 MATERIAL nachgepflegt oder mit MM17 MASSENPFLEGE bearbeitet. Die vollständige Bearbeitung der Materialien überprüfen Sie am besten, indem Sie die Transaktion MM17 MASSENPFLEGE noch einmal aufrufen und mit der gespeicherten Variante alle betroffenen Datensätze mit den entsprechenden Feldern anzeigen.

Ergebnisse prüfen

4.1.5 Bewertungsklasse und Kontenfindung

Die Bestände für verschiedene Materialgruppen werden auf unterschiedlichen Konten in der Buchhaltung geführt. Für die Gruppierung der Materialien in diesem Sinne wird die Bewertungsklasse genutzt (siehe Abbildung 4.29).

Verknüpfung der Materialien mit Konten der Buchhaltung

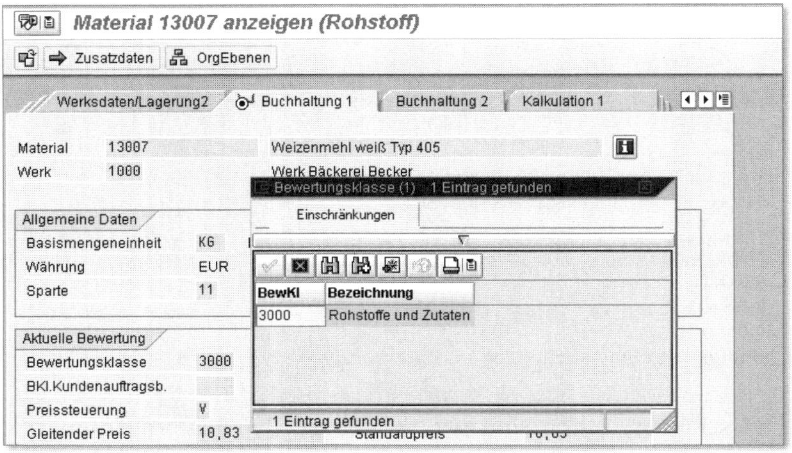

Abbildung 4.29 Materialstamm – Bewertungsklasse

Bei allen Vorgängen im Lager, z. B. Wareneingang vom Lieferanten, Produktion von Halbfabrikaten oder Fertigerzeugnissen, Warenausgang wegen Lieferungen an Kunden, werden nicht nur Bestandskonten verändert, sondern auch Gegenkonten in der Gewinn-und-Verlust-Rechnung. Lagerbewegungen des gleichen Materials werden je nach Vorgang auf unterschiedlichen Gegenkonten gebucht. Zur Identifizierung der Gegenkonten reicht die Bewertungsklasse nicht aus. Bewertungsklassen und Vorgänge müssen mit den gewünschten Konten verknüpft werden.

MM-Kontenfindung

Die Verbindung von Bewertungsklasse, Vorgang und Konto der Buchhaltung wird im Customizing mit der Transaktion OBYC eingestellt, im Menü: SPRO • SAP Referenz-IMG • Materialwirtschaft • Bewertung und Kontierung • Kontenfindung • Kontenfindung ohne Assistent • Automatische Buchungen einstellen (siehe Abbildung 4.30). Von den 42 Vorgängen sind in dieser Abbildung 23 Vorgänge zu sehen. Diese Transaktion heißt im Sprachgebrauch von SAP-Experten auch *MM-Kontenfindung*.

Kontenplan bei der MM-Kontenfindung

Beim ersten Doppelklick auf einen Vorgang werden Sie nach einem Kontenplan gefragt. Die Kontenfindung ist also nicht vom Buchungskreis abhängig, sondern nur vom Kontenplan. Für alle Buchungskreise, die den gleichen Kontenplan nutzen, gilt also die gleiche Kontenfindung für die Buchungen der Materialwirtschaft. Diese Einschränkung im Datenmodell hat einen Vorteil und einen Nachteil.

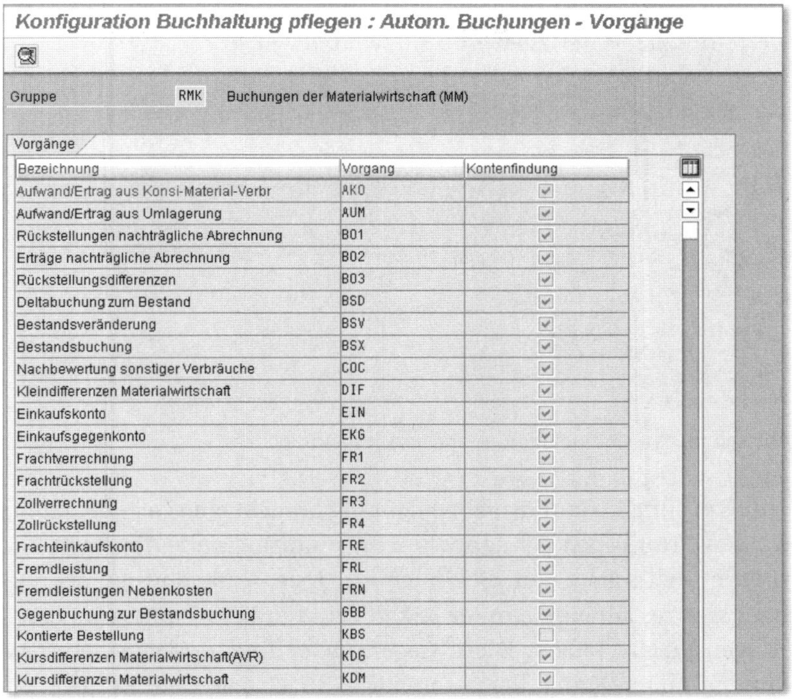
Konfiguration Buchhaltung pflegen : Autom. Buchungen - Vorgänge

Gruppe RMK Buchungen der Materialwirtschaft (MM)

Vorgänge

Bezeichnung	Vorgang	Kontenfindung
Aufwand/Ertrag aus Konsi-Material-Verbr	AKO	☑
Aufwand/Ertrag aus Umlagerung	AUM	☑
Rückstellungen nachträgliche Abrechnung	B01	☑
Erträge nachträgliche Abrechnung	B02	☑
Rückstellungsdifferenzen	B03	☑
Deltabuchung zum Bestand	BSD	☑
Bestandsveränderung	BSV	☑
Bestandsbuchung	BSX	☑
Nachbewertung sonstiger Verbräuche	COC	☑
Kleindifferenzen Materialwirtschaft	DIF	☑
Einkaufskonto	EIN	☑
Einkaufsgegenkonto	EKG	☑
Frachtverrechnung	FR1	☑
Frachtrückstellung	FR2	☑
Zollverrechnung	FR3	☑
Zollrückstellung	FR4	☑
Frachteinkaufskonto	FRE	☑
Fremdleistung	FRL	☑
Fremdleistungen Nebenkosten	FRN	☑
Gegenbuchung zur Bestandsbuchung	GBB	☑
Kontierte Bestellung	KBS	☐
Kursdifferenzen Materialwirtschaft(AVR)	KDG	☑
Kursdifferenzen Materialwirtschaft	KDM	☑

Abbildung 4.30 Kontenfindung für die Materialwirtschaft

Vorteil: Beim Roll-out eines SAP-Systems auf verschiedene Unternehmen muss die Kontenfindung nur ein einziges Mal eingestellt werden. Nachteil: Sonderwünsche der einzelnen Unternehmen können nicht berücksichtigt werden. Oder ist das vielleicht auch ein Vorteil? Es kommt wohl ganz darauf an, ob Sie den Blickwinkel einer Konzernzentrale einnehmen, die meist die Vereinheitlichung will, oder ob Sie den Blickwinkel des Tochterunternehmens einnehmen, das meist seine Eigenständigkeit bewahren will.

Der Kontenplan im folgenden Beispiel wurde freundlicherweise von der Hochland AG zur Verfügung gestellt – hierfür auch an dieser Stelle noch einmal herzlichen Dank.

Bestandsbuchung

Betrachten wir den Vorgang BSX Bestandsbuchung genauer (siehe Abbildung 4.31). Für jede Bewertungsklasse (z. B. 3000 »Rohstoffe und Zutaten«) ist ein Bilanzkonto der Buchhaltung (hier 301100 »Rohware und Zutaten«) hinterlegt. Jeder Vorgang mit Auswirkung auf den Bestand von Rohwaren wird unmittelbar auf diesem Konto gebucht. Die Buchhaltung verfügt so über minutenaktuelle Bestandswerte für alle Materialien – ob sie will oder nicht.

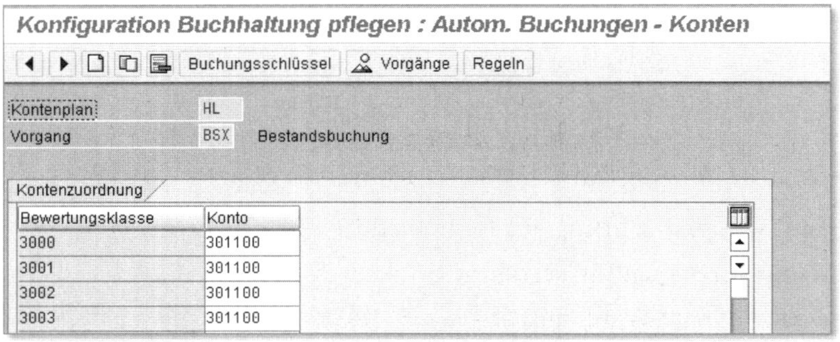

Abbildung 4.31 Kontenfindung – Vorgang Bestandsbuchung

Gegenbuchung zur Bestandsbuchung

Jede Buchung in der Finanzbuchhaltung braucht eine Gegenbuchung (zu den Grundlagen der doppelten Buchführung siehe Abschnitt 1.3, »Betriebswirtschaft ›for Beginners‹«). Jede Veränderung des Bestandswertes auf einem unter BSX genannten Konto muss also einen »Gegenspieler« haben. Diese Gegenspieler finden Sie in der MM-Kontenfindung unter dem Vorgang GBB GEGENBUCHUNG ZUR BESTANDSBUCHUNG (siehe Abbildung 4.32). Das Bild zur Pflege des Vorgangs GBB enthält zwei Spalten mehr als das entsprechende Bild zum Vorgang BSX in Abbildung 4.31.

Die in Abbildung 4.32 in den Spalten SOLL und HABEN dargestellten Konten heißen:

- 215140 »Aufwand aus Inventur-Differenzen Rohware«
- 255140 »Ertrag aus Inventur-Differenzen Rohware«
- 401100 »Verbrauch Rohware & Zutaten«

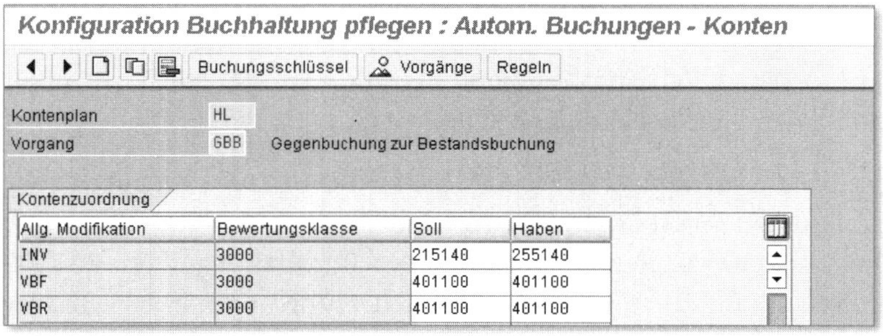

Abbildung 4.32 Kontenfindung – Gegenbuchung zur Bestandsbuchung

Allgemeine Modifikationen

Für jede Bewertungsklasse werden bei GBB mehrere Zeilen gepflegt, mit teilweise unterschiedlichen FI-Konten (hier: Konten der Gewinn-und-Verlust-Rechnung – GuV) und mit einer zusätzlichen Kennzeichnung: »Allgemeine Modifikation«. Die Allgemeine Modifikation, auch Kontomodifikation genannt, enthält einen Schlüssel aus drei Buchstaben, der einen Hinweis auf die Ursachen der einzelnen Buchungen gibt. In Abbildung 4.32 sind drei Allgemeine Modifikationen für Bewertungsklasse 3000 (Rohware) dargestellt:

- INV »Aufwand/Ertrag aus Inventurdifferenzen«
- VBF »Verbrauch für Fertigung«
- VBR »interne Warenausgänge, z. B. Kostenstelle«

Beim Bilanzkonto, das im Vorgang BSX gepflegt wurde, spielt die Unterscheidung nach der Ursache für die Buchung keine Rolle, deshalb keine Allgemeine Modifikation. Das Bilanzkonto stellt den Bestandswert zum Stichtag dar. Bei den Gegenkonten der GuV allerdings interessieren sich die Buchhalter sehr wohl für die Ursachen der Buchungen. Sie wollen diese Unterschiede zum Teil auf unterschiedlichen Konten dargestellt sehen.

Trennung nach Soll und Haben

Beim Vorgang GBB fällt im Vergleich zum Vorgang BSX außerdem auf, dass statt eines FI-Kontos jetzt zwei Spalten mit den Überschriften Soll und Haben zu sehen sind. Diese Trennung erfolgt, weil bei manchen Vorgängen (in diesem Beispiel: Inventur) sowohl Aufwände für die Buchung von Bestandsminderungen (Soll) als auch Erträge durch die Buchung von Bestandserhöhungen (Haben) zu berücksichtigen sind. In der Bilanz (BSX) wird immer das gleiche Konto auf der Aktivseite bebucht, in der GuV (GBB) wird bei manchen Buchungen nach Aufwand und Ertrag unterschieden. Details hierzu kann Ihnen sicher ein erfahrener Buchhalter erklären.

Da die Verbrauchsbuchungen unter VBF und VBR in der GuV immer als Aufwand zu sehen sind, erübrigt sich hier die Trennung nach zwei Konten. Die zweite Spalte Haben wird nur ausgefüllt, um Stornobuchungen abzubilden.

Online-Doku zur MM-Kontenfindung

Eine Erklärung für die Vorgangsschlüssel (BSX, GBB etc.) und die Schlüssel der Allgemeinen Modifikationen (INV, VBR, VBF etc.) erhalten Sie durch das Aufrufen der Customizing-Hilfe (siehe Abbildung 4.33). In dieser Darstellung fehlt der Schlüssel VBF »Verbrauch für Fertigung«, aus Sicht des Controllings der wichtigste Eintrag. Aber immerhin: INV und VBR sind beschrieben.

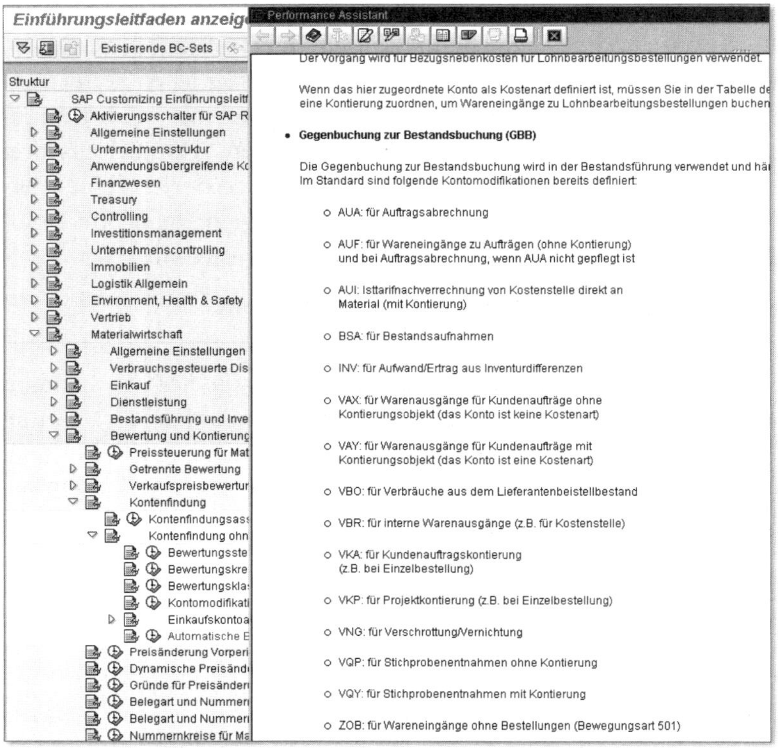

Abbildung 4.33 Online-Dokumentation zu GBB

So, jetzt haben wir den Zusammenhang zwischen Bewertungsklassen, Vorgängen, Allgemeinen Modifikationen und GuV-Konten für Materialbuchungen hergestellt. Stehen Sie jetzt bitte auf, und gehen Sie mit diesem Buch zu einem Anwenderkollegen in den Bereichen Einkauf, Lagerverwaltung oder Produktion. Stellen Sie die Frage: »Wann haben Sie das letzte Mal eine Buchung mit der Allgemeinen Modifikation VBR oder VBF durchgeführt?« Ihr Kollege wird Sie jetzt wohl mit großen, fragenden Augen anblicken. In den Logistikmodulen wird nämlich nicht mit den Allgemeinen Modifikationen VBR oder VBF gearbeitet, sondern mit sogenannten *Bewegungsarten*. Von den Buchungen in der Materialwirtschaft bis zu FI-Konten fehlt offensichtlich immer noch ein Bindeglied.

Bewegungsarten in SAP ERP Verbindung zu MM und PP

Bestandsveränderungen werden immer durch Lagerbewegungen von Materialien ausgelöst. Die Erhöhung des Lagerbestandes heißt in SAP ERP *Wareneingang* (WE), die Verringerung *Warenausgang* (WA). Warenein- oder Warenausgänge können verschiedene Ursachen haben. Für jede mögliche Ursache einer Warenbewegung hat sich SAP einen Schlüssel, eine sogenannte Bewegungsart ausgedacht.

Beispiele für Bewegungsarten im SAP-Standard sind:

- 101 WE – Bestellung (Standard für zugekauftes Material)
- 131 WE – Fertigungsauftrag (Standard für eigengefertigtes Material)
- 201 WA – Kostenstelle (z. B. zur Entnahme von Mustern)
- 261 WA – Fertigungsauftrag (Verbrauch von Komponenten zur Produktion)

Zusätzlich zu den knapp 200 Bewegungsarten, die SAP im Standard ausliefert, werden von den Kollegen der Logistikmodule MM, PP und SD immer wieder neue Bewegungsarten »erfunden«. In dem System, auf dem die Beispiele für dieses Buch beruhen, sind zurzeit 239 Bewegungsarten definiert – der Fantasie sind keine Grenzen gesetzt.

Den Bewegungsarten werden Vorgänge oder Vorgänge und Allgemeine Modifikationen aus der MM-Kontenfindung mit der Transaktion OMWN zugeordnet, im Menü: SPRO • SAP REFERENZ-IMG • MATERIALWIRTSCHAFT • BEWERTUNG UND KONTIERUNG • KONTENFINDUNG • KONTENFINDUNG OHNE ASSISTENT • KONTOMODIFIKATION • FÜR BEWEGUNGSARTEN EINSTELLEN (siehe Abbildung 4.34). Für nähere Auskünfte wenden Sie sich bitte an einen erfahrenen MM-Berater.

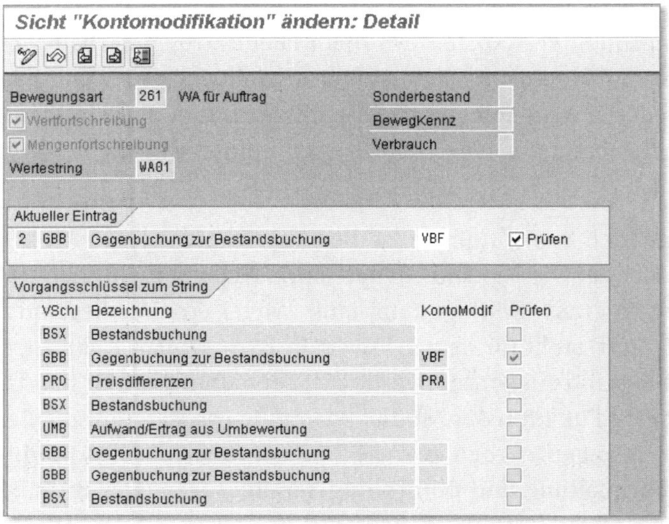

Abbildung 4.34 Kontomodifikation für Bewegungsarten

4.1.6 Zusammenfassung

Der Materialstamm in SAP ERP ist für produzierende Unternehmen die gemeinsame Basis für fast alle Bereiche. Die Abteilungen Einkauf, Lagerwirtschaft, Produktion, Vertrieb und nicht zuletzt Controlling sind auf aktuelle und korrekte Daten im Materialstamm angewiesen. Deshalb wurde diesem Thema ein ausführliches Kapitel gewidmet. Beim Übergang von EDV-Insellösungen auf die integrierte Software ERP ist das Thema Materialstammpflege in vielen Unternehmen eine der großen Herausforderungen im produktiven Betrieb.

Sie sind jetzt mit den Begriffen Material, Materialart, Materialstamm und Sicht vertraut. Sie verstehen die Prinzipien der Datenhaltung und Datenpflege. Mit der rudimentären Standardauswertung zum Materialstamm können Sie umgehen und kennen ein Verfahren, mit dem Sie das Materialverzeichnis nach MS Excel überführen können. Die Merkmale und Gefahren der Massenpflege sind Ihnen vertraut. Die Bewertungsklasse als wichtiges Feld im Materialstamm ist Ihnen bekannt. Sie wissen, dass über die Bewertungsklasse Verbindungen hergestellt werden zu FI-Konten in der GuV und in der Bilanz sowie zu Bewegungsarten in den Modulen Materialwirtschaft und Produktion.

4.2 Materialpreise

Welchen Wert hat ein Material?

Für die Ermittlung von Kosten des Materialeinsatzes innerhalb der Produktkostenrechnung werden außer den Stücklisten noch die Preise für jedes einzelne eingesetzte Material benötigt. Für ein Material sind im System unterschiedliche Preise für unterschiedliche Zwecke hinterlegt.

Für die folgenden Betrachtungen ist die Unterscheidung von Menge und Wert wichtig. Die Bestandsmenge (kurz: Menge) meint den Bestand eines Materials in Kilogramm, Liter, Meter etc. Der Bestandswert (kurz: Wert) steht für den Geldwert in Euro, Dollar, Rubel etc., der diesem Bestand zugeordnet wird. Die Verwaltung von Bestandsmengen ist eine Funktion des Moduls Materialwirtschaft. Für die Bewertung der Mengen werden in SAP ERP Funktionen aus den Modulen Finanzbuchhaltung und Controlling herangezogen. Der Preis ist dann der Quotient aus Wert und Menge, ausgedrückt z. B. in Euro/Kilogramm, Dollar/Liter, Rubel/Meter etc.

4.2.1 Einkaufspreis

Der aktuelle Einkaufspreis für ein Material bei unterschiedlichen Lieferanten wird im Modul Materialwirtschaft in sogenannten *Einkaufsinfosätzen* hinterlegt. Im Standard der Produktkostenrechnung besteht keine Möglichkeit, auf diese Preise zuzugreifen, obwohl das in einigen Fällen durchaus sinnvoll sein könnte.

4.2.2 Preis des Wareneingangs

Der Preis des Wareneingangs ergibt sich aus dem Wert und der Menge einer Lieferung. Wichtig ist, dass mit SAP ERP keine Einlagerung gebucht werden kann, ohne dass der Wert der Ware bekannt ist. Wenn der Preis des Wareneingangs sich vom Preis des bereits gelagerten Materials unterscheidet, ändert sich der gleitende Durchschnittspreis des Materials (siehe Beispiel A).

4.2.3 Preis und Wert des Lagerbestandes

Preis und Wert

Der Preis, der Wert und die Menge des aktuellen Lagerbestandes lassen sich auf der Sicht BUCHHALTUNG 1 des Materialstamms einsehen (siehe Abbildung 4.35). Für das abgebildete Weizenmehl beträgt der aktuelle Lagerbestand 100.000 kg, wie aus den Feldern BASISMENGENEINHEIT (kg) und GESAMTBESTAND (1.000 kg) ersichtlich ist. Die Preiseinheit 25 gibt an, dass die Preise für dieses Material jeweils für 25 kg (also einen Sack) angegeben sind. Der gleitende Preis von 10,00 EUR (pro 25 kg) mit einem Gesamtbestand von 100.000 kg (gleich 40 Sack) ergibt den Gesamtwert von 40.000 EUR.

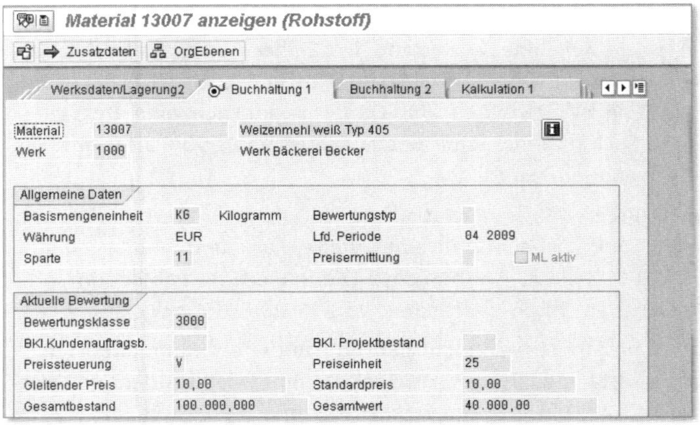

Abbildung 4.35 Materialstamm – Sicht »Buchhaltung 1«

Preissteuerung

Im Feld PREISSTEUERUNG sind die Einträge V und S möglich. V steht für gleitender Durchschnittspreis; dann wird – wie in diesem Beispiel – der Wert im Feld GLEITENDER PREIS für die Bestandsbewertung herangezogen. S steht für Standardpreis; dann wird der Wert im Feld STANDARDPREIS für die Bestandsbewertung herangezogen. Die Bedeutung von »gleitender Durchschnittspreis« und »Standardpreis« wird in den nächsten Abschnitten erläutert.

4.2.4 Gleitender Durchschnittspreis

Der Wert des Lagerbestandes von Zukaufmaterialien (Rohwaren, Verpackungsmaterial) wird als *gleitender Durchschnittspreis*, kurz *GLD-Preis* geführt.

GLD-Preis beim Warenausgang

Bei der Entnahme von Material wird die entnommene Menge zum gleitenden Durchschnittspreis bewertet. Die gelagerte Menge verringert sich; der Bestandswert verringert sich; der gleitende Durchschnittspreis bleibt unverändert.

GLD-Preis beim Wareneingang

Beim Wareneingang wird die Bestandsmenge um die zusätzliche Menge erhöht. Jeder Wareneingang muss bei der Buchung in SAP ERP einen Wert liefern. Dieser Wert erhöht den Bestandswert des Materials. Der neue gleitende Durchschnittspreis ergibt sich nun aus dem neuen Bestandswert geteilt durch die neue Bestandsmenge.

Beispiel A

Die Ausgangsbasis ist ein Lagerbestand von 1.000 kg Weizenmehl (gleich 400 Sack) zum Preis von 10,00 EUR/Sack. Es erfolgt eine Materialentnahme von 10 Sack (siehe Tabelle 4.1, Zeile »1. Verbrauch«). Diese Warenentnahme wird zum aktuellen Preis von 10,00 EUR/Sack bewertet (siehe Tabelle 4.1, Zeile »neuer Bestand 1«). Danach erhöht sich der Einkaufspreis für das Mehl. Die neue Lieferung kostet 12,50 EUR/Sack (siehe Tabelle 4.1, Zeile »Wareneingang«). Damit ergibt sich eine Bestandsmenge von 50 Sack und ein neuer Bestandswert von 550 EUR (siehe Tabelle 4.1, Zeile »neuer Bestand 2«).

Der neue GLD-Preis ergibt sich jetzt aus der Division von Wert und Menge zu 11,00 EUR/Sack. Danach wird eine zweite Warenentnahme gebucht (siehe Tabelle 4.1, Zeile »2. Verbrauch«). Die Bewertung erfolgt zum jetzt aktuellen gleitenden Durchschnittspreis von 11,00 EUR/Sack.

Bei der Warenentnahme wird nicht geprüft, ob die entnommene Menge aus dem alten Bestand zu 10,00 EUR/Sack stammt oder aus dem neueren Bestand, der zu 12,50 EUR/Sack eingekauft wurde.

Durch die zweite Warenentnahme ergibt sich ein abschließender Bestand (siehe Tabelle 4.1, Zeile »neuer Bestand 2«), bei dem keine Änderung des Preises im Vergleich zum vorherigen Preis stattgefunden hat.

Vorgang	Menge	Wert	GLD-Preis
Ausgangsbasis	40 Sack	400,00 EUR	10,00 EUR/Sack
1. Verbrauch	10 Sack	100,00 EUR	10,00 EUR/Sack
neuer Bestand 1	30 Sack	300,00 EUR	10,00 EUR/Sack
Wareneingang	20 Sack	250,00 EUR	12,50 EUR/Sack
neuer Bestand 2	50 Sack	550,00 EUR	11,00 EUR/Sack
2. Verbrauch	10 Sack	110,00 EUR	11,00 EUR/Sack
neuer Bestand 3	40 Sack	440,00 EUR	11,00 EUR/Sack

Tabelle 4.1 Gleitender Durchschnittspreis – Beispiel A

Beispiel B

Im nächsten Beispiel wird die Reihenfolge des ersten Verbrauchs und des Wareneingangs vertauscht (siehe Tabelle 4.2). Alle Bestandsbetrachtungen in den Zeilen »neuer Bestand 1« bis »neuer Bestand 3« weisen jetzt einen Preis von 10,83 EUR/Sack gegenüber Beispiel A (10,00 EUR/Sack bzw. 11,00 EUR/Sack) aus. Die Bestandsmenge am Ende der Betrachtung bleibt im Vergleich z. B. aus Tabelle 4.1 unverändert bei 40 Sack. Der Bestandswert in der letzten Zeile ist jetzt 433,34 EUR statt 440,00 EUR.

Vorgang	Menge	Wert	GLD-Preis
Ausgangsbasis	40 Sack	400,00 EUR	10,00 EUR/Sack
Wareneingang	20 Sack	250,00 EUR	12,50 EUR/Sack
neuer Bestand 1	60 Sack	650,00 EUR	10,83 EUR/Sack
1. Verbrauch	10 Sack	108,33 EUR	10,83 EUR/Sack
neuer Bestand 2	50 Sack	541,67 EUR	10,83 EUR/Sack
2. Verbrauch	10 Sack	108,33 EUR	10,83 EUR/Sack
neuer Bestand 3	40 Sack	433,34 EUR	10,83 EUR/Sack

Tabelle 4.2 Gleitender Durchschnittspreis – Beispiel B

Vergleich der Beispiele A und B

Der Vergleich der Beispiele aus den Tabellen 4.2 und 4.3 zeigt Folgendes: Der erste Verbraucher von Ware hat Pech, weil er jetzt 8,33

EUR mehr »bezahlt« (Vergleich der Spalte »Wert« in den Zeilen »1. Verbrauch«: 108,33 versus 100,00 EUR). Der zweite Verbraucher von Ware hat Glück, weil er jetzt mit 1,67 EUR weniger belastet wird (Vergleich der Zeilen »2. Verbrauch«: 111,00 EUR versus 108,33 EUR). Die Reihenfolge der Buchung von Warenbewegungen beeinflusst also die gebuchten Eurowerte auch unter der Annahme, dass die beiden Warenverbräuche in beiden Beispielen jeweils physisch genau die gleichen Säcke aus dem Lager entnehmen.

Gegenprobe

Die Differenz aus diesen beiden Vergleichen, nämlich 8,33 EUR minus 1,67 EUR gleich 6,66 EUR, stimmt genau überein mit der Differenz der beiden Bestandswerte, die jeweils in »neuer Bestand 3« ausgewiesen sind (440,00 EUR minus 433,34 EUR).

4.2.5 Standardpreis

Bewertung von selbst hergestellten Produkten

Der Standardpreis wird für ein Material für einen längeren Zeitraum festgelegt. Er gilt unveränderlich für mindestens einen Monat. Standardpreise werden für alle eigengefertigten Halbfabrikate und Fertigprodukte ermittelt. Der Standardpreis wird dabei auf der Basis von Stücklisten, Preisen der Komponenten, Arbeitsplänen und Kostenstellentarifen kalkuliert. Er wird vor dem Beginn einer Periode ermittelt und gilt dann für den gesamten Gültigkeitszeitraum, völlig unabhängig von den tatsächlichen Kosten, die bei der Produktion entstehen. Das Grundprinzip der Produktkostenrechnung von SAP ERP ist diese Festlegung der Standardpreise im Voraus. Die tatsächlichen Kosten werden zur Analyse von Abweichungen den Kostenkomponenten gemäß Standardpreiskalkulation gegenübergestellt.

Standardpreise werden außerdem für Komponenten festgelegt, wenn kein Istwert beim Wareneingang verfügbar ist. Für Nebenprodukte werden Standardpreise festgelegt, die den Marktpreis abbilden, z. B. bei Molke, die in der Käserei entsteht.

Abbildung 4.36 zeigt die Sicht Buchhaltung 1 des Fertigerzeugnisses »Schokoladenkuchen«. Der Eintrag S im Feld Preissteuerung gibt den Hinweis darauf, dass der Preis zur Bestandsbewertung im Feld Standardpreis zu finden ist.

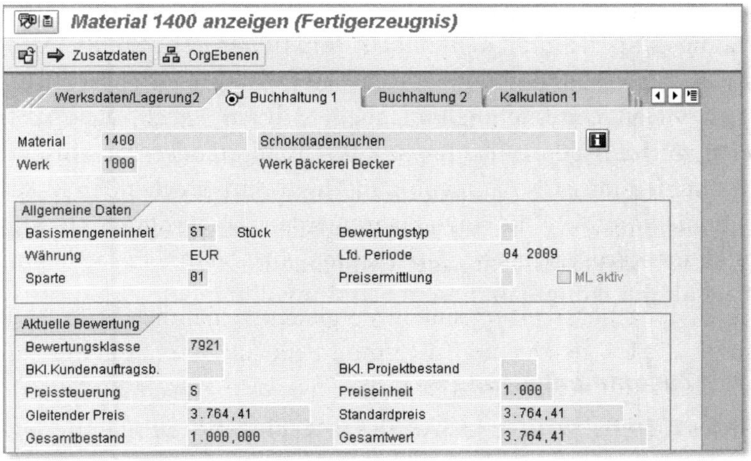

Abbildung 4.36 Standardpreis für Fertigerzeugnis

4.2.6 Planpreis

Was kostet eine Komponente in der Zukunft?

Der Planpreis ist der für die Zukunft geschätzte Preis eines Materials. Im System stehen drei Felder zur Erfassung eines Planpreises zur Verfügung. Hier können für unterschiedliche zukünftige Perioden Planpreise hinterlegt werden, z. B. im Feld PLANPREIS 1 der Einkaufspreis für den Durchschnitt des kommenden Jahres im Rahmen einer Jahresplanung. Im Feld PLANPREIS 2 könnte der erwartete Einkaufspreis für die kommenden Monate erfasst sein, siehe Block PLANPREISE in Abbildung 4.37.

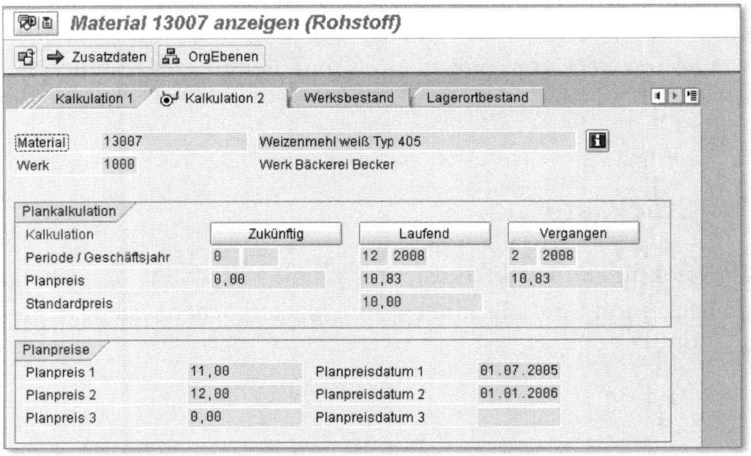

Abbildung 4.37 Planpreise für Rohstoff

Übernahme der Planpreise

Die Planpreise der Komponenten auf der Controllingsicht des Materialstamms sind nicht mit den Einkaufsfunktionen des Moduls Materialwirtschaft verbunden. Die Planung der Komponentenpreise erfolgt in vielen Unternehmen manuell, d.h. in Excel. Die Excel-Dateien mit den geplanten Preisen für hundert oder gar tausend Komponenten müssten dann von Hand in die entsprechenden Materialstämme von SAP ERP eingetragen werden. Die Programmierung eines kleinen Programms zur Übernahme von Daten, ein sogenanntes Batch-Input, könnte in diesem Fall sinnvoll sein.

4.2.7 Zusammenfassung

Für jedes Material werden in SAP ERP verschiedene Preise hinterlegt oder automatisch ermittelt. Bei der Bewertung der Lagerbestände zeigt sich die enge Verzahnung der Logistikmodule *Materialwirtschaft*, *Produktion* und *Vertrieb* mit den Modulen des Rechnungswesens *Finanzwesen* und *Controlling*. SAP lässt keine Warenbewegung zu, wenn die damit verbundene Veränderung des Wertes nicht automatisch mit gebucht wird. Der Wert der Bestandskonten in der Bilanz der Buchhaltung ist zu jeder Zeit mit den gelagerten Mengen im Modul *Materialwirtschaft* abgestimmt. Für jede Warenbewegung werden Buchungsbelege zur Fortschreibung der Mengen im System erzeugt, gleichzeitig entstehen Finanzbuchhaltungsbelege zur Fortschreibung der Werte.

Sie sind jetzt vertraut mit den Begriffen *Bestandswert* und *Bestandsmenge*. Sie kennen den Unterschied der beiden Methoden zur Bestandsbewertung *Standardpreis* und *gleitender Durchschnittspreis*. Der Verwendungszweck von Einkaufspreis und Planpreisen ist Ihnen bekannt.

4.3 Stückliste

Welche Komponenten werden benötigt?

Als Beispiel für die Produktkostenrechnung betrachten wir die Bäckerei Becker mit ihrem Produkt »Schokoladenkuchen« (siehe Abbildung 4.38).

Schokoladenkuchen

Menge	Zutaten	Zubereitung
200 g	Butter	schaumig rühren, bis sie Spitzen zieht
200 g	Zucker	mischen, nach und nach unterrühren
1 Pck.	Vanillezucker	
4	Eier	einzeln unterrühren. Masse muss sehr schaumig und locker sein
20 g	Kakao	mischen und zur Schaummasse geben, gut unterrühren
½ TL	Zimt	
150 g	geriebene Schokolade	
250 g	Mehl	mischen, sieben und unterrühren
1 Pck.	Backpulver	
¼ Ltr.	Milch	nach Bedarf unterrühren

Der fertige Teig muss schwer vom Löffel reißend fallen
Teig in eine gefettete und bemehlte Kastenform füllen
Bei 180 °C (Umluft) ca. 1. Std. backen
Kuchen auf einem Gitter auskühlen lassen

100 g	Schokoladenglasur	schmelzen und den Kuchen damit gleichmäßig überziehen

Abbildung 4.38 Rezept für Schokoladenkuchen

4.3.1 Zahlenbeispiel

Stückliste mit Zwischenprodukten

Eine Stückliste gibt an, welche Menge von welchem Rohstoff oder Halbfabrikat für die Produktion eines Fertigerzeugnisses eingesetzt wird. Für die Umsetzung dieses Rezeptes »Schokoladenkuchen« in eine Stückliste benötigen wir Bezeichnungen für die Zwischenprodukte. Ergänzt um Zwischenprodukte (»Teig Grundmasse« und

»Schokoladenkuchen (nackt)«) könnte die Stückliste wie in Tabelle 4.3 dargestellt aussehen.

Material	Menge
Schokoladenkuchen	1 St.
Schokoladenglasur	100 g
Schokoladenkuchen nackt	1 St.
Teig Grundmasse	650 g
Butter	200 g
Zucker	200 g
Vanillezucker	1 Pck.
Ei	4 St.
Kakao	20 g
Zimt	½ TL
Weizenmehl weiß Typ 405	250 g
Schokolade gerieben	150 g
Backpulver	1 Pck.
Milch	250 ml

Tabelle 4.3 Stückliste für Schokoladenkuchen

Die Stückliste repräsentiert Mengenbeziehungen. Zum Backen eines Schokoladenkuchens werden benötigt: ein Schokoladenkuchen (nackt) und 100 g Glasur. Der Schokoladenkuchen (nackt) wiederum besteht aus 650 g Teig Grundmasse, 20 g Kakao, ½ Teelöffel Zimt etc. Eine Bewertung der Komponenten findet in der Stückliste nicht statt. Die Preise für die Zutaten sind, getrennt von der Stückliste, in den einzelnen Materialstämmen hinterlegt.

Stückliste statt »Rezeptur«

Die Begriffe *Material* und *Stückliste* entsprechen dem Standard in SAP ERP, wenn im Modul Produktion die Ausprägungen *Einzelfertigung* oder *Serienfertigung* genutzt werden. Statt der Bezeichnung Stückliste gebraucht die Nahrungsmittelindustrie den Begriff »Rezeptur«, in der chemischen Industrie heißt eine Komponentenliste »Formulierung«. Der Maschinenbau war die erste Branche, in der SAP-Systeme als integrierte Software eingesetzt wurden. Deshalb hat sich der Begriff Stückliste als Standard in ERP durchgesetzt (eine Vermutung von mir). Inhaltlich bildet die Rezeptur oder Formulierung das ab, was in SAP ERP eine Stückliste genannt wird. Dieser Begriff ist nicht änderbar. Bei der Nutzung von SAP ERP in den entsprechenden Branchen müssen die Anwender umdenken und neue Begriffe verwenden.

SAP-isierung der Betriebswirtschaft

Dieses Belegen von Sachverhalten mit SAP-Begriffen nenne ich »SAP-isierung der Betriebswirtschaft«. Die damit verbundene Vereinheitlichung der Sprache hat große Vorteile. Im allgemeinen Sprachgebrauch meint Rezeptur oder Rezept nämlich nicht nur die Liste der Komponenten, sondern auch die Arbeitsschritte, die zur Herstellung nötig sind. Die Arbeitsschritte für den genannten Schokoladenkuchen sind »Zutaten mischen«, »Backen«, »Abkühlen« und »Glasieren« (siehe Abschnitt 4.4, »Arbeitsplan und Arbeitsplatz«). Im SAP-System werden die Arbeitsschritte nicht in der Stückliste, sondern im Arbeitsplan erfasst. Mit dem Begriff Stückliste statt Rezeptur wird klar, dass es nur die Komponentenliste ist und nicht die Arbeitsschritte. Missverständnisse zwischen Abteilungen innerhalb eines Unternehmens und zwischen Standorten eines Konzerns insbesondere im internationalen Umfeld werden so deutlich reduziert.

4.3.2 Stammdaten

Um eine Stückliste pflegen zu können, müssen die Materialstammdaten für die Komponenten, die entstehenden Halbfabrikate und das Fertigerzeugnis angelegt sein (siehe Abschnitt 4.1, »Materialstamm«).

Materialstämme

Für das Beispiel in diesem Buch wurden Materialstämme für Rohstoffe, Verpackungsmaterialien, Halbfabrikate und für das Fertigerzeugnis angelegt (siehe Tabelle 4.4).

Materialnummer	Text
Fertigerzeugnis	
1400	Schokoladenkuchen
Rohwaren	
13000	Schokoladenglasur
13001	Butter
13002	Zucker

Tabelle 4.4 Materialstämme für Schokoladenkuchen

Materialnummer	Text
13003	Vanillezucker
13004	Ei
13005	Kakao
13006	Zimt
13007	Weizenmehl weiß Typ 405
13008	Schokolade gerieben
13009	Backpulver
13010	Milch
Verpackungsmaterialien	
201744	Schlauchbeutel für Kuchen
201745	Holzkiste für Kuchen
Halbfabrikate	
H0001	Teig Grundmasse
H0002	Schokoladenkuchen nackt

Tabelle 4.4 Materialstämme für Schokoladenkuchen (Forts.)

Stückliste Stücklisten sind Stammdaten des Moduls Produktion. Für die Verknüpfung der Materialien in einer Stückliste nutzen Sie die Transaktionen CS01/CS02/CS03, im Menü: LOGISTIK • PRODUKTION • STAMMDATEN • STÜCKLISTEN • STÜCKLISTE • MATERIALSTÜCKLISTE • ANLEGEN/ÄNDERN/ANZEIGEN (siehe Abbildung 4.39).

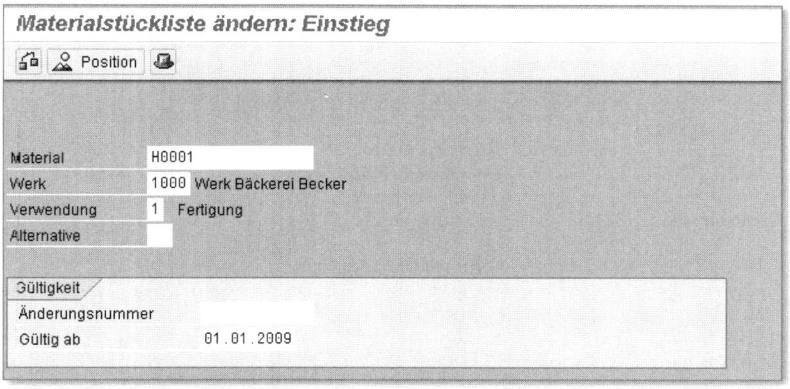

Abbildung 4.39 Stückliste – Einstieg

Bei der Anlage einer Stückliste erfassen Sie zunächst das Kopfmaterial (für dieses Material wird die Stückliste gepflegt, hier H0001), das Werk und die Verwendung. Im Feld VERWENDUNG geben Sie an, wofür diese Stückliste hauptsächlich genutzt wird, ob für die Fertigung, die Konstruktion, den Vertrieb oder die Kalkulation. Eine Stückliste mit der Verwendung FERTIGUNG kann allerdings auch für die Kalkulation und den Vertrieb genutzt werden etc.

Stücklisten-alternative

Mit der Alternative auf diesem Einstiegsbild können Sie mehrere Produktionsvarianten eines Halbfabrikats oder eines Fertigungserzeugnisses verwalten. Der Einsatz von Stücklistenalternativen ist nützlich, wenn Sie bei der Produktion auf unterschiedlichen Maschinen unterschiedliche Komponenten einsetzen. Bei der ersten Anlage einer Stückliste wählt das System automatisch die Nummer 1 für die erste Alternative.

Mit der Änderungsnummer wird sichergestellt, dass der Stand einer Stückliste zu einem beliebigen Zeitpunkt in der Vergangenheit rekonstruiert werden kann. Auf die Verwendung von Änderungsnummern wird hier verzichtet.

Positionen

Das nächste Bild zeigt die einzelnen Positionen der Stückliste (siehe Abbildung 4.40). Für jede Komponente ist die Einsatzmenge angegeben.

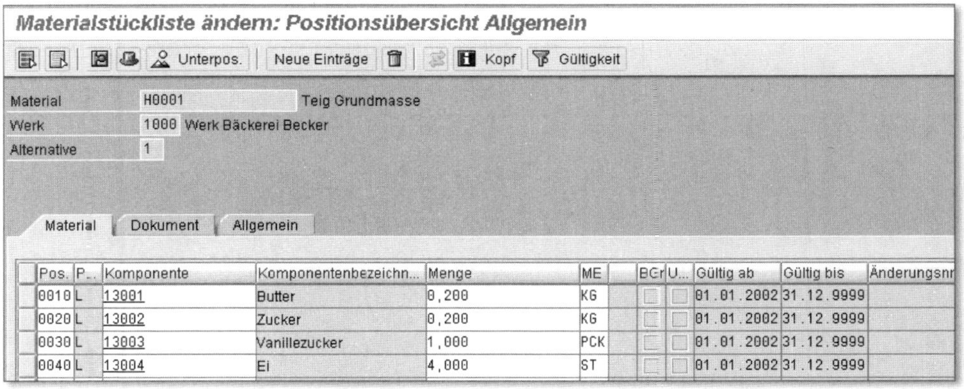

Abbildung 4.40 Stückliste – Positionsübersicht

Der Button KOPF führt zum nächsten Bild (siehe Abbildung 4.41). Das wichtigste Feld im Register MENGEN/LANGTEXT ist die Basismenge. Die Mengenangaben in diesen Positionen beziehen sich auf 0,650 kg Teig Grundmasse.

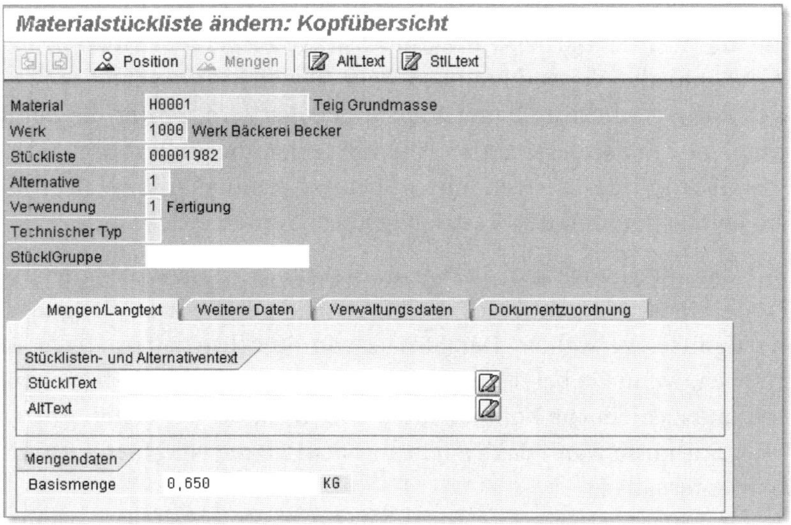

Abbildung 4.41 Stückliste – Kopfübersicht

Baugruppen In Stücklistenpositionen können neben Rohstoffen und Verpackungen auch Halbfabrikate eingesetzt werden, die selbst auf Stücklisten verweisen (siehe Abbildung 4.42). Die Position 0010 Teig Grundmasse ist hierfür ein Beispiel. Mit dem Häkchen in der Spalte BGr sind Baugruppen gekennzeichnet. Mit einem Doppelklick auf dieses Häkchen kann direkt in die zugrunde liegende Stückliste verzweigt werden.

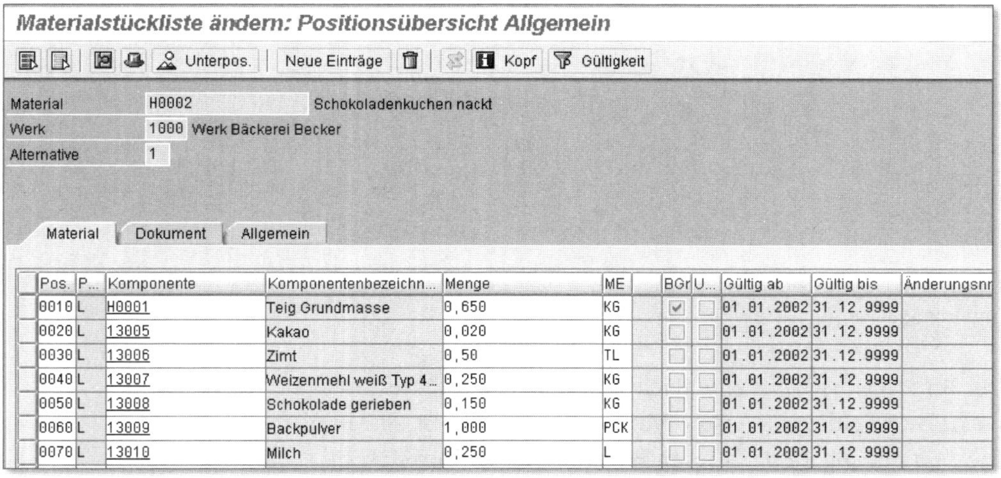

Abbildung 4.42 Materialstückliste mit Baugruppe

Mit dem Button Position gelangen Sie zu weiteren Informationen zu jeder einzelnen Stücklistenposition (siehe Abbildung 4.43). Aus Sicht der Kalkulation ist hier das Feld KalkRelevanz besonders wichtig. Hier steuern Sie, ob und mit welchem Anteil die Stücklistenposition in die Kalkulation einfließt.

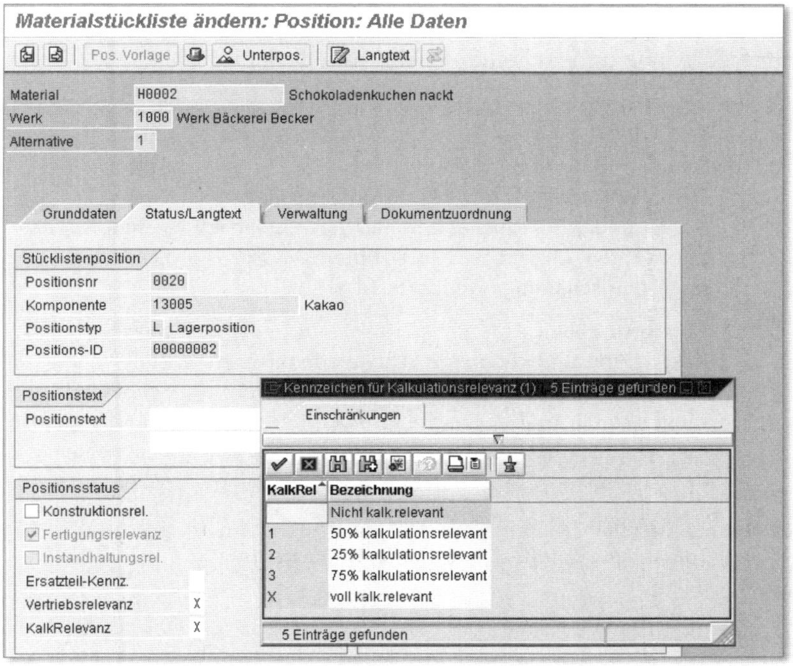

Abbildung 4.43 Stücklistenposition – Detail

4.3.3 Zusammenfassung

In Stücklisten wird gepflegt, welche Einsatzmaterialien in welcher Menge für die Produktion eines Halbfabrikats oder Fertigerzeugnisses erforderlich sind. Im Kopf der Stückliste wird angegeben, welche Menge bei der Verwendung der angegebenen Komponenten entsteht. Mit Baugruppen in Stücklisten werden mehrere Stufen der Fertigung abgebildet.

4.4 Arbeitsplan und Arbeitsplatz

4.4.1 Betriebswirtschaft

Wo wird das Material wie lange bearbeitet?

Der Arbeitsplan beschreibt die einzelnen Etappen (Vorgänge) der Produktion. Hier wird angegeben, an welchem Ort im Unternehmen (Arbeitsplatz) welche Art von Tätigkeit (Vorgabewerte) wie lange dauert. Beim Backen von Schokoladenkuchen lassen sich zunächst fünf Vorgänge unterscheiden (siehe Tabelle 4.5).

Nr.	Vorgang	Komponenten
0010	Teig Grundmasse herstellen Butter schaumig rühren, bis sie Spitzen zieht. Zucker und Vanillezucker mischen, nach und nach unterrühren. Eier einzeln unterrühren. Masse muss sehr schaumig und locker sein.	Butter Zucker Vanillezucker Eier
0020	Teig fertigstellen Kakao, Zimt und geriebene Schokolade mischen und zur Schaummasse geben, gut unterrühren; Mehl und Backpulver mischen, sieben und unterrühren; Milch nach Bedarf unterrühren. Der fertige Teig muss schwer reißend vom Löffel fallen.	Kakao Zimt Schokolade ger. Mehl Backpulver Milch
0030	Teig abfüllen Teig in eine gefettete und bemehlte Kastenform füllen.	
0040	Backen Bei 180 °C (Umluft) ca. 1 Std. backen.	
0050	Kühlen Kuchen auf einem Gitter auskühlen lassen.	

Tabelle 4.5 Vorgänge im Arbeitsplan »Backen« für Schokoladenkuchen

Der Schokoladenkuchen (nackt) ist fertig gestellt und kann, wenn nötig, auch über N,acht stehen bleiben. Danach ist in einem neuen Arbeitsplan ein weiterer Vorgang zum Glasieren hinterlegt (siehe Tabelle 4.6).

Nr.	Vorgang	Komponenten
0010	Glasieren Schokoladenglasur schmelzen und den Kuchen damit gleichmäßig überziehen.	Kuchen (nackt) Schokoladenglasur

Tabelle 4.6 Vorgang für das Glasieren von Schokoladenkuchen

Vorgabewerte – Zeitangaben in Arbeitsplänen

Vorgabewerte in einem Arbeitsplan geben für jeden Arbeitsplatz an, welche Leistungen in welcher Menge benötigt werden (siehe Tabelle 4.7). Alle folgenden Angaben beziehen sich auf die Herstellung von 10 Stück Schokoladenkuchen. Beim Arbeitsplatz »Rührer« wird die Leistung durch eine Maschine, den Rührer, und eine Person, die den Rührer bedient, bereitgestellt. Für den Vorgang 0010 TEIG GRUNDMASSE HERSTELLEN im Arbeitsplan »Backen« ist der Vorgabewert für Maschine 5 Minuten und für Personal ebenfalls 5 Minuten. Der Arbeitsplatz »Backofen« stellt nur Maschinenzeit zur Verfügung. Die Personalzeit zum Befüllen und Entladen wird vernachlässigt. Beim »Ruheraum«, in dem der Kuchen zwischen Backen und Glasieren abkühlt, sind weder Maschinen noch Personal im Einsatz. Was hier benötigt wird, ist ein zugfreier Platz mit einer Temperatur zwischen 15 und 25 °C. Eine Stunde Ruhezeit ist dem Vorgang 0050 KÜHLEN zugeordnet.

Nr.	Vorgang	Arbeitsplatz	Vorgabewert
Arbeitsplan »Backen«			
0010	Teig Grundmasse herstellen	Rührer	Maschine 10 Min. Personal 10 Min.
0020	Teig fertigstellen	Rührer	Maschine 7 Min. Personal 7 Min.
0030	Teig abfüllen	Manuell	Personal 3 Min.
0050	Backen	Backofen	Maschine 60 Min.
0050	Kühlen	Ruheraum	Ruhezeit 60 Min.
Arbeitsplan »Glasieren«			
0010	Glasieren	Manuell	Personal 10 Min.

Tabelle 4.7 Vorgänge im Arbeitsplan »Backen« für Schokoladenkuchen

Verbindung zur Kostenstelle

Jeder Vorgabewert repräsentiert eine Leistungsart auf einer Kostenstelle. Wie sollten die Kostenstellen jetzt strukturiert werden? Denkbar sind in unserem Beispiel drei Kostenstellen. Eine Kostenstelle »Backstube« repräsentiert die Arbeitsplätze »Manuell« und »Rührer«. Dabei wird angenommen, dass das Personal zur Herstellung des Teiges, zum Abfüllen des Teiges und zum Glasieren dieselbe Qualifikation aufweist, also mit denselben Kosten je Stunde berücksichtigt wird. Die Kostenstelle »Backstube« wird mit den beiden Leistungsarten »Maschine« und »Personal« gepflegt. Die Leistungsart »Maschine« repräsentiert den Rührer.

Die zweite Kostenstelle »Backofen« steht für den gleichnamigen Arbeitsplatz. Auf der Kostenstelle »Backofen« existiert eine Leistungsart »Maschine«. Damit steht die Leistungsart »Maschine« für unterschiedliche Prozesse, nämlich zum einen für den Rührer, zum anderen für den Backofen, je nachdem von welcher Kostenstelle die Leistungsarten genutzt werden.

Die dritte Kostenstelle »Ruheraum« wird dem gleichnamigen Arbeitsplatz zugeordnet. Die Leistungsart heißt hier wie der Vorgabewert: »Ruhezeit«.

Die Verknüpfung von Arbeitsplatz, Vorgabewert, Kostenstelle und Leistungsart ist in Tabelle 4.8 dargestellt.

Arbeitsplatz	Vorgabewert	Leistungsart	Kostenstelle
P100B Rührer	Maschinenzeit	MASCH	B100 Backstube
	Personalzeit	PERS	
P100A Manuell	Personalzeit	PERS	B100 Backstube
P110 Ruheraum	Ruhezeit	RUHE	B110 Ruheraum
P120 Backofen	Maschinenzeit	MASCH	B120 Backofen

Tabelle 4.8 Zusammenhang von Arbeitsplatz und Kostenstelle

Warum so kompliziert?

Hinter den Begriffen Kostenstelle/Leistungsart verbirgt sich aus Sicht des Controllings exakt das Gleiche wie hinter Arbeitsplatz/Vorgabewert aus Sicht der Produktion. Warum also so kompliziert? Wenn von einem Kostenrechner Vorgaben für ein Programm zur Berechnung von Produktkosten erstellt worden wären, dann wäre auf die zusätzlichen Objekte Arbeitsplatz und Vorgabewert vermutlich verzichtet worden. Ausgangspunkt für die Vorgaben zum Modul Produktion in SAP ERP waren allerdings nicht die Anforderungen einer Kostenrechnung allein, sondern Überlegungen zur Automatisierung von Produktionsplanungen mit Kapazitätsermittlung und Terminierung. Für diese produktionsspezifischen Anforderungen weisen Arbeitsplätze und Vorgabewerte Funktionen auf, die weit über das hier Beschriebene hinausgehen. Die Grundidee von SAP ERP als integrierte Software ist, bereits existierende Datenstrukturen mit bereits erfassten Stamm- oder Bewegungsdaten so weit wie möglich wiederzuverwenden. Also werden an der Schnittstelle der Module Produktion und Controlling Daten, die eigentlich für Kapazitätsplanung und Terminierung erfasst werden, für Controllingzwecke weiter genutzt. Und was ist, wenn das Modul Produktion gar nicht genutzt wird? Dann funktioniert – wie zu Beginn dieses Kapitels erwähnt – die Produktkostenrechnung nicht. Zumindest die Stammdaten der Produktion müssen wie hier beschrieben erfasst sein.

4.4.2 Arbeitsplatz – Stammdaten

Wo wird produziert?

Zur Abbildung des Arbeitsplans in SAP ERP sind folgende Schritte erforderlich:

- Kostenstellen und Leistungsarten vorbereiten (siehe Kapitel 3, »Gemeinkostenrechnung«)
- Arbeitsplätze anlegen
- Customizing für Vorgabewerte und Formeln durchführen
- Arbeitspläne mit Vorgängen anlegen

Im Beispiel »Schokoladenkuchen« werden die Arbeitsplätze »Rührer«, »Backofen«, »Ruheraum« und »Manuell« definiert. Die Pflege der Arbeitsplätze erfolgt in SAP ERP mit den Transaktionen CR01/CR02/CR03, im Menü: LOGISTIK • PRODUKTION • STAMMDATEN • ARBEITSPLÄTZE • ARBEITSPLATZ • ANLEGEN/ÄNDERN/ANZEIGEN

Arbeitsplatz Grunddaten

Aus der Sicht des Controllings ist im Register GRUNDDATEN des Arbeitsplatzes der letzte Block VORGABEWERTBEHANDLUNG der entscheidende (siehe Abbildung 4.44). Der Vorgabewertschlüssel (01 »Maschinenzeit + Personalzeit«) gibt an, welche Vorgabewerte, sprich Leistungen, von diesem Arbeitsplatz zur Verfügung gestellt werden. Die Vorgabewerte sind hier MASCHINENZEIT und PERSONALZEIT. Unter EING.VORSCHR. (Eingabe Vorschrift) wird festgelegt, ob später bei der Benutzung dieses Arbeitsplatzes im Arbeitsplan der Vorgabewert ausgefüllt werden muss oder ob die Eingabe freigestellt ist, wie hier mit dem Eintrag KEINE VERPROBUNG dargestellt.

Arbeitsplatz Vorschlagswerte

Im nächsten Register VORSCHLAGSWERTE wird mit dem Steuerschlüssel die Verwendung des Arbeitsplatzes definiert (siehe Abbildung 4.45). Alle Arbeitsplätze in diesem Beispiel sind mit dem Steuerschlüssel KALK ARBEITSPLATZ FÜR KALKULATION gepflegt.

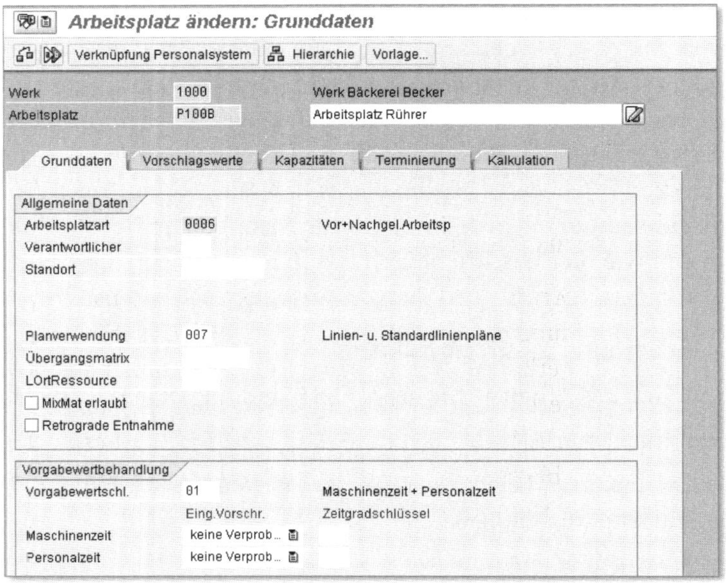

Abbildung 4.44 Arbeitsplatz – Grunddaten

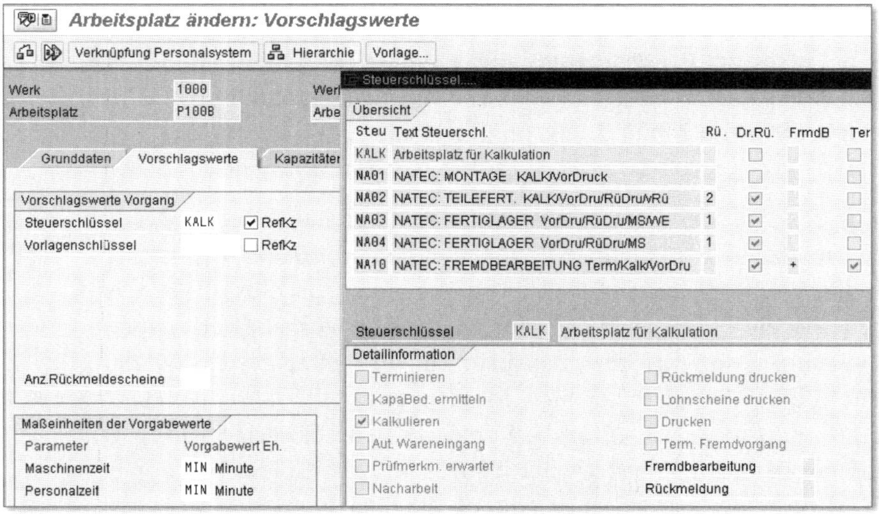

Abbildung 4.45 Arbeitsplatz – Vorschlagswerte

In der Realität werden solche Steuerschlüssel für die Vorgänge im Unternehmen benutzt, die zwar Kosten verursachen, bei der eigentlichen Produktionsplanung aber nicht berücksichtigt werden. Mit dem Häkchen bei RefKz, d. h. Referenzkennzeichen, wird festgelegt, dass bei der Benutzung dieses Arbeitsplatzes im Arbeitsplan genau dieser Steuerschlüssel KALK benutzt werden muss. Eine Änderung bei der Pflege der Arbeitspläne ist nicht möglich.

Durch die in diesem Bild angegebenen Maßeinheiten der Vorgabewerte werden bei der Pflege der Vorgabewerte im Arbeitsplan die Einheiten MIN MINUTE eingetragen. Auf die Pflege der Register KAPAZITÄTEN und TERMINIERUNG wird in diesem Beispiel verzichtet.

Arbeitsplatz Kalkulation

Im Register KALKULATION wird die Verknüpfung zur Kostenstelle angelegt (siehe Abbildung 4.46). Der Arbeitsplatz P100B wird mit der Kostenstelle B100 verknüpft. Ein Arbeitsplatz kann immer nur mit einer Kostenstelle verbunden werden. Eine Kostenstelle kann allerdings von mehreren Arbeitsplätzen genutzt werden. Am besten behalten Sie den Überblick, wenn Sie die Nummern der Kostenstellen weitgehend mit den Nummern der Arbeitsplätze synchronisieren.

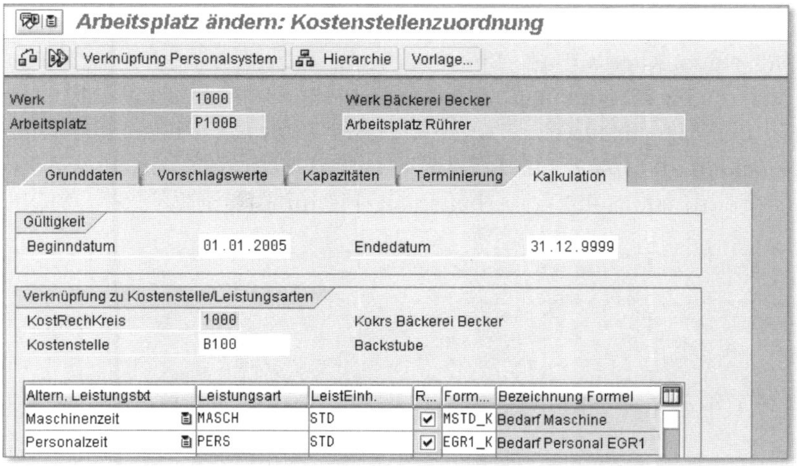

Abbildung 4.46 Arbeitsplatz – Register Kalkulation

Die Vorgabewerte des Arbeitsplatzes (ALTERN. LEISTUNGSTXT) werden mit den Leistungsarten der Kostenstelle (Leistungsart) verbunden. Außerdem erfolgt beim Übergang in die Kostenrechnung die Umrechnung der Minuten des Vorgabewertes in Stunden bei der Leistungseinheit (LEISTEINH.). Die Umrechnung ist sinnvoll, da auf der Kostenstelle Leistungsmengen immer monatsweise gespeichert werden. Monatliche Leistungsmengen in Stunden sind leichter lesbar als eine entsprechende Angabe in Minuten.

Kostenstelle und Leistungsart

Achtung, die Leistungsart muss zum Beginndatum bereits auf der angegebenen Kostenstelle existieren, d. h. mit einer Leistungsmenge beplant sein. An dieser Stelle beißt sich die Katze in den Schwanz, weil die Leistungsplanung erst später mit der Funktion SOP (Sales and Operations Planning) durchgeführt werden soll. Eine wichtige Voraussetzung für die Durchführung von SOP ist die Existenz von Arbeitsplänen und Arbeitsplätzen mit Kostenstellenbezug. Einziger Ausweg bei der Anlage von Arbeitsplätzen ist die fiktive Planung der Leistungsarten auf Kostenstellen, z. B. mit Leistungsmenge eins.

Eine Kostenstelle – zwei Arbeitsplätze

In diesem Beispiel nutzen die beiden Arbeitsplätze P100A »Manuell« und P100B »Rührer« die gleiche Kostenstelle B100 »Backstube«. Die Kostenstelle stellt zwei Leistungsarten zur Verfügung, nämlich MASCH für die Maschinenleistung des Rührers und PERS für die Personalleistung. Der Arbeitsplatz P100B »Rührer« nutzt beide Leistungsarten, der Arbeitsplatz P100A »Manuell« dagegen nutzt nur die Leistungsart PERS.

Mit einem Klick auf den Button FORMEL ANZEIGEN erscheint die Formel, die für die Kalkulation benutzt wird (siehe Abbildung 4.47). Die Formel *Maschinenzeit × Vorgangsmenge : Basismenge* bezieht sich auf Angaben, die später bei der Pflege des Arbeitsplans gemacht werden (siehe Abschnitt 4.4.4, »Arbeitsplan – Stammdaten«).

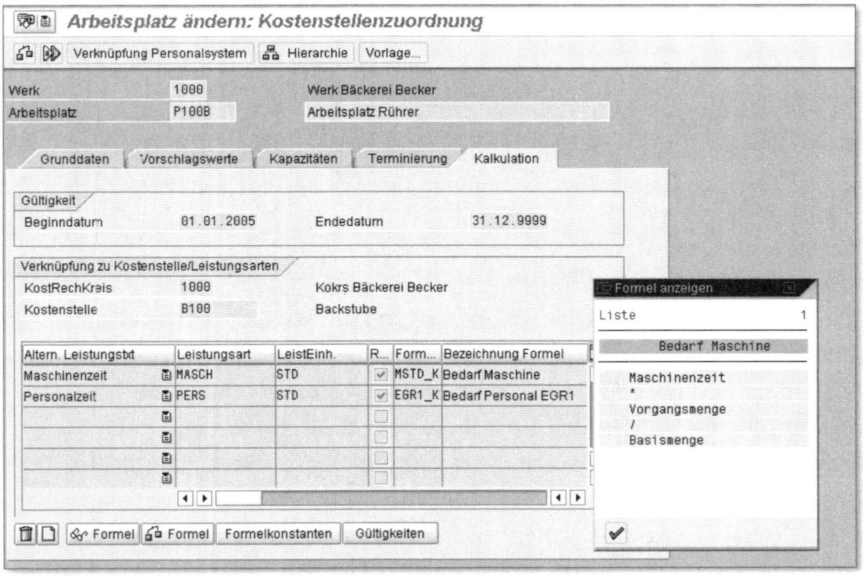

Abbildung 4.47 Arbeitsplatz – Formel der Kalkulation

4.4.3 Arbeitsplatz – Customizing

Die Pflege eines Arbeitsplatzes, wie im vorigen Abschnitt dargestellt, ist erst nach einigen Einstellungen im Customizing möglich. Die Reihenfolge Customizing und dann Stammdatenpflege habe ich vertauscht, damit der folgende Text verständlicher wird.

Die wichtigsten Einstellungen im Customizing der Arbeitsplätze sind:

- Vorgabewertparameter
- Vorgabewertschlüssel
- Formeldefinition
- Steuerschlüssel

Vorgabewerte und Vorgabewertparameter

Im Abschnitt zu den Stammdaten des Arbeitsplatzes war von Vorgabewerten die Rede. Vorgabewerte sind die Zeitangaben für die einzelnen Vorgänge in der Produktion in Minuten oder Stunden. In der Terminologie von SAP wird unterschieden zwischen den Vorgabewerten – das sind die Zeitangaben, z. B. 5 Minuten – und den Vorgabewertparametern, womit die Art der erbrachten Leistung gemeint ist, z. B. Maschinenstunde. Vorgabewertparameter ist – nach meinem Geschmack – eines der übelsten Wortungetüme, das von SAP erfunden wurde. Trotzdem kann ich es nicht vermeiden, dieses Wort in diesem Abschnitt zu gebrauchen. Vorgabewertparameter für Arbeitsplätze pflegen Sie mit der Transaktion OP7B, im Menü: SPRO • SAP Referenz-IMG • Produktion • Grunddaten • Arbeitsplatz • Allgemeine Daten • Vorgabewert • Parameter einstellen (siehe Abbildung 4.48).

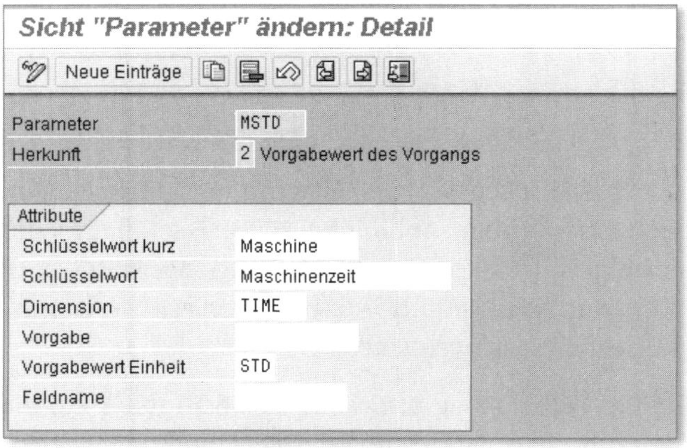

Abbildung 4.48 Customizing – Vorgabewertparameter pflegen

Vorgabewertschlüssel Der Vorgabewertschlüssel gruppiert Vorgabewertparameter zur Verwendung in Arbeitsplätzen (siehe Abbildung 4.49). Im Arbeitsplatz pflegen Sie den Vorgabewertschlüssel, der auf einen bis sechs Vorgabewertparameter verweist. Sie pflegen die Vorgabewertschlüssel im Customizing mit der Transaktion OP19, im Menü: SPRO • SAP REFERENZ-IMG • PRODUKTION • GRUNDDATEN • ARBEITSPLATZ • ALLGEMEINE DATEN • VORGABEWERT • VORGABEWERTSCHLÜSSEL FESTLEGEN.

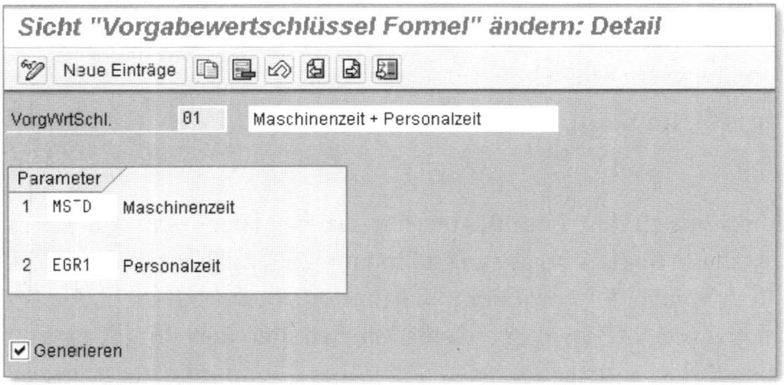

Abbildung 4.49 Customizing – Vorgabewertschlüssel

Formeldefinition Die Formeln zur Berechnung der Leistungsbedarfe pflegen Sie mit Transaktion OP54, im Menü: SPRO • SAP-REFERENZ IMG • PRODUKTION • GRUNDDATEN • ARBEITSPLATZ • KALKULATION • FORMELN ARBEITSPLATZ • FORMELDEFINITION ARBEITSPLATZ EINRICHTEN (siehe Abbildung 4.50). In diesem Bild steht MSTD für den soeben angelegten Vorgabewertparameter Maschinenzeit. SAP_09 und SAP_08 sind Standardparameter von ERP. Die Bedeutung von SAP_09 und SAP_08 erschließt sich mit der F4-Hilfe auf dem Feld PARAMETER.

Die Übersetzung der Formel *MSTD × SAP_09 : SAP_08* führt zur bereits erwähnten Formel *Maschinenzeit × Vorgangsmenge : Basismenge.*

Steuerschlüssel Mit dem Steuerschlüssel legen Sie die Verwendungsmöglichkeiten für die Arbeitsplätze fest (siehe Abbildung 4.51). Das Pflegen der Steuerschlüssel erfolgt mit Transaktion OP00, im Menü: SPRO • SAP REFERENZ-IMG • PRODUKTION • GRUNDDATEN • ARBEITSPLATZ • ARBEITSPLANDATEN • STEUERSCHLÜSSEL DEFINIEREN.

Für ein vollständiges Customizing insbesondere im Hinblick auf die Funktionalität der Kapazitätsplanung und der Terminierung wenden Sie sich bitte an einen erfahrenen PP-Berater.

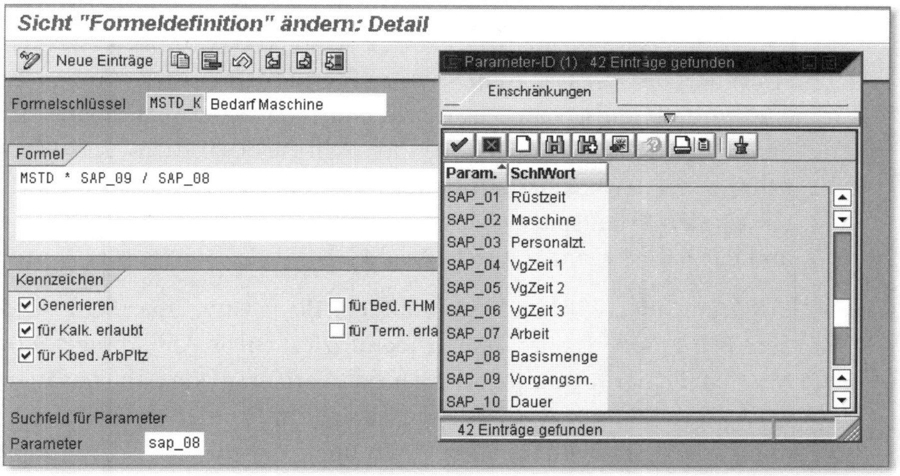

Abbildung 4.50 Customizing – Formel

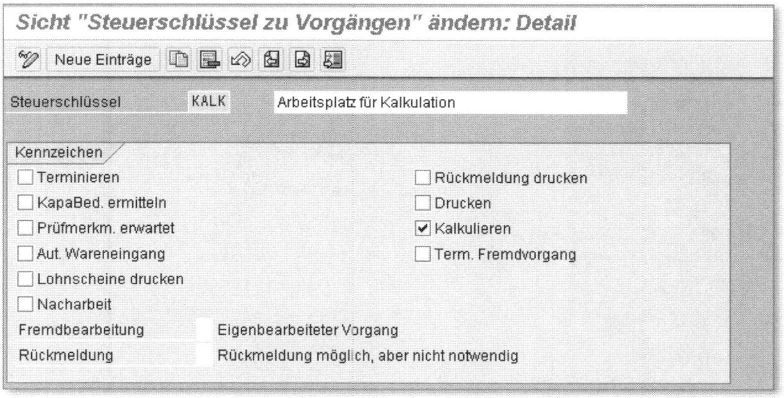

Abbildung 4.51 Customizing – Steuerschlüssel

4.4.4 Arbeitsplan – Stammdaten

Verknüpfung des Materials mit den Arbeitsplätzen

Im folgenden Beispiel werden Arbeitspläne für die Serienfertigung, sogenannte Linienpläne, beschrieben. Arbeitspläne, die nicht für die Serienfertigung, sondern für die Einzelfertigung angelegt werden, heißen Normalarbeitspläne. Der wesentliche Unterschied zwischen Linienplänen und Normalarbeitsplänen liegt in der Funktionalität des Moduls Produktion.

Die Transaktionen zur Pflege der Linienpläne sind CA21/CA22/CA23, im Menü: LOGISTIK • PRODUKTION • STAMMDATEN • ARBEITSPLÄNE • ARBEITSPLÄNE • LINIENPLÄNE • ANLEGEN/ÄNDERN/ANZEIGEN (siehe Abbildung 4.52). Gezeigt werden zwei Arbeitspläne; zunächst der Plan, in dem die abschließenden Schritte »Glasieren« und »Verpacken« bei der Kuchenherstellung abgebildet sind. Danach betrachten wir den Arbeitsplan »Backen«, in dem die Zubereitung des Teiges und der Backvorgang dargestellt sind.

Linienplan Glasieren und Verpacken

Ein Arbeitsplan wird im System mit der Plangruppe, hier PL02, und dem Plangruppenzähler, hier 1, identifiziert (siehe Abbildung 4.52). Mit dem Plangruppenzähler lassen sich Varianten von Arbeitsplänen verwalten. Wenn z. B. die Leistungsdaten im Rahmen der Jahresplanung angepasst werden, so könnten unter der gleichen Plangruppe PL02 mit einem neuen Plangruppenzähler 2 die entsprechenden Annahmen für das kommende Jahr gespeichert werden. Der »alte« Arbeitsplan PL02/1 könnte in diesem Szenario für die laufende Produktionsplanung und aktuelle Kalkulationen weiter genutzt werden.

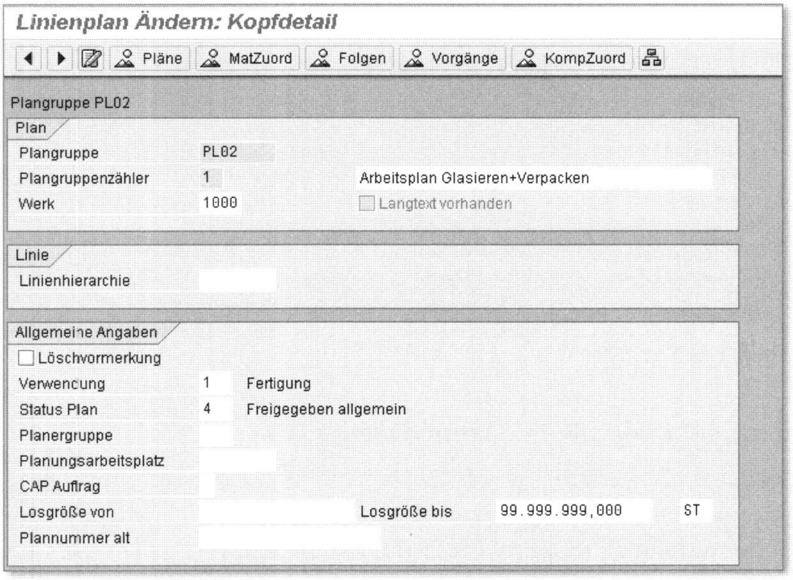

Abbildung 4.52 Arbeitsplan »Glasieren + Verpacken« – Kopfdaten

Woher wissen die einzelnen Materialien, mit welchem Arbeitsplan sie hergestellt werden? Diesen Zusammenhang pflegen Sie mit dem

Button MatZuord (Materialzuordnung; siehe Abbildung 4.53). Dieser Arbeitsplan gilt für die Produktion der Artikel 1400 und 1401.

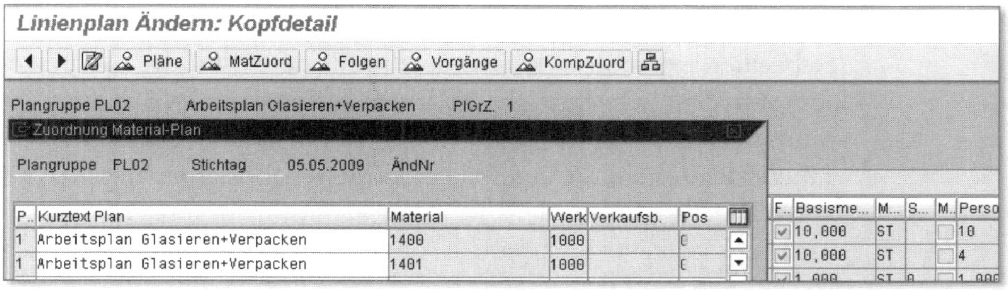

Abbildung 4.53 Arbeitsplan – Zuordnung zum Material

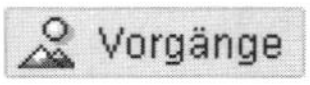

Mit einem Klick auf den Button Vorgänge gelangen Sie zum eigentlichen Teil des Arbeitsplans (siehe Abbildung 4.54). Die beiden Vorgänge 0010 »Glasieren« und 0020 »Verpacken» nehmen Leistungen des Arbeitsplatzes P100A Manuell in Anspruch. Für die Herstellung von 10 Stück (Basismenge) müssen 10 Minuten bzw. 4 Minuten (Personalzeit) aufgewendet werden.

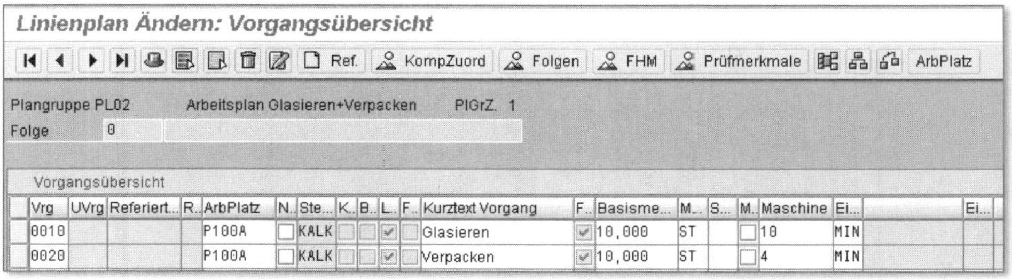

Abbildung 4.54 Arbeitsplan – Vorgangsübersicht

Kurztexte der Vorgänge

Achtung: Die Kurztexte der Vorgänge (hier »Glasieren« und »Verpacken«) werden nur in einer Sprache im System hinterlegt. An dieser Stelle unterscheidet sich das Datenmodell in SAP ERP von allen anderen mir bekannten Texten. Alle anderen Texte werden nämlich mehrsprachig im System gespeichert und in der Anmeldesprache angezeigt.

Die Kurztexte der Vorgänge werden später bei der Produktkostenrechnung in den einzelnen Zeilen der Kalkulationen dargestellt und sind deshalb für die Kostenrechnung von besonderer Bedeutung. In einem internationalen Unternehmen kann diese »Unschärfe« im Datenmodell zu Problemen führen. Wenn der Konzerncontroller die

Kalkulationen der englischen Tochtergesellschaft interpretieren soll, wird er die englischen Vorgangstexte vermutlich noch verstehen. Bei der Kalkulation, die von französischen Kollegen angelegt wurde, wird es dann schon schwieriger. Wenn das Unternehmen nach Tschechien expandiert ist und dort produziert, sind die Kalkulationen von den tschechischen Kollegen vermutlich für die deutsche Zentrale nicht mehr verständlich. Nicht einmal mehr lesbar sind Produktkalkulationen, die auf der Basis russischer oder japanischer Arbeitspläne erstellt wurden, weil bei der Anmeldesprache Deutsch oder Englisch keine Buchstaben, sondern nur noch Grafikzeichen angezeigt werden. Einziger Ausweg ist die Nutzung von international verständlichen Bezeichnungen für die Vorgänge in einer einheitlichen Sprache, z. B. Englisch.

Für beide Vorgänge sind zusätzliche Langtexte gepflegt, wie in Abbildung 4.54 an den Häkchen in der Spalte L.. (Langtext) zu erkennen ist. Durch einen Klick auf dieses Häkchen oder auf den Button LANGTEXT werden die Beschreibungen zu den einzelnen Vorgängen angezeigt (siehe Abbildung 4.55). Der Sprachenschlüssel DE für Deutsch in der Überschrift VORGANG 0010 SPRACHE DE deutet darauf hin, dass die Langtexte anders als die Kurztexte in verschiedenen Sprachen gespeichert werden.

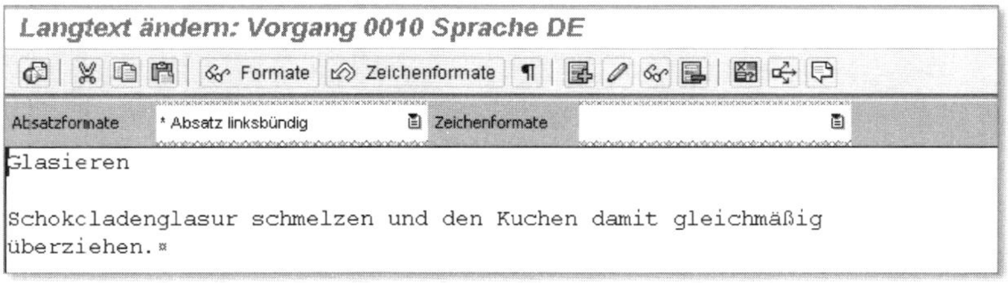

Abbildung 4.55 Arbeitsplan – Langtext zum Vorgang

Vorgangsdetail Zurück zur Vorgangsübersicht, wie sie in Abbildung 4.54 dargestellt ist. Von hier gelangen Sie in die Ansicht der Vorgangsdetails, indem Sie doppelt auf den Kurztext eines Vorgangs klicken oder die gewünschten Vorgänge markieren und dann in der Menüleiste DETAIL • VORGANGSDETAIL aufrufen (siehe Abbildung 4.56). Im oberen Block VORGANG sind die bekannten Daten aus der Vorgangsübersicht zu sehen. Der Arbeitsplan wurde für Artikel angelegt, die in der Mengeneinheit Stück gefertigt werden, wie an der Kopfmengeneinheit (KOPF

MGEH) zu erkennen ist. Die Kopfmengeneinheit stimmt mit der Basismengeneinheit überein. Die Umrechnung erfolgt also eins zu eins.

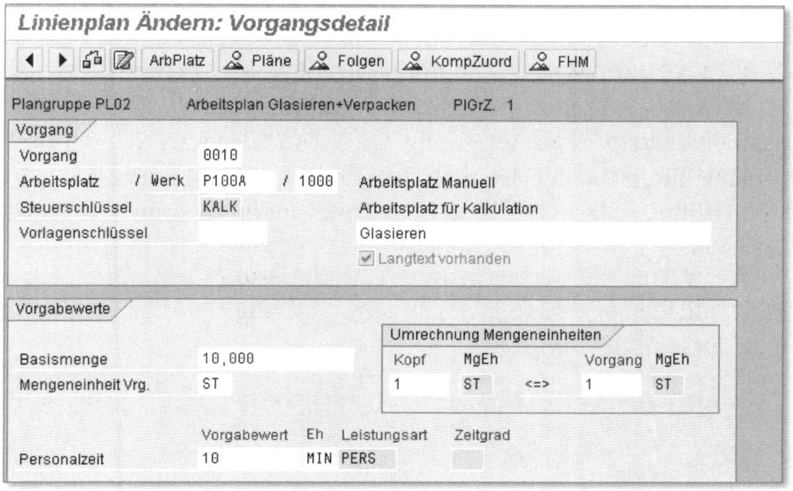

Abbildung 4.56 Arbeitsplan – Vorgangsdetail

Bei den Vorgangsdetails ist ein weiteres wichtiges Feld für die Kalkulation versteckt: KALKRELEVANZ (siehe Abbildung 4.57).

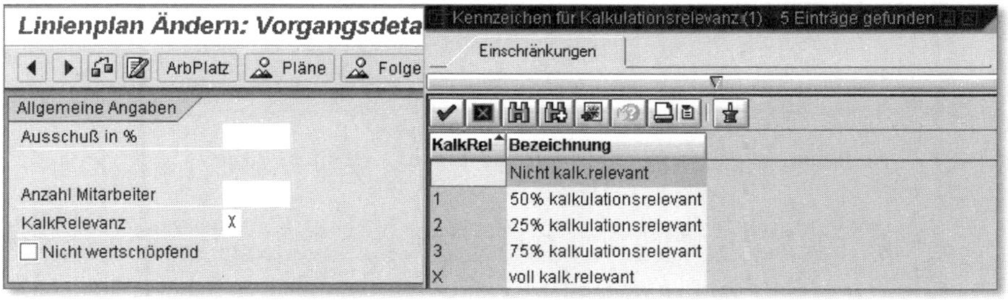

Abbildung 4.57 Arbeitsplan – Kalkulationsrelevanz im Vorgang

Standardlinienplan

Linienpläne können von mehreren Materialien genutzt werden. Immer dann, wenn bei der Produktion die gleichen Arbeitsplätze mit den gleichen Leistungsmengen in Anspruch genommen werden, ist dies ein Hinweis auf die Wiederverwendung bereits bestehender Linienpläne. Die nächste Stufe der Vereinheitlichung ist der Standardlinienplan. Wenn in Ihrem Unternehmen allgemein gültige Vorgänge in Arbeitsplänen abgebildet werden sollen, z. B. die Bereitstellung von Komponenten oder die Verpackung, könnte die Nutzung von

Standardlinienplänen sinnvoll sein. Ein Standardlinienplan kann von vielen Linienplänen genutzt werden. Eine Änderung im Standardlinienplan wirkt sich sofort auf alle verbundenen Linienpläne aus.

Sie bearbeiten Standardlinienpläne mit den Transaktionen CA31/ CA32/ CA33, im Menü: Logistik • Produktion • Stammdaten • Arbeitspläne • Arbeitspläne • Standardlinienpläne • Anlegen/Ändern/Anzeigen (siehe Abbildung 4.58). Die Pflege der Standardlinienpläne unterscheidet sich nicht von der Pflege der Linienpläne. Der Standardlinienplan ST01 besteht aus nur einem Vorgang. Das Detail dieses Vorgangs ist hier zu sehen.

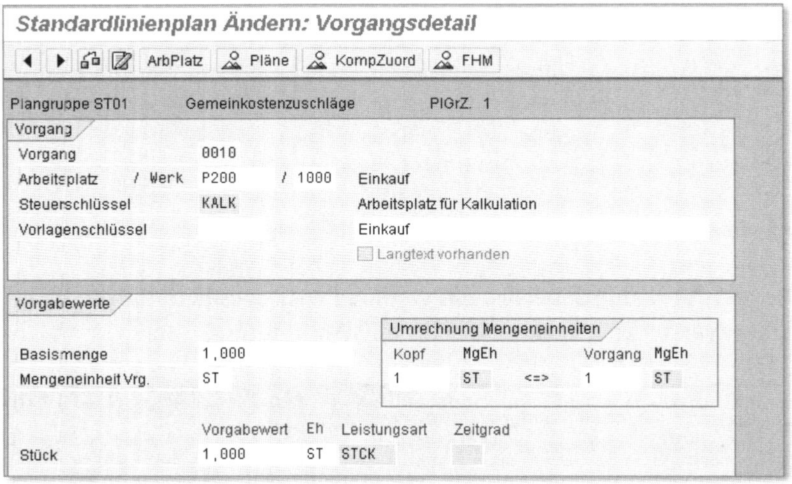

Abbildung 4.58 Standardlinienplan – Vorgangsdetail für Einkauf

Exkurs: Schlüssel zur Verteilung von Gemeinkosten

Um das Beispiel zum Standardlinienplan verständlich zu machen, erlauben Sie mir, dass ich etwas weiter aushole. Manche Kosten, die in Produktkalkulationen abgebildet werden, sind nicht direkt von Leistungsmengen des Produktionsprozesses abhängig. Diese Kosten entstehen z. B. beim Einkauf oder der Lagerhaltung. Nennen wir diese Kosten *Gemeinkosten*. Die Kosten der Einkaufsabteilung für Rohstoffe (nur Personal und Büro, nicht die Kosten der Rohstoffe selbst) sind nicht direkt abhängig von der Produktionsmenge. Zeitangaben in der bisher besprochenen Form sind kaum zu erheben, weil der Einkäufer nicht sagen kann, wie viel Einkaufszeit er aufwenden muss, damit ein Stück Kuchen produziert werden kann. Dennoch müssen oder sollen diese Einkaufskosten mehr oder weniger gewaltsam auf die Kuchenkosten verteilt werden. Dieser Vorgang der Kostenverteilung kann in SAP ERP durch drei verschiedene Methoden erfolgen:

- Gemeinkostenzuschläge (siehe Abschnitt 4.5.4)
- Prozesskostenrechnung (siehe Abschnitt 3.4.1)
- Arbeitsplätze auf Gemeinkostenstellen (wird in den folgenden Absätzen besprochen)

Die Methoden »Gemeinkostenzuschläge« und »Prozesskostenrechnung« werden von der SAP empfohlen. Die Methode »Arbeitsplätze auf Gemeinkostenstellen« ist so etwas wie ein Missbrauch der Arbeitsplätze und Arbeitspläne. Diese Methode gehört in die Kategorie »Brückscher Pragmatismus«. Was ist denn nun der »gerechte« Schlüssel für die Verteilung der Kosten der Einkaufsabteilung auf die gefertigten Produkte?

- Ein prozentualer Zuschlag auf die Rohstoffkosten in jedem Fertigprodukt? Dann wäre die Methode Gemeinkostenzuschläge das Mittel der Wahl.
- Der Zeitaufwand für die Bearbeitung jeder Bestellung? Das wäre dann über die Prozesskostenrechnung abzubilden, wobei wir mit einer Kostenermittlung für jede Bestellung immer noch nicht bei einem Kostenzuschlag für die produzierten Materialien angelangt wären
- Ein Zuschlag auf die produzierte Menge in Stück (oder Kilogramm oder Liter)? Das geht ganz elegant mit Arbeitsplätzen auf Gemeinkostenstellen.

Wenn in einem Unternehmen Arbeitspläne für die Produktkostenrechnung im Einsatz sind, dann spricht nichts dagegen, für Gemeinkostenstellen Arbeitsplätze anzulegen und so mengenmäßige Zuschläge zu generieren. Damit ersparen Sie sich die Komplexität einer neuen Funktion (Gemeinkostenzuschlag) oder gar einer ganz neuen Komponente (Prozesskostenrechnung). Controlling kann nur verständlich werden, wenn alle Möglichkeiten zur Vermeidung von Komplexitäten ausgeschöpft werden.

Standardlinienplan für Einkauf

Zur Abbildung der Methode »Arbeitsplätze auf Gemeinkostenstellen« wird für die Kostenstelle »Einkauf« die Leistungsart »Stück« angelegt. Mit dieser Leistungsart soll in der Produktkostenrechnung ein Zuschlag (Euro/Stück) auf jeden Kuchen gerechnet werden. Dieser Zuschlag repräsentiert die Kosten für Personal und Büro des Einkaufs. Im Standardlinienplan ST01 wird hinterlegt, dass für jedes produzierte Stück Kuchen eine Einheit der Leistungsart »Stück« auf der Einkaufskostenstelle zu verrechnen ist.

Verknüpfung von Linienplan und Standardlinienplan

Der Standardlinienplan ST01 soll im Linienplan PL02 referiert werden. Dazu wird der Linienplan PL02 im Änderungsmodus geöffnet (Transaktion CA22, siehe Abbildung 4.59).

Linienplan Ändern: Vorgangsübersicht

◄◄ ◄ ► ►◄ 🖨 🗐 🗐 🗑 🗒 🗋 Ref. 👤 KompZuord 👤 Folgen 👤 FHM 👤 Prüfmerkmale 🖹 🖧 🖧 ArbPlatz

Plangruppe PL02 Arbeitsplan Glasieren+Verpacken PlGrZ. 1
Folge 0

Vorgangsübersicht

Vrg	UVrg	Referiert...	R.	ArbPlatz	N.	Ste...	K.	B.	L.	F.	Kurztext Vorgang	F..	Basisme...	M...	S...	M.	Maschine	Ei...		Ei...
0010				P100A	☐	KALK	☐	☐	☑	☐	Glasieren	☑	10,000	ST		☐	10	MIN		
0020				P100A	☐	KALK	☐	☐	☑	☐	Verpacken	☑	10,000	ST		☐	4	MIN		

Abbildung 4.59 Arbeitsplan PL02 geöffnet zum Ändern

🗋 Ref.

Der Button REF. (Referenz anlegen) öffnet die Maske in Abbildung 4.60. Im Linienplan wird die Referenz angelegt, beginnend mit der Vorgangsnummer 100. Der referierte Standardlinienplan wird identifiziert über PLANGRUPPE/PLANGRUPPENZÄHLER ST01/1. Die Intervalle für die neu eingefügten Vorgänge wären 10 – was in diesem Fall hinfällig ist, da nur ein Vorgang referiert wird.

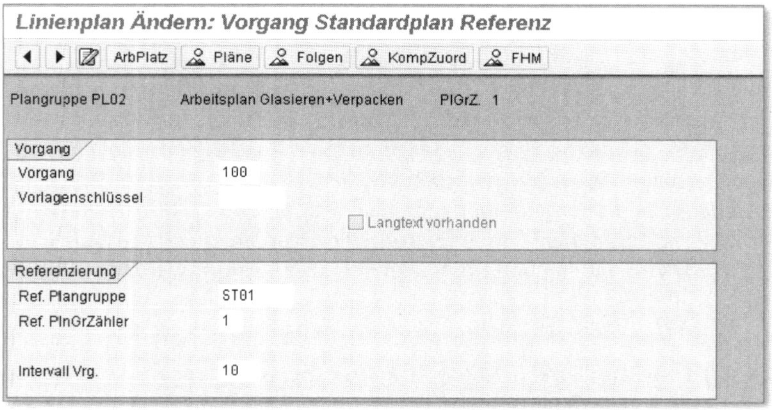

Abbildung 4.60 Standardplan als Referenz anlegen

Referierte Zeilen werden im Linienplan grau hinterlegt und können hier nicht geändert werden. In der Spalte REFERIERT sind Plangruppe und Plangruppenzähler des Standardlinienplans angegeben. Wenn Sie eine Referenz wieder löschen wollen, müssen Sie zunächst die Funktion ZUSÄTZE • REFERENZ • ENTSPERREN aus dem Menü aufrufen (siehe Abbildung 4.61). Dadurch wird die Referenz aufgelöst. Der Vorgang wird in den aktuellen Linienplan kopiert und kann weiterbearbeitet, also auch gelöscht werden.

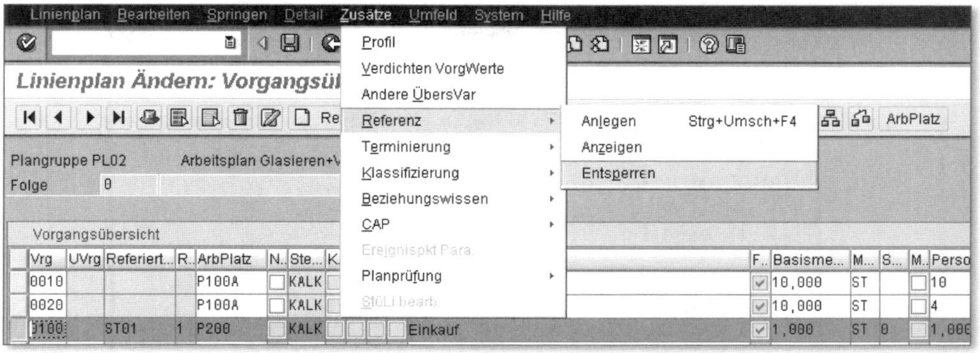

Abbildung 4.61 Linienplan mit Referenz auf Standardlinienplan

Im zweiten Linienplan Backen sind vier Vorgänge abgebildet (siehe Abbildung 4.62): Teig Grundmasse herstellen, Teig fertigstellen, Backen und Kühlen.

Linienplan Backen

Abbildung 4.62 Zweiter Linienplan – Backen

Die Details zum Vorgang 0010 »Teig Grundmasse herstellen« sind in Abbildung 4.63 dargestellt. Für die Zubereitung von 10 kg Teig benötigt eine Person unter Zuhilfenahme der Maschine 15 Minuten. Die Mengenangabe im produzierten Material, dem Kuchen, ist allerdings Stück und nicht Kilogramm, also erfolgt mit den Angaben im Block Umrechnung Mengeneinheiten eine entsprechende Umrechnung.

Erinnern Sie sich an die Formel, die im Abschnitt 4.4.2, »Arbeitsplatz – Stammdaten«, im Register Kalkulation des Arbeitsplatzes zu sehen ist. Die Formel lautet: *Vorgabewert × Vorgangsmenge : Basismenge*.

Formel zur Leistungsermittlung

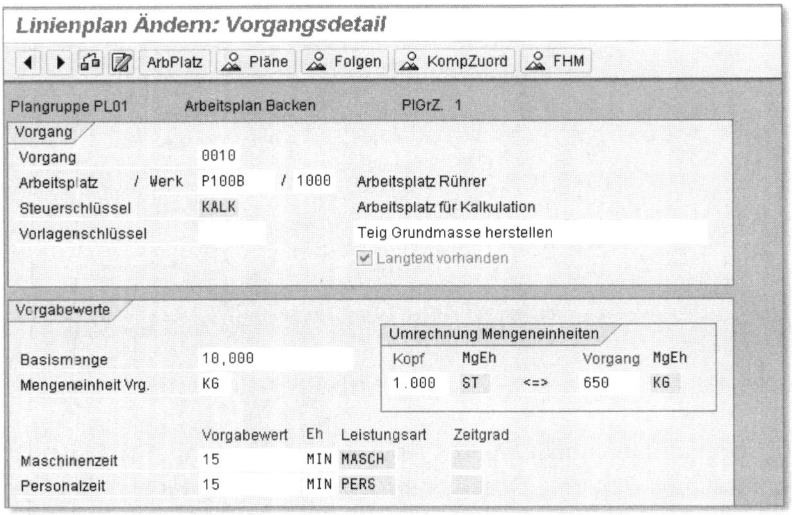

Abbildung 4.63 Arbeitplan Backen – Vorgangsdetail

Der Vorgabewert, z. B. Maschinenzeit, gibt an, wie lange der Vorgang dauert. Die Basismenge 10 kg (gemeint ist hier Teig) ist die Menge, auf die sich die Zeitangabe bezieht. Der gesamte Arbeitsplan wurde nicht für die Herstellung von Teig, sondern für das Backen von Schokoladenkuchen angelegt. Also benötigen wir noch einen Faktor, mit dem die 10 kg Teig in Stück Kuchen umgerechnet werden können. Dieser Faktor muss in die Formel in das Element »Vorgangsmenge« eingesetzt werden. Die Vorgangsmenge lässt sich aus den Einträgen im Block UMRECHNUNG MENGENEINHEITEN ableiten. Jetzt lässt sich der Zeitbedarf errechnen, der bei der Herstellung von Kuchen in diesem Vorgang anfällt:

Zeitbedarf =
Vorgabewert × Vorgangsmenge : Basismenge =
Vorgabewert × (Vorgangsmenge : Kopfmenge) : Basismenge =
15 min × (650 kg : 1.000 Stück) : 10 kg =
0,975 min/Stück oder
16,25 Stunden pro 1.000 Stück[1]

Zwei Vorgabewerte

Im Vorgang 0010 »Teig Grundmasse herstellen« sind zwei Vorgabewerte angegeben, Personalzeit und Maschinenzeit. Beide Vorgabewerte beziehen sich auf Leistungen des gleichen Arbeitsplatzes

1 Die Angaben »Stunden« und »1.000 Stück« sind die Einheiten, die später bei der Kalkulation genutzt werden.

P100B »Rührer«. Wie Sie bereits wissen, kann der Arbeitsplatz nur mit einer einzigen Kostenstelle verbunden sein. Die beiden angegebenen Leistungsarten MASCH und PERS müssen also für die genannte Kostenstelle definiert sein.

Der schnellste Weg, die betroffene Kostenstelle zu identifizieren, ist der Klick auf den Button ARBEITSPLATZ. Jetzt werden die Stammdaten des Arbeitsplatzes aufgerufen (siehe Abbildung 4.64).

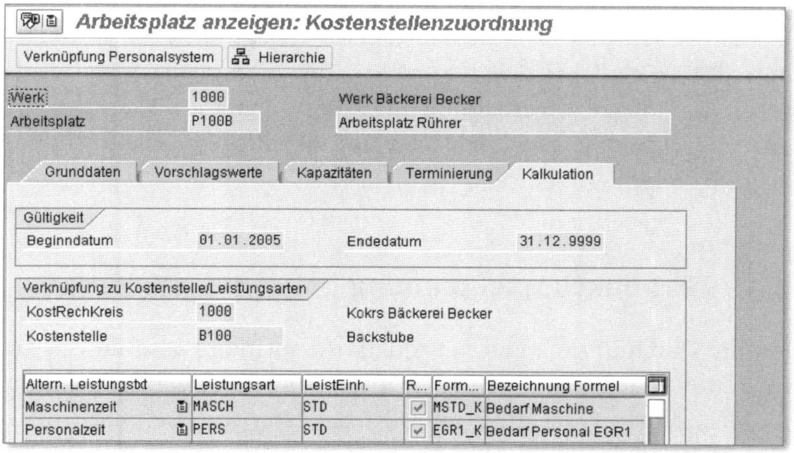

Abbildung 4.64 Arbeitsplan – Verknüpfung zum Arbeitsplatz

Hier sehen Sie im Register KALKULATION die gewünschte Information, die gesuchte Kostenstelle ist B100 »Backstube«. Dieses Bild kennen Sie schon? Bei der Beschreibung der Arbeitsplätze wurde diese Ansicht in Abbildung 4.46 schon einmal gezeigt? Stimmt, der Kreis schließt sich. Die enge Verknüpfung von Arbeitsplatz und Arbeitsplan wird jetzt deutlich.

4.4.5 Zusammenfassung

Arbeitspläne (Linienpläne oder Normalarbeitspläne) beschreiben die Stationen, die ein Produkt im Laufe seiner Herstellung im Unternehmen durchschreitet. Auf welchem Arbeitsplatz werden welche Leistungen in welcher Menge oder Zeit für die Produktion benötigt? Mehrere Halbfabrikate oder Fertigerzeugnisse, die den gleichen Produktionsprozess durchlaufen, nutzen den gleichen Arbeitsplan. Über die Verknüpfung der Arbeitsplätze mit Kostenstellen und Leistungsarten werden den Produkten Kosteninformationen zugeordnet.

Standardpläne (Standardlinienpläne oder Standardarbeitspläne) werden für Produktionsschritte angelegt, die genau so von vielen Produkten durchlaufen werden. In den Arbeitsplänen wird eine Referenz auf den Standardplan angelegt.

Für das Controlling können Arbeitspläne »missbraucht« werden, um mengenabhängige Zuschläge für Gemeinkosten zu berechnen. Dabei werden Arbeitsplätze für Kostenstellen angelegt, die zwar produktionsnah tätig sind, die sich aber nicht direkt an der Fertigung beteiligen (z. B. Einkauf, Lagerhaltung). Mit dieser Funktion kann der Einsatz von Gemeinkostenzuschlägen und der Prozesskostenrechnung begrenzt oder vermieden werden.

4.5 Produktkostenplanung

Für die Durchführung einer Produktkostenplanung, also für die Anlage einer Materialkalkulation, wurden in den vorigen Abschnitten die Grundlagen geschaffen. Stücklisten, Materialpreise und Arbeitspläne mit Arbeitsplätzen sind bereits vorhanden. Die Tarifermittlung und alle dazu notwendigen vorgelagerten Schritte wurden in Kapitel 3, »Gemeinkostenrechnung«, besprochen.

4.5.1 Materialkalkulation

Wie viel kostet die Herstellung eines Produkts?

Um Materialkalkulationen anzulegen bzw. anzuzeigen, nutzen Sie die Transaktionen CK11N/CK13N, im Menü: Rechnungswesen • Controlling • Produktkosten-Controlling • Produktkostenplanung • Materialkalkulation • Kalkulation mit Mengengerüst • Anlegen/Anzeigen (siehe Abbildung 4.65).

Der Eintrag PPC1 im Feld Kalkulationsvariante steht für die Standardpreiskalkulation (siehe auch Abschnitt 4.5.2, »Kalkulationsvarianten«). Jede Materialkalkulation kann in verschiedenen Versionen geführt werden. Das Feld Kalkulationslosgrösse bleibt leer, der entsprechende Eintrag wird aus dem Materialstamm gezogen.

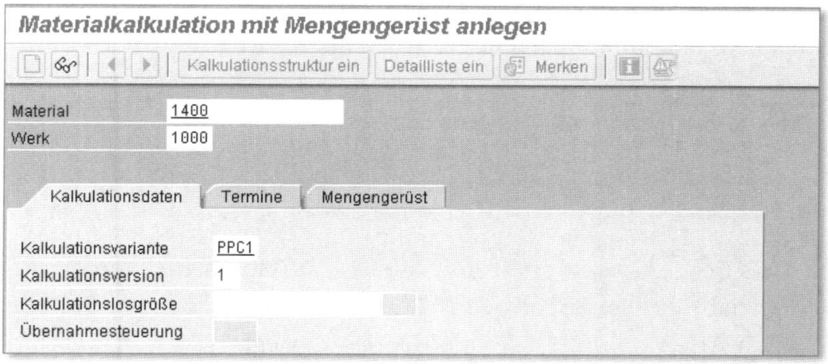

Abbildung 4.65 Materialkalkulation anlegen – Kalkulationsdaten

Die Termine für die Kalkulation werden im nächsten Register eingetragen (siehe Abbildung 4.66). Bei KALKULATIONSDATUM AB ist zu beachten, dass für die Standardpreiskalkulation immer frühestens das Erstellungsdatum der Kalkulation eingetragen werden kann. Eine Konsequenz aus dieser Einschränkung ist: Sie können die Produktion von Materialien nicht rückwirkend abrechnen. Die Kollegen aus der Arbeitsvorbereitung müssen sich also im Controlling melden, bevor neue Artikel produziert werden.

Mit dem AUFLÖSUNGSTERMIN geben Sie an, zu welchem Datum nach gültigen Stücklisten und Arbeitsplänen gesucht wird. Zum BEWERTUNGSTERMIN werden Tarife auf Kostenstellen ermittelt.

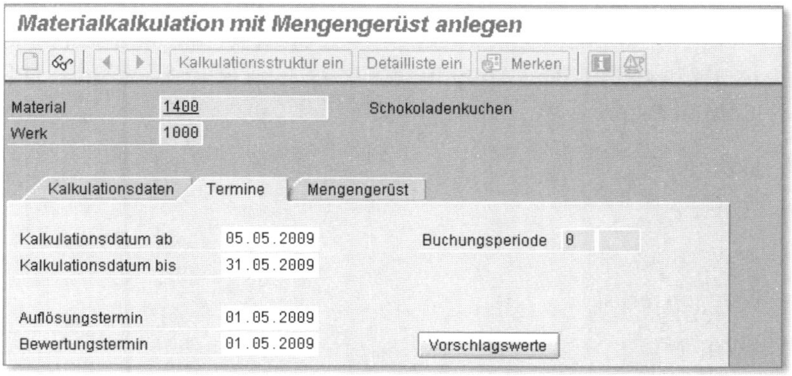

Abbildung 4.66 Materialkalkulation anlegen – Termine

Im Register MENGENGERÜST finden Sie Felder für die manuelle Eingabe einer Stückliste und eines Arbeitsplans (siehe Abbildung 4.67).

Diese Felder bleiben leer, das System soll selbst nach einer passenden Stückliste und einem passenden Arbeitsplan suchen.

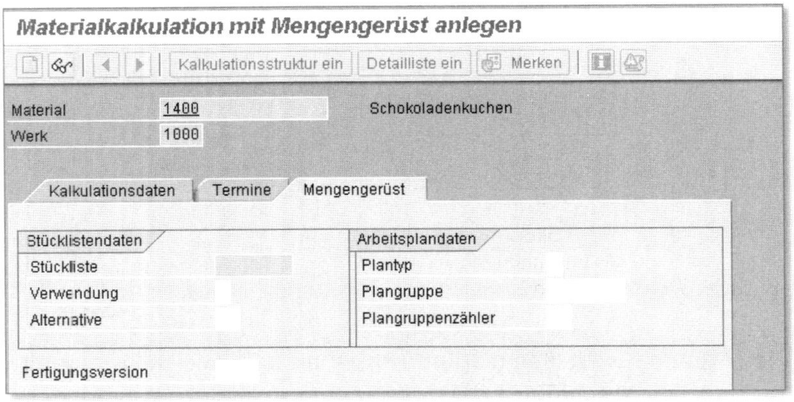

Abbildung 4.67 Materialkalkulation anlegen – Mengengerüst

Die Taste ENTER startet die Kalkulation. Für alle Bestandteile des Produkts werden aus den Stücklisten und Arbeitsplänen Mengendaten ermittelt. Preise werden aus den Materialstämmen gezogen bzw. aus den Tarifen der Kostenstellen übernommen.

Das Ergebnis der Kalkulation wird sofort angezeigt. Zur Beschreibung der verschiedenen Bereiche auf dem Bild der Kalkulationsanzeige habe ich mir erlaubt, eine Zeichnung aus der Online-Dokumentation von SAP zu kopieren (siehe Abbildung 4.68).

Im Bereich ÜBERBLICK ZUR KALKULATION (oben rechts) sind sechs Register dargestellt (siehe Abbildung 4.69). Von rechts nach links heißen die Register:

- Kosten
- Historie
- Bewertung
- Mengengerüst
- Termine
- Kalkulationsdaten

Kosten

Das Register KOSTEN zeigt die Summe der berechneten Kosten für verschiedene Sichten jeweils in einer Summe sowie nach Fix und Variabel getrennt.

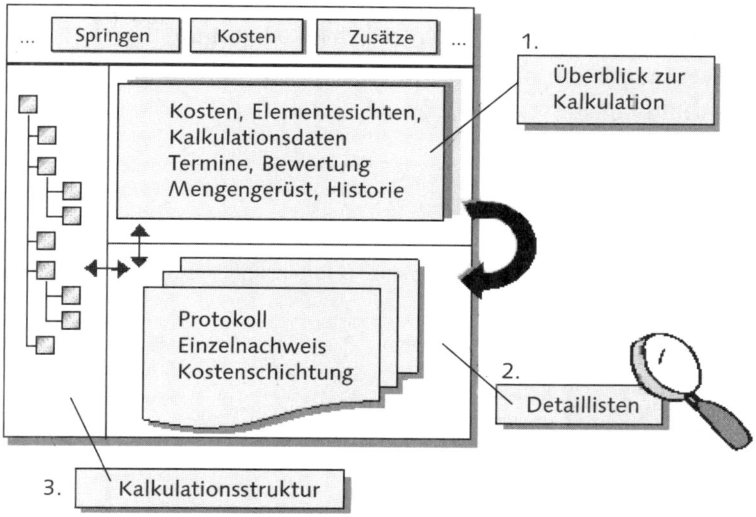

Abbildung 4.68 Anzeige der Produktkalkulation – Online-Dokumentation

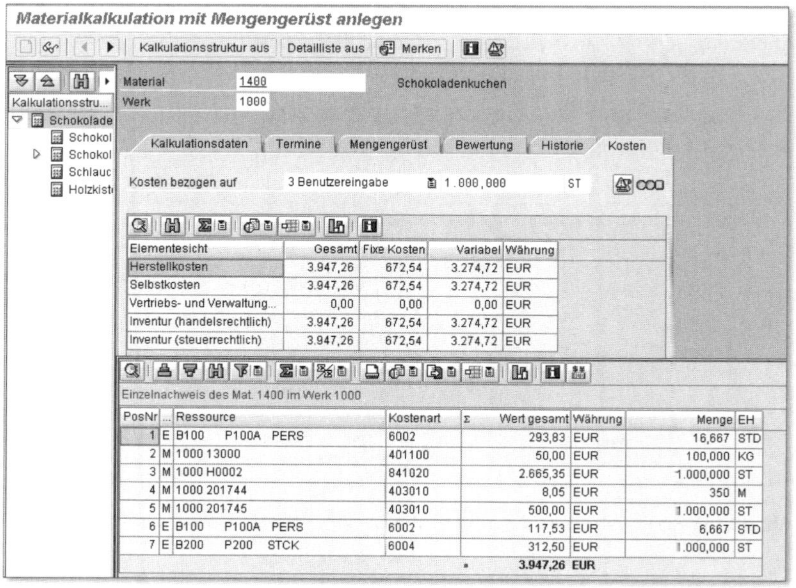

Abbildung 4.69 Materialkalkulation – Überblick: Kosten

Mit den Feldern hinter KOSTEN BEZOGEN AUF wird die Menge eingestellt, zu der die Kalkulationsdaten angezeigt werden. Wenn Sie hier eine neue Menge und/oder Mengeneinheit eingeben, werden die

Kosten in Bezug auf diese neue Menge/Mengeneinheit angezeigt, z. B. Kosten bezogen auf ein Stück (siehe Abbildung 4.70). Die Anzeige verändert sich nicht nur in diesem Register, sondern auf dem ganzen Bildschirm.

Abbildung 4.70 Materialkalkulation – Überblick: Kosten

Historie Das Register Historie zeigt an, wer wann welchen Vorgang für diese Kalkulation durchgeführt hat (siehe Abbildung 4.71).

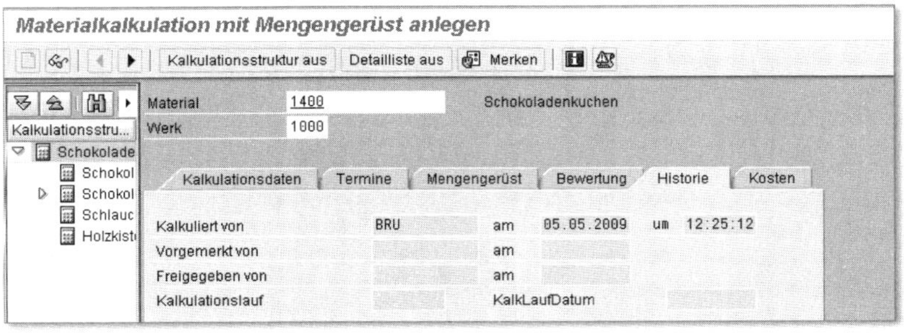

Abbildung 4.71 Materialkalkulation – Überblick: Historie

Bewertung Das Register Bewertung gibt einen Hinweis auf die Währung, in der die Kalkulation angelegt wurde (siehe Abbildung 4.72). Kalkulationen werden immer in Bezug auf ein Werk angelegt. Die Währung ergibt sich aus dem Buchungskreis, dem dieses Werk zugeordnet ist. Mit dem Kalkulationsschema werden Gemeinkostenzuschläge ermittelt (siehe Abschnitt 4.5.4, »Gemeinkostenzuschläge«).

Abbildung 4.72 Materialkalkulation – Überblick: Bewertung

Das Register MENGENGERÜST enthält Informationen zur Stückliste und zum Arbeitsplan, die als Grundlage für diese Kalkulation herangezogen wurden (siehe Abbildung 4.73). **Mengengerüst**

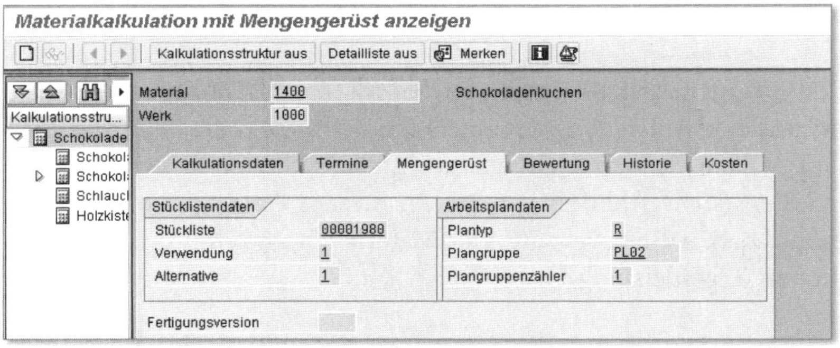

Abbildung 4.73 Materialkalkulation – Überblick: Mengengerüst

Im Register TERMINE sind der Gültigkeitszeitraum sowie die Termine für Auflösung und Bewertung gespeichert (siehe Abbildung 4.74). Die Daten wurden aus dem Einstiegsbildschirm übernommen. **Termine**

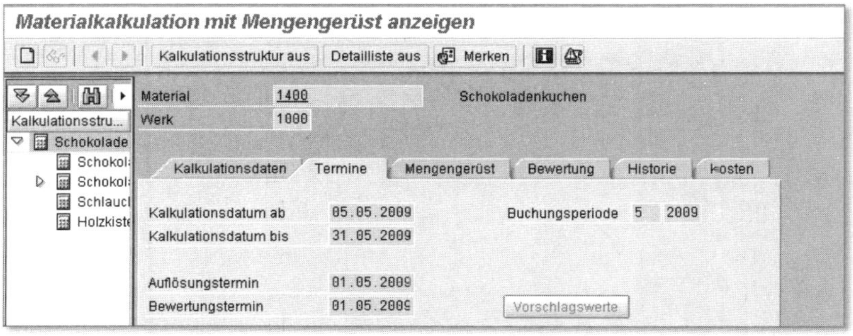

Abbildung 4.74 Materialkalkulation – Überblick: Termine

Kalkulationsdaten Das Register Kalkulationsdaten gibt Auskunft über grundlegende Eigenschaften der Kalkulation (siehe Abbildung 4.75). Die Bedeutung der Felder Kalkulationsvariante und Status ist in den Abschnitten 4.5.2, »Kalkulationsvarianten«, und 4.5.6, »Bestandsbewertung«, ausführlich beschrieben.

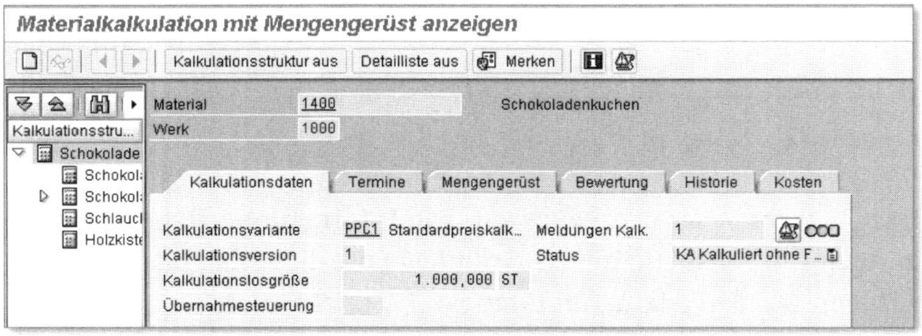

Abbildung 4.75 Materialkalkulation – Überblick: Kalkulationsdaten

Der Button Einzelnachweis aktiviert im Bereich Detaillisten, unten rechts, eine Aufstellung der einzelnen Positionen, die beim angezeigten Artikel »Schokoladenkuchen« für die Kalkulation herangezogen wurden (siehe Abbildung 4.76). In diesem Fall ergibt sich der gesamte Kalkulationswert aus vier Materialien und drei Leistungspositionen (Eigenleistung).

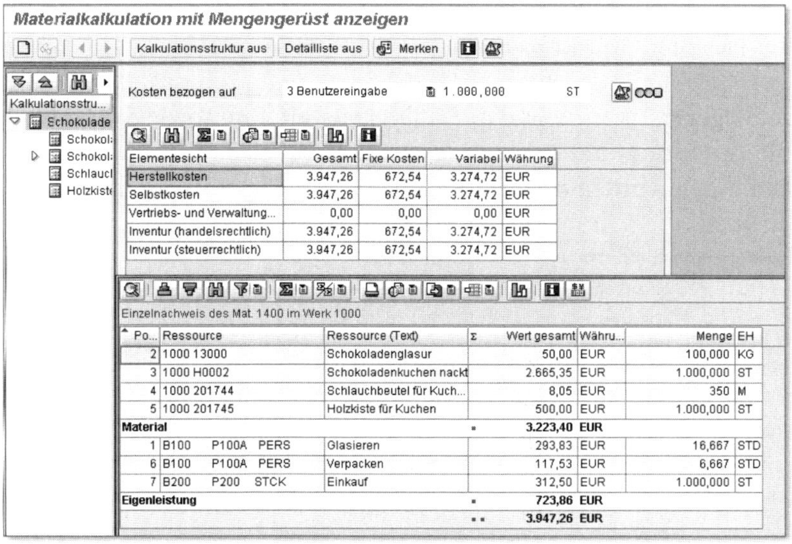

Elementesicht	Gesamt	Fixe Kosten	Variabel	Währung
Herstellkosten	3.947,26	672,54	3.274,72	EUR
Selbstkosten	3.947,26	672,54	3.274,72	EUR
Vertriebs- und Verwaltung...	0,00	0,00	0,00	EUR
Inventur (handelsrechtlich)	3.947,26	672,54	3.274,72	EUR
Inventur (steuerrechtlich)	3.947,26	672,54	3.274,72	EUR

Po...	Ressource	Ressource (Text)	Σ	Wert gesamt	Währu...	Menge	EH
2	1000 13000	Schokoladenglasur		50,00	EUR	100,000	KG
3	1000 H0002	Schokoladenkuchen nackt		2.665,35	EUR	1.000,000	ST
4	1000 201744	Schlauchbeutel für Kuch...		8,05	EUR	350	M
5	1000 201745	Holzkiste für Kuchen		500,00	EUR	1.000,000	ST
Material			▪	**3.223,40**	**EUR**		
1	B100 P100A PERS	Glasieren		293,83	EUR	16,667	STD
6	B100 P100A PERS	Verpacken		117,53	EUR	6,667	STD
7	B200 P200 STCK	Einkauf		312,50	EUR	1.000,000	ST
Eigenleistung			▪	**723,86**	**EUR**		
			▪▪	**3.947,26**	**EUR**		

Abbildung 4.76 Materialkalkulation – Detailsicht: Einzelnachweis

Die Liste der Materialien und Leistungen ist auf die Positionen reduziert, die in der oberen Stufe der Stückliste eingetragen sind. Der Einzelnachweis berücksichtigt tiefere Stücklistenpositionen nur summarisch mit ihrem Kalkulationswert, hier 2.665,35 EUR für das Material H0002 »Schokoladenkuchen nackt«.

Der Button KOSTENELEMENTE aktiviert im Bereich DETAILLISTEN eine Strukturierung der Kalkulation, die bei jedem SAP-Kunden individuell gestaltet ist (siehe Abbildung 4.77). Bei dieser Sicht werden die einzelnen Kostenelemente über alle Stufen der Kalkulation »nach oben gewälzt«.

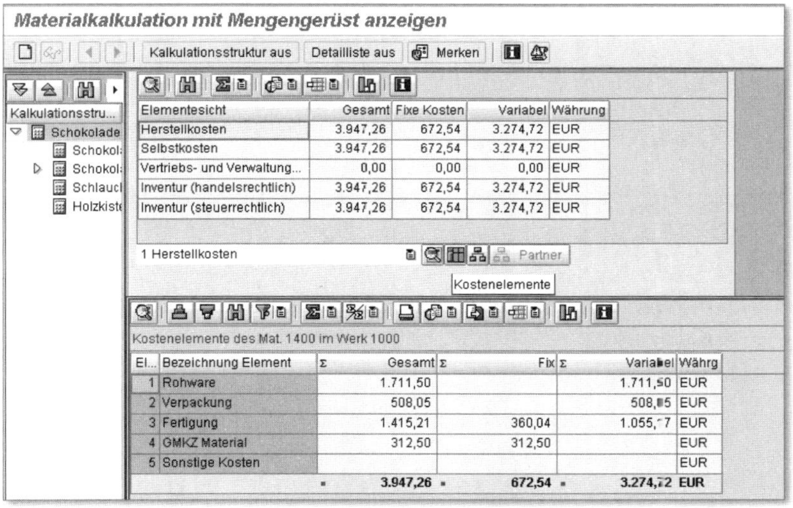

Abbildung 4.77 Materialkalkulation – Detailsicht: Kostenelemente

Kostenwälzung

Was bedeutet »Kosten nach oben wälzen« oder auch »Kostenwälzung«? In dem hier dargestellten Fall entsteht die Kalkulation für den fertigen Schokoladenkuchen in zwei Stufen. In der ersten Kalkulationsstufe werden die Kosten für den »Schokoladenkuchen nackt« ermittelt, mit allen Komponenten und Leistungspositionen, die bis hier benötigt werden. Die Kalkulation für den »Schokoladenkuchen nackt« fließt dann in die zweite Stufe ein, in die Kalkulation des fertigen Schokoladenkuchens. Bei der Übergabe der Kosten von der ersten auf die zweite Kalkulationsstufe wird nicht nur das gesamte Kalkulationsergebnis weitergereicht, sondern auch die Zwischensummen entsprechend den Kostenelementen Rohware, Verpackung, Fertigung etc.

Diese Übergabe der Zwischensummen über beliebig viele Ebenen der Kalkulation ist mit dem Ausdruck *Kostenwälzung* gemeint.

Zur Verdeutlichung des Begriffs Kostenwälzung und der Anzeige der Kostenelemente wurde im linken Bildschirmbereich die Kalkulationsposition SCHOKOLADENKUCHEN NACKT mit einem Doppelklick aktiviert (siehe Abbildung 4.78). Die Bildschirmbereiche ÜBERBLICK (oben rechts) und DETAILLISTEN (unten rechts) werden für diese Auswahl aktualisiert. Bei den Kostenelementen sind jetzt die Anteile zu sehen, die für ROHWARE, FERTIGUNG und GMKZ MATERIAL auf den SCHOKOLADENKUCHEN NACKT entfallen. Die Zeile VERPACKUNG ist leer, weil auf dieser Stufe der Fertigung noch kein Verpackungsmaterial eingesetzt wird.

Die einzelnen Kostenelemente und das notwendige Customizing sind in Abschnitt 4.5.3, »Kostenelemente der Produktkalkulation«, beschrieben.

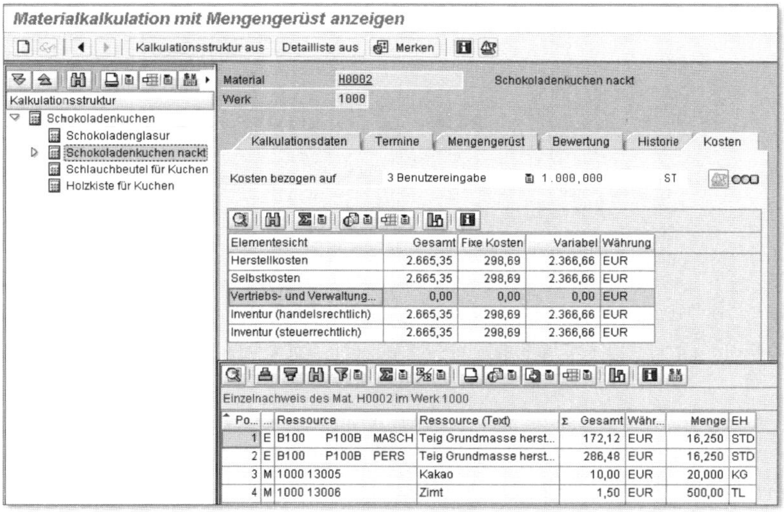

Abbildung 4.78 Kostenelemente für »Schokoladenkuchen nackt«

Der Button PROTOKOLL zeigt im Bildschirmbereich DETAILLISTEN (unten rechts) Meldungen, die während der Kalkulation generiert wurden (siehe Abbildung 4.79). In diesem Fall handelt es sich um eine Informationsmeldung, deshalb steht die Statusanzeige auf Grün.

Kalkulationsstruktur

So richtig spannend wird's eigentlich erst im linken Bereich des Bildschirms mit der Anzeige der Kalkulationsstruktur (siehe Abbildung

4.80). Zunächst sind hier die Materialpositionen zu sehen, die bereits in der Anzeige EINZELNACHWEIS zu sehen waren.

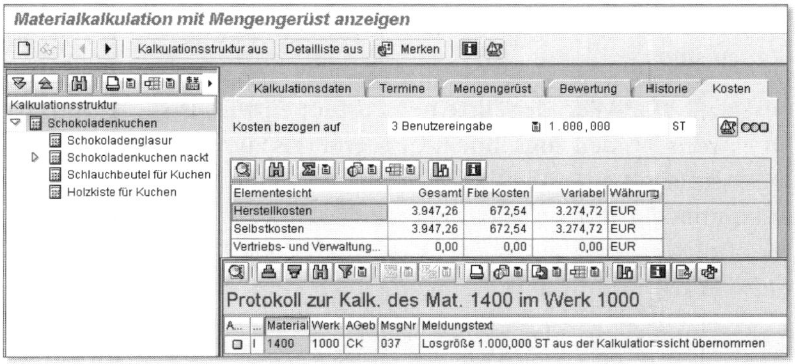

Abbildung 4.79 Materialkalkulation – Detailsicht: Protokoll

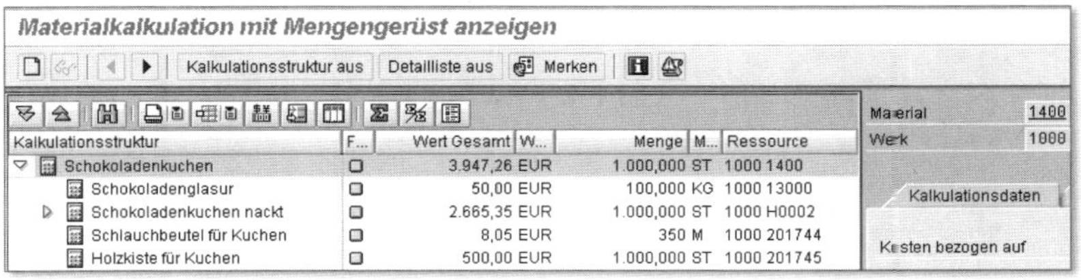

Abbildung 4.80 Kalkulationsstruktur

Der Klick auf den Pfeil links von SCHOKOLADENKUCHEN NACKT zeigt die Bestandteile, die zur Herstellung dieses Materials erforderlich sind (siehe Abbildung 4.81).

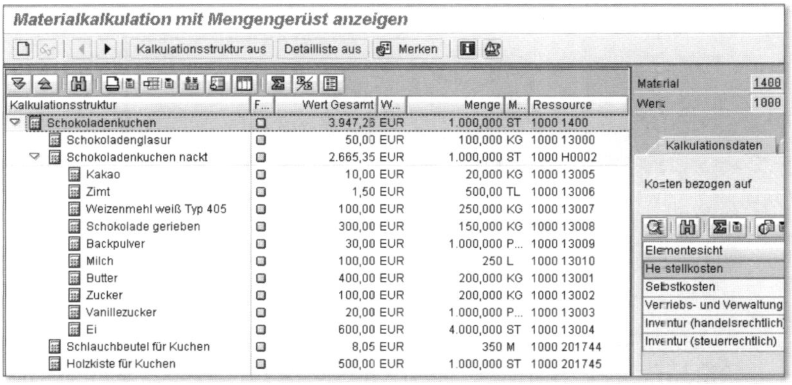

Abbildung 4.81 Kalkulationsstruktur zweistufig

Die nächste Stufe der Detaillierung erhalten Sie mit dem Button NUR MAT./ALLE POS. (siehe Abbildung 4.82). Jetzt werden auch die Leistungspositionen aus dem Arbeitsplan sichtbar. In dieser Übersicht sehen Sie den Wert aller Bestandteile, die in die Kalkulation eingeflossen sind.

Zusätzlich zum Wert der einzelnen Positionen wird in dieser Anzeige oft gewünscht, den zugrunde liegenden Preis zu sehen. Mit den Preisen kann dann eine Abstimmung mit den Ursprungsdaten Materialstamm und Tarif der Kostenstellen erfolgen.

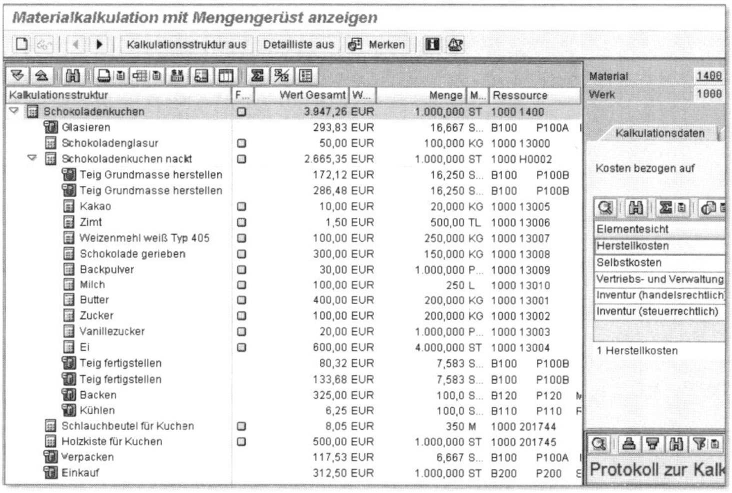

Abbildung 4.82 Materialkalkulation – Struktur mit Leistungen

Der Button ANZEIGEVARIANTE verzweigt zu einer solchen Preisdarstellung (siehe Abbildungen 4.83 und 4.84).

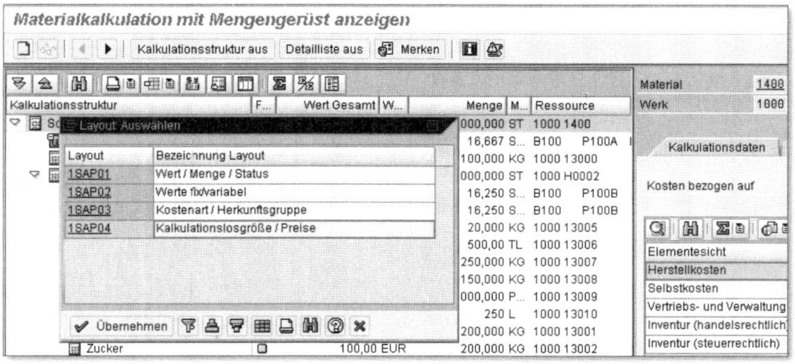

Abbildung 4.83 Materialkalkulation – Struktur: Anzeigevariante

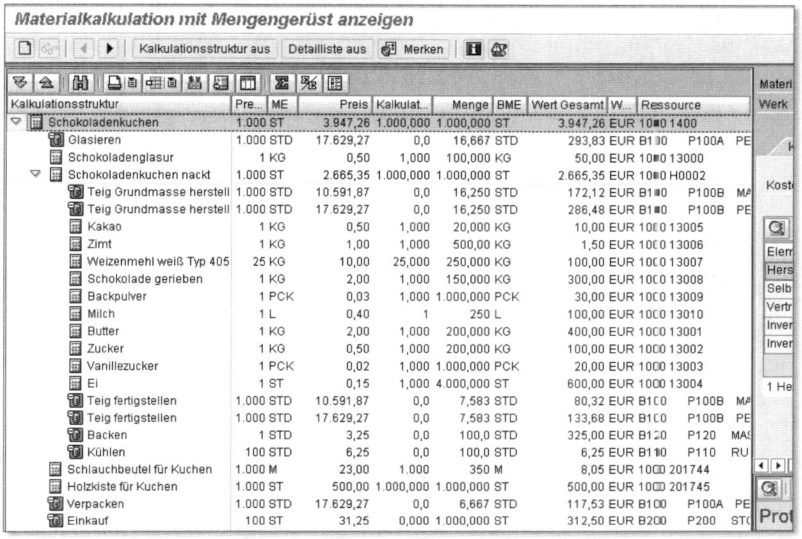

Materialkalkulation mit Mengengerüst anzeigen
Kalkulationsstruktur aus
Detailliste aus
Merken
Kalkulationsstruktur
Pre...
ME
Preis
Kalkulat...
Menge
BME
Wert Gesamt
W...
Ressource
Schokoladenkuchen 1.000 ST 3.947,26 1.000,000 1.000,000 ST 3.947,26 EUR
Glasieren 1.000 STD 17.629,27 0,0 16,667 STD 293,83 EUR P100A
Schokoladenglasur 1 KG 0,50 1,000 100,000 KG 50,00 EUR 13000
Schokoladenkuchen nackt 1.000 ST 2.665,35 1.000,000 1.000,000 ST 2.665,35 EUR H0002
Teig Grundmasse herstell 1.000 STD 10.591,87 0,0 16,250 STD 172,12 EUR P100B
Teig Grundmasse herstell 1.000 STD 17.629,27 0,0 16,250 STD 286,48 EUR P100B
Kakao 1 KG 0,50 1,000 20,000 KG 10,00 EUR 13005
Zimt 1 KG 1,00 1,000 500,00 KG 1,50 EUR 13006
Weizenmehl weiß Typ 405 25 KG 10,00 25,000 250,000 KG 100,00 EUR 13007
Schokolade gerieben 1 KG 2,00 1,000 150,000 KG 300,00 EUR 13008
Backpulver 1 PCK 0,03 1,000 1.000,000 PCK 30,00 EUR 13009
Milch 1 L 0,40 1 250 L 100,00 EUR 13010
Butter 1 KG 2,00 1,000 200,000 KG 400,00 EUR 13001
Zucker 1 KG 0,50 1,000 200,000 KG 100,00 EUR 13002
Vanillezucker 1 PCK 0,02 1,000 1.000,000 PCK 20,00 EUR 13003
Ei 1 ST 0,15 1,000 4.000,000 ST 600,00 EUR 13004
Teig fertigstellen 1.000 STD 10.591,87 0,0 7,583 STD 80,32 EUR P100B
Teig fertigstellen 1.000 STD 17.629,27 0,0 7,583 STD 133,68 EUR P100B
Backen 1 STD 3,25 0,0 100,0 STD 325,00 EUR P120
Kühlen 100 STD 6,25 0,0 100,0 STD 6,25 EUR P110
Schlauchbeutel für Kuchen 1.000 M 23,00 1.000 350 M 8,05 EUR 201744
Holzkiste für Kuchen 1.000 ST 500,00 1.000,000 1.000,000 ST 500,00 EUR 201745
Verpacken 1.000 STD 17.629,27 0,0 6,667 STD 117,53 EUR P100A
Einkauf 100 ST 31,25 0,000 1.000,000 ST 312,50 EUR P200

Abbildung 4.84 Materialkalkulation – Struktur: Preise

Und woher kommen die jetzt angezeigten Preise? Suchen wir zunächst nach 0,50 EUR pro kg für das Material 13005 »Kakao« (siehe Abbildung 4.85). Der Wert V im Feld PREISSTEUERUNG des Materialstamms kennzeichnet den GLEITENDEN PREIS als Preis für die Bestandsbewertung. Dieser Preis wird in diesem Fall auch für die Kalkulation herangezogen. Näheres zu Preisen von Materialien wurde in Abschnitt 4.2, »Materialpreise«, schon beschrieben.

Komponentenpreise

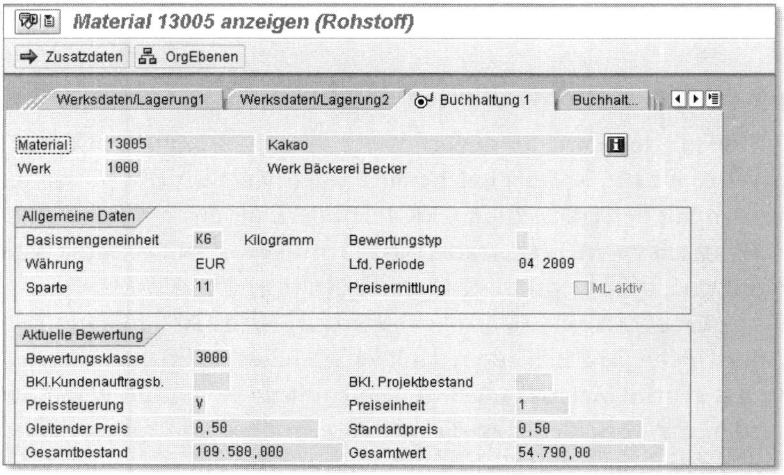

Abbildung 4.85 Materialstamm mit »Gleitender Preis«

Kostensätze für Leistungen

Auch die Preise für Leistungen müssen an anderer Stelle im System verfügbar sein. Sehen wir uns den Satz für die Maschinenstunden (MASCH) bei der Position TEIG GRUNDMASSE HERSTELLEN näher an: 10.591,87 EUR pro 1.000 Stück. In dieser Zeile steht in der Spalte RESSOURCE der Wert B100 für die betroffene Kostenstelle »Backstube«, P100B für den Arbeitsplatz Rührer und MASCH für die Leistungsart »Maschinenstunde«. Der Arbeitsplatz im Arbeitsplan enthält Mengendaten – keine Preise. Also richten wir unser Augenmerk auf die Kombination aus Kostenstelle und Leistungsart. Mit Anzeige der Plantarife wird die gewünschte Information sichtbar (siehe Abbildung 4.86). In der Zeile MASCH sind in den Spalten TARIF FIX und TARIF VAR die Werte 8.591,87 EUR und 2.000,00 EUR zu sehen. Die Summe, 10.591,87 EUR , stimmt genau mit dem gesuchten Wert überein. Die Bezugsgröße 1 000 ist in der Spalte TAR.EH (Tarifeinheiten) dargestellt. Nähere Informationen zur Tarifermittlung finden Sie in Kapitel 3, »Gemeinkostenrechnung«.

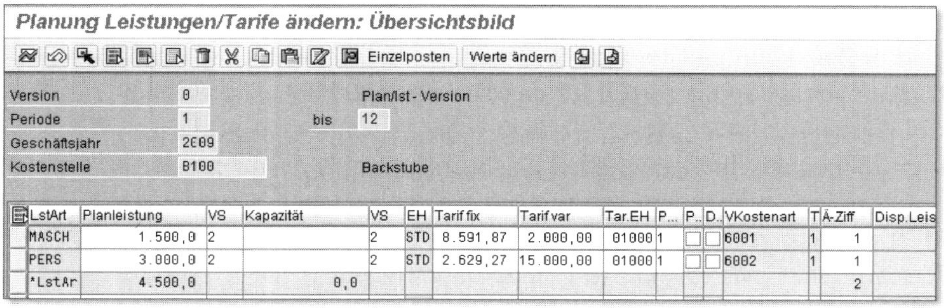

Abbildung 4.86 Plantarife der Kostenstelle »Backstube«

4.5.2 Kalkulationsvarianten

Customizing für Kalkulationsvarianten

Die Kalkulationsvariante steuert, welche Daten, z. B. welche Materialpreise, für die Kalkulation herangezogen werden. Die Varianten werden mit der Transaktion OKKN definiert, im Customizing: SPRO • SAP REFERENZ-IMG • CONTROLLING • PRODUKTKOSTEN-CONTROLLING • PRODUKTKOSTENPLANUNG • MATERIALKALKULATION MIT MENGENGERÜST • KALKULATIONSVARIANTEN DEFINIEREN (siehe Abbildung 4.87). Unterschiedliche Kalkulationen mit verschiedenen Varianten werden für das gleiche Material angelegt. Diese unterschiedlichen Varianten werden mit verschiedenen Basisdaten errechnet und führen daher durchaus zu unterschiedlichen Ergebnissen. Warum sollte ein Material mit unterschiedlichen Preisen kalkuliert werden?

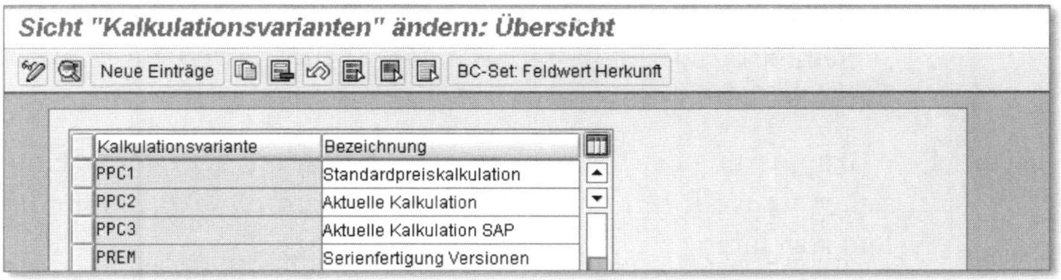

Abbildung 4.87 Customizing – Kalkulationsvarianten

- **PPC1 – Standardpreiskalkulation**
  Bestandsbewertung für Halbfabrikate und Fertigerzeugnisse mit aktuellen Bestandspreisen für Komponenten
- **PPC2 – Aktuelle Kalkulation**
  Basis für laufende Verkaufsangebote mit Planpreisen der nahen Zukunft
- **PREM – Serienfertigung Versionen**
  Automatische Rückmeldung von Leistungen bei retrograder Leistungsbuchung in der Serienfertigung
- **Jahres-Plankalkulation (nicht im Bild)**
  Im Rahmen der Jahresplanung werden Fertigerzeugnisse und Halbfabrikate auf der Basis von Jahres-Planpreisen der Komponenten kalkuliert

4.5.3 Kostenelemente der Produktkalkulation

Wie sollen die Kosten eines Produkts strukturiert werden? Selbst das einfache Beispiel »Schokoladenkuchen« besteht bei der Produktkalkulation aus 24 einzelnen Positionen. Zwischensummen in Form von Kostenelementen müssen geschaffen werden. Als Kostenelemente für die Kuchenprodukte der Bäckerei Becker wurden definiert:

- **Rohwaren**
  Alle Komponenten, die zum Backen und Fertigstellen des Kuchens benötigt werden
- **Verpackung**
  Verpackungsmaterial
- **Fertigung**
  Leistungen, die beim Produktionsprozess für den Kuchen anfallen

- **GMKZ Material**
  Gemeinkostenzuschläge repräsentieren, die Kosten für Einkauf und Lagerhaltung abbilden

Kosten des Materialeinsatzes: Rohstoffe und Verpackung

Eine Gruppierung der Komponenten nach Rohstoff und Verpackung ist sicher sinnvoll. Mit Bewertungsklassen wird diese Trennung im System abgebildet.

Die Definition der Kostenelemente beginnt mit der Anlage eines Elementeschemas. Dieses Schema pflegen Sie mit der Transaktion OKTZ, im Customizing: SPRO • SAP REFERENZ-IMG • CONTROLLING • PRODUKTKOSTEN-CONTROLLING • PRODUKTKOSTENPLANUNG • GRUNDEINSTELLUNGEN FÜR DIE MATERIALKALKULATION • KOSTENELEMENTE DEFINIEREN (siehe Abbildung 4.88).

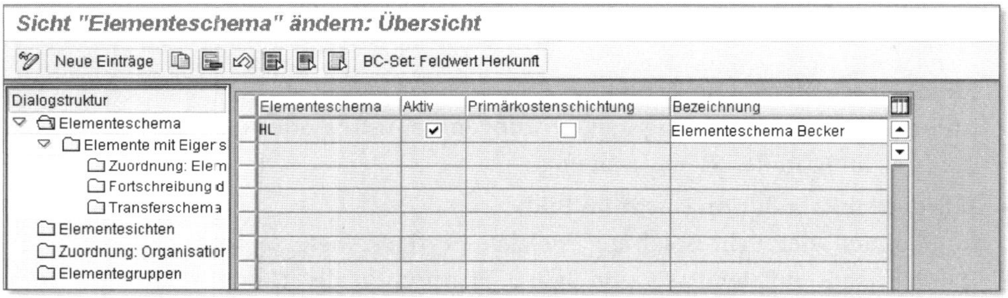

Abbildung 4.88 Customizing Materialkalkulation: Elementeschema

Gruppierung der Kosten in Kostenelementen

In Abbildung 4.88 habe ich das Elementeschema HL »Elementeschema Becker« markiert und dann im linken Bildschirmbereich ELEMENTE MIT EIGENSCHAFTEN markiert. Die einzelnen Elemente mit Bezug auf dieses Elementeschema werden jetzt angezeigt (siehe Abbildung 4.89).

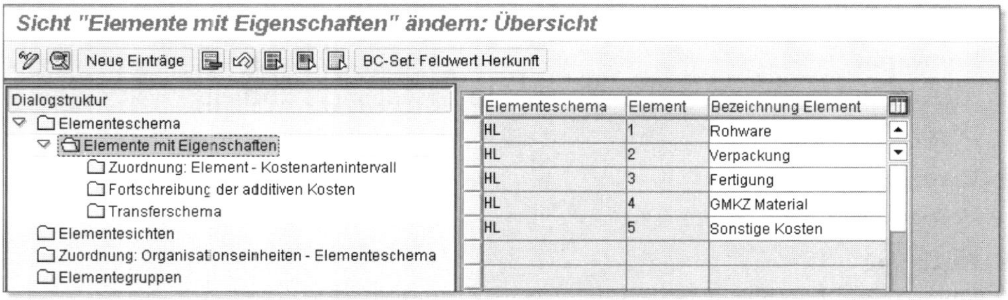

Abbildung 4.89 Customizing Materialkalkulation: Kostenelemente

Die genannten Kostenelemente »Rohware«, »Verpackung«, »Fertigung« und »GMKZ Material« sind hier zu sehen. Das Kostenelement »Sonstige Kosten« wird in den folgenden Beispielen nicht weiter genutzt. Im Elementeschema HL ist dem Kostenelement »Rohware« die Kostenart 401100 zugeordnet (siehe Abbildung 4.90).

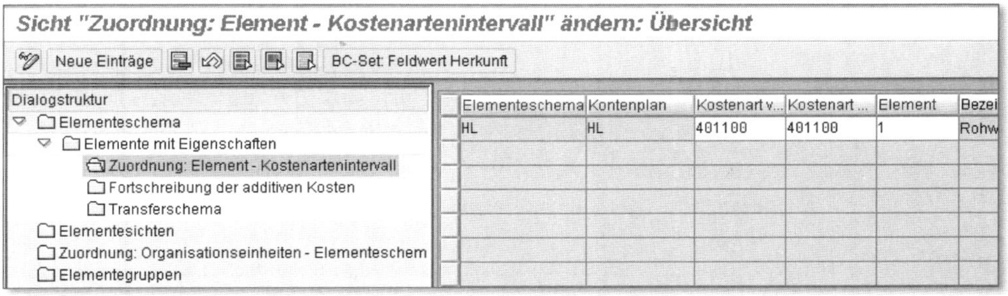

Abbildung 4.90 Zuordnung Kostenelement – Kostenart: Materialeinsatz

Kostenart und Kontenfindung

Was ist 401100 für eine Kostenart, und woher wissen wir, dass wir genau diese Kostenart bei der Definition des Kostenelementes »Rohware« benutzen müssen? Diese Frage beantwortet ein Blick auf das Customizing der Kontenfindung der Materialwirtschaft (siehe Abschnitt 4.1.5). Relevant ist das Konto zum Vorgangsschlüssel GBB-VBF (Gegenbuchung zur Bestandsbuchung – Verbrauch für Fertigung) für die Bewertungsklasse 3000 »Rohware und Zutaten« (siehe Abbildung 4.91).

Abbildung 4.91 Kontenfindung der Materialwirtschaft – GBB-VBF

Leistungen

Für die Zuordnung der Leistungen von Kostenstellen zu Kostenelementen wählen Sie im Bild ZUORDNUNG: ELEMENT – KOSTENARTENINTERVALL diejenigen sekundären Kostenarten, die bei den gewünschten Leistungsarten als VERRECHKOSTENART (Verrechnungskostenart) definiert sind (siehe Abbildungen 4.92 und 4.93).

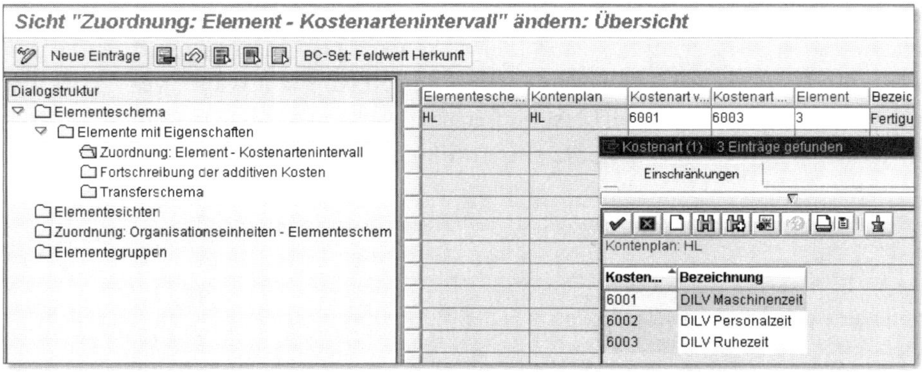

Abbildung 4.92 Zuordnung Kostenelement – Kostenart: Leistung

Abbildung 4.93 Leistungsart – Verknüpfung zur Verrechnungskostenart

Organisationseinheiten

Das Elementeschema muss noch für die gewünschten Organisationseinheiten aktiviert werden (siehe Abbildung 4.94). In der markierten Zeile gilt das Elementeschema HL für alle Werke des Buchungskreises 1000. Wie das Werk ist auch die Spalte KALKU... (Kalkulationsvariante) mit ++++ »maskiert«. Das bedeutet, dass beliebige Ausprägungen gültig sind. Dieser Eintrag gilt also für alle Kalkulationsvarianten.

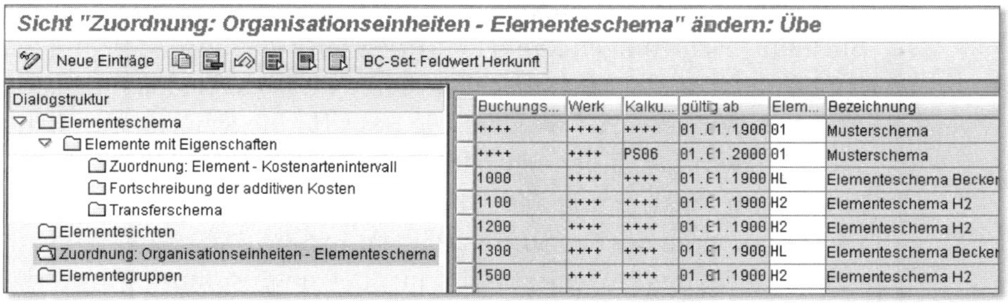

Abbildung 4.94 Zuordnung Organisationseinheiten – Elementeschema

4.5.4 Gemeinkostenzuschläge

Wie werden Einkauf und Lager in Produktkosten dargestellt?

Die Kosten für Einkauf und Lager werden nach den Bewertungsvorschriften in den meisten Ländern in die Bestandswerte von Halbfabrikaten und Fertigprodukten einbezogen. Das bedeutet, dass Einkauf und Lager als Bestandteile der Kalkulationen auszuweisen sind. Für diese beiden Kostenblöcke ist es deutlich schwieriger, eine Verbindung zu den Erzeugnissen herzustellen, als bei der Backstube. Bei der Backstube sind die Zeitangaben für Maschinen und Personal aus dem Arbeitsplan hervorragende Schlüssel zur Übertragung von Kosten auf die Materialien.

Für die Verrechnung der Kosten von Einkauf und Lager drängt sich zunächst kein geeigneter Schlüssel auf. Die Kosten für einen Sachbearbeiter des Einkaufs sind von Produktionsmengen weitgehend unabhängig. Das Gleiche gilt für den Lagerraum, wo Miete oder Abschreibung anfällt, egal, ob der Raum voll oder halb leer ist.

Im Arbeitsplan (siehe Abschnitt 4.4.4, »Arbeitsplatz – Stammdaten«), wurden die Kosten des Einkaufs über Positionen im Arbeitsplan auf das Produkt verrechnet. Hier, in diesem Abschnitt, wird nun die Methode »Gemeinkostenzuschläge« vorgestellt.

Wertmäßiger Zuschlag

Die Kosten der Kostenstellen »Einkauf« und »Lager« werden als wertmäßiger, d. h. prozentualer Zuschlag auf die Kosten für Rohmaterial gerechnet. Die Höhe des Prozentsatzes ergibt sich in der Planung aus der Division: Kosten der Einkaufskostenstelle geteilt durch Gesamtwert der Rohmaterialien für alle Produkte, die im Laufe des Jahres produziert werden sollen. Die gespeicherten Plankosten der Einkaufskostenstelle sind leicht zu ermitteln. Die Feststellung des exakten Planwertes für die Kosten der Rohmaterialien ist allerdings deutlich aufwendiger. Ohne eine integrierte Planung, wie sie hier im Buch im gleichnamigen Kapitel 7, »Integrierte Planung«, beschrieben ist, ist dieser Wert nicht verfügbar. Ohne diese exakte Planung kann der Wert nur geschätzt werden. Die Basis für die Schätzung ist dann z. B. der Wert des laufenden Jahres mit Zu- oder Abschlägen für die eingeplante Ausweitung oder Reduzierung der Produktionsmengen. Die Berechnung des Prozentsatzes kann in SAP ERP nicht automatisiert werden; der Prozentsatz wird manuell im Customizing eingetragen.

Mit Einträgen im Feld GEMEINKOSTENGRUPPE auf der Kalkulationssicht des Materialstamms wird gesteuert, dass für unterschiedliche Fertigartikel unterschiedliche Prozentsätze als Zuschlag gerechnet werden sollen. Im Beispiel »Schokoladenkuchen« könnte eine solche Unterscheidung genutzt werden, um unterschiedlich schwierige Bedingungen bei der Lagerung von verschiedenen Kuchensorten im Zuschlag zu berücksichtigen.

Bei der Umsetzung der Gemeinkostenzuschläge mit SAP ERP werden die folgenden Schritte durchgeführt:

- Zuschlagskostenart anlegen
- Bezugsbasis definieren
- Zuschlagsschlüssel anlegen
- Prozentuale Zuschlagssätze erfassen
- Entlastungen pflegen
- Kalkulationsschema definieren
- Gemeinkostengruppen anlegen
- Kalkulationsschema in der Kalkulationsvariante eintragen
- Gemeinkostengruppe im Materialstamm pflegen

Zuschlagskostenart anlegen

Die Zuschlagskostenart ist die Kostenart, mit der bei Istbuchungen die Entlastungen auf den zugeordneten Kostenstellen gebucht werden. Bei der Pflege der Kostenelemente der Kalkulation ist die Zuschlagskostenart das Bindeglied zum Element. Die Zuschlagskostenart ist eine sekundäre Kostenart vom Typ 41. Sie wird mit der Transaktion KA06 gepflegt, im Customizing: SPRO • SAP REFERENZ-IMG • CONTROLLING • PRODUKTKOSTEN-CONTROLLING • PRODUKTKOSTENPLANUNG • GRUNDEINSTELLUNGEN FÜR DIE MATERIALKALKULATION • GEMEINKOSTENZUSCHLÄGE • ZUSCHLAGSKOSTENARTEN PFLEGEN. Die

Transaktion finden Sie auch im Anwendungsmenü des Controllings unter KOSTENARTENRECHNUNG • STAMMDATEN • KOSTENART • EINZELBEARBEITUNG • ANLEGEN SEKUNDÄR (siehe Abbildung 4.95).

Abbildung 4.95 Zuschlagskostenart pflegen

Bezugsbasis definieren

Was ist die Bezugsbasis? Auf welche Bestandteile der Kalkulation soll für die Ermittlung des Gemeinkostenzuschlags zugegriffen werden? Dazu identifizieren Sie die Kostenarten, in denen die entsprechenden Kosten auflaufen. In unserem Beispiel sollen die Kosten für den Einkauf auf der Basis der Rohwarenkosten ermittelt werden. Die Kostenart für Rohwaren in der Kalkulation ist 401100. Sie definieren die Bezugsbasis im Customizing unter SPRO • SAP REFERENZ-IMG • CONTROLLING • PRODUKTKOSTEN-CONTROLLING • PRODUKTKOSTENPLANUNG • GRUNDEINSTELLUNGEN FÜR DIE MATERIALKALKULATION • GEMEINKOSTENZUSCHLÄGE • KALKULATIONSSCHEMA: BESTANDTEILE • BERECHNUNGSBASEN DEFINIEREN (siehe Abbildung 4.96).

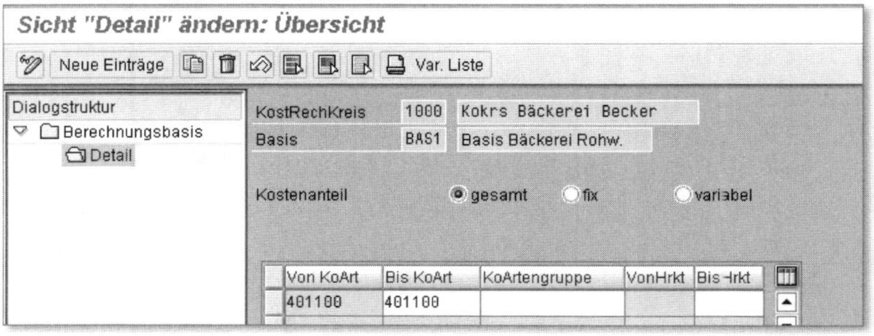

Abbildung 4.96 Gemeinkostenzuschlag – Bezugsbasis pflegen

Zuschlagsschlüssel anlegen

Der Zuschlagsschlüssel wird innerhalb des Customizings verwendet, um die Prozentsätze mit den im Folgenden definierten Gemeinkostengruppen zu verbinden. Die Gemeinkostengruppen wiederum werden in den Materialstamm eingetragen. So findet das System im Dreisprung Material – Gemeinkostengruppe – Zuschlagsschlüssel die gewünschten Werte. Das wäre vielleicht auch eine Ebene einfacher gegangen. Aber wir nehmen das Customizing am besten so, wie es ist, und pflegen den Zuschlagsschlüssel unter SPRO • SAP REFERENZ-IMG • CONTROLLING • PRODUKTKOSTEN-CONTROLLING • PRODUKTKOSTENPLANUNG • GRUNDEINSTELLUNGEN FÜR DIE MATERIALKALKULATION • GEMEINKOSTENZUSCHLÄGE • ZUSCHLAGSSCHLÜSSEL DEFINIEREN (siehe Abbildung 4.97).

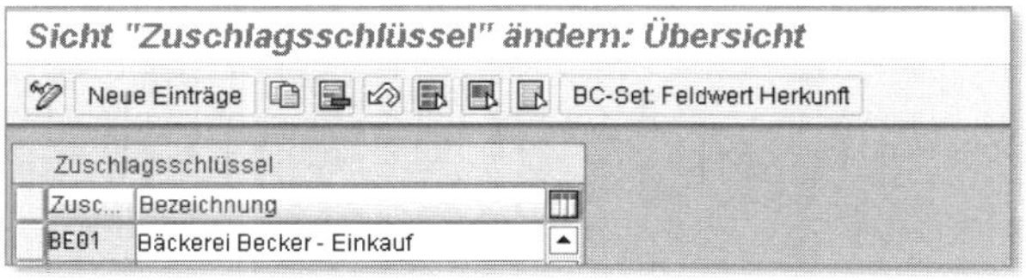

Abbildung 4.97 Zuschlagsschlüssel definieren

Prozentuale Zuschlagssätze erfassen

Jetzt kommt endlich einmal etwas Konkretes und nicht schon wieder ein abstrakter Schlüssel. Wie hoch ist der Prozentsatz für den Zuschlag, und für welchen Zeitraum soll er gelten? Die beiden Angaben erfassen Sie in Bezug auf den Zuschlagsschlüssel im Customizing SPRO • SAP REFERENZ-IMG • CONTROLLING • PRODUKTKOSTEN-CONTROLLING • PRODUKTKOSTENPLANUNG • GRUNDEINSTELLUNGEN FÜR DIE MATERIALKALKULATION • GEMEINKOSTENZUSCHLÄGE • KALKULATIONSSCHEMA: BESTANDTEILE • PROZENTUALE ZUSCHLAGSSÄTZE DEFINIEREN (siehe Abbildung 4.98). Die Werte 1 und 2 in der Spalte ZUSCHLART (Zuschlagsart) stehen für Plan und Ist.

Abbildung 4.98 Prozentuale Zuschlagssätze pflegen

Entlastungen pflegen

Welche Kostenstelle soll mit Buchungen aus dem Gemeinkostenzuschlag entlastet werden? Sie hinterlegen die Antwort auf diese Frage im System, indem Sie die Zuschlagskostenart mit der gewünschten Kostenstelle im Customizing verknüpfen: SPRO • SAP REFERENZ-IMG • CONTROLLING • PRODUKTKOSTEN-CONTROLLING • PRODUKTKOSTENPLANUNG • GRUNDEINSTELLUNGEN FÜR DIE MATERIALKALKULATION • GEMEINKOSTENZUSCHLÄGE • KALKULATIONSSCHEMA: BESTANDTEILE • ENTLASTUNGEN DEFINIEREN (siehe Abbildung 4.99).

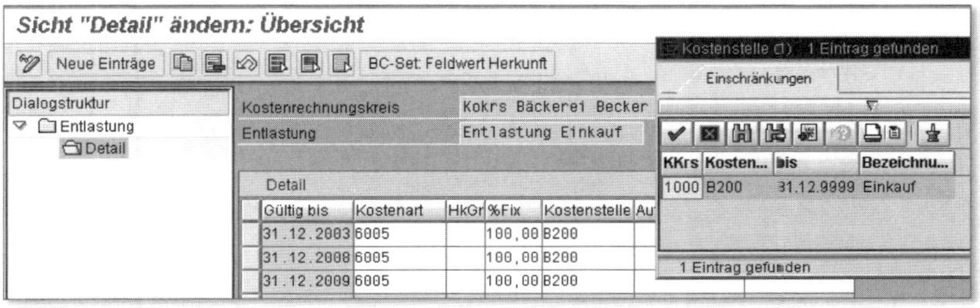

Abbildung 4.99 Entlastungen definieren

Kalkulationsschema definieren

Bisher haben wir getrennt voneinander die Berechnungsbasis BAS1, den Zuschlag ZU01 und die Entlastung EN1 im System hinterlegt. Das Kalkulationsschema verknüpft diese drei Einträge. Die Funktion zur Pflege des Kalkulationsschemas finden Sie im Customizing: SPRO • SAP REFERENZ-IMG • CONTROLLING • PRODUKTKOSTEN-CONTROLLING • PRODUKTKOSTENPLANUNG • GRUNDEINSTELLUNGEN FÜR DIE MATERIALKALKULATION • GEMEINKOSTENZUSCHLÄGE • KALKULATIONSSCHEMATA DEFINIEREN (siehe Abbildung 4.100).

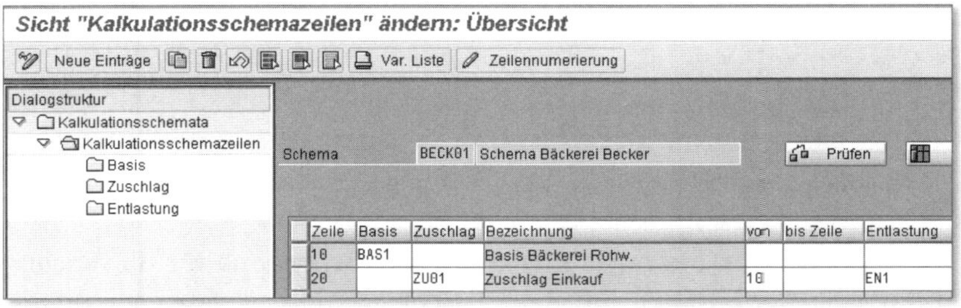

Abbildung 4.100 Kalkulationsschema definieren

Kalkulationsschema in der Kalkulationsvariante eintragen

Damit bei der Kalkulation das richtige Kalkulationsschema gezogen wird, muss das Kalkulationsschema bei der Kalkulationsvariante eingetragen werden. Dieser Eintrag erfolgt mit der Transaktion OKKN im Customizing, im Menü: SPRO • SAP REFERENZ-IMG • CONTROLLING • PRODUKTKOSTEN-CONTROLLING • PRODUKTKOSTENPLANUNG • GRUNDEINSTELLUNGEN FÜR DIE MATERIALKALKULATION • MATERIALKALKULATION MIT MENGENGERÜST • KALKULATIONSVARIANTEN DEFINIEREN (siehe Abbildungen 4.101 und 4.102).

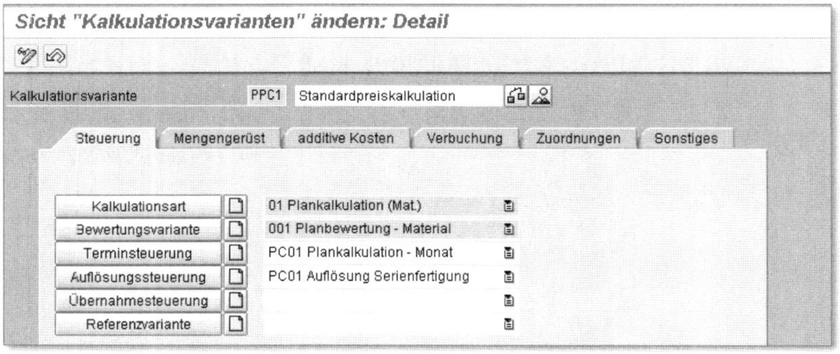

Abbildung 4.101 Kalkulationsvariante PPC1

Der Button BEWERTUNGSVARIANTE führt zum nächsten Bild. Im Register SONSTIGES stoßen wir auf das gesuchte Feld GEMEINKOSTENZUSCHLÄGE – KALKULATIONSSCHEMA (siehe Abbildung 4.102).

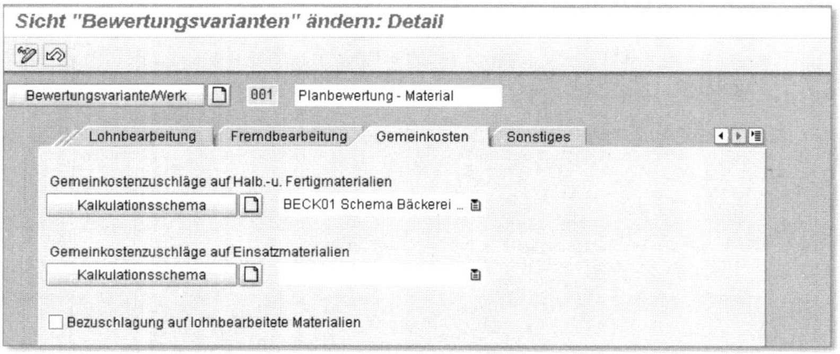

Abbildung 4.102 Bewertungsvariante – Verknüpfung zum Kalkulationsschema

Gemeinkostengruppen anlegen

Jetzt benötigen Sie noch eine Gemeinkostengruppe für die Verbindung der Materialien mit dem Zuschlagsschlüssel. Die Gemeinkostengruppe wird im Customizing angelegt mit SPRO • SAP REFERENZ-IMG • CONTROLLING • PRODUKTKOSTEN-CONTROLLING • PRODUKTKOSTENPLANUNG • GRUNDEINSTELLUNGEN FÜR DIE MATERIALKALKULATION • GEMEINKOSTENZUSCHLÄGE • GEMEINKOSTENGRUPPEN DEFINIEREN (siehe Abbildung 4.103).

Gemeinkostengruppe im Materialstamm pflegen

Nun entscheiden Sie, für welche Materialien der definierte Zuschlagssatz von 11 % bzw. 12 % gerechnet werden soll. Bei diesen Artikeln pflegen Sie im Materialstamm in der Sicht KALKULATION 1 das Feld GEMEINKOSTENGRUPPE (siehe Abbildung 4.104).

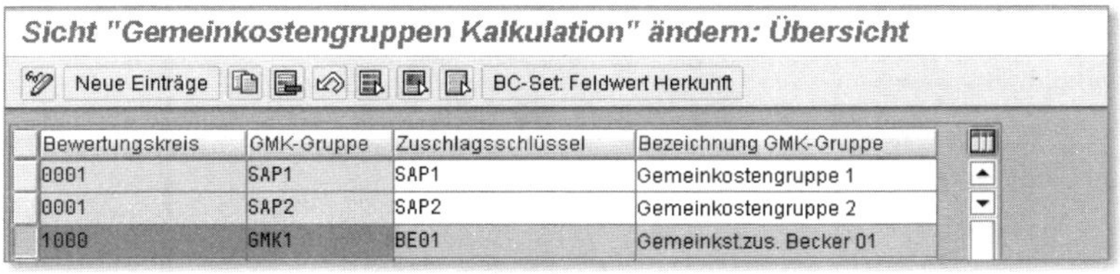

Abbildung 4.103 Gemeinkostengruppen definieren

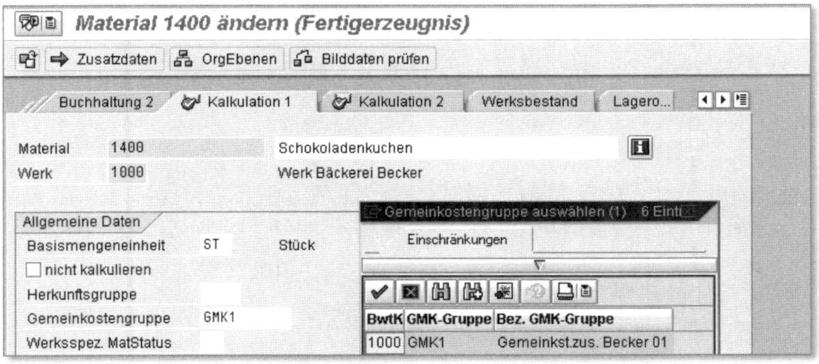

Abbildung 4.104 Gemeinkostengruppe – Eintrag im Materialstamm

Mit diesen Einstellungen im Customizing und in den Stammdaten ergibt sich bei der Kalkulation ein neues Bild. Die Zeile GMKZ MATERIAL enthält genau 12 % der Kosten, die in der Zeile ROHWARE dargestellt sind (siehe Abbildung 4.105).

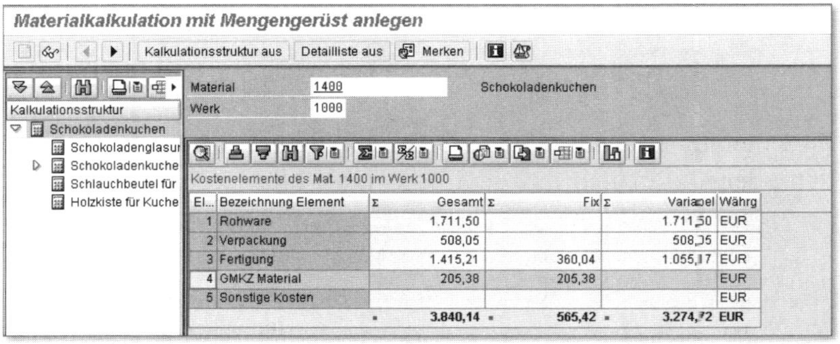

Abbildung 4.105 Gemeinkostenzuschläge in der Kalkulation

Die Details zur Kalkulation zeigen, dass der Zuschlag sowohl für »Schokoladenkuchen nackt« (H0002) als auch für das Fertigprodukt »Schokoladenkuchen« (1400) gerechnet wurde (siehe Abbildung 4.106). Bei beiden Artikeln wurde für diese Kalkulation die Gemeinkostengruppe GMK1 eingetragen.

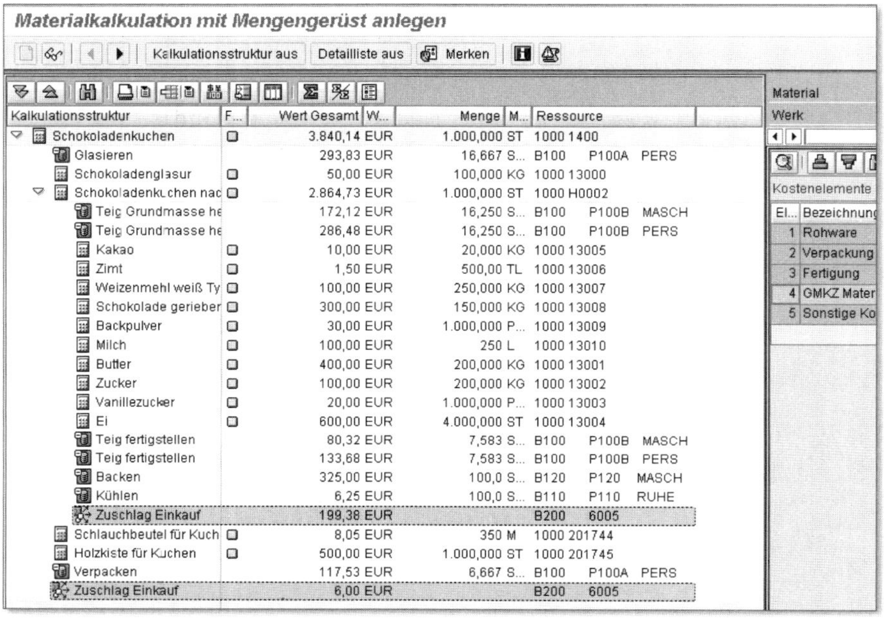

Abbildung 4.106 Positionen für Gemeinkostenzuschläge

In den Bewertungsdaten der Kalkulation ist der Zuschlagsschlüssel zu sehen, der über die Gemeinkostengruppe im Materialstamm angezogen wurde (siehe Abbildung 4.107).

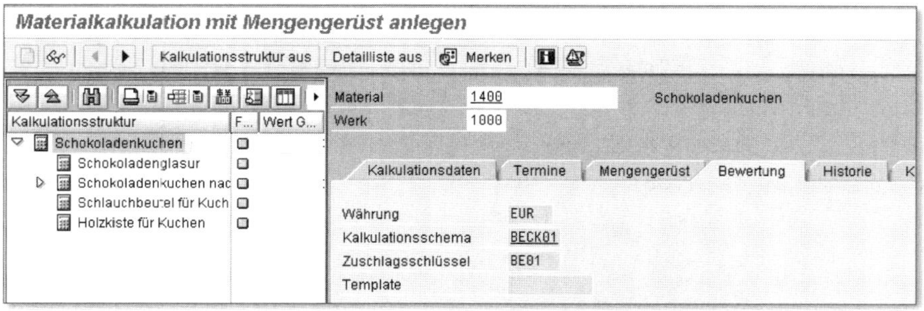

Abbildung 4.107 Kalkulation – Neuer Eintrag im Zuschlagsschlüssel

4.5.5 Dummybaugruppe vs. »echte« Baugruppe

Stufen der Stückliste

Zur Erinnerung: Die Stückliste für »Schokoladenkuchen« wurde in drei Stufen abgebildet (siehe Abschnitt 4.3, »Stückliste«).

- Stufe 1 – H0001 »Teig Grundmasse« (Halbfabrikat)
- Stufe 2 – H0002 »Schokoladenkuchen nackt« (Halbfabrikat)
- Stufe 3 – 1400 »Schokoladenkuchen« (Fertigerzeugnis, glasiert und verpackt)

Jede dieser Stufen ist eine Baugruppe. Die Stufen 1 und 2 sind außerdem Komponenten bei der Verwendung in der nächsthöheren Stufe. Baugruppen, die als Komponenten in anderen Stücklisten geführt werden, sind »echte« Baugruppen oder Dummybaugruppen.

- **»Echte« Baugruppe**
  Die Baugruppe wird bestandsmäßig am Lager geführt, und die Verwendung von Komponenten im Ist wird mit Bezug auf diese Baugruppe gemeldet.
- **Dummybaugruppe**
  Die Baugruppe wurde nur angelegt, um die Erfassung von Stücklisten zu vereinfachen. Die Baugruppe wird nie bestandsmäßig im Lager geführt, die Rückmeldung von Komponenten erfolgt mit Bezug auf die nächsthöhere Stufe.

»Echte« Baugruppe

H0002 »Schokoladenkuchen nackt« kann (wenn auch nur für wenige Tage) auf Bestand gelegt werden. Wenn der Backvorgang am Freitag einer Woche abgeschlossen wird, kann das Glasieren und Verpacken nicht sofort erfolgen. Der (nackte) Kuchen kühlt über das Wochenende aus und liegt so lange auf Bestand. Insbesondere wenn das Wochenende auf einen Monatswechsel fällt, sind die Controller und die Buchhalter dringend an einem exakten Bestandswert des H0002 »Schokoladenkuchen nackt« interessiert. Eine Bestandsbewertung ist erforderlich, dieses Material ist eine »echte« Baugruppe. »Echte« Baugruppen erkennen Sie in SAP ERP daran, dass im Materialstamm auf der Sicht DISPOSITION 2 das Feld SONDERBESCHAFFUNG nicht gefüllt ist (siehe Abbildung 4.108).

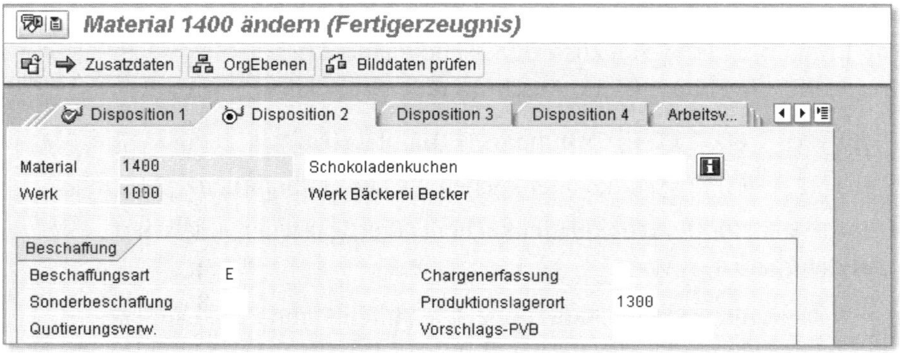

Abbildung 4.108 Materialstamm – »echte« Baugruppe

Dummybaugruppe Bei der Baugruppe H0001 »Teig Grundmasse« dagegen ist eine Bestandsführung nicht möglich, der Teig muss sofort verbraucht werden. Die Verbrauchsmeldungen der Komponenten Mehl, Zucker und Eier können mit Bezug auf die nächsthöhere Stufe H0002 »Schokoladenkuchen nackt« erfolgen. Bei Dummybaugruppen wird im Feld SONDERBESCHAFFUNG des Materialstamms der Wert 50 eingetragen (siehe Abbildung 4.109).

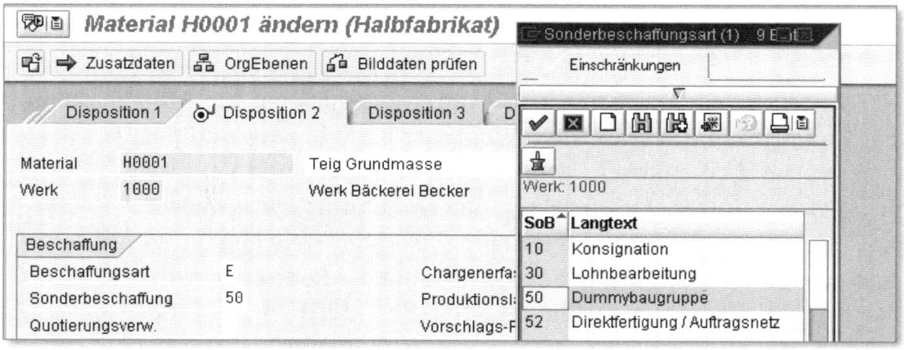

Abbildung 4.109 Materialstamm – Dummybaugruppe

Bei der Erstellung der Produktkalkulation werden Dummybaugruppen übersprungen und nur für die Stücklistenauflösung herangezogen. »Echte« Baugruppen dagegen werden separat kalkuliert. Deshalb war in der Anzeige der Kalkulation des Schokoladenkuchens die Baugruppe H0001 »Teig Grundmasse« nicht abgebildet (siehe Abschnitt 4.5.1, »Materialkalkulation«).

4.5.6 Bestandsbewertung

Welchen Wert hat das produzierte Material im Lager?

Die bisher beschriebene Produktkalkulation hat den Zweck festzustellen, welche Kosten bei der Herstellung von Schokoladenkuchen anfallen. Das ist die Sicht des Controllings. Der Schokoladenkuchen in unserem Beispiel wird in Vakuumfolie verpackt und ist so ein bis zwei Wochen haltbar. Wenn der fertige Schokoladenkuchen gelagert wird und auf die Auslieferung wartet, spiegelt die Produktkalkulation außerdem den Wert der gelagerten Ware. Jetzt ist die Bilanzposition »Bestand Fertigware« der Buchhaltung betroffen. Die Buchhalter nennen die Aufnahme von Fertigwarenbeständen in die Bilanz »Aktivierung«, weil die Aktivseite der Bilanz diese Position ausweist. Die Produktkalkulation ist die Basis für den Standardpreis von Fertigwaren und Halbfabrikaten. Für die Bestandsbewertung von eigenen Erzeugnissen sind vom Gesetzgeber einige Vorschriften verfasst worden. In diesen Vorschriften werden einige Bestandteile des Herstellungsprozesses zwingend vorgeschrieben, es besteht Aktivierungspflicht. Andere Bestandteile können in die Bewertung einfließen, müssen aber nicht – hier besteht ein Wahlrecht. Außerdem sind in diesen Vorschriften Kosten aufgeführt, die nicht Bestandteil von Bestandsbewertungen sein dürfen. Die Vorschriften unterscheiden sich von Land zu Land in den Details. Die internationalen Vorschriften zur Bilanzierung IFRS und US-GAAP haben in diesem Punkt wieder eigene, zum Teil etwas unterschiedliche Betrachtungsweisen. Meine Empfehlung lautet: Schaffen Sie in Ihrem Unternehmen eine Einigung zwischen Controlling und Buchhaltung. Zumindest für die unterjährige Bestandsbewertung sollten die Standardpreiskalkulationen auch den Anforderungen aus der Buchhaltung genügen. Nur so kann eine Harmonisierung von externem und internem Rechnungswesen gelingen. Falls am Ende des Jahres die Argumente für eine abweichende Bestandsbewertung in der Buchhaltung nicht auszuräumen sind, dann berechnen Sie die Bestandswerte separat und buchen den Unterschied zwischen der Bewertung laut Standardpreis und der Buchhaltungsbewertung manuell in der Bilanz.

Vormerkung und Freigabe

Zur Übernahme der Kalkulationen in die Bestandsbewertung müssen in SAP ERP drei Schritte durchgeführt werden.

- Vormerkung für eine Periode erlauben
- Kalkulationen vormerken
- Kalkulationen freigeben

Systembeispiel

Ausgangsbasis für das folgende Systembeispiel ist das Material 1400 »Schokoladenkuchen«. Auf der Sicht KALKULATION 2 des Materialstamms ist der Standardpreis für die laufende Bewertung gefüllt (siehe Abbildung 4.110). Die letzte Kalkulation für diesen Artikel wurde im Dezember 2008 angelegt – zu erkennen am Eintrag im Feld PERIODE/GESCHÄFTSJAHR unter dem Button LAUFEND. Diese Kalkulation hatte als Preis 3.764,41 EUR pro 1.000 Stück für den Schokoladenkuchen ermittelt.

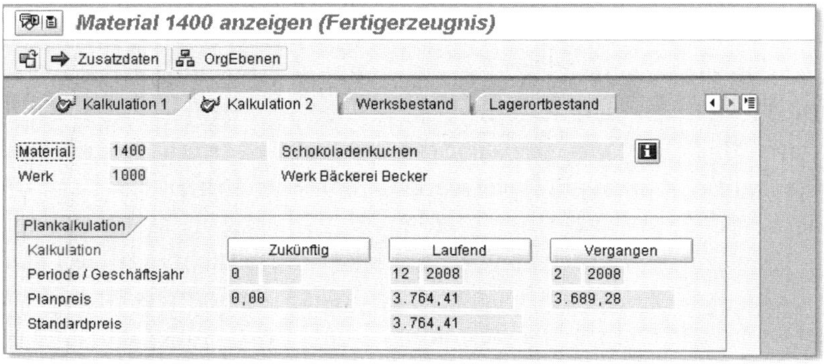

Abbildung 4.110 Materialstamm – Ausgangsbasis

Bestandswert

Auf der Sicht BUCHHALTUNG 1 ist der Standardpreis von 3.764,41 EUR pro 1.000 Stück wieder zu sehen (Abbildung 4.111). Im Lager befinden sich aktuell 1.000 Stück (Gesamtbestand), dementsprechend ist der Wert des Bestandes 3.764,41 EUR (Gesamtwert). So einfach nachvollziehbar sind die Daten leider nur in konstruierten Beispielen. In einem produktiven System ist der Gesamtwert auf dieser Sicht nachvollziehbar mit der Formel:

Gesamtwert =
Standardpreis : Preiseinheit × Gesamtbestand

Jetzt wollen wir die im Abschnitt 4.5.4, »Gemeinkostenzuschläge«, angelegte Kalkulation mit dem Materialstamm verknüpfen (siehe Abbildungen 4.115 und 4.116). Dazu nutzen wir die Transaktion CK24, im Menü: RECHNUNGSWESEN • CONTROLLING • PRODUKTKOSTEN-CONTROLLING • PRODUKTKOSTENPLANUNG • MATERIALKALKULATION • PREISFORTSCHREIBUNG (siehe Abbildung 4.112).

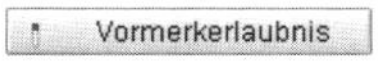

Mit dem Button VORMERKERLAUBNIS öffnen Sie eine Periode für die Preisfortschreibung (siehe Abbildung 4.113).

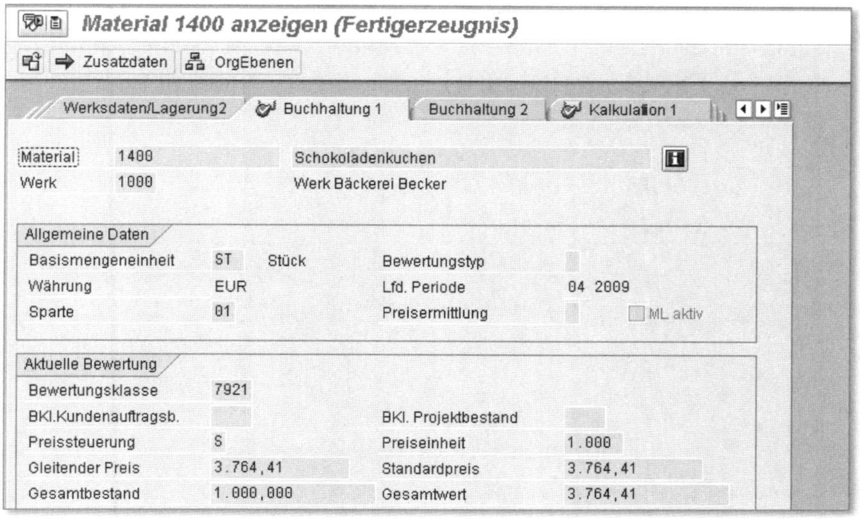

Abbildung 4.111 Materialstamm – Ausgangsbasis Buchhaltung

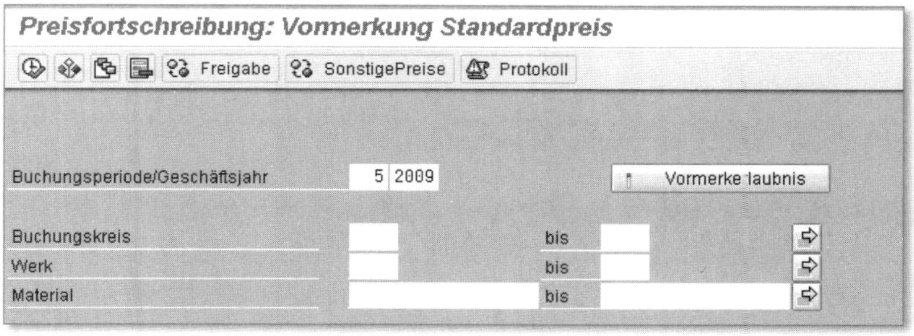

Abbildung 4.112 Preisfortschreibung – Einstiegsbild

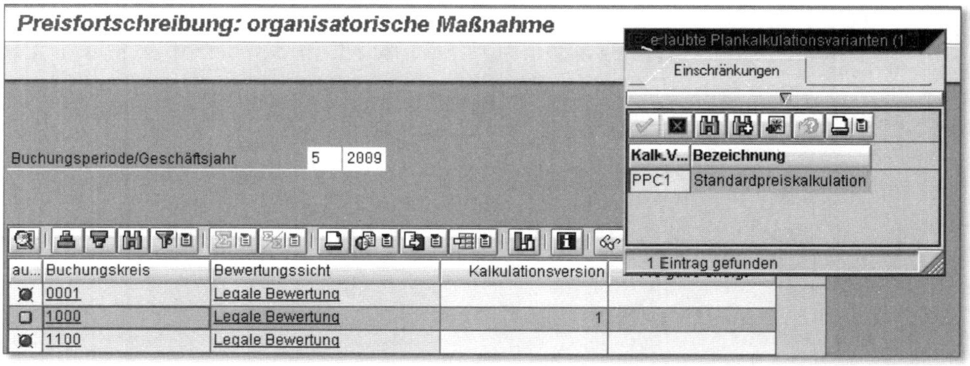

Abbildung 4.113 Vormerkerlaubnis für Buchungskreis 1000 erteilen

Kalkulationen vormerken

Im Einstiegsbild der Transaktion CK24 PREISFORTSCHREIBUNG wählen Sie die Materialien, die Sie bearbeiten wollen (siehe Abbildung 4.114). Nach der Ausführung erhalten Sie ein Protokoll (siehe Abbildung 4.115).

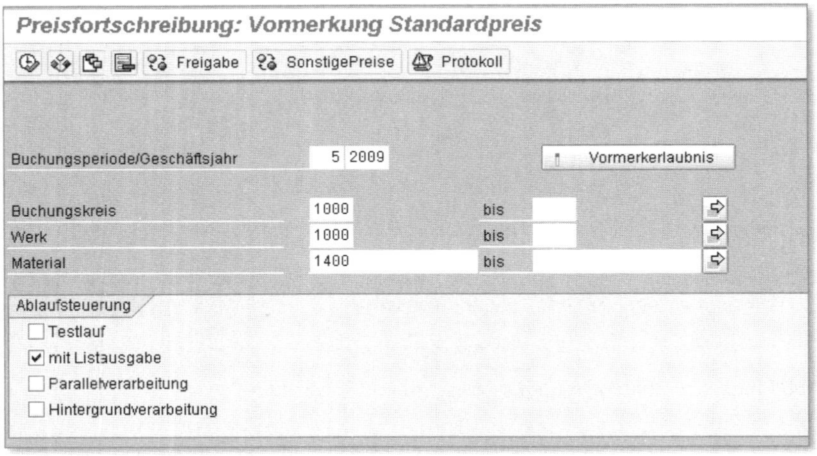

Abbildung 4.114 Vormerkung – Artikel auswählen

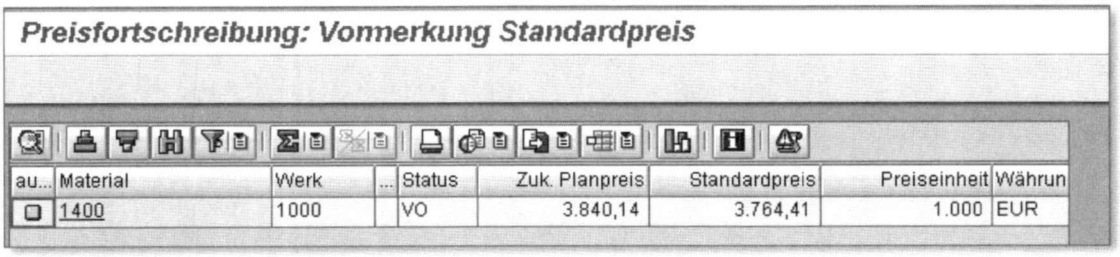

Preisfortschreibung: Vormerkung Standardpreis
au... Material Werk ... Status Zuk. Planpreis Standardpreis Preiseinheit Währun
1400 1000 VO 3.840,14 3.764,41 1.000 EUR

Abbildung 4.115 Liste zur Vormerkung des Materials 1400

Materialstamm nach der Vormerkung

Die Vormerkung ist abgeschlossen. Das Material 1400 weiß jetzt, welchen Preis es zukünftig haben wird. In der betroffenen Kalkulation wird der Status »Vorgemerkt« gesetzt. Im Materialstamm wird der vorgemerkte Preis auf der Sicht KALKULATION 2 unter dem Button ZUKÜNFTIG sichtbar (siehe Abbildung 4.116). Die Vormerkung hat auf die Bewertung des Materials keine Auswirkung, die Buchhaltungsdaten mit dem »alten« Standardpreis bleiben noch unverändert

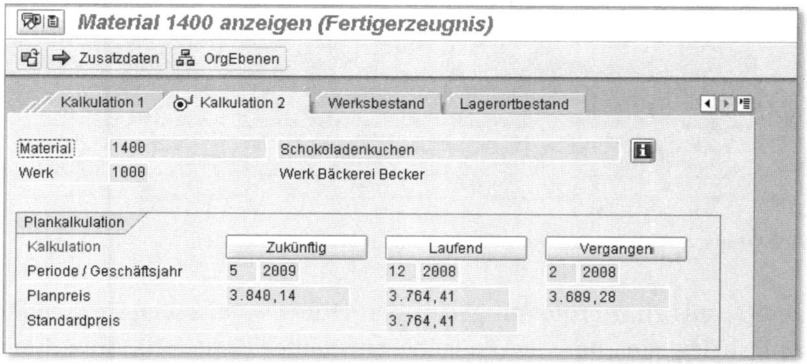

Abbildung 4.116 Vorgemerkte Kalkulation im Materialstamm

Kalkulation freigeben

Der nächste Schritt »Freigabe« erfolgt immer am ersten Tag einer Periode. Dazu öffnen wir wieder die Transaktion CK24 Preisfortschreibung. Jetzt drücken Sie allerdings den Button Freigabe und erhalten ein Selektionsbild, das sich nur durch das zusätzliche Feld Anzahl Materialien im Beleg von der vorigen Selektion zur Vormerkung unterscheidet (Abbildung 4.117). Wir wählen den bekannten Artikel 1400 »Schokoladenkuchen« für die Freigabe.

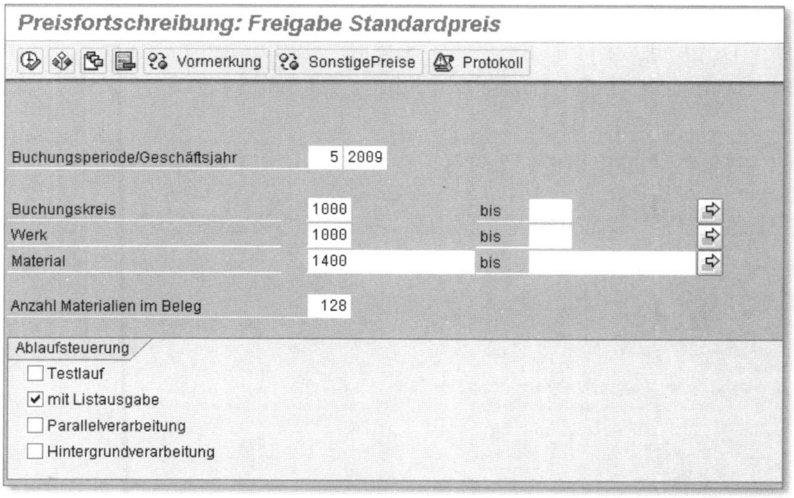

Abbildung 4.117 Freigabe – Auswahlbild

Wie zuvor die Vormerkung, liefert auch die Freigabe ein Protokoll (siehe Abbildung 4.118).

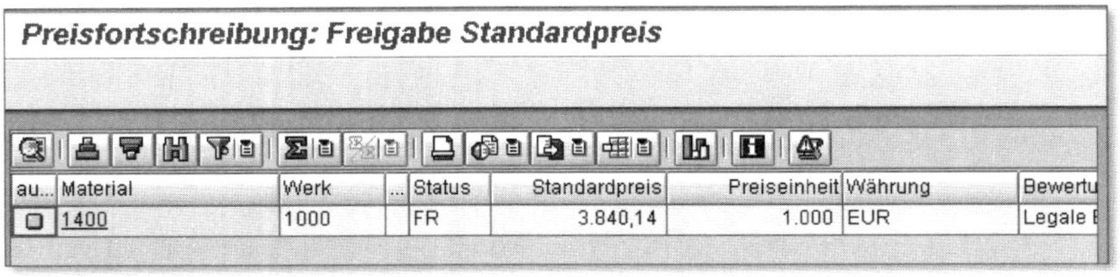

Abbildung 4.118 Liste zur Freigabe des neuen Standardpreises

Die Details zum Protokoll geben den Hinweis auf einen Preisänderungsbeleg, der mit der Freigabe entstanden ist (siehe Abbildung 4.119).

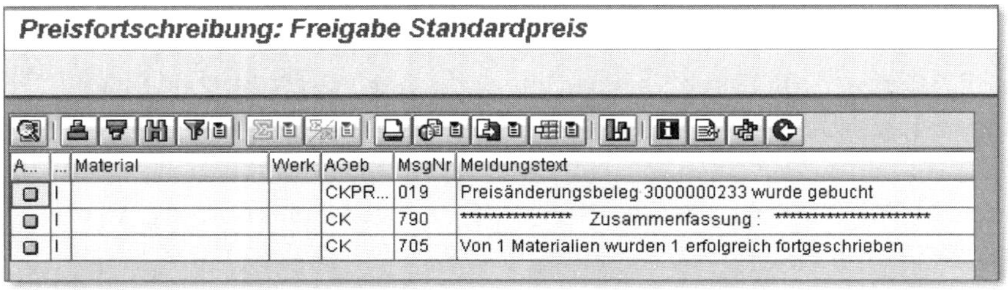

Preisfortschreibung: Freigabe Standardpreis
A... ... Material Werk AGeb MsgNr Meldungstext
I CKPR... 019 Preisänderungsbeleg 3000000233 wurde gebucht
I CK 790 *************** Zusammenfassung : *********************
I CK 705 Von 1 Materialien wurden 1 erfolgreich fortgeschrieben

Abbildung 4.119 Protokoll zur Freigabe

Preisänderung in der Buchhaltung

Der Doppelklick auf die erste Zeile in Abbildung 4.119 führt zum Preisänderungsbeleg (siehe Abbildung 4.120).

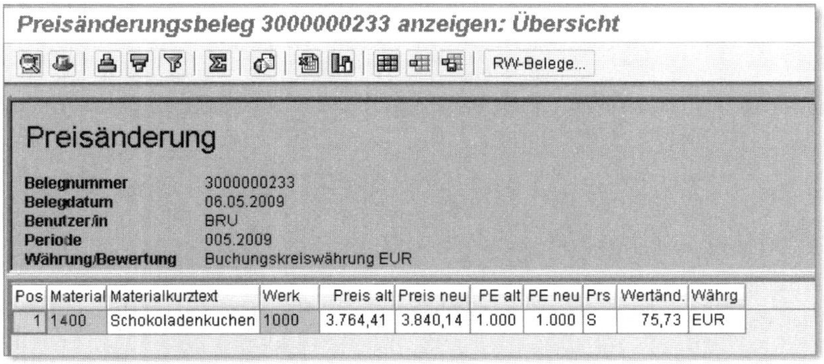

Abbildung 4.120 Preisänderungsbeleg zur Freigabe

Der Button RW-Belege... führt noch eine Stufe weiter und zeigt den Buchhaltungsbeleg, der durch diese Freigabe mit Preisänderung generiert wurde (siehe Abbildung 4.121).

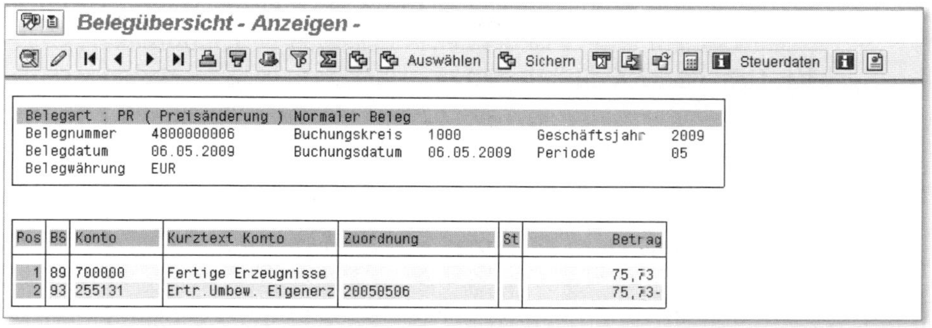

Abbildung 4.121 Buchhaltungsbeleg zur Preisänderung

FI-Konten und Kontenfindung

Mit der Preisänderung findet eine Umbewertung des Materialbestandes statt. Woher wusste das System, dass die Konten 700000 und 255131 bei dieser Umbewertung in der Buchhaltung angezogen werden sollen? Ein Blick in die Kontenfindung der Materialwirtschaft hilft bei der Beantwortung dieser Frage (siehe auch Abschnitt 4.1.5, »Bewertungsklasse und Kontenfindung«). Betroffen sind die Vorgangsschlüssel BSX BESTANDSBUCHUNG und UMB AUFWAND/ERTRAG AUS UMBEWERTUNG (siehe Abbildungen 4.122 und 4.123).

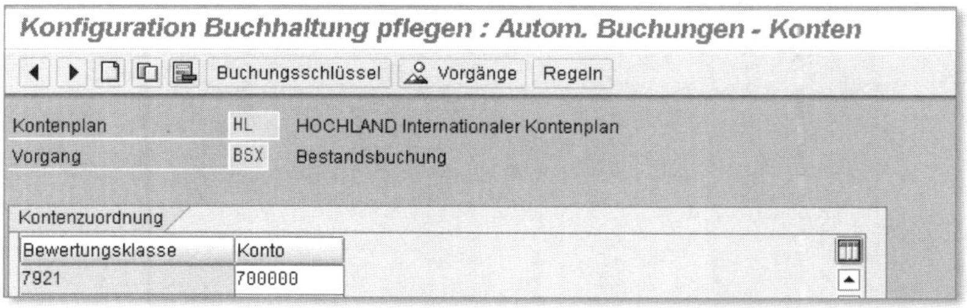

Abbildung 4.122 Kontenfindung – Bestandsbuchung

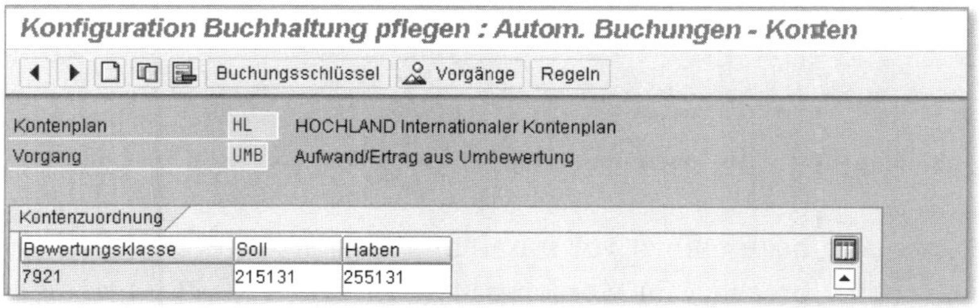

Abbildung 4.123 Kontenfindung – Aufwand/Ertrag in GuV

Materialstamm nach der Freigabe

Was hat sich im Materialstamm durch die Freigabe verändert? In der Sicht KALKULATION 2 ist der neue Preis unter den Button LAUFEND gerutscht (siehe Abbildung 4.124).

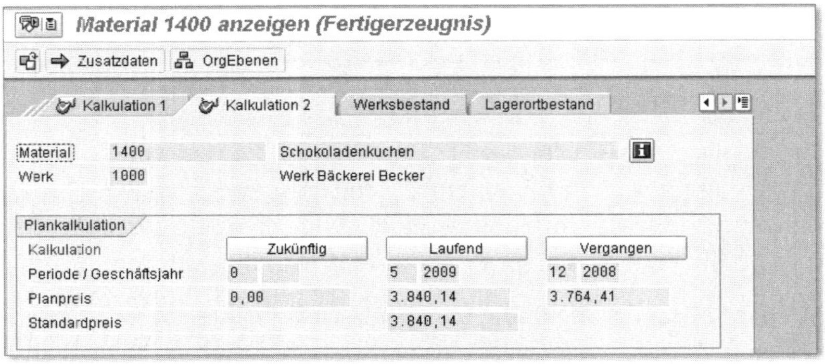

Abbildung 4.124 Materialstamm: Kalkulation nach Freigabe

Auf der Sicht BUCHHALTUNG 1 ist zu sehen, dass sich nicht nur der Standardpreis, sondern auch der Gesamtwert verändert hat (siehe Abbildung 4.125).

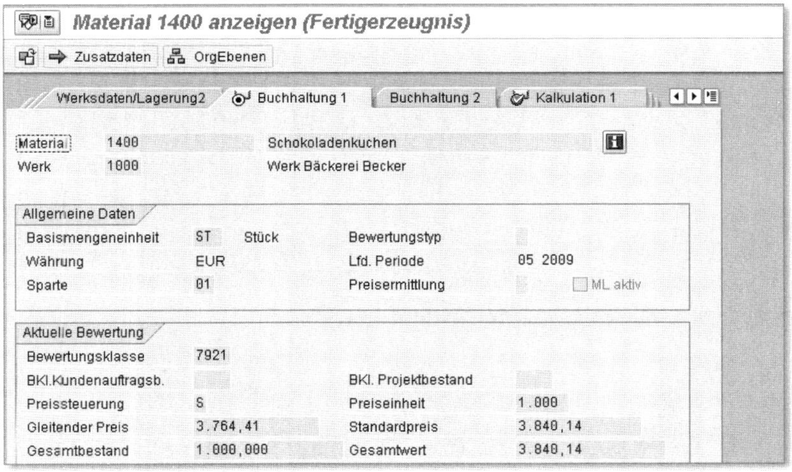

Abbildung 4.125 Materialstamm: Buchhaltung nach Freigabe

Durchgriff auf die Buchhaltung

Lassen wir noch einmal vor unserem geistigen Auge vorbeiziehen, was soeben geschah. Im Morgengrauen des ersten Arbeitstages eines Monats schläft der ganze Betrieb. Der Controller ist der Erste am Arbeitsplatz (wer sonst?). Durch seine Freigabe der Kalkulationen werden alle Fertigerzeugnisse und Halbfabrikate neu bewertet. Der Unterschied aus neuem zu altem Bestandswert wird direkt in die Buchhaltung geschrieben. Für jedes umbewertete Material wird eine eigene Belegzeile generiert. Bei der Schilderung dieses Ablaufs, in Einführungsprojekten von SAP ERP, benötigen die betroffenen Buchhalter regelmäßig Herztropfen. Aber genau so funktioniert die Standardpreisbewertung.

Hier zeigt sich, wie auch an vielen anderen Stellen, die volle Integration des Systems SAP ERP. An einer Stelle erzeugte Daten werden automatisch in alle betroffenen Module gebucht. Viele Vorgänge der Module Materialwirtschaft, Produktion, Vertrieb und eben auch einige Vorgänge des Controllings wirken sich in der Finanzbuchhaltung aus. Die Buchhalter und Controller müssen diese Vorgänge in den Grundzügen verstehen, um qualifizierte Analysen ihrer Daten durchführen zu können.

Monatsverschieber und Freigabe

Im Modul Materialwirtschaft wird jeden Monat mit der Funktion MONATSVERSCHIEBER der neue Monat aktiviert. Direkt im Anschluss an diese Funktion kann die Freigabe von Kalkulationen erfolgen. Die Ausführung der Freigabe kann automatisiert werden. Wenn die Freigabe manuell gestartet wird, sollte sie auf jeden Fall die erste Tat des Controllers am ersten Tag des Monats gleich um sechs Uhr früh sein. Die Freigabe der Kalkulationen muss erfolgen, bevor für den neuen Monat Warenbewegungen von der Materialwirtschaft, der Produktion oder dem Vertrieb für den aktuellen Monat gebucht werden. Nur so kann die Synchronisation der Daten in der Finanzbuchhaltung und im Controlling sichergestellt werden.

4.5.7 Zusammenfassung

Die Produktkostenplanung, auch Materialkalkulation genannt, ermittelt die Kosten, die für die Produktion von Halbfabrikaten und Fertigerzeugnisse zu erwarten sind. Entscheidend für funktionierende Materialkalkulationen sind umfangreiche Stammdaten in der Materialwirtschaft, der Produktion und der Gemeinkostenrechnung. Die Basis für Kalkulationen sind Stücklisten, Materialpreise, Arbeitspläne mit Arbeitsplätzen und Tarife für Leistungsarten auf Kostenstellen. Materialkalkulationen werden für die Kostenplanung von Produkten genutzt und bilden so einen Baustein bei der Erstellung von Verkaufsangeboten. Im betriebswirtschaftlichen Modell der

Standardpreisbewertung sind Kalkulationen außerdem die Basis für die Bewertung von Beständen. Mit dieser Art der Bestandsbewertung beeinflussen kalkulierte Materialpreise laufende Buchungen in der Finanzbuchhaltung. In einigen Branchen werden Istleistungen der Produktion eher summarisch erfasst, ohne Bezug auf einzelne Produktionslose. In solchen Fällen werden Materialkalkulationen dazu genutzt, die Leistungen aus der Produktion retrograd zu ermitteln, d. h. auf der Basis der produzierten Menge.

4.6 Kostenträgerrechnung

Ist versus Plan

Die zentrale Frage der bisher besprochenen Produktkostenplanung lautet: »Welche Produktionskosten erwarten wir in der Zukunft?« Die Kostenträgerrechnung dagegen beantwortet die Frage: »Welche Produktionskosten sind tatsächlich angefallen?« Bei den tatsächlich angefallenen Produktionskosten wird im Controlling von SAP für alle Bestandteile die Abweichung zu den entsprechenden Bestandteilen von Kalkulationen ausgewiesen.

Auftragsbezogen vs. periodisch

Grundsätzlich sind zwei unterschiedliche Betrachtungsweisen bei der Kostenträgerrechnung mit SAP zu unterscheiden. Die *auftragsbezogene Kostenträgerrechnung* ermittelt Istkosten und Abweichungen für einzelne Fertigungsaufträge oder Produktionslose. Die *periodenbezogene Kostenträgerrechnung* erlaubt die Analyse jeweils für eine ganze Periode, d. h. einen Monat. Die Art der Kostenträgerrechnung wird durch die Wahl der Variante im Modul Produktion vorgegeben. Bei der Nutzung der Variante *Einzelfertigung* in der Produktionsplanung und -steuerung werden im Controlling die Funktionen zur auftragsbezogenen Analyse genutzt. Wenn im Modul Produktion die Funktionen der *Serienfertigung* genutzt werden, sind die Analysefunktionen im Controlling im SAP-Menü unter Periodisches Produkt-Controlling zu finden.

Einzelfertigung

Die Einzelfertigung in der Produktion in Verbindung mit auftragsbezogenem Controlling wird dann eingesetzt, wenn in der Produktion der Wareneinsatz sowie die Personal- und Maschinenzeiten für jedes einzelne Produktionslos separat geplant und abgerechnet werden. Auch bei langen Produktionszeiten von Wochen oder Monaten für ein Produkt, z. B. im Anlagenbau, ist die Einzelfertigung die geeignete Ausprägung des Moduls Produktion. Die Daten der einzelnen

Fertigungsaufträge werden in sogenannten Kostenträgerhierarchien verdichtet; diese wiederum werden im Controlling monatlich ausgewertet.

Serienfertigung

Die Serienfertigung der Produktion wird bei sich wiederholenden Produktionsabläufen für standardisierte Produkte genutzt. Die Produktionsplanung erfolgt linienbezogen. Die Rückmeldung von Komponentenverbrauch und Istzeiten erfolgt zum Teil retrograd, also gemäß Stückliste oder Arbeitsplan. Das Reporting im Controlling erfolgt ausschließlich monatsbezogen und nicht detailliert nach einzelnen Produktionslosen. Aus der Sicht des Controllings bestehen keine grundlegenden betriebswirtschaftlichen Unterschiede zwischen den beiden Arten der Kostenträgerrechnung. Die folgenden Beispiele beziehen sich auf den Einsatz der Serienfertigung in der Produktion und eine periodische Kostenträgerrechnung.

Produktkostensammler

Das zentrale Objekt des Controllings bei der periodischen Kostenträgerrechnung ist der Produktkostensammler. Produktkostensammler werden mit Bezug auf die Fertigungsversion eines Halbfabrikats oder Fertigerzeugnisses angelegt. Die Fertigungsversion repräsentiert die Produktionsmethode und eine spezifische Stücklistenvariante, mit der ein Material gefertigt werden kann. Falls im Unternehmen unterschiedliche Produktionslinien mit verschiedenen Leistungen und Personalbesetzungen dieselben Materialien fertigen, werden diese Unterschiede mit unterschiedlichen Fertigungsversionen und Produktkostensammlern abgebildet. Bei Produkten, für die nur eine Linie oder Produktionsmethode und nur eine Stückliste vorgesehen sind, werden der eine Arbeitsplan und die einzige Stückliste in der einzigen Fertigungsversion angegeben. Dem Produkt wird dann nur ein Produktkostensammler zugeordnet. Der Produktkostensammler bezieht sich immer auf die – in diesem Fall einzige – Fertigungsversion und erst mittelbar auf das zu fertigende Material.

4.6.1 Stammdaten – Fertigungsversionen

Für die Nutzung der Serienfertigung werden zusätzliche Stammdaten benötigt:

- Serienfertigungsprofil im Materialstamm
- Fertigungsversion
- Produktkostensammler

Serienfertigungsprofil

Zu Beginn des Einsatzes der Serienfertigung werden die Materialstämme der Fertigerzeugnisse und der Halbfabrikate für diese Art der Produktion »ertüchtigt«. Dazu setzen Sie das Häkchen SERIENFERTIGUNG und pflegen das Serienfertigungsprofil auf der Sicht DISPOSITION 4 im Materialstamm (siehe Abbildung 4.126).

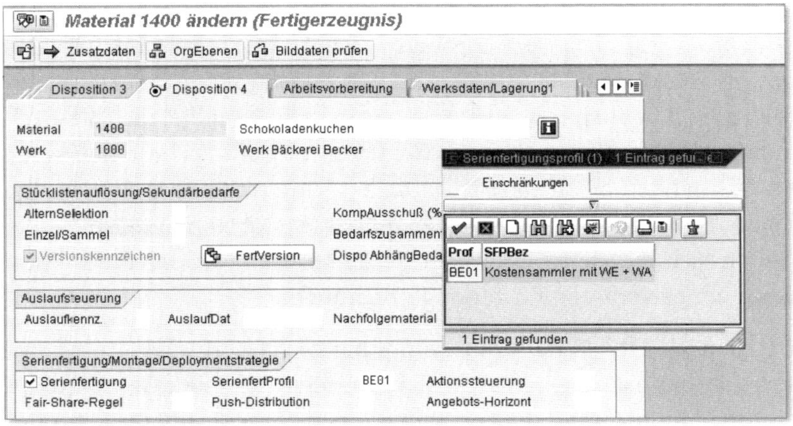

Abbildung 4.126 Materialstamm – Serienfertigungsprofil auswählen

Die Serienfertigungsprofile werden mit der Transaktion OSP2 angelegt, im Customizing: SPRO • SAP REFERENZ-IMG • PRODUKTION • SERIENFERTIGUNG • STEUERUNG • SERIENFERTIGUNGSPROFILE FESTLEGEN (siehe Abbildung 4.127).

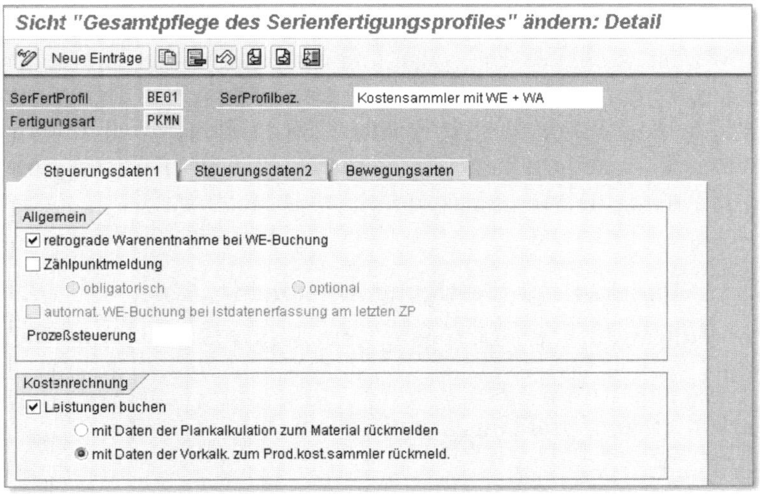

Abbildung 4.127 Customizing Serienfertigungsprofil

Fertigungsversion

Als Nächstes benötigt der Artikel mindestens eine Fertigungsversion. Die eigentliche Aufgabe der Fertigungsversion besteht darin, verschiedene Varianten des Produktionsablaufs oder der Stücklisten zu verwalten, die zum gleichen Produkt führen. In unserem Beispiel gibt es für die Produktion von Schokoladenkuchen allerdings nur einen Arbeitsplan und eine Stückliste. Diese werden in der einzigen Fertigungsversion verknüpft. Nutzen Sie hierfür den Button FERT-VERSION auf der Sicht DISPOSITION 4 im Materialstamm (siehe Abbildung 4.128). In den Details zur Fertigungsversion sind die Angaben zum Arbeitsplan und zur Stückliste hinterlegt.

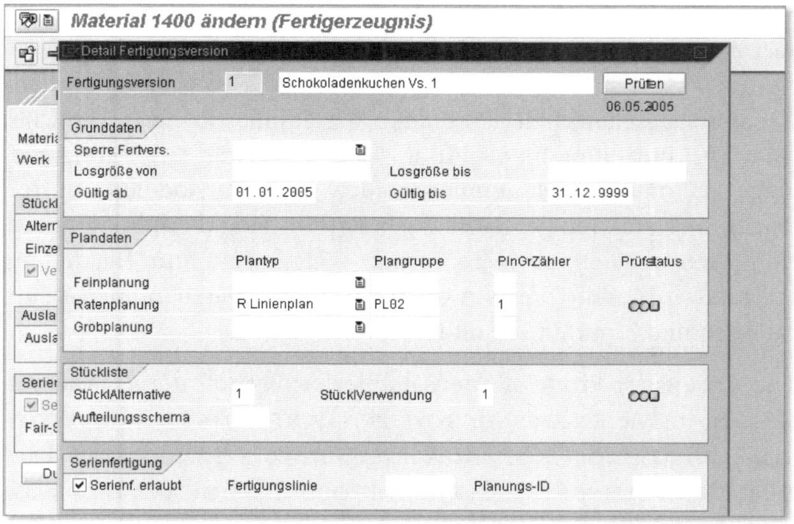

Abbildung 4.128 Materialstamm – Fertigungsversion

Massenpflege für Fertigungsversionen

Bei der Pflege von vielen Materialien mit sehr vielen Fertigungsversionen empfiehlt sich die Nutzung der Funktion zur Massenpflege. Die Transaktion heißt C223, im Menü: LOGISTIK • PRODUKTION • SERIENFERTIGUNG • STAMMDATEN • FERTIGUNGSVERSIONEN (siehe Abbildung 4.129).

Produktkostensammler

Welche Komponenten werden in welcher Menge für die Produktion verbraucht? Welche Leistung wird für die Produktion aufgewendet? Welche Menge wird produziert, welche Menge Ausschuss ist angefallen? Diese Fragen beantworten die Daten des Produktionskostensammlers.

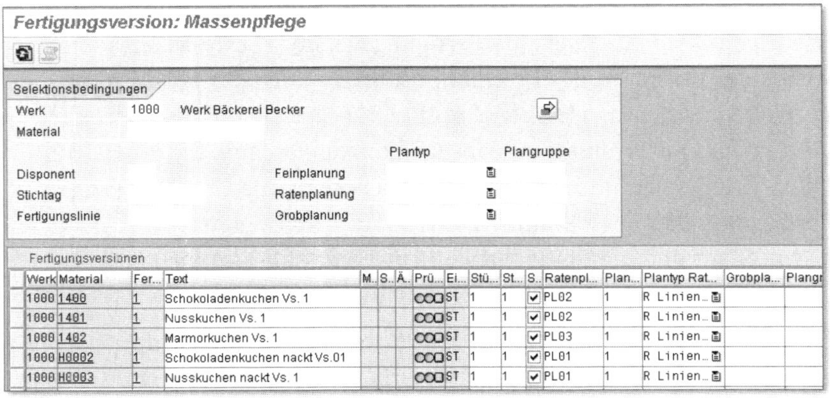

Abbildung 4.129 Fertigungsversion – Massenpflege

Technisch gesehen ist der Produktkostensammler so etwas Ähnliches wie ein Controlling-Innenauftrag (siehe Abschnitt 3.3, »Innenaufträge«). Produktkostensammler werden von den Modulen Controlling und Produktion gemeinsam genutzt. Im Modul Produktion werden Mengendaten zu Verbräuchen, Leistungen und Herstellung erfasst. Das Modul Controlling verknüpft diese Daten mit den Kalkulationen und ermittelt so Soll-Ist-Abweichungen.

Die Anlage der Produktkostensammler erfolgt mit der Transaktion KKF6N, im Menü: Rechnungswesen • Controlling • Produktkosten-Controlling • Kostenträgerrechnung • Periodisches Produkt-Controlling • Stammdaten • Produktkostensammler • Bearbeiten (siehe Abbildung 4.130).

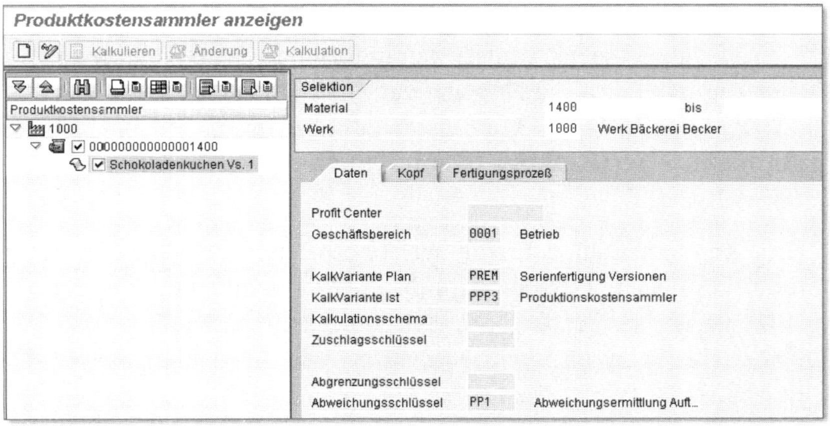

Abbildung 4.130 Stammdaten Produktkostensammler

Produktkostensammler werden immer in Bezug auf eine existierende Fertigungsversion angelegt. Der fertige Produktkostensammler ist mit der Zuordnung zu »seinem« Material im linken Bildschirmbereich dargestellt.

4.6.2 Fertigungsversionskalkulation

Wie unterscheiden sich die Produktionskosten bei unterschiedlichen Fertigungsversionen?

Die bisher behandelte Kalkulationsvariante PPC1 »Standardpreiskalkulation« wird mit Bezug auf die Materialnummer angelegt. In dieser Kalkulation werden immer genau ein Arbeitsplan und eine Stückliste herangezogen. In vielen Unternehmen können einzelne Halbfabrikate oder Fertigerzeugnisse jedoch auf unterschiedlichen Linien gefertigt werden. Möglicherweise sind auf den unterschiedlichen Linien verschiedene Personalbesetzungen oder Maschinenlaufzeiten zu berücksichtigen. Manuelle Verpackungslinien könnten außerdem andere Verpackungskomponenten bedingen als maschinell betriebene Verpackungslinien. Für den Kunden ist es gleichgültig, wie der Artikel produziert wurde. Er bestellt und bekommt immer den gleichen Inhalt. Für die Kostenrechnung ist es jedoch wichtig zu unterscheiden, ob bei der Produktion ein manueller Packvorgang mit hohem Personalaufwand und teurem Verpackungsmaterial zu berücksichtigen ist oder ob die Verpackungsmaschine mit hohen Maschinenkosten, weniger Personaleinsatz und billigerem Verpackungsmaterial zu Buche schlägt. Die Unterschiede werden mit unterschiedlichen Arbeitsplänen und Stücklisten für das gleiche Material (Halbfabrikat oder Fertigerzeugnis) abgebildet. Für das Material werden Fertigungsversionen angelegt, den Versionen werden dann die entsprechenden unterschiedlichen Arbeitspläne und Stücklisten zugeordnet.

Fertigungsversionen in der Serienfertigung

In der Serienfertigung werden Kalkulationen mit Bezug auf Produktkostensammler gespeichert. Diese Kalkulationen werden nicht mit den bereits genannten Transaktionen für Materialkalkulationen (CK11N und CK13N) erzeugt. Nutzen Sie stattdessen die Transaktion MF30, im Menü: Rechnungswesen • Controlling • Produktkosten-Controlling • Kostenträgerrechnung • Periodisches Produkt-Controlling • Planung • Vorkalkulation Produktkostensammler (siehe Abbildung 4.131).

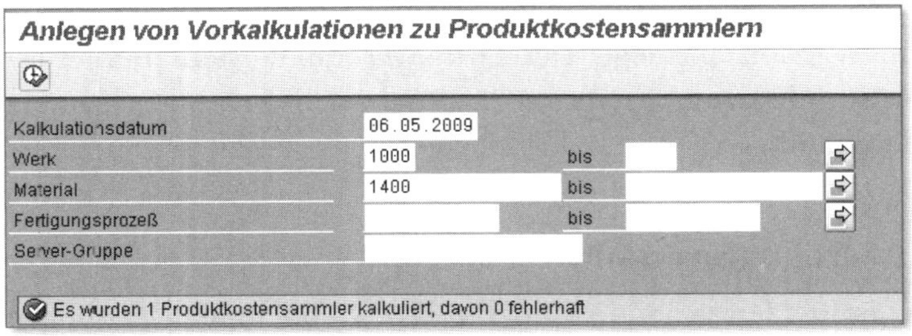

Abbildung 4.131 Vorkalkulationen zu Produktkostensammlern anlegen

Anzeige der Kalkulationen

Zum Abschluss dieses Kalkulationslaufs erhalten Sie ein eher dürftiges Protokoll ohne die Möglichkeit, die Kalkulationsergebnisse anzuzeigen. Schön wäre es natürlich, wenn wir uns die entstandenen Kalkulationen auch ansehen könnten. Dazu wechseln wir wieder in die Pflege der Stammdaten zum Produktkostensammler, zur Transaktion KKF6N (siehe Abbildung 4.132).

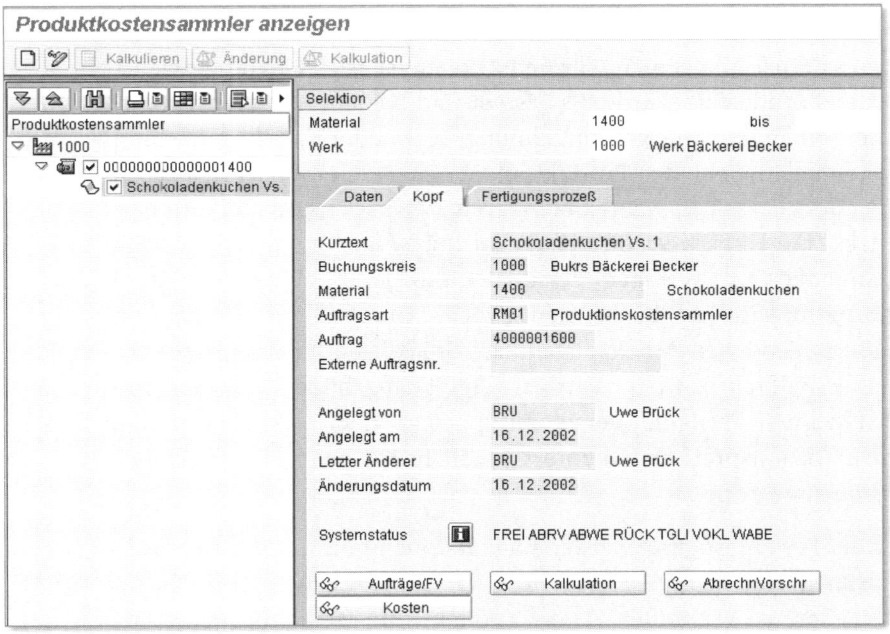

Abbildung 4.132 Stammdaten Produktkostensammler – Kopf

Mit dem Button KALKULATION werden alle gespeicherten Kalkulationen zu diesem Produktkostensammler angezeigt (siehe Abbildung 4.133).

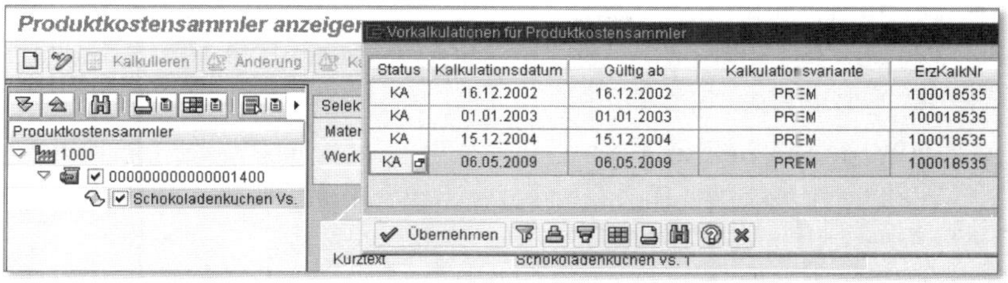

Abbildung 4.133 Vorkalkulation auswählen

Der Doppelklick auf eine Zeile im Popup-Menü der Abbildung 4.133 führt zur Anzeige der Kalkulation (siehe Abbildung 4.134). Die Navigation in diesem Bild ist Ihnen bereits aus Abschnitt 4.5, »Produktkostenplanung«, vertraut.

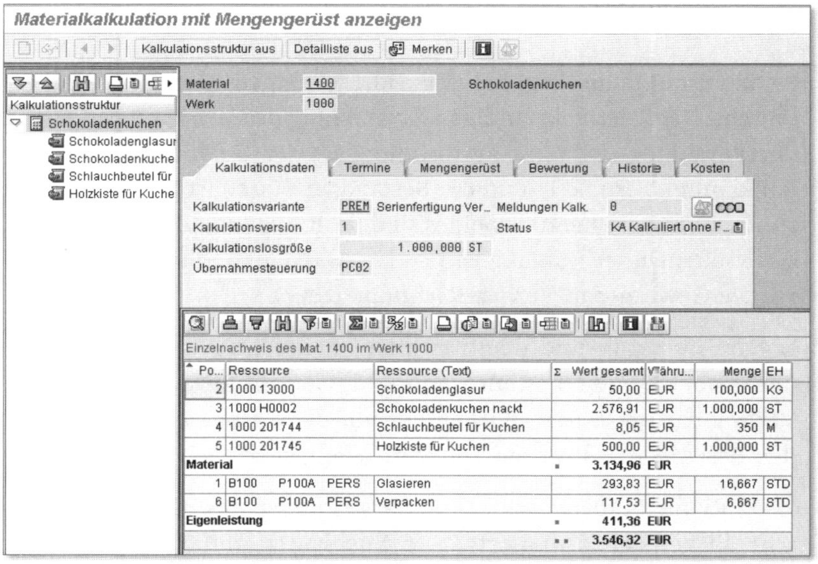

Abbildung 4.134 Vorkalkulation anzeigen

4.6.3 Datenerfassung – Halbfabrikat

Produktionsrückmeldung

Der zentrale Baustein zur Rückmeldung in der Komponente Serienfertigung, die Transaktion MFBF, bietet drei grundsätzlich unterschiedliche Teilfunktionen:

- **Komponentenmeldung**
  Welche Roh- oder Verpackungsmaterialien und welche Halbfabrikate wurden bei der Produktion eingesetzt?

- **Leistungsmeldung**
  Welche Produktionszeiten für Maschinen und Personal sind bei der Fertigung angefallen?
- **Baugruppenmeldung**
  Welche Menge an Halbfabrikaten bzw. Fertigerzeugnissen wurde hergestellt?

Durch Einstellungen im Customizing der Serienfertigung können diese drei Schritte in beliebiger Kombination gleichzeitig oder getrennt ausgeführt werden. In den folgenden Beispielen werden alle drei Teilfunktionen in einer Buchung ausgeführt.

Ausgangsbasis

Vor der Produktion müssen die Abteilungen Einkauf und Lager tätig werden. Die notwendigen Komponenten müssen bestellt, geliefert und eingelagert sein. Dieser Beschaffungsvorgang ist im Controlling nicht sichtbar.

Einkauf von Waren auf Lager

Anders ist es in der Buchhaltung. Dort wird quasi Geld in Waren getauscht. Nach der vollständigen Abwicklung des Wareneingangs und der Bezahlung der Eingangsrechnung ist der Geldbestand auf den Bankkonten gesunken, und der Bestand an Waren ist gestiegen. Geld runter und Ware herauf – beides sind Positionen in der Bilanz auf der Aktivseite. Dieser Vorgang ist also ein Aktivtausch ohne Auswirkung auf die Gewinn-und-Verlust-Rechnung (GuV).

Ergebniswirksam und damit sichtbar in der GuV der Buchhaltung und in der Produktkostenrechnung des Controllings wird erst der Verbrauch von Waren. Blicken wir vor der Verbrauchsbuchung auf den Bestand an Rohwaren und Verpackungsmaterial.

Bestandsauskunft

SAP ERP bietet für verschiedene Darstellungen des Bestandes unterschiedliche Standardreports. Die Buchhalter und Controller sind beim Blick auf Bestände immer an Werten interessiert, sie begnügen sich nicht mit der Darstellung von Mengen. Bei der Bewertung sollte genau der Betrag angezeigt werden, der auch im Materialstamm als Gesamtwert auf der Sicht BUCHHALTUNG 1 zu sehen ist. Genau das macht die Transaktion MB5L, im Menü: LOGISTIK • MATERIALWIRTSCHAFT • BESTANDSFÜHRUNG • PERIODISCHE ARBEITEN • BESTANDSWERTLISTE (siehe Abbildungen 4.135 bis 4.139).

Hinter die Auswahl der Materialien habe ich eine Mehrfachselektion gelegt. Damit werden alle Materialien im Lager der Bäckerei Becker in einer Funktion angezeigt.

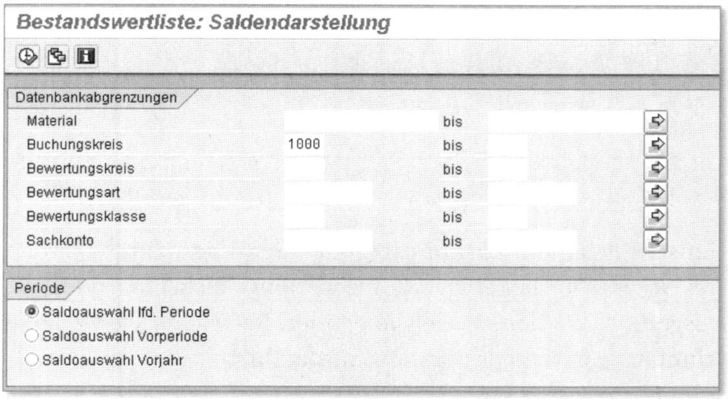

Abbildung 4.135 Bestandswertliste

Im Block PERIODE sehen Sie einen Auswahlknopf mit den Alternativen:

- **Saldoauswahl lfd. Periode**
  Zeigt die in dieser Sekunde gespeicherten Bestände
- **Saldoauswahl Vorperiode**
  Zeigt die Bestände zum Ende des letzten Monats
- **Saldoauswahl Vorjahr**
  Zeigt die Bestände zum Ende des letzten Jahres

Im Folgenden interessiert uns die Bestandsveränderung, die unmittelbar durch Produktionsmeldungen ausgelöst wird. Deshalb wählen wir hier die Einstellung SALDOAUSWAHL LFD. PERIODE.

Nach dem Ausführen der Selektion zeigt das erste Bild BESTANDSAUSKUNFT verdichtete Werte nach den Bestandskonten der Buchhaltung (siehe Abbildung 4.136). Zu sehen sind hier Werte für die Konten:

- 301100 »Bestand Rohwaren«
- 303010 »Bestand Verpackungsmaterial«
- 700000 »Bestand Fertigware«

Bestandswerte je Konto

Die Werte in der Spalte MATERIALIEN WÄHRG repräsentieren den Bestandswert für die selektierten Materialien der Bäckerei Becker. Der Gesamtbestand auf den Konten in der Spalte BESTANDSKONTO WÄHRG ist weicht von den Werten der ersten Spalte ab, weil das Demosystem, auf dem die Beispiele für dieses Buch entstanden sind, auch anderweitig genutzt wird.

Bestandswertliste: Saldendarstellung

Selektionen

Durch Eingrenzungen kann der Saldenabgleich fehlerhaft sein

Saldo per BuKr Sachkonto	Materialien	Währg	Bestandskonto	Währg	Abweichung	Währg
05/2009 1000						
301100	80.000,00	EUR	725.028,34-	EUR	805.028,34-	EUR
303010	5.230,00	EUR	46.556,20-	EUR	51.786,20-	EUR
700000	3.840,14	EUR	75,73	EUR	3.764,41-	EUR
* Summe	89.070,14	EUR	771.508,81-	EUR	860.578,95-	EUR

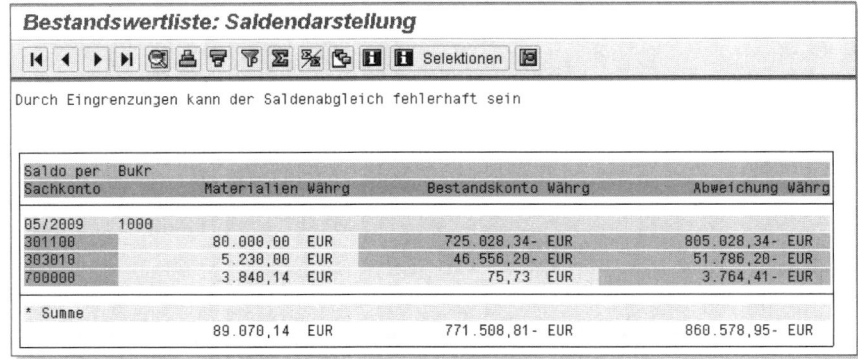

Abbildung 4.136 Bestand – Salden für Rohware, Verpackung und Fertigware

Für Halbfabrikate sind noch keine Bestände verfügbar. Diese zu produzieren ist das Ziel der folgenden Funktionen.

Werte und Mengen für einzelne Materialien

Der Doppelklick auf die Zeile 301100 in Abbildung 4.136 zeigt Bestandswerte für die einzelnen Rohwaren mit Menge und Wert (siehe Abbildung 4.137). Alle angezeigten Materialien werden mit gleitenden Durchschnittspreisen (GLD-Preis) bewertet, zu erkennen am V in der Spalte Prs... (Preissteuerung). Zur Bewertung der Bestände wird immer der GLD-Preis herangezogen, der Standardpreis wird im Fall der Rohwaren nur »statistisch« geführt.

Bestandswertliste: Saldendarstellung

Bestandsübersicht

BewertKrs	Sachkto	Material	Materialkurztext	Σ GesBestand	Einheit	Prs	GLD-Preis	StdPreis	Σ Gesamtwert	Währung
1000	301100	13000	Schokoladenglasur	10.000,000	KG	V	0,50	0,50	5.000,00	EUR
1000	301100	13001	Butter	10.000,000	KG	V	2,00	2,00	20.000,00	EUR
1000	301100	13002	Zucker	10.000,000	KG	V	0,50	0,50	5.000,00	EUR
1000	301100	13003	Vanillezucker	10.000,000	PCK	V	0,02	0,02	200,00	EUR
1000	301100	13004	Ei	10.000,000	ST	V	0,15	0,15	1.500,00	EUR
1000	301100	13005	Kakao	10.000,000	KG	V	0,50	0,50	5.000,00	EUR
1000	301100	13006	Zimt	10.000,000	KG	V	1,00	1,00	10.000,00	EUR
1000	301100	13007	Weizenmehl weiß Typ 405	10.000,000	KG	V	10,00	10,00	4.000,00	EUR
1000	301100	13008	Schokolade gerieben	10.000,000	KG	V	2,00	2,00	20.000,00	EUR
1000	301100	13009	Backpulver	10.000,000	PCK	V	0,03	0,03	300,00	EUR
1000	301100	13010	Milch	10.000	L	V	0,40	0,40	4.000,00	EUR
1000	301100	13011	Glasur für Nusskuchen	10.000,000	KG	V	0,50	0,50	5.000,00	EUR
				■ **80.000,000**	**KG**				■ **80.000,00**	**EUR**
				10.000	**L**					
				20.000,000	**PCK**					
				10.000,000	**ST**					

Abbildung 4.137 Bestand – Details für Rohware

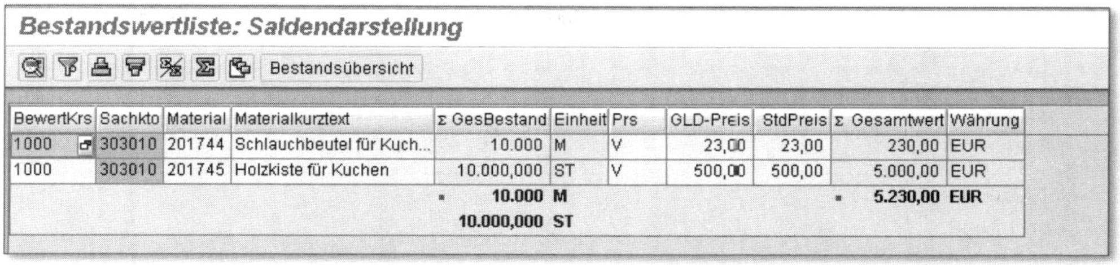

Bestandswertliste: Saldendarstellung

Bestandsübersicht

BewertKrs	Sachkto	Material	Materialkurztext	Σ GesBestand	Einheit	Prs	GLD-Preis	StdPreis	Σ Gesamtwert	Währung
1000	303010	201744	Schlauchbeutel für Kuch...	10.000	M	V	23,00	23,00	230,00	EUR
1000	303010	201745	Holzkiste für Kuchen	10.000,000	ST	V	500,00	500,00	5.000,00	EUR
				▪ **10.000**	**M**				▪ **5.230,00**	**EUR**
				10.000,000	**ST**					

Abbildung 4.138 Bestand – Details für Verpackung

Die Auswahl der Spalten in den soeben gezeigten Detailbildern entspricht nicht dem Standard. Ich habe die Spaltenauswahl mit der Funktion ANZEIGEVARIANTE DEFINIEREN aus der Menüleiste verändert (siehe Abbildung 4.139).

Anzeige anpassen

Abbildung 4.139 Bestand: Anpassung der Anzeigevariante

Während wir uns intensiv mit der Bestandsauskunft beschäftigt haben, wurde der erste Schritt in der Produktion bereits abgeschlossen. Unser Bäcker hat 1.000 Stück des Halbfabrikats H0002 »Schokoladenkuchen nackt« hergestellt und möchte diese Menge sowie die Rohmaterialien, die er verbraucht hat, im System erfassen. Wie geht das? Für die Serienfertigung geht das mit der Transaktion MFBF, im Menü: LOGISTIK • PRODUKTION • SERIENFERTIGUNG • DATENERFASSUNG • RÜCKMELDUNG SERIENFERTIGUNG (siehe Abbildungen 4.140 und 4.141).

Rückmeldung Serienfertigung

Im Einstiegsbild wird im Feld GUTMENGENMELDUNG – MELDEMENGE die Anzahl der produzierten Stücke angegeben. Mit den Angaben zu MATERIAL (H0002) und FERTVERSION (1) wird der Produktkostensammler selektiert, der die erfassten Daten aufnimmt.

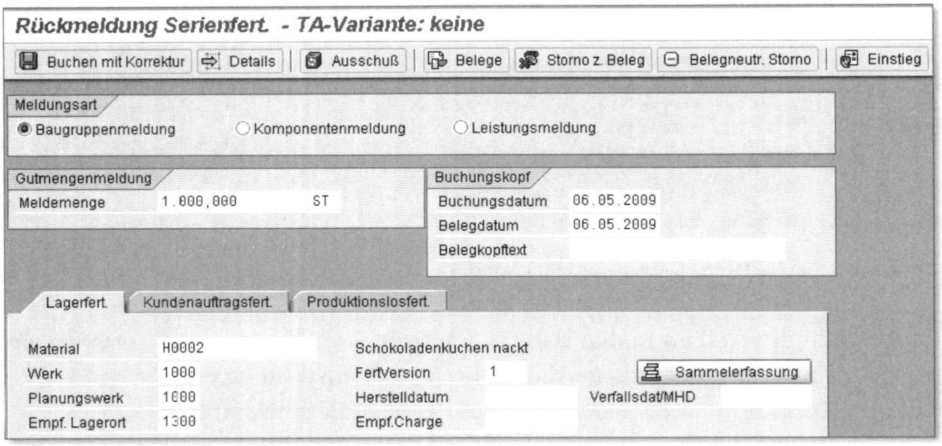

Abbildung 4.140 Produktionsrückmeldung – Einstieg

Buchen mit Korrektur

Der Button Buchen mit Korrektur zeigt zunächst einen Vorschlag für den Verbrauch von Komponenten gemäß Stückliste. Fast alle Komponenten wurden gemäß diesem Vorschlag verbraucht. Nur beim Mehl wurden 50 kg mehr eingesetzt, als gemäß Stückliste vorgesehen war. Die Stückliste hatte für das Material 13007 »Weizenmehl« einen Verbrauch von 250 kg vorgeschlagen. Bei dieser Buchung wird der tatsächliche Verbrauch von 300 kg eingetragen (siehe Abbildung 4.141).

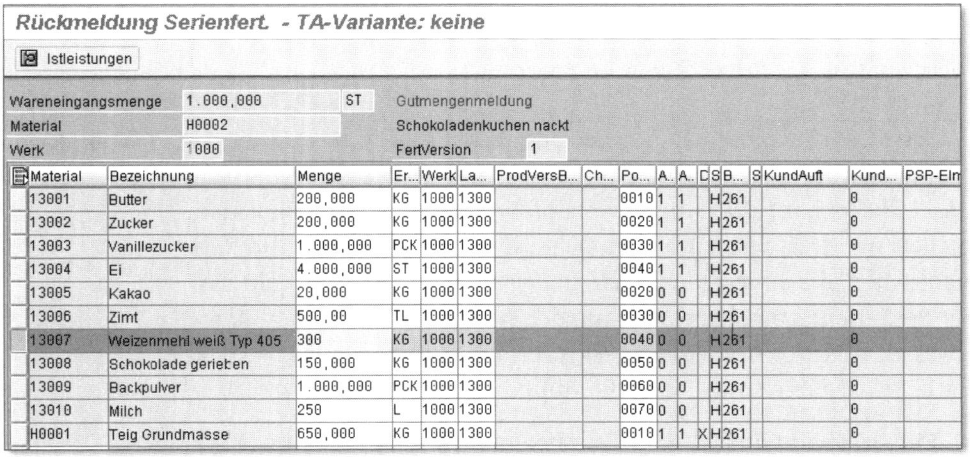

Rückmeldung Serienfert. - TA-Variante: keine
Istleistungen
Wareneingangsmenge 1.000,000 ST
Gutmengenmeldung
Material H0002
Schokoladenkuchen nackt
Werk 1000
FertVersion 1
Material Bezeichnung Menge Er... Werk La... ProdVersB... Ch... Po... A.. A.. C S B... S KundAuft Kund... PSP-Elm
13001 Butter 200,000 KG 1000 1300 0010 1 1 H 261 0
13002 Zucker 200,000 KG 1000 1300 0020 1 1 H 261 0
13003 Vanillezucker 1.000,000 PCK 1000 1300 0030 1 1 H 261 0
13004 Ei 4.000,000 ST 1000 1300 0040 1 1 H 261 0
13005 Kakao 20,000 KG 1000 1300 0020 0 0 H 261 0
13006 Zimt 500,00 TL 1000 1300 0030 0 0 H 261 0
13007 Weizenmehl weiß Typ 405 300 KG 1000 1300 0040 0 0 H 261 0
13008 Schokolade gerieben 150,000 KG 1000 1300 0050 0 0 H 261 0
13009 Backpulver 1.000,000 PCK 1000 1300 0060 0 0 H 261 0
13010 Milch 250 L 1000 1300 0070 0 0 H 261 0
H0001 Teig Grundmasse 650,000 KG 1000 1300 0010 1 1 X H 261 0

Abbildung 4.141 Produktionsrückmeldung – Komponenten

Fragen Sie sich jetzt bitte nicht, warum jemand beim Backen von Schokoladenkuchen mehr Mehl verbraucht, und dann auch noch 20 %. Tatsache ist jedenfalls, dass beim Herstellen von Lebensmitteln in praktisch keiner Position die erwartete Menge verbraucht wird. Fast immer sind Änderungen in der hier geschilderten Weise notwendig. Die Produktionsrückmeldung wird mit dem Speichern dieser Ansicht abgeschlossen.

Die unscheinbare Funktion PRODUKTIONSRÜCKMELDUNG hat soeben eine wahre Lawine an Buchungen im System ausgelöst. Wühlen wir uns Schritt für Schritt durch die einzelnen Positionen.

Belege

Nach dem Speichern im Bild der Komponenten wird wieder das Einstiegsbild der Transaktion MFBF angezeigt (siehe Abbildung 4.140). Von hier aus finden wir einen Teil der soeben generierten Daten mit dem Klick auf den Button BELEGE. Zunächst wird ein Auswahlbild angezeigt (siehe Abbildung 4.142).

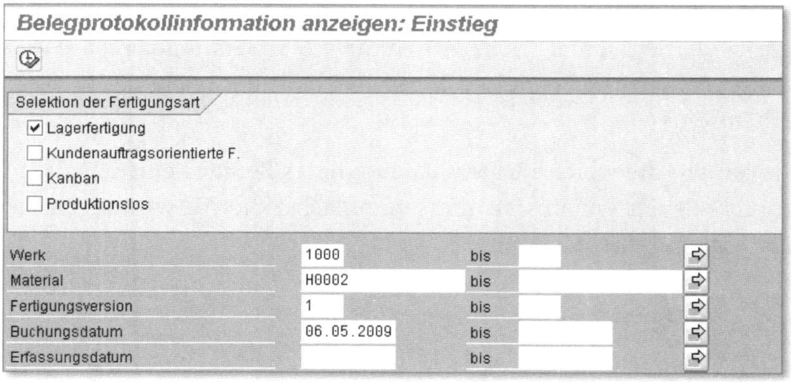

Abbildung 4.142 Produktionsrückmeldung – Belegauswahl

Für die Selektion in Abbildung 4.142 findet das System genau einen Beleg (siehe Abbildung 4.143). In den oberen beiden Zeilen des Belegs werden die Eingaben aus dem Einstiegsbild der Rückmeldetransaktion angezeigt, hier das Material H0002 und die Menge 1000 ST. Die nächsten beiden Zeilen verweisen auf den Materialbeleg 4900000013 und den Leistungsbeleg 3904, die beide bei der soeben beschriebenen Buchung entstanden sind.

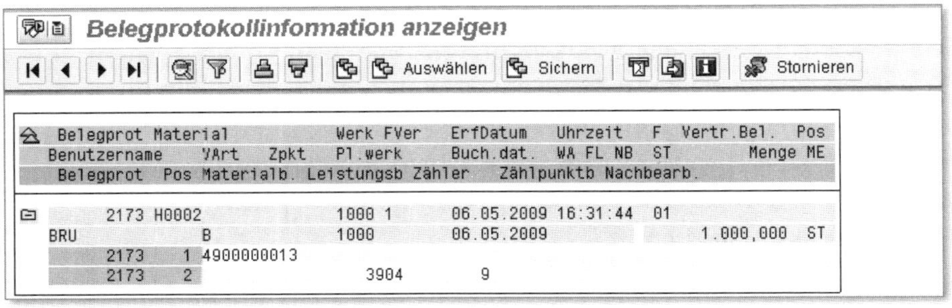

Abbildung 4.143 Produktionsrückmeldung – Belegübersicht

Leistungsbeleg Aktivieren wir zunächst den Leistungsbeleg mit Doppelklick auf die letzte Zeile in Abbildung 4.143. Nanu?! Außer der Nummer des Produktkostensammlers 4000001603 (im Feld KOSTENSAMMLER), auf dem die Leistungsbuchung gelandet ist, erkennt man auf diesem Bild nichts Brauchbares (siehe Abbildung 4.144). Und das, obwohl wir entsprechend der Einstellung im Serienfertigungsprofil festgelegt hatten, dass Leistungen automatisch bei der Rückmeldung mitgebucht werden sollen (siehe Abschnitt 4.6.1, »Stammdaten – Fertigungsversionen«). Irgendwo muss die Leistungsbuchung doch zu sehen sein!

Stellen wir die weitere Untersuchung dieses Punktes einen Moment zurück. Sehen wir uns stattdessen zunächst die Auswirkungen auf der Materialseite näher an.

🐼📄 **Rückmeldung der Fertigungsleistungen**			
Rückmeldung	3904	Buchungsdatum	06.05.2009
Zähler	9		
Erfaßt am	06.05.2009	Werk	1000
Erfaßt von	BRU	Kostensammler	4000001603
Rück.Gutmenge	1.000,000	☐ storniert	
Rück.Ausschuß	0,000		
Basis-ME	ST		
Abw.Ursache			

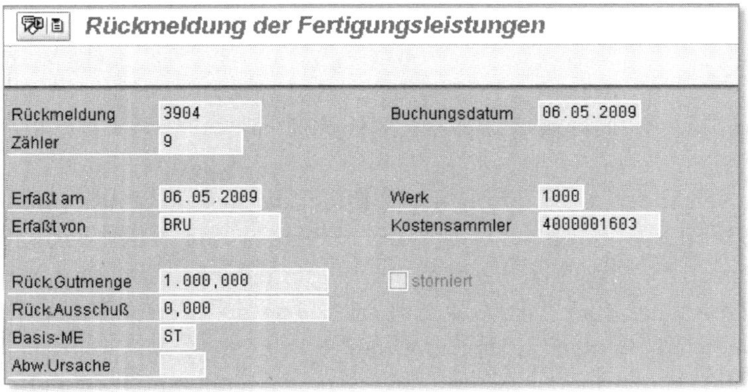

Abbildung 4.144 Produktionsrückmeldung – Leistungsbeleg

Materialbeleg Der Doppelklick auf den Materialbeleg 4900000013 in Abbildung 4.143 führt zu einem Beleg der Materialwirtschaft (siehe Abbildung

4.145). Produziert wurden 1.000 Stück des Materials H0002 »Schokoladenkuchen nackt«. Die Bewegungsart 131 (Spalte B...) steht für »Wareneingang aus Fertigung«. Bei den Verbrauchsbuchungen wurde die Bewegungsart 261 »Verbrauch für Fertigung« angezogen. Diese Bewegungsarten sind im Standardcustomizing für die Rückmeldetransaktion MFBF hinterlegt.

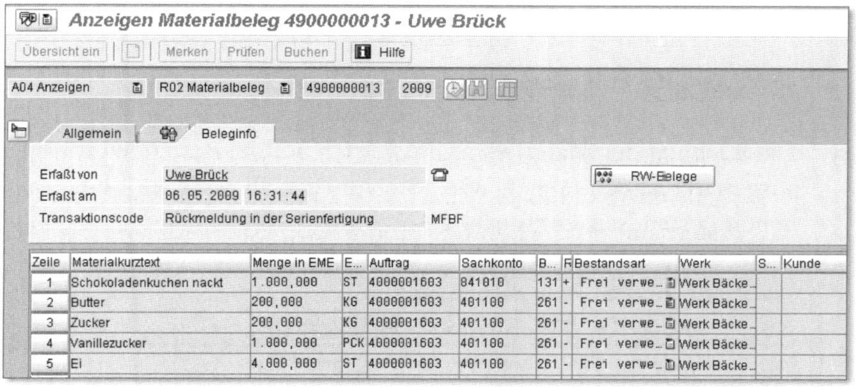

Zeile	Materialkurztext	Menge in EME	E...	Auftrag	Sachkonto	B...	R	Bestandsart	Werk	S...	Kunde
1	Schokoladenkuchen nackt	1.000,000	ST	4000001603	841010	131	+	Frei verwe...	Werk Bäcke...		
2	Butter	200,000	KG	4000001603	401100	261	-	Frei verwe...	Werk Bäcke...		
3	Zucker	200,000	KG	4000001603	401100	261	-	Frei verwe...	Werk Bäcke...		
4	Vanillezucker	1.000,000	PCK	4000001603	401100	261	-	Frei verwe...	Werk Bäcke...		
5	Ei	4.000,000	ST	4000001603	401100	261	-	Frei verwe...	Werk Bäcke...		

Abbildung 4.145 Produktionsrückmeldung – Materialbeleg

Belege im Rechnungswesen

Was hat sich in der Buchhaltung und im Controlling durch diese Warenbewegung getan? Der Klick auf den Button RW-BELEGE (Rechnungswesenbelege) beantwortet diese Frage (siehe Abbildungen 4.146 und 4.147).

Kostenrechnungsbeleg

Im Controlling wurde der Produktkostensammler 4000001603 mit der Bezeichnung »Schokoladenkuchen nackt Vs.01 bebucht« (siehe Abbildung 4.147).

Buchhaltungsbeleg

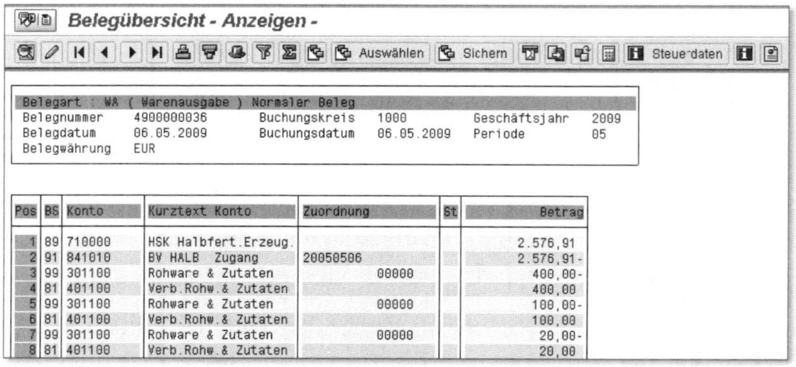

Pos	BS	Konto	Kurztext Konto	Zuordnung	St	Betrag
1	89	710000	HSK Halbfert.Erzeug.			2.576,91
2	91	841010	BV HALB Zugang	20050506		2.576,91-
3	99	301100	Rohware & Zutaten	00000		400,00-
4	81	401100	Verb.Rohw.& Zutaten			400,00
5	99	301100	Rohware & Zutaten	00000		100,00-
6	81	401100	Verb.Rohw.& Zutaten			100,00
7	99	301100	Rohware & Zutaten	00000		20,00-
8	81	401100	Verb.Rohw.& Zutaten			20,00

Abbildung 4.146 Materialbeleg in der Buchhaltung

Belege Istkosten anzeigen

Beleg | Stammsatz

Anzeigevariante 1SAP Primärkostenbuchung
K.Währung EUR EUR

Belegnr / BuZ	Belegdatum / OAr Objekt	Belegkopftext / Objektbezeichnung	Kostenart	RT RefBelegnr Benutzer / Kostenartenbezeichn.	sto StB / Wert/KWähr
200002020	06.05.2009			R 4900000013 BRU	
2	AUF 4000001603	Schokoladenkuchen nackt Vs.01	841010	BV h-fert. Erz.	2.576,91-
3	AUF 4000001603	Schokoladenkuchen nackt Vs.01	401100	Verb.Rohw.& Zutaten	400,00
4	AUF 4000001603	Schokoladenkuchen nackt Vs.01	401100	Verb.Rohw.& Zutaten	100,00
5	AUF 4000001603	Schokoladenkuchen nackt Vs.01	401100	Verb.Rohw.& Zutaten	20,00

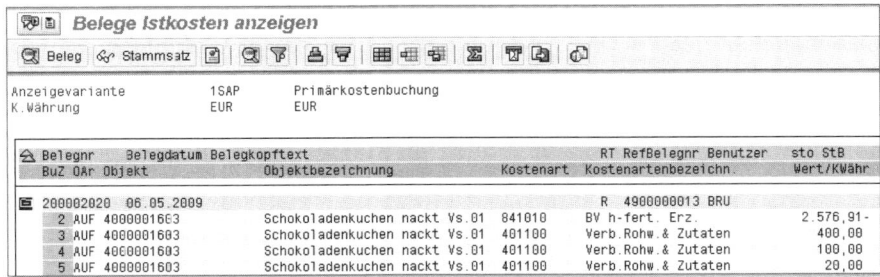

Abbildung 4.147 Materialbeleg in der Kostenrechnung

Neue Bestände

Die Buchung der Materialien müsste sich auf die Bestände im Lager ausgewirkt haben. Sehen wir nach mit der ab Seite 257 beschriebenen Bestandsauskunft (siehe Abbildung 4.148).

Bestandswertliste: Saldendarstellung

Selektionen

Durch Eingrenzungen kann der Saldenabgleich fehlerhaft sein

Saldo per / Sachkonto	BuKr	Materialien	Währg	Bestandskonto	Währg	Abweichung	Währg
05/2009	1000						
301100		78.318,50	EUR	726.709,84-	EUR	805.028,34-	EUR
303010		5.230,00	EUR	46.556,20-	EUR	51.786,20-	EUR
700000		3.840,14	EUR	75,73	EUR	3.764,41-	EUR
710000		2.576,91	EUR	2.576,91	EUR	0,00	EUR
* Summe							
		89.965,55	EUR	770.613,40-	EUR	860.578,95-	EUR

Abbildung 4.148 Bestandswerte nach Produktionsrückmeldung

Neu ist die Zeile mit dem Sachkonto 710000, sie steht für »Bestand Halbfabrikate«. Der Bestand in der Zeile für Rohwaren ist gesunken. Die neue Zeile für Halbfabrikate und der reduzierte Bestand an Rohwaren waren zu erwarten.

Wie aber kommt es zu dem neuen Gesamtbestand von 89.965,55 EUR in Abbildung 4.148? Blicken wir zurück auf den Bestandswert vor der Produktionsbuchung (siehe Abbildung 4.136). Dort hatten die Materialien der Bäckerei Becker noch einen Wert von 89.070,14 EUR. Wie entsteht – allein durch die Rückmeldung in der Produktion – die Erhöhung des Bestandswertes um 895,41 EUR?

Unterschiedliche Bewertung

Die Rohwaren werden zu ihrem gleitenden Durchschnittspreis bewertet. Bei der Entnahme wird der in dieser Sekunde gültige Bestandspreis für die Buchung der Lagerreduzierung herangezogen.

Das Halbfabrikat »Schokoladenkuchen nackt« dagegen wird mit seinem Standardpreis bewertet. Der Standardpreis wurde am ersten Tag der Periode freigegeben und kann innerhalb des Monats nicht verändert werden. Dieser Unterschied ist eine Erklärung für die Abweichung.

Leistungen im Standardpreis

Das war aber nicht alles. Denken wir an die Materialkalkulation zurück. Dabei wurden nicht nur die Werte für Komponenten über die Stückliste gezogen, sondern mittels Arbeitsplan wurden auch Leistungskosten berücksichtigt. Der Standardpreis repräsentiert also auch Kosten für die Fertigung. Nach vollständiger Rückmeldung ergibt sich aus diesem Grund eine systematische »Aufwertung« der Bestände. Mehl, Eier etc. wurden in den höherwertigen Schokoladenkuchen umgewandelt. Der Doppelklick auf die einzelnen Sachkonten zeigt wieder die einzelnen Materialien (siehe Abbildungen 4.149 und 4.150).

Bestandswertliste: Saldendarstellung

Bestandsübersicht

BewertKrs	Sachkto	Material	Materialkurztext	Σ GesBestand	Einheit	Prs	GLD-Preis	StdPreis	Σ Gesamtwert	Währung
1000	301100	13000	Schokoladenglasur	10.000,000	KG	V	0,50	0,50	5.000,00	EUR
1000	301100	13001	Butter	9.800,000	KG	V	2,00	2,00	19.600,00	EUR
1000	301100	13002	Zucker	9.800,000	KG	V	0,50	0,50	4.900,00	EUR
1000	301100	13003	Vanillezucker	9.000,000	PCK	V	0,02	0,02	180,00	EUR
1000	301100	13004	Ei	6.000,000	ST	V	0,15	0,15	900,00	EUR
1000	301100	13005	Kakao	9.980,000	KG	V	0,50	0,50	4.990,00	EUR
1000	301100	13006	Zimt	9.998,500	KG	V	1,00	1,00	9.998,50	EUR
1000	301100	13007	Weizenmehl weiß Typ 405	9.700,000	KG	V	10,00	10,00	3.880,00	EUR
1000	301100	13008	Schokolade gerieben	9.850,000	KG	V	2,00	2,00	19.700,00	EUR
1000	301100	13009	Backpulver	9.000,000	PCK	V	0,03	0,03	270,00	EUR
1000	301100	13010	Milch	9.750	L	V	0,40	0,40	3.900,00	EUR
1000	301100	13011	Glasur für Nusskuchen	10.000,000	KG	V	0,50	0,50	5.000,00	EUR
				▪ **79.128,500**	**KG**				▪ **78.318,50**	**EUR**
				9.750	**L**					
				18.000,000	**PCK**					
				6.000,000	**ST**					

Abbildung 4.149 Neue Bestände Rohwaren

Bestandswertliste: Saldendarstellung

Bestandsübersicht

BewertKrs	Sachkto	Material	Materialkurztext	Σ GesBestand	Einheit	Prs	GLD-Preis	StdPreis	Σ Gesamtwert	Währung
1000	710000	H0002	Schokoladenkuchen nackt	1.000,000	ST	S	2.576,91	2.576,91	2.576,91	EUR
				▪ **1.000,000**	**ST**				▪ **2.576,91**	**EUR**

Abbildung 4.150 Neuer Bestand Halbfabrikat

Leistungsmeldung

Kehren wir zur Leistungsmeldung zurück. Der Beleg, den die Produktionsrückmeldung generiert hatte, war eher unbefriedigend (siehe

Abbildung 4.144). Blicken wir stattdessen auf die betroffenen Objekte im Controlling. Mit der Leistungsbuchung werden Kosten zwischen Kostenstellen und Produktkostensammlern verschoben. Die an der Produktion beteiligten Kostenstellen »Backstube«, »Backofen« und »Ruheraum« erhalten eine »Gutschrift«, d. h. Entlastung. Die Produkte, sprich Produktkostensammler, werden mit genau diesen Kosten belastet.

Kostenstelle Wie sieht die Entlastung auf den Kostenstellen aus? Nutzen wir den Kostenstellenbericht IST/PLAN/ABWEICHUNG (siehe Kapitel 3, »Gemeinkostenrechnung«). In der summarischen Betrachtung für drei Kostenstellen sind in der Spalte ISTKOSTEN drei Leistungsarten mit Gesamtkosten von 1.003,53 EUR dargestellt (siehe Abbildung 4.151). Die automatische Buchung der Leistungen mit der Produktionsrückmeldung ersetzt die in Abschnitt 3.2.4, »Istbuchungen mit Kostenstellen«, beschriebene manuelle Leistungsbuchung.

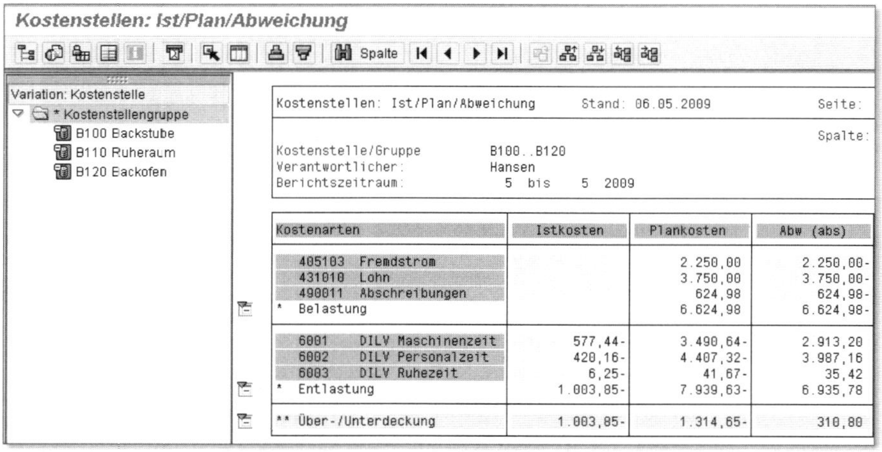

Kostenarten	Istkosten	Plankosten	Abw (abs)
405103 Fremdstrom		2.250,00	2.250,00-
431010 Lohn		3.750,00	3.750,00-
490011 Abschreibungen		624,98	624,98-
* Belastung		6.624,98	6.624,98-
6001 DILV Maschinenzeit	577,44-	3.490,64-	2.913,20
6002 DILV Personalzeit	420,16-	4.407,32-	3.987,16
6003 DILV Ruhezeit	6,25-	41,67-	35,42
* Entlastung	1.003,85-	7.939,63-	6.935,78
** Über-/Unterdeckung	1.003,85-	1.314,65-	310,80

Abbildung 4.151 Leistungsbuchung auf Kostenstellen – Kosten

Die Verschiebung der Anzeige im Kostenstellenbericht nach rechts zeigt die Mengen, die von der Leistungsbuchung gespeichert wurden (siehe Abbildung 4.152).

Mit dem Klick auf eine Kostenstelle in der Variation im linken Bereich des Bildes werden die Daten genau für diese Kostenstelle sichtbar (siehe Abbildung 4.153). Für den Backofen sind die gebuchten Istkosten im oberen Teil des Bildschirms zu sehen. Unten wird gleichzeitig die zugehörige Leistungsmenge unter ISTLSTG dargestellt.

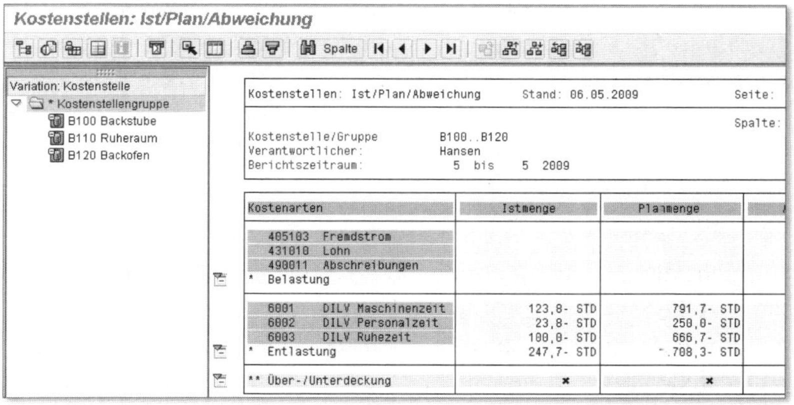

Abbildung 4.152 Leistungsbuchung auf Kostenstellen – Mengen

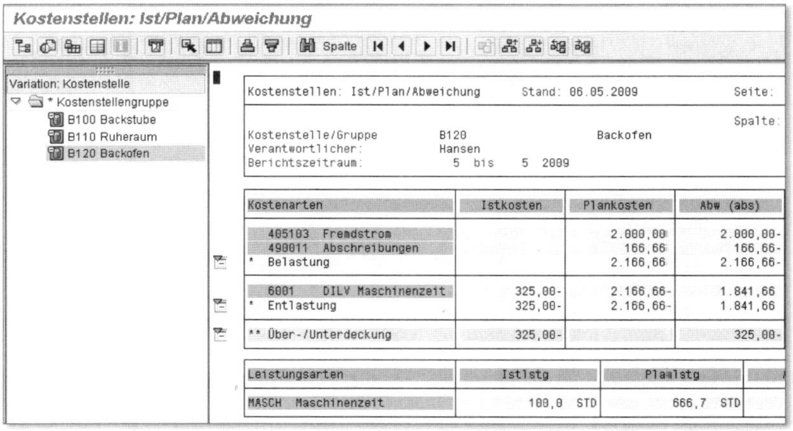

Abbildung 4.153 Leistungsbuchung auf einer einzelnen Kostenstelle

Produktkostensammler

Genau die Beträge, die auf den Kostenstellen als Entlastung zu sehen sind, müssen auf einem anderen Objekt des Controllings als Belastung ausgewiesen sein. In diesem Fall ist das Objekt für alle Belastungen der Produktkostensammler des Artikels H0002 »Schokoladenkuchen nackt«. Den Bericht für einen einzelnen Produktkostensammler finden Sie in der Transaktion KKBC_PKO, im Menü ganz tief versteckt: Rechnungswesen • Controlling • Produktkosten-Controlling • Kostenträgerrechnung • Periodisches Produkt-Controlling • Infosystem • Berichte zum periodischen Produkt-Controlling • Detailberichte • zu Produktkostensammlern (siehe Abbildung 4.154).

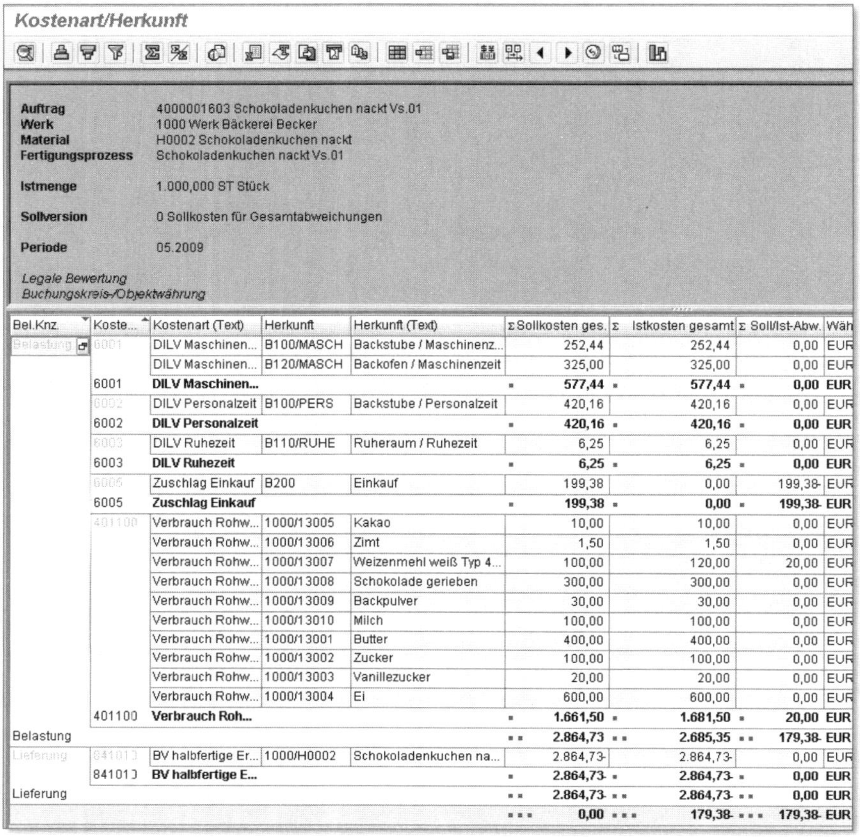

Kostenart/Herkunft

Auftrag 4000001603 Schokoladenkuchen nackt Vs.01
Werk 1000 Werk Bäckerei Becker
Material H0002 Schokoladenkuchen nackt
Fertigungsprozess Schokoladenkuchen nackt Vs.01

Istmenge 1.000,000 ST Stück

Sollversion 0 Sollkosten für Gesamtabweichungen

Periode 05.2009

Legale Bewertung
Buchungskreis-/Objektwährung

Bel.Knz.	Koste...	Kostenart (Text)	Herkunft	Herkunft (Text)	Σ Sollkosten ges.	Σ Istkosten gesamt	Σ Soll/Ist-Abw.	Wäh
Belastung	6001	DILV Maschinen...	B100/MASCH	Backstube / Maschinenz...	252,44	252,44	0,00	EUR
		DILV Maschinen...	B120/MASCH	Backofen / Maschinenzeit	325,00	325,00	0,00	EUR
	6001	**DILV Maschinen...**			▪ **577,44**	▪ **577,44**	▪ **0,00**	**EUR**
	6002	DILV Personalzeit	B100/PERS	Backstube / Personalzeit	420,16	420,16	0,00	EUR
	6002	**DILV Personalzeit**			▪ **420,16**	▪ **420,16**	▪ **0,00**	**EUR**
	6003	DILV Ruhezeit	B110/RUHE	Ruheraum / Ruhezeit	6,25	6,25	0,00	EUR
	6003	**DILV Ruhezeit**			▪ **6,25**	▪ **6,25**	▪ **0,00**	**EUR**
	6005	Zuschlag Einkauf	B200	Einkauf	199,38	0,00	199,38-	EUR
	6005	**Zuschlag Einkauf**			▪ **199,38**	▪ **0,00**	▪ **199,38-**	**EUR**
	401100	Verbrauch Rohw...	1000/13005	Kakao	10,00	10,00	0,00	EUR
		Verbrauch Rohw...	1000/13006	Zimt	1,50	1,50	0,00	EUR
		Verbrauch Rohw...	1000/13007	Weizenmehl weiß Typ 4...	100,00	120,00	20,00	EUR
		Verbrauch Rohw...	1000/13008	Schokolade gerieben	300,00	300,00	0,00	EUR
		Verbrauch Rohw...	1000/13009	Backpulver	30,00	30,00	0,00	EUR
		Verbrauch Rohw...	1000/13010	Milch	100,00	100,00	0,00	EUR
		Verbrauch Rohw...	1000/13001	Butter	400,00	400,00	0,00	EUR
		Verbrauch Rohw...	1000/13002	Zucker	100,00	100,00	0,00	EUR
		Verbrauch Rohw...	1000/13003	Vanillezucker	20,00	20,00	0,00	EUR
		Verbrauch Rohw...	1000/13004	Ei	600,00	600,00	0,00	EUR
	401100	**Verbrauch Roh...**			▪ **1.661,50**	▪ **1.681,50**	▪ **20,00**	**EUR**
Belastung					▪▪ **2.864,73**	▪▪ **2.685,35**	▪▪ **179,38-**	**EUR**
Lieferung	841013	BV halbfertige Er...	1000/H0002	Schokoladenkuchen na...	2.864,73-	2.864,73-	0,00	EUR
	841013	**BV halbfertige E...**			▪ **2.864,73-**	▪ **2.864,73-**	▪ **0,00**	**EUR**
Lieferung					▪▪ **2.864,73-**	▪▪ **2.864,73-**	▪▪ **0,00**	**EUR**
					▪▪▪ **0,00**	▪▪▪ **179,38-**	▪▪▪ **179,38-**	**EUR**

Abbildung 4.154 Produktionsmeldung – Produktkostensammler

Kosten des Produktkosten-sammlers

Konzentrieren wir den Blick zunächst auf die Spalte ISTKOSTEN GESAMT in Abbildung 4.154. Im oberen Block sind tatsächlich die gleichen Werte als Belastung ausgewiesen, die in Abbildung 4.151 auf den Kostenstellen »Backstube«, »Ruheraum« und »Backofen« als Entlastung zu sehen waren (577,44 EUR + 420,16 EUR 6,25 EUR = 1.003,85 EUR).

Außerdem treffen wir hier auf einen weiteren Bekannten: Die Belastung unter der Kostenart 401100 »Verbrauch Roh...« von 1.681,50 EUR entspricht genau der Reduzierung im Lagerbestand, die weiter vorne in diesem Abschnitt beschrieben wurde (Gesamtwert in Abbildung 4.137: 80.000,00 EUR minus Gesamtwert in Abbildung 4.149: 78.318,50 EUR gleich 1.681,50 EUR).

Als Entlastung erhält der Produktkostensammler den Wert der Produkte, die er ins Lager abgeliefert hat, hier –2.864,73 EUR unter der Position »Lieferung«.

Mengen im Produktkostensammler

Durch die Anpassung der Anzeigevariante sehen wir für alle Positionen die zugehörigen Mengen (siehe Abbildung 4.155). Beachten Sie insbesondere die Sollmenge für das Weizenmehl von 250 kg (aus der Kalkulation) im Vergleich zur Istmenge von 300 kg (Verbrauch aus der Rückmeldung).

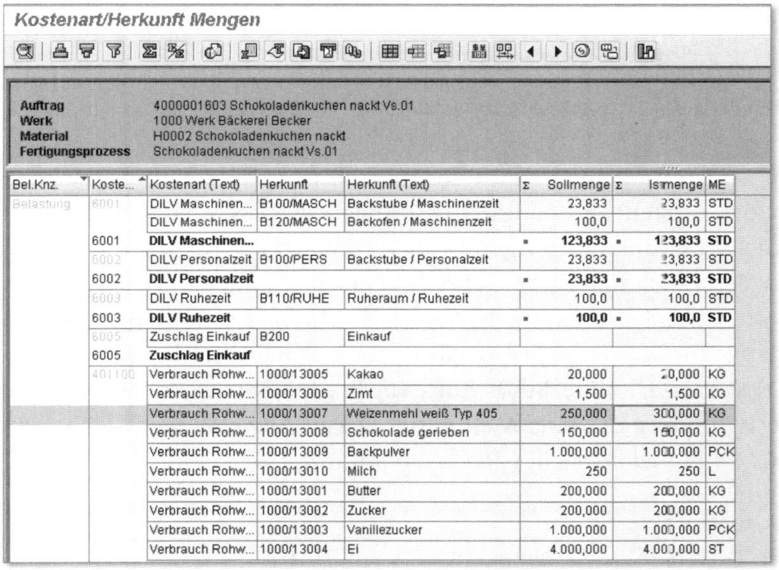
Kostenart/Herkunft Mengen

Auftrag 4000001603 Schokoladenkuchen nackt Vs.01
Werk 1000 Werk Bäckerei Becker
Material H0002 Schokoladenkuchen nackt
Fertigungsprozess Schokoladenkuchen nackt Vs.01

Bel.Knz.	Koste...	Kostenart (Text)	Herkunft	Herkunft (Text)	Σ	Sollmenge	Σ	Istmenge	ME
Belastung	6001	DILV Maschinen...	B100/MASCH	Backstube / Maschinenzeit		23,833		23,833	STD
		DILV Maschinen...	B120/MASCH	Backofen / Maschinenzeit		100,0		100,0	STD
	6001	**DILV Maschinen...**			■	**123,833**	■	**123,833**	**STD**
	6002	DILV Personalzeit	B100/PERS	Backstube / Personalzeit		23,833		23,833	STD
	6002	**DILV Personalzeit**			■	**23,833**	■	**23,833**	**STD**
	6003	DILV Ruhezeit	B110/RUHE	Ruheraum / Ruhezeit		100,0		100,0	STD
	6003	**DILV Ruhezeit**			■	**100,0**	■	**100,0**	**STD**
	6005	Zuschlag Einkauf	B200	Einkauf					
	6005	**Zuschlag Einkauf**							
	401100	Verbrauch Rohw...	1000/13005	Kakao		20,000		20,000	KG
		Verbrauch Rohw...	1000/13006	Zimt		1,500		1,500	KG
		Verbrauch Rohw...	1000/13007	Weizenmehl weiß Typ 405		250,000		300,000	KG
		Verbrauch Rohw...	1000/13008	Schokolade gerieben		150,000		150,000	KG
		Verbrauch Rohw...	1000/13009	Backpulver		1.000,000		1.000,000	PCK
		Verbrauch Rohw...	1000/13010	Milch		250		250	L
		Verbrauch Rohw...	1000/13001	Butter		200,000		200,000	KG
		Verbrauch Rohw...	1000/13002	Zucker		200,000		200,000	KG
		Verbrauch Rohw...	1000/13003	Vanillezucker		1.000,000		1.000,000	PCK
		Verbrauch Rohw...	1000/13004	Ei		4.000,000		4.000,000	ST

Abbildung 4.155 Produktkostensammler – Mengen

4.6.4 Datenerfassung – Fertigprodukt

Der »Schokoladenkuchen nackt« kann so nicht verkauft werden. Die Glasur und die Verpackung fehlen. Also wird nach dem Abkühlen in einem weiteren Produktionsschritt das Halbfabrikat H0002 »Schokoladenkuchen nackt« in das Fertigerzeugnis 1400 »Schokoladenkuchen« umgewandelt.

Verbrauch der Halbfabrikate für die Fertigerzeugnisse

Beim Entnehmen der Halbfabrikate aus dem Ruheraum fällt ein ganzes Gestell mit 50 Kuchen um. Die Stücke zerbrechen und sind unbrauchbar. Für den letzten Produktionsschritt stehen nur noch 950 Stück zur Verfügung. Die Produktion von 950 Stück Schokoladenkuchen wird als Gutmenge mit der Transaktion MFBF Rückmeldung Serienfertigung gespeichert (siehe Abbildung 4.156).

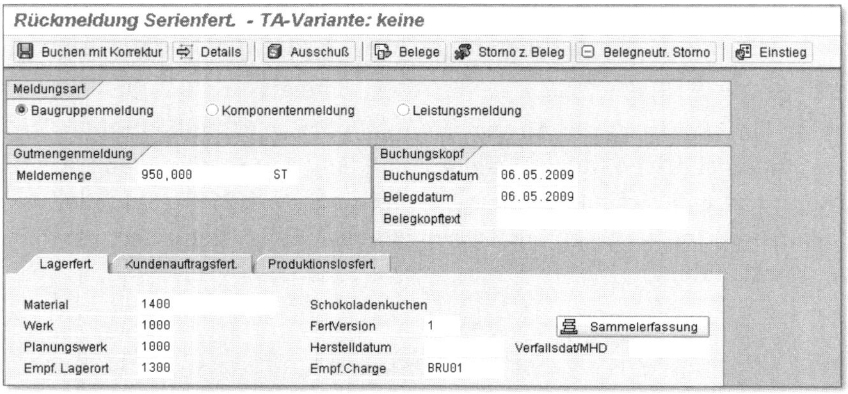

Abbildung 4.156 Produktionsrückmeldung für Fertigerzeugnis

Ausschuss Zusätzlich zu den 950 Stück des Halbfabrikats H0002, die tatsächlich in den letzten Fertigungsschritt eingeflossen sind, müssen die 50 Stück Ausschuss noch irgendwie »verarbeitet« werden. Die Buchung als Verbrauch für das Fertigprodukt erscheint mir in diesem Fall das Beste zu sein. Deshalb wird bei der Buchung der Komponenten die Menge für das Halbfabrikat »Schokoladenkuchen nackt« von 950 auf 1.000 erhöht (ohne Bild). Auf dem Produktkostensammler für das Fertigprodukt ist dieser Mehrverbrauch als Abweichung in Höhe von 143,24 EUR dargestellt (siehe Abbildung 4.157).

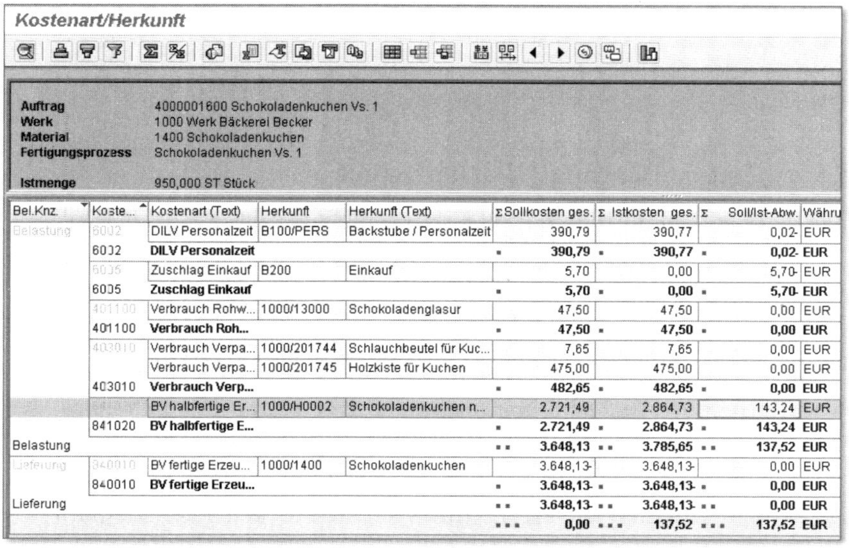

Bel.Knz.	Koste...	Kostenart (Text)	Herkunft	Herkunft (Text)	Σ Sollkosten ges.	Σ Istkosten ges.	Σ Soll/Ist-Abw.	Währu
Belastung	6002	DILV Personalzeit	B100/PERS	Backstube / Personalzeit	390,79	390,77	0,02-	EUR
	6002	**DILV Personalzeit**			▪ **390,79**	▪ **390,77**	▪ **0,02-**	**EUR**
	6005	Zuschlag Einkauf	B200	Einkauf	5,70	0,00	5,70-	EUR
	6005	**Zuschlag Einkauf**			▪ **5,70**	▪ **0,00**	▪ **5,70-**	**EUR**
	401100	Verbrauch Rohw...	1000/13000	Schokoladenglasur	47,50	47,50	0,00	EUR
	401100	**Verbrauch Roh...**			▪ **47,50**	▪ **47,50**	▪ **0,00**	**EUR**
	403010	Verbrauch Verpa...	1000/201744	Schlauchbeutel für Kuc...	7,65	7,65	0,00	EUR
		Verbrauch Verpa...	1000/201745	Holzkiste für Kuchen	475,00	475,00	0,00	EUR
	403010	**Verbrauch Verp...**			▪ **482,65**	▪ **482,65**	▪ **0,00**	**EUR**
		BV halbfertige Er...	1000/H0002	Schokoladenkuchen n...	2.721,49	2.864,73	143,24	EUR
	841020	**BV halbfertige E...**			▪ **2.721,49**	▪ **2.864,73**	▪ **143,24**	**EUR**
Belastung					▪▪ **3.648,13**	▪▪ **3.785,65**	▪▪ **137,52**	**EUR**
Lieferung	840010	BV fertige Erzeu...	1000/1400	Schokoladenkuchen	3.648,13-	3.648,13-	0,00	EUR
	840010	**BV fertige Erzeu...**			▪ **3.648,13-**	▪ **3.648,13-**	▪ **0,00**	**EUR**
Lieferung					▪▪ **3.648,13-**	▪▪ **3.648,13-**	▪▪ **0,00**	**EUR**
					▪▪▪ **0,00**	▪▪▪ **137,52**	▪▪▪ **137,52**	**EUR**

Abbildung 4.157 Produktkostensammler für Fertigprodukt

Die Entstehung der Istkosten wurde für das Halbfabrikat in Abschnitt 4.6.3, »Datenerfassung – Halbfabrikat«, bereits ausführlich beschrieben.

Sollkosten

Betrachten wir jetzt die erste Spalte des Berichts in Abbildung 4.157 genauer. Welche Quelle haben die Sollkosten von 3.648,13 EUR? Sie werden auf der Basis der Standardpreiskalkulation des Materials generiert. Der Blick auf die Kalkulation mit der Bezugsmenge 950 Stück zeigt diesen Zusammenhang (siehe Abbildungen 4.158 und 4.159).

Abbildung 4.158 Vergleich der Sollkosten mit Kalkulation – Einstieg

Die einzelnen Werte aus der Kalkulationsansicht in Abbildung 4.159 stimmen exakt mit den Sollwerten in der ersten Spalte von Abbildung 4.157 überein.

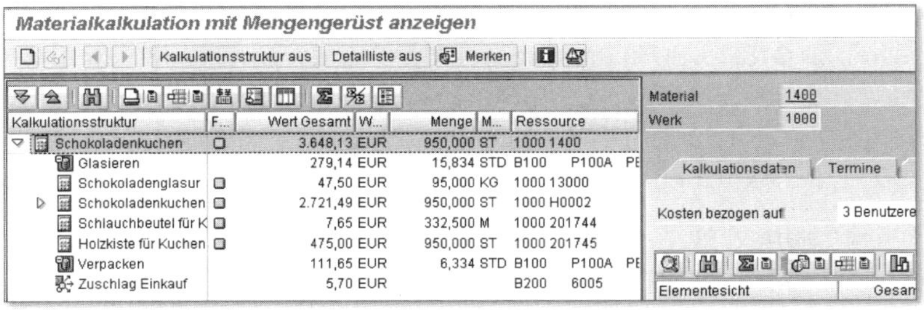

Abbildung 4.159 Kalkulation »Schokoladenkuchen« für 950 Stück

4.6.5 Abweichungsermittlung

Warum stimmen Kalkulation und Istkosten nicht überein?

In den Berichten der Produktkostensammler in Abschnitt 4.6.4, »Datenerfassung – Fertigprodukt«, waren Abweichungen zwischen Soll und Ist zu sehen. Die detaillierte Analyse dieser Abweichungen ist eine beliebte Spielwiese von Controllern. Die verschiedenen Abweichungskategorien ermittelt SAP ERP automatisch mit der Funktion ABWEICHUNGSERMITTLUNG FÜR PRODUKTKOSTENSAMMLER, Transaktion KKS5, im Menü: RECHNUNGSWESEN • CONTROLLING • PRODUKTKOSTEN-CONTROLLING • KOSTENTRÄGERRECHNUNG • PERIODISCHES PRO-

DUKT-CONTROLLING • PERIODENABSCHLUSS • EINZELFUNKTIONEN: PRODUKTKOSTENSAMMLER • ABWEICHUNGEN • SAMMELVERARBEITUNG (siehe Abbildung 4.160).

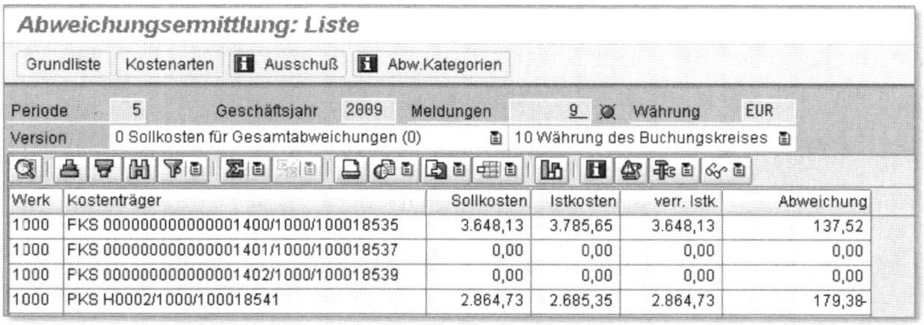

Werk	Kostenträger	Sollkosten	Istkosten	verr. Istk.	Abweichung
1000	FKS 000000000000001400/1000/100018535	3.648,13	3.785,65	3.648,13	137,52
1000	FKS 000000000000001401/1000/100018537	0,00	0,00	0,00	0,00
1000	FKS 000000000000001402/1000/100018539	0,00	0,00	0,00	0,00
1000	PKS H0002/1000/100018541	2.864,73	2.685,35	2.864,73	179,38-

Abbildung 4.160 Abweichungsermittlung für Produktkostensammler

Protokoll zur Abweichungsermittlung

Das Protokoll zur Abweichungsermittlung in Abbildung 4.160 zeigt die Soll- und Istkosten sowie die Gesamtabweichung für jeden Produktkostensammler, der in diesem Lauf bearbeitet wurde. Bei genauem Hinsehen erkennen Sie in der ersten Zeile in der Spalte KOSTENTRÄGER die Materialnummer 1400 (hier 18-stellig mit führenden Nullen). Die Istkosten (3.785,65 EUR) waren bereits in Abschnitt 4.6.4, »Datenerfassung – Fertigprodukt«, als Belastungen zu sehen (siehe Abbildung 4.157 unter ISTKOSTEN GES./BELASTUNG). Die Sollkosten (3.648,13 EUR) entsprechen der Standardpreiskalkulation für die produzierte Menge (950 Stück), was ebenfalls im vorigen Abschnitt dargestellt wurde (siehe Abbildung 4.159, WERT GESAMT für 950 St. Schokoladenkuchen).

In der Spalte VERR. ISTK. (verrechnete Istkosten) ist die Entlastung des Produktkostensammlers im Ist zu sehen, ebenfalls 3.648,13 EUR. Diese Entlastung wurde als Gutschrift für die fertig ans Lager abgelieferten Schokoladenkuchen gebucht. Sollkosten und verrechnete Istkosten müssen übereinstimmen, weil in dem hier vorgestellten Beispiel die Standardpreiskalkulation erstens mit der Bestandsbewertung übereinstimmt und sie zweitens die Grundlage für die Sollkosten bildet.

Abweichungskategorien

Der Doppelklick auf die vierte Zeile in Abbildung 4.160 zeigt die Details zu den Abweichungen des Halbfabrikats H0002 »Schokoladenkuchen« (siehe Abbildung 4.161). Die Einsatzmengenabweichung (20,00 EUR) lässt sich auf den Mehrverbrauch an Mehl zurückführen. Diese Abweichung war auch schon im Bericht des Produktkostensammlers zu sehen (siehe Abbildung 4.154).

Kritik der Abweichungskategorien

Wenn ich ehrlich bin, habe ich mich mit der Anzeige der Abweichungskategorien erstmals für das Beispiel in diesem Buch beschäftigt. In meiner Zeit als aktiver Controller war diese Art der Abweichungsanalyse nie wirklich von Interesse. Stattdessen haben wir einen eigenen Bericht mit dem Reportpainter von SAP ERP auf der Basis des Produktkostensammlerberichts erstellt (siehe Abbildungen 4.159 und 4.162). Dabei wurden die Daten aus allen Aufträgen verdichtet. Bei der Diskussion zu Abweichungen von der Produktion war die Frage wichtig: »Welche Komponenten haben die Abweichungen verursacht?«, und nicht die Frage: »Gehört die Abweichung in die Kategorie Strukturabweichung oder Einsatzrestabweichung?«

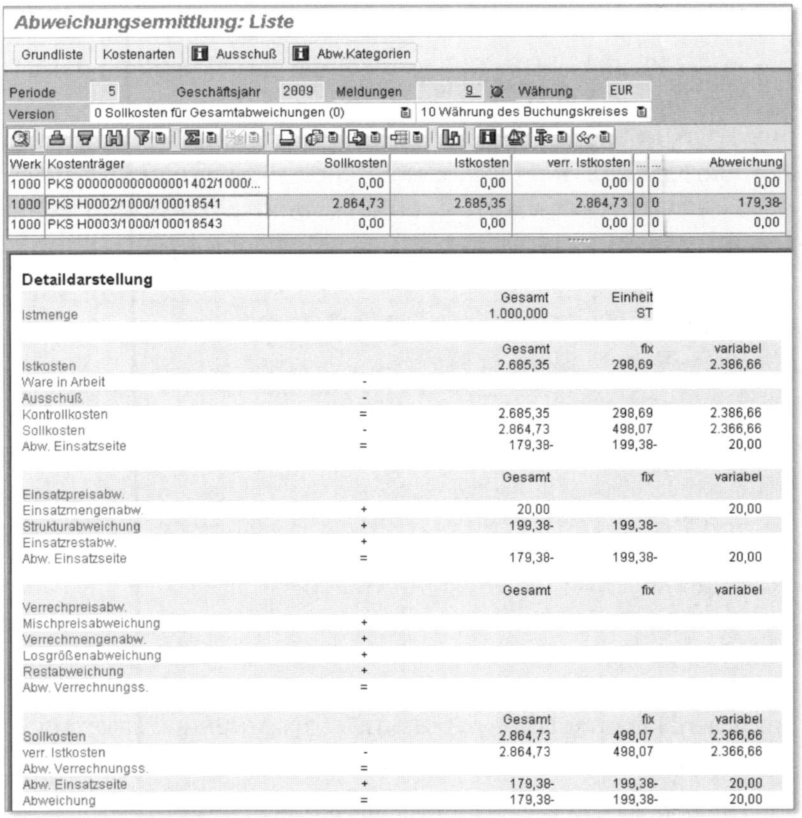

Abweichungsermittlung: Liste
Grundliste
Kostenarten
Ausschuß
Abw.Kategorien
Periode 5
Geschäftsjahr 2009
Meldungen 9
Währung EUR
Version 0 Sollkosten für Gesamtabweichungen (0)
10 Währung des Buchungskreises
Werk | Kostenträger | Sollkosten | Istkosten | verr. Istkosten | ... | ... | Abweichung
1000 | PKS 000000000000001402/1000/... | 0,00 | 0,00 | 0,00 | 0 | 0 | 0,00
1000 | PKS H0002/1000/100018541 | 2.864,73 | 2.685,35 | 2.864,73 | 0 | 0 | 179,38-
1000 | PKS H0003/1000/100018543 | 0,00 | 0,00 | 0,00 | 0 | 0 | 0,00
Detaildarstellung
Istmenge | Gesamt 1.000,000 | Einheit ST
Istkosten | Gesamt 2.685,35 | fix 298,69 | variabel 2.386,66
Ware in Arbeit -
Ausschuß -
Kontrollkosten = 2.685,35 298,69 2.386,66
Sollkosten - 2.864,73 498,07 2.366,66
Abw. Einsatzseite = 179,38- 199,38- 20,00
Gesamt fix variabel
Einsatzpreisabw.
Einsatzmengenabw. + 20,00 20,00
Strukturabweichung + 199,38- 199,38-
Einsatzrestabw. +
Abw. Einsatzseite = 179,38- 199,38- 20,00
Gesamt fix variabel
Verrechpreisabw.
Mischpreisabweichung +
Verrechmengenabw. +
Losgrößenabweichung +
Restabweichung +
Abw. Verrechnungss. =
Gesamt fix variabel
Sollkosten 2.864,73 498,07 2.366,66
verr. Istkosten - 2.864,73 498,07 2.366,66
Abw. Verrechnungss. =
Abw. Einsatzseite + 179,38- 199,38- 20,00
Abweichung = 179,38- 199,38- 20,00

Abbildung 4.161 Abweichungsermittlung mit Abweichungskategorien

Kann also auf die Abweichungsermittlung in der Praxis ganz verzichtet werden? Leider nein. Die Abweichungsermittlung ist die technische Voraussetzung für die Abrechnung von Abweichungen in die

Ergebnisrechnung (siehe Abschnitt 4.6.6, »Abrechnung«). Die Abrechnung wiederum muss durchgeführt werden, damit in der Ergebnisrechnung die vollen Kosten der Periode sichtbar werden und nicht nur die Standardkosten auf der Basis der verkauften Mengen.

Customizing zur Abweichungsermittlung

Die technischen Voraussetzungen für die Abweichungsermittlung sind:

- Customizing eines Abweichungsschlüssels
- Customizing einer Abweichungsvariante
- Customizing einer Sollversion
- Eintrag des Abweichungsschlüssels in den Stammdaten der Produktkostensammler

Abweichungsschlüssel

Den Abweichungsschlüssel pflegen Sie mit der Transaktion OKV1, im Customizing: SPRO • SAP Referenz-IMG • Controlling • Produktkosten-Controlling • Kostenträgerrechnung • Periodisches Produkt-Controlling • Periodenabschluss • Abweichungsermittlung • Abweichungsermittlung für Produktkostensammler • Abweichungsschlüssel definieren (siehe Abbildung 4.162).

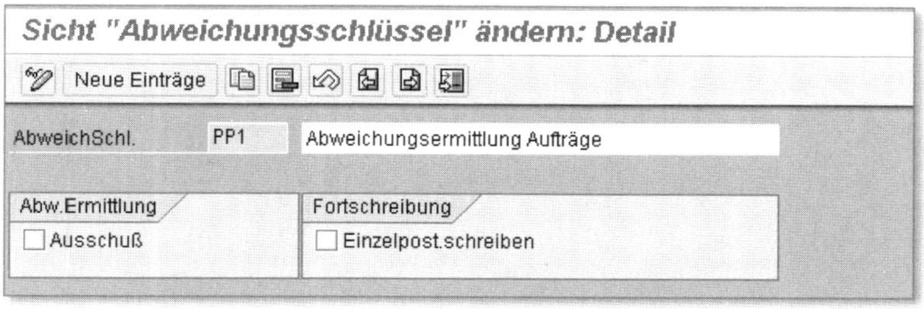

Abbildung 4.162 Customizing – Abweichungsschlüssel

Abweichungsvariante

Die Abweichungsvariante wird mit der Transaktion OKVG angelegt, im Customizing: SPRO • SAP Referenz-IMG • Controlling • Produktkosten-Controlling • Kostenträgerrechnung • Periodisches Produkt-Controlling • Periodenabschluss • Abweichungsermittlung • Abweichungsermittlung für Produktkostensammler • Abweichungsvarianten definieren (siehe Abbildung 4.163).

Sollversion

In der Sollversion geben Sie an, welche Kalkulation zur Ermittlung der Sollkosten verwendet wird und welche Abweichungsvariante das System benutzen soll.

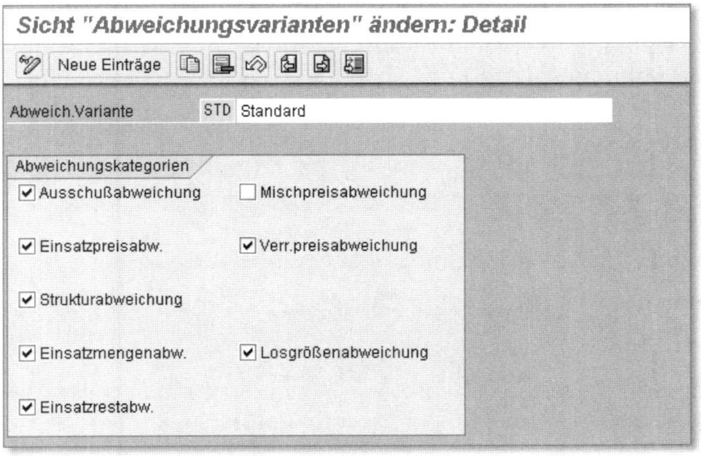

Abbildung 4.163 Customizing – Abweichungsvariante

Dafür nutzen Sie die Transaktion OKV6, im Customizing: SPRO • SAP REFERENZ-IMG • CONTROLLING • PRODUKTKOSTEN-CONTROLLING • KOSTENTRÄGERRECHNUNG • PERIODISCHES PRODUKT-CONTROLLING • GRUNDEINSTELLUNGEN FÜR DAS PERIODISCHE PRODUKT-CONTROLLING • PERIODENABSCHLUSS • ABWEICHUNGSERMITTLUNG • ABWEICHUNGSERMITTLUNG FÜR PRODUKTKOSTENSAMMLER • SOLLVERSIONEN FESTLEGEN (siehe Abbildung 4.164).

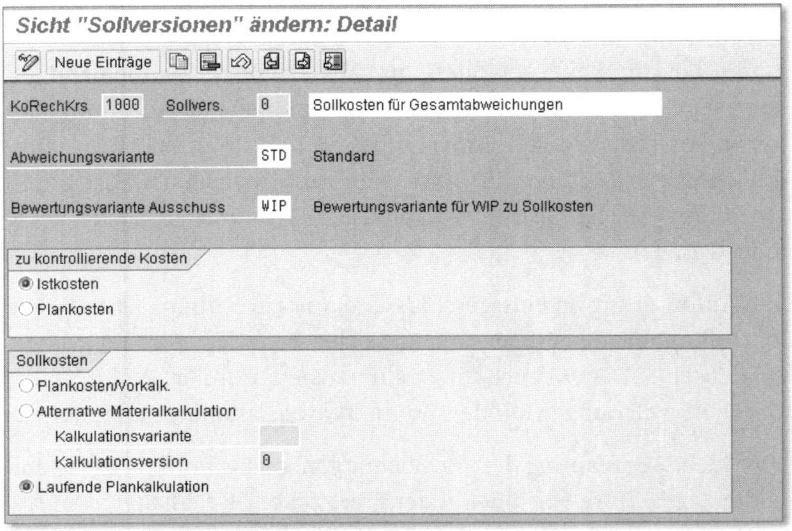

Abbildung 4.164 Customizing – Sollversionen

Abweichungsschlüssel in Stammdaten

Wenn Sie jetzt noch in die Stammdaten der Produktkostensammler den Abweichungsschlüssel eintragen, kann die Verarbeitung beginnen (siehe Abbildung 4.165).

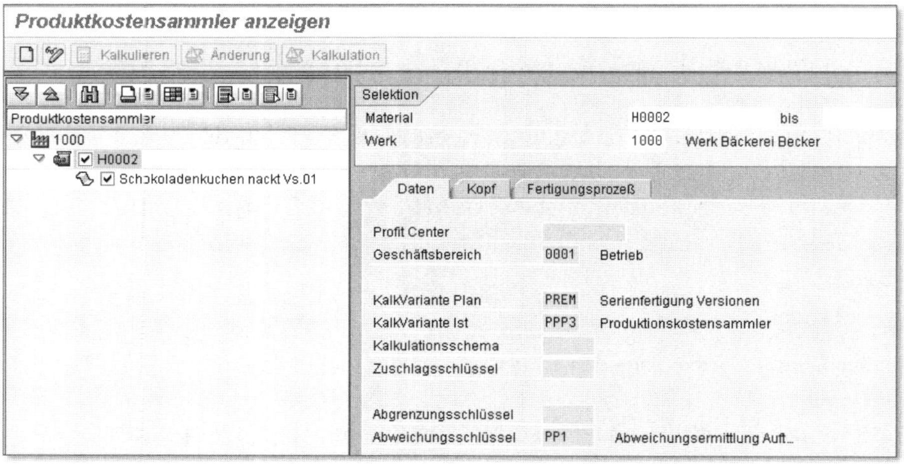

Abbildung 4.165 Abweichungsschlüssel im Produktkostensammler

4.6.6 Abrechnung

In Kapitel 3, »Gemeinkostenrechnung«, hatte ich geschrieben: »Kostenstellen und Innenaufträge wünschen sich nichts sehnlicher, als alle Kosten, mit denen sie belastet wurden, vollständig durch Entlastungen wieder loszuwerden« – oder so ähnlich. Das gilt auch für Produktkostensammler. Sie wollen ihre Abweichungen »an jemand anderen verrechnen«. Nur mit der vollständigen Verrechnung der Kosten auf Kostenstellen, Innenaufträgen und Produktkostensammlern wird die Basis für die Harmonisierung von Buchhaltung und Controlling geschaffen (siehe Kapitel 6, »Harmonisierung im Rechnungswesen«).

Eine Anforderung an eine geschlossene Kostenrechnung lautet: »Alle Controllingobjekte müssen am Ende der Periode vollständig abgerechnet sein.« Das gilt auch für Produktkostensammler. Wohin sollen wir die Abweichungen auf den Produktkostensammlern verrechnen?

Abrechnung ans Lager

Erste Idee: Abrechnung der Abweichungen an das produzierte Material im Lager. Höre ich Jubel in der Fraktion der Buchhalter? Die Abweichungen repräsentieren den Unterschied zwischen den Istkosten der Produktion (Belastungen) und den Standardkosten (Entlastungen). Wenn wir jetzt am Ende der Periode mit den Abweichungen den Lagerbestand umbewerten würden – ja dann hätten wir doch die Istkosten der Produktion abgebildet. Und dann wären wir die in der Buchhaltung so unbeliebte Standardpreisbewertung endlich los. Das geht aber nicht, weil keineswegs sichergestellt ist, dass die produzierten Materialien noch im Lager sind. Wahrscheinlicher ist es, dass die Halbfabrikate bereits für die Produktion von Fertigerzeugnissen verbraucht sind und die Fertigerzeugnisse bereits verkauft wurden. Also haben wir keine Bestände mehr, die wir umbewerten könnten. Außerdem hätte die Standardpreisbewertung der produzierten Materialien die Umbewertung innerhalb einer Periode ja sowieso nicht zugelassen.

Abrechnung in die Ergebnisrechnung

Zweite Idee: Abrechnung in die Ergebnisrechnung. Verkäufe werden in der Ergebnisrechnung des Controllings mit den Standardkosten der Fertigprodukte belastet. In der GuV der Finanzbuchhaltung werden die »echten« Kosten der Periode für Personal, Energie etc. als Aufwand gebucht. Die Differenz zwischen den Standardkosten und den »echten« Kosten ist in den Abweichungen auf den Produktkostensammlern abzulesen. Wir müssen also diese Abweichungen in die Ergebnisrechnung abrechnen, damit FI-GuV und CO-Ergebnisrechnung übereinstimmen.

Abrechnung durchführen

Sehen wir uns zunächst an, wie eine funktionierende Abrechnung von Produktkostensammlern abläuft, danach werfen wir einen Blick ins Customizing. Nutzen Sie hierfür die Transaktion CO88, im Menü: RECHNUNGSWESEN • CONTROLLING • PRODUKTKOSTEN-CONTROLLING • KOSTENTRÄGERRECHNUNG • PERIODISCHES PRODUKT-CONTROLLING • PERIODENABSCHLUSS • EINZELFUNKTIONEN: PRODUKTKOSTENSAMMLER • ABRECHNUNG • SAMMELVERARBEITUNG (siehe Abbildung 4 166).

Sender	Kurztext Sender	Empfänger	Wert/KW	Inform.
AUF 4000001600	Schokoladenkuchen Vs. 1	ERG 0000028420	137,52	Abweichungen
		MAT 1000/1400	137,52	
AUF 4000001603	Schokoladenkuchen nackt Vs.01	ERG 0000028423	179,38-	Abweichungen
		MAT 1000/H0002	179,38-	

Abbildung 4.166 Abrechnung Produktkostensammler

Protokoll zur Abrechnung

In der Detailliste des Protokolls in Abbildung 4.166 ist jeder Produktkostensammler mit seinem Abrechnungsbetrag aufgeführt. Der Button RECHNUNGSWESENBELEGE führt zu den Belegen, die von der Abrechnung in der Buchhaltung und im Controlling erzeugt wurden.

FI-Buchungen zur Abrechnung

Im Buchhaltungsbeleg zur zweiten Abrechnung (»Schokoladenkuchen nackt«) sind die Konten 849998 und 215123 mit dem Abrechnungsbetrag bebucht (siehe Abbildung 4.167). VVPAB in der ersten Kontenbezeichnung ist der technische Name des Wertfeldes in der Ergebnisrechnung, das diese Abrechnungsbuchung aufnimmt. Beide Konten werden in der gleichen Position der GuV dargestellt, z. B. Materialaufwand, und heben sich auf. Eigentlich könnte man diese Buchung einfach weglassen. Warum buchen dann wir diese Positionen? Weil bei der Anlage der Produktkostensammler die Abrechnungsvorschrift, die diese Buchung auslöst, automatisch mit angelegt wird, und weil mir bisher niemand sagen konnte, wie man die automatische Anlage dieser Vorschrift unterbinden kann.

Warum buchen wir nicht mit beiden Positionen auf das gleiche Konto? Weil eines der beiden Konten eine Kostenart sein muss (849998); dieser Position wird der Produktkostensammler als CO-Objekt mitgegeben. Die Abrechnung wird mit dieser Kostenart auf dem Produktkostensammler dargestellt. Das andere Konto (215123) darf keine Kostenart sein; in dieser Position wird kein CO-Objekt vom System eingetragen.

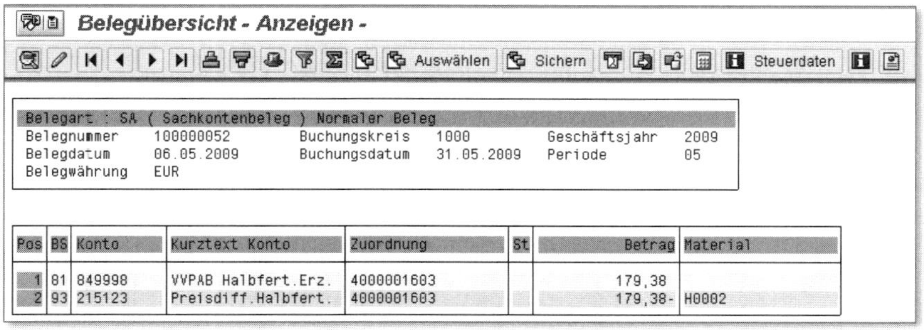

Pos	BS	Konto	Kurztext Konto	Zuordnung	St	Betrag	Material
1	81	849998	VVPAB Halbfert.Erz.	4000001603		179,38	
2	93	215123	Preisdiff.Halbfert.	4000001603		179,38-	H0002

Abbildung 4.167 Abrechnung – Buchhaltungsbeleg

Kontenfindung für Abrechnung

Woher wusste das System, auf welche Konten der Buchhaltung die Abrechnung erfolgen soll? Diese Einstellung wird in der Kontenfindung der Materialwirtschaft in der Transaktion OBYC hinterlegt (siehe auch Abschnitt 4.1.5, »Bewertungsklasse und Kontenfindung«). Betroffen sind hier die Vorgänge PRD Preisdifferenzen und GBB-AUA Gegenbuchung zur Bestandsbuchung – Auftragsabrechnung (siehe Abbildungen 4.168 und 4.169).

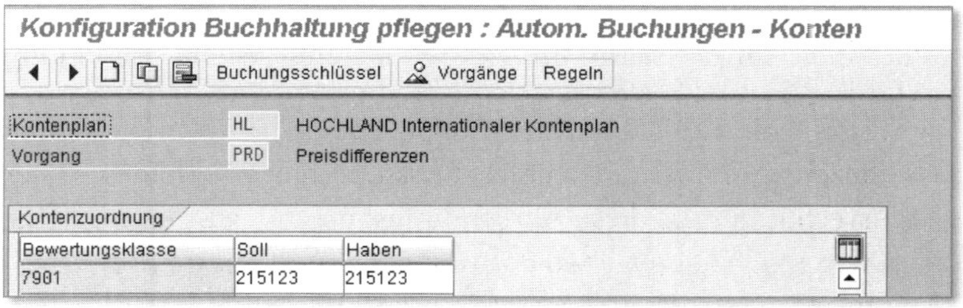

Abbildung 4.168 Kontenfindung – Halbfabrikate PRD

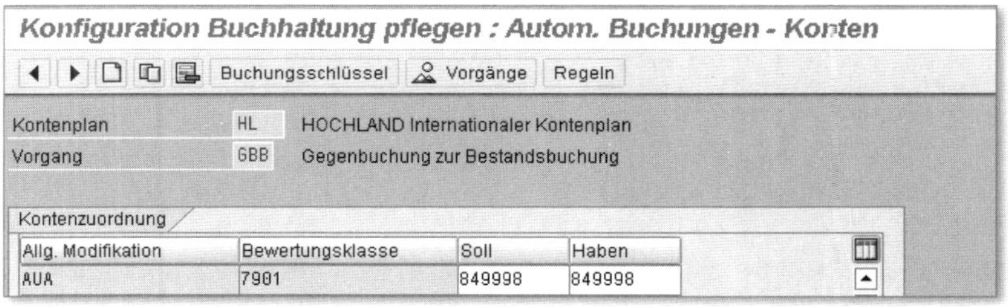

Abbildung 4.169 Kontenfindung – Halbfabrikate GBB-AUA

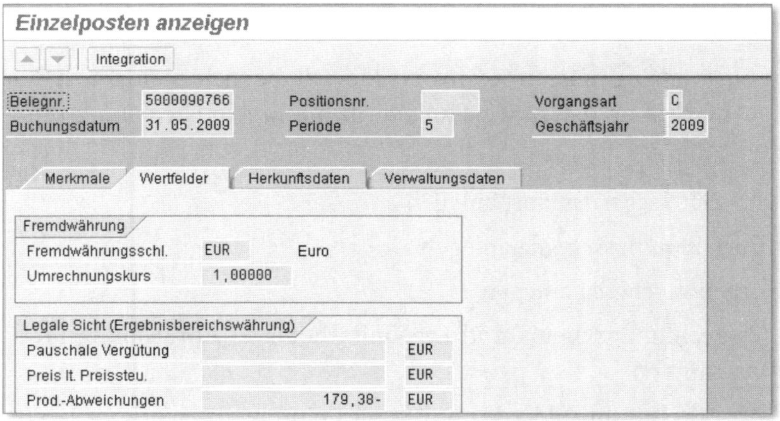

Abbildung 4.170 Abrechnung – Ergebnisrechnungsbeleg

Der Aufruf der Rechnungswesenbelege in Abbildung 4.166 zeigt außer dem Buchhaltungsbeleg auch einen Beleg in der Ergebnisrechnung (siehe Abbildung 4.170).

Erläuterungen zu den Details dieses Belegs finden Sie in Kapitel 5, »Ergebnis- und Marktsegmentrechnung«.

Bericht für Produktkostensammler

Was hat sich durch die Abrechnung für den Produktkostensammler verändert? Der Abrechnungsbetrag ist als zusätzliche Entlastung dargestellt, der Auftragssaldo im Ist beträgt null (siehe Abbildung 4.171).

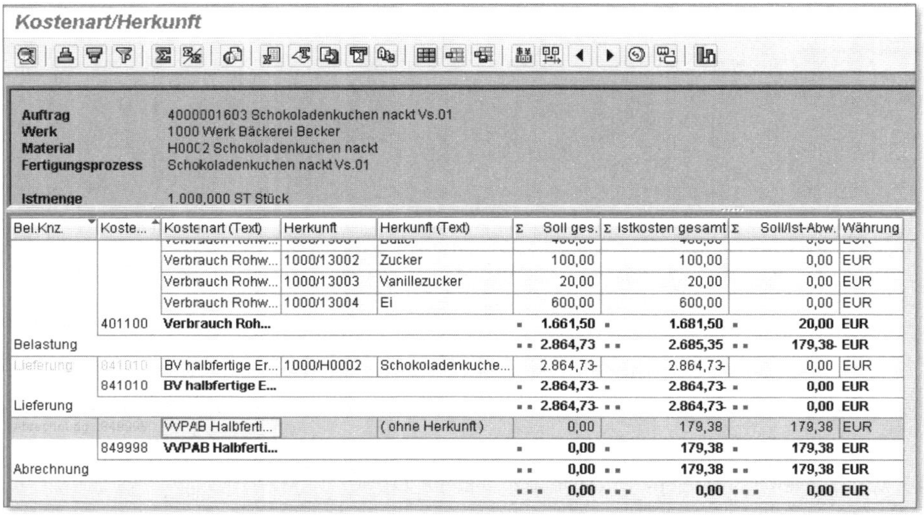

Bel.Knz.	Koste...	Kostenart (Text)	Herkunft	Herkunft (Text)	Σ Soll ges.	Σ Istkosten gesamt	Σ Soll/Ist-Abw.	Währung
		Verbrauch Rohw...	1000/13002	Zucker	100,00	100,00	0,00	EUR
		Verbrauch Rohw...	1000/13003	Vanillezucker	20,00	20,00	0,00	EUR
		Verbrauch Rohw...	1000/13004	Ei	600,00	600,00	0,00	EUR
	401100	**Verbrauch Roh...**			**1.661,50**	**1.681,50**	**20,00**	**EUR**
Belastung					**2.864,73**	**2.685,35**	**179,38-**	**EUR**
Lieferung	841010	BV halbfertige Er...	1000/H0002	Schokoladenkuche...	2.864,73-	2.864,73-	0,00	EUR
	841010	**BV halbfertige E...**			**2.864,73-**	**2.864,73-**	**0,00**	**EUR**
Lieferung					**2.864,73-**	**2.864,73-**	**0,00**	**EUR**
		VVPAB Halbferti...		(ohne Herkunft)	0,00	179,38	179,38	EUR
	849998	**VVPAB Halbferti...**			**0,00**	**179,38**	**179,38**	**EUR**
Abrechnung					**0,00**	**179,38**	**179,38**	**EUR**
					0,00	**0,00**	**0,00**	**EUR**

Abbildung 4.171 Produktkostensammler nach Abrechnung

Customizing der Abrechnung

Im Customizing müssen Sie diverse Einstellungen vornehmen, damit die Abrechnung der Abweichungen in die Ergebnisrechnung erfolgen kann:

- Abrechnungskostenart anlegen
- Verrechnungsschema anlegen
- Ergebnisschema anlegen
- Verrechnungsschema und Ergebnisschema in Abrechnungsprofil verknüpfen
- Abrechnungsprofil in der Auftragsart eintragen

Abrechnungskostenart anlegen

Zunächst definieren Sie eine Abrechnungskostenart, eine sekundäre Kostenart vom Typ 21 »Abrechnung intern« (siehe Abbildung 4.172). Diese Kostenart wird nur in internen Belegen geführt und ist weder im Auftragsbericht des Produktkostensammlers noch in der Ergebnisrechnung zu sehen.

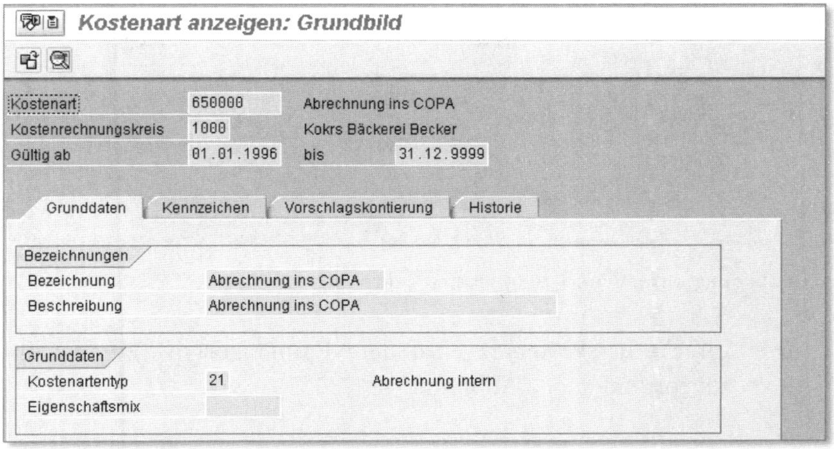

Abbildung 4.172 Customizing – Abrechnungskostenart pflegen

Verrechnungsschema

In einem Verrechnungsschema, hier A1, legen Sie fest, welche Kostenarten aus dem Produktkostensammler als Basis für die Abrechnung herangezogen werden sollen (alle Kostenarten) und unter welcher Kostenart die Abrechnung in die Ergebnisrechnung gebucht werden soll (wurde soeben angelegt). Den Einstieg in die Definition des Verrechnungsschemas finden Sie im Customizing: SPRO • SAP Referenz-IMG • Controlling • Produktkosten-Controlling • Kostenträgerrechnung • Periodisches Produkt-Controlling • Grundeinstellungen für das Periodische Produkt-Controlling • Periodenabschluss • Abrechnung • Verrechnungsschema anlegen (siehe Abbildung 4.173). Hier legen Sie zunächst eine Zuordnung an.

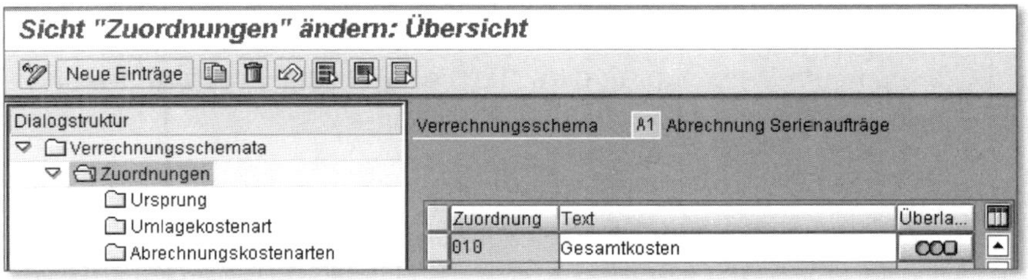

Abbildung 4.173 Verrechnungsschema – Zuordnungen

In Ursprung des Verrechnungsschemas wählen Sie alle Kostenarten (siehe Abbildung 4.174).

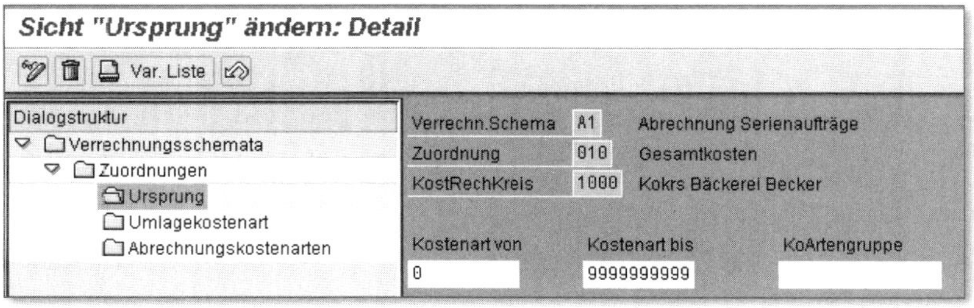

Abbildung 4.174 Verrechnungsschema – Ursprung

Die Abrechnungskostenart wird dem Empfängertyp »Ergebnisobjekt« zugeordnet (siehe Abbildung 4.175).

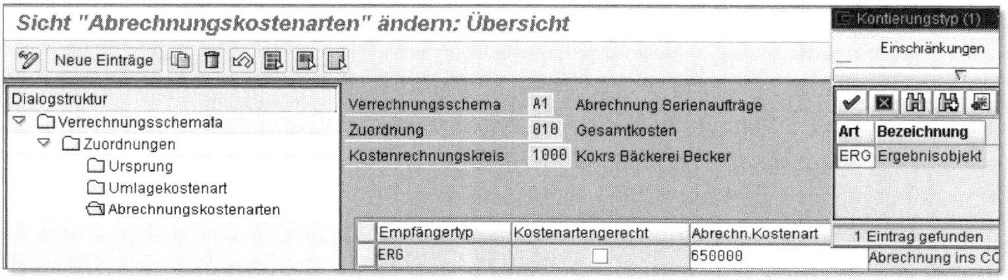

Abbildung 4.175 Verrechnungsschema – Abrechnungskostenart

Ergebnisschema

Im Ergebnisschema, hier E1, definieren Sie, welche Abweichungskategorien aus welchen Kostenarten in welches Wertfeld der Ergebnisrechnung fließen sollen. Welche Bedeutung ich der Analyse von Abweichungskategorien beimesse, haben Sie bereits erfahren – nämlich gar keine (siehe Abschnitt 4.6.5, »Abweichungsermittlung«). Dementsprechend ist mein Vorschlag: Wir »packen« die gesamte Abweichung in ein Wertfeld mit dem Namen »VVPAB – Produktionsabweichungen«.

Die Pflege des Ergebnisschemas finden Sie in der Transaktion KEI1, im Customizing: SPRO • SAP Referenz-IMG • Controlling • Produktkosten-Controlling • Kostenträgerrechnung • Periodisches Produkt-Controlling • Grundeinstellungen für das Periodische Produkt-Controlling • Periodenabschluss • Abrechnung • Ergebnisschema anlegen (siehe Abbildung 4.176). Für jede Abweichungskategorie muss eine eigene Zuordnung angelegt werden.

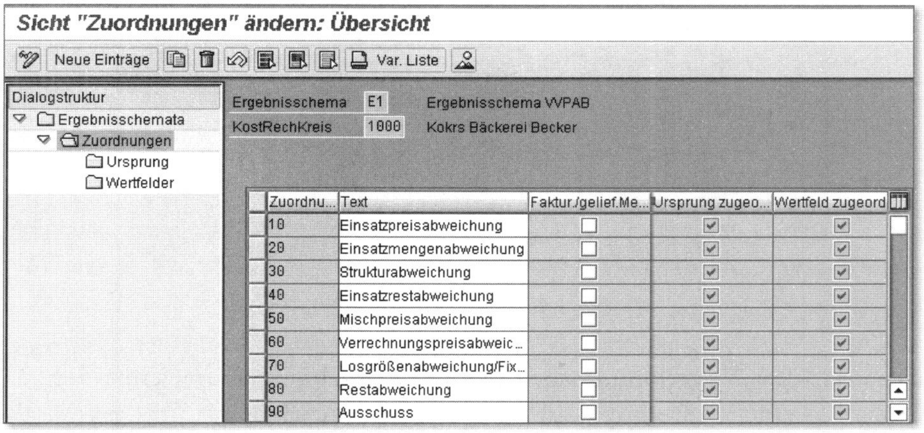

Abbildung 4.176 Customizing – Ergebnisschema, Zuordnungen

Nacheinander verknüpfen Sie jede Zuordnung mit dem URSPRUNG »Kostenart von 1 bis 9999999999«, (sprich: »alle Kostenarten«), und mit der passenden Abweichungskategorie (siehe Abbildung 4.177). Hier dargestellt ist die Definition für die Einsatzpreisabweichung.

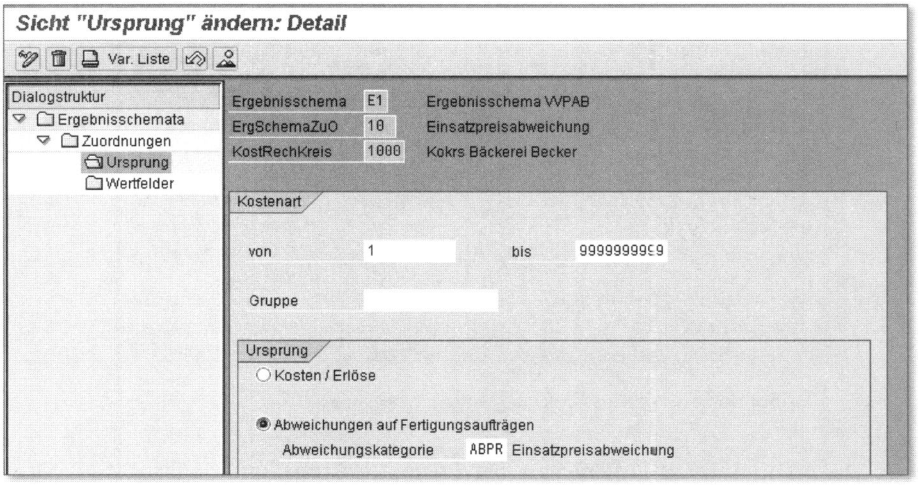

Abbildung 4.177 Customizing – Ergebnisschema, Ursprung

Jede Zuordnung erhält als Zielfeld in der Ergebnisrechnung denselben Eintrag (siehe Abbildung 4.178). Hier im Beispiel werden die Werte aus der Einsatzpreisabweichung in Summe in das Wertfeld »VVPAB – Produktionsabweichungen« geschrieben.

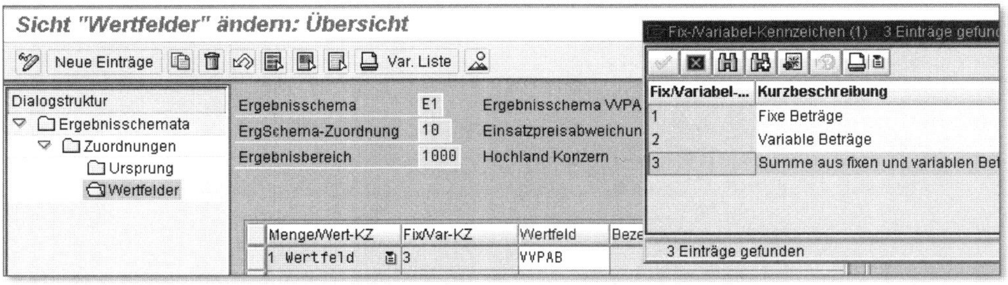

Abbildung 4.178 Customizing – Ergebnisschema, Wertfelder

Abrechnungsprofil

Das Verrechnungsschema und das Ergebnisschema werden jetzt in einem Abrechnungsprofil verknüpft. Nutzen Sie hierfür die Transaktion OKO7, im Customizing: SPRO • SAP REFERENZ-IMG • CONTROLLING • PRODUKTKOSTEN-CONTROLLING • KOSTENTRÄGERRECHNUNG • PERIODISCHES PRODUKT-CONTROLLING • GRUNDEINSTELLUNGEN FÜR DAS PERIODISCHE PRODUKT-CONTROLLING • PERIODENABSCHLUSS • ABRECHNUNG • ABRECHNUNGSPROFIL ANLEGEN (siehe Abbildung 4.179).

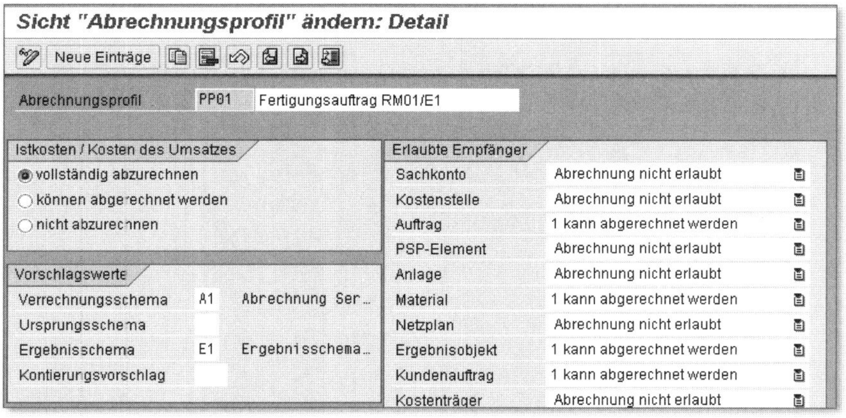

Abbildung 4.179 Customizing – Abrechnungsprofil

Eintrag in der Auftragsart

Die Standardauftragsart für Produktkostensammler ist RM01. Ordnen Sie das soeben angelegte Abrechnungsprofil dieser Auftragsart mit der Transaktion KOT2 zu, im Customizing: SPRO • SAP REFERENZ-IMG • CONTROLLING • PRODUKTKOSTEN-CONTROLLING • KOSTENTRÄGERRECHNUNG • PERIODISCHES PRODUKT-CONTROLLING • PRODUKTKOSTENSAMMLER • AUFTRAGSARTEN ÜBERPRÜFEN (siehe Abbildung 4.180).

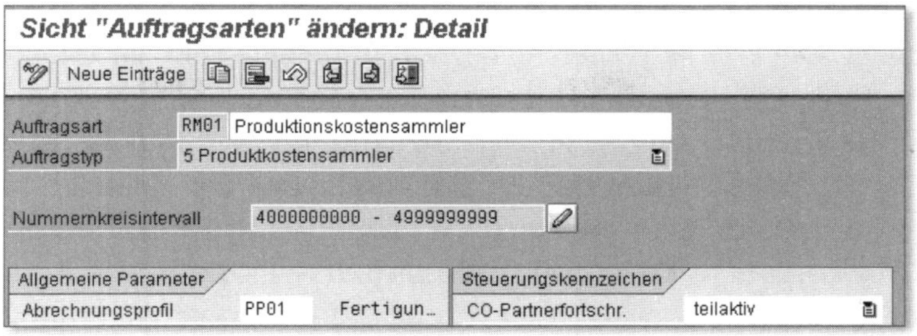

Abbildung 4.180 Customizing – Auftragsart

Produktkostensammler

Die Auftragsart des Produktkostensammlers, im SAP-Standard RM01, können Sie in den Stammdaten im Register KOPF überprüfen (siehe Abbildung 4.181).

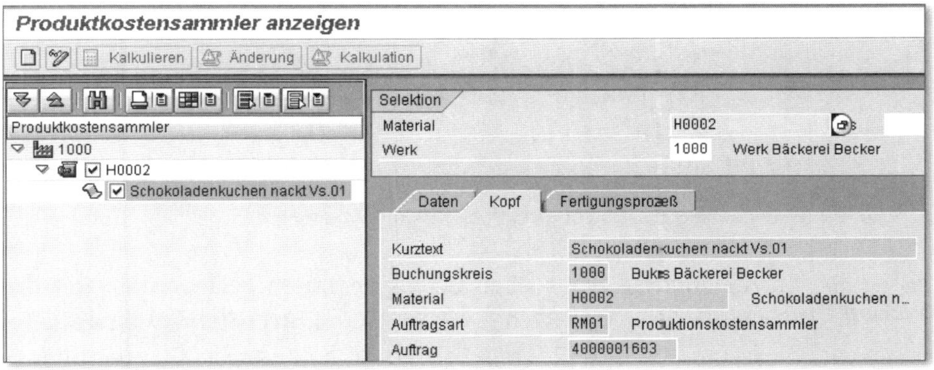

Abbildung 4.181 Stammdaten – Auftragsart des Produktkostensammlers

4.6.7 Verdichtete Analyse

Gemeinsame Darstellung aller Produktkostensammler

In Abschnitt 4.6.3, »Datenerfassung – Halbfabrikat«, und in Abschnitt 4.6.4, »Datenerfassung – Fertigprodukt«, wurde die Analyse von Abweichungen mit den Berichten für einzelne Produktkostensammler vorgestellt. Für Recherchen in dem hier vorgestellten Beispiel mit nur zwei produzierten Artikeln ist dieser Bericht ausreichend. In der Praxis werden in einem Monat Hunderte oder gar Tausende Materialien in einem Unternehmen hergestellt. Eine Abweichungsanalyse mit dem Aufruf eines Produktkostensammlerberichts für jedes Material ist in einer solchen Umgebung undenkbar. Verdichtete Analysen sind unverzichtbar.

Datenbeschaffung

Im Standard von SAP ERP ist für diesen Zweck die Produktrecherche verfügbar. Die Produktrecherche beginnt mit einem Lauf zur Datenbeschaffung. Dabei werden Informationen aus den einzelnen Produktkostensammlern in neuen Datenstrukturen verdichtet. Sie starten die Datenbeschaffung für Produktkosten mit der Transaktion KKRV, im Menü: Rechnungswesen • Controlling • Produktkosten-Controlling • Kostenträgerrechnung • Periodisches Produkt-Controlling • Infosystem • Werkzeuge • Datenbeschaffung • Produktrecherche (siehe Abbildung 4.182).

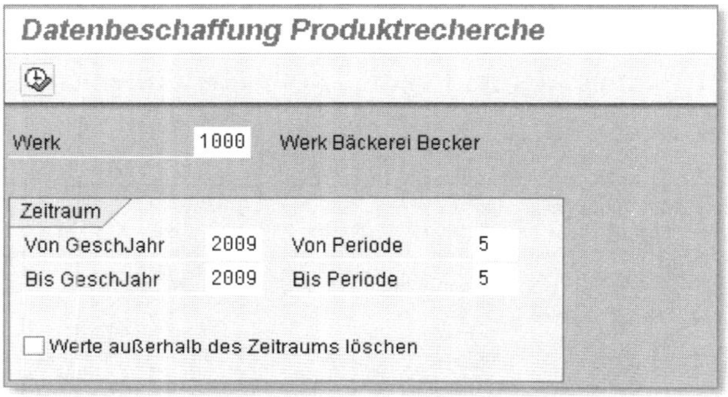

Abbildung 4.182 Datenbeschaffung für Produktkosten

Bericht zur Produktrecherche

In die Analyse der soeben erzeugten Daten gelangen Sie mit der Transaktion S_ALR_87013142, im Menü: Rechnungswesen • Controlling • Produktkosten-Controlling • Kostenträgerrechnung • Periodisches Produkt-Controlling • Infosystem • Berichte zum periodischen Produkt-Controlling • Verdichtete Analyse • mit Produktrecherche • Abweichungsanalyse • Soll/Ist-Vergleich • Soll/Ist-Vergleich • kumuliert (siehe Abbildung 4.183).

Merkmale für die Verdichtung

In der Produktrecherche werden Daten aus den Produktkostensammlern dargestellt, verdichtet nach Produktgruppe, Material, Periode oder Kostenelement. Ein Klick auf eines der Elemente im Block Navigation verändert die Anzeige in der Aufrissliste rechts in der Mitte des Bildschirms. Hier ist der Aufriss nach Material mit 5 der 16 Spalten der Aufrissliste zu sehen. Die Zeile Ergebnis aus der Aufrissliste ist im unteren Bildschirmbereich – Detail – mit allen Feldern noch einmal dargestellt.

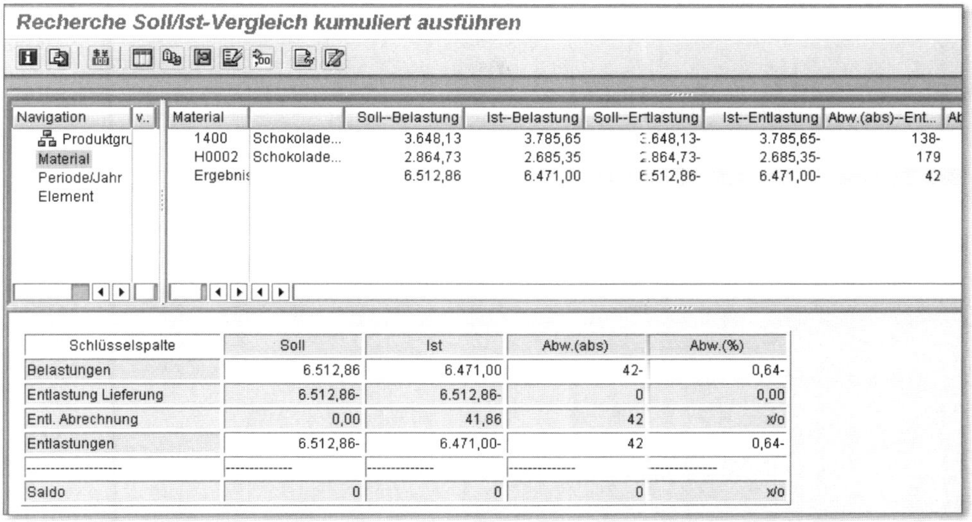

Recherche Soll/Ist-Vergleich kumuliert ausführen

Navigation
Produktgru
Material
Periode/Jahr
Element

Material		Soll--Belastung	Ist--Belastung	Soll--Entlastung	Ist--Entlastung	Abw.(abs)--Ent...
1400	Schokolade...	3.648,13	3.785,65	3.648,13-	3.785,65-	138-
H0002	Schokolade...	2.864,73	2.685,35	2.864,73-	2.685,35-	179
Ergebnis		6.512,86	6.471,00	6.512,86-	6.471,00-	42

Schlüsselspalte	Soll	Ist	Abw.(abs)	Abw.(%)
Belastungen	6.512,86	6.471,00	42-	0,64-
Entlastung Lieferung	6.512,86-	6.512,86-	0	0,00
Entl. Abrechnung	0,00	41,86	42	x/o
Entlastungen	6.512,86-	6.471,00-	42	0,64-
--------------------	-------------	-------------	-------------	-------------
Saldo	0	0	0	x/o

Abbildung 4.183 Verdichtete Analyse

4.6.8 Zusammenfassung

Die Produktkostenrechnung im Ist heißt *Kostenträgerrechnung*. Meldungen aus der Produktion über den Verbrauch von Komponenten zu Produktionsmengen von Halbfabrikaten und Fertigerzeugnissen sowie Leistungsdaten werden hier gesammelt und bewertet. Die Kostenträgerrechnung vergleicht Istdaten mit den Kalkulationen und ermöglicht so Abweichungsanalysen. Für die Analysen bietet SAP ERP Detailberichte für jeden einzelnen Produktkostensammler ebenso wie verdichtete Recherchen.

Kapitel 5

Überraaaaschung!!

Welchen Gewinn erwirtschaften wir mit einem Artikel oder mit einem Kunden? Was ist der Unterschied zwischen Deckungsbeitrags- und Vollkostenrechnung – welche Methode sollte wann genutzt werden? Wie wirken Produktkosten und Kostenstellen auf das Ergebnis?

5 Ergebnis- und Marktsegmentrechnung

5.1 Betriebswirtschaft

Ein Unternehmen generiert durch den Verkauf seiner Produkte Umsatz (= *Erlös*). Durch den Zukauf von Rohstoffen, durch den Einsatz von Maschinen, Energie und Personal bei der Fertigung, durch Werbung, Vertrieb und Verwaltung entstehen Kosten. Die Umsätze sind – hoffentlich – höher als die Kosten. Die Differenz aus Umsatz und Kosten, der Gewinn (= *Ergebnis*), kann im Controlling mit zwei grundsätzlich unterschiedlichen Methoden dargestellt werden. Die von Akademikern seit Langem empfohlene Methode heißt *Deckungsbeitragsrechnung* oder auch *Teilkostenrechnung*. Eine in der Praxis häufig auch heute noch genutzte Methode heißt *Vollkostenrechnung*. Die folgenden Abschnitte werden die Unterschiede der beiden Methoden zur Ergebnisdarstellung verdeutlichen. Mit der *Ergebnis- und Marktsegmentrechnung* (kurz: *Ergebnisrechnung*) von SAP ERP kann entweder die Deckungsbeitragsrechnung oder die Vollkostenrechnung abgebildet werden. In diesem Kapitel wird der dritte Weg dargestellt, nämlich die Verknüpfung dieser beiden Welten. Hier erhalten Sie konkrete Empfehlungen, wann welche Methode zur Ergebnisdarstellung sinnvoll ist und wie Sie eine Deckungsbeitragsrechnung im System abbilden können, ohne auf die Vollkostenrechnung zu verzichten.

Fixe und variable Kosten

Zur Erläuterung des Unterschieds zwischen Deckungsbeitragsrechnung und Vollkostenrechnung wird hier ein klassisches Beispiel aus der Lehre dargestellt. Dazu ist es zunächst wichtig, den Unterschied zwischen variablen und fixen Kosten zu verstehen. *Variable Kosten* sind Kosten, die mit der Produktion oder dem Vertrieb anfallen, und zwar proportional zur hergestellten oder verkauften Menge.

Variable Kosten der Produktion

Typische variable Kosten der Produktion sind die Kosten der Rohmaterialien. Sie werden nur verbraucht, wenn auch tatsächlich produziert wird. Auch Personal und Energie werden, zumindest teilweise, als variabel angesehen. Sicher ist es richtig, dass bei größerer Produktion mehr Personal und Energie eingesetzt werden. Kosten für Führungsaufgaben, Wartungsarbeiten sowie Aus- und Weiterbildung fallen jedoch unabhängig von der produzierten Menge an. Auch bei der überwiegend variablen Energie sind bestimmte Anteile für das Anfahren von Maschinen oder für Kühlung und Heizung unabhängig von der Produktion, also fix.

Variable Kosten des Vertriebs

Typische variable Kosten des Vertriebs sind Versand- und Frachtkosten. In der Konsumgüterindustrie schlagen seit einigen Jahren die Gebühren für den Grünen Punkt als variable Kosten zu Buche. Auch diese Kosten fallen nur an, wenn die Ware tatsächlich verkauft wird. Alle anderen Kosten des Vertriebs, aber auch des Marketings, sind selbstverständlich fixe Kosten.

Beispiel

Nun also zum angekündigten Beispiel. Ein Unternehmen stellt drei unterschiedliche Produkte A, B und C her. Mit jedem Produkt wird ein Umsatz von 1.000 EUR erwirtschaftet. Die variablen Kosten für Produkt A betragen 800 EUR, für Produkt B 600 EUR und für Produkt C 500 EUR. Zusätzlich fallen im Unternehmen fixe Kosten in Höhe von 900 EUR an. Der Saldo aus Umsatz und variablen Kosten heißt *Deckungsbeitrag*. Der Betrag steht zur Verfügung, um die fixen Kosten zu decken, daher der Name. Die fixen Kosten dürfen nach den Regeln der Teilkostenrechnung nicht auf die Produkte aufgeteilt werden (siehe Tabelle 5.1). Die Welt in diesem Unternehmen ist in Ordnung. Jedes Produkt trägt mit seinem Deckungsbeitrag zum Unternehmenserfolg bei. Das Gesamtergebnis von 200 EUR, also 6,7 % vom Umsatz, würde heute in manchen Branchen als durchaus zufriedenstellend angesehen werden.

	Einheit	Prod. A	Prod. B	Prod. C	Summe
Umsatz	EUR	1.000	1.000	1.000	3.000
Variable Kosten	EUR	800	600	500	1.900
Deckungsbeitrag	EUR	200	400	500	1.100

Tabelle 5.1 Produktergebnisrechnung mit Deckungsbeiträgen

	Einheit	Prod. A	Prod. B	Prod. C	Summe
Fixe Kosten	EUR				900
Gewinn	EUR				200
Rendite	%				6,7

Tabelle 5.1 Produktergebnisrechnung mit Deckungsbeiträgen (Forts.)

Vollkostenrechner

Jetzt kommt ein neuer Mitarbeiter ins Unternehmen, der dieses Buch gelesen und missverstanden hat. Er folgt der Empfehlung, die »alten« Methoden der Vollkostenrechnung in der Ergebnisdarstellung anzuwenden. Er teilt die fixen Kosten auf die drei Produkte auf. Als Schlüssel benutzt er den Umsatz der Produkte, sodass jedes Produkt den gleichen Betrag an fixen Kosten zu tragen hat (siehe Tabelle 5.2).

	Einheit	Prod. A	Prod. B	Prod. C	Summe
Umsatz	EUR	1.000	1.000	1.000	3.000
Variable Kosten	EUR	800	600	500	1.900
Deckungsbeitrag	EUR	200	400	500	1.100
Fixe Kosten	EUR	300	300	300	900
Gewinn	EUR	–100	100	200	200
Rendite	%	–10,0	10,0	20,0	6,7

Tabelle 5.2 Produktergebnisrechnung mit Vollkosten

Erste Sortimentsbereinigung

Weder am gesamten Deckungsbeitrag von 1.100 EUR noch am Gesamtergebnis von 200 EUR hat sich eine Änderung ergeben. Jetzt wird allerdings in der Zeile »Gewinn« deutlich, dass nicht alle Produkte zum Unternehmenserfolg beitragen. Das Produkt A weist ein Ergebnis von –100 EUR aus, also einen Verlust. Die naheliegende Entscheidung ist schnell getroffen. Im Rahmen einer Bereinigung des Sortiments werden die Produktion und der Vertrieb von Produkt A eingestellt. Alle anderen Faktoren bleiben unverändert (siehe Tabelle 5.3).

Produkt	Einheit	Prod. A	Prod. B	Prod. C	Summe
Umsatz	EUR		1.000	1.000	2.000
Variable Kosten	EUR		600	500	1.100

Tabelle 5.3 Ergebnisrechnung nach der ersten Bereinigung des Sortiments

Produkt	Einheit	Prod. A	Prod. B	Prod. C	Summe
Deckungsbeitrag	EUR		400	500	900
Fixe Kosten	EUR		450	450	900
Gewinn	EUR		−50	50	0
Rendite	%		−5,0	5,0	0

Tabelle 5.3 Ergebnisrechnung nach der ersten Bereinigung des Sortiments (Forts.)

Die Umsätze und die variablen Kosten der Produkte B und C haben sich nicht verändert. Auch die Deckungsbeiträge dieser beiden Produkte sind mit 400 EUR und 500 EUR unverändert. Der gesamte Deckungsbeitrag hat sich allerdings auf 900 EUR verringert und reicht gerade, um die fixen Kosten zu decken. Die fixen Kosten sind gemäß Definition von der Produktionsmenge unabhängig. Nach den Regeln der Vollkostenrechnung werden sie jetzt nicht mehr auf drei, sondern nur noch auf die verbleibenden zwei Produkte B und C verteilt. Jedes der beiden Produkte trägt also einen Fixkostenanteil von 450 EUR. Der Gewinn hat sich dramatisch verschlechtert. Statt 100 EUR Gewinn liefert Produkt B jetzt einen Verlust von 50 EUR. Produkt C generiert jetzt nur noch einen Gewinn von 50 EUR statt bisher 200 EUR. Der Gesamtgewinn des Unternehmens ist verschwunden. In Veröffentlichungen wäre bezüglich dieses Unternehmen jetzt von »einem ausgeglichenen Ergebnis« oder einer »schwarzen Null« zu lesen.

Zweite Sortimentsbereinigung

Sie ahnen, wohin die Reise geht. Der neue Controller schlägt vor, jetzt auch noch Produkt B vom Markt zu nehmen. Die fixen Kosten verändern sich wieder nicht. Produkt C muss jetzt mit seinem Deckungsbeitrag von 500 EUR die gesamten fixen Kosten von 900 EUR tragen. Das letzte Produkt und damit das gesamte Unternehmen erwirtschaften einen Verlust von 400 EUR oder 40 % des verbliebenen Umsatzes (siehe Tabelle 5.4). Sämtliche Kreditlinien werden sofort gestrichen. Das bedeutet das Aus für die Firma – nur zwei Monate nach der Einführung eines neuen Verfahrens in der Kostenrechnung.

	Einheit	Prod. A	Prod. B	Prod. C	Summe
Umsatz	EUR			1.000	1.000
Variable Kosten	EUR			500	500

Tabelle 5.4 Ergebnisrechnung nach der zweiten Bereinigung des Sortiments

	Einheit	Prod. A	Prod. B	Prod. C	Summe
Deckungsbeitrag	EUR			500	500
Fixe Kosten	EUR			900	900
Gewinn	EUR			–400	–400
Rendite	%			–40,0	–40,0

Tabelle 5.4 Ergebnisrechnung nach der zweiten Bereinigung des Sortiments (Forts.)

Selbstverständlich ist dieses Beispiel unrealistisch. Niemand wird so naiv sein, in einem so offensichtlichen Fall derartige Entscheidungen zu treffen. Die Verfechter der Deckungsbeitragsrechnung sehen die dargestellten Gefahren allerdings in der betrieblichen Praxis mit entsprechend komplexen Strukturen bei Produkten und Kosten.

Verbesserung der Vollkostenrechnung

Wie hätten die Probleme der Vollkostenrechnung, die ohne Zweifel bestehen, vermieden oder zumindest gemildert werden können? Der Verteilungsschlüssel »Umsatz« für die Fixkosten von 900 EUR ist grundsätzlich fragwürdig. Vielleicht stehen hinter den Fixkosten zu einem großen Teil Kosten des Vertriebs. Außerdem steht hinter Produkt A möglicherweise nur ein Kunde (Händler), die Strukturen in unserem Vertrieb sind einfach. Die Produkte B und C werden von Endverbrauchern aus der unternehmenseigenen Verkaufsstelle bezogen, die hohe Kosten verursacht. Die Fixkosten dürfen demnach nicht zu gleichen Teilen auf die Produkte verrechnet werden. Vielleicht ist dies der geeignete Schlüssel:

- Produkt A trägt 20 % der fixen Kosten.
- Produkt B trägt 40 % der fixen Kosten.
- Produkt C trägt 40 % der fixen Kosten.

Mit diesem Schlüssel ergibt sich für die Vollkostenrechnung eine neue Ausgangslage (siehe Tabelle 5.5).

	Einheit	Prod. A	Prod. B	Prod. C	Summe
Umsatz	EUR	1.000	1.000	1.000	3.000
Variable Kosten	EUR	800	600	500	1.900
Deckungsbeitrag	EUR	200	400	500	1.100

Tabelle 5.5 Vollkostenrechnung mit neuer Verteilung der Fixkosten

	Einheit	Prod. A	Prod. B	Prod. C	Summe
Fixe Kosten	EUR	180	360	360	900
Gewinn	EUR	20	40	140	200
Rendite	%	2,0	4,0	14,0	6,7

Tabelle 5.5 Vollkostenrechnung mit neuer Verteilung der Fixkosten (Forts.)

Nach dieser realistischeren Verteilung der Fixkosten ergibt sich auch aus der Vollkostenrechnung kein direkter Handlungsbedarf. Die Streuung von Renditen zwischen 2,0 % für Produkt A und 14,0 % für Produkt C ist in der betrieblichen Praxis nicht ungewöhnlich.

Wie fix sind fixe Kosten?

Ein weiterer Punkt bei der Analyse von Ergebnisrechnungen ist die Frage: Wie fix sind fixe Kosten? Durch den Verkauf bzw. die Vermietung von Anlagen und Gebäuden oder durch die Reduzierung von Personal können praktisch alle Kosten innerhalb von ein bis zwei Jahren abgebaut werden. Wenn in unserem Beispiel nicht zwei Monate, sondern ein realistischer Zeithorizont von zwei Jahren zugrunde gelegt werden, muss die Unternehmensführung bei einer Umsatzreduzierung von hier fast 70 % jede Kostenposition auf den Prüfstand stellen. Vielleicht lassen sich durch die Konzentration auf das Kerngeschäft und durch schlankere Abläufe die erforderlichen Einsparungen bei den Fixkosten erzielen.

Empfehlungen aus der Deckungsbeitragsrechnung

Die Empfehlung der Deckungsbeitragsrechner geht so weit zu sagen, dass ein Geschäft so lange abgeschlossen werden soll, wie positive Deckungsbeiträge erwirtschaftet werden. Mit dieser Empfehlung sollen zusätzliche Verkäufe möglich werden. Durch das »Standardgeschäft« sind die fixen Kosten bereits gedeckt. Die weiteren Aufträge bringen neue Deckungsbeiträge und damit zusätzliche Gewinne.

Kritik

An dieser Stelle setzt meine Kritik an. Wenn Preisvereinbarungen getroffen werden, mit denen wenig mehr als die variablen Kosten gedeckt sind, beeinflusst das zwangsläufig das »Standardgeschäft«. Den bereits vorhandenen Kunden können die gleichen Produkte zu niedrigeren Preisen sowieso nicht angeboten werden. Diese Kunden würden natürlich die gesamte abgenommene Menge und nicht nur die zusätzlich gekaufte Menge mit dem neuen Preis bezahlen. »Neue« Kunden sind in zunehmend transparenter werdenden Märkten und bei fortschreitender Globalisierung immer schwieriger zu finden.

Beispiel: Zwei Unternehmen – ein Produkt

Zwei Unternehmen in unterschiedlichen Regionen stellen das gleiche Produkt her, in gleicher Qualität und mit dem gleichen Service. Beide führen die Deckungsbeitragsrechnung ein und entscheiden sich, Zusatzgeschäfte in neuen Märkten zu akquirieren. Die Preise im neuen Markt liefern gute Deckungsbeiträge, wären allerdings nach einer Betrachtung zu Vollkosten nicht rentabel. Der »neue Markt« für das erste Unternehmen ist der Heimatmarkt des zweiten Unternehmens und umgekehrt. Die Kunden in beiden Regionen greifen zu den Produkten des neuen und billigeren Lieferanten. Für beide Unternehmen brechen die Umsätze auf dem Heimatmarkt weg. Die Preise in beiden Märkten sind am Boden – und zwar nicht nur für das angestrebte Zusatzgeschäft, sondern eben auch für das jeweilige Stammgeschäft. Solche Entwicklungen sind in verschiedenen Branchen (Luftfahrt, Unterhaltungselektronik, Konsumgüter etc.) seit Jahren immer wieder erkennbar.

Stufenweise Deckungsbeitragsrechnung

In der Praxis sind die Strukturen in einem Sortiment aus Hunderten oder Tausenden von Produkten erheblich komplexer als hier dargestellt. Zur Abbildung der Kostenstrukturen werden die Fixkosten normalerweise nicht in einem Block, sondern stufenweise verrechnet. So kann eine Deckungsbeitragsstufe 1 (kurz DB 1) als Saldo von Umsatz und variablen Kosten (in unserem Beispiel: Deckungsbeitrag) definiert werden. Die fixen Kosten für einzelne Produktionsanlagen werden dann nach Produktgruppen aufgeteilt und vom DB 1 abgezogen. Das Ergebnis heißt DB 2. Danach werden die werksübergreifenden Kosten für Gebäude und Produktionsleitung in einem Block von allen Produkten aus dieser Fertigung abgezogen. So ergibt sich DB 3. Nach der Berücksichtigung von fixen Kosten des Vertriebs ergibt sich DB 4 etc.

Fixkostenblöcke der Produktion

Die Fixkostenblöcke der einzelnen Deckungsbeitragsstufen unterscheiden sich erheblich hinsichtlich der zugrunde liegenden Kostenträger. Eine Gruppe von Kostenträgern, in diesem Beispiel eine Produktgruppe, kann noch relativ genau einem Fixkostenblock »Maschinenkosten« zugeordnet werden. Voraussetzung ist allerdings, dass die Gruppierung der Produkte sich an den Belangen der Produktion orientiert und nicht nach den Kriterien des Marketings erfolgt.

Fixkostenblöcke des Vertriebs

Die Zuordnung unterschiedlicher Fixkostenblöcke des Vertriebs zu den Produkte ist dagegen nicht möglich. Die Vertriebskosten können zwar sehr genau den einzelnen Mitarbeitern des Außendiensts und damit den zugehörigen Kundenbezirken und Regionen zugeordnet werden. Da allerdings jeder Kunde im Zweifelsfall aus jeder Produktgruppe Waren bezieht, ist hier die Zuordnung der Fixkostenblöcke in einer stufenweisen Deckungsbeitragsrechnung kaum möglich. Erst bei einer Darstellung der Deckungsbeitragsrechnung auf der Basis des Kunden als Kostenträger können die einzelnen Fixkostenblöcke verursachungsgerecht dargestellt werden.

Fixkostenblöcke des Marketings

Ähnliches gilt für die unterschiedlichen Kostenblöcke des Marketings. Hier werden Werbeausgaben für unterschiedliche Marken repräsentiert. Die unterschiedlichen Kunden beziehen unterschiedliche Marken. Auf den einzelnen Maschinen der Produktion werden sowohl »Markenartikel« als auch »Eigenmarken« des Kunden gefertigt sowie Produkte, die im Rahmen eines Industriegeschäfts weiterverarbeitet werden. Der Kostenträger und damit die unterste Ebene einer Deckungsbeitragsrechnung aus der Sicht des Marketings wäre also die Marke.

Unterschiedliche Deckungsbeitragsrechnungen

Um den drei beteiligten Bereichen im Unternehmen (Produktion, Vertrieb, Marketing) aussagekräftige Berichte nach der reinen Lehre der Deckungsbeitragsrechnung liefern zu können, müssten drei unterschiedliche Strukturen geschaffen werden. In jeder Struktur wären unterschiedliche Kostenträger als unterste Basis dargestellt. Die »eigenen Fixkostenblöcke« werden den eigenen Kostenträgergruppen sauber zugeordnet. Die gesamten Kosten der jeweils anderen Bereiche werden nur noch als gesamte Unternehmensfixkosten dargestellt. Die Zuordnung der jeweils anderen Fixkostenblöcke nach ihren Kriterien geht verloren. Ein solches komplexes Berichtswesen würde in der betrieblichen Praxis kein Manager verstehen.

Horrorszenario

Für ein Unternehmen, das wie eben beschrieben drei unterschiedliche Deckungsbeitragsrechnungen für die Bereiche Produktion, Vertrieb und Marketing erstellt, ist das folgende Horrorszenario denkbar: Das Unternehmen erwirtschaftet eine Umsatzrendite von 5 %. Die »alte« Vollkostenrechnung weist für die unterschiedlichen Produkte Umsatzrenditen zwischen –3 % und +10 % aus. Die »neuen« Deckungsbeitragsrechnungen zeigen Deckungsbeiträge zwischen +20 % und +40 %. Mit den neuen Deckungsbeitragsrechnungen finden die Manager aus den verschiedenen Bereichen keine gemeinsame Basis zur Diskussion. Also »optimiert« jeder Manager seinen Bereich. Mit den üppigen Deckungsbeiträgen investiert der Produktionsmanager in längst fällige neue Anlagen, der Vertriebsmanager verwendet »seine« Deckungsbeiträge für Rabatte beim Kunden, die der Markt seit Langem fordert, und im Marketing werden dringend benötigte zusätzliche Ausgaben für Werbung getätigt, um verlorene Marktanteile zurückzugewinnen. Jeder für sich handelt richtig. Die Basis für eine gemeinsame Diskussion und für abgestimmte Handlungen ist aber verloren gegangen.

Das eine tun, ohne das andere zu lassen

Nach der Diskussion unterschiedlicher Beispiele mit Argumenten für und gegen die Deckungsbeitragsrechnung ebenso wie für und gegen die Vollkostenrechnung bleibt die Erkenntnis: Ein modernes Berichtswesen muss beide Darstellungen gleichzeitig beherrschen, um zum richtigen Zeitpunkt die entscheidungsrelevanten Informationen liefern zu können. Die Vollkostenrechnung liefert in Standardreports die Ergebnisse zum laufenden Geschäft. Die Vollkostenberichte sind die Grundlage für bereichsübergreifende Diskussionen und für die erste Analyse der Situation in den verschiedenen Segmenten des Absatzes. Die Verteilungsschlüssel für Fixkosten repräsentieren mit angemessener Genauigkeit die betriebliche Wirklichkeit.

Die Deckungsbeitragsrechnung wird nur in seltenen Ausnahmefällen genutzt. Solche Ausnahmen sind die Erschließung von neuen – im besten Fall noch nicht entwickelten – Märkten. Hier sind kurzfristige Umsätze unter Vollkosten nicht zu vermeiden. Die Deckungsbeitragsrechnung gibt Aufschluss darüber, welche fixen Kosten wann gedeckt werden. Auch bei der Inbetriebnahme von neuen Anlagen oder gar neuen Werken kann die Deckungsbeitragsrechnung wichtige zusätzliche Informationen liefern. Die zu Beginn geringen Auslastungen bei hohen Kosten der Inbetriebnahme führen zu Umsätzen, die am Anfang nicht gewinnträchtig sind. Um eine aussagefähige Deckungsbeitragsrechnung als Nebenrechnung erstellen zu können, werden bei der Planung fixe und variable Bestandteile der Kosten ermittelt. Die Trennung nach fixen und variablen Kosten erfolgt nach der Maßgabe: »Eher transparent als genau«.

Die Umsetzung einer Ergebnisrechnung in SAP ERP ist in den folgenden Abschnitten beschrieben. Die Vorgabe lautet: »Vollkostenrechnung im Standardreporting; Deckungsbeitragsrechnung als Nebenrechnung«.

5.2 Zahlenbeispiel

Datenstrukturen

Betrachtet wird die Ergebnisrechnung der Bäckerei Becker, die bereits in den vorigen Kapiteln ihre Daten zur Verfügung gestellt hat. Beliefert werden drei Kunden:

- Peters, Hamburg
- Maier, Berlin
- Dupont, Paris

Das Sortiment des Bäckers umfasst drei Artikel:

- Schokoladenkuchen
- Nusskuchen
- Marmorkuchen

Die Produkte »Schokoladenkuchen« und »Nusskuchen« werden unter der eigenen Marke »Kuchenglück« vertrieben. Der Artikel »Marmorkuchen« wird exklusiv für den Kunden Maier, Berlin, unter der Marke »Berliner Gebäck« produziert.

Produktkosten

Die Produktkostenrechnung errechnet als variable Kosten für die drei Artikel die folgenden variablen Kosten:

- Schokoladenkuchen: 2.791,75 EUR pro 1.000 Stück
- Nusskuchen: 2.631,75 EUR pro 1.000 Stück
- Marmorkuchen: 2.304,23 EUR pro 1.000 Stück

Die fixen Produktionskosten wurden für alle Artikel mit 718,76 EUR pro 1.000 Stück ermittelt. Nähere Informationen zur Produktkostenrechnung finden Sie in Kapitel 4, »Produktkostenrechnung«.

Verkaufspreise

Die Verkaufspreise werden mit jedem Kunden für jeden Artikel einzeln verhandelt (siehe Tabelle 5.6).

Kunde	Artikel	Preis
Peters, Hamburg	Schokoladenkuchen	4,50 EUR/Stück
Peters, Hamburg	Nusskuchen	4,20 EUR/Stück
Maier, Berlin	Schokoladenkuchen	4,50 EUR/Stück

Tabelle 5.6 Verkaufspreise

Kunde	Artikel	Preis
Maier, Berlin	Marmorkuchen	4,00 EUR/Stück
Dupont, Paris	Schokoladenkuchen	5,00 EUR/Stück

Tabelle 5.6 Verkaufspreise (Forts.)

Exkurs: Kalkulationsschema des Vertriebs

Von der Lebensmittel- und Getränkeindustrie wird den Handelskonzernen und Gaststätten traditionell eine kaum überschaubare Zahl an Rabatten gewährt. Abschläge von 50 % oder mehr von den Listenpreisen sind keine Seltenheit. Die Rabatte werden als Werbekostenzuschuss, Steigerungsbonus, dynamische Rückvergütung, Listungsgeld etc. an die Kunden ausgeschüttet. Die unterschiedlichen Abschläge werden im Modul *Vertrieb* in sogenannten Kalkulationsschemata abgebildet. Kalkulationsschemata mit 50 oder gar 100 Zeilen sind keine Seltenheit. Weder die Industrie noch der Handel ist in der Lage, das Rabattdickicht wirklich zu durchschauen. Auf beiden Seiten beschäftigen sich Heerscharen von Verkäufern, Einkäufern und Innendienstlern mit diesem Thema; manchmal hat man den Eindruck, sie beschäftigen sich gegenseitig.

Aus Sicht des Controllings spielt es keine Rolle, welchen Namen der Rabatt hat oder wann und wofür er gewährt wurde – es ist allein entscheidend, was unterm Strich übrig bleibt. Welchen Netto/Netto-Erlös erzielen wir nach dem Abzug aller Rabatte und Pauschalzahlungen unter der Berücksichtigung von kostenlosen Lieferungen und sonstigen »Geschenken«? Auf diesem Netto/Netto-Erlös basieren die Beispiele in diesem Buch. An der in der Konsumgüterbranche verbreiteten »Rabattitis« möchte ich mich hier nicht beteiligen.

Frachten

Für den Transport der Waren zum Kunden liegt ein Angebot des Spediteurs vor: 0,10 EUR/Stück für die beiden Kunden in Deutschland, 0,20 EUR/Stück für die Lieferung nach Paris. Frachten sind variable Kosten des Vertriebs.

Fixe Kosten

Als fixe Kosten berücksichtigen wir im folgenden Beispiel:

- Verwaltung: 20.000 EUR
- Werbung (Marketing) für die Marke »Kuchenglück«: 10.000 EUR

Absatz

Zur Darstellung einer Ergebnisrechnung haben wir jetzt fast alle relevanten Informationen. Was noch fehlt sind die Absätze, z. B. die Planabsätze eines Jahres (siehe Tabelle 5.7).

Kunde	Artikel	Absatz
Peters, Hamburg	Schokoladenkuchen	10.000 Stück
Peters, Hamburg	Nusskuchen	20.000 Stück
Maier, Berlin	Schokoladenkuchen	20.000 Stück
Maier, Berlin	Marmorkuchen	20.000 Stück
Dupont, Paris	Schokoladenkuchen	10.000 Stück

Tabelle 5.7 Planabsätze eines Jahres

Deckungsbeitragsrechnung

Mit diesen Angaben kann eine Deckungsbeitragsrechnung nach Artikeln dargestellt werden (siehe Tabelle 5.8).

	Einheit	Schokokuchen	Nusskuchen	Marmorkuchen	Summe
Absatz	Stück	40.000	20.000	20.000	80.000
Umsatz	EUR	185.000	84.000	80.000	349.000
Produktkst. var.	EUR	111.670	52.635	46.085	210.390
Fracht	EUR	5.000	2.000	2.000	9.000
Deckungsbeitrag	EUR	68.330	29.365	31.915	129.610
Deckungsbeitrag	%	36,9	35,0	39,9	37,1
Produktkst. fix	EUR	28.750	14.375	14.375	57.500
Verwaltung	EUR				20.000
Marketing	EUR				10.000
Gewinn	EUR				42.110
Rendite	%				12,1

Tabelle 5.8 Deckungsbeitragsrechnung nach Artikeln

Eine Deckungsbeitragsrechnung nach Kunden mit der gleichen Datenbasis ist ebenfalls darstellbar (siehe Tabelle 5.9).

	Einheit	Peters	Maier	Dupont	Summe
Absatz	Stück	30.000	40.000	10.000	80.000
Umsatz	EUR	129.000	170.000	50.000	349.000
Produktkst. var.	EUR	80.552	101.920	27.917	210.390
Fracht	EUR	3.000	4.000	2.000	9.000
Deckungsbeitrag	EUR	45.448	64.080	20.083	129.610
Deckungsbeitrag	%	35,2	37,7	40,2	37,1
Produktkst. fix	EUR	21.563	28.750	7.188	57.500
Verwaltung	EUR				20.000
Marketing	EUR				10.000
Gewinn	EUR				42.110
Rendite	%				12,1

Tabelle 5.9 Deckungsbeitragsrechnung nach Kunden

Vollkostenrechnung

Eine Vollkostenrechnung ist mit den weiter vorne gemachten Angaben weder für Artikel noch für Kunden oder Marken möglich. Bei einem Aufriss nach Artikeln oder Kunden wären die Kosten für Werbung und Verwaltung nicht zugeordnet. Ein Aufriss nach Marken würde zwar die Kosten für Werbung korrekt der Marke »Kuchenglück« zuordnen, eine Aufteilung der Verwaltungskosten nach Marken existiert allerdings nicht.

Aufteilungsschlüssel für Fixkosten

Damit die Vollkostenrechnung möglich wird, verteilen wir die Fixkosten für Werbung und Verwaltung nach Absatzmenge Stück. Bei der Verteilung der Werbekosten berücksichtigen wir natürlich die Einschränkung, die durch die Marke vorgegeben ist. Nur die Geschäfte werden mit Werbekosten belastet, bei denen die Produkte der Marke »Kuchenglück« zugeordnet sind. In den bisherigen Beispielen wurden in den Spalten Artikel oder Kunde dargestellt, in den Zeilen waren Absatz, Umsatz und Kosten zu sehen. In der Ergebnisrechnung wird oft eine um 90° gedrehte Darstellung gewählt (siehe Tabelle 5.10). Diese Art der Darstellung heißt in Ergebnisberichten von SAP ERP *Aufrissliste*. Hier ist die Zusammenfassung der fixen und variablen Produktkosten in der Spalte *Produktkosten* zu sehen. Die Werte für Fracht, Verwaltung und Marketing sind zusammengefasst in der Spalte *Overhead*.

Artikel	Umsatz	Produktkosten	Overhead	Gewinn
Schokoladenkuchen	185.000	140.420	21.667	22.913
Nusskuchen	84.000	67.010	10.333	6.657
Marmorkuchen	80.000	60.460	7.000	12.540
Summe	349.000	267.890	39.000	42.110

Tabelle 5.10 Vollkostenrechnung im Aufriss nach Artikeln (alle Angaben in EUR)

Flexible Vollkostenrechnung

Mit vollständig verteilten Fixkosten können die Ergebnisse im Aufriss nach jedem beliebigen Merkmal dargestellt werden (siehe Tabellen 5.11 und 5.12).

Kunde	Umsatz	Produktkosten	Overhead	Gewinn
Peters, Hamburg	129.000	102.115	15.500	11.385
Maier, Berlin	170.000	130.670	17.333	21.997
Dupont, Paris	50.000	35.105	6.167	8.728
Summe	349.000	267.890	39.000	42.110

Tabelle 5.11 Vollkostenrechnung im Aufriss nach Kunden (alle Angaben in EUR)

Marke	Umsatz	Produktkosten	Overhead	Gewinn
Kuchenglück	269.000	207.430	32.000	29.570
Berliner Gebäck	80.000	60.460	7.000	12.540
Summe	349.000	267.890	39.000	42.110

Tabelle 5.12 Vollkostenrechnung nach Marken (alle Angaben in EUR)

Mehrfachaufriss

Merkmale können im Aufriss beliebig kombiniert werden. Hier ist die Kombination der Merkmale *Artikel* und *Kunde* dargestellt. Summen werden für jeden Kunden ausgewiesen, die einzelnen Zeilen zeigen Details zu den Artikeln bei jedem Kunden (siehe Tabelle 5.13).

Artikel/Kunde	Umsatz	Produktkosten	Overhead	Gewinn
Schokoladenkuchen	45.000	35.105	5.167	4.728
Nusskuchen	84.000	67.010	10.333	6.656
Summe Peters, Hamburg	129.000	102.115	15.500	11.385

Tabelle 5.13 Vollkostenrechnung nach Artikel/Kunde (alle Angaben in EUR)

Artikel/Kunde	Umsatz	Produktkosten	Overhead	Gewinn
Schokoladenkuchen	90.000	70.210	10.333	9.456
Marmorkuchen	80.000	60.460	7.000	12.540
Summe Maier, Berlin	170.000	130.670	17.333	21.996
Schokoladenkuchen	50.000	35.105	6.167	8.728
Summe Dupont, Paris	50.000	35.105	6.167	8.728
Gesamt	349.000	267.890	39.000	42.110

Tabelle 5.13 Vollkostenrechnung nach Artikel/Kunde (alle Angaben in EUR) (Forts.)

5.3 Datenstrukturen

Die Funktionsweise der Ergebnisrechnung von SAP ERP wird mit einem klaren Bild der zugrunde liegenden Datenstrukturen verständlich. Im Prinzip liegt der Ergebnisrechnung eine einzige Tabelle zugrunde. In dieser Tabelle sind wie in einem einzigen Excel-Datenblatt alle Informationen gespeichert, die mit verschiedenen Berichten dargestellt und analysiert werden. Diese Datenbasis enthält Hunderttausende, oftmals sogar viele Millionen Zeilen und zwischen 100 und 200 Spalten. Die Spalten in dieser Tabelle sind *Merkmale* oder *Wertfelder*.

Merkmale

Mit einem Merkmal können Daten selektiert, sortiert oder gruppiert werden. Typische Merkmale sind:

- Artikel
- Kunde
- Land
- Produktgruppe
- Periode

Für jedes Merkmal wird zwischen *Schlüssel* und *Bezeichnung* unterschieden. Der Schlüssel für das Merkmal ARTIKEL ist die Artikelnummer, die Bezeichnung der Artikeltext. Beim Land wird in SAP ERP ein zweistelliger alphanumerischer Schlüssel genutzt, z. B. DE, FR oder AT. Die entsprechende Bezeichnung beim Merkmal LAND ist dann Deutschland, Frankreich oder Österreich. In der eigentlichen Datenbasis der Ergebnisrechnung werden nur die Schlüssel der Merkmale gespeichert. Beim Ausführen von Berichten werden zu den gespeicherten Schlüsseln die Texte in der Sprache angezeigt, mit der sich der Benutzer am System angemeldet hat.

Wertfelder

Wertfelder sind in der Ergebnisrechnung Werte oder Mengen. Werte repräsentieren Geldbeträge, also z. B.:

- Umsatz
- Erlösschmälerungen
- Herstellkosten
- Werbekosten

In Mengenspalten werden Informationen in Stück, Kilogramm, Liter etc. abgelegt. Die wichtigste Mengenspalte der Ergebnisrechnung ist als Information über die verkauften Mengen:

- Absatz

Merkmale und Wertfelder einer Ergebnisrechnung werden im Rahmen der Einführung von SAP ERP festgelegt. Jedes Unternehmen, das die Ergebnisrechnung nutzt, muss die firmenspezifischen Merkmale und Wertfelder aus den verfügbaren Stammdaten ableiten oder selbst definieren. In diesem Punkt unterscheidet sich die Ergebnisrechnung erheblich von der Gemeinkostenrechnung oder der Produktkostenrechnung. Hier werden die Datenstrukturen bereits mit dem ERP-System ausgeliefert. Standardberichte in der Gemeinkostenrechnung und der Produktkostenrechnung setzen auf diesen Strukturen auf und sind bereits Bestandteil des Systems. Die Datenstrukturen der Ergebnisrechnung werden erst im Einführungsprojekt geschaffen. Entsprechend müssen die Berichte zu diesen individuellen Strukturen erst geschaffen werden.

Die Strukturen für Merkmale und Wertfelder, also die Anzahl der Spalten, werden bei der Einführung von SAP ERP einmal definiert und ändern sich während der »Lebenszeit« der Ergebnisrechnung nicht (Ausnahmen bestätigen die Regel). Die Dateninhalte, also die Anzahl der Zeilen, wachsen dagegen ständig.

Strukturen in SAP ERP

Sie pflegen die Merkmale der Ergebnisrechnung mit der Transaktion KEA5, im Customizing: SPRO • SAP Referenz-IMG • Controlling • Ergebnis- und Marktsegmentrechnung • Strukturen • Ergebnisbereich definieren • Merkmale pflegen (siehe Abbildung 5.1).

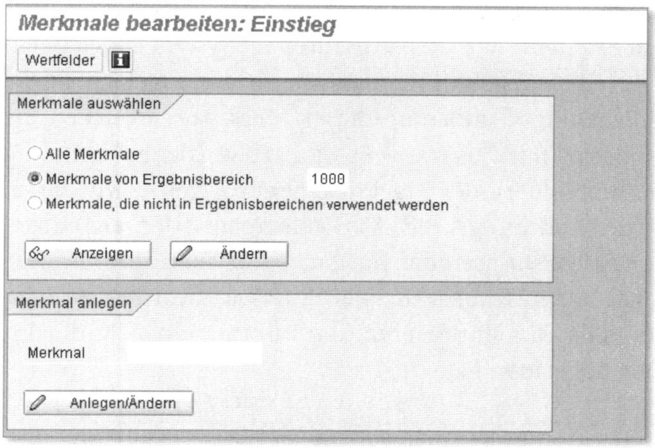

Abbildung 5.1 Merkmale bearbeiten – Einstieg

In SAP ERP ist die Anzahl der »eigenen« Merkmale auf 50 begrenzt. Eigene Merkmale können aus existierenden Tabellen übernommen werden (siehe Abbildung 5.2, Zeilen 1 bis 6). Die Tabellen, aus denen Merkmale übernommen werden (= Herkunftstabelle), können Stammdaten des Kunden (hier: KNA1) oder des Artikels (hier MARA und MVKE) sein oder Tabellen für Bewegungsdaten (Aufträge oder Fakturen, hier KNVV). Merkmale ohne Bezug auf bestehende Tabellen werden ebenfalls hier definiert (siehe Abbildung 5.2, Zeilen 7 bis 11). Diese »frei erfundenen« Merkmale beginnen in der technischen Bezeichnung (Spalte: MERKMAL) mit WW.

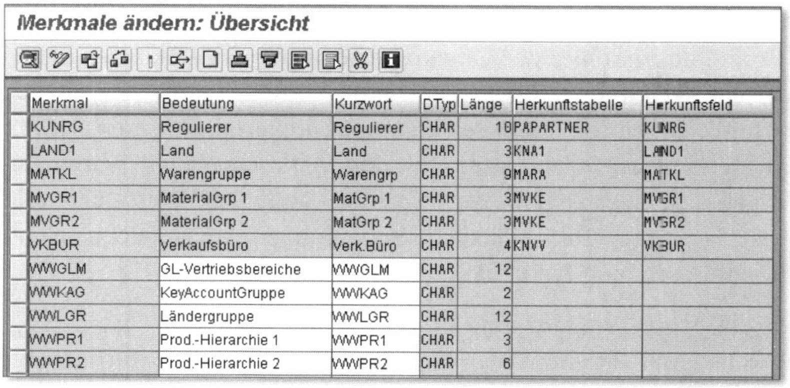
Merkmale ändern: Übersicht

Merkmal	Bedeutung	Kurzwort	DTyp	Länge	Herkunftstabelle	Herkunftsfeld
KUNRG	Regulierer	Regulierer	CHAR	10	PAPARTNER	KUNRG
LAND1	Land	Land	CHAR	3	KNA1	LAND1
MATKL	Warengruppe	Warengrp	CHAR	9	MARA	MATKL
MVGR1	MaterialGrp 1	MatGrp 1	CHAR	3	MVKE	MVGR1
MVGR2	MaterialGrp 2	MatGrp 2	CHAR	3	MVKE	MVGR2
VKBUR	Verkaufsbüro	Verk.Büro	CHAR	4	KNVV	VKBUR
WWGLM	GL-Vertriebsbereiche	WWGLM	CHAR	12		
WWKAG	KeyAccountGruppe	WWKAG	CHAR	2		
WWLGR	Ländergruppe	WWLGR	CHAR	12		
WWPR1	Prod.-Hierarchie 1	WWPR1	CHAR	3		
WWPR2	Prod.-Hierarchie 2	WWPR2	CHAR	6		

Abbildung 5.2 Eigendefinierte Merkmale – Ausschnitt

Zusätzlich zu den 50 eigendefinierten Merkmalen, die Sie mit oder ohne Bezug auf existierende Datenstrukturen im System angelegt haben, werden in jedem Ergebnisbereich feste Felder angelegt, ob Sie wollen oder nicht. Eine Auflistung dieser Merkmale erreichen Sie über die Menüleiste mit ZUSÄTZE • FESTE FELDER (siehe Abbildung 5.3). In den festen Feldern der Ergebnisrechnung werden die Organisationseinheiten (Buchungskreis, Verkaufsorganisation etc.) abgebildet, denen Absätze, Erlöse oder Kosten zuzuordnen sind. Andere feste Felder, wie KUNDENAUFTRAG oder AUFTRAG, werden genutzt, um die Datenquelle zu identifizieren, die Informationen in der Ergebnisrechnung abgeladen hat.

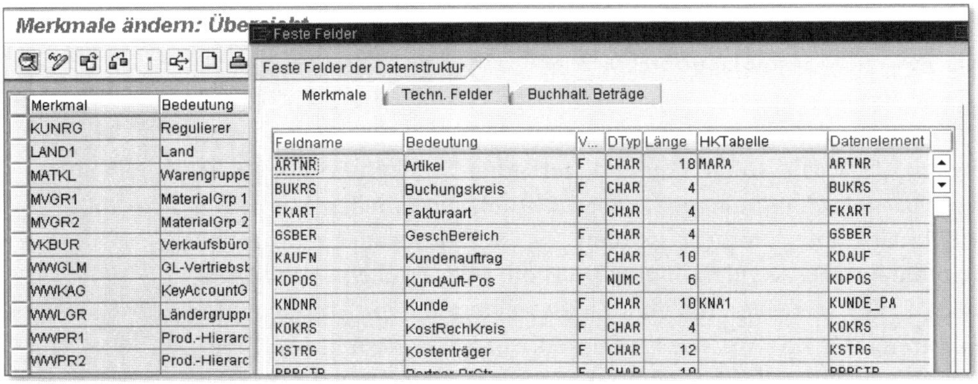

Feste Felder
Feste Felder der Datenstruktur
Merkmale
Techn. Felder
Buchhalt. Beträge
Merkmal
Bedeutung
KUNRG
Regulierer
LAND1
Land
MATKL
Warengruppe
MVGR1
MaterialGrp 1
MVGR2
MaterialGrp 2
VKBUR
Verkaufsbüro
WWGLM
GL-Vertriebst
WWKAG
KeyAccountG
WWLGR
Prod.-Hierarc
WWPR1
Prod.-Hierarc
WWPR2
Feldname | Bedeutung | V... | DTyp | Länge | HKTabelle | Datenelement
ARTNR | Artikel | F | CHAR | 18 | MARA | ARTNR
BUKRS | Buchungskreis | F | CHAR | 4 | | BUKRS
FKART | Fakturaart | F | CHAR | 4 | | FKART
GSBER | GeschBereich | F | CHAR | 4 | | GSBER
KAUFN | Kundenauftrag | F | CHAR | 10 | | KDAUF
KDPOS | KundAuft-Pos | F | NUMC | 6 | | KDPOS
KNDNR | Kunde | F | CHAR | 10 | KNA1 | KUNDE_PA
KOKRS | KostRechKreis | F | CHAR | 4 | | KOKRS
KSTRG | Kostenträger | F | CHAR | 12 | | KSTRG

Abbildung 5.3 Feste Felder der Ergebnisrechnung

Vom Skelett zu Fleisch und Blut

Irgendwo in diesem Buch habe ich das Bild vom Skelett auf der einen und Fleisch und Blut auf der anderen Seite schon einmal benutzt. Dieses Bild passt hier wieder ganz genau. Mit den Merkmalen haben wir das Skelett einer Ergebnisrechnung, ihre Struktur, vorgegeben. Damit könnten wir Daten selektieren, gruppieren, sortieren – wenn wir denn schon Daten hätten. Mit den Merkmalen allein wäre nämlich keine einzige Zahl für Auswertungen verfügbar. Die Zahlen, z. B. Absatz, Umsatz, Herstellkosten, Verwaltungskosten, heißen in der Ergebnisrechnung *Wertfelder*.

Wertfelder

Sie pflegen Wertfelder mit der Transaktion KEA6, im Customizing: SPRO • SAP REFERENZ-IMG • CONTROLLING • ERGEBNIS- UND MARKTSEGMENTRECHNUNG • STRUKTUREN • ERGEBNISBEREICH DEFINIEREN • WERTFELDER PFLEGEN (siehe Abbildung 5.4).

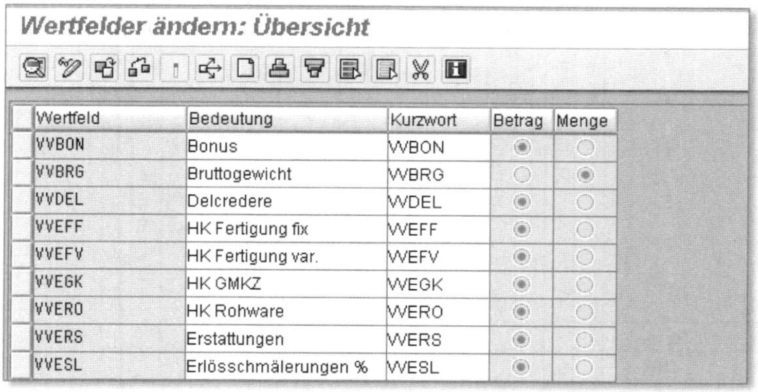
Wertfelder ändern: Übersicht

Wertfeld	Bedeutung	Kurzwort	Betrag	Menge
VVBON	Bonus	WBON	◉	○
VVBRG	Bruttogewicht	WBRG	○	◉
VVDEL	Delcredere	WDEL	◉	○
VVEFF	HK Fertigung fix	WEFF	◉	○
VVEFV	HK Fertigung var.	WEFV	◉	○
VVEGK	HK GMKZ	WEGK	◉	○
VVERO	HK Rohware	WERO	◉	○
VVERS	Erstattungen	WERS	◉	○
VVESL	Erlösschmälerungen %	WESL	◉	○

Abbildung 5.4 Wertfelder pflegen

Die Anzahl der Wertfelder ist auf 120 beschränkt – sie beginnen im technischen Namen (Spalte: WERTFELD) immer mit VV. 120 Wertfelder, das klingt zunächst üppig; es ist allerdings dann zu wenig, wenn Sie versuchen, eine Kostenartenstruktur in der Ergebnisrechnung abzubilden. Die Ergebnisrechnung sollte die Buchhaltung allerdings nicht eins zu eins nachbilden, sondern Kosten nach Funktionsbereichen gliedern. In den Wertfeldern für Kosten in einer Ergebnisrechnung erwarte ich nicht die Begriffe *Personalkosten*, *Abschreibungen* und *Reparaturmaterial*; das wären Kostenarten, also Strukturen der Finanzbuchhaltung. In der Ergebnisrechnung erwarte ich Begriffe für Funktionsbereiche wie *Fertigung*, *Vertrieb* und *Verwaltung*. Diese Funktionsbereiche lassen sich auf Kostenstellengruppen zurückführen.

Generierte Datenstruktur

Aus den Einstellungen zu Merkmalen und Wertfeldern generiert das System Datenbanktabellen für die Ergebnisrechnung. In der Tabelle werden alle Merkmale und alle Wertfelder in Spalten dargestellt. Eine mir bekannte produktiv genutzte Ergebnisrechnung mit ca. 40 freien Merkmalen und ca. 60 Wertfeldern basiert auf einer Einzelpostentabelle mit 138 Spalten (siehe Abbildung 5.5).

Zeilen

Jeder Vorgang, der Daten in der Ergebnisrechnung erzeugt, schreibt neue Zeilen in die Basistabelle der Ergebnisrechnung. In der SAP-Terminologie werden diese Zeilen *Einzelposten* genannt. Der wichtigste Vorgang für die Ergebnisrechnung ist die Fakturierung des Moduls Vertrieb. Jede Rechnungszeile erzeugt einen Einzelposten in der Ergebnisrechnung. Aber auch die Kostenstellenumlage und die Auftragsabrechnung generieren Einzelposten in der Ergebnisrechnung.

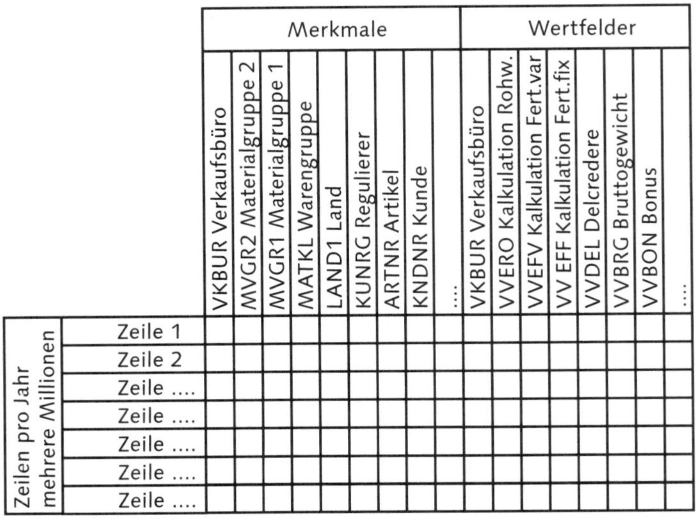
Merkmale
Wertfelder
VKBUR Verkaufsbüro
MVGR2 Materialgruppe 2
MVGR1 Materialgruppe 1
MATKL Warengruppe
LAND1 Land
KUNRG Regulierer
ARTNR Artikel
KNDNR Kunde
....
VKBUR Verkaufsbüro
VVERO Kalkulation Rohw.
VVEFV Kalkulation Fert.var
VV EFF Kalkulation Fert.fix
VVDEL Delcredere
VVBRG Bruttogewicht
VVBON Bonus
....
Zeilen pro Jahr mehrere Millionen
Zeile 1
Zeile 2
Zeile ....
Zeile ....
Zeile ....
Zeile ....
Zeile ....

Abbildung 5.5 Schematische Datenstruktur der Ergebnisrechnung

5.4 Planung

Die betriebswirtschaftlichen Grundlagen sind geschaffen – wir wissen, was wir in der Ergebnisrechnung abbilden wollen. Die Datenstrukturen in SAP ERP mit Merkmalen und Wertfeldern sind angelegt. Wie bekommen wir jetzt die in Abschnitt 5.2, »Zahlenbeispiel«, skizzierten Daten zu Absatz, Umsatz und Kosten in das System hinein, und wie schaffen wir es mit dieser Basis, Berichte in Form von Deckungsbeitrags- oder Vollkostenrechnungen zu erstellen?

Dazu sind folgende Schritte erforderlich:

1. Absatz und Erlös manuell planen
2. Produktkosten aus Kalkulationen übernehmen
3. Kostenstellen umlegen
4. Aufträge abrechnen
5. verdichtete Daten verteilen
6. kalkulatorische Kosten abbilden
7. Berichte erstellen

5.4.1 Manuelle Planung

Absätze und Erlöse planen Sie im hier vorgestellten Modell manuell. Den Einstieg in die manuelle Planung finden Sie in der Transaktion KEPM, im Menü: Rechnungswesen • Controlling • Ergebnis- und Marktsegmentrechnung • Planung • Plandaten bearbeiten.

Planungsebene – Merkmale

Zunächst sehen Sie einen geteilten leeren Bildschirm. Im linken Teil oben links steht das Wort Planungsebenen. SAP liefert mit der Ergebnisrechnung nichts anderes aus als einen Werkzeugkasten. So wie die Datenstrukturen (Merkmale und Wertfelder) müssen Sie sich die Funktionen zur manuellen Planung selbst »schnitzen«. In der Funktion Manuelle Planung arbeiten Sie intensiv mit Kontextmenüs, die Sie mit der rechten Taste auf Ihrer Maus aktivieren. Mit dem Kontextmenü auf dem Wort Planungsebenen können Sie neue Ebenen anlegen. Mit dem Kontextmenü existierender Ebenen können Sie diese anzeigen, ändern, kopieren oder löschen (siehe Abbildung 5.6).

In der Planungsebene bestimmen Sie, welche Merkmale für die Planung benutzt werden. Sie verschieben Merkmale zwischen den Blöcken Merkmalsvorrat und Planungsebene. Die Einträge im Block Planungsebene stehen für die spätere Planung zur Verfügung; diejenigen, die im Block Merkmalsvorrat verbleiben, können für die Planung nicht genutzt werden.

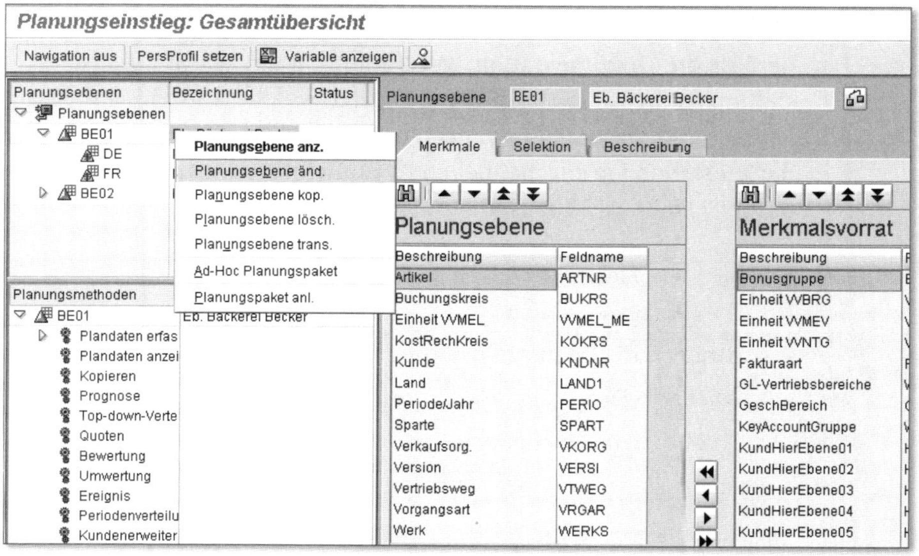

Abbildung 5.6 Manuelle Planung – Planungsebene ändern

Planungsebene – Selektion

Im zweiten Register der Planungsebene, SELEKTION, treffen Sie eine Vorauswahl einzelner Werte für die vorher definierten Merkmale (siehe Abbildung 5.7). Sie wählen für die einzelnen Merkmale einen festen Wert, z. B. 1000 bei BUCHUNGSKREIS und WERK, oder einen Wertebereich wie bei PERIODE/JAHR. Diejenigen Merkmale, die hier leer bleiben, werden dann im nächsten Schritt, dem Planungspaket, oder bei der Erfassung von Plandaten mit Werten versorgt.

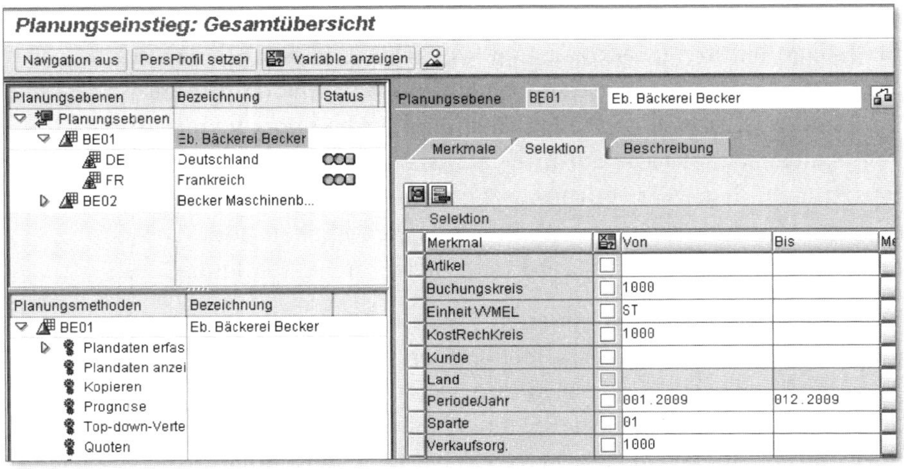

Abbildung 5.7 Planungsebene – Selektion

Dokumentation

Ganz wichtig und immer wieder von verschiedenen Stellen eingefordert ist die Dokumentation. Wer nimmt wann warum welche Einstellungen im System vor? Wann werden welche Änderungen durchgeführt und warum? Einen geeigneten Platz für die Dokumentation der Einstellungen zur manuellen Planung finden Sie im dritten Register der Planungsebene (siehe Abbildung 5.8).

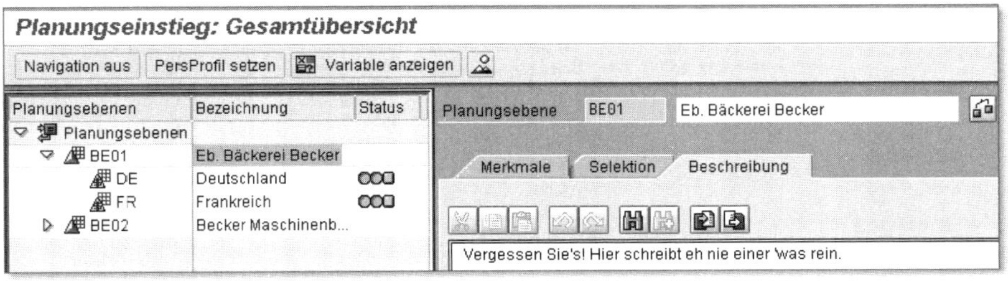

Abbildung 5.8 Planungsebene – Beschreibung

Planungspaket

Auch die folgenden Strukturen, die Planungspakete, pflegen Sie mit dem Kontextmenü, also mit der rechten Maustaste (siehe Abbildung 5.9). Beim Planungspaket geht es wie bei der Planungsebene um Merkmale. Die Planungspakete werden immer in Bezug auf eine Planungsebene definiert. Die in der Planungsebene ausgewählten und selektierten Merkmale werden im Planungspaket weiter eingeschränkt. In diesem Beispiel unterscheidet sich das Planungspaket DE »Deutschland« von der soeben beschriebenen Planungsebene BE01 durch die Einschränkung des Landes auf den Wert DE für »Deutschland«. Bei Planungen mit diesem Paket gelten alle Einschränkungen der Planungsebene BE01, mit der zusätzlichen Beschränkung beim Land.

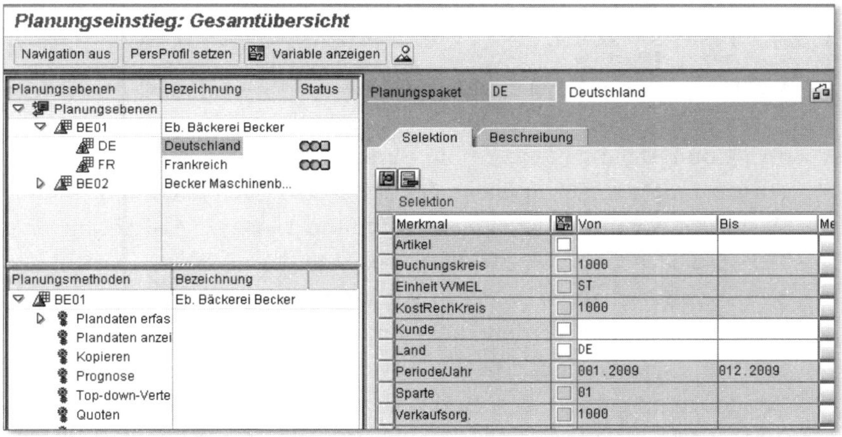

Abbildung 5.9 Planungspaket – Selektion

Plandaten erfassen

In der Planungsebene und im Planungspaket wurden Einstellungen für Merkmale vorgenommen. Werte für fast alle Merkmale sind schon fest vorgegeben. Freiheitsgrade bestehen nur noch für ARTIKEL und KUNDE. Außerdem fehlen Festlegungen zu den Wertfeldern, die in der Planung bearbeitet werden sollen. Bei jeder Planungsebene stehen automatisch die Planungsmethoden PLANDATEN ERFASSEN und PLANDATEN ANZEIGEN zur Verfügung.

Planungsmethoden

Auch die Planungsmethoden sind zunächst leer, wie alles in diesem Bild. Die Definition der Planungsmethode wird leichter verständlich, wenn wir uns zunächst ein fertiges Planungsbild aufrufen. Ein Planungspaket, hier: DE, muss ausgewählt sein. Mit dem Doppelklick auf die Planungsmethode KDART wird eine Planungsmaske, ein sogenanntes Planungslayout, aufgerufen (siehe Abbildung 5.10).

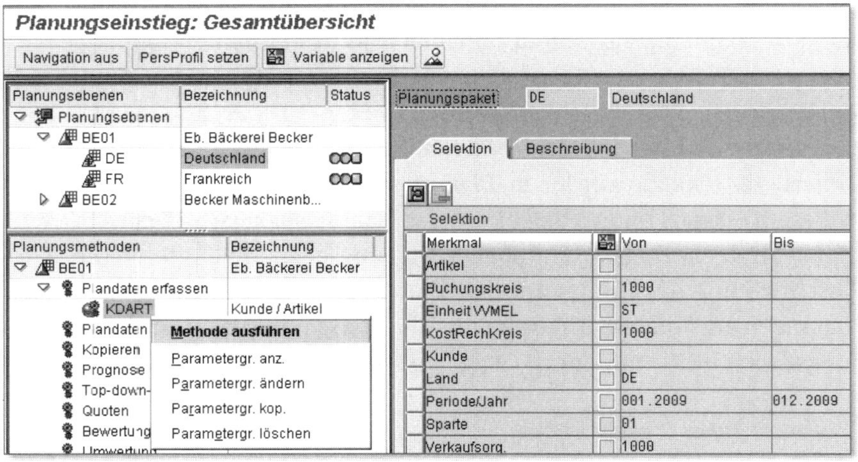

Abbildung 5.10 Planungsmethode aufrufen

Planungslayout

Im Planungslayout nehmen Sie Einträge für die »freien« Merkmale KUNDE und ARTIKEL vor (siehe Abbildung 5.11). In jeder Zeile planen Sie Werte für die Wertfelder ABSATZ und UMSATZ. Als Absatz wird hier »Stück« geplant. Zur Planung des Umsatzes wollen Sie nicht den Betrag, sondern einen Preis pro Stück erfassen. In der Datenbasis der Ergebnisrechnung werden aber immer Werte und nie Preise gespeichert. Also muss man zunächst aus dem Eintrag in den Spalten ABSATZ ST. und PREIS/ST. den Umsatz berechnen. Beim erneuten Aufrufen der Daten muss aus dem gespeicherten Umsatz der Preis wieder »rekonstruiert« werden. Diese und alle weiteren Einstellungen zum Planungslayout sind im Folgenden beschrieben.

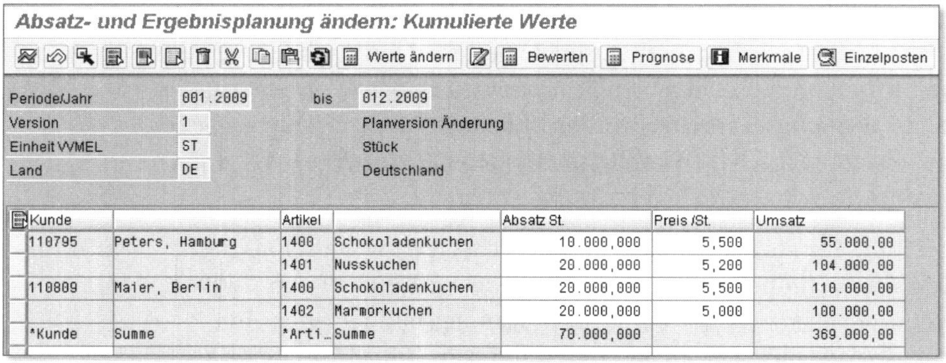

Abbildung 5.11 Plandaten erfassen

Planungslayout gestalten

In die Pflege des Planungslayouts gelangen Sie, indem Sie im Kontextmenü der Planungsmethode den Punkt PARAMETERGRUPPE ÄNDERN anklicken. Im rechten Teil des Bildschirms ist jetzt die Bezeichnung KD-ART für Planungslayout dargestellt (siehe Abbildung 5.12).

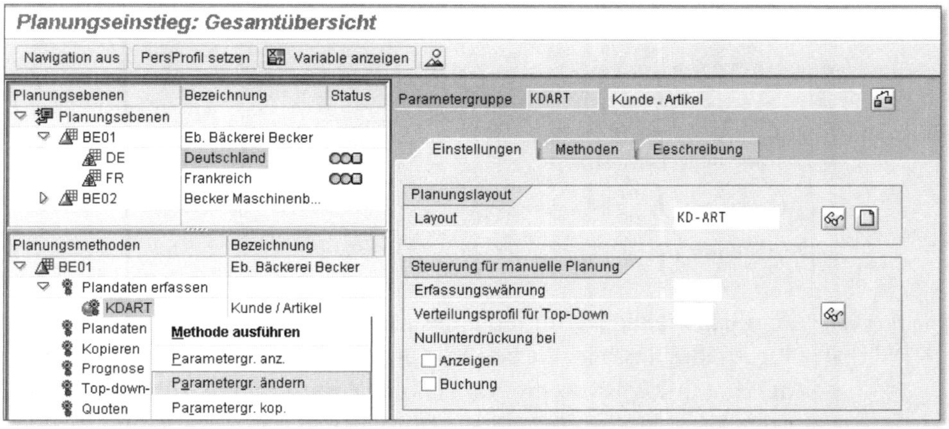

Abbildung 5.12 Parametergruppe ändern

Mit dem Button ANZEIGEN/ÄNDERN in Abbildung 5.12 gelangen Sie in die Änderungsfunktion für das Planungslayout (siehe Abbildung 5.13). Im Planungslayout sind die einzelnen Spalten definiert, die Sie bereits aus der Erfassung der Plandaten kennen.

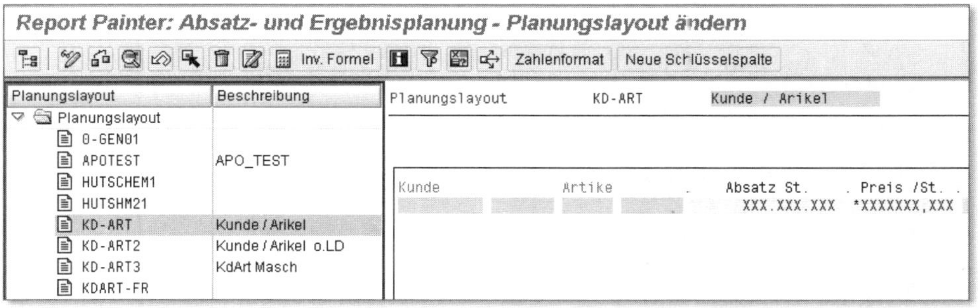

Abbildung 5.13 Planungslayout

Definition von Merkmalen

Mit einem Doppelklick auf KUNDE werden die Einstellungen zu diesem Merkmal angezeigt oder verändert (siehe Abbildung 5.14).

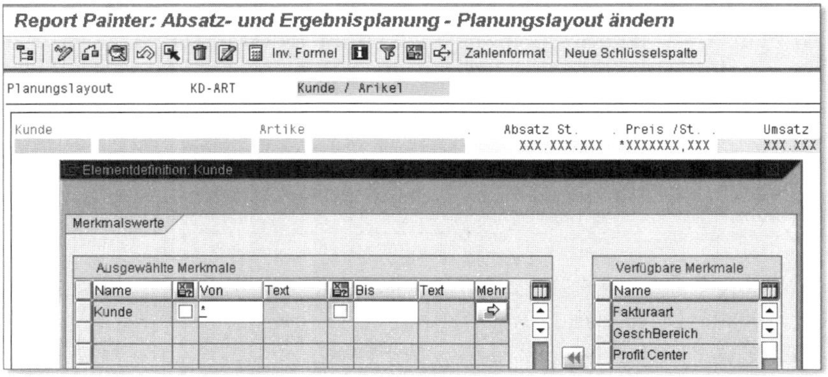

Abbildung 5.14 Planungslayout – Merkmal »Kunde«

Definition von Wertfeldern

Ähnlich wie die Definition eines Merkmals sieht die Definition eines Wertfeldes aus, hier ABSATZ ST. (siehe Abbildung 5.15). Der entscheidende Eintrag ist im oberen Teil des Popup-Menüs zu sehen: WERTFELD ABSATZ LAGER-ME. Für jedes Wertfeld können Sie mit Merkmalen individuelle Einschränkungen vornehmen, deshalb sind auch hier Eingabemöglichkeiten für Merkmalswerte vorgesehen. Die beiden Wertfelder ABSATZ und UMSATZ sollen mit den gleichen Merkmalen geplant werden. Die individuelle Einschränkung für einzelne Wertfelder erübrigt sich hier, der Block MERKMALSWERTE bleibt leer.

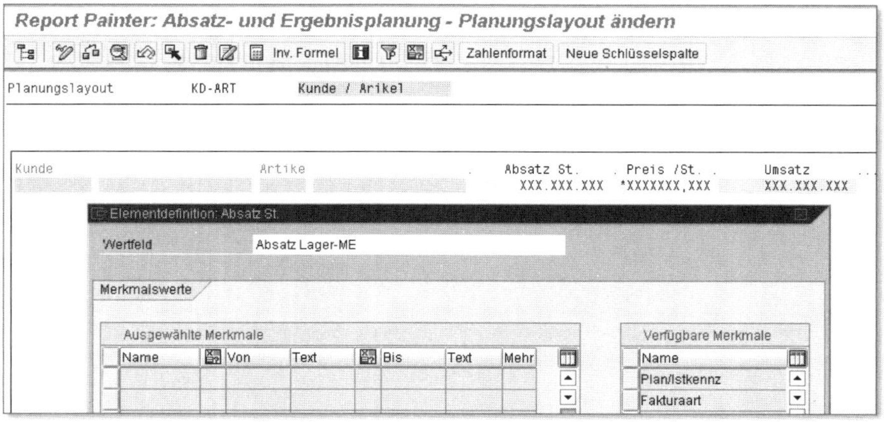

Abbildung 5.15 Planungslayout – Wertfeld »Absatz«

Wertfeld Umsatz

Die Spalte UMSATZ wird zunächst genau so wie die Spalte ABSATZ angelegt (siehe Abbildung 5.16).

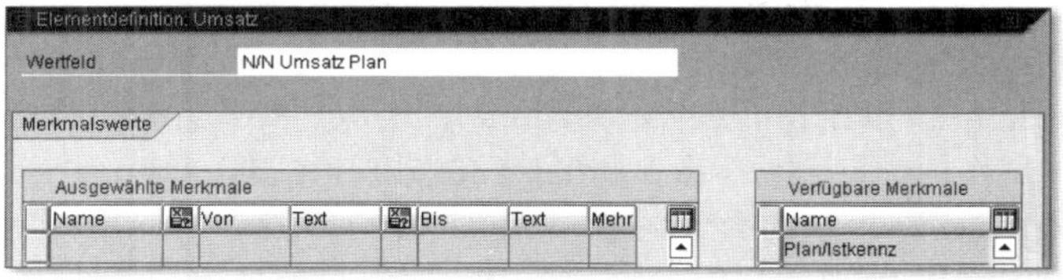

Abbildung 5.16 Planungslayout – Wertfeld »Umsatz«

Formel für Preis

Die Spalte PREIS/ST. ist wie gesagt nicht in der Datenbasis verfügbar. Sie muss aus den Spalten ABSATZ und UMSATZ mit einer Formel berechnet werden (siehe Abbildung 5.17).

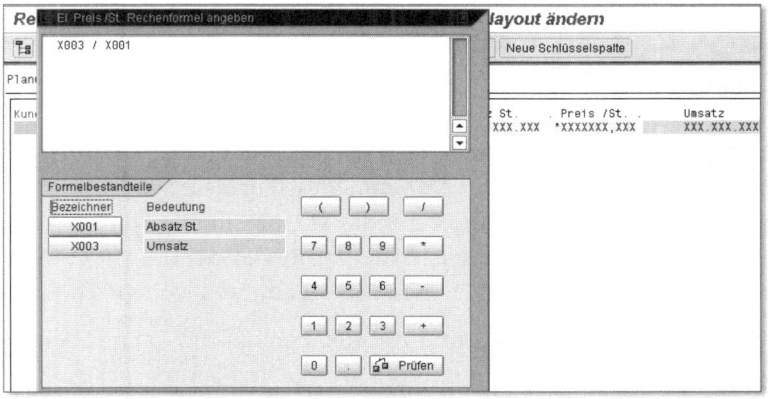

Abbildung 5.17 Planungslayout – Formel für »Preis«

Zahlenformat

Für den Preis bietet es sich an, Nachkommastellen anzuzeigen. Nutzen Sie hierfür aus der Menüleiste die Funktion FORMAT • ZAHLENFORMAT (siehe Abbildung 5.18).

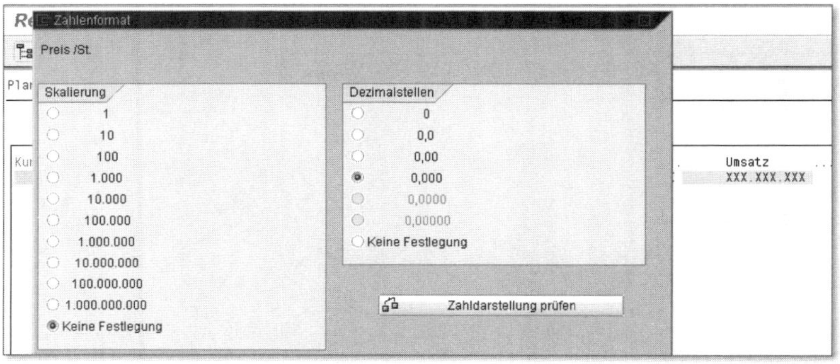

Abbildung 5.18 Planungslayout – Zahlenformat für »Preis«

Sperre und inverse Formel

Die Spalte UMSATZ soll nicht direkt bearbeitet werden. Beim Aufruf der Planungsmaske wird diese Spalte aus der Datenbasis gefüllt. Außerdem wirken sich manuelle Änderungen in der Spalte PREIS im Umsatz aus. Also sperren wir den Umsatz für direkte Dateneingaben mit der Funktion FORMATIERUNG • EINGABEBEREIT EIN/AUS in der Menüleiste (siehe Abbildung 5.19).

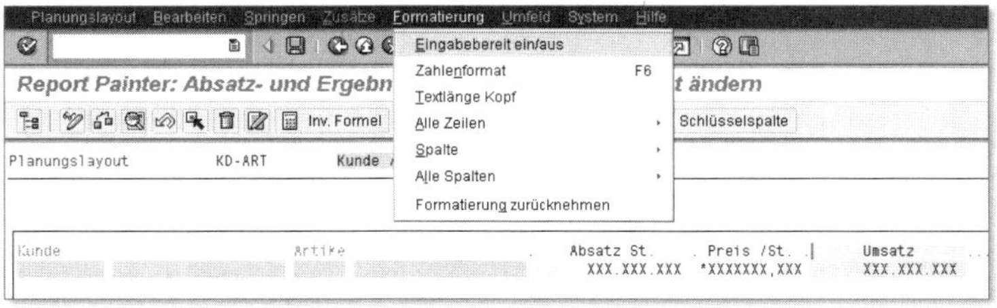

Abbildung 5.19 Planungslayout – Umsatz für Eingaben sperren

Nur in gesperrten Feldern haben wir die Möglichkeit, eine Formel für ein Wertfeld zu hinterlegen. SAP nennt diese Formeln *invers*. Der Button INVERSE FORMEL ÄNDERN öffnet das entsprechende Popup-Menü (siehe Abbildung 5.20). Damit ist in der Spalte UMSATZ die gewünschte Doppelfunktion hinterlegt: erstens WERTFELD und zweitens FORMEL.

Allgemeine Selektionen

Mit den Spalten für KUNDE und ARTIKEL benutzt das Layout bereits zwei Merkmale. Alle anderen Merkmale, die im Planungspaket angegeben wurden, müssen im Layout ebenfalls verwendet werden. Beim Öffnen eines Planungslayouts prüft das System, ob die Merkmale des Planungspakets vollständig mit denen des Layouts übereinstimmen. Wo also tragen wir die Merkmale ein, die nicht in der Erfassungsliste zu sehen sind? Die Funktion heißt ALLGEMEINE SELEKTIONEN und wird über die Menüleiste aufgerufen: BEARBEITEN • ALLG. SELEKTIONEN • ALLG. SELEKTIONEN.

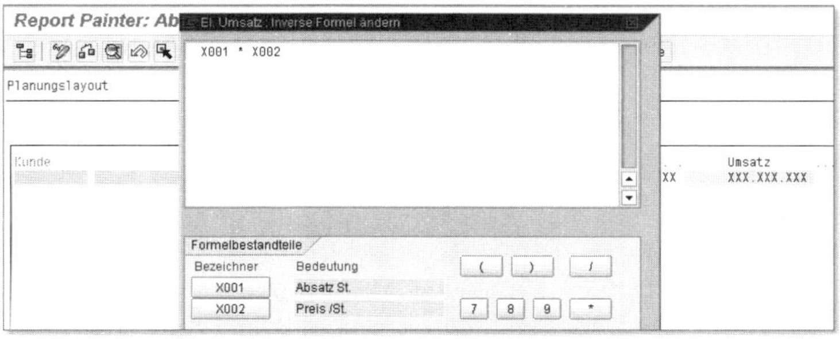

Abbildung 5.20 Planungslayout – Inverse Formel für »Umsatz«

Alle Merkmale aus dem Planungspaket (außer KUNDE und ARTIKEL) werden bei den Allgemeinen Selektionen ausgewählt. Für jedes Merkmal wird eine LOKALE VARIABLE mit dem Namen 0C01 angelegt (siehe Abbildung 5.21). Die Variable wird beim Öffnen des Layouts mit dem Wert aus dem Planungspaket gefüllt. Bei den Merkmalen PERIODE/JAHR und LAND werden zwei Merkmalswerte aus dem Planungspaket übergeben, jeweils ein Wert für VON und einer für BIS. In diesen Fällen definieren wir hinter dem Merkmal eine zweite lokale Variable mit dem Namen 0002.

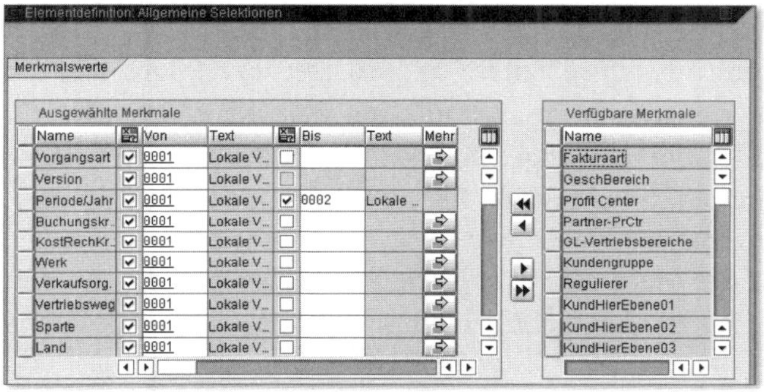

Abbildung 5.21 Planungslayout – »Allgemeine Selektionen« pflegen

Wenn wir alle zwölf Merkmale aus den ALLGEMEINEN SELEKTIONEN im Planungslayout anzeigen würden, hätten wir keinen Platz mehr für die Datenerfassung. Also wählen wir die Merkmale aus, von denen wir annehmen, dass sie für den Anwender bei der Planung besonders wichtig sind. Die vier wichtigsten Merkmale PERIODE/JAHR, VERSION, EINHEIT VVMEL und LAND sollen im Kopfbereich des Planungslayouts dargestellt werden. Dazu rufen wir über die Menüleiste die Funktion BEARBEITEN • ALLG. SELEKTIONEN • ALLG. SELEKTIONEN • KOPFGESTALTUNG auf (siehe Abbildung 5.22).

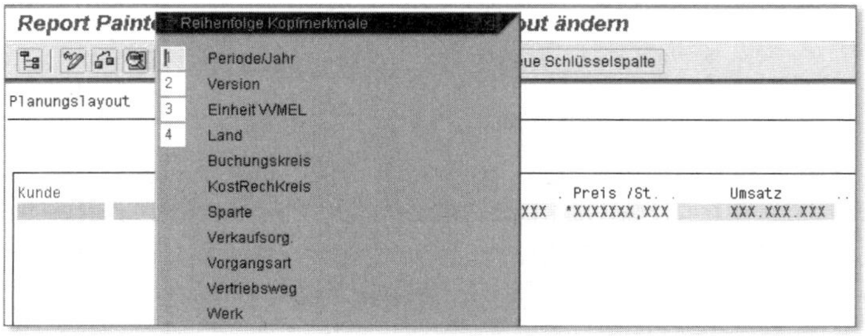

Abbildung 5.22 Planungslayout – Kopfmerkmale festlegen

Die Definition des Planungslayouts ist abgeschlossen. Sie können jetzt in die Erfassung der Daten einsteigen, die ich Ihnen zu Anfang dieses Abschnitts bereits in Abbildung 5.11 gezeigt habe.

Planung für mehrere Länder

Für die Planung von Absatz und Umsatz auf der Ebene KUNDE/ARTIKEL wurden zwei Planungspakete DE »Deutschland« und FR »Frankreich« angelegt. Das Paket DE für Deutschland wurde im Beispiel weiter vorne benutzt. Im Paket FR ist als Länderschlüssel FR für Frankreich eingetragen. Ansonsten unterscheidet sich die Planung mit dem Paket FR nicht von dem, was bisher in diesem Abschnitt beschrieben wurde.

Einer der Anwender regt an, dass er gerne die Daten für alle Länder in einem Layout pflegen möchte. Das Verlassen des Bildes und das anschließende Neustarten des Layouts mit dem Planungspaket für ein neues Land dauere zu lange. Bitte sehr, kein Problem: Wir legen eine neue Planungsebene EB01A »Becker alle Länder« an. Das zugehörige Planungspaket nennen wir ALL »Alle Länder«. In der neuen Ebene kommt das Merkmal »Länder« nicht mehr vor und kann deshalb auch im Paket ALL nicht selektiert werden (siehe Abbildung 5.23).

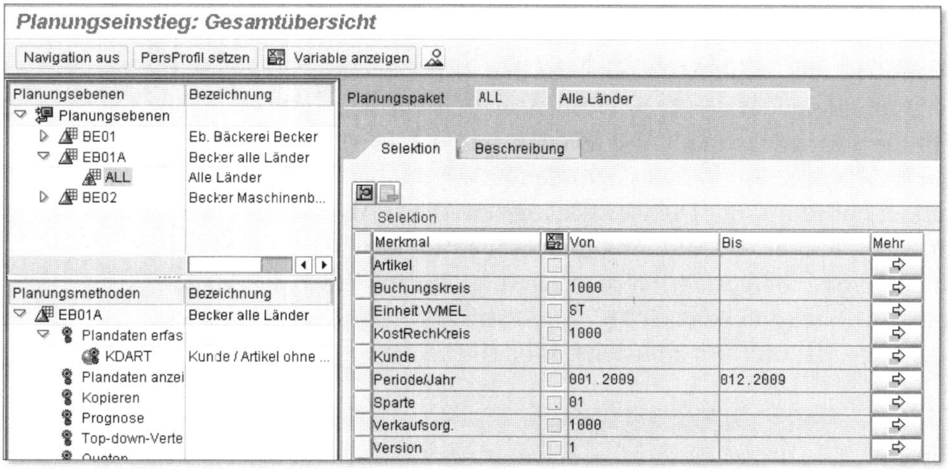

Abbildung 5.23 Planungspaket »ALL – Alle Länder«

Das Planungslayout KD-ART2, das in der neuen Planungsmethode benutzt wird, unterscheidet sich von dem bisher beschriebenen KD-ART nur dadurch, dass in den ALLGEMEINEN SELEKTIONEN das Land nicht mehr benutzt wird (siehe Abbildung 5.24). Beim Aufruf dieses

Planungslayouts sehen wir alle Plandaten, die vorher in Masken für die beiden Länder Frankreich und Deutschland getrennt waren. Die Information, welchem Land der Kunde zugeordnet ist, sehen wir jetzt allerdings nicht mehr, zumindest nicht direkt.

Der Cursor steht in einer Planzeile, für die ich das Land des Kunden in Erfahrung bringen möchte, z. B. Dupont, Paris. Der Button MERKMALE liefert die gewünschte Angabe durch »Ableitung« aus dem Stammsatz zum Kunden, auch wenn das Land im Planungslayout nicht mehr sichtbar ist (siehe Abbildung 5.25).

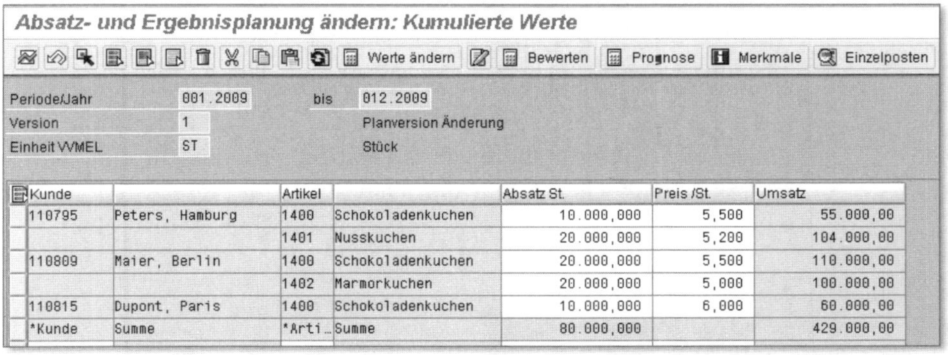

Abbildung 5.24 Planung für alle Länder in einem Bild

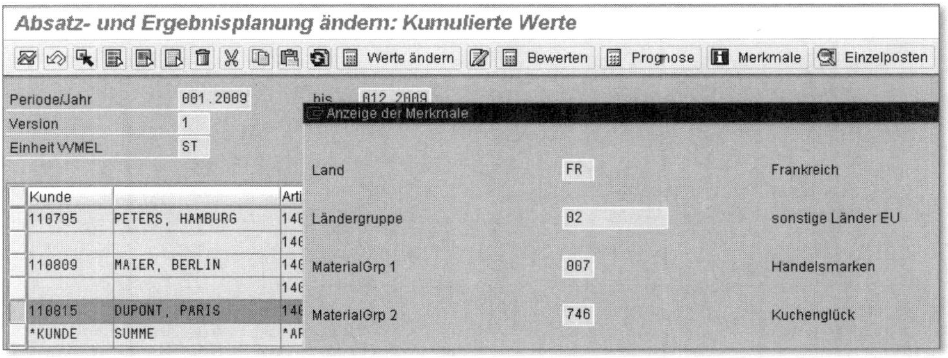

Abbildung 5.25 Merkmale zur Planung

Merkmale in der Planung

Also halten wir fest: Merkmale in einem Einzelposten zur Planung entstehen aus vier Quellen:

- manuelle Eingabe, hier Kunde und Artikel
- Vorgabe durch PLANUNGSEBENE und ALLGEMEINE SELEKTIONEN, hier PERIODE, VERSION, VERKAUFSORGANISATION, BUCHUNGSKREIS etc.
- Ableitung aus dem Stammsatz des Kunden, hier Land FR »Frankreich«, oder aus dem Stammsatz des Artikels, hier MATERIALGRP 2 »Kuchenglück«
- Ableitung aus einem abgeleiteten Merkmal, hier LÄNDERGRUPPE 02 »sonstige Länder EU«. Das Merkmal ist im Standard von ERP nicht vorhanden, es wird aus dem Land abgeleitet.

Plan-Einzelposten

Wie sieht der vollständige Plansatz aus, der durch diese Planung erzeugt wird? Diese Frage beantwortet der Klick auf den Button EINZELPOSTEN (siehe Abbildung 5.26). Zunächst erscheint eine Liste aller Einzelposten, die zur ausgewählten Planzeile passen (Dupont, Paris – »Schokoladenkuchen«). Mit den Planzahlen für Absatz und Umsatz wurden zwölf Einzelposten geschrieben, für jeden Monat einer.

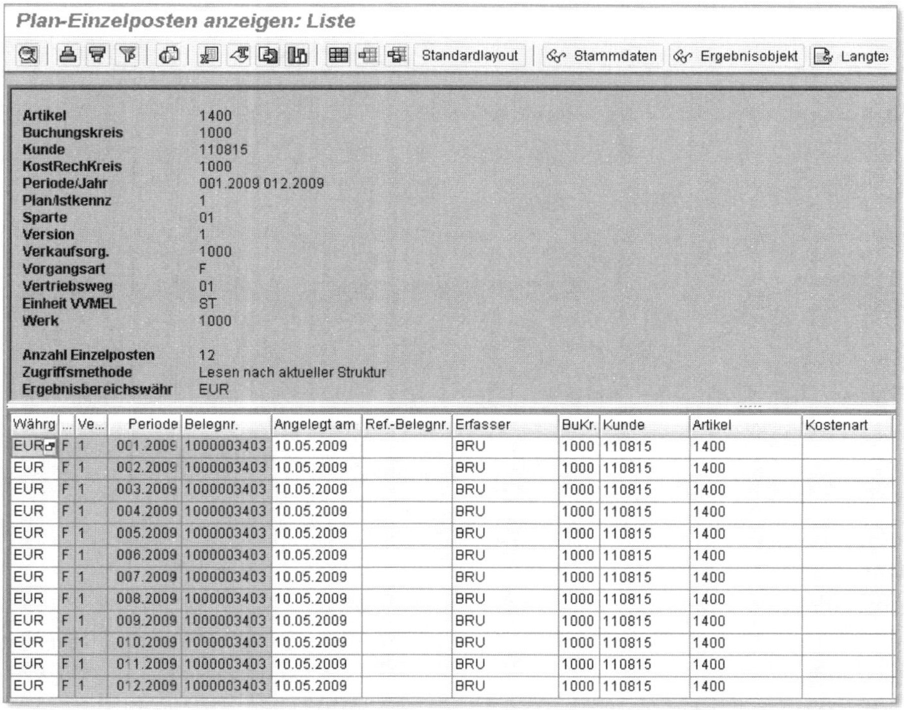
Plan-Einzelposten anzeigen: Liste

Standardlayout | Stammdaten | Ergebnisobjekt | Langte

Artikel 1400
Buchungskreis 1000
Kunde 110815
KostRechKreis 1000
Periode/Jahr 001.2009 012.2009
Plan/Istkennz 1
Sparte 01
Version 1
Verkaufsorg. 1000
Vorgangsart F
Vertriebsweg 01
Einheit VVMEL ST
Werk 1000

Anzahl Einzelposten 12
Zugriffsmethode Lesen nach aktueller Struktur
Ergebnisbereichswähr EUR

Währg	...	Ve...	Periode	Belegnr.	Angelegt am	Ref.-Belegnr.	Erfasser	BuKr.	Kunde	Artikel	Kostenart
EUR	F	1	001.2009	1000003403	10.05.2009		BRU	1000	110815	1400	
EUR	F	1	002.2009	1000003403	10.05.2009		BRU	1000	110815	1400	
EUR	F	1	003.2009	1000003403	10.05.2009		BRU	1000	110815	1400	
EUR	F	1	004.2009	1000003403	10.05.2009		BRU	1000	110815	1400	
EUR	F	1	005.2009	1000003403	10.05.2009		BRU	1000	110815	1400	
EUR	F	1	006.2009	1000003403	10.05.2009		BRU	1000	110815	1400	
EUR	F	1	007.2009	1000003403	10.05.2009		BRU	1000	110815	1400	
EUR	F	1	008.2009	1000003403	10.05.2009		BRU	1000	110815	1400	
EUR	F	1	009.2009	1000003403	10.05.2009		BRU	1000	110815	1400	
EUR	F	1	010.2009	1000003403	10.05.2009		BRU	1000	110815	1400	
EUR	F	1	011.2009	1000003403	10.05.2009		BRU	1000	110815	1400	
EUR	F	1	012.2009	1000003403	10.05.2009		BRU	1000	110815	1400	

Abbildung 5.26 Liste der Einzelposten zur Planung

Betrachten wir die erste Zeile aus Abbildung 5.26 genauer. Der Doppelklick zeigt die Details zum Einzelposten (siehe Abbildung 5.27).

Plan-Einzelposten anzeigen: Liste

Belegnr.	1000003403	Währungstyp	B0
Periode/Jahr	001.2009	Positionsnr.	
Ref.-Belegnr.		Version	1
Vorgangsart	F		
Artikel	1400	Bonusgruppe	90
Buchungskreis	1000	Kundenbezirk	99
Fakturaart		GeschBereich	0002
KundHierEbene01	106999	KundHierEbene02	
KundHierEbene03		KundHierEbene04	
KundHierEbene05	105998	KundHierEbene06	
Kundengruppe	99	Kunde	110815
KostRechKreis	1000	Preisgruppe	GD
Materialgruppe	01	Kundenklasse	05
Regulierer		Land	FR
Warengruppe	FERT01	MaterialGrp 1	007
MaterialGrp 2	746	Plan/Istkennz	1
Partner-PrCtr		Profit Center	
Sparte	01	Verkaufsbüro	
Verkaufsorg.	1000	Vertriebsweg	01
Einheit VVBRG	KG	Einheit VVMEL	ST
Einheit VVMEV	ST	Einheit VVNTG	
Werk	1000	GL-Vertriebsbereiche	02
KeyAccountGruppe	90	Ländergruppe	02
Prod.-Hierarchie 1	.02	Prod.-Hierarchie 2	.02.01
Prod.-Hierarchie 3	.02.01	Prod.-Hierarchie 4	.02.01
Prod.-Hierarchie 5	.02.01	Prod.-Hierarchie 6	.02.01
SGF	04		

Abbildung 5.27 Merkmale im Einzelposten

Die Herkunft der einzelnen Werte in Abbildung 5.27:

Herkunft der Merkmale

- **Belegnr.**
  Wird beim Speichern der Plandaten generiert
- **Währungstyp**
  B0 – Währung des Ergebnisbereichs EUR – Voreinstellung im Planungspaket
- **Periode/Jahr**
  Monat, für den Plandaten gelten
- **Version**
  Planversion – Voreinstellung im Planungspaket

- **Vorgangsart**
  F – Faktura – Voreinstellung im Planungspaket
- **Artikel**
  Wurde manuell erfasst
- **Bonusgruppe**
  Abgeleitet aus den Stammdaten des Artikels
- **Buchungskreis**
  Voreinstellung im Planungspaket
- **Kundenbezirk**
  Abgeleitet aus den Stammdaten des Kunden
- **KundHierEbene01 bis 06**
  Abgeleitet aus der Kundenhierarchie des Kunden
- **Kundengruppe**
  Abgeleitet aus den Stammdaten des Kunden
- **Kunde**
  Wurde manuell erfasst
- **Kostenrechnungskreis**
  Voreinstellung im Planungspaket
- **Preisgruppe**
  Abgeleitet aus den Stammdaten des Artikels
- **Materialgruppe**
  Abgeleitet aus den Stammdaten des Artikels
- **Kundenklasse**
  Abgeleitet aus den Stammdaten des Kunden
- **Land**
  Abgeleitet aus den Stammdaten des Kunden
- **Warengruppe**
  Abgeleitet aus den Stammdaten des Artikels
- **MaterialGrp 1 und 2**
  Abgeleitet aus den Stammdaten des Artikels
- **Sparte**
  Voreinstellung im Planungspaket
- **Verkaufsorg.**
  Voreinstellung im Planungspaket
- **Vertriebsweg**
  Voreinstellung im Planungspaket

- **Einheit VVBRG, VVMEL, VVMEV, VVNTG**
  Einheiten für die Mengenfelder – Bruttogewicht (BRG), Lagermengeneinheit (MEL), Verkaufsmengeneinheit (MEV), Nettogewicht (NTG)
- **Werk**
  Voreinstellung im Planungspaket
- **GL-Vertriebsbereiche**
  Eigendefiniert, abgeleitet aus mehreren anderen Merkmalen
- **KeyAccountGruppe**
  Eigendefiniert, abgeleitet aus KUNDENHIEREBENE01
- **Ländergruppe**
  Eigendefiniert, abgeleitet aus Land
- **Prod.-Hierarchie 1 bis 6**
  Abgeleitet aus den Stammdaten des Artikels, verschiedene Ausschnitte aus dem Feld PRODUKTHIERARCHIE (für »Schokoladenkuchen« nicht gepflegt)
- **SGF**
  Eigendefiniert, abgeleitet aus mehreren anderen Merkmalen

Wertfelder im Einzelposten

Weiter unten in diesem Bild sind die Wertfelder dargestellt (siehe Abbildung 5.28). In jedem Monat wird ein Zwölftel des geplanten Jahreswertes für Absatz (ABSATZ LAGER-ME) und Umsatz (N/N UMSATZ PLAN) geschrieben. Der Plan für Absatz war 10.000 Stück. Bei einem Preis von 6,00 EUR pro Stück ergab sich ein Planumsatz von 60.000,00 EUR im Jahr.

Kalk. Zins Sachanlag	0,00	EUR		
Kalk. Zins Sach.Werk	0,00	EUR		
Logistikkosten	0,00	EUR		
Marketing	0,00	EUR		
Absatz Lager-ME	833,333	ST		
Absatz Verkaufs-ME	0,000	ST		
N/N Umsatz Plan	5.000,00	EUR		
Nettogewicht	0,000			
Prod.-Abweichungen	0,00	EUR		
Pausch. Vergüt. Ist	0,00	EUR		

Abbildung 5.28 Wertfelder im Einzelposten (Auswahl)

Gleichmäßig verteilt auf alle Monate ergibt sich im hier dargestellten Januar für den Absatz ein Wert von 833,333 Stück (Jahresabsatz 10.000 Stück/12 Monate) und für den Umsatz ein Wert von 5.000,00 EUR.

Delta-Verfahren der Planung

Beachten Sie, dass SAP ERP im Einzelposten immer die Veränderung zum vorigen Planungsstand speichert. Die soeben dargestellte Übereinstimmung von Planwert und Einzelposten finden Sie nur in den seltenen Fällen, in denen die Ausgangslage der Planung null war. Wenn Sie die Absatzmenge auf 11.000 Stück erhöhen, wird nicht etwa der alte Wert mit dem neuen überschrieben, sondern das System ermittelt die Differenz zum vorigen Planungsstand (hier 1.000 Stück) und schreibt für die Differenz sogenannte Delta-Einzelposten mit jeweils 83,333 Stück (zusätzliche Menge 1.000 Stück/12 Monate) in jede Periode.

Laufende Berichte

Während der manuellen Planung operieren Sie mit Planungsebenen und Planungslayouts. Eine genaue Vorstellung der Einzelposten, die in jedem Planungsschritt erzeugt werden, ist unverzichtbar. In manchen Fällen werden Sie überprüfen, ob Ihre Vorstellung zu dem passt, was das System tatsächlich an Einzelposten generiert – und Sie werden einige Überraschungen erleben. Für laufende Berichte zum Stand der Planung sind die Einzelposten allerdings völlig unbrauchbar. Sie wollen nicht wissen, wie sich die Planung innerhalb der letzten Wochen aus Tausenden von Einzelposten entwickelt hat. Mit Berichten wollen Sie Zugriff erhalten auf den aktuellen Stand der Planung, verdichtet und gruppiert nach beliebigen Merkmalen. Diese Anforderung erfüllt das Infosystem der Ergebnisrechnung.

5.4.2 Infosystem

Bei der Pflege von Datenstrukturen und bei der manuellen Planung in der Ergebnisrechnung haben Sie bereits erfahren, welche Anwenderfunktionen im Standard von SAP ERP mitgeliefert werden: überhaupt keine. Das ist im Infosystem kein Deut besser. Die Berichte müssen Sie sich regelrecht selbst basteln.

Zum Anlegen und Ausführen von Berichten in der Ergebnisrechnung gehen Sie wie folgt vor:

- Formular mit Wertfeldern und Formeln anlegen
- Bericht mit Formular und Merkmalen anlegen
- Bericht ausführen

Formular anlegen

Voraussetzung für einen Bericht in der Ergebnisrechnung ist ein Formular. Im Formular wählen Sie Wertfelder aus, die direkt angezeigt werden sollen. Außerdem pflegen Sie hier Formeln, mit denen Sie Kennzahlen aus Wertfeldern berechnen, z. B. *Preis = Umsatz/Absatz.*

Die Pflege von Formularen erreichen Sie mit der Transaktion KE34, im Menü: RECHNUNGSWESEN • CONTROLLING • ERGEBNIS- UND MARKTSEGMENTRECHNUNG • INFOSYSTEM • LAUFENDE EINSTELLUNGEN • FORMULARE FÜR ERGEBNISBERICHTE DEFINIEREN (siehe Abbildungen 5.29 und 5.30).

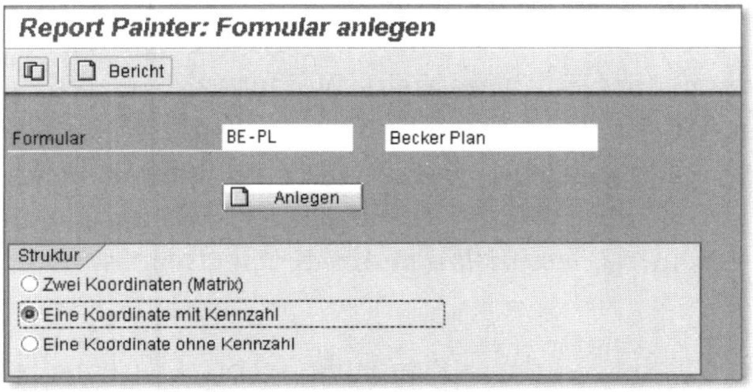

Abbildung 5.29 Formular anlegen – Einstieg

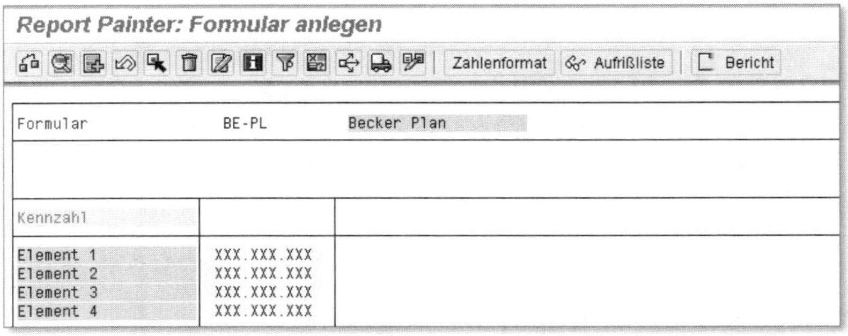

Abbildung 5.30 Leeres Formular

Wertfelder im Formular

Mit dem Doppelklick auf die Zeile ELEMENT 1 erhalten Sie ein Popup-Menü, in dem Sie den Typ des Elements festlegen (siehe Abbildung 5.31). Beginnen wir mit WERTFELD MIT MERKMALEN.

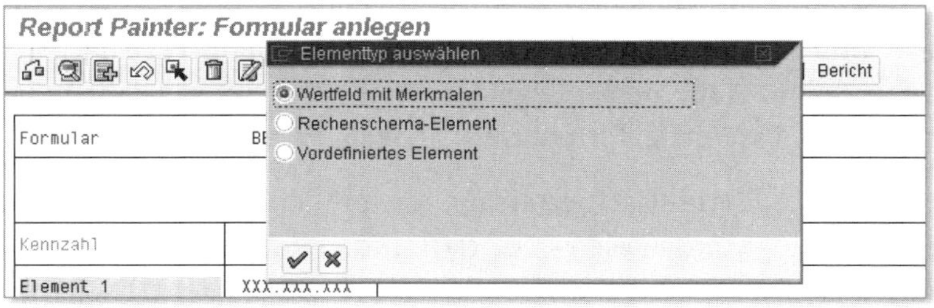

Abbildung 5.31 Formular – »Element 1« definieren

Sie wählen das Wertfeld, hier ABSATZ LAGER-ME (siehe Abbildung 5.32). Außerdem haben Sie im Block MERKMALSWERTE die Möglichkeit, genau für dieses Element bereits eine Vorauswahl zu treffen. Diese Funktion benötigen Sie dann, wenn Sie z. B. Plandaten mit Istdaten in einem Bericht vergleichen wollen. Dann selektieren Sie für ein Element, in dem Sie den Absatz darstellen, die Plandaten, und in einem zweiten Element, das ebenfalls den Absatz zeigt, schränken Sie auf Istdaten ein.

In diesem Beispiel wollen wir nur Plandaten sehen. Die entsprechende Auswahl erfolgt später für alle Elemente gemeinsam. Eine individuelle Einschränkung einzelner Wertfelder ist nicht erforderlich.

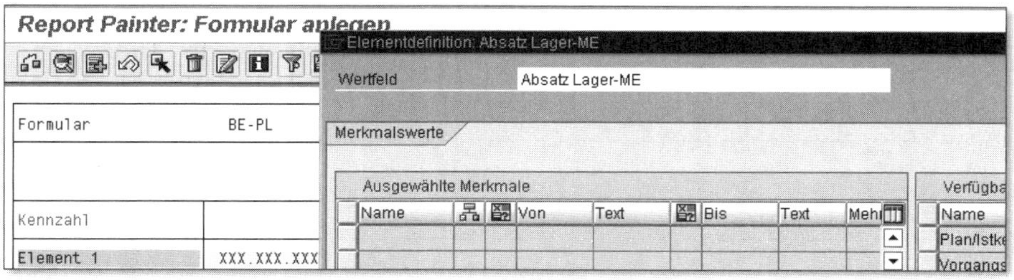

Abbildung 5.32 Formular – Wertfeld auswählen

Texte für das Element

Wenn Sie die Auswahl in Abbildung 5.32 bestätigt haben, werden Sie nach Texten für dieses Element gefragt (siehe Abbildung 5.33). Die Übernahme des Wertfeldes UMSATZ in den Bericht erfolgt analog.

Formeln im Formular

Bei der Planung hatten wir Preise für jede Kombination aus Kunde und Artikel erfasst. Das System hat aus den geplanten Preisen und Absätzen Umsätze errechnet, diese wurden dann gespeichert. In der Datenbasis der Ergebnisrechnung werden niemals Preise oder Kostensätze gespeichert, sondern immer Mengen und Beträge.

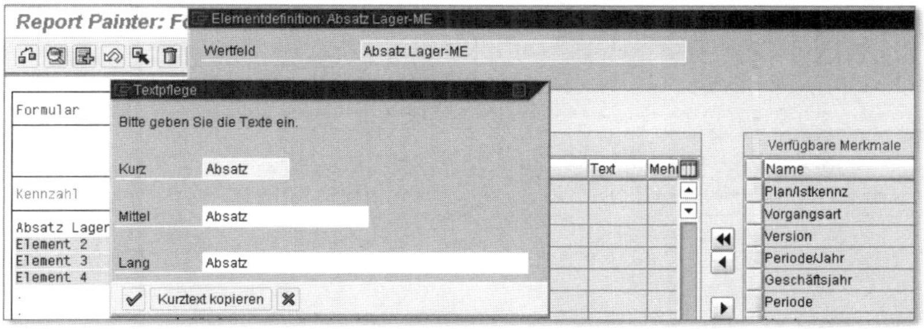

Abbildung 5.33 Formular – Bezeichnung für Wertfeld erfassen

Preise und Kostensätze müssen im Bericht aus den Mengen und Beträgen ermittelt werden. Dazu benötigen Sie Formeln, die Sie anlegen, indem Sie beim Elementtyp die entsprechende Auswahl treffen (siehe Abbildung 5.34).

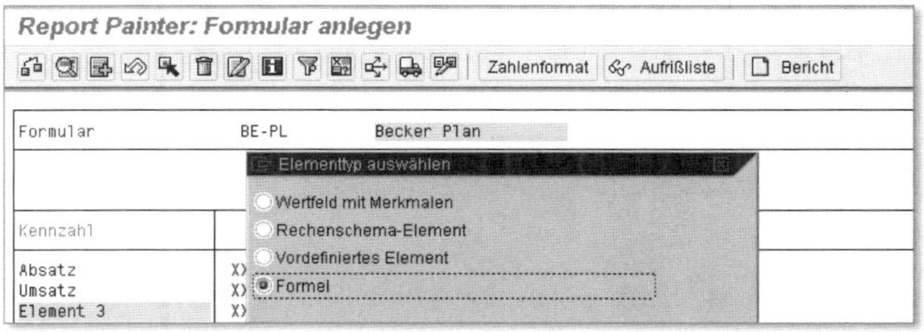

Abbildung 5.34 Formular – Formel für »Element 3« anlegen

Wie auch die Auswahl von Wertfeldern, ist Ihnen das Bild zur Pflege von Formeln bereits aus der Anlage von Planungslayouts vertraut (siehe Abbildung 5.35).

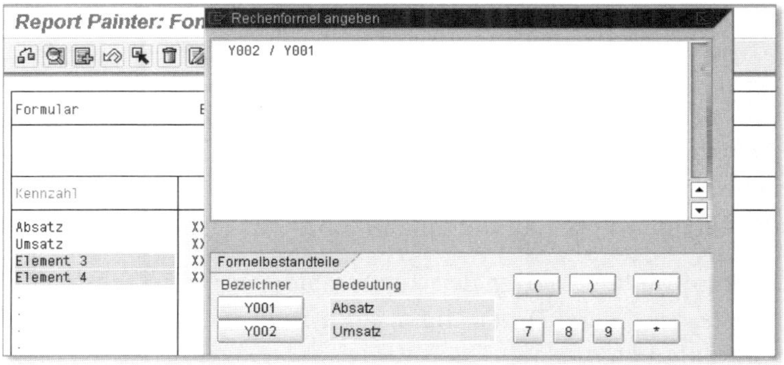

Abbildung 5.35 Formular – Formel für »Preis/St.«

Das Formular zeigt jetzt die Wertfelder ABSATZ und UMSATZ sowie die Formel PREIS/ST. (siehe Abbildung 5.36).

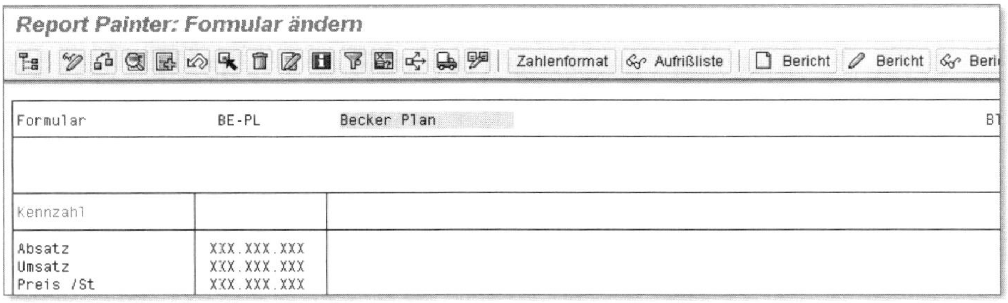

Abbildung 5.36 Formular mit drei Elementen

Allgemeine Selektionen

Wie schon zuvor im Planungslayout, finden Sie auch hier im Formular die Funktion ALLGEMEINE SELEKTIONEN. Hier geht es allerdings nicht ganz so streng zu wie beim Planungslayout. Sie können nämlich später im Bericht auch Merkmale verwenden, die in den »Allgemeinen Selektionen« des Formulars nicht ausgewählt sind. Das war im Zusammenspiel von Planungsebene und Planungslayout schwieriger. Dort musste die vollständige Übereinstimmung sichergestellt werden.

Allgemeine Selektionen im Formular *können* Sie verwenden, wenn Sie später beim Ausführen des Berichts nach bestimmten Merkmalen auswählen wollen. Sie *müssen* die Merkmale in die »Allgemeinen Selektionen« aufnehmen, wenn Sie im Bericht nicht nur nach einem bestimmten Wert (z. B. Verkaufsorganisation 1000), sondern nach einem Wertebereich (z. B. Verkaufsorganisationen von 1000 bis 2000) auswählen wollen.

In die Auswahl von Merkmalen für die »Allgemeinen Selektionen« gelangen Sie über die Menüleiste mit BEARBEITEN • ALLG. SELEKTIONEN • ALLG. SELEKTIONEN.

Merkmale auswählen

Im rechten Block VERFÜGBARE MERKMALE nehmen Sie Ihre Auswahl vor (siehe Abbildung 5.37). Mit dem einfachen Pfeil nach links übernehmen Sie die Auswahl in den linken Block des Bildschirms.

Merkmalswerte fest vorgeben

In den ausgewählten Merkmalen können Sie dann feste Werte vorgeben, wie hier PLAN-DATEN im Merkmal PLAN-/ISTKENNZEICHEN (siehe Abbildung 5.38).

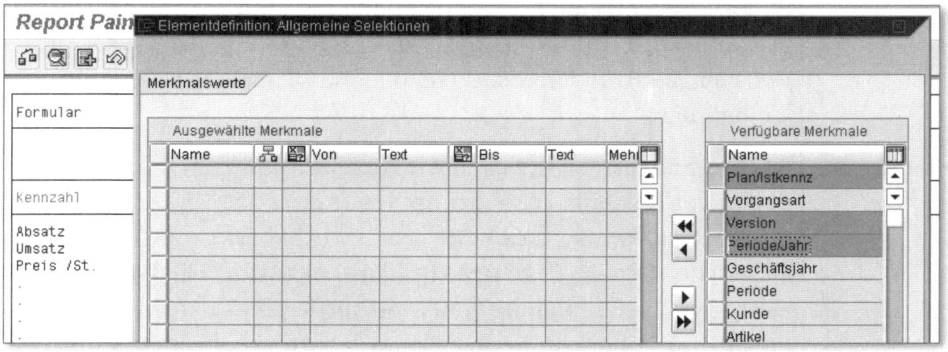

Abbildung 5.37 Merkmale für »Allgemeine Selektionen« markieren

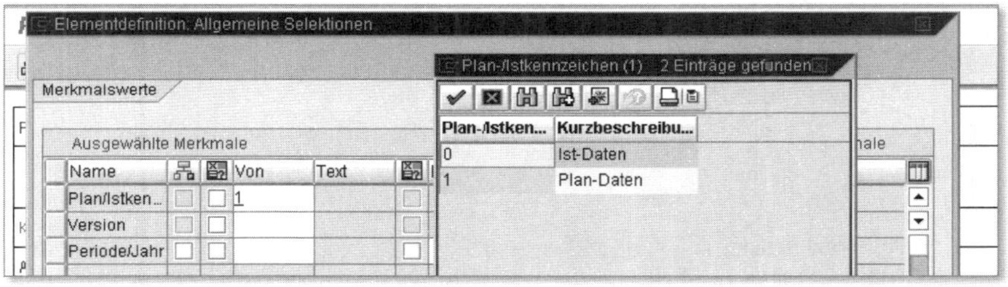

Abbildung 5.38 Merkmalswert für Plan-/Istkennzeichen auswählen

Anstatt den Merkmalswert im Formular fest einzutragen, können Sie dem Benutzer des Berichts die Möglichkeit geben, beim Ausführen den Merkmalswert selbst zu wählen. Dazu setzen Sie einen Haken in der Spalte VARIABLEN. Sie werden nach dem Namen für eine lokale Variable gefragt (siehe Abbildung 5.39).

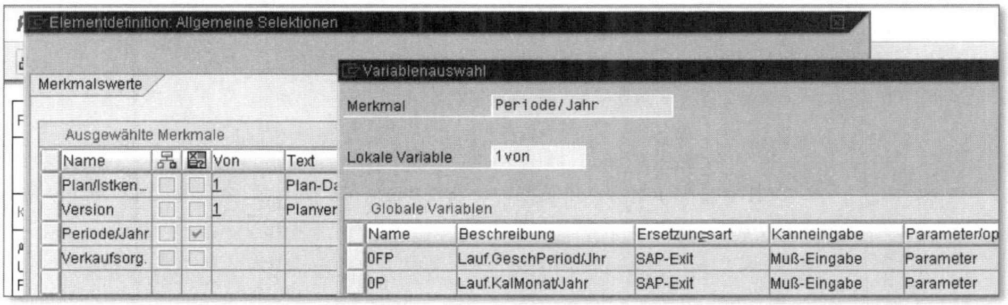

Abbildung 5.39 Lokale Variable für Periode anlegen

In den »Allgemeinen Selektionen« sind am Ende vier Merkmale ausgewählt. Bei PLAN-/ISTKENNZEICHEN und VERSION wurde ein fester Wert eingetragen. Für PERIODE/JAHR und VERKAUFSORG. sind Variablen definiert.

Bericht anlegen

Das Formular ist fertig, gehen wir zum nächsten Punkt. Berichte werden in der Ergebnisrechnung mit der Transaktion KE31 angelegt, im Menü: RECHNUNGSWESEN • CONTROLLING • ERGEBNIS- UND MARKTSEGMENTRECHNUNG • INFOSYSTEM • BERICHT DEFINIEREN • ERGEBNISBERICHT ANLEGEN (siehe Abbildung 5.40). Im Einstiegsbild wählen Sie das Formular BE-PL »Bericht: Becker Plan«, das wir soeben angelegt haben. Mit dem Button ANLEGEN geht es weiter.

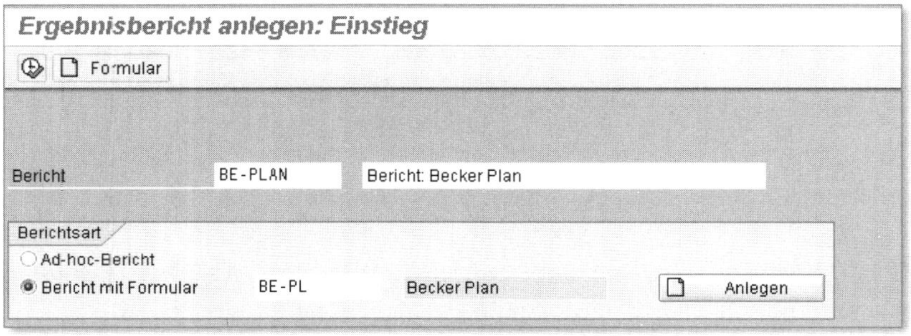

Abbildung 5.40 Bericht anlegen – Einstieg

Merkmale

Im Register MERKMALE wählen Sie die Merkmale, die im Bericht für die Navigation zur Verfügung stehen sollen (siehe Abbildung 5.41).

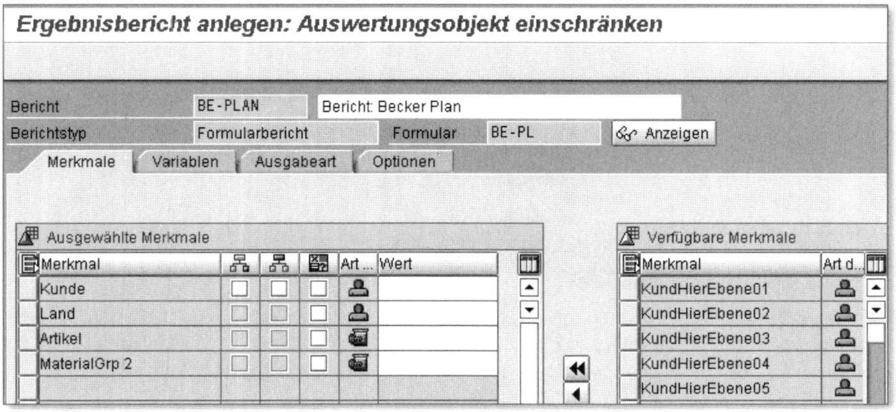

Abbildung 5.41 Bericht – Merkmale auswählen

Das Register VARIABLEN zeigt die Variablen, die in den »Allgemeinen Selektionen« des Formulars definiert sind (siehe Abbildung 5.42). Hier, bei der Definition des Berichts, können Sie Vorschlagswerte hinterlegen, die der Benutzer beim Ausführen des Berichts übernehmen oder überschreiben kann.

Variablen

Ergebnisbericht anlegen: Variableneingabe

Bericht	BE-PLAN	Bericht: Becker Plan		
Berichtstyp	Formularbericht	Formular	BE-PL	⚙ Anzeigen

Merkmale	Variablen	Ausgabeart	Optionen

Variablenname	Variablenwert	Bezeichnung	Eingabe b.Ausführr.
Periode/Jahr /$1VON	001.2009	1. Periode 2009	☑
Periode/Jahr /$2BIS	012.2009	12. Periode 2009	☑
Verkaufsorg.	1 000	Vkorg Bäckei Becker	☑

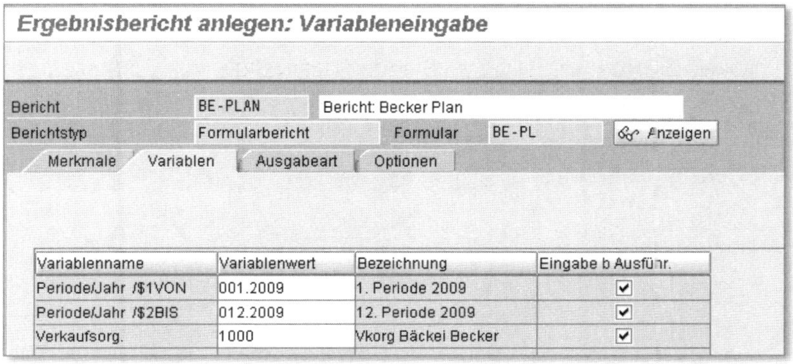

Abbildung 5.42 Bericht – Variable mit Vorschlagswerten vorbelegen

Bei AUSGABEART wählen Sie GRAFISCHE BERICHTSAUSGABE, bei AUSGABEBEREICHE zunächst die Einstellung, die alle verfügbaren Anzeigen darstellt: INFO, NAVIGATION, AUFRISS, DETAIL, GRAFIK (siehe Abbildung 5.43).

Ausgabeart – alle Bereiche

Bericht anlegen: Einstellungen

Bericht	BE-PLAN	Bericht: Becker Plan		
Berichtstyp	Formularbericht	Formular	BE-PL	⚙ Anzeigen

Merkmale	Variablen	Ausgabeart	Optionen

Ausgabeart
- ◉ grafische Berichtsausgabe
- Ausgabebereiche
 - 103 Info, Navigation, Aufriß, Detail, Gra 🗐
 - 100 Info, Navigation, Aufriß
 - 101 Info, Navigation, Aufriß, Grafik
 - 102 Navigation, Aufriß
 - **103 Info, Navigation, Aufriß, Detail, Grafik**
 - 105 Info, Navigation, Aufriß, Detail
 - 106 Navigation, Detail

Layout
- ☐ Kopfzeilen
- ☐ Fußzeilen

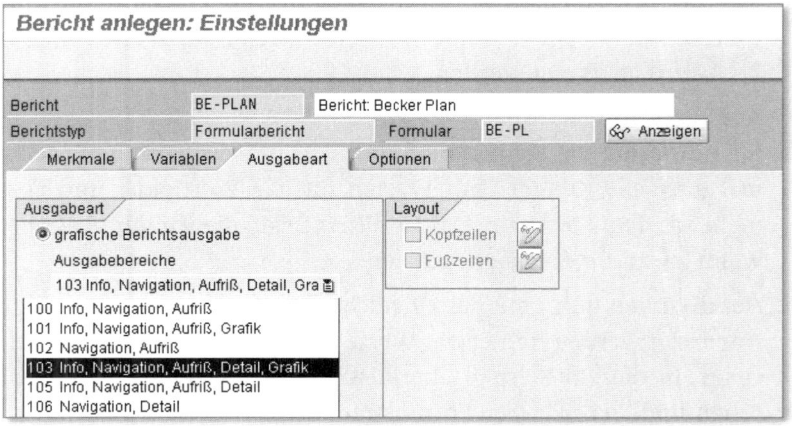

Abbildung 5.43 Bericht – Ausgabeart festlegen

Ein Bericht mit dieser Einstellung für die Ausgabebereiche ist für meinen Geschmack eher verwirrend als informativ (siehe Abbildung 5.44).

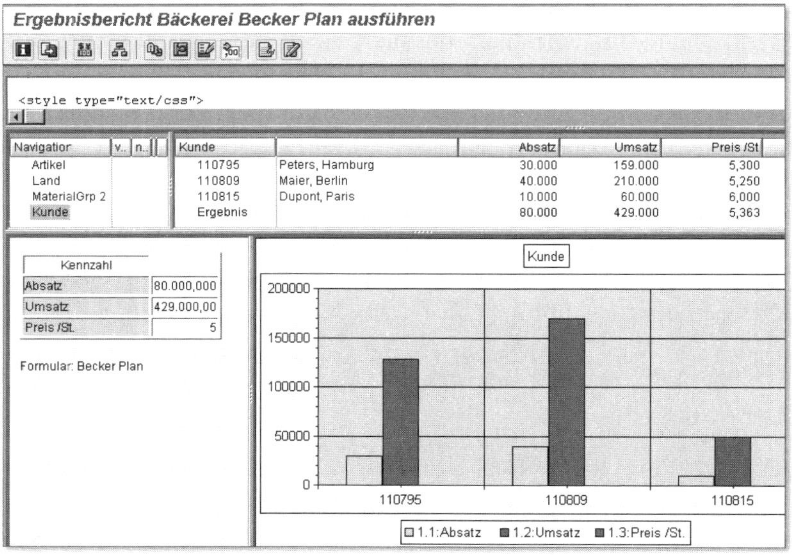

Abbildung 5.44 Ergebnisbericht mit allen Ausgabebereichen

Ausgabebereiche im Ergebnisbericht

Die einzelnen Bereiche sind:

- **Infobereich** (ganz oben, kann individuell gestaltet werden, z. B. mit den Selektionsparametern aus der Einstiegsmaske)
  Wenn dieser Block fehlt, vermisse ich ihn nicht.
- **Navigationsbereich** (Mitte links, gekennzeichnet mit Navigation)
  Unverzichtbar – hier selektieren Sie die Daten, die in den anderen Bereichen angezeigt werden.
- **Aufriss** (Mitte rechts)
  Eine Liste für alle gefundenen Einträge zum ausgewählten Merkmal (hier alle Kunden) mit Werten für alle Wertfelder und Formeln aus dem Formular. Das ist die Anzeige, die ich mir vorstelle, wenn ich an Ergebnisberichte denke.
- **Detail** (unten links, mit der Überschrift Kennzahl)
  Angezeigt werden immer die Werte aus der letzten Zeile des Aufrisses. In diesem Beispiel überflüssig, weil alle Werte bereits zu sehen sind. Bei größeren Formularen mit zehn oder mehr Elementen kann die Detailsicht durchaus hilfreich sein.
- **Grafik** (unten rechts, hier mit der Überschrift Kunde)
  In der Standardgrafik werden für die angezeigten Merkmale alle Elemente des Aufrisses grafisch gegeneinandergestellt. Für die

drei Kunden werden hier Absatz, Umsatz und Preis nebeneinandergestellt. Der Preis ist so klein, dass er im Vergleich zu den anderen Spalten völlig verschwindet. Man kann individuelle Einstellungen für die Grafik vornehmen, vielleicht wäre sie dann aussagekräftiger. Das habe ich aber nie versucht. Wenn ich eine Grafik erstelle, dann lade ich die Daten in MS Excel und arbeite dort weiter. In diesem Bild stört die Grafik mehr, als dass sie hilft.

Sinnvolle Auswahl der Ausgabebereiche

Die für meinen Geschmack sinnvolle Gestaltung des Ausgabebereichs erhalten Sie mit der Einstellung NAVIGATION, AUFRISS.

Optionen

Im Register OPTIONEN übernehmen wir die Standardeinstellungen (siehe Abbildung 5.45).

Bericht ausführen

Jetzt haben wir aber genug an unserem Bericht gebastelt. Jetzt wollen wir endlich Zahlen sehen, oder? Zum Ausführen von Berichten wählen Sie die Transaktion KE30, im Menü: RECHNUNGSWESEN • CONTROLLING • ERGEBNIS- UND MARKTSEGMENTRECHNUNG • INFOSYSTEM • BERICHT AUSFÜHREN (siehe Abbildungen 5.46 und 5.47).

Navigation im Bericht

Im Bericht sehen Sie zunächst den Aufriss nach dem ersten Merkmal KUNDE (siehe Abbildung 5.48).

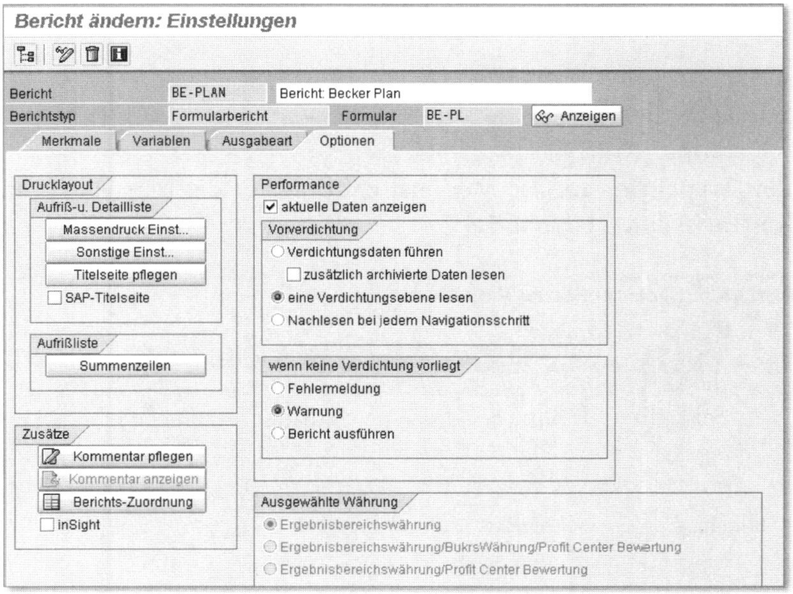

Abbildung 5.45 Bericht – Optionen

Ergebnisbericht ausführen: Einstieg
Bericht
Beschreibung
Benutzername
Erst. datum
BE-PLAN
Bericht: Becker Plan
BRU
10.05.2005
BE-VERTRIEB
Becker Vertriebskosten
BRU
24.08.2004
BE01
Becker Projekte
BRU
11.08.2004
BECKER-DB
Bericht Becker Deckungsbeitrag
BRU
29.01.2003

Abbildung 5.46 Ergebnisbericht ausführen – Einstieg

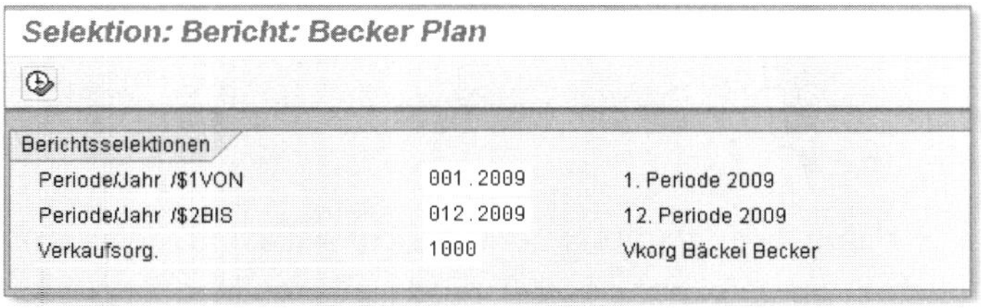

Abbildung 5.47 Ergebnisbericht ausführen – Selektion

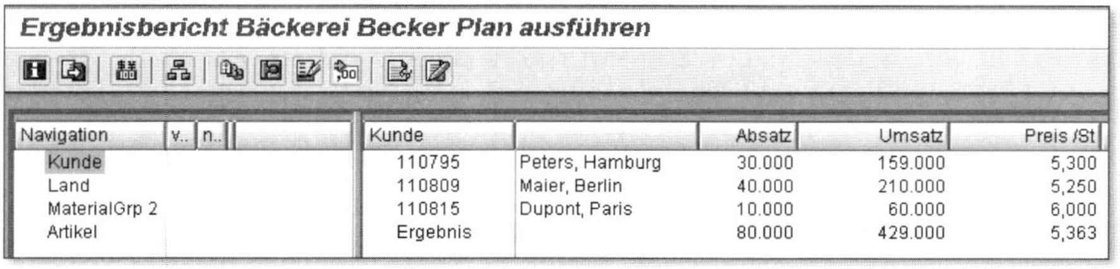

Ergebnisbericht Bäckerei Becker Plan ausführen
Navigation
v..
n..
Kunde
Land
MaterialGrp 2
Artikel
Kunde
Absatz
Umsatz
Preis /St
110795
Peters, Hamburg
30.000
159.000
5,300
110809
Maier, Berlin
40.000
210.000
5,250
110815
Dupont, Paris
10.000
60.000
6,000
Ergebnis
80.000
429.000
5,363

Abbildung 5.48 Ergebnisbericht – Aufriss nach Kunde

Ein Doppelklick auf das Merkmal LAND ändert die Darstellung im Aufriss (siehe Abbildung 5.49).

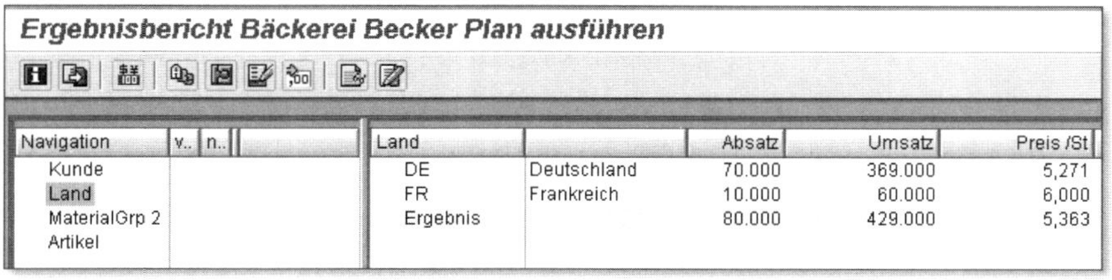

Ergebnisbericht Bäckerei Becker Plan ausführen
Navigation
v..
n..
Kunde
Land
MaterialGrp 2
Artikel
Land
Absatz
Umsatz
Preis /St
DE
Deutschland
70.000
369.000
5,271
FR
Frankreich
10.000
60.000
6,000
Ergebnis
80.000
429.000
5,363

Abbildung 5.49 Ergebnisbericht – Aufriss nach Land

Genau nach diesem Schema verfahren Sie, um im Aufriss die Daten für ARTIKEL zu erhalten (siehe Abbildung 5.50).

Ergebnisbericht Bäckerei Becker Plan ausführen

Navigation	v..	n..		Artikel		Absatz	Umsatz	Preis /St
Kunde				1400	Schokoladenkuchen	40.000	225.000	5,625
Land				1401	Nusskuchen	20.000	104.000	5,200
MaterialGrp 2				1402	Marmorkuchen	20.000	100.000	5,000
Artikel				Ergebnis		80.000	429.000	5,363

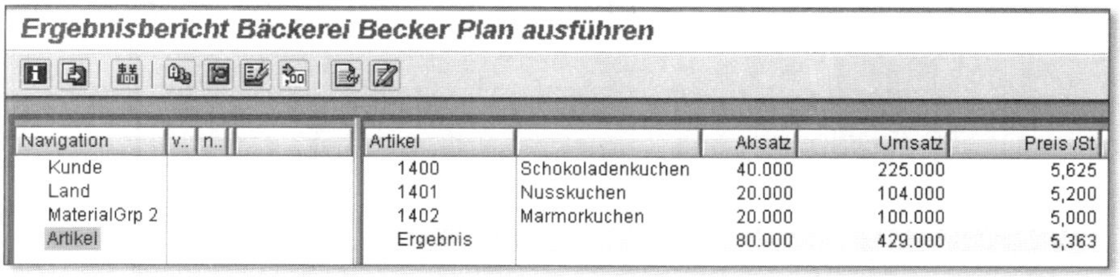

Abbildung 5.50 Ergebnisbericht – Aufriss nach Artikel

Sie wollen jetzt wissen, in welche Länder der Artikel 1400 »Schokoladenkuchen« verkauft wird. Mit dem Doppelklick auf die gewünschte Zeile im Aufriss wird dieser Merkmalswert selektiert und im Bereich der Navigation angezeigt (siehe Abbildung 5 51).

Merkmalswert selektieren

Ergebnisbericht Bäckerei Becker Plan ausführen

Navigation	v..	n..	Text	Land		Absatz	Umsatz	Preis /St
Kunde				DE	Deutschland	30.000	165.000	5,500
Land				FR	Frankreich	10.000	60.000	6,000
MaterialGrp 2				Ergebnis		40.000	225.000	5,625
▽ Artikel								
1400			▼ Schokoladenku					

Abbildung 5.51 Ergebnisbericht – Selektion des Artikels 1400

Mit einem Doppelklick auf das Land DE DEUTSCHLAND in Abbildung 5.51 erhalten Sie die zusätzliche Selektion des Landes (siehe Abbildung 5.52).

Ergebnisbericht Bäckerei Becker Plan ausführen

Navigation	v..	n..	Text	Kunde		Absatz	Umsatz	Preis /St
Kunde				110795	Peters, Hamburg	10.000	55.000	5,500
▽ Land				110809	Maier, Berlin	20.000	110.000	5,500
DE			▼ Deutschland	Ergebnis		30.000	165.000	5,500
MaterialGrp 2								
▽ Artikel								
1400			▼ Schokoladen...					

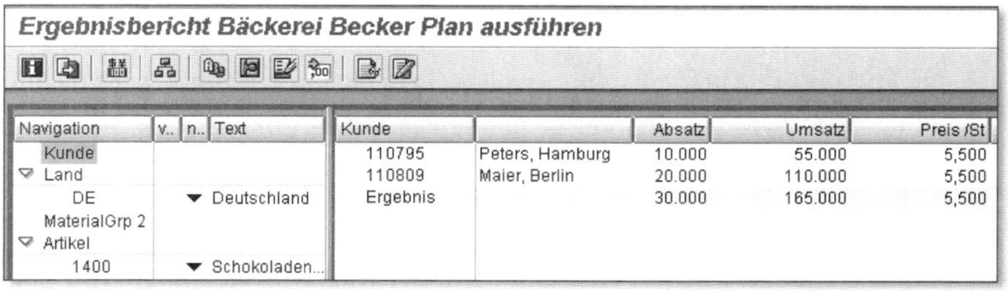

Abbildung 5.52 Artikel 1400 in Deutschland – Aufriss nach Kunde

Die Selektion von Merkmalswerten können Sie mit einer Funktion im Kontextmenü zurücknehmen. Klicken Sie dazu mit der rechten Maustaste auf den Merkmalswert im Navigationsbereich (siehe Abbildung 5.53).

Selektion zurücknehmen

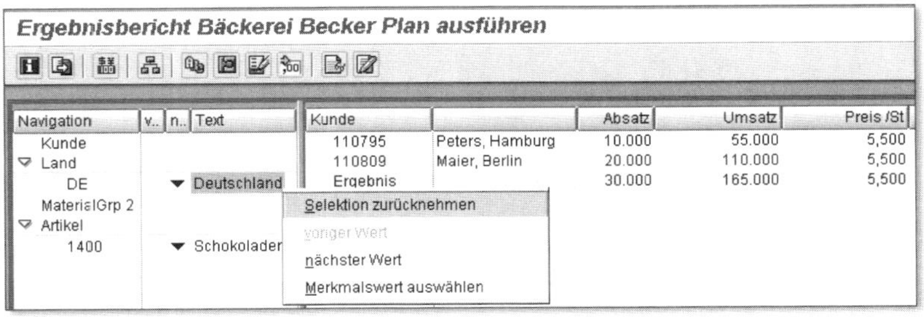

Abbildung 5.53 Ergebnisbericht – Selektion zurücknehmen

Nach der Rücknahme aller Selektionen sehen Sie das Bild, das bereits beim Einstieg angezeigt wurde (siehe Abbildung 5.54).

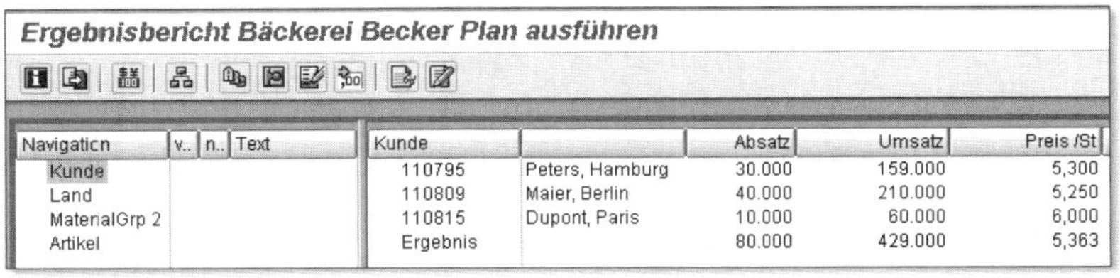

Abbildung 5.54 Ergebnisbericht – zurück zur Ausgangsbasis

Navigation im Ergebnisbericht – eine Wertung

Genau so wie hier dargestellt, muss die Online-Navigation in Ergebnisdaten funktionieren. Der Ergebnisverantwortliche im Vertrieb, im Marketing, in der Produktion, egal, ob Abteilungsleiter, Bereichsleiter oder Vorstand, muss direkten Zugriff auf seine Daten haben. Die Nutzung von Analysewerkzeugen im stillen Kämmerlein der Controller ist out. Die Ergebnisberichte in SAP ERP sind ein Schritt in die richtige Richtung. Noch besser in Bezug auf Performance und Anwenderfreundlichkeit geht es allerdings mit der neuen technischen Plattform SAP NetWeaver BI (siehe Kapitel 8).

5.4.3 Übernahme von Produktkosten

In der Planung haben wir bisher Absatz und Umsatz abgebildet. Die Ergebnisberichte wurden für diese eingeschränkte Datenbasis ausführlich beschrieben. Diese Berichte werden uns bei den nächsten Schritten immer wieder begleiten. Bis zu einer Darstellung des Unternehmensgewinns ist es allerdings noch ein weiter Weg. Im Moment fehlen uns noch eine ganze Menge Kosten. Fahren wir fort mit der Übernahme von Produktkosten in die Ergebnisrechnung.

Damit bei der Übernahme von Produktkosten alles funktioniert, wie es soll, sind umfangreiche Einstellungen im Customizing erforderlich. Wir drehen hier zur Demonstration die Reihenfolge um. Zunächst zeige ich Ihnen, wie es funktioniert, wenn alles richtig eingestellt ist, und danach sehen wir uns an, welche Voraussetzungen geschaffen werden mussten.

Verknüpfung von Absatz und Kalkulationen

In der Komponente *Produktkostenrechnung* hatten wir die Kosten für die Herstellung von Schokoladenkuchen berechnet (siehe Kapitel 4, »Produktkostenrechnung«). Die berechneten Kosten bezogen sich auf eine Kalkulationslosgröße von 1.000 Stück. In unserer Planung gehen wir davon aus, dass wir 40.000 Stück Schokoladenkuchen verkaufen können. Zur Berechnung der Produktkosten in der Planung multiplizieren wir einfach die Kalkulationen aus der Produktkostenrechnung mit den Mengen aus der Ergebnisplanung. Dazu nutzen wir die Transaktion KEPM, die wir auch schon zur manuellen Erfassung von Plandaten verwendet haben, im Menü: Rechnungswesen • Controlling • Ergebnis- und Marktsegmentrechnung • Planung • Plandaten bearbeiten (siehe Abbildung 5.55).

Alle manuell erfassten Plandaten sollen mit Herstellkosten bewertet werden. Also nutzen wir die Merkmalsauswahl und die Selektion, die wir bereits in der Planungsebene EB01A »Becker alle Länder« und dem Paket ALL »Alle Länder« definiert haben. Die Planungsmethode *Bewertung* ist bereits vorbereitet. Wir müssen nur noch eine passende Parametergruppe anlegen – wir nennen sie HK »Herstellkosten übernehmen«.

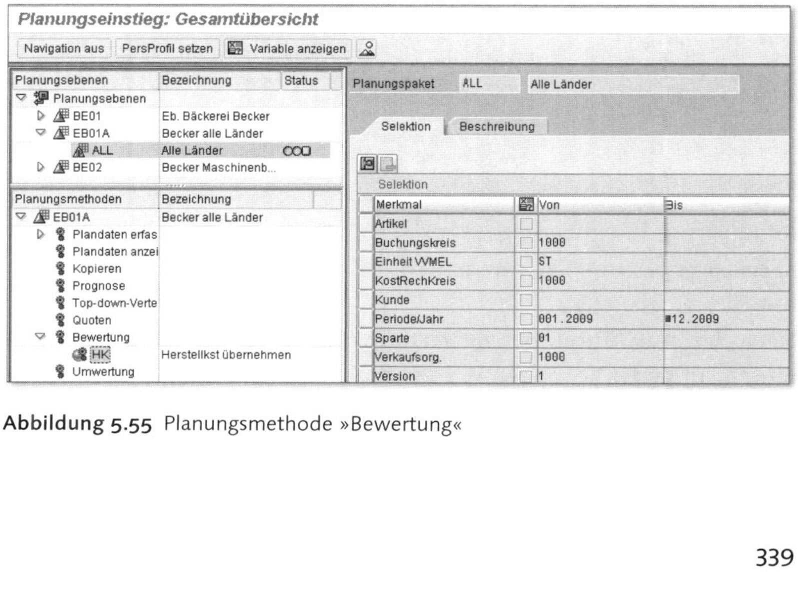

Abbildung 5.55 Planungsmethode »Bewertung«

Einstellungen Die EINSTELLUNGEN zur Parametergruppe HK sind sehr übersichtlich. Wir entscheiden uns, die BEWERTUNGSSTRATEGIE GEMÄSS BEWERTUNGSCUSTOMIZING zu nutzen (Näheres dazu gleich), und bei VERARBEITUNG wählen wir ECHTLAUF (siehe Abbildung 5.56).

Abbildung 5.56 Bewertung – Einstellungen

Wertfelder Im nächsten Register WERTFELDER selektieren wir aus dem Block WERTFELDVORRAT alle Wertfelder, die Herstellkosten enthalten (siehe Abbildung 5.57).

Abbildung 5.57 Bewertung – Wertfelder

Protokoll Nach dem Ausführen der Bewertung (mit Doppelklick auf die Parametergruppe HK) erhalten wir ein spärliches Protokoll mit der Meldung: »Die Bearbeitung wurde erfolgreich beendet« (siehe Abbildung 5.58).

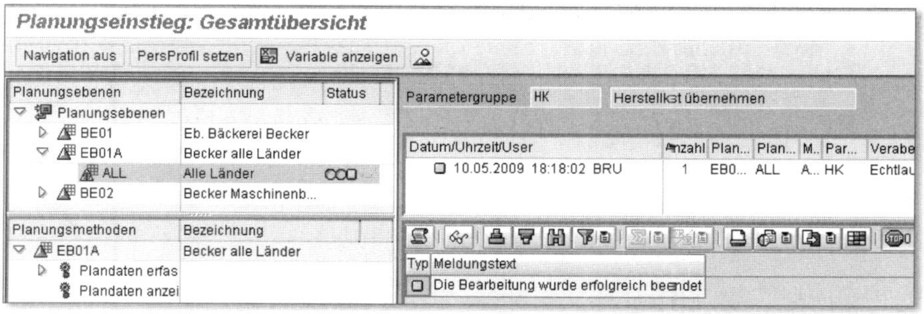

Abbildung 5.58 Bewertung – Protokoll

Formular für Bericht erweitern

Im Bericht hatten wir nur die Wertfelder für Absatz und Umsatz angezeigt. Um zusätzlich auch die Produktkosten darzustellen, erweitern wir das weiter vorne beschriebene Formular (siehe Abbildung 5.59).

Hier sind Wertfelder in den Elementen ROHWARE, VERPACKUNG, FERTIGUNG VAR. (Fertigungskosten variabel), FERTIGUNG FIX (Fertigungskosten fix) und GMKZ (Gemeinkostenzuschläge) abgebildet. Eine Formel im Element HK VAR/TSD (Herstellkosten variabel pro 1.000 Stück) summiert die Beträge der Elemente ROHWARE, VERPACKUNG und FERT.VAR. und bezieht das Ergebnis auf den Absatz (mal 1.000). Im Element HK FIX/TSD sind analog die Kosten aus FERT.FIX und GMKZ abgebildet. Im Element PROD.KST (Produktkosten) wird ebenfalls über eine Formel die Summe aller Kalkulationsbestandteile ausgewiesen.

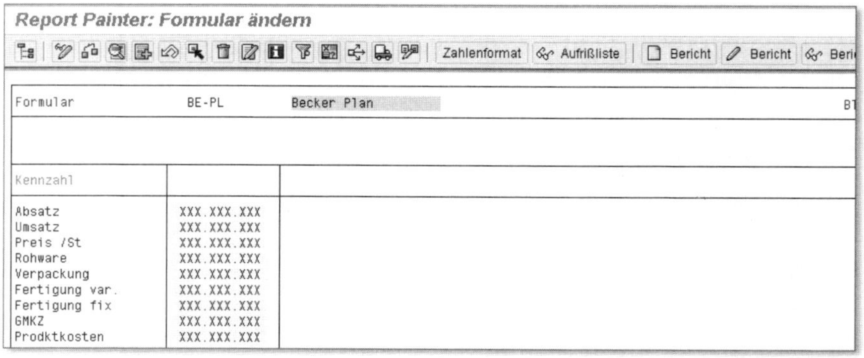

Abbildung 5.59 Neue Elemente im Formular für den Ergebnisbericht

Bericht ausführen mit erweitertem Formular

Wenn wir jetzt den bekannten Bericht ausführen, werden die neuen Spalten automatisch mit angezeigt (siehe Abbildung 5.60). Die Navigation in diesem Bericht ist genau wie weiter vorne beschrieben möglich.

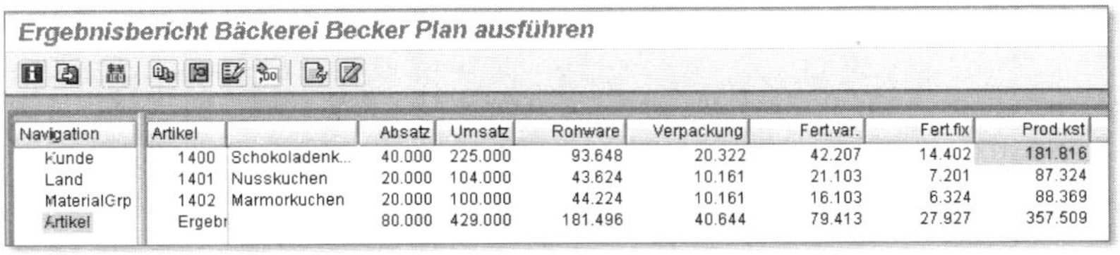

Ergebnisbericht Bäckerei Becker Plan ausführen
Navigation
Kunde
Land
MaterialGrp
Artikel
Artikel
Absatz
Umsatz
Rohware
Verpackung
Fert.var.
Fert.fix
Prod.kst
1400 Schokoladenk... 40.000 225.000 93.648 20.322 42.207 14.402 181.816
1401 Nusskuchen 20.000 104.000 43.624 10.161 21.103 7.201 87.324
1402 Marmorkuchen 20.000 100.000 44.224 10.161 16.103 6.324 88.369
Ergebr 80.000 429.000 181.496 40.644 79.413 27.927 357.509

Abbildung 5.60 Ergebnisbericht mit zusätzlichen Spalten

Vergleich mit Kalkulation

Zu Beginn dieses Abschnitts hatte ich geschrieben, dass wir auf Kalkulationen der Produktkostenrechnung zugreifen. Also müssten die Daten, die jetzt als Produktkosten in der Ergebnisrechnung zu sehen sind, in den entsprechenden Kalkulationen zu finden sein. Sehen wir doch einmal nach, z. B. beim Schokoladenkuchen. Wenn wir die passende Kalkulation aufrufen (wie das geht, steht in Kapitel 4, »Produktkostenrechnung«), können wir eine beliebige Bezugsgröße als Umrechnungsfaktor im Feld KOSTEN BEZOGEN AUF angeben (siehe Abbildung 5.61). Und siehe da, alle Werte der Kalkulation stimmen mit denen überein, die jetzt in der Ergebnisrechnung stehen.

Customizing für die Verknüpfung von CO-PA und CO-PC

Bei der Übernahme von Produktkosten in die Ergebnisrechnung haben wir bis hierher die Spitze des Eisbergs betrachtet. Blicken wir jetzt unter die Eisoberfläche auf die Einstellungen im Customizing:

- Kalkulationsauswahl definieren
- Kostenelemente der Kalkulationen mit Wertfeldern der Ergebnisrechnung verknüpfen
- Mengenfeld in der Bewertungsstrategie festlegen

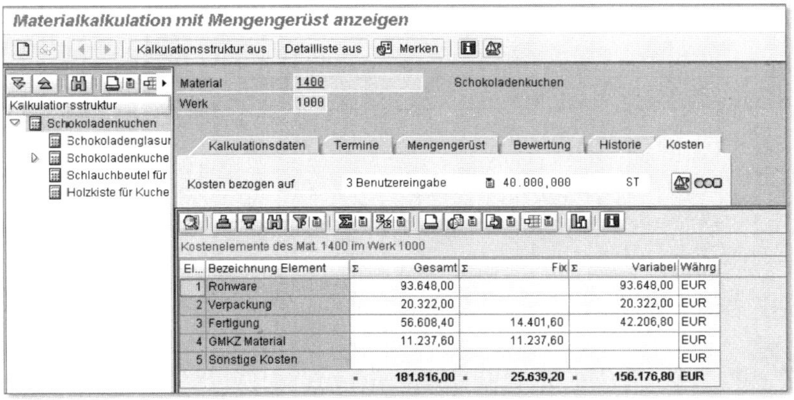

Abbildung 5.61 Vergleich mit Kalkulationsdaten

Kalkulationsauswahl

Bei der Bewertung der Ergebnisrechnung mit Kalkulationen werden in Abhängigkeit von verschiedenen Faktoren unterschiedliche Kalkulationsvarianten gezogen. Für die Bewertung von Fakturen im Ist werden andere Kalkulationen als für die Bewertung von Planabsätzen im Rahmen der Jahresplanung benutzt. Diese Unterscheidung heißt in ERP *Bewertungszeitpunkt*. Außerdem ist es denkbar, dass im Unternehmen sowohl eigene Erzeugnisse als auch Zukäufe von anderen Herstellern, sogenannte Handelswaren, verkauft werden. Für die eigenen Erzeugnisse sind automatische Kalkulationen im System vorhanden. Bei den Handelswaren muss nach manuellen Kalkulationen gesucht werden. Alle Besonderheiten dieser Art werden bei den Einstellungen zur Kalkulationsauswahl berücksichtigt.

In diesem Abschnitt wurde die Jahresplanung bewertet. Zu diesem Zweck ist eine spezielle Kalkulationsvariante ZPC4 »Budget-Kalkulation« definiert, bei der die Planpreise für die Komponenten gezogen werden und nicht die aktuellen Preise. Die Kalkulationen sind mit Beginndatum 01.01.2009 angelegt. Im Customizing erstellen wir eine Kalkulationsauswahl, die diese Vorgaben zur Kalkulationsvariante und zum Kalkulationsdatum berücksichtigt: SPRO • SAP Referenz-IMG • Controlling • Ergebnis- und Marktsegmentrechnung • Stammdaten • Bewertung • Bewertung mit Materialkalkulation einrichten • Zugriff auf Materialkalkulation definieren (siehe Abbildung 5.62, Eintrag 012 »Plan Folgejahr«).

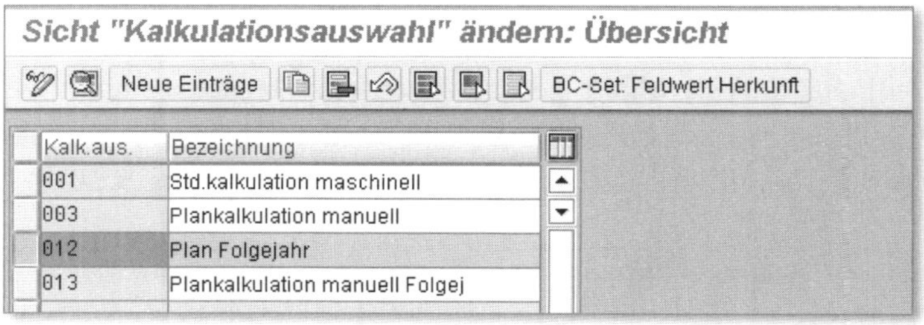

Abbildung 5.62 Kalkulationsauswahl – Übersicht

Details zur Kalkulationsauswahl

In den Details zur Kalkulationsauswahl 012 sind die Angaben zur Kalkulationsvariante und zur Periode der Kalkulation zu sehen (siehe Abbildung 5.63).

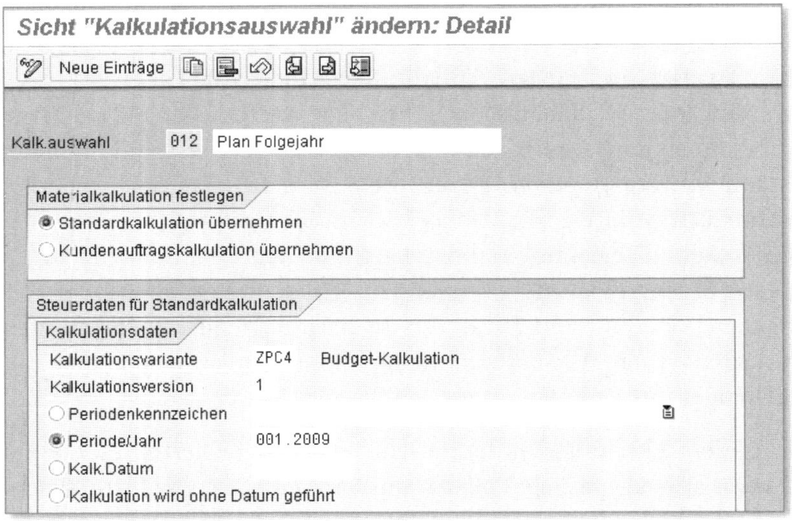

Abbildung 5.63 Kalkulationsauswahl – Detail

Zuordnung der Kalkulationsauswahl

Mit der Funktion FLEXIBLE ZUORDNUNG DER KALKULATIONSAUSWAHL verbinden wir jetzt die Kalkulationsauswahl mit einem Bewertungszeitpunkt und der Materialart für Fertigerzeugnisse. Die Transaktion heißt KEPC, im Customizing: SPRO • SAP REFERENZ-IMG • CONTROLLING • ERGEBNIS- UND MARKTSEGMENTRECHNUNG • STAMMDATEN • BEWERTUNG • BEWERTUNG MIT MATERIALKALKULATION EINRICHTEN • FLEXIBLE ZUORDNUNG DER KALKULATIONSAUSWAHL.

In Abhängigkeit von Verkaufsorganisation und Materialart sollen unterschiedliche Kalkulationen gesucht werden. Dazu erzeugen wir eine Tabelle, in der wir diese Abhängigkeiten eintragen können. Diese Tabelle nennt SAP *Zuordnungsregel* (siehe Abbildung 5.64).

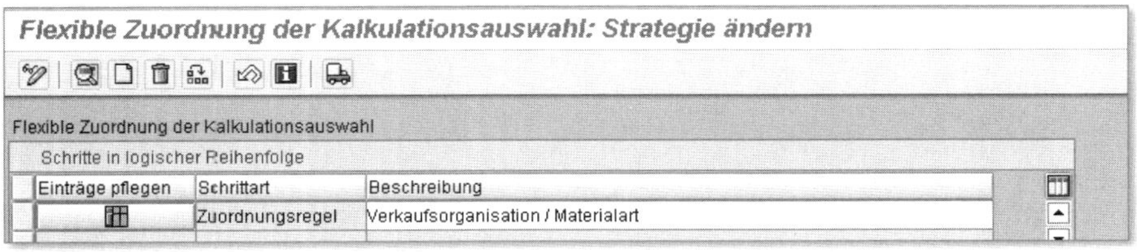

Abbildung 5.64 Flexible Zuordnung der Kalkulationsauswahl – Übersicht

Mit dem Button ÄNDERN erreichen Sie das Bild zur Pflege der Zuordnungstabelle. Zusätzlich zu den Standardfeldern BEWERTUNGSZEIT-

Punkt, Vorgangsart und Planversion (CO-PA) werden die beiden Felder Verkaufsorganisation und Materialart eingetragen (siehe Abbildung 5.65).

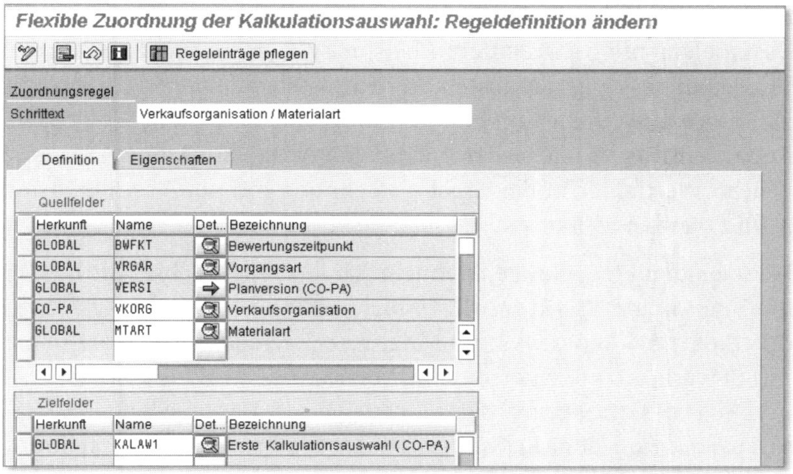

Abbildung 5.65 Flexible Kalkulationsauswahl – Zuordnungstabelle

Mit dem Button Regeleinträge pflegen in Abbildung 5.64 erreichen Sie die Maske, in der Sie die eigentlichen Abhängigkeiten erfassen (siehe Abbildung 5.66). Das System kennt vier Bewertungszeitpunkte (erste Spalte B...). Der Bewertungszeitpunkt, den wir hier betrachten, ist 04 »Maschinelle Planung«. Der Eintrag 012 ganz rechts in der Spalte Erzeugniskalkulation (Er...) verweist auf die Kalkulationsauswahl, die wir weiter vorne bereits angelegt hatten (siehe oben, Abbildungen 5.62 und 5.63).

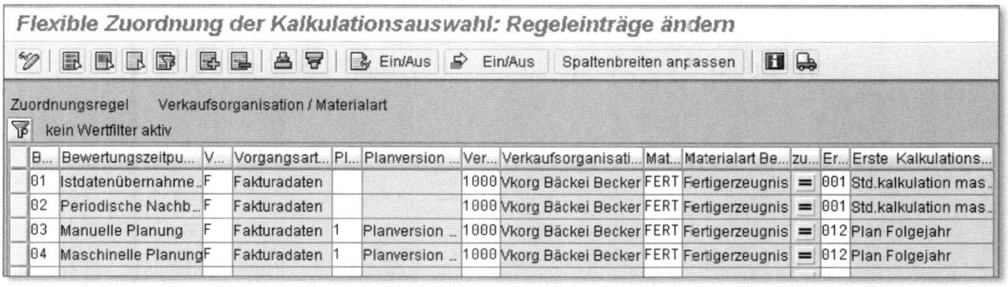

Flexible Zuordnung der Kalkulationsauswahl: Regeleinträge ändern
Ein/Aus
Ein/Aus
Spaltenbreiten anpassen
Zuordnungsregel Verkaufsorganisation / Materialart
kein Wertfilter aktiv
B... | Bewertungszeitpu... | V... | Vorgangsart... | Pl... | Planversion ... | Ver... | Verkaufsorganisati... | Mat... | Materialart Be... | zu... | Er... | Erste Kalkulations...
01 | Istdatenübernahme | F | Fakturadaten | | | 1000 | Vkorg Bäckei Becker | FERT | Fertigerzeugnis | = | 001 | Std.kalkulation mas
02 | Periodische Nachb... | F | Fakturadaten | | | 1000 | Vkorg Bäckei Becker | FERT | Fertigerzeugnis | = | 001 | Std.kalkulation mas
03 | Manuelle Planung | F | Fakturadaten | 1 | Planversion ... | 1000 | Vkorg Bäckei Becker | FERT | Fertigerzeugnis | = | 012 | Plan Folgejahr
04 | Maschinelle Planung | F | Fakturadaten | 1 | Planversion ... | 1000 | Vkorg Bäckei Becker | FERT | Fertigerzeugnis | = | 012 | Plan Folgejahr

Abbildung 5.66 Flexible Kalkulationsauswahl – Regeleinträge

Kostenelemente der Kalkulation mit Wertfeldern verknüpfen

Mit den Einstellungen zur Kalkulationsauswahl finden wir die richtige Produktkalkulation. Damit wissen wir allerdings noch nicht, welche Bestandteile der Kalkulation in der Ergebnisrechnung dargestellt werden sollen. Die Produktkalkulationen werden durch Kostenelemente strukturiert (siehe Kapitel 4, »Produktkostenrechnung«). Die Kostenelemente repräsentieren beispielsweise Kosten für Rohware, Verpackung, Fertigungskosten etc. Die Kostenelemente können für die Übernahme in die Ergebnisrechnung einzeln abgegriffen werden. Außerdem haben wir bisher noch keine Angaben darüber gemacht, welche Wertfelder in der Ergebnisrechnung mit den Produktkosten gefüllt werden sollen.

Diese beiden Einstellungen nehmen wir jetzt vor. Wählen Sie hierfür die Transaktion KE4R, im Customizing: SPRO • SAP Referenz-IMG Controlling • Ergebnis- und Marktsegmentrechnung • Stammdaten Bewertung • Bewertung mit Materialkalkulation einrichten • Wertfelder zuordnen. Beim Einstieg werden Sie nach dem Ergebnisbereich und dem Elementeschema der Produktkostenrechnung gefragt (siehe Abbildung 5.67).

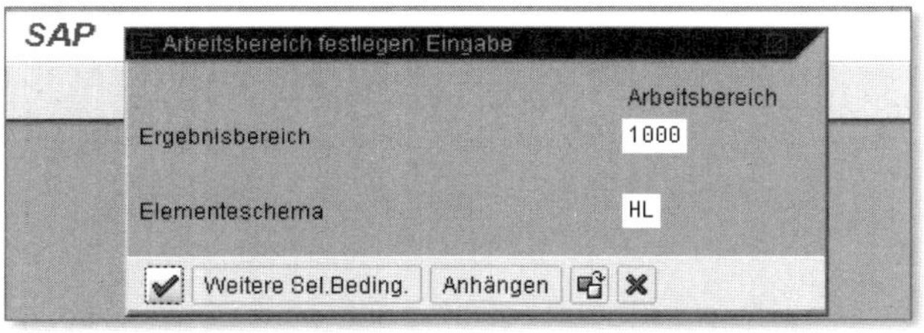

Abbildung 5.67 Zuordnung Kostenelemente zu Wertfeldern – Einstieg

Jetzt verknüpfen Sie Kostenelemente mit Wertfeldern (siehe Abbildung 5.68).

Die Spalte FVKZ steht für »Fix/Variabel-Kennzeichen«:

- 1 – fixe Kosten
- 2 – variable Kosten
- 3 – gesamte Kosten

Diese Einstellungen müssen Sie für jeden der vier Bewertungszeitpunkte vornehmen (Spalte BZ). Mir fällt kein brauchbares Beispiel ein, bei dem man von dieser Unterscheidung Gebrauch machen könnte. Also pflegen wir einfach für alle Bewertungszeitpunkte die gleichen Schlüsselkombinationen.

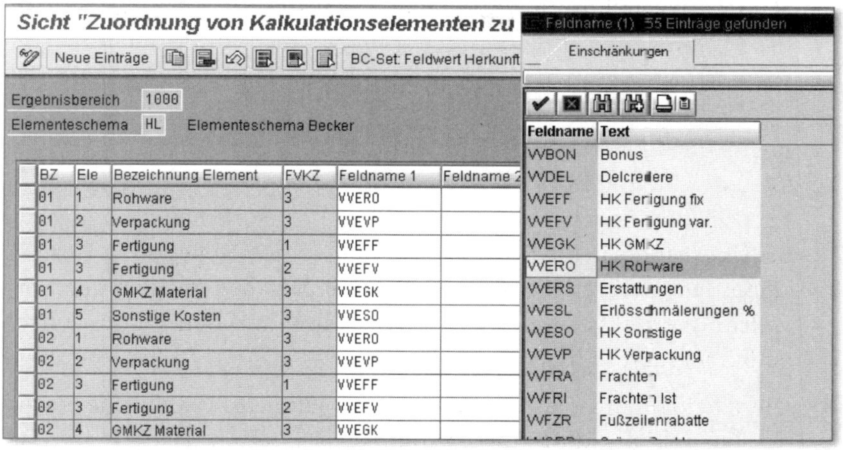

Sicht "Zuordnung von Kalkulationselementen zu
Neue Einträge
BC-Set: Feldwert Herkunft
Ergebnisbereich 1000
Elementeschema HL Elementeschema Becker
BZ Ele Bezeichnung Element FVKZ Feldname 1 Feldname 2
01 1 Rohware 3 VVERO
01 2 Verpackung 3 VVEVP
01 3 Fertigung 1 VVEFF
01 3 Fertigung 2 VVEFV
01 4 GMKZ Material 3 VVEGK
01 5 Sonstige Kosten 3 VVESO
02 1 Rohware 3 VVERO
02 2 Verpackung 3 VVEVP
02 3 Fertigung 1 VVEFF
02 3 Fertigung 2 VVEFV
02 4 GMKZ Material 3 VVEGK
Feldname (1) 55 Einträge gefunden
Einschränkungen
Feldname Text
VVBON Bonus
VVDEL Delcredere
VVEFF HK Fertigung fix
VVEFV HK Fertigung var.
VVEGK HK GMKZ
VVERO HK Rohware
VVERS Erstattungen
VVESL Erlösschmälerungen %
VVESO HK Sonstige
VVEVP HK Verpackung
VVFRA Frachten
VVFRI Frachten Ist
VVFZR Fußzeilenrabatte

Abbildung 5.68 Zuordnung von Kostenelementen zu Wertfeldern

Mengenfeld bestimmen

Jetzt weiß das System alles – oder? Die richtige Kalkulation wird gefunden. Wir haben festgelegt, welche Elemente aus der Kalkulation in welches Wertfeld übertragen werden sollen. Halt! Etwas fehlt noch. Wir haben noch nicht festgelegt, welches Mengenfeld als Basis für die Berechnung der Produktkosten herangezogen werden soll. Diese Einstellung erfolgt in der Bewertungsstrategie mit der Transaktion KE4U, im Customizing: SPRO • SAP REFERENZ-IMG • CONTROLLING • ERGEBNIS- UND MARKTSEGMENTRECHNUNG • STAMMDATEN • BEWERTUNGSSTRATEGIEN • BEWERTUNGSSTRATEGIE DEFINIEREN UND ZUORDNEN (siehe Abbildung 5.69).

Abbildung 5.69 Bewertungsstrategie definieren

Jetzt muss die Bewertungsstrategie nur noch dem richtigen Bewertungszeitpunkt, dem Vorgang und der Planversion zugeordnet werden (siehe Abbildung 5.70), dann sind wir fertig mit dem Customizing zur Übernahme von Produktkosten in die Ergebnisrechnung.

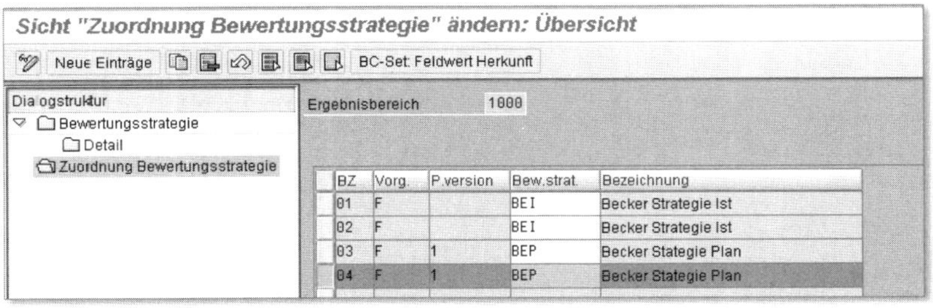

Abbildung 5.70 Bewertungsstrategie zuordnen

5.4.4 Umlage von Kostenstellen

Direkte Übertragung von Kostenstellen in die Ergebnisrechnung

Mit den Produktkosten wurden die Kosten für Rohstoffe und Verpackungen in der Ergebnisrechnung dargestellt. Die Kalkulationen umfassen darüber hinaus Kosten für die Fertigung und Gemeinkostenzuschläge, also Kostenstellen der Produktion und des Einkaufs. Bei einer abgestimmten Planung sollte es gelingen, dass die geplanten Kosten auf den Kostenstellen mit dem übereinstimmen, was in den entsprechenden Spalten der Ergebnisrechnung dargestellt ist: FERT.VAR. (Fertigungskosten variabel), FERT.FIX (Fertigungskosten fix) und GMKZ (Gemeinkostenzuschläge); siehe auch Kapitel 7, »Integrierte Planung«.

Im Unternehmen gibt es nicht nur Kostenstellen für die Fertigung und den Einkauf, sondern auch für den Vertrieb und die Verwaltung. Wie Sie aus Kapitel 3, »Gemeinkostenrechnung«, wissen, werden Kostenstellen mit Kosten belastet. Alle Kostenstellen wünschen sich nichts sehnlicher, als ihre Kosten wieder loszuwerden. Für die Kostenstellen des Vertriebs und der Verwaltung ist die Kostenstellenumlage in die Ergebnisrechnung hierfür das geeignete Mittel.

Kostenstelle Verwaltung

In diesem Beispiel zur Gemeinkostenrechnung gibt es keine Kostenstelle für den Vertrieb, der Chef verkauft selbst. Das Prinzip der Umlage ist für den Vertrieb und die Verwaltung jeweils das gleiche. Also sehen wir uns an, wie sich die Verwaltung nach der Gemeinkostenplanung darstellt (siehe Abbildung 5.71).

Die Kostenstelle »Verwaltung allgemein« wird im Plan nur mit zwei primären Kostenarten belastet, »Lohn« und »Versicherungen«. Die 20.000 EUR, die hier als Belastung ausgewiesen sind, sollen per Umlage in die Ergebnisrechnung überführt werden.

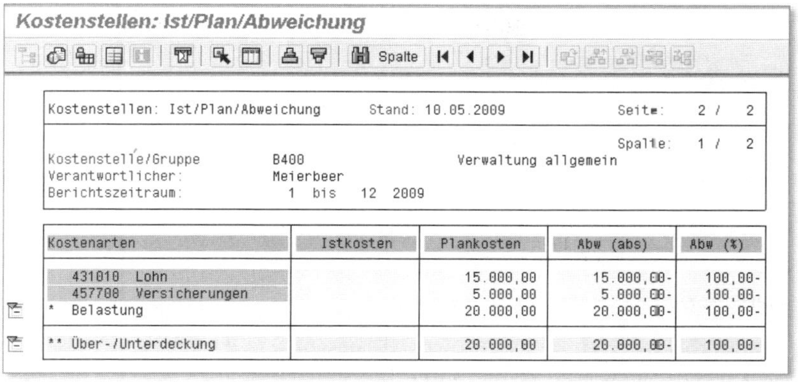

Kostenstellen: Ist/Plan/Abweichung Stand: 10.05.2009 Seite: 2 / 2

Spalte: 1 / 2
Kostenstelle/Gruppe B400 Verwaltung allgemein
Verantwortlicher: Meierbeer
Berichtszeitraum: 1 bis 12 2009

Kostenarten	Istkosten	Plankosten	Abw (abs)	Abw (%)
431010 Lohn		15.000,00	15.000,00-	100,00-
457700 Versicherungen		5.000,00	5.000,00-	100,00-
* Belastung		20.000,00	20.000,00-	100,00-
** Über-/Unterdeckung		20.000,00	20.000,00-	100,00-

Abbildung 5.71 Ausgangsbasis auf der Kostenstelle »Verwaltung allgemein«

Verteilungsschlüssel festlegen

Was könnte ein geeigneter Verteilungsschlüssel für die Verwaltungskosten sein? Ja, ich weiß schon, was die Deckungsbeitragsrechner sagen: »Gar kein Verteilungsschlüssel! Die Verwaltungskosten müssen als ein Block umgelegt werden.« Sie wissen ja schon, dass ich das anders sehe. Die Vollkostenrechnung mit Verteilung aller Kosten muss zusätzlich zur Deckungsbeitragsrechnung abgebildet werden. Wenn also niemand etwas Besseres weiß, dann verteilen wir nach Absatzmenge.

Um diese Regel »Verteile die Verwaltung nach Absatzmenge in die Ergebnisrechnung« im System zu hinterlegen, nutzen Sie die Funktionen zur Pflege von Umlagezyklen. Diese finden Sie über die Transaktionen KEU7/KEU8/KEU9, im Menü: RECHNUNGSWESEN • CONTROLLING • ERGEBNIS- UND MARKTSEGMENTRECHNUNG • PLANUNG • PLANUNGSINTEGRATION • KOSTENSTELLEN-/PROZESSPLANUNG ÜBERNEHMEN • UMLAGE und dann in der Menüleiste ZUSÄTZE • ZYKLUS • ANLEGEN/ÄNDERN/ANZEIGEN (siehe Abbildung 5.72).

Segmentkopf

Das einzige Segment in diesem Zyklus heißt so ähnlich wie die Kostenstelle S400 »Verwaltung allgemein« (siehe Abbildung 5.73). S in S400 steht für Segment, 400 stellt eine rein informelle Verbindung zur Kostenstelle B400 her. Eine technische Verbindung wird mit dem Segmentnamen noch nicht erzeugt.

Die Umlagekostenart 6020 »Uml. Erg. Verwaltung« wird nach der Verrechnung der Kosten als Entlastung auf der Kostenstelle zu sehen sein. Das Wertfeld VVVWK »Verwaltungskosten« empfängt die Kosten in der Ergebnisrechnung.

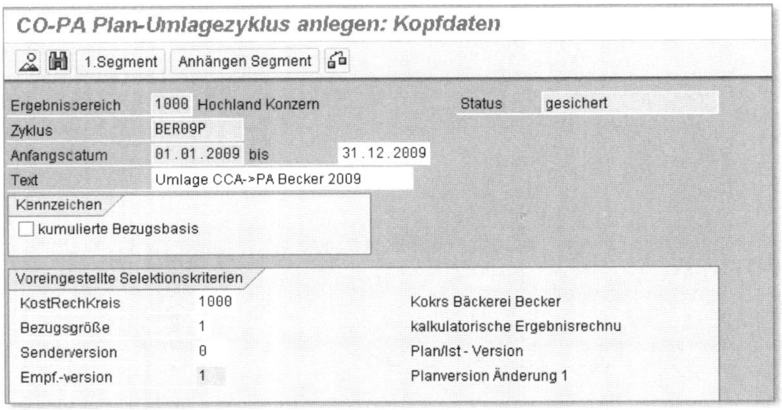

Abbildung 5.72 Umlagezyklus pflegen – Kopfdaten

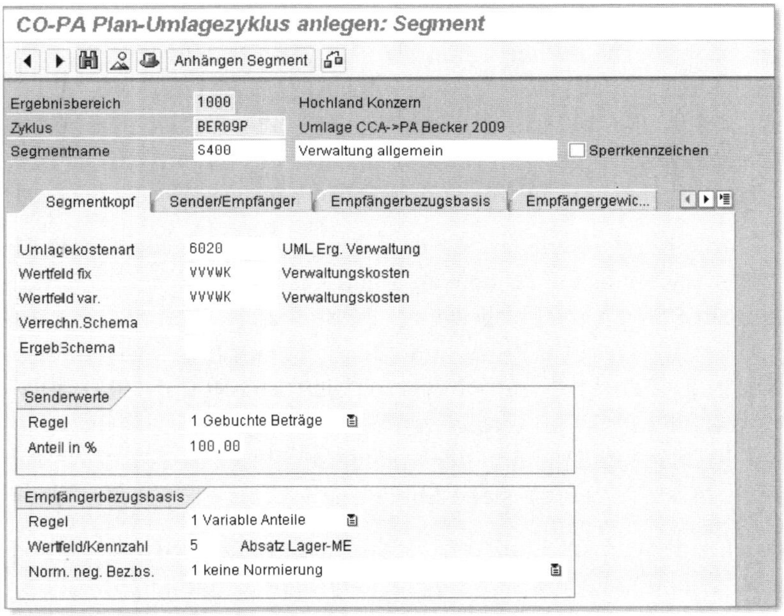

Abbildung 5.73 Umlagezyklus pflegen – Erstes Segment

Die Regeln in den Blöcken SENDERWERTE und EMPFÄNGERBEZUGSBASIS habe ich in Kapitel 3, »Gemeinkostenrechnung«, bei der Beschreibung der Umlagen zwischen Kostenstellen schon ausführlich dokumentiert. Bei der Regel VARIABLE ANTEILE im Block EMPFÄNGERBEZUGSBASIS ist hier ein Feld WERTFELD/KENNZAHL zu sehen. Aus den Werten in diesem Wertfeld wird der Verteilungsschlüssel ermittelt.

Sender/Empfänger

Im Register Sender/Empfänger beschreiben Sie, woher die Umlage kommt und wohin sie gehen soll (siehe Abbildung 5.74). Sender ist hier die Kostenstelle B400 »Verwaltung allgemein« mit allen Kostenarten. Empfänger sind alle Artikel des Buchungskreises 1000.

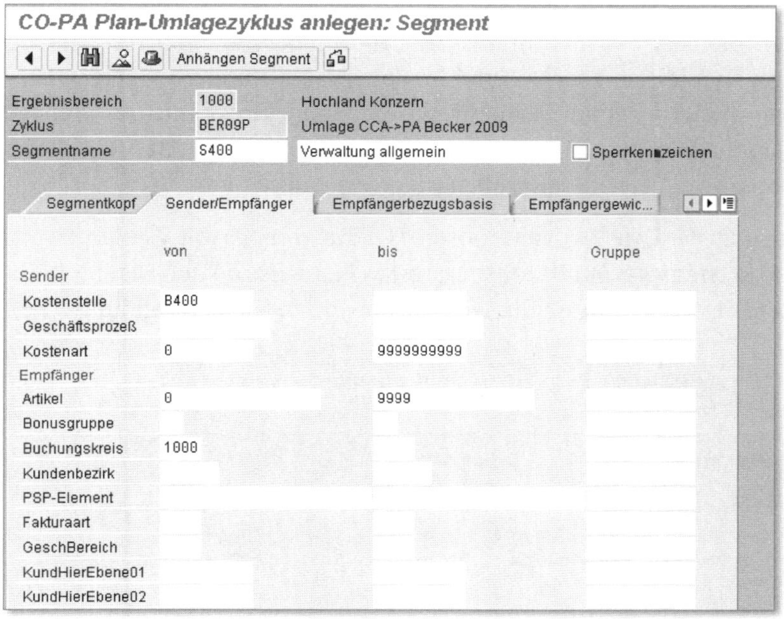

Abbildung 5.74 Umlagezyklus pflegen – Sender/Empfänger

Das Register Sender/Empfänger erstreckt sich über mehrere Bildschirmseiten. Weiter unten in diesem Register teilen wir dem System mit, dass wir auch auf alle Kunden verteilen wollen (ohne Bild). Außerdem versorgen wir die Umlage mit allen denkbaren Informationen zu Organisationsebenen: Sparte, Verkaufsorg., Vertriebsweg und Werk.

Kombination aus Umlage und Top-down-Verteilung

Mit der Umlage auf alle Artikel und alle Kunden ist das System in der Lage, praktisch alle anderen Merkmale wie Land, Ländergruppe, Kundenhierarchie, Materialgruppe, Produkthierarchie etc. automatisch aus den Stammdaten abzuleiten. Eine Umlage in dieser Form funktioniert nur in kleineren Umgebungen mit bis zu 10.000 Kombinationen aus Kunde und Artikel pro Monat. Bei einer größeren Anzahl von Empfängerobjekten, womöglich in Verbindung mit einer filigranen Verrechnung in Hunderten von Segmenten, steigern sich die Laufzeiten der Umlagen auf Stunden oder gar Tage. In größeren

Umgebungen müssen Sie die Empfängerobjekte in der Ergebnisrechnung reduzieren, indem Sie höhere Ebenen in der Produkt- oder Kundenhierarchie identifizieren. Für die anschließende Verteilung auf die kleinste Ebene »Kunde/Artikel« nutzen Sie dann die Top-down-Verteilung (siehe Abschnitt 5.4.6, »Top-down-Verteilung«).

Wir bleiben jetzt aber in unserer Laborumgebung mit drei Artikeln, drei Kunden und sechs Kombinationen aus »Kunde/Artikel«. Und – wie gesagt – wenn es in Ihrer Umgebung direkt mit der Umlage klappt, dann tun Sie sich einen Gefallen, und ersparen Sie sich die Top-down-Verteilung. Probieren Sie es einfach aus.

Empfängerbezugsbasis

Im Register EMPFÄNGERBEZUGSBASIS definieren Sie mit VORGANGSART, PLAN/ISTKENNZ und BEZUGSVERSION (= Planversion) den Datentopf, in dem die Verteilungsschlüssel gesucht werden (siehe Abbildung 5.75).

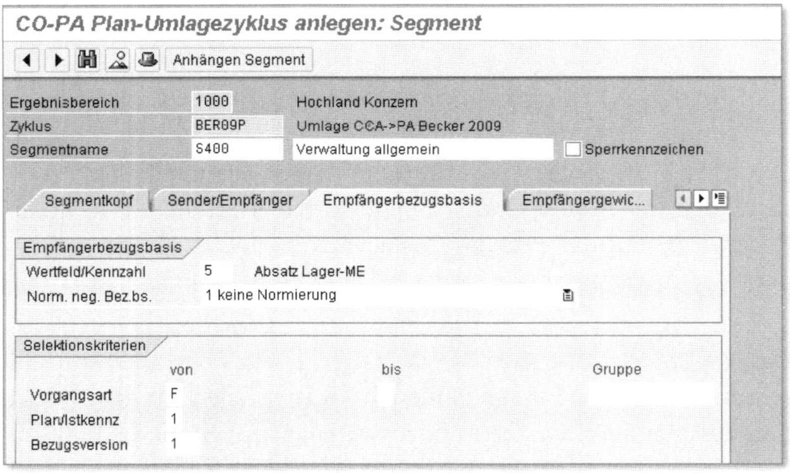

Abbildung 5.75 Umlagezyklus pflegen – Empfängerbezugsbasis

Empfängergewichtungsfaktoren

Im letzten Register EMPFÄNGERGEWIC... (Empfängergewichtungsfaktoren) haben Sie die Möglichkeit, den bisher festgelegten Verteilungsschlüssel »Absatz Stück« zu ergänzen. Wenn Sie z. B. sagen: »Im Prinzip sollen die Kosten nach Absatz verteilt werden, aber jedes Stück Schokoladenkuchen soll 20 % mehr Kosten abbekommen als jedes Stück eines anderen Kuchens«, dann können Sie das in diesem Register festlegen. Nach meinem Geschmack nähern sich solche Regeln meist dem Absurden an. Transparenz im Controlling schaffen Sie mit solchen Methoden jedenfalls nicht.

Umlagezyklus ausführen

Die Regeln für die Umlage sind im System hinterlegt, jetzt darf gerechnet werden. Starten Sie die Umlage mit der Transaktion KEUB, im Menü: RECHNUNGSWESEN • CONTROLLING • ERGEBNIS- UND MARKTSEGMENTRECHNUNG • PLANUNG • PLANUNGSINTEGRATION • KOSTENSTELLEN-/PROZESSPLANUNG ÜBERNEHMEN • UMLAGE (siehe Abbildung 5.76).

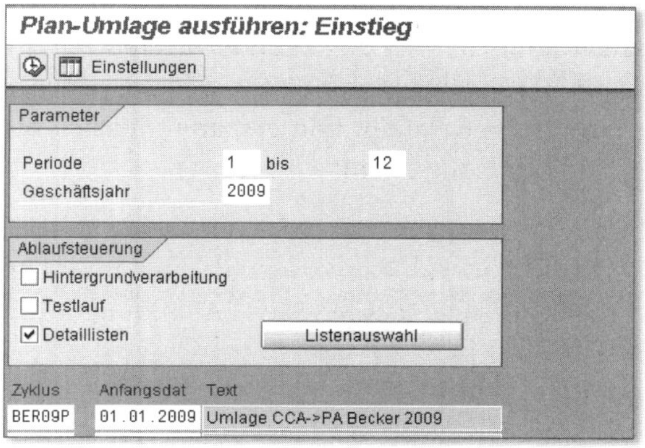

Abbildung 5.76 Umlagezyklus ausführen – Einstieg

Die Umlage generiert Zahlen in der Kostenstellenrechnung und in der Ergebnisrechnung und am Ende auch ein Protokoll. In diesem Beispiel enthält das Protokoll eine Warnung: »Für Zyklus BER09P keine Verdichtungsebene vorhanden« (siehe Abbildung 5.77).

Abbildung 5.77 Umlagezyklus ausführen – Protokoll

In unserem Minibeispiel können wir diese Warnung ignorieren. In einer produktiven Umgebung müssen Sie diese Warnung allerdings ernst nehmen und unbedingt abstellen, sonst warten Sie auf die Ausführung der Umlage unnötig lange.

Auswirkungen auf die Kostenstelle

Durch die Umlage in die Ergebnisrechnung wurden 20.000 EUR als Entlastung auf der Kostenstelle B400 »Verwaltung allgemein« gebucht (siehe Abbildung 5.78). Die Unterdeckung ist damit bereinigt.

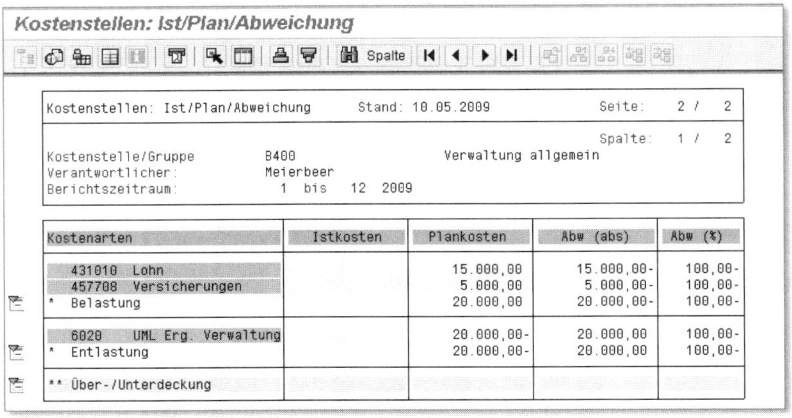

Abbildung 5.78 Kostenstelle nach Umlage

Ergebnisbericht erweitern und ausführen

In den Ergebnisbericht fügen wir das Wertfeld VERWALTUNGSKOSTEN ein und führen den Bericht aus (siehe Abbildung 5.79). Der Bericht wird übersichtlicher, wenn wir einige Spalten ausblenden. Dazu nutzen Sie das Kontextmenü, also die rechte Maustaste auf der Spalte, die Sie ausblenden wollen.

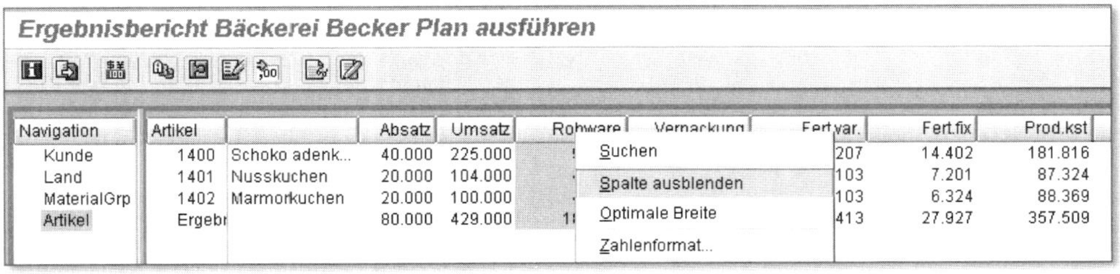

Abbildung 5.79 Ergebnisbericht – Spalten ausblenden

Verwaltungskosten in beliebigen Aufrissen

Die Verwaltungskosten sind jetzt sauber nach Absatz verteilt. Für jeden beliebigen Aufriss sind alle Merkmalswerte mit Kosten versorgt (siehe Abbildungen 5.80 und 5.81).

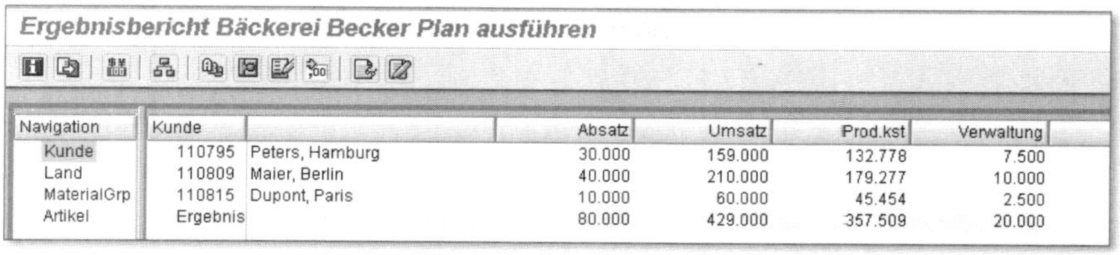
Ergebnisbericht Bäckerei Becker Plan ausführen

Navigation	Kunde		Absatz	Umsatz	Prod.kst	Verwaltung
Kunde	110795	Peters, Hamburg	30.000	159.000	132.778	7.500
Land	110809	Maier, Berlin	40.000	210.000	179.277	10.000
MaterialGrp	110815	Dupont, Paris	10.000	60.000	45.454	2.500
Artikel	Ergebnis		80.000	429.000	357.509	20.000

Abbildung 5.80 Ergebnisbericht nach Kunden mit Verwaltungskosten

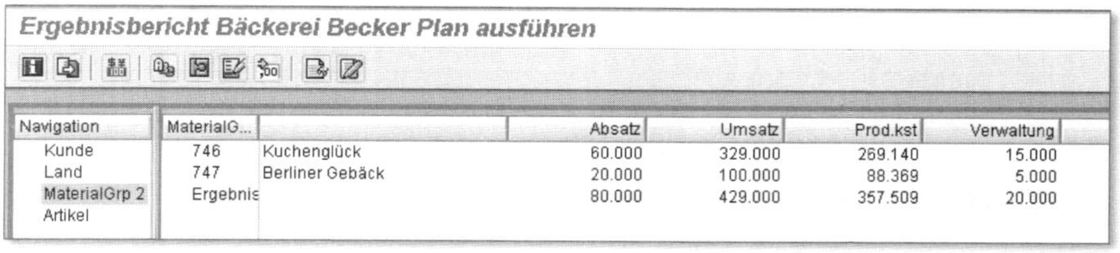
Ergebnisbericht Bäckerei Becker Plan ausführen

Navigation	MaterialG...		Absatz	Umsatz	Prod.kst	Verwaltung
Kunde	746	Kuchenglück	60.000	329.000	269.140	15.000
Land	747	Berliner Gebäck	20.000	100.000	88.369	5.000
MaterialGrp 2	Ergebnis		80.000	429.000	357.509	20.000
Artikel						

Abbildung 5.81 Ergebnisbericht nach Marken

5.4.5 Abrechnung von Aufträgen

Im Kapitel 3, »Gemeinkostenrechnung«, hatten wir 10.000 EUR für Marketing und Werbung auf einem CO-Innenauftrag geplant (siehe Abschnitt 3.3.3, »Primärkosten planen«). Die Werbung kommt nur den beiden Artikeln »Schokoladenkuchen« und »Nusskuchen« zugute, die unter der Marke »Kuchenglück« des Bäckers Becker vertrieben werden. Der Marmorkuchen wird im Auftrag des Kunden Maier in Berlin produziert und trägt die Marke des Kunden »Berliner Gebäck«.

Primärkosten und Abrechnung auf Aufträgen

Die Planung von Primärkosten auf Aufträgen und die Auftragsabrechnung wurden bereits in Kapitel 3, »Gemeinkostenrechnung«, beschrieben. Nach der Abrechnung weist der Auftrag einen Saldo von null aus (siehe Abbildung 5.82).

Abrechnungsvorschrift

Die Forderung, alle Controllingobjekte abzurechnen, ist hier erfüllt. Der Auftrag konnte seine Kosten komplett abgeben. Aber wohin sind die Kosten verschwunden? Diese Frage beantworten wir durch einen Blick auf die Abrechnungsvorschrift des Auftrags (siehe Abbildung 5.83). Alle Werte in diesem Beispiel beziehen sich auf die Planung des Jahres 2003, also finden wir die gewünschte Information in der zweiten Zeile, in der Abrechnungsvorschrift, die von 01.2003 bis 12.2009 im Plan verwendet wurde.

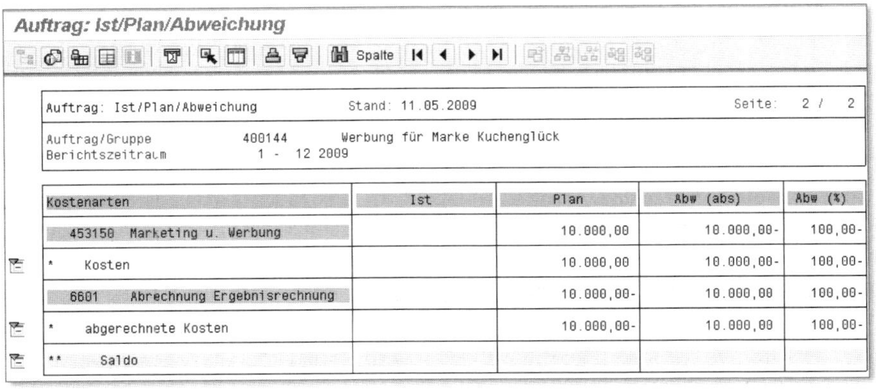

Auftrag: Ist/Plan/Abweichung — Stand: 11.05.2009 — Seite: 2 / 2

Auftrag/Gruppe 400144 Werbung für Marke Kuchenglück
Berichtszeitraum 1 - 12 2009

Kostenarten	Ist	Plan	Abw (abs)	Abw (%)
453150 Marketing u. Werbung		10.000,00	10.000,00-	100,00-
* Kosten		10.000,00	10.000,00-	100,00-
6601 Abrechnung Ergebnisrechnung		10.000,00-	10.000,00	100,00-
* abgerechnete Kosten		10.000,00-	10.000,00	100,00-
** Saldo				

Abbildung 5.82 Auftragsbericht nach Primärkostenplanung und Abrechnung

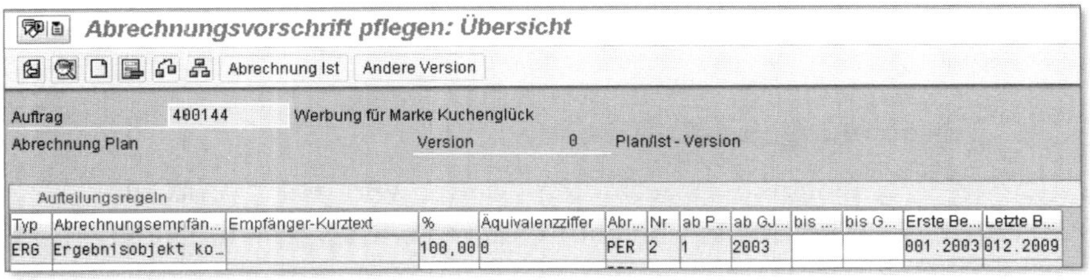

Typ	Abrechnungsempfän...	Empfänger-Kurztext	%	Äquivalenzziffer	Abr...	Nr.	ab P...	ab GJ...	bis ...	bis G...	Erste Be...	Letzte B...
ERG	Ergebnisobjekt ko...		100,00	0	PER	2	1	2003			001.2003	012.2009

Abbildung 5.83 Abrechnungsvorschriften für Auftrag

In die Details zur Abrechnungsvorschrift gelangen Sie mit dem Button DETAIL (siehe Abbildung 5.84).

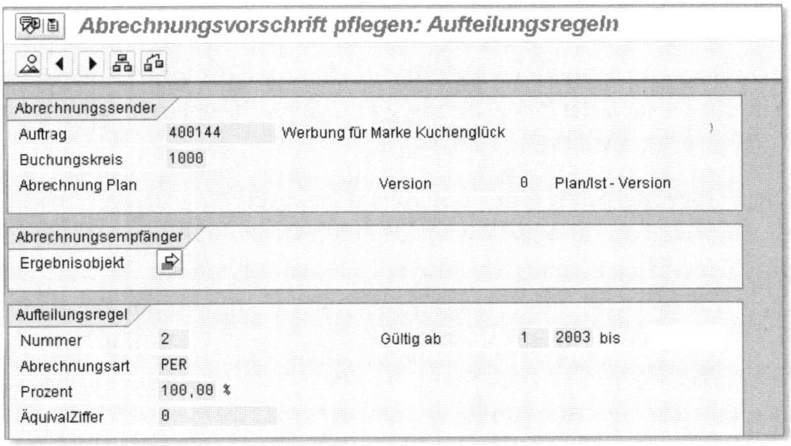

Abbildung 5.84 Abrechnungsvorschrift

Ergebnisobjekt bearbeiten

Noch einen Schritt weiter geht's mit dem Button hinter ERGEBNISOBJEKT (siehe Abbildung 5.85). Hier ist als Empfänger genau ein Objekt angegeben, die Marke »Kuchenglück«. Die Zuordnung zu Artikeln oder Kunden erfolgt nicht. Genau das ist charakteristisch für die Auftragsabrechnung. Mit jeder Vorschrift erreichen Sie genau einen Empfänger. Sie könnten zwar mehrere Vorschriften pflegen und den einzelnen Vorschriften dann prozentuale Anteile des Auftrags zuordnen. Jede Vorschrift hätte dann einen anderen Empfänger in der Ergebnisrechnung. Damit hinterlegen Sie dann allerdings eine starre Aufteilungsregel im Auftrag. Die dynamische Ermittlung von Bezugsbasen, wie wir sie bei der Umlage kennengelernt haben, ist bei der Auftragsabrechnung nicht vorgesehen.

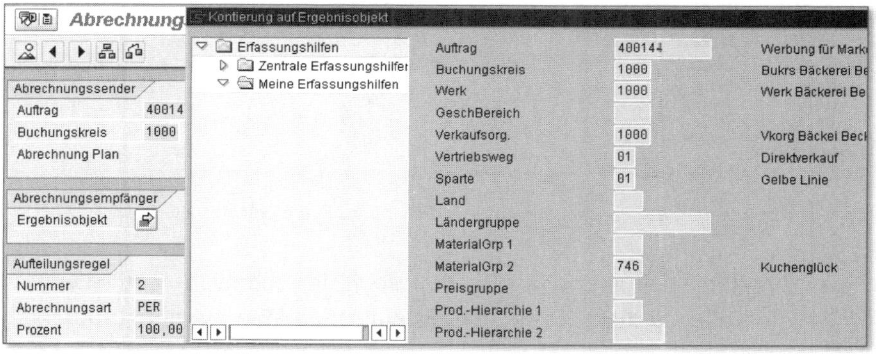

Abbildung 5.85 Abrechnungsempfänger – Ergebnisobjekt

Darstellung in der Ergebnisrechnung

Eine weitere zusätzliche Spalte zeigt die Kosten aus der Auftragsabrechnung unter der Überschrift MARKETING (siehe Abbildung 5.87). Die Kosten sind keinem Kunden zugeordnet.

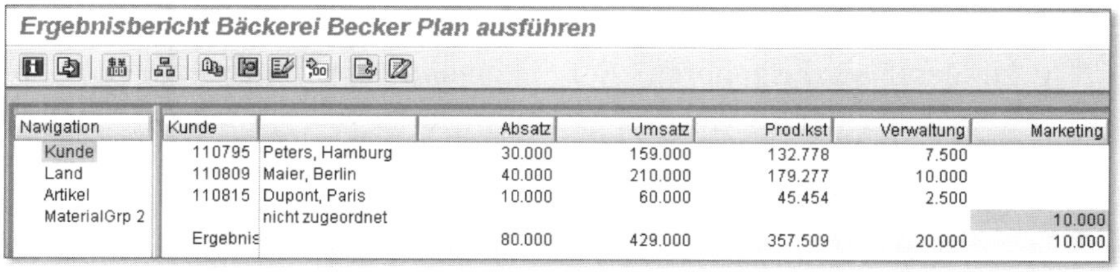

Kunde		Absatz	Umsatz	Prod.kst	Verwaltung	Marketing
110795	Peters, Hamburg	30.000	159.000	132.778	7.500	
110809	Maier, Berlin	40.000	210.000	179.277	10.000	
110815	Dupont, Paris	10.000	60.000	45.454	2.500	
	nicht zugeordnet					10.000
Ergebnis		80.000	429.000	357.509	20.000	10.000

Abbildung 5.86 Ergebnisbericht – Aufriss nach Kunde

Der Aufriss nach ARTIKEL zeigt das gleiche Bild – nämlich keine Zuordnung zu den angezeigten Merkmalswerten (siehe Abbildung 5.87).

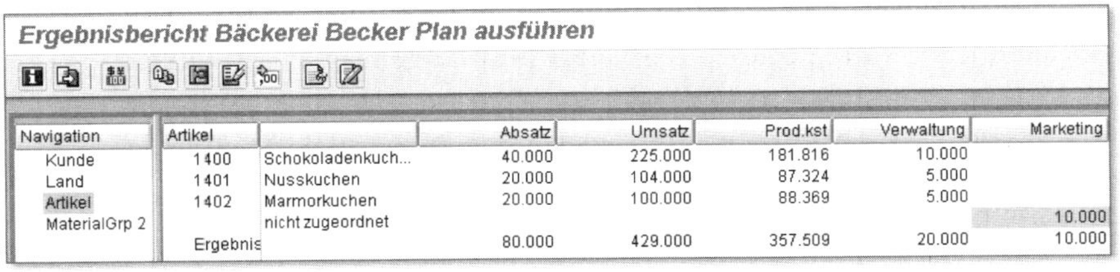
Ergebnisbericht Bäckerei Becker Plan ausführen

Navigation	Artikel		Absatz	Umsatz	Prod.kst	Verwaltung	Marketing
Kunde	1400	Schokoladenkuch...	40.000	225.000	181.816	10.000	
Land	1401	Nusskuchen	20.000	104.000	87.324	5.000	
Artikel	1402	Marmorkuchen	20.000	100.000	88.369	5.000	
MaterialGrp 2		nicht zugeordnet					10.000
	Ergebnis		80.000	429.000	357.509	20.000	10.000

Abbildung 5.87 Ergebnisbericht – Aufriss nach Artikeln

Erst im Aufriss nach MATERIALGRP 2 (= Marke) findet der abgerechnete Betrag sein »richtiges« Töpfchen (siehe Abbildung 5.88). Der gesamte Betrag wird in der Zeile »Kuchenglück« ausgewiesen.

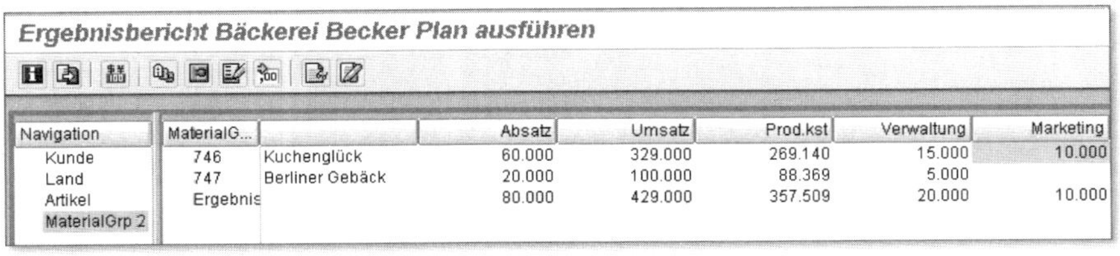
Ergebnisbericht Bäckerei Becker Plan ausführen

Navigation	MaterialG...		Absatz	Umsatz	Prod.kst	Verwaltung	Marketing
Kunde	746	Kuchenglück	60.000	329.000	269.140	15.000	10.000
Land	747	Berliner Gebäck	20.000	100.000	88.369	5.000	
Artikel	Ergebnis		80.000	429.000	357.509	20.000	10.000
MaterialGrp 2							

Abbildung 5.88 Ergebnisbericht – Aufriss nach Marke (»MaterialGrp 2«)

Die Deckungsbeitragsrechner sind zufrieden

Jubel in der Fraktion der Deckungsbeitragsrechner! Genau so wollen die Kollegen diese Kosten dargestellt sehen: den Empfängerobjekten zugeordnet und nicht weiter verteilt. Aber so leicht gebe ich nicht auf, jetzt kommt die Top-down-Verteilung zum Einsatz.

5.4.6 Top-down-Verteilung

Die Ausgangslage ist klar. Die Kosten des Marketings sind der Marke »Kuchenglück« im Merkmal MATERIALGRP 2 zugeordnet. Wie wollen wir erreichen, dass diese Kosten bei allen Artikeln sichtbar sind, die zu dieser Marke gehören? Auf die beiden betroffenen Artikel »Schokoladenkuchen« und »Nusskuchen« entfallen Absätze von 40.000 und 20.000 Stück. Also ordnen wir die Marketingkosten in diesem Verhältnis den beiden Artikeln zu. Die Kundenergebnisse sollen entsprechend dem Markenanteil ebenfalls mit diesen Kosten belastet werden.

Auftragsabrechnung analysieren

Bevor wir mit der Top-down-Verteilung beginnen, sollten wir uns den Einzelposten, den die Auftragsabrechnung generiert hat, noch einmal genau ansehen. Um diesen Einzelposten in der Ergebnisrechnung zu finden, nutzen Sie die Transaktion KE25, im Menü: RECHNUNGSWESEN • CONTROLLING • ERGEBNIS- UND MARKTSEGMENTRECHNUNG • INFOSYSTEM • EINZELPOSTENLISTE ANZEIGEN • PLAN (siehe Abbildung 5.89). Die Vorgangsart C steht für »Auftrags-/Projektabrechnung«; Version 1 ist die Planversion, die hier für die Ergebnisplanung genutzt wird.

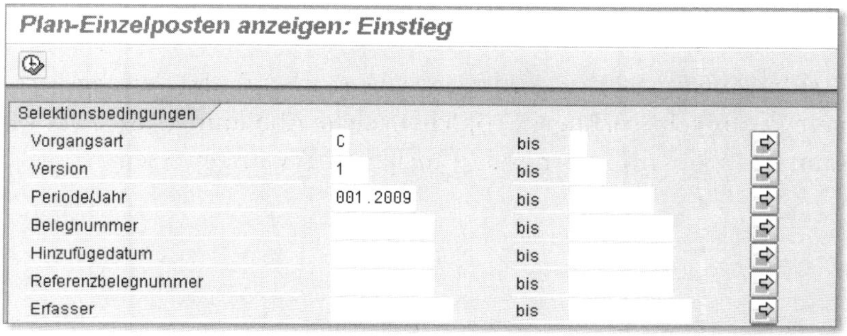

Abbildung 5.89 Einzelposten anzeigen – Einstieg

Das System findet genau einen Einzelposten (siehe Abbildung 5.90). Beachten Sie die Auftragsnummer 400144, sie identifiziert den Auftrag, von dem die Kosten abgerechnet wurden.

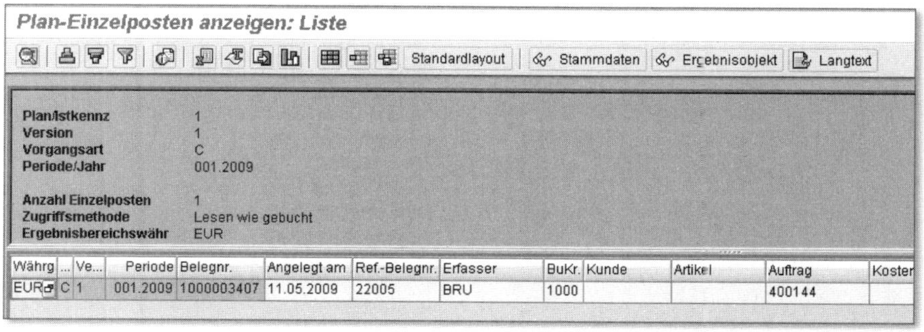

Abbildung 5.90 Einzelposten – Liste

Merkmale im Einzelposten

Die Merkmalswerte der Merkmale BUCHUNGSKREIS, MATERIALGRP 2, SPARTE, VERKAUFSORG., VERTRIEBSWEG und WERK stimmen genau mit dem überein, was wir in der Abrechnungsvorschrift angegeben hatten. Der Kostenrechnungskreis wurde automatisch gesetzt, diesem Kostenrechnungskreis ist der Auftrag 400144 zugeordnet. Die Merkmale im Kopfbereich und das PLAN/ISTKENNZ 1 für Plandaten wurden vom System generiert (siehe Abbildung 5.91).

Wertfeld im Einzelposten

Die Kosten aus der Abrechnung landen im Wertfeld MARKETING (siehe Abbildung 5.92). Jeden Monat wird ein Zwölftel des Jahresbetrags von 10.000 EUR, also 833,33 EUR, gebucht.

Top-down-Verteilung definieren

Nähern wir uns jetzt vorsichtig der Funktion *Top-down-Verteilung*. Dazu steigen wir ein in die bekannte Transaktion KEPM, RECHNUNGSWESEN • CONTROLLING • ERGEBNIS- UND MARKTSEGMENTRECHNUNG • PLANUNG • PLANDATEN BEARBEITEN (siehe Abbildung 5.93).

Plan-Einzelposten anzeigen: Liste

Belegnr.	1000003407		Währungstyp	B0
Periode/Jahr	001.2009		Positionsnr.	
Ref.-Belegnr.	22005		Version	1
Vorgangsart	C			
Artikel			Bonusgruppe	
Buchungskreis	1000		Kundenbezirk	
Fakturaart			GeschBereich	0002
KundHierEbene01			KundHierEbene02	
KundHierEbene03			KundHierEbene04	
KundHierEbene05			KundHierEbene06	
Kundengruppe			Kunde	
KostRechKreis	1000		Preisgruppe	
Materialgruppe			Kundenklasse	
Regulierer			Land	
Warengruppe			MaterialGrp 1	
MaterialGrp 2	746		Plan/Istkennz	1
Partner-PrCtr			Profit Center	9999
Sparte	01		Verkaufsbüro	
Verkaufsorg.	1000		Vertriebsweg	01
Einheit VVBRG			Einheit VVMEL	
Einheit VVMEV			Einheit VVNTG	
Werk	1000		GL-Vertriebsbereiche	
KeyAccountGruppe			Ländergruppe	
Prod.-Hierarchie 1			Prod.-Hierarchie 2	
Prod.-Hierarchie 3			Prod.-Hierarchie 4	
Prod.-Hierarchie 5			Prod.-Hierarchie 6	
SGF				

Abbildung 5.91 Einzelposten – Merkmale

Plan-Einzelposten anzeigen: Liste

Kalk. Zins Sachanlag	0,00	EUR		
Kalk. Zins Sach.Werk	0,00	EUR		
Logistikkosten	0,00	EUR		
Marketing	833,33	EUR		
Absatz Lager-ME	0,000			

Abbildung 5.92 Einzelposten – Wertfeld »Marketing«

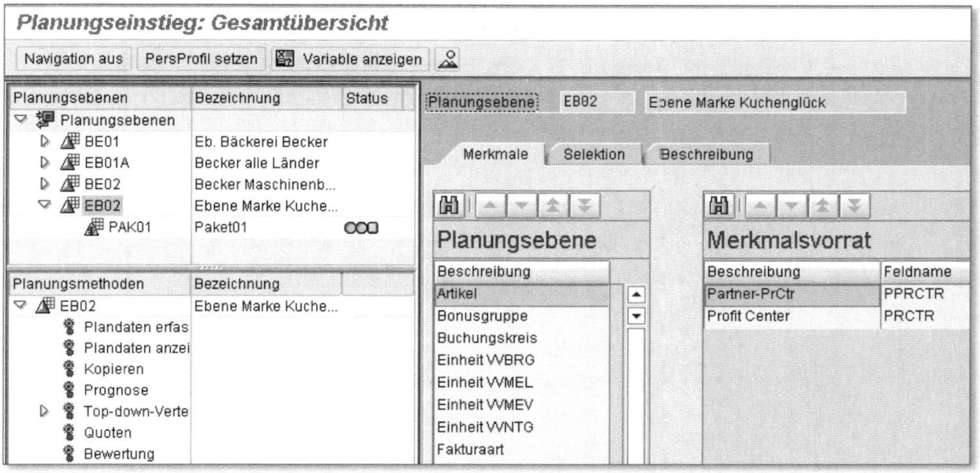

Abbildung 5.93 Top-down-Verteilung – Ebene anlegen

Wir benötigen für die Top-down-Verteilung eine neue Planungsebene, wir nennen sie EB02 »Ebene Marke Kuchenglück«. In diese Ebene übernehmen wir alle Merkmale, die uns in unserem Ergebnisbereich zur Verfügung stehen – oder besser gesagt: »fast alle Merkmale«. In meinem Beispiel lasse ich Profit Center und Partner-Profit-Center außen vor, weil auf meinem Testsystem die Profit-Center-Rechnung zwar aktiviert ist, meine Beispiele diese Komponente allerdings nicht nutzen. Falls Sie die Profit-Center-Rechnung im Einsatz haben, übernehmen Sie bitte auch diese beiden Merkmale in die Planungsebene.

Merkmalswerte selektieren

Bei der Selektion der Merkmalswerte halten wir uns zunächst an die Einstellungen, die wir auch schon bei der manuellen Planung und bei der Bewertung mit Herstellkosten genutzt hatten. Abweichend vom Bekannten selektieren wir für MaterialGrp 2 den Wert 746 »Kuchenglück« und für Vorgangsart C »Auftragsabrechnung«. Diese Vorgangsart wird von der Auftragsabrechnung automatisch benutzt.

Einstellungen der Top-down-Verteilung

Im Register Einstellungen betrachten wir zunächst den Block Referenzdaten (siehe Abbildung 5.95). Hier legen wir fest, wie das System die Verteilungsschlüssel findet. Wir wollen nach Absatz verteilen, das ist bei Referenzwertfeld mit dem Eintrag VVMEL »Absatz Lager-ME« festgelegt. Die Planversion 1 enthält die Referenzdaten in der Vorgangsart F.

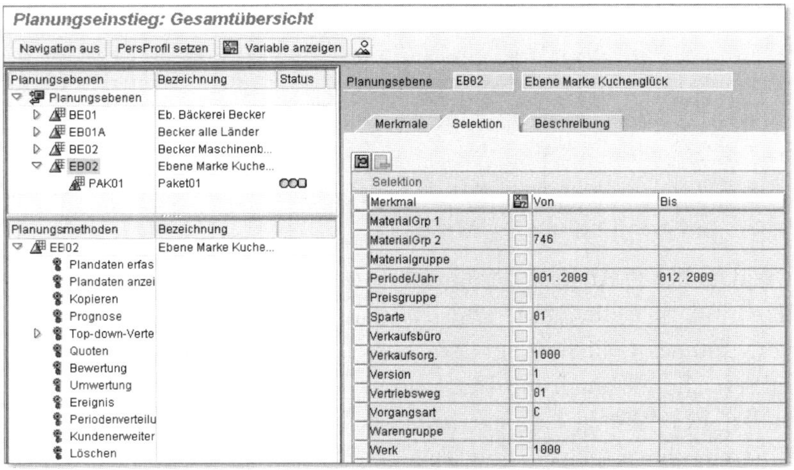

Abbildung 5.94 Top-down-Verteilung – Merkmalswerte selektieren

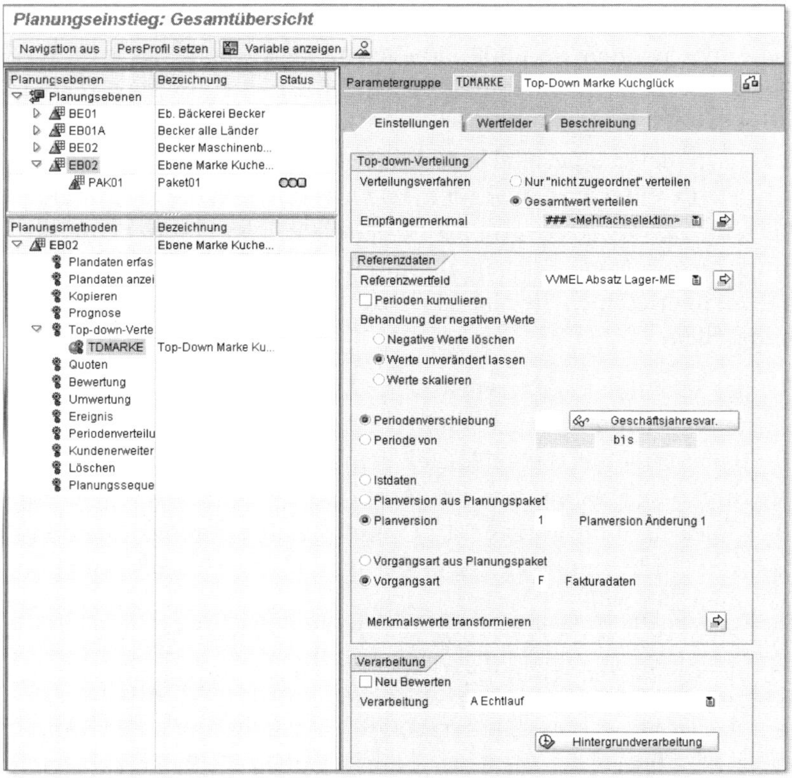

Abbildung 5.95 Top-down-Verteilung – Einstellungen

Verteilungsmerkmale

Werfen wir nun einen Blick auf die Einstellungen, die sich hinter dem Feld EMPFÄNGERMERKMAL verbergen (siehe Abbildung 5.96). Der Button hinter diesem Feld führt zu einem Popup mit dem Titel VERTEILUNGSMERKMALE. Als Sender markieren wir alle Merkmale, die im Einzelposten der Abrechnung mit Werten gefüllt sind. Empfänger sind alle Merkmale, die wir in diesem Beleg leer vorgefunden haben (siehe oben, Abbildung 5.91).

Die detaillierte Analyse der Einzelposten, die zur Verteilung vorgesehen sind, ist sehr aufwendig. Insbesondere dann, wenn Sie Daten von unterschiedlichen Sendern verteilen wollen. Nach den vielen Jahren, die ich mich mit dieser Funktion beschäftigt habe und den vielen Kopfschmerzen, die ich dabei erlitten habe, empfehle ich Ihnen dennoch, genau so vorzugehen.

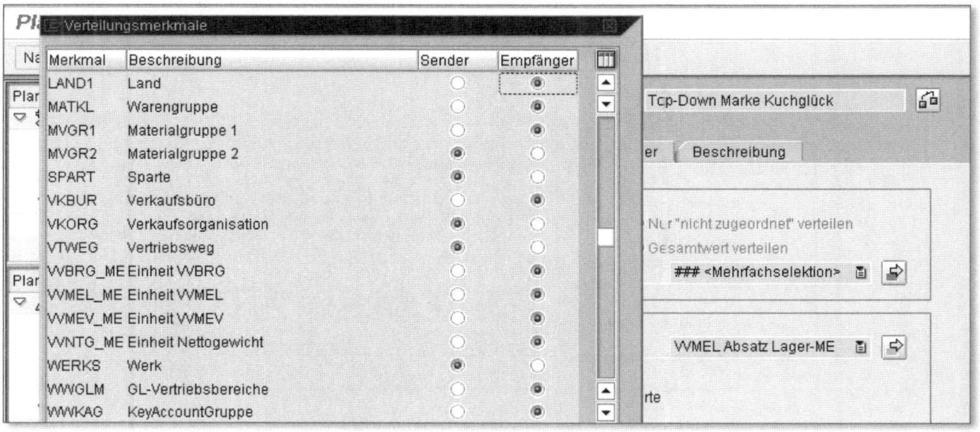

Abbildung 5.96 Top-down-Verteilung – Verteilungsmerkmale

Wertfeld der Top-down-Verteilung

Mit der Selektion der Wertfelder wird es jetzt wieder deutlich übersichtlicher. Wir wählen das Wertfeld MARKETING (siehe Abbildung 5.97).

Top-down-Verteilung ausführen

Mit dem Doppelklick auf die Parametergruppe TDMARKE wird die Top-down-Verteilung jetzt gestartet. Wie schon bei der Bewertung mit Herstellkosten erhalten wir ein schlichtes Protokoll mit der Meldung: »Die Bearbeitung wurde erfolgreich beendet« (siehe Abbildung 5.98).

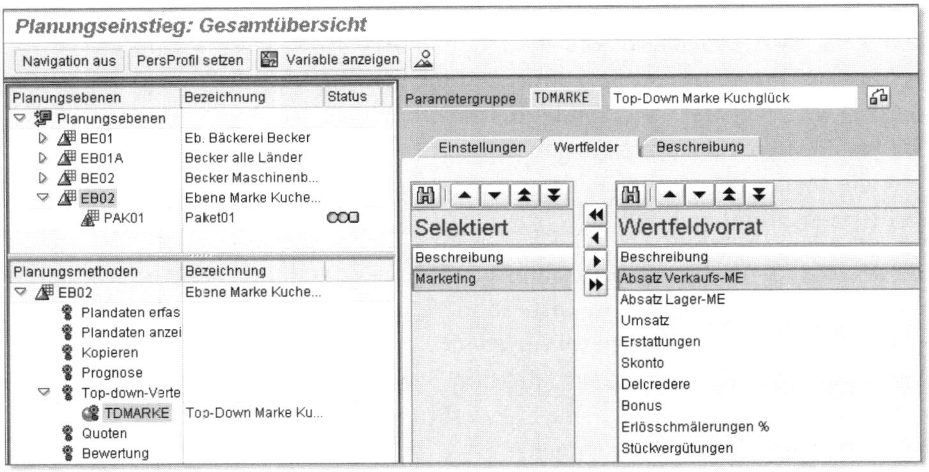

Abbildung 5.97 Top-down-Verteilung – Wertfelder

Abbildung 5.98 Top-down-Verteilung – Protokoll

Bei der Planungsmethode BEWERTUNG hatte ich das dürftige Protokoll noch belächelt. Hier, bei der TOP-DOWN-VERTEILUNG, ist dieser auf eine Zeile reduzierte Bericht eine schiere Katastrophe. »Die Bearbeitung wurde erfolgreich beendet« bedeutet nämlich oftmals nicht, dass das System getan hat, was wir wollten. Die Meldung bedeutet nur, dass keine technischen Fehler aufgetreten sind.

Wenn wir nach dem Ausführen nicht das Ergebnis vorfinden, das wir erwarten, dann erhalten wir aus diesem Protokoll keinerlei Hilfestellung bei der Fehlersuche. Obwohl die hier beschriebene Top-down-Verteilung in der Transaktion KEPM auf den ersten Blick ganz schick aussieht, ist das reduzierte Protokoll ein deutlicher Rückschritt zur

Transaktion KE1G, die in den SAP ERP-Releases bis 4.6 eingesetzt wurde. Diese Transaktion hängt im aktuellen Release zwar nicht mehr im Menü, ist über Eingabe des Codes aber immer noch verfügbar. Vielleicht hilft diese alte Funktion weiter, falls Sie Probleme mit der Top-down-Verteilung haben.

Nach der Top-down-Verteilung führen wir den Ergebnisbericht wieder aus (siehe Abbildung 5.99). Die Kosten in der Spalte MARKETING wurden auf die drei Kunden verteilt.

Ergebnisbericht Bäckerei Becker Plan ausführen

Navigation	Kunde		Absatz	Umsatz	Prod.kst	Verwaltung	Marketing
Kunde	110795	Peters, Hamburg	30.000	159.000	132.778	7.500	5.000
Land	110809	Maier, Berlin	40.000	210.000	179.277	10.000	3.333
Artikel	110815	Dupont, Paris	10.000	60.000	45.454	2.500	1.667
MaterialGrp 2		nicht zugeordnet	0	0	0	0	0
	Ergebnis		80.000	429.000	357.509	20.000	10.000

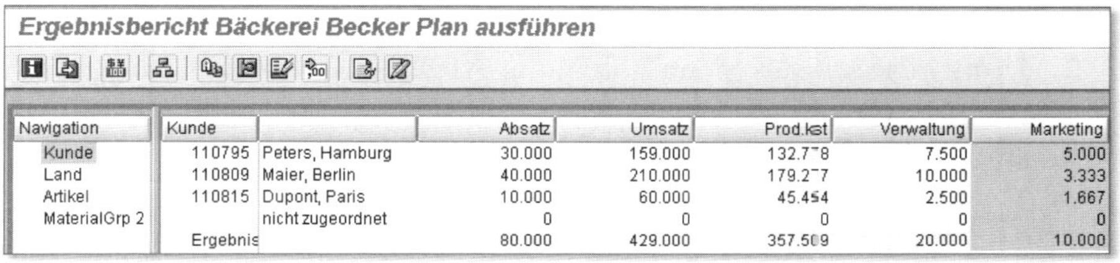

Abbildung 5.99 Ergebnisbericht – Verteilung der Marketingkosten

»Maier, Berlin« ist verantwortlich für die Hälfte des Absatzes (40.000 von 80.000 Stück), trägt aber nur ein Drittel der Marketingkosten (3.333 von 10.000 EUR). Sie ahnen schon, woran das liegt. Nicht der gesamte Absatz an den Kunden Maier, Berlin, ist »Markenabsatz«.

Marketingkosten beim Kunden Maier, Berlin

Betrachten wir den Kunden genauer; wir haben das Analysewerkzeug ja direkt in der Hand (siehe Abbildung 5.100). Tatsächlich, nur der Schokoladenkuchen wurde belastet, der Marmorkuchen ist in der Spalte MARKETING frei von Kosten.

Ergebnisbericht Bäckerei Becker Plan ausführen

Navigation	v..	n..	Text		Absatz	Umsatz	Prod.kst	Verwaltung	Marketing
▽ Kunde				Schokoladenkuch...	20.000	110.000	90.908	5.000	3.333
110809	▲	▼	Maier, Berlin	Marmorkuchen	20.000	100.000	88.369	5.000	0
Land					40.000	210.000	179.277	10.000	3.333
Artikel									
MaterialGrp 2									

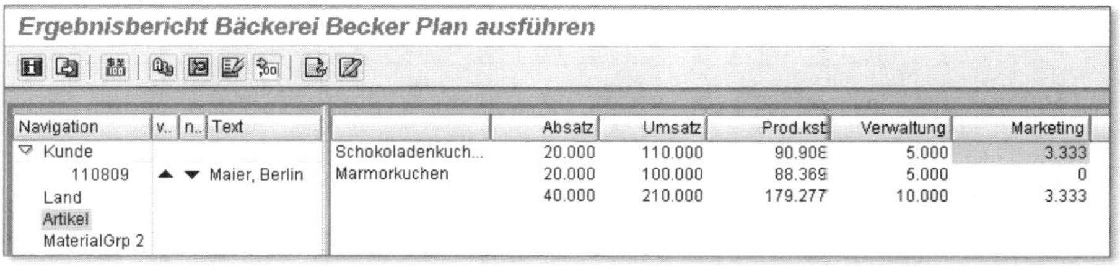

Abbildung 5.100 Ergebnisbericht für Maier, Berlin

Durch die Top-down-Verteilung wurden die Marketingkosten nicht nur auf Kunde und Artikel verteilt. Auch alle anderen Merkmale tragen jetzt Kosten in dieser Spalte, z. B. das Merkmal LAND (siehe Abbildung 5.101).

Verteilung nach anderen Merkmalen

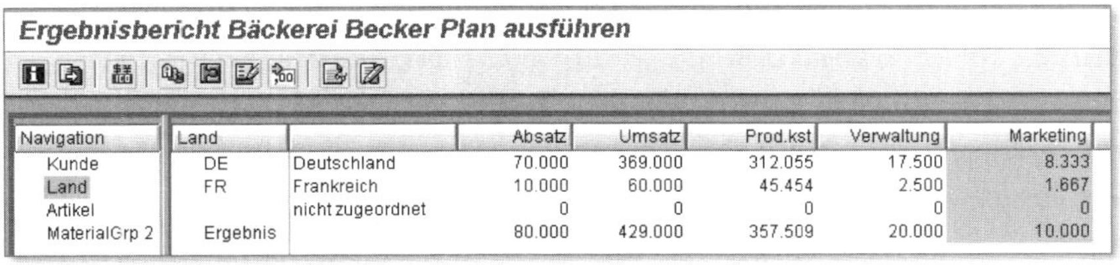

Ergebnisbericht Bäckerei Becker Plan ausführen

Navigation	Land		Absatz	Umsatz	Prod.kst	Verwaltung	Marketing
Kunde	DE	Deutschland	70.000	369.000	312.055	17.500	8.333
Land	FR	Frankreich	10.000	60.000	45.454	2.500	1.667
Artikel		nicht zugeordnet	0	0	0	0	0
MaterialGrp 2	Ergebnis		80.000	429.000	357.509	20.000	10.000

Abbildung 5.101 Ergebnisbericht – Verteilung nach Land

Kostenzuordnung zur Marke

Die Zuordnung der Marketingkosten zur Marke »Kuchenglück« im Merkmal MATERIALGRP 2 wurde durch die Top-down-Verteilung nicht angetastet (siehe Abbildung 5.102).

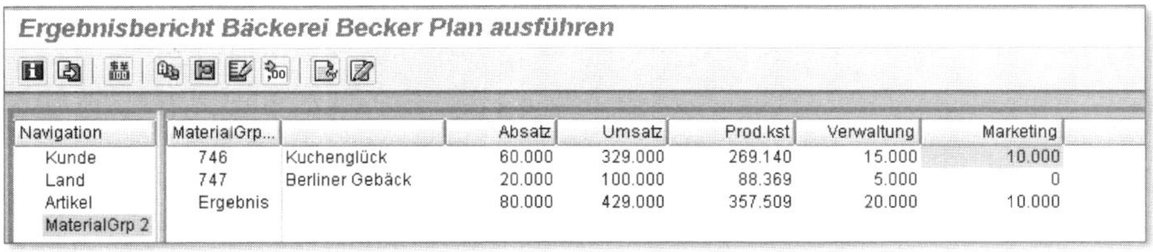

Ergebnisbericht Bäckerei Becker Plan ausführen

Navigation	MaterialGrp...		Absatz	Umsatz	Prod.kst	Verwaltung	Marketing
Kunde	746	Kuchenglück	60.000	329.000	269.140	15.000	10.000
Land	747	Berliner Gebäck	20.000	100.000	88.369	5.000	0
Artikel	Ergebnis		80.000	429.000	357.509	20.000	10.000
MaterialGrp 2							

Abbildung 5.102 Ergebnisbericht nach Marke – unverändert

Einzelposten in der Top-down-Verteilung

Was ist durch die Top-down-Verteilung im System geschehen? Welche Einzelposten wurden geschrieben? Betrachten wir den Ablauf von der manuellen Planung über die Auftragsabrechnung bis hin zur Top-down-Verteilung in einer schematischen Darstellung (siehe Abbildung 5.103).

		Merkmale				Wertfelder	
Nr.	Quelle	Kunde	Land	Artikel	MaterialGrp2	Absatz	Marketing
1	Pln.	Peters	DE	Schoko	Kuchenglück	10.000	
2	Pln.	Peters	DE	Nuss	Kuchenglück	20.000	
3	Pln.	Meier	DE	Schoko	Kuchenglück	20.000	
4	Pln.	Meier	DE	Marmor	Berliner Geb.	20.000	
5	Pln.	Dupont	FR	Schoko	Kuchenglück	10.000	
6	Abr.	#	#	#	Kuchenglück		10.000
7	TD	#	#	#	Kuchenglück		–10.000
8	TD	Peters	DE	Schoko	Kuchenglück		1.667
9	TD	Peters	DE	Nuss	Kuchenglück		3.333
10	TD	Meier	DE	Schoko	Kuchenglück		3.333
11	TD	Dupont	FR	Schoko	Kuchenglück		1.667

Abbildung 5.103 Einzelposten der Planung

Bei der manuellen Planung werden die Einzelposten 1 bis 5 geschrieben. In der Spalte QUELLE sind diese Sätze mit »Pln.« gekennzeichnet. Bei jedem Satz sind die relevanten Merkmale KUNDE, LAND, ARTIKEL und MATERIALGRP 2 mit Merkmalswerten versorgt. Bei den Wertfeldern beschränken wir die Sicht auf ABSATZ und MARKETING. Die Einzelposten aus der manuellen Planung werden später bei der Top-down-Verteilung als Referenzdaten identifiziert.

Die Auftragsabrechnung (Quelle: »Abr.«) erzeugt einen einzigen Einzelposten (Nr. 6), bei dem nur das Merkmal MATERIALGRP 2 mit »Kuchenglück« gefüllt ist. Die anderen Merkmale in diesem Satz sind leer, dargestellt durch das Zeichen #.

Die Top-down-Verteilung (Quelle: »TD«) storniert als Erstes den Satz, der verteilt werden soll. Dieser Stornoeinzelposten (Nr. 7) enthält für alle Merkmale exakt die Einträge, die auch beim Ursprungsbeleg aus der Auftragsabrechnung (Nr. 6) geschrieben wurden. Danach werden für die Ermittlung des Verteilungsschlüssels die relevanten Belege in den Referenzdaten gesucht. Für das Merkmal MATERIALGRP 2 hatten wir in der Top-down-Verteilung ÜBERNEHMEN markiert. Deshalb sucht das System in den Referenzdaten nach Sätzen, die im Merkmal MATERIALGRP 2 mit dem zu verteilenden Einzelposten übereinstimmen. Die relevanten Belege sind in diesem Beispiel die Sätze 1, 2, 3 und 5.

In den relevanten Referenzdaten ermittelt das System insgesamt 60.000 Stück als Basis. Zu verteilen sind 10.000 EUR. So ergibt sich für jeden gefundenen Satz in den Referenzdaten ein Marketinganteil von 0,16667 EUR pro Stück. Die Einzelposten 1, 2, 3 und 5 werden durch die Top-down-Verteilung in neue Einzelposten kopiert. Alle Merkmale, die mit VERTEILUNGSEBENE markiert waren (Kunde, Land, Artikel), werden dabei übernommen. So entstehen die Sätze 8 bis 11. Die Einträge in den Wertfeldern werden natürlich nicht in diese Sätze übernommen, stattdessen wird nur das zu verteilende Wertfeld (MARKETING) mit den jeweils anteiligen Beträgen gefüllt.

Zusammenfassung

So, jetzt haben wir schon einiges innerhalb der Planung der Ergebnisrechnung geschafft. Absätze und Umsätze wurden manuell erfasst. Produktkosten wurden durch Nachbewertung, Kostenstellen durch Umlage und Aufträge durch eine Kombination aus Abrechnung und Top-down-Verteilung in die Ergebnisrechnung übernommen. Fehlt noch was? Da waren doch irgendwo noch Angaben zu Frachtkosten. Was machen wir mit denen? Auf jeden Fall fangen wir erst einmal einen neuen Abschnitt an.

5.4.7 Konditionen in der Ergebnisrechnung

Kalkulatorische Kosten

Bisher hatten wir in der Planung der Ergebnisrechnung mit Kosten zu tun, die so oder so ähnlich auch im Ist gebucht werden. Darüber hinaus gibt es in fast jedem Unternehmen Kosten, die im Ist gar nicht existieren oder irgendwie ganz anders daherkommen, als wir uns das im Controlling wünschen. Die erste Gruppe, also die Kosten, die von den Controllern frei erfunden werden, nennt man *kalkulatorische Kosten*, z. B. kalkulatorische Zinsen für gebundenes Kapital. Echte Zinsen werden von Unternehmen für ausstehende Kredite bezahlt. Die Controller wollen aber nicht die tatsächlichen Kreditzinsen in ihren Zahlen abbilden, sondern Zinsen auf anderen Bemessungsgrundlagen, wie z. B. Abschreibungen oder ausstehende Kundenforderungen. Diese »erfundenen« Zinsen heißen dann *kalkulatorisch*.

Anderskosten

Betrachten wir die eben genannte zweite Gruppe: Kosten, die im Ist nicht so differenziert gebucht werden, wie wir uns das vorstellen, oder die zeitlich weit verschoben vom Umsatz auftreten. Sie werden *Anderskosten* genannt. Für die Frachtkosten trifft es oft zu, dass sie nicht so genau den Absätzen zugeordnet werden können, wie das für eine korrekte Darstellung in der Ergebnisrechnung notwendig wäre. Die Spediteure stellen z. B. Sammelrechnungen für alle Transporte eines Monats. Da steht dann zwar schon irgendwo drin, was sie wann an wen geliefert haben, das will aber niemand in der Buchhaltung so detailliert buchen. Stichproben genügen, um die Abrechnung des Spediteurs zu prüfen. Auf der anderen Seite wissen wir aus den Angeboten des Spediteurs ziemlich genau, welche Kosten für die Lieferung an welchen Kunden anfallen.

Zur Abbildung von *kalkulatorischen Kosten* und *Anderskosten* in ERP können wir die Kondition der Ergebnisrechnung verwenden. Als Beispiel für die Konditionstechnik betrachten wir die Frachtkosten näher.

Konditionssätze erfassen

Im Zahlenbeispiel in Abschnitt 5.2 haben wir für unsere drei Kunden Kostensätze für Frachten von 0,10 EUR bzw. 0,20 EUR pro Stück angenommen. Diese Kostensätze erfassen wir als Konditionen in der

Ergebnisrechnung mit den Transaktionen KE41/KE42/KE43, im Menü: Rechnungswesen • Controlling • Ergebnis- und Marktsegmentrechnung • Stammdaten • Konditionssätze/Preise • Anlegen/Ändern/Anzeigen (siehe Abbildung 5.104).

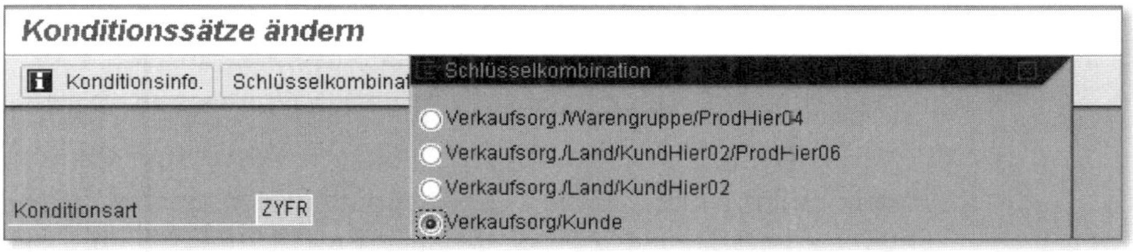

Abbildung 5.104 Konditionen pflegen – Einstieg

Customizing kommt später

Wenn Sie jetzt einen Blick in Ihr eigenes SAP-System werfen und dort weder die Konditionsart ZYFR noch die Schlüsselkombination Verkaufsorg./Kunde finden, so liegt das daran, dass beides erst durch Customizing geschaffen werden muss. Die Ergebnisrechnung in SAP ERP wird als Baukasten ausgeliefert; dass da nichts von selbst funktioniert, habe ich schon öfters erwähnt. Das gilt auch für die Konditionen. Wir machen's wieder so: Ich zeige Ihnen, wie es geht, wenn's geht – und danach schauen wir uns das erforderliche Customizing an.

Zunächst also zur Anwendung. Nach dem Einstieg in die Konditionenpflege können wir unsere Kostensätze für die einzelnen Kunden mit Bezug auf die Verkaufsorganisation 1000 mit Gültigkeitszeitraum erfassen (siehe Abbildung 5.105).

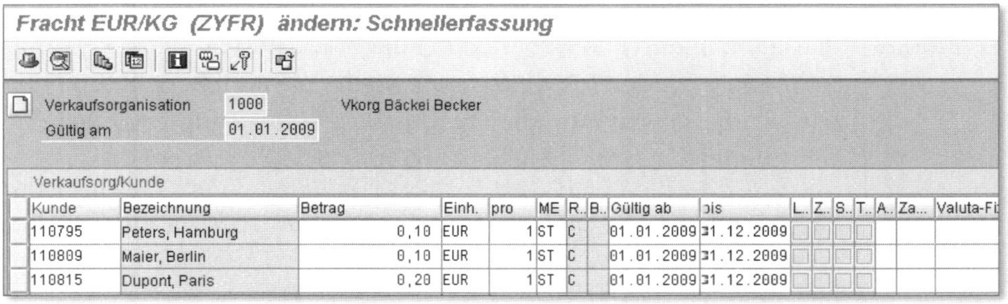

Fracht EUR/KG (ZYFR) ändern: Schnellerfassung
Verkaufsorganisation 1000 Vkorg Bäckei Becker
Gültig am 01.01.2009
Verkaufsorg/Kunde
Kunde | Bezeichnung | Betrag | Einh. | pro | ME | R.. | B.. | Gültig ab | bis | L.. | Z.. | S.. | T.. | A.. | Za... | Valuta-Fi
110795 | Peters, Hamburg | 0,10 | EUR | 1 | ST | C | | 01.01.2009 | 31.12.2009
110809 | Maier, Berlin | 0,10 | EUR | 1 | ST | C | | 01.01.2009 | 31.12.2009
110815 | Dupont, Paris | 0,20 | EUR | 1 | ST | C | | 01.01.2009 | 31.12.2009

Abbildung 5.105 Konditionen der Ergebnisrechnung

Bewertung

Erinnern Sie sich an meine Aussage: »In der Datenbasis der Ergebnisrechnung werden immer Beträge und niemals Preise gespeichert.«?

Dazu stehe ich noch immer. Die soeben erfassten Konditionssätze haben bisher keine Auswirkungen auf das Wertfeld FRACHTEN. Würden wir den Ergebnisbericht entsprechend erweitern, wäre die Spalte völlig leer. Erst mit der Nachbewertung der vorhandenen Absätze werden für die Frachtkosten Beträge errechnet, und die werden dann im Wertfeld FRACHTEN der Ergebnisrechnung gespeichert. Die folgende Funktion ist Ihnen bereits aus Abschnitt 5.4.3, »Übernahme von Produktkosten«, vertraut. Wir benutzen wieder die Transaktion KEPM, im Menü: RECHNUNGSWESEN • CONTROLLING • ERGEBNIS- UND MARKTSEGMENTRECHNUNG • PLANUNG • PLANDATEN BEARBEITEN (siehe Abbildung 5.106). Die Parametergruppe FRACHT unterscheidet sich von der Ihnen bekannten Parametergruppe HK nur durch die Selektion des Wertfeldes.

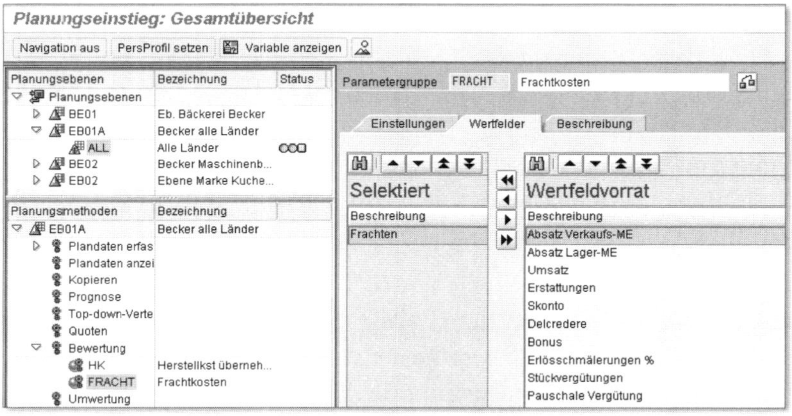

Abbildung 5.106 Frachtkosten berechnen

Berichte

Was hat sich durch die Übernahme der Frachtkosten in der Ergebnisrechnung verändert? Erweitern wir wieder unseren Bericht, und führen wir ihn erneut aus. Die Frachtkosten sind richtig gerechnet bei den Kunden dargestellt (siehe Abbildung 5.107).

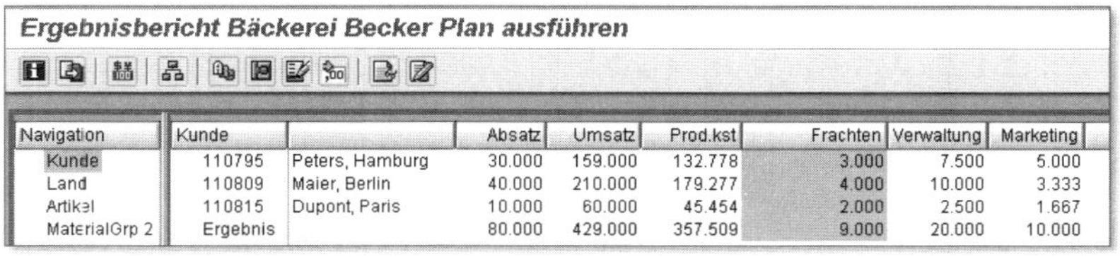
Ergebnisbericht Bäckerei Becker Plan ausführen

Navigation	Kunde		Absatz	Umsatz	Prod.kst	Frachten	Verwaltung	Marketing
Kunde	110795	Peters, Hamburg	30.000	159.000	132.778	3.000	7.500	5.000
Land	110809	Maier, Berlin	40.000	210.000	179.277	4.000	10.000	3.333
Artikel	110815	Dupont, Paris	10.000	60.000	45.454	2.000	2.500	1.667
MaterialGrp 2	Ergebnis		80.000	429.000	357.509	9.000	20.000	10.000

Abbildung 5.107 Ergebnisbericht mit Frachten – Aufriss nach Kunde

Auch alle anderen Merkmale, hier z. B. der Artikel, sind mit Frachtkosten versorgt (siehe Abbildung 5.108).

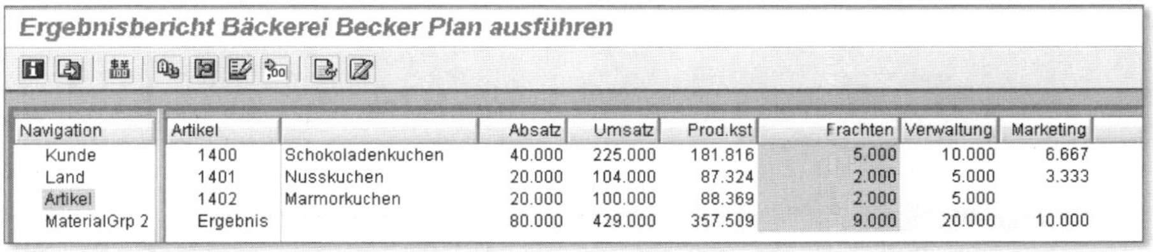
Ergebnisbericht Bäckerei Becker Plan ausführen

Navigation	Artikel		Absatz	Umsatz	Prod.kst	Frachten	Verwaltung	Marketing
Kunde	1400	Schokoladenkuchen	40.000	225.000	181.816	5.000	10.000	6.667
Land	1401	Nusskuchen	20.000	104.000	87.324	2.000	5.000	3.333
Artikel	1402	Marmorkuchen	20.000	100.000	88.369	2.000	5.000	
MaterialGrp 2	Ergebnis		80.000	429.000	357.509	9.000	20.000	10.000

Abbildung 5.108 Ergebnisbericht mit Frachten – Aufriss nach Artikel

Bezogen auf die Anwendung war bisher keine Funktion in der Ergebnisrechnung so einfach wie die Konditionstechnik. Das notwendige Customizing allerdings gehört mit zum Aufwendigsten, was ERP zu bieten hat. Gehen wir's an.

Customizing – Konditionstabelle

Zunächst müssen Sie Datenstrukturen schaffen, damit Sie die Konditionssätze, also Preise (EUR pro Stück bzw. EUR pro kg oder Ähnliches) oder Zuschläge (% auf irgendetwas), speichern können. Diese Datenstrukturen heißen Konditionstabellen. Dazu überlegen Sie bitte zunächst, welche Abhängigkeiten Sie schaffen wollen. In unserem Beispiel haben wir angenommen, dass wir einen Kunden von einer Verkaufsorganisation immer mit dem gleichen Frachtsatz beliefern können. Also benötigen wir diese beiden Merkmale (Kunde und Verkaufsorganisation) als Felder in einer Konditionstabelle. Im Prinzip kann jedes Merkmal der Ergebnisrechnung als Feld in Konditionstabellen benutzt werden. Alle 40 oder mehr Felder in einer Tabelle abzubilden würde die Pflege aber völlig unübersichtlich machen. Abgesehen davon gibt es da bestimmt eine technische Grenze. Aus meiner Erfahrung sage ich: Maximal vier Felder in einer Konditionstabelle sind genug. Für unterschiedliche Konditionierungen können Sie so viele Tabellen anlegen, wie Sie möchten.

In die Pflegemaske gelangen Sie mit der Transaktion KE4A, im Customizing: SPRO • SAP Referenz-IMG • Controlling • Ergebnis- und Marktsegmentrechnung • Stammdaten • Bewertung • Konditionen und Kalkulationsschemata definieren • Konditionstabellen pflegen (siehe Abbildung 5.109).

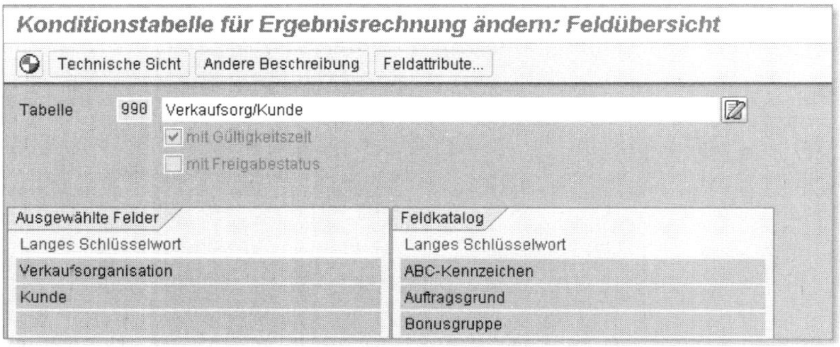

Abbildung 5.109 Konditionstabellen pflegen

Zugriffsfolgen

Bei einer Konditionierung können mehrere Konditionstabellen bei der Suche nach gültigen Sätzen durchlaufen werden. Die relevanten Konditionstabellen werden in Zugriffsfolgen gesammelt. In unserem Beispiel wäre es denkbar, dass wir einen Frachtsatz für alle Kunden in Deutschland hinterlegen wollen. Wenn die Anzahl der Kunden nicht wie hier zwei, sondern 2.000 ist, wäre eine solche Erleichterung sicher sinnvoll. Für einige Kunden gelten aber spezielle Frachtsätze. Wir würden dann einen Satz zum Land Deutschland speichern und einen zweiten Satz in einer anderen Konditionstabelle zu dem speziellen Kunden. Die beiden Frachtsätze können additiv oder exklusiv wirken, abhängig von den Einstellungen in der Zugriffsfolge.

Betrachten wir die hier eingestellte Zugriffsfolge mit der Transaktion KE48, im Customizing: SPRO • SAP Referenz-IMG • Controlling • Ergebnis- und Marktsegmentrechnung • Stammdaten • Bewertung Konditionen und Kalkulationsschemata definieren • Zugriffsfolgen festlegen (siehe Abbildung 5.110). In dem System, auf dem die Beispiele dieses Buches abgebildet werden, habe ich die Zugriffsfolge ZYFR so vorgefunden. In Abhängigkeit der Merkmale Verkaufsorganisation, Warengruppe, Produkthierarchie, Land, Kundenhierarchie und Kunde können Frachtsätze in vier verschiedenen Tabellen gespeichert werden.

Der Haken in der Spalte Exklusiv in Zeile 20 bedeutet, dass bei einem gefundenen Satz in dieser Konditionstabelle die Suche abgebrochen wird. Konditionssätze aus den Zeilen 10 und 20 würden also additiv wirken. Genauso wäre es vorstellbar, dass Sätze aus 10, 30 und 40 addiert werden. Bei einem gefundenen Satz in Zeile 20 sind die Zeilen 30 und 40 jedoch nicht mehr relevant.

Machen wir's nicht komplizierter, als es sowieso schon ist. In unserem Beispiel sind die Frachtsätze in Tabelle 990 gespeichert. In der Zugriffsfolge ZYFR ist nur die Zeile 40 für uns von Bedeutung.

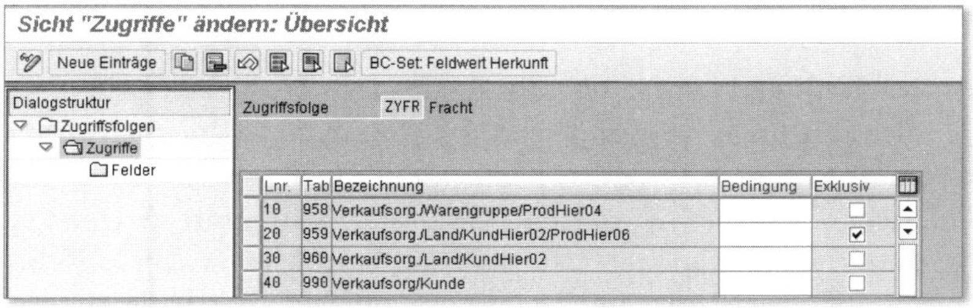

Abbildung 5.110 Zugriffsfolgen pflegen

Felder für Zugriffsfolgen

Bei den Feldern für die Zugriffsfolgen bin ich mir nicht mehr ganz sicher (siehe Abbildung 5.111). Wenn ich mich recht erinnere, wird dieses Bild bereits aus den Einstellungen der Konditionstabelle gefüllt. Man muss aber einmal die Felder anschauen und kann dann das Bild wieder verlassen, sonst funktioniert es nicht richtig. Es kann aber auch sein, dass diese »Unschärfe« nur in einem früheren Release galt und mittlerweile behoben ist.

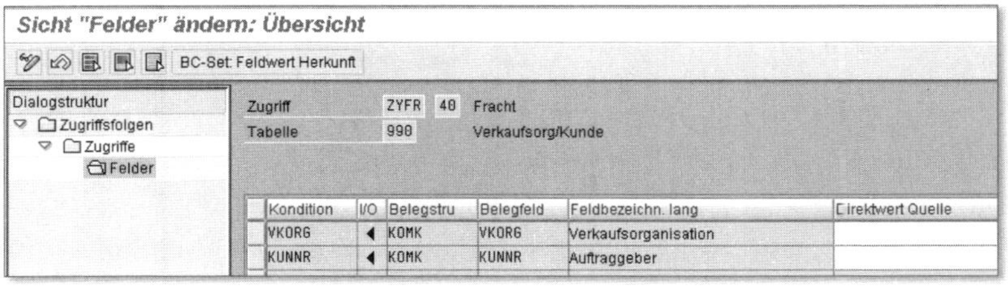

Abbildung 5.111 Felder für Zugriffsfolgen pflegen

Konditionsart

Jetzt pflegen wir die Konditionsart. In unserem Beispiel hat die Konditionsart wie die Zugriffsfolge den Schlüssel ZYFR. Die Konditionsart ZYFR sollte allerdings nicht mit der Zugriffsfolge ZYFR verwechselt werden. Die Zugriffsfolge gibt einen Hinweis darauf, in welchen Tabellen die Sätze gesucht werden sollen. Die *Konditionsart* dagegen beschreibt die Rechenregel. Hier wird hinterlegt, ob es sich bei der Kondition um einen prozentualen Zuschlag oder einen mengenabhängigen Preis handelt. Bei der Pflege der Konditionsart wird dieser genau eine Zugriffsfolge zugeordnet. Eine Zugriffsfolge könnte in mehreren Konditionsarten verwendet werden.

Sie pflegen die Konditionsart mit der Transaktion 8KEV, im Customizing: SPRO • SAP REFERENZ-IMG • CONTROLLING • ERGEBNIS- UND MARKTSEGMENTRECHNUNG • STAMMDATEN • BEWERTUNG • KONDITIONEN UND KALKULATIONSSCHEMATA DEFINIEREN • KONDITIONSARTEN UND KALKULATIONSSCHEMATA ANLEGEN (siehe Abbildung 5.112).

Kalkulationsschema einrichten

Als Nächstes verknüpfen wir alle Kalkulationsarten, die wir in unserem Unternehmen verwenden wollen, in einem *Kalkulationsschema* (siehe Abbildung 5.113). Das Kalkulationsschema ist sehr übersichtlich, wenn wir wie hier nur eine einzige Konditionsart verwenden. Wenn Sie wollen, können Sie das Kalkulationsschema aber auch beliebig kompliziert gestalten, indem Sie stufenweise kalkulieren und mit Zwischenergebnissen aus vorigen Stufen weiterrechnen. Aber so etwas machen wir jetzt nicht.

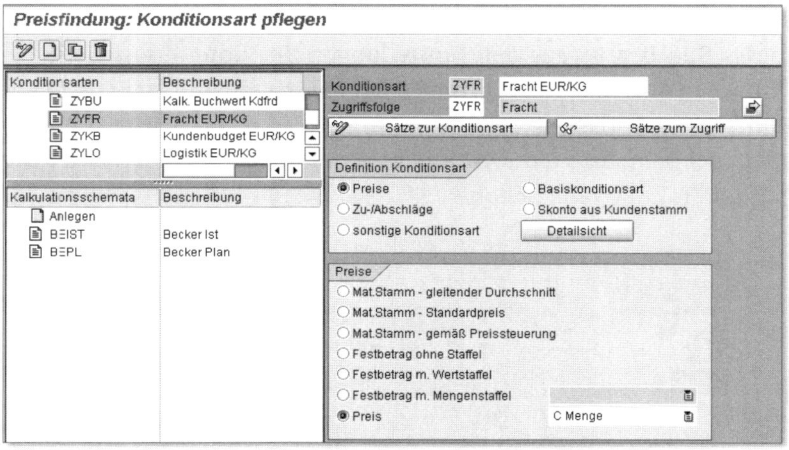

Abbildung 5.112 Konditionsart pflegen

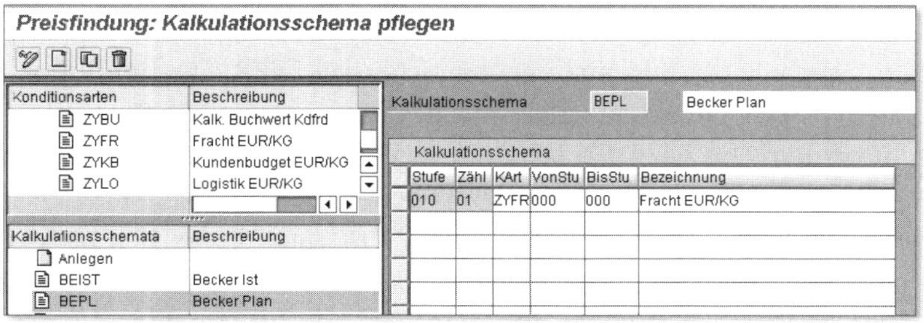

Abbildung 5.113 Kalkulationsschema pflegen

Bewertungsstrategie erweitern

Die Bewertungsstrategie kennen Sie bereits von der Übernahme der Produktkosten (siehe Abbildung 5.69). In die gleiche Bewertungsstrategie, die wir dort benutzt hatten, »hängen« wir das neue Kalkulationsschema. Dazu benutzen wir die Transaktion KE4U, im Customizing: SPRO • SAP REFERENZ-IMG • CONTROLLING • ERGEBNIS- UND MARKTSEGMENTRECHNUNG • STAMMDATEN • BEWERTUNG • BEWERTUNGSSTRATEGIEN • BEWERTUNGSSTRATEGIE DEFINIEREN UND ZUORDNEN (siehe Abbildung 5.114). In dieser Bewertungsstrategie könnten Sie auf mehrere Kalkulationsschemata zugreifen, die ihrerseits wieder mehrere Kalkulationsarten mit jeweils verschiedenen Konditionstabellen nutzen. Der begrenzende Faktor ist wieder einmal nicht die SAP-Technik, sondern das »arme Menschlein«, das alles verstehen soll, was dabei herauskommt.

Abbildung 5.114 Bewertungsstrategie ergänzen

An der Zuordnung der Bewertungsstrategie zum Bewertungszeitpunkt 04 »Maschinelle Planung« ändern wir nichts (siehe Abbildung 5.115).

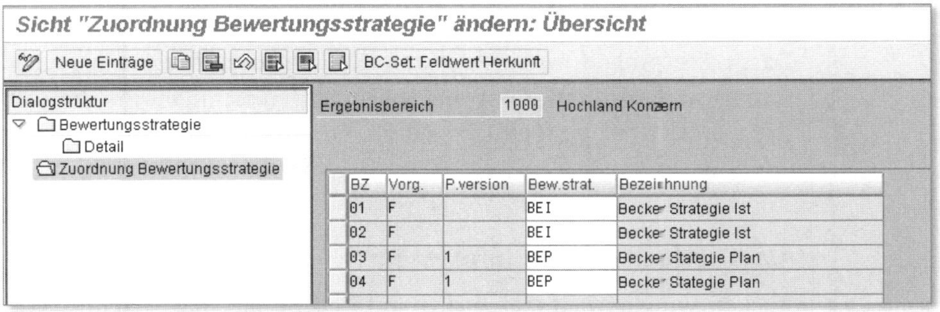

Abbildung 5.115 Zuordnung der Bewertungsstrategie – Zeitpunkt

Kalkulationsart und Wertfeld verknüpfen

Jetzt haben wir's gleich geschafft. Eine Kleinigkeit fehlt noch – die Verbindung zum Wertfeld in der Ergebnisrechnung. Diese stellen Sie her, indem Sie die Kalkulationsarten mit den Wertfeldern in der Transaktion KE45 verknüpfen, im Customizing: SPRO • SAP Referenz-IMG • Controlling • Ergebnis- und Marktsegmentrechnung • Stammdaten • Bewertung • Konditionen und Kalkulationsschemata definieren • Wertfelder zuordnen (siehe Abbildung 5.116).

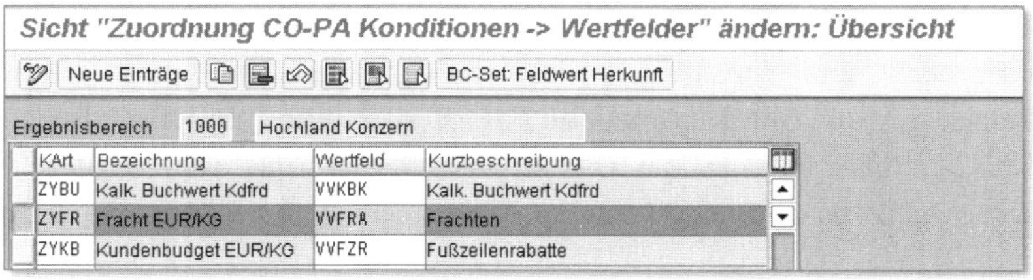

Abbildung 5.116 Konditionsart zu Wertfeld zuordnen

Ablauf im Zeitraffer

Jetzt versuche ich mir vorzustellen, was geschieht, wenn wir die Nachbewertung der Frachtkosten durchführen. Aus dem Bewertungszeitpunkt und dem Ergebnisbereich werden die passenden Kalkulationsschemata abgeleitet. Im Kalkulationsschema sind die Konditionsarten mit ihren Rechenregeln hinterlegt. Die Konditionsarten wiederum verweisen auf Zugriffsfolgen mit Kalkulationstabellen, in denen Preise und Zuschlagssätze gespeichert sind. Nachdem die gefundenen Preise und Zuschlagssätze mit den Rechenregeln der Konditionsarten und den Abhängigkeiten im Kalkulationsschema zu Werten verarbeitet sind, werden diese Werte über die Zuordnung von Konditionsart und Wertfeld an der richtigen Stelle in der Ergebnisrechnung abgelegt.

Dass dieser Ablauf, wie viele andere ähnlich komplexe Abläufe auch, immer wieder funktioniert und meist zu den richtigen Ergebnissen führt, nötigt mir einigen Respekt ab. Gratulation an die Entwickler von SAP.

5.4.8 Noch einmal: Infosystem

Bericht mit Vollkosten

Blicken wir noch einmal zurück auf den Bericht der Ergebnisrechnung. Alle relevanten Daten für Vollkostenberichte sind jetzt im System vorhanden. Wir fassen die Spalten Fracht, Verwaltung und

MARKETING in einer neuen Spalte OVERHEAD zusammen. Außerdem weisen wir den Gewinn und die Rendite (Gewinn geteilt durch Umsatz in %) zusätzlich aus (siehe Abbildung 5.117).

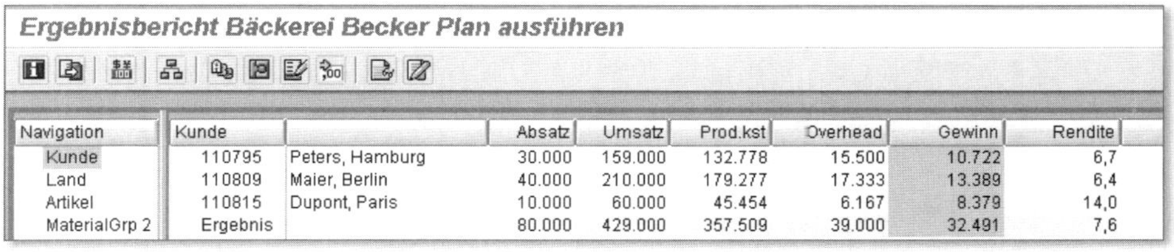
Ergebnisbericht Bäckerei Becker Plan ausführen

Navigation	Kunde		Absatz	Umsatz	Prod.kst	Overhead	Gewinn	Rendite
Kunde	110795	Peters, Hamburg	30.000	159.000	132.778	15.500	10.722	6,7
Land	110809	Maier, Berlin	40.000	210.000	179.277	17.333	13.389	6,4
Artikel	110815	Dupont, Paris	10.000	60.000	45.454	6.167	8.379	14,0
MaterialGrp 2	Ergebnis		80.000	429.000	357.509	39.000	32.491	7,6

Abbildung 5.117 Vollkosten für Kunden

Der Aufriss und die Selektion in diesem Vollkostenbericht sind für jedes andere Merkmal und jede Verdichtung möglich, z. B. Aufriss nach Artikel (siehe Abbildung 5.118).

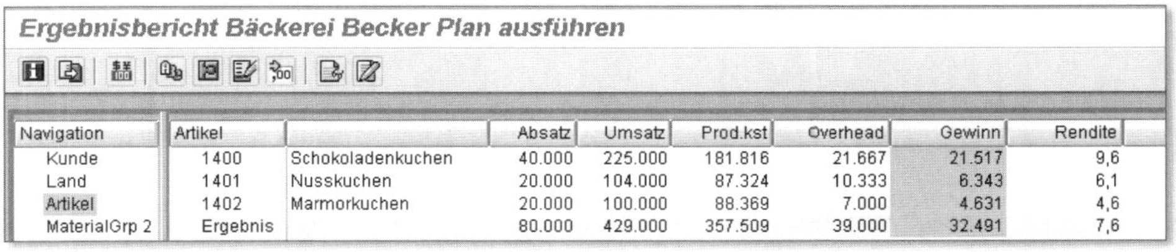
Ergebnisbericht Bäckerei Becker Plan ausführen

Navigation	Artikel		Absatz	Umsatz	Prod.kst	Overhead	Gewinn	Rendite
Kunde	1400	Schokoladenkuchen	40.000	225.000	181.816	21.667	21.517	9,6
Land	1401	Nusskuchen	20.000	104.000	87.324	10.333	6.343	6,1
Artikel	1402	Marmorkuchen	20.000	100.000	88.369	7.000	4.631	4,6
MaterialGrp 2	Ergebnis		80.000	429.000	357.509	39.000	32.491	7,6

Abbildung 5.118 Vollkosten für Artikel

Bericht mit Deckungsbeiträgen

Zu Beginn dieses Abschnitts hatte ich Ihnen versprochen, dass auch die Deckungsbeitragsrechner noch zu ihrem Recht kommen. An dieser Stelle sollte ich vielleicht nochmals betonen, dass ich nichts gegen die Deckungsbeitragsrechnung an sich habe. Im Gegenteil, ich bin dafür, wenn sie als Grundlage für besondere Entscheidungen herangezogen wird. Die von manchen Kollegen eingenommene Haltung, nach der »die Deckungsbeitragsrechnung das Alleinseligmachende sei«, geht allerdings an der Praxis vorbei.

Also basteln wir einen neuen Bericht, indem wir die mühevoll gesplitteten Fixkosten wieder zu Blöcken zusammenkitten (siehe Abbildung 5.119).

Neues Formular anlegen

Was ist zu tun, damit dieser Bericht auf dem Bildschirm erscheint? Zunächst erstellen Sie ein neues Formular mit zwei Koordinaten (siehe Abbildung 5.120).

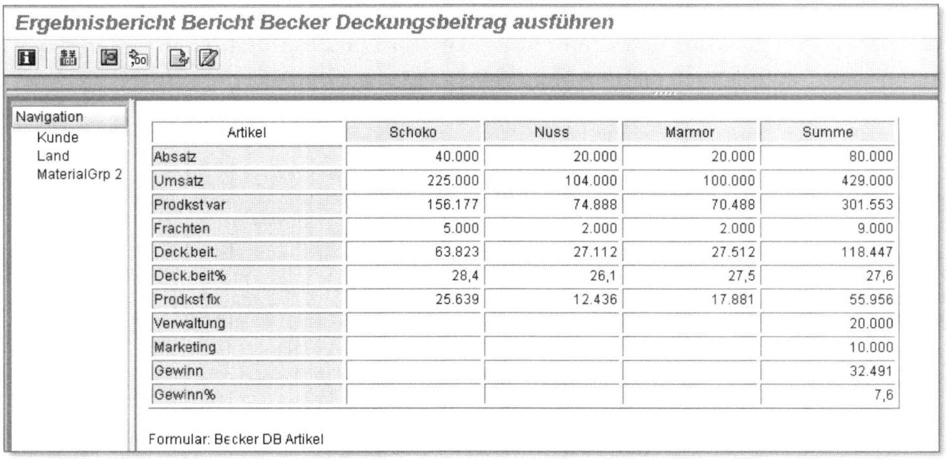

Artikel	Schoko	Nuss	Marmor	Summe
Absatz	40.000	20.000	20.000	80.000
Umsatz	225.000	104.000	100.000	429.000
Prodkst var	156.177	74.888	70.488	301.553
Frachten	5.000	2.000	2.000	9.000
Deck.beit.	63.823	27.112	27.512	118.447
Deck.beit%	28,4	26,1	27,5	27,6
Prodkst fix	25.639	12.436	17.881	55.956
Verwaltung				20.000
Marketing				10.000
Gewinn				32.491
Gewinn%				7,6

Formular: Becker DB Artikel

Abbildung 5.119 Ergebnisbericht mit Deckungsbeiträgen

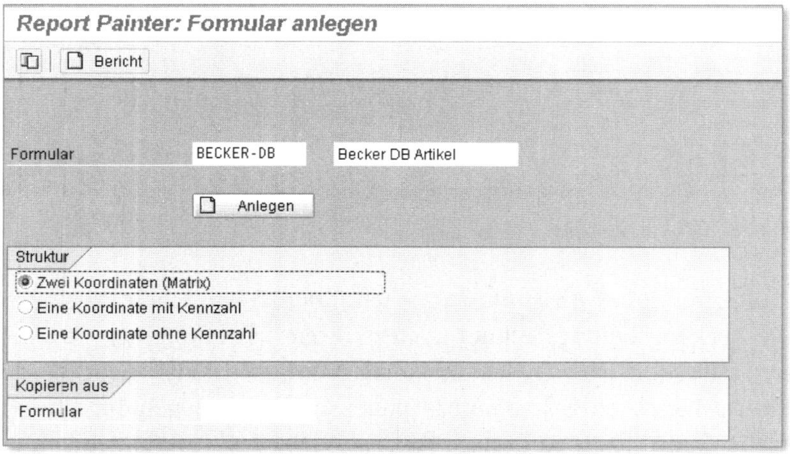

Abbildung 5.120 Neues Formular anlegen

Wertfelder und Formeln

Die Elemente in der Senkrechten definieren Sie mit Wertfeldern und Formeln, genauso wie in Abschnitt 5.4.2, »Infosystem«, beschrieben. Die Formel für PRODUKTKOSTEN VAR addiert die Wertfelder ROHWARE, VERPACKUNG und FERTIGUNG VARIABEL (siehe Abbildung 5.121). Die drei genannten Basiswertfelder selbst wurden für die Anzeige ausgeblendet.

Merkmalswerte in Spalten

In den Spalten selektieren Sie genau den Merkmalswert, der in der jeweiligen Spalte angezeigt werden soll (siehe Abbildung 5.122).

Abbildung 5.121 Formel für Produktkosten variabel

Abbildung 5.122 Selektion des Artikels 1400 für Spalte »Schoko«

In der letzten Spalte mit dem Titel SUMME werden alle Artikel selektiert (siehe Abbildung 5.123).

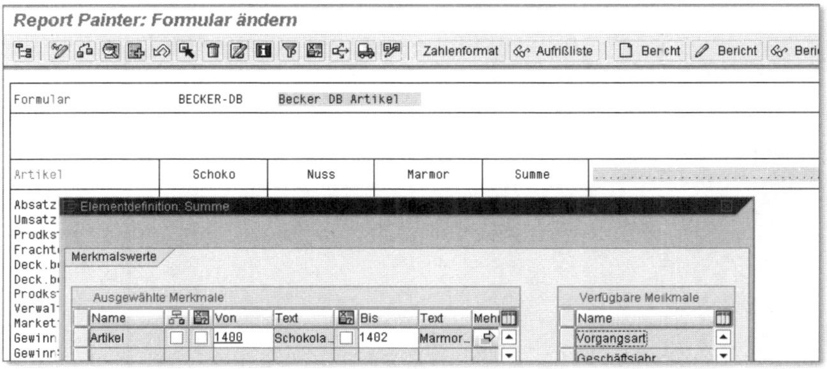

Abbildung 5.123 Selektion aller Artikel für Spalte »Summe«

Unerwünschte Felder ausblenden

Felder, für die keine Werte angezeigt werden sollen, ändern Sie mit einem Doppelklick (siehe Abbildung 5.124). Dargestellt ist hier der Zelltyp INAKTIV für die Zelle VERWALTUNG/SCHOKO. Inaktive Zellen sind im Layout an der Null zu erkennen.

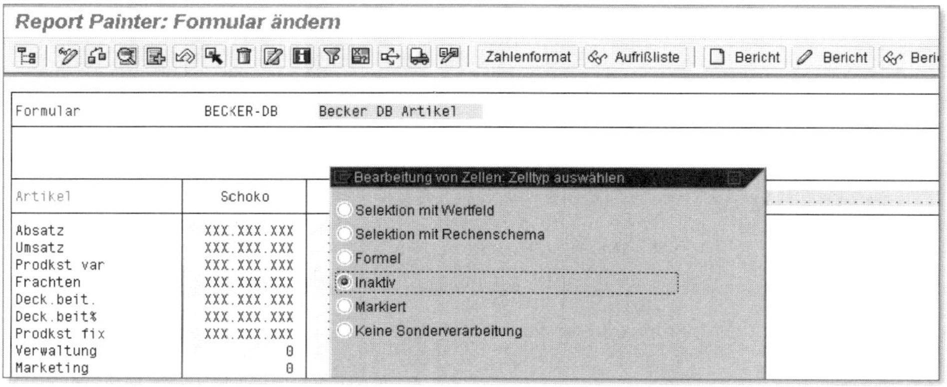

Abbildung 5.124 Anzeige von Werten unterdrücken

Bericht ausführen

Mit Bezug auf das neue Formular definieren Sie einen neuen Bericht. Wählen Sie die Ausgabebereiche INFO-, NAVIGATIONSBEREICH, DETAIL. Jetzt können Sie den neuen Bericht ausführen (siehe Abbildung 5.119).

5.4.9 Zusammenfassung

Sie sind jetzt mit den wichtigsten Planungsfunktionen der Ergebnis- und Marktsegmentrechnung von SAP ERP vertraut. Absätze und Umsätze wurden manuell geplant. Produktkosten haben wir aus den Kalkulationen übernommen. Die Kostenstellen und Aufträge haben sich mit Umlage bzw. Abrechnung in die Ergebnisrechnung »entleert«. Ein etwas kryptisches, aber unverzichtbares Werkzeug, die Top-down-Verteilung, wurde detailliert beschrieben. Zum Abschluss konnten Sie die Konditionierung der Ergebnisrechnung kennenlernen, mit der die Kosten und Erlöse behandelt werden, die mit keiner anderen Methode darzustellen sind.

5.5 Istbuchungen

Sie sind jetzt mit der Planung in der Ergebnisrechnung vertraut. Damit kennen Sie bereits die wesentlichen Funktionen, die Sie im Ist benötigen. Eine Gegenüberstellung der Funktionen im Plan im Vergleich zum Ist jeweils in Bezug auf die einzelnen Wertfelder sehen Sie in Tabelle 5.14.

Wertfelder	Plan	Ist
Absatz und Umsatz	Manuelle Erfassung	Automatische Übergabe aus der Fakturierung
Produktkosten	Nachbewertung über flexible Kalkulationsauswahl	Automatische Übernahme mit Fakturen
Kostenstellen (Overhead)	Umlage	Umlage
Aufträge	Abrechnung mit Top-down-Verteilung	Abrechnung mit Top-down-Verteilung
Kalkulatorische Kosten	Konditionen der Ergebnisrechnung	Konditionen der Ergebnisrechnung
Kostenstellen (Abweichungen)	Nicht vorhanden	Umlage
Produktkostensammler	Nicht vorhanden	Abrechnung und Top-down-Verteilung

Tabelle 5.14 Funktionen der Ergebnisrechnung – Plan vs. Ist

5.5.1 Faktura

Verbindung der Module SD und CO

Das Rückgrat der Ergebnisrechnung im Ist sind die Fakturen – also die Rechnungen, die vom Modul Vertrieb generiert und automatisch übergeben werden. Sehen wir uns eine Faktura mit der Transaktion VF05 an, im Menü: LOGISTIK • VERTRIEB • FAKTURIERUNG • INFOSYSTEM • FAKTURA • FAKTURA ANZEIGEN (siehe Abbildungen 5.125 und 5.126).

Faktura anzeigen

Von der einzigen Faktura, die für diesen Zeitraum gefunden wurde, geht's weiter mit einem Doppelklick.

Beim Anzeigen der Faktura überrascht im Feld REGULIERER die Kundennummer von Edeka in Hamburg (siehe Abbildung 5.127). Mit diesem Kunden hatten wir bisher im Controlling nichts zu tun.

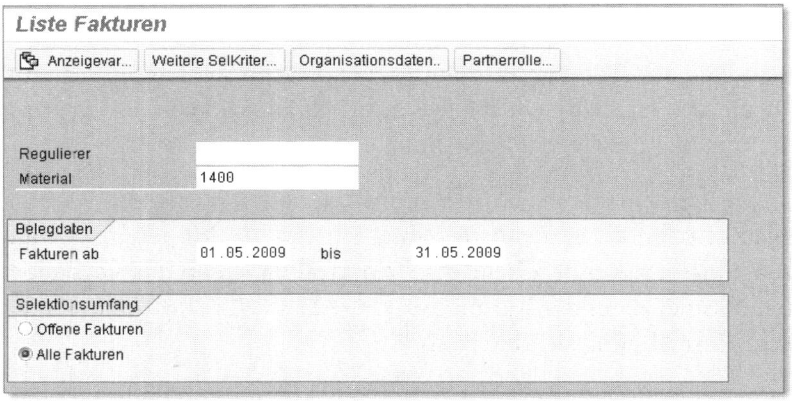

Abbildung 5.125 Fakturen suchen – Einstieg

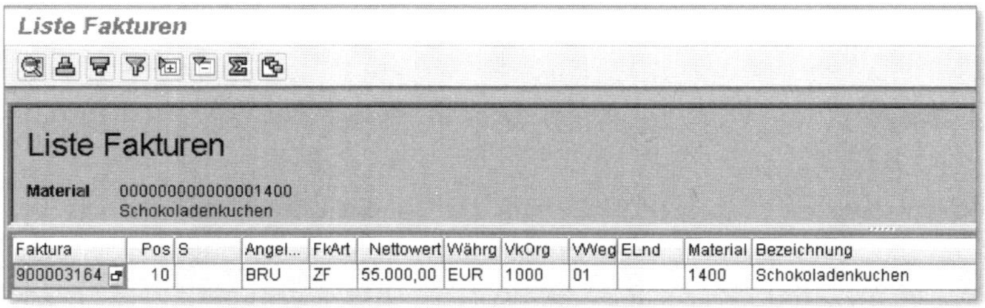

Abbildung 5.126 Liste der Fakturen

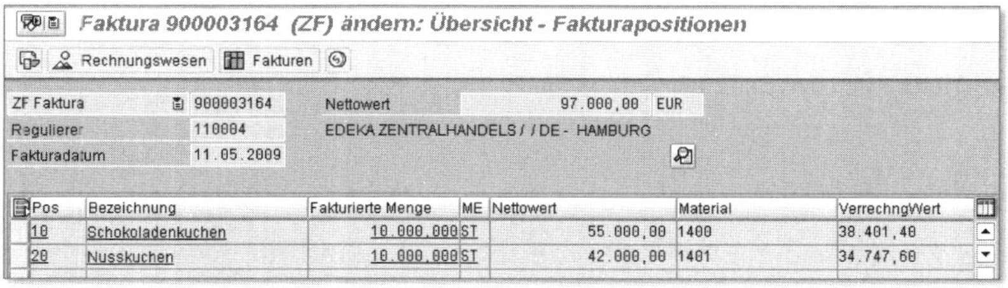

Abbildung 5.127 Faktura anzeigen – Übersicht Positionen

Partnerrollen Mit einem Doppelklick auf Position 10 »Schokoladenkuchen« finden wir die Lösung des Rätsels. Wir gelangen im zweiten Register der Detaildaten zu den Positionspartnern (siehe Abbildung 5.128). Bestellt hat der uns vertraute »Kunde Peters, Hamburg«, zu erkennen an der Partnerrolle AG »Auftraggeber«. An diesen Kunden Peters wurde die Ware auch geliefert, siehe Partnerrolle WE »Warenempfänger«. Der Kunde Peters ist aber offensichtlich dem Edeka-Verbund angeschlossen (Partnerrollen »Rechnungsempfänger« und »Regulierer«); dorthin sollen wir die Rechnung schicken, und von dort erwarten wir dann auch die Zahlung.

Für das Controlling ist es ohne Bedeutung, woher wir später das Geld bekommen; darum kümmert sich die Buchhaltung. Auch bezüglich des Warenempfängers hatten wir uns beim Customizing des Wertfeldes KUNDE in der Ergebnisrechnung entschieden, diese Information zu ignorieren. Kunde aus Sicht des Controllings ist im hier vorgestellten Beispiel allein der Auftraggeber. Genau dieser wird gleich in der Ergebnisrechnung sichtbar sein.

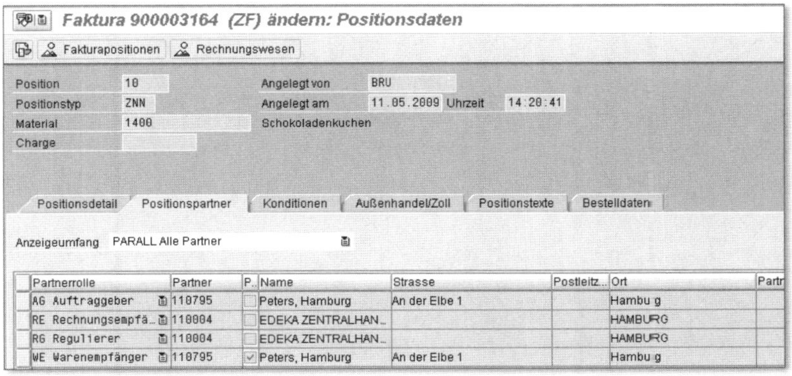

Abbildung 5.128 Faktura – Partnerrollen

Die Fakturierung ist wieder ein hervorragendes Beispiel für die Integration der unterschiedlichen Module in SAP ERP. Rechnungen werden nicht ursächlich erstellt, um die Ergebnisrechnung des Controllings zu versorgen, wir sind nur Nutznießer. Deshalb erscheint dieser Beleg aus unserer Sicht reichlich kompliziert. Aus der Sicht derjenigen im Unternehmen, die für die Lieferungen oder die Zahlungseingänge verantwortlich sind, enthält das Register POSITIONSPARTNER allerdings keine überflüssige Information.

Konditionen

Im nächsten Register zur Position, dem Register KONDITIONEN, wird sichtbar, wie der Zeilenpreis von 45.000 EUR zustande kommt (siehe Abbildung 5.129). Wie schon im Exkurs auf Seite 301 erwähnt, verzichte ich in diesem Buch auf die im deutschen Handel verbreitete »Rabattitis«. Der Basispreis von 5,50 EUR pro Stück (Kondition ZPGH »Preis/Einheit«) wird dem Kunden ohne Abzug in Rechnung gestellt.

In der Realität finden Sie an dieser Stelle 20 oder vielleicht sogar 50 Zeilen mit Rabatten, Zwischensummen und Steuern.

Die Menge von 10.000 Stück »Schokoladenkuchen« habe ich übrigens deshalb so hoch gewählt, damit Ihnen die Zahlen, die wir gleich in der Ergebnisrechnung sehen werden, zumindest in der Größenordnung vertraut sind. Dass ein Kunde, wie in diesem Beispiel, zwei Drittel des geplanten Jahresabsatzes in einer Lieferung abnimmt, ist in der Konsumgüterbranche eher die Ausnahme.

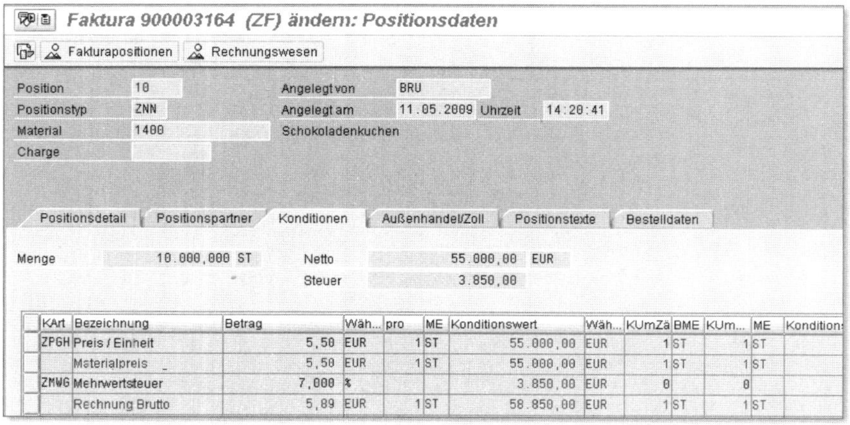

Abbildung 5.129 Faktura – Konditionen

Belege im Rechnungswesen

Nachdem wir jetzt die Vertriebsinformationen der Faktura unter die Lupe genommen haben, sind wir ganz gespannt, wie die zugehörigen Belege im Rechnungswesen aussehen. Nutzen Sie hierfür den Button RECHNUNGSWESEN (siehe Abbildung 5.130).

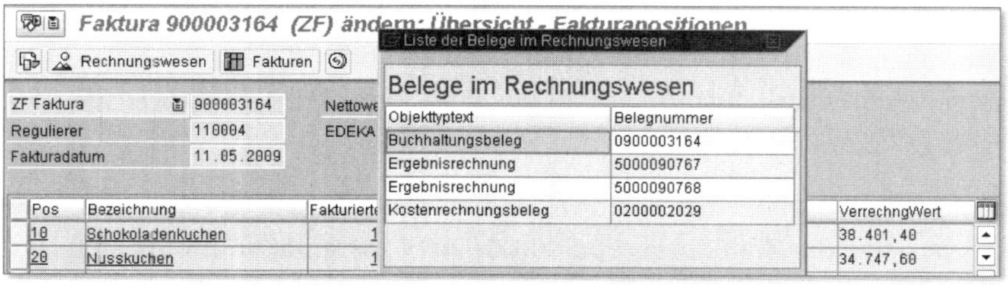

Abbildung 5.130 Faktura – Rechnungswesenbelege

Buchhaltungsbeleg

In der Buchhaltung wird ein offener Posten auf dem Debitorenkonto des Regulierers Edeka generiert (siehe Abbildung 5.131). Das Gegenkonto ist das Erlöskonto 801010. Mehrwertsteuer wird in der Buchhaltung natürlich auch berücksichtigt.

Wollen Sie jetzt ganz genau wissen, welche Einstellung Sie im Customizing vornehmen müssen, damit diese Konten bei der Übergabe der Faktura in die Buchhaltung angezogen werden? Ich glaube, diesen Abschnitt erspare ich Ihnen und mir. Für das Verständnis der Ergebnisrechnung müssen Sie diese Einstellungen nicht kennen. Lassen Sie sich die Kontenfindung zur Faktura bitte von Beratern der Module Vertrieb oder Buchhaltung erklären.

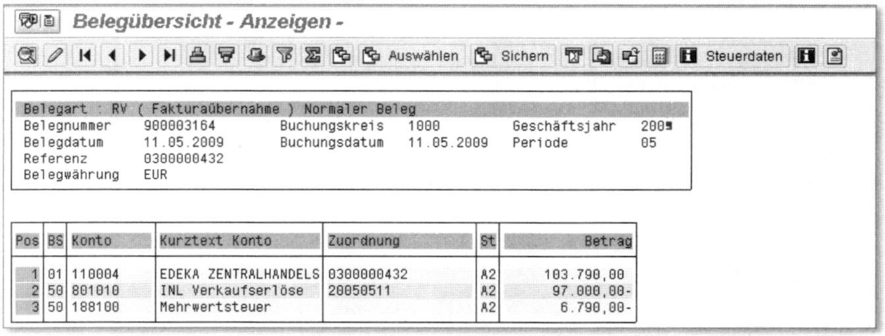

Abbildung 5.131 Faktura – Buchhaltungsbeleg

Ergebnisrechnung

Jetzt aber wieder zu unserem Metier. Im Rahmen der Planung hatten wir uns schon zweimal Einzelposten der Ergebnisrechnung angesehen (siehe Abbildungen 5.27 und 5.91). Der Klick auf die erste Zeile ERGEBNISRECHNUNG in Abbildung 5.130 führt uns ebenfalls zu einem Einzelposten, allerdings zu einem, der im Ist entstand (siehe Abbildung 5.132). Für die Darstellung von Einzelposten in Plan und Ist werden völlig andere Bildschirmmasken verwendet, obwohl die Felder in den Datenstrukturen fast übereinstimmen. Warum das so ist, bleibt ein Rätsel. Hier ist ein Teil der Merkmale zu sehen, die von dem Fakturabeleg an die Ergebnisrechnung übergeben wurden.

Wertfelder

Im Register WERTFELDER sind Absatz und Produktkosten dargestellt (siehe Abbildung 5.133).

Produktkosten

Mit der Fakturierung werden die Produktkosten aus Kalkulationen automatisch gezogen. Die Auswahl der Kalkulation erfolgt über die flexible Kalkulationsauswahl (siehe Abschnitt 5.4.3, »Übernahme von Produktkosten«). Das erforderliche Customizing ist dort ebenfalls beschrieben.

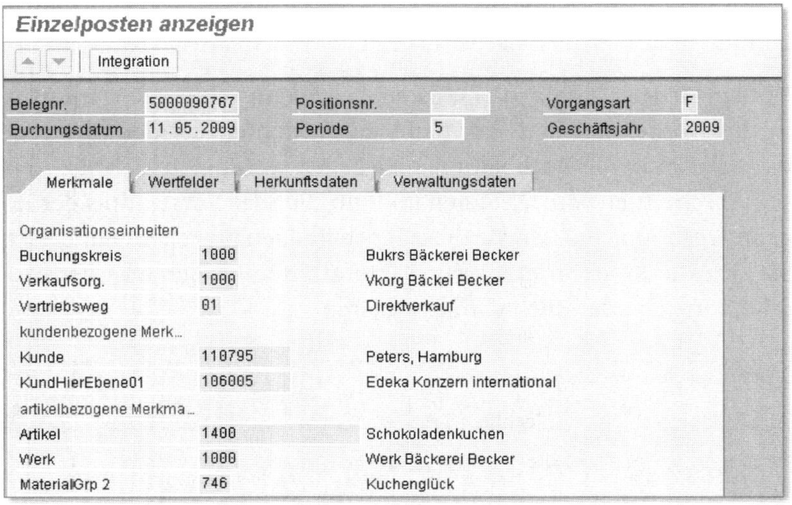

Abbildung 5.132 Einzelposten in der Ergebnisrechnung – Merkmale

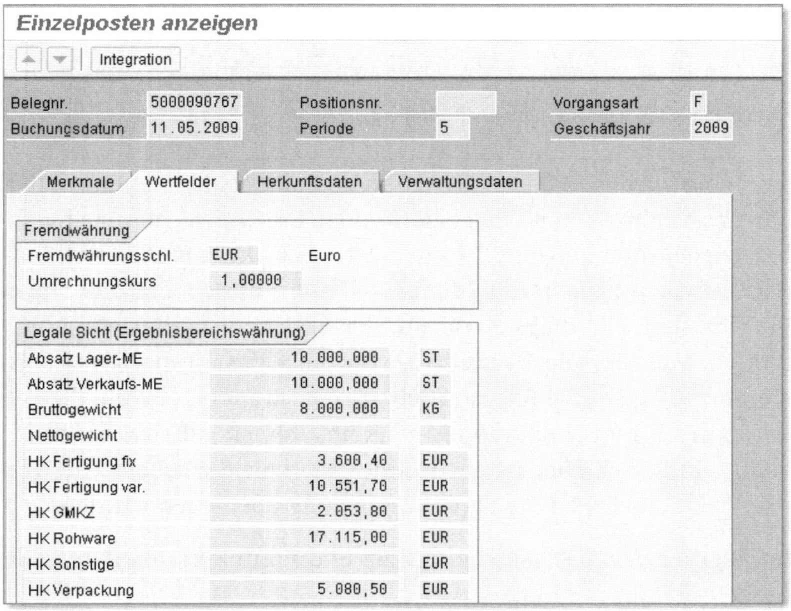

Abbildung 5.133 Ergebnisrechnung – Absatz und Produktkosten

Umsatz Weiter unten im Register WERTFELDER finden wir den Umsatz, den diese Fakturaposition generiert hat (siehe Abbildung 5.134).

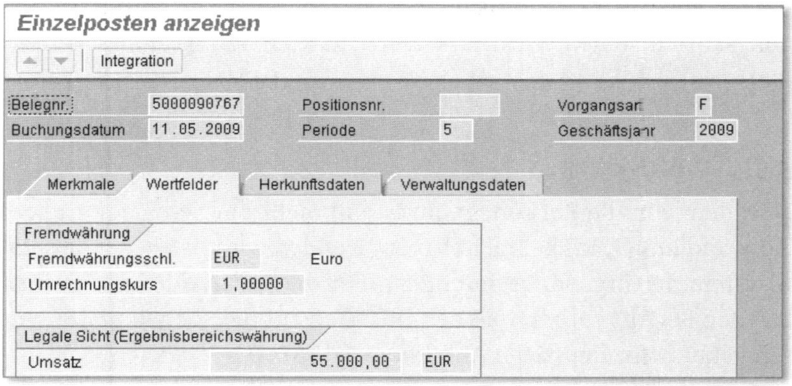

Abbildung 5.134 Ergebnisrechnung – Umsatz

5.5.2 Kostenstellen und Aufträge

Die Umlage von Kostenstellen und die Abrechnung von Aufträgen in die Ergebnisrechnung mit der Top-down-Verteilung wurden bei der Planung bereits ausführlich beschrieben (siehe Abschnitt 5.4.4, »Umlage von Kostenstellen«, und Abschnitt 5.4.5, »Abrechnung von Aufträgen«). Beide Funktionen sind im Plan und im Ist identisch. Die einzigen Unterschiede sind die Transaktionen, mit denen Sie die Istfunktionen aufrufen.

Auftragsabrechnung

Für die Auftragsabrechnung nutzen Sie die Transaktion KO8G, im Menü: Rechnungswesen • Controlling • Innenaufträge • Periodenabschluss Einzelfunktionen • Abrechnung • Sammelverarbeitung.

Top-down-Verteilung

Die Top-down-Verteilung starten Sie mit der Transaktion KE28, im Menü: Rechnungswesen • Controlling • Ergebnis- und Marktsegmentrechnung • Istbuchungen • Periodische Anpassungen • Top-down-Verteilung.

Umlage von Kostenstellen

Für die Umlage von Kostenstellen nutzen Sie die Transaktion KEU5, im Menü: Rechnungswesen • Controlling • Ergebnis- und Marktsegmentrechnung • Istbuchungen • Kostenstellen-/Prozesskosten übernehmen • Umlage. Beachten Sie bitte, dass bei der Umlage im Ist zusätzlich zu den Overhead-Kostenstellen (Vertrieb, Verwaltung) auch die Fertigungskostenstellen bearbeitet werden. Hier treten Abweichungen durch Differenzen zwischen Belastungen und Entlastungen aus Produktionsleistungen auf. Die Abweichungen aus Fertigungskosten stellen wir in das Wertfeld KOSTENSTELLENABWEICHUNGEN.

5.5.3 Infosystem

Istdaten Nachdem wir alle Buchungen im Ist mit mehr oder weniger großem Aufwand hinter uns gebracht haben, wenden wir uns wieder dem Infosystem der Ergebnisrechnung zu. Für die Istdaten habe ich einen zweiten Bericht vorbereitet, der die Daten aus der soeben präsentierten Faktura anzeigt (siehe Abbildung 5.135).

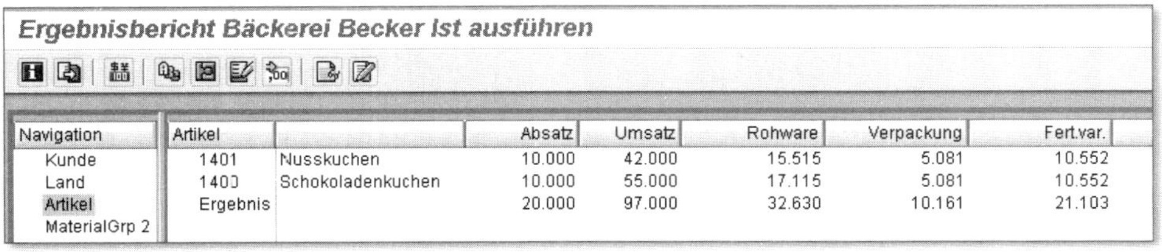
Ergebnisbericht Bäckerei Becker Ist ausführen

Navigation	Artikel		Absatz	Umsatz	Rohware	Verpackung	Fert.var.
Kunde	1401	Nusskuchen	10.000	42.000	15.515	5.081	10.552
Land	1403	Schokoladenkuchen	10.000	55.000	17.115	5.081	10.552
Artikel	Ergebnis		20.000	97.000	32.630	10.161	21.103
MaterialGrp 2							

Abbildung 5.135 Ergebnisbericht für Istdaten

Selbstverständlich sind auch hier sämtliche Möglichkeiten zur Navigation verfügbar, die wir bei der Planung bereits besprochen hatten. Hier z. B. der Aufriss nach Kunde (siehe Abbildung 5.136).

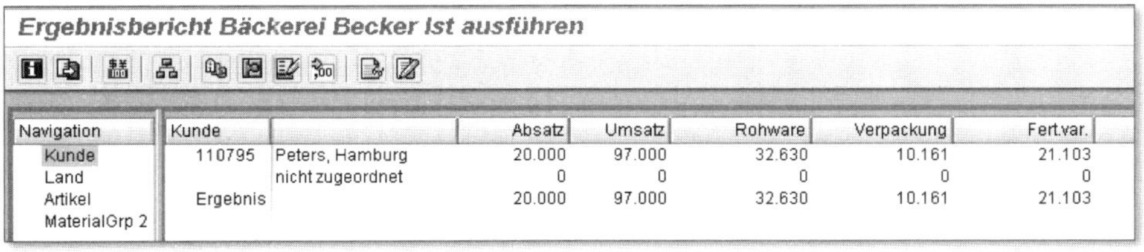
Ergebnisbericht Bäckerei Becker Ist ausführen

Navigation	Kunde		Absatz	Umsatz	Rohware	Verpackung	Fert.var.
Kunde	110795	Peters, Hamburg	20.000	97.000	32.630	10.161	21.103
Land		nicht zugeordnet	0	0	0	0	0
Artikel	Ergebnis		20.000	97.000	32.630	10.161	21.103
MaterialGrp 2							

Abbildung 5.136 Istdaten – Aufriss nach Kunde

Plan-Ist-Vergleiche In Abschnitt 5.4, »Planung«, hatten wir mehrere Male die Gelegenheit, Plandaten zu sehen. In den Abbildungen 5.135 und 5.136 waren soeben Istdaten zu sehen. Für Controller wird es allerdings erst dann richtig spannend, wenn Plan-Ist-Vergleiche in einem Bericht möglich sind. Dafür habe ich in einem anderen Zusammenhang einen Bericht mit der Technik erstellt, die Ihnen bereits von der Deckungsbeitragsrechnung vertraut ist (siehe Abschnitt 5.4.8, »Noch einmal: Infosystem«). Statt nach Artikeln wird jetzt in den Spalten nach dem Plan-/Istkennzeichen getrennt (siehe Abbildung 5.137).

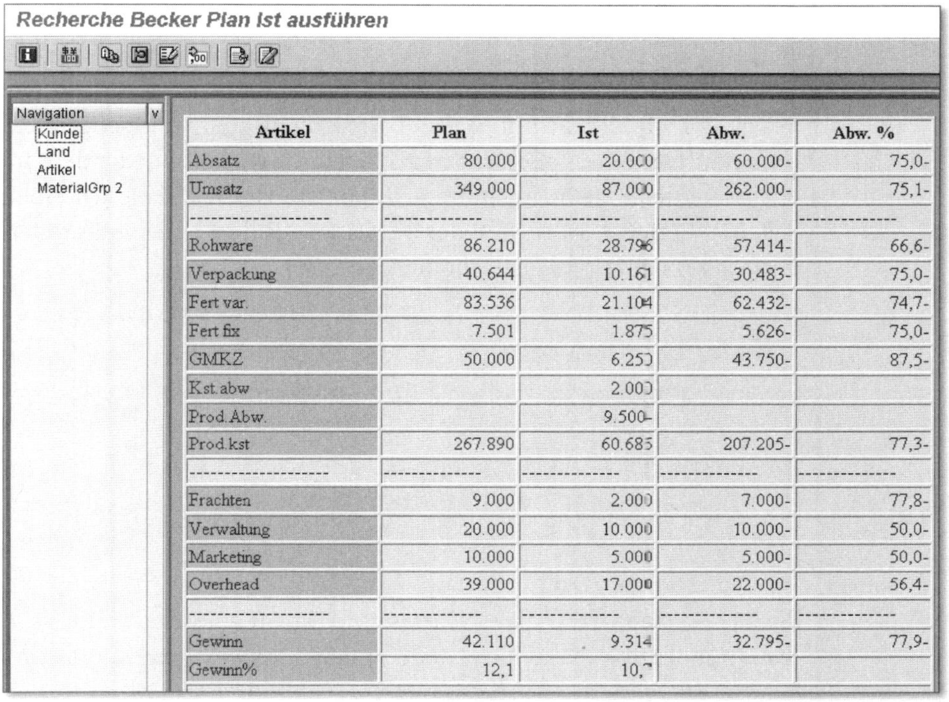

Artikel	Plan	Ist	Abw.	Abw. %
Absatz	80.000	20.000	60.000-	75,0-
Umsatz	349.000	87.000	262.000-	75,1-
-------------------	-------------	-------------	-------------	-------------
Rohware	86.210	28.796	57.414-	66,6-
Verpackung	40.644	10.161	30.483-	75,0-
Fert var.	83.536	21.104	62.432-	74,7-
Fert fix	7.501	1.875	5.626-	75,0-
GMKZ	50.000	6.250	43.750-	87,5-
Kst.abw		2.000		
Prod.Abw.		9.500-		
Prod.kst	267.890	60.685	207.205-	77,3-
-------------------	-------------	-------------	-------------	-------------
Frachten	9.000	2.000	7.000-	77,8-
Verwaltung	20.000	10.000	10.000-	50,0-
Marketing	10.000	5.000	5.000-	50,0-
Overhead	39.000	17.000	22.000-	56,4-
-------------------	-------------	-------------	-------------	-------------
Gewinn	42.110	9.314	32.795-	77,9-
Gewinn%	12,1	10,[illegible]		

Abbildung 5.137 Plan-Ist-Vergleich

5.5.4 Zusammenfassung

Die Ergebnis- und Marktsegmentrechnung sitzt wie die Spinne im Netz und wartet auf Beute aus dem Modul Vertrieb sowie den anderen Controllingkomponenten Gemeinkostenrechnung und Produktkostenrechnung. Jedes verfügbare Element wird verschlungen und in den Tiefen der Datenbasis als Einzelposten abgelegt. Anschließend werden die Trophäen nach beliebigen Kriterien selektiert, gruppiert und in Form von Berichten wieder an die Oberfläche gebracht.

Im Vergleich zu den anderen Controllingkomponenten von SAP ERP verfügt die Ergebnisrechnung über eine simple Datenstruktur. Diese Eigenschaft und die vielen frei definierbaren Funktionen machen sie zum mächtigsten Werkzeug des Controllings.

Kapitel 6

Die »Harmonie« zwischen Buchhaltung und Controlling

Wie kann eine GuV der Finanzbuchhaltung zum gleichen Ergebnis kommen wie eine Ergebnisrechnung des Controllings? Welche Voraussetzungen müssen dafür geschaffen werden? Welche Einstellungen sind im System erforderlich?

6 Harmonisierung im Rechnungswesen

6.1 Gesamtkostenverfahren vs. Umsatzkostenverfahren

Die Finanzbuchhaltung (*externes Rechnungswesen*) erstellt zur Darstellung des Unternehmenserfolgs für jede Periode eine Gewinn-und-Verlust-Rechnung – kurz GuV. Dabei finden die Regeln des *Gesamtkostenverfahrens* Anwendung. Dem gegenüber steht die Ergebnis- und Marktsegmentrechnung des Controllings (*internes Rechnungswesen*). Auch hier wird der Unternehmenserfolg, sprich Gewinn, für jede Periode ermittelt. In der Ergebnisrechnung werden allerdings die Regeln des *Umsatzkostenverfahrens* genutzt. Grundsätzlich sollte das Ergebnis beider Berichte übereinstimmen. Leider ist das in der Praxis nicht ohne Weiteres der Fall. Damit die gewünschte Situation eintritt, müssen sowohl die Buchhalter als auch die Controller ihre eigenen Schatten überspringen. Nur wenn sie mit einem großen Satz aufeinander zu bewegen, gelingt die Harmonisierung von externem und internem Rechnungswesen.

Gesamtkostenverfahren

Beim *Gesamtkostenverfahren* der Buchhaltung werden die gesamten Aufwendungen einer Periode den Erlösen gegenübergestellt. Wichtig beim Gesamtkostenverfahren ist die Position *Gesamtleistung*. Für diejenigen Produkte, die zwar produziert, aber noch nicht verkauft sind, wird quasi als Wertspeicher der Aufbau des entsprechenden Lagerbestandes als zusätzliche Leistung ausgewiesen. Die Veränderung des Lagerbestandes an eigengefertigten Produkten wird in der GuV als *Bestandsveränderung* dargestellt. Der Saldo aus Erlös und Bestandsveränderung erscheint dann als *Gesamtleistung*.

Basis für die GuV sind die Konten der Buchhaltung. Die Konten werden nicht immer einzeln ausgewiesen, sondern es werden stattdessen Kontengruppen gebildet. Eine nach Kontengruppen verdichtete GuV könnte z. B. Werte für Erlös, Materialaufwand, Personalaufwand, Abschreibungen und Energie ausweisen.

Umsatzkostenverfahren

Beim *Umsatzkostenverfahren* der Ergebnisrechnung werden den Umsätzen nur die Kosten gegenübergestellt, die den verkauften Produkten zugerechnet werden können. Die Produktkosten werden also nicht zwangsläufig in der Periode ausgewiesen, in der sie anfallen, sondern erst dann, wenn die gefertigten Produkte auch tatsächlich verkauft sind. Die Begriffe *Bestandsveränderung* und *Gesamtleistung* tauchen hier nicht auf.

Die Ergebnisrechnung gruppiert Kosten nach funktionalen Bereichen im Unternehmen wie Produktion, Vertrieb und Verwaltung. Hinter jedem dieser Bereiche stehen mehrere Kostenstellen. Für die einzelnen Kostenstellen sind Analysen nach Kostenarten möglich, erst hier tauchen die Begriffe der FI-Konten Personal, Abschreibungen etc. wieder auf.

Für die betriebswirtschaftliche Steuerung sind die Buchhaltungskonten der GuV auf oberster Ebene wenig aussagekräftig. Mit den funktional gegliederten Berichten der CO-Ergebnisrechnung können Fragen beantwortet werden, die die GuV offenlässt, z. B. die Frage: »Wie hat die zunehmende Rationalisierung in der Produktion zum Unternehmenserfolg beigetragen?« Durch das Technisieren der Produktion entstehen in vielen Unternehmen Verschiebungen von Kosten, und zwar weg vom Personalaufwand hin zu Abschreibungen für die neuen Maschinen. Die GuV wird für das Gesamtunternehmen erstellt. Deshalb wird die Änderung in den Positionen *Personal* und *Abschreibungen* durch andere Bereiche verwässert, in denen ebenfalls Personalkosten und Abschreibungen anfallen. Erst durch die isolierte Betrachtung der Produktion in der Ergebnisrechnung zeigt sich, ob die Rationalisierung in Form einer Kostensenkung sichtbar wird.

Aufwand/Kosten Erlös/Umsatz

In den vorangegangenen Abschnitten wurden mit den Begriffen *Aufwand* und *Kosten* das Geld umschrieben, das ein Unternehmen ausgibt. *Erlös* und *Umsatz* wurden verwendet, wenn ein Unternehmen Geld für seine Produkte oder Leistungen erhält. Über den Zusammenhang und die Unterschiede zwischen Aufwand/Kosten bzw. Erlös/Umsatz wurden bereits Bücher, die mehrere Regalmeter füllen, geschrieben. Eine Wiederholung erspare ich Ihnen – hier nur so viel: Die Begriffe *Aufwand* und *Erlös* stammen aus der Buchhaltung, die Begriffe *Kosten* und *Umsatz* aus dem Controlling. Mit zunehmender Harmonisierung der Rechnungskreise Finanzbuchhaltung und Controlling verlieren die Unterschiede von Aufwand/Kosten einerseits und Erlös/Umsatz andererseits an Bedeutung. Die Überlappung der Begriffe nimmt zu. An dieser Stelle werden Aufwand und Kosten einerseits sowie Umsatz und Erlös andererseits als Synonyme gebraucht.

6.2 Zahlenbeispiele

Der Unterschied zwischen einer Buchhaltungs-GuV und einer Ergebnisrechnung wird deutlich, wenn wir verschiedene Beispiele mit Zahlen betrachten. Im Folgenden stelle ich Ihnen vier Szenarien vor:

- »Normales« Geschäft
- Produktion ohne Verkauf
- Verkauf ohne Produktion
- Standardkostenrechnung

6.2.1 »Normales« Geschäft

Bei normalem Geschäft produziert das Unternehmen Fertigerzeugnisse. Für die Produktion und den Vertrieb fallen Kosten an. Die Hälfte der produzierten Waren wird an Kunden verkauft. Die einzelnen Vorgänge mit Werten sind in Tabelle 6.1 dargestellt.

Vorgang	Wert
Produktion von Fertigerzeugnissen	800 EUR
Kosten der Produktion → Materialeinsatz → Personal → Abschreibungen	 300 EUR 200 EUR 300 EUR
Kosten des Vertriebs → Personal → Abschreibungen	 100 EUR 100 EUR

Tabelle 6.1 Vorgänge bei normalem Geschäft

Vorgang	Wert
Lieferung der halben Produktion an Kunden	400 EUR
Rechnung an Kunden	700 EUR

Tabelle 6.1 Vorgänge bei normalem Geschäft (Forts.)

Beispiel 1 GuV

Aus diesen Vorgängen können wir eine GuV nach dem Gesamtkostenverfahren ableiten (siehe Tabelle 6.2). Hier sind Erlöse und Bestanderhöhungen als positive Zahl dargestellt, Aufwände und Bestandsverringerungen als negative Zahl. Ein Gewinn wird dementsprechend mit einer positiven Zahl, ein Verlust mit einer negativen Zahl dargestellt.

Gewinn-und-Verlust-Rechnung	
Umsatzerlöse	700 EUR
Bestandsveränderungen → Bestandserhöhung aus Produktion → Bestandsminderung aus Lieferung Saldo	800 EUR −400 EUR 400 EUR
Gesamtleistung	1.100 EUR
Materialeinsatz	−300 EUR
Personal (Produktion und Vertrieb)	−300 EUR
Abschreibungen (Produktion und Vertrieb)	−400 EUR
Gewinn/Verlust	100 EUR

Tabelle 6.2 GuV bei normalem Geschäft

Beispiel 1 Ergebnisrechnung

Die Ergebnisrechnung im Controlling zeigt für die gleichen Vorgänge das folgende Bild (siehe Tabelle 6.3). Für die Vorzeichen gilt das Gleiche, wie es soeben für die GuV beschrieben wurde.

Ergebnisrechnung	
Umsatzerlöse	700 EUR
Produktion (anteilig für die verkauften Produkte)	−400 EUR
Vertrieb (volle Kosten)	−200 EUR
Gewinn/Verlust	100 EUR

Tabelle 6.3 Ergebnisrechnung bei normalem Geschäft

Produktkosten der verkauften Menge

In der Ergebnisrechnung werden für die Produktion nur die Kosten dargestellt, die der verkauften Menge zuzurechnen sind. Die Kosten für die nicht verkauften Produkte sind im Lager »gespeichert« und werden erst dann in der Ergebnisrechnung dargestellt, wenn sie an Kunden abgesetzt werden. Die Kosten für den Vertrieb von 200 EUR werden voll in die Ergebnisrechnung überführt, hier ist eine Trennung nach produzierten und verkauften Mengen nicht vorgesehen.

Vergleich von GuV und Ergebnisrechnung

GuV und Ergebnisrechnung kommen zum gleichen Ergebnis. Beide weisen einen Gewinn von 100 EUR aus. Schon bei diesem ersten Beispiel werden die Unterschiede der beiden Sichtweisen klar. Außer bei den Umsatzerlösen und beim Gewinn finden wir keine übereinstimmenden Zahlen. Für die Praxis bedeutet das: Wenn die Gewinne von GuV und Ergebnisrechnung nicht übereinstimmen, reichen die beiden Rechenwerke nicht aus, um die Ursachen zu ermitteln. Umfangreiche Untersuchungen bei Kostenstellen, Innenaufträgen, Produktkostensammlern und Bestandsbewertungen sind dann erforderlich.

6.2.2 Produktion ohne Verkauf

Das Gesamtkostenverfahren der GuV kommt auch in »Extremsituationen« zum gleichen Ergebnis wie das Umsatzkostenverfahren der Ergebnisrechnung.

Betrachten wir jetzt eine Situation, bei der produziert wird, ohne dass Produkte an Kunden abgesetzt werden können (siehe Tabelle 6.4).

Vorgang	Wert
Produktion von Fertigerzeugnissen	800 EUR
Kosten der Produktion → Materialeinsatz → Personal → Abschreibungen	 300 EUR 200 EUR 300 EUR
Kosten des Vertriebs → Personal → Abschreibungen	 100 EUR 100 EUR
Lieferung an Kunden	0 EUR
Rechnung an Kunden	0 EUR

Tabelle 6.4 Vorgänge bei Produktion ohne Verkauf

Beispiel 2 GuV

Auch hier lässt sich eine GuV nach dem Gesamtkostenverfahren ableiten (siehe Tabelle 6.5).

Gewinn-und-Verlust-Rechnung	
Umsatzerlöse	0 EUR
Bestandsveränderungen → Bestandserhöhung aus Produktion → Bestandsminderung aus Lieferung Saldo	 800 EUR 0 EUR 800 EUR
Gesamtleistung	800 EUR
Materialeinsatz	–300 EUR
Personal (Produktion und Vertrieb)	–300 EUR
Abschreibungen (Produktion und Vertrieb)	–400 EUR
Gewinn/Verlust	–200 EUR

Tabelle 6.5 GuV bei Produktion ohne Verkauf

Beispiel 2 Ergebnisrechnung

Die Ergebnisrechnung stellt sich bei Produktion ohne Verkauf folgendermaßen dar (siehe Tabelle 6.6).

Ergebnisrechnung	
Umsatzerlöse	0 EUR
Produktion	0 EUR
Vertrieb	–200 EUR
Gewinn/Verlust	–200 EUR

Tabelle 6.6 Ergebnisrechnung bei Produktion ohne Verkauf

6.2.3 Verkauf ohne Produktion

Als nächste Extremsituation betrachten wir den folgenden Monat, in dem der gesamte Bestand verkauft wird, ohne dass das Unternehmen weiter produziert (siehe Tabelle 6.7).

Bei den Mitarbeitern der Produktion handelt es sich in diesem Beispiel ausschließlich um Angestellte von Zeitarbeitsfirmen. Angesichts der hohen Lagerbestände wurde in dieser Periode auf Produktion verzichtet, sodass Kosten für Personal und für eingesetztes Material in der Produktion nicht anfallen. Die Produktionsmaschinen werden nicht genutzt, Abschreibungen in Höhe von 300 EUR sind dennoch nicht zu vermeiden.

Vorgang	Wert
Produktion von Fertigerzeugnissen	0 EUR
Kosten der Produktion → Materialeinsatz → Personal → Abschreibungen	 0 EUR 0 EUR 300 EUR
Kosten des Vertriebs → Personal → Abschreibungen	 100 EUR 100 EUR
Lieferung an Kunden	800 EUR
Rechnung an Kunden	1.400 EUR

Tabelle 6.7 Vorgänge bei Verkauf ohne Produktion

Beispiel 3 GuV

Die GuV, die sich jetzt ergibt, ist in Tabelle 6.8 zu sehen

Gewinn-und-Verlust-Rechnung	
Umsatzerlöse	1.400 EUR
Bestandsveränderungen → Bestandserhöhung aus Produktion → Bestandsminderung aus Lieferung Saldo	 0 EUR –800 EUR –800 EUR
Gesamtleistung	600 EUR
Materialeinsatz	0 EUR
Personal (nur Vertrieb)	–100 EUR
Abschreibungen (Produktion und Vertrieb)	–400 EUR
Gewinn/Verlust	100 EUR

Tabelle 6.8 GuV bei Verkauf ohne Produktion

Beispiel 3 Ergebnisrechnung

Für dieses Beispiel Verkauf ohne Produktion wird die Darstellung in der Ergebnisrechnung etwas komplizierter. Es wurden keine eigengefertigten Produkte auf Lager gelegt, die diese Abschreibungen aufnehmen könnten. Deshalb bleibt für die Ergebnisrechnung nur der Ausweis von Abweichungen, um die Brücke zur GuV zu schließen (siehe Tabelle 6.9).

Ergebnisrechnung	
Umsatzerlöse	1.400 EUR
Produktion	–800 EUR
Abweichungen aus Abschreibungen	–300 EUR
Vertrieb	–200 EUR
Gewinn/Verlust	100 EUR

Tabelle 6.9 Ergebnisrechnung bei Verkauf ohne Produktion

Die Erkenntnis aus dem dritten Beispiel lautet: Achten Sie darauf, dass alle Kosten der Produktion auch tatsächlich in die Bewertung der produzierten Bestände einfließen. Alle nicht oder zu viel verrechneten Beträge führen zu Abweichungspositionen in der Ergebnisrechnung.

6.2.4 Standardkostenrechnung

Im vierten und letzten Zahlenbeispiel gehen wir davon aus, dass im betrachteten Unternehmen eine Standardkostenrechnung mit SAP ERP eingesetzt wird.

Die Vorgänge im Beispiel *Standardkostenrechnung* sind vergleichbar mit dem, was wir in Beispiel 1 angenommen hatten (siehe Tabelle 6.10). Beachten Sie, dass jetzt Standardkosten für die Bewertung der Fertigerzeugnisse herangezogen werden.

Vorgang	Wert
Produktion von Fertigerzeugnissen 1.000 Stück Standardkalkulation: → Materialeinsatz: 0,50 EUR pro Stück → Fertigung (Personal und AfA): 0,50 EUR pro Stück → Summe: 1,00 EUR pro Stück	1.000 EUR
Tatsächliche Kosten der Produktion → Materialeinsatz → Personal → Abschreibungen	 400 EUR 300 EUR 250 EUR
Kosten des Vertriebs → Personal → Abschreibungen	 100 EUR 100 EUR

Tabelle 6.10 Vorgänge bei Standardkostenrechnung

Vorgang	Wert
Lieferung an Kunden (500 Stück)	500 EUR
Rechnung an Kunden	800 EUR

Tabelle 6.10 Vorgänge bei Standardkostenrechnung (Forts.)

Bevor wir wieder eine GuV und eine Ergebnisrechnung aufstellen, möchte ich Ihnen gerne in Bildern zeigen, welche Buchungen durch diese Vorgänge im System ausgelöst werden.

Materialverbrauch

Die Entnahme von Material für die Produktion führt in der Finanzbuchhaltung zu einer Minderung des Bestandswertes in der Bilanz sowie zu einer Aufwandsbuchung in der GuV in gleicher Höhe. Die Bewertung des Materialverbrauchs erfolgt zum aktuellen gleitenden Durchschnittspreis. Im Gegenzug erhält der Kostenträger des produzierten Materials eine Belastung in gleicher Höhe.

Die linke Säule in Abbildung 6.1 stellt die Aufwandsbuchung in Höhe von 400 EUR dar. Im Controlling wird exakt diese Materialverbrauchsbuchung im Ist als Belastung auf dem Kostenträger des Fertigprodukts bzw. des Halbfabrikats dargestellt. Kostenträger in SAP ERP können Fertigungsaufträge, Prozessaufträge oder Produktkostensammler der Serienfertigung sein.

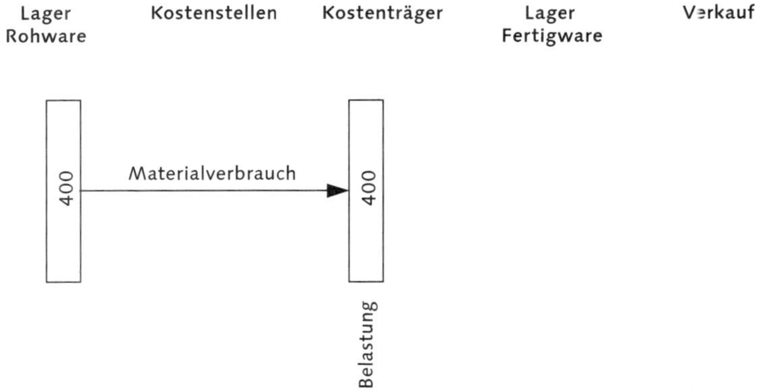

Abbildung 6.1 Materialverbrauch bewertet mit gleitendem Durchschnittspreis

Produktion

Die Fertigmeldung von selbst hergestellten Produkten (Fertigerzeugnisse oder Halbfabrikate) erzeugt in der Finanzbuchhaltung eine Lagerbestandserhöhung. Sie ist mit dem Standardpreis des entsprechenden Produkts bewertet. Der Standardpreis jedes Materials lässt sich auf eine Plankalkulation zurückführen. Im Controlling wird die Bestandsveränderung als Entlastung eines Kostenträgers sichtbar.

In diesem Beispiel wurden 1.000 Stück eines Produkts gefertigt. Diesem Produkt liegt eine Kalkulation zugrunde mit 0,50 EUR pro Stück für Materialeinsatz sowie 0,50 EUR pro Stück für die Fertigungsleistung. Entsprechend beträgt der Standardpreis 0,50 EUR + 0,50 EUR = 1,00 EUR pro Stück. Der Wert der Bestandsveränderung ergibt sich also aus produzierter Menge mal Standardpreis gleich 1.000 EUR (siehe Abbildung 6.2, rechte Säule bei »Produktion«).

Die Fertigmeldung von selbst hergestellten Produkten löst im Controlling eine Entlastung (= Gutschrift) auf dem entsprechenden Kostenträger aus. Die Bewertung der Entlastung erfolgt, wie die Bewertung der Lagerbestandserhöhung, zum Standardpreis des hergestellten Produkts (siehe Abbildung 6.2, linke Säule bei »Produktion«).

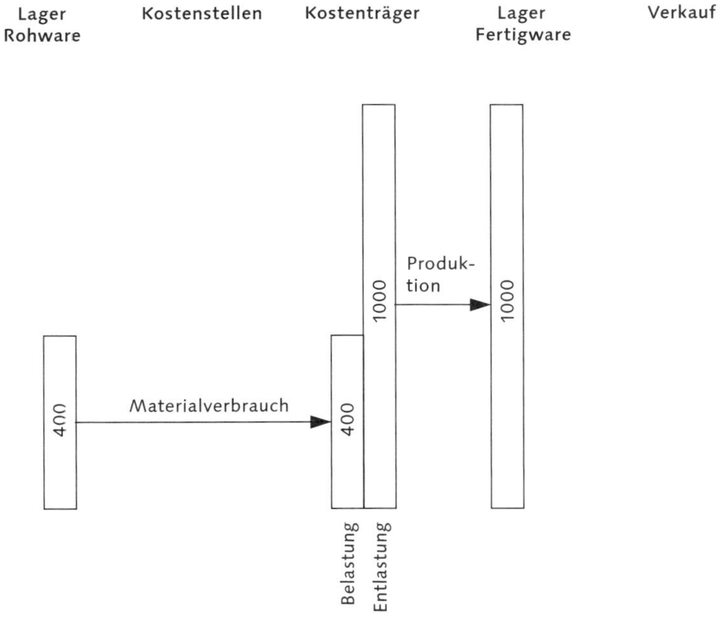

Abbildung 6.2 Produktion bewertet mit Standardkosten

Leistung Die Verrechnung von Fertigungsleistungen, z. B. Maschinenzeiten oder Personaleinsatz, erfolgt in SAP ERP mit einer Leistungsverrechnung von Kostenstelle auf Kostenträger. Betroffen sind also jeweils zwei Objekte des Controllings; Leistungsbuchungen werden in der

Finanzbuchhaltung nicht dargestellt. Für die Buchung von Istleistungen können »echte« Leistungsdaten aus manuellen Aufschreibungen bzw. Systemen zur Maschinendatenerfassung herangezogen werden. Falls solche »echten« Leistungsdaten nicht vorliegen oder nicht im Controlling genutzt werden sollen, werden Leistungsdaten gemäß Arbeitsplan im System generiert.

Hier wird angenommen, dass im Rahmen einer Serienfertigung der Arbeitsplan als Grundlage für die Leistungsbuchung herangezogen wurde (siehe Abbildung 6.3). So ergeben sich Buchungen für Be- bzw. Entlastung auf Kostenträger bzw. Kostenstelle in gleicher Höhe von jeweils 500 EUR.

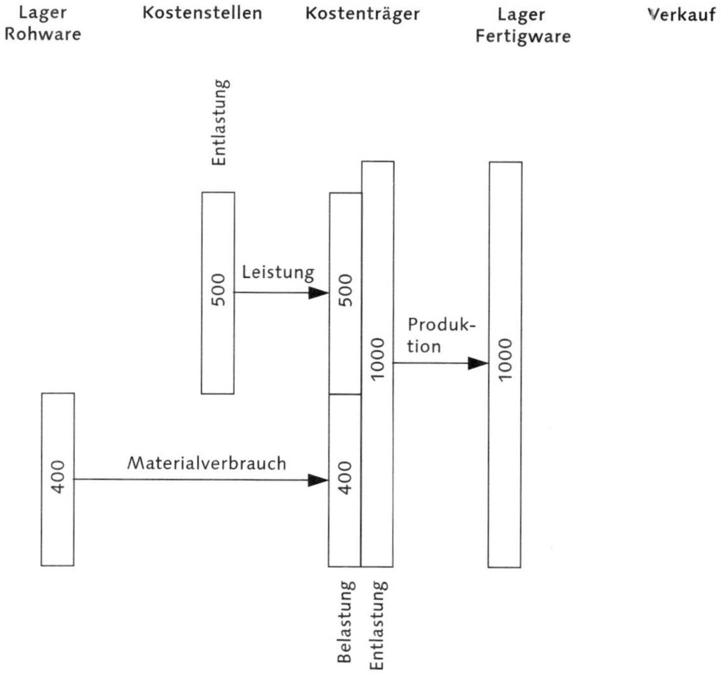

Abbildung 6.3 Standardleistung der Serienfertigung

Aufwand FI

Aufwandsbuchungen der Finanzbuchhaltung für Personal und Abschreibungen im Produktionsbereich werden auf Kostenstellen durchgereicht (siehe Abbildung 6.4).

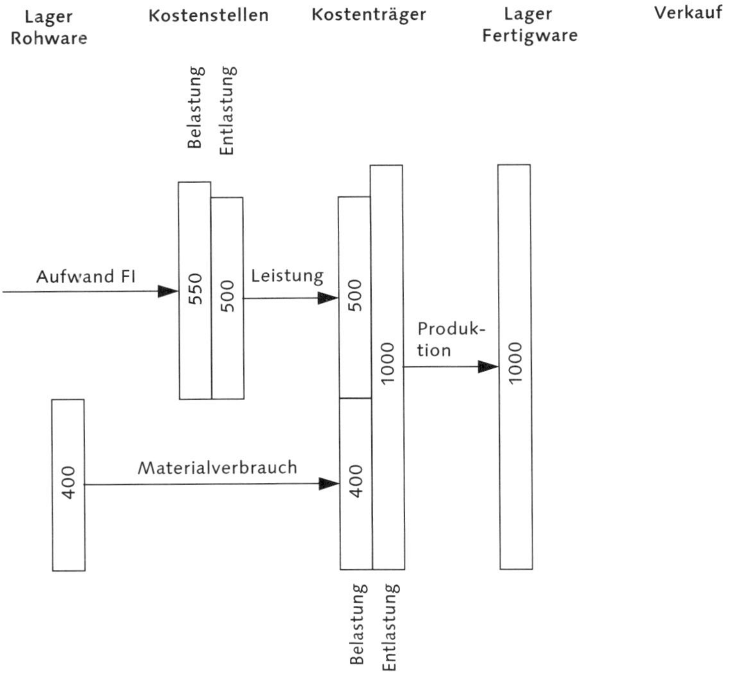

Abbildung 6.4 Aufwandsbuchungen der Finanzbuchhaltung

Verkauf

Beim Verkauf werden durch die Lieferung eine Bestandsminderung im Lager sowie ein Erlös vom Kunden gebucht. Die Kosten der gelieferten Produkte ergeben sich in der Finanzbuchhaltung aus der Bestandsminderung für die Waren, die das Fertigwarenlager verlassen. Die Buchung der Lieferung geht am Controlling vorbei. Die Kosten der gelieferten Produkte erscheinen in der Ergebnisrechnung erst als Bestandteil der Fakturabelege. Mit der Übergabe der Faktura vom Modul Vertrieb in die Ergebnisrechnung wird die entsprechende Kalkulation zur Ermittlung der Produktkosten im System gezogen.

Die Module FI und CO sind bei der Bewertung von gelieferten Produkten nicht automatisch verknüpft. Um dennoch sicherzustellen, dass beide Rechnungskreise den gleichen Wert ausweisen, müssen organisatorische Vorkehrungen getroffen werden. Die Fakturierung muss zuverlässig in der Periode (besser noch am Tag) der Lieferung erfolgen. Nur so ist sichergestellt, dass die FI-Bewertung der Lieferung gemäß Standardpreis mit der CO-Bewertung der Faktura gemäß Kalkulation übereinstimmt. Hier wird die Bedeutung des Zusammenhangs von Kalkulation und Freigabe des Standardpreises deutlich.

In unserem Beispiel ist die Bestandsminderung durch Lieferung als Säule mit 500 EUR in der Spalte »Lager Fertigware« dargestellt (siehe Abbildung 6.5). Der Verkaufserlös ist ganz rechts mit 800 EUR sichtbar. Am Ende der Periode bleibt im Fertigwarenlager die Differenz aus Produktion und Verkauf liegen, hier dargestellt als »Saldo der Bestandsveränderung«.

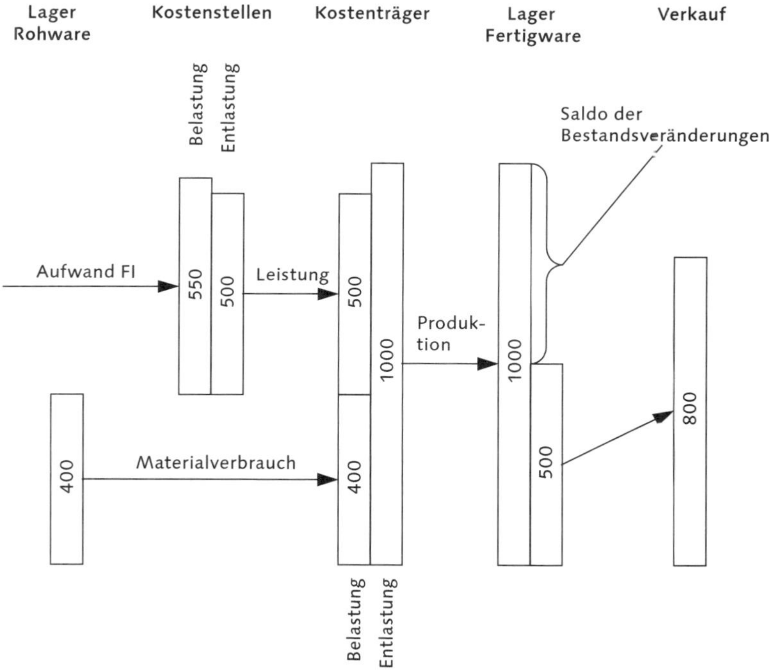

Abbildung 6.5 Lieferung und Verkauf

Abweichungsermittlung im Controlling

Wenn Sie in Ihrem Unternehmen das Ziel *Harmonisierung im Rechnungswesen* verfolgen, dann lautet die Grundregel für das Controlling: Alle Objekte, d. h. Kostenstellen, Innenaufträge, Fertigungsaufträge, Produktkostensammler etc., müssen innerhalb einer Periode vollständig »abgeräumt« werden. Differenzen aus Be- und Entlastungen, auch Über-/Unterdeckung genannt, werden in die Ergebnisrechnung verrechnet.

In unserem Beispiel ergibt sich auf den Kostenstellen durch FI-Belastungen und Entlastungen aus Leistungsbuchungen eine Differenz von 50 EUR, hier: *Unterdeckung* (die Entlastung deckt die Belastung nicht). Beim Kostenträger ist die Belastung durch Leistung und Materialverbrauch geringer als die Entlastung durch die Produktion auf Lager. Die Differenz von 100 EUR heißt jetzt *Überdeckung* (die Entlastung überdeckt die Belastung). Sowohl Über- als auch Unterdeckungen werden in die Ergebnisrechnung verrechnet (siehe Abbildung 6.6).

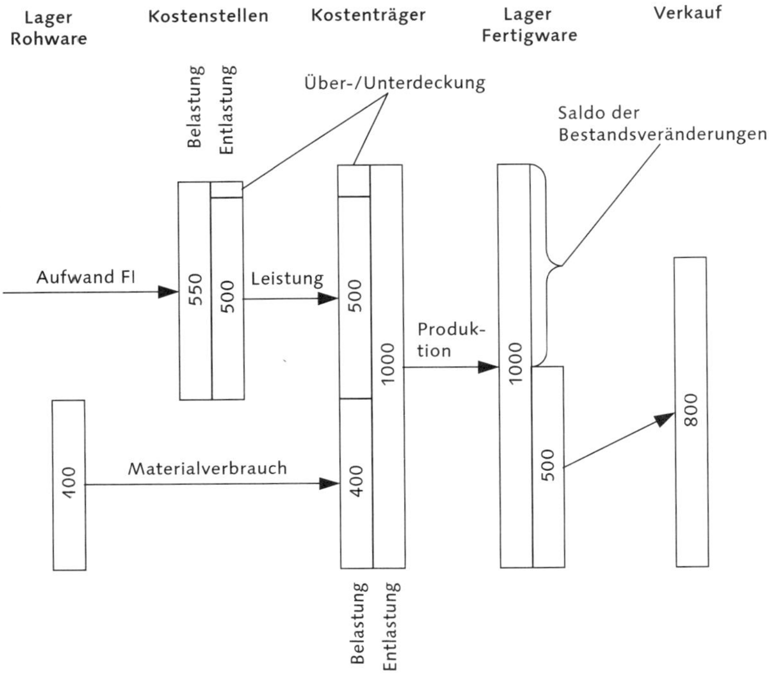

Abbildung 6.6 Abweichungsermittlung und Bestandsveränderung

Buchungen in GuV und Ergebnisrechnung

In der letzten Grafik sind die Buchungen, die in der GuV der Buchhaltung zu sehen sind, schwarz markiert, während diejenigen, die in der Ergebnisrechnung dargestellt sind, grau markiert wurden (siehe Abbildung 6.7). Die Kosten für verkaufte Waren in Höhe von 500 EUR und der Erlös aus Verkauf von 800 EUR wirken sowohl in der GuV als auch in der Ergebnisrechnung; sie sind deshalb schwarz-grau gefärbt.

Kosten des Vertriebs

Bevor wir uns zum Abschluss dieses Beispiels der GuV und der Ergebnisrechnung zuwenden, sollten wir nicht vergessen, dass zusätzlich zu den Buchungen im Umfeld von Produkten noch Kosten im Vertrieb angefallen sind. Diese werden von der Buchhaltung auf Kostenstellen gebucht und von dort direkt in die Ergebnisrechnung umgelegt.

Jetzt ist es so weit, die Gewinn-und-Verlust-Rechnung in der Buchhaltung kann erstellt werden (siehe Tabelle 6.11).

GuV

Gewinn-und-Verlust-Rechnung	
Umsatzerlöse	800 EUR
Bestandsveränderungen → Bestandserhöhung aus Produktion → Bestandsminderung aus Lieferung Saldo	 1.000 EUR –500 EUR 500 EUR
Gesamtleistung	1.300 EUR
Materialeinsatz	–400 EUR
Personal (Produktion und Vertrieb)	–400 EUR
Abschreibungen (Produktion und Vertrieb)	–350 EUR
Gewinn	150 EUR

Tabelle 6.11 GuV bei Verkauf und Produktion

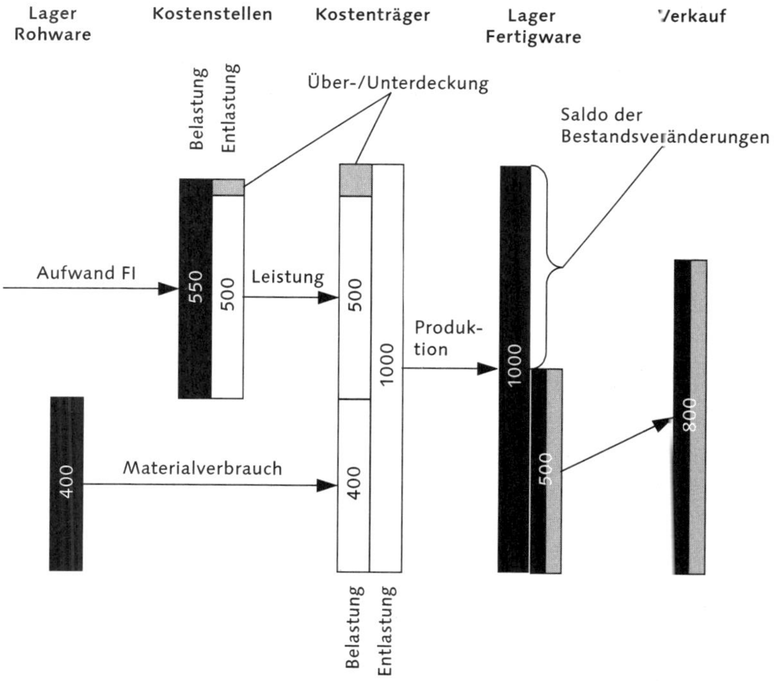

Abbildung 6.7 Buchungen in FI (schwarz) und CO-PA (grau)

Ergebnisrechnung

Für die Übernahme der Über-/Unterdeckungen in die Ergebnisrechnung gilt: Unterdeckungen wirken ergebnisverschlechternd, da die »echten« Kosten höher waren als die in den Produkten verrechneten Kosten. Überdeckungen wirken ergebnisverbessernd, denn in den Standardkosten der Produkte waren höhere Kosten verrechnet, als tatsächlich belastet wurden.

Für unser Beispiel heißt das: Die Unterdeckung der Kostenstelle von 50 EUR wirkt ergebnisverschlechternd, sie wird wie Kosten dargestellt. Die Überdeckung des Kostenträgers mit 100 EUR dagegen wirkt ergebnisverbessernd, also wie ein Erlös. Die anderen Positionen können Sie aus den vorigen Beispielen ableiten (siehe Tabelle 6.12).

Ergebnisrechnung	
Umsatzerlöse	800 EUR
Produktion	–500 EUR
Abweichung aus Kostenstellen	–50 EUR
Abweichung aus Kostenträgern	100 EUR
Vertrieb	–200 EUR
Gewinn	150 EUR

Tabelle 6.12 Ergebnisrechnung bei Verkauf und Produktion

6.3 Systembeispiel

Sie sind jetzt mit den Grundsätzen der Ergebnisdarstellung in der Finanzbuchhaltung und im Controlling vertraut. Bewegen wir uns jetzt aus der warmen Stube der Theorie ein Stück weit in die frostige Welt der Praxis. Werfen wir einen Blick in die Backstube der Bäckerei Becker, und versuchen wir dort die FI/CO-Abstimmung in SAP ERP. Im Monat Mai 2009 treten die folgenden Geschäftsvorfälle auf (siehe Tabelle 6.13). Welche Aktionen Auswirkungen in der Finanzbuchhaltung oder im Controlling haben, ist in den Spalten FI und CO markiert.

Vorgang	FI	CO
Freigabe Kalkulationen	X	X
Produktion → Verbrauch Rohstoffe (Warenausgang) → Fertigmeldung für halbfertige und fertige Erzeugnisse (Wareneingang) → Leistungsbuchung	 X X –	 X X X
Abweichungsermittlung und Abrechnung für Produktkostensammler	?	X
Umlagen von Kostenstellen in die Ergebnisrechnung	–	X
Lieferung von fertigen Erzeugnissen (Warenausgang)	X	–
Fakturierung → Erlös → SD-Konditionen → Produktkosten → CO-PA-Konditionen	 X X – –	 X X X X

Tabelle 6.13 Vorgänge in der Buchhaltung und im Controlling

6.3.1 GuV und Ergebnisrechnung

Betrachten wir zunächst, was am Ende herauskommt. Wie sehen die GuV in der Finanzbuchhaltung und die Ergebnisrechnung des Controllings nach dem Monatsabschluss aus? Danach zeige ich Ihnen im Detail, wie die einzelnen Vorgänge auf die GuV und die CO-Ergebnisrechnung wirken.

GuV der Finanzbuchhaltung

Die GuV der Finanzbuchhaltung rufen Sie mit dem Report S_ALR_87012284 auf, im Menü: Rechnungswesen • Finanzwesen • Hauptbuch • Infosystem • Berichte zum Hauptbuch • Bilanz/GuV/Cash Flow • Allgemein • Ist-/Istvergleiche • Bilanz/GuV (siehe Abbildung 6.8).

Periodenvergleich zur Darstellung des Einzelmonats

Wir wollen den Monat Mai des Jahres 2009 isoliert betrachten. Dazu müssen wir im unteren Teil dieses Einstiegsbildes die Perioden 1 bis 04/2009 mit den Perioden 1 bis 05/2009 vergleichen. Dieser eigenartige Einstieg ist notwendig, weil der Bericht nicht auf die Einzelposten des Monats, sondern auf die Kontensalden zugreift. Für die einzelnen GuV-Konten interessiert uns aber nicht der bis Ende Mai im ganzen Jahr aufgelaufene Saldo, sondern nur die Veränderung zwischen dem 30. April und dem 31. Mai – und die ergibt sich aus der Differenz Saldo Mai minus Saldo April in der Spalte Abs.Abw. – Absolute Abweichung (siehe Abbildung 6.9).

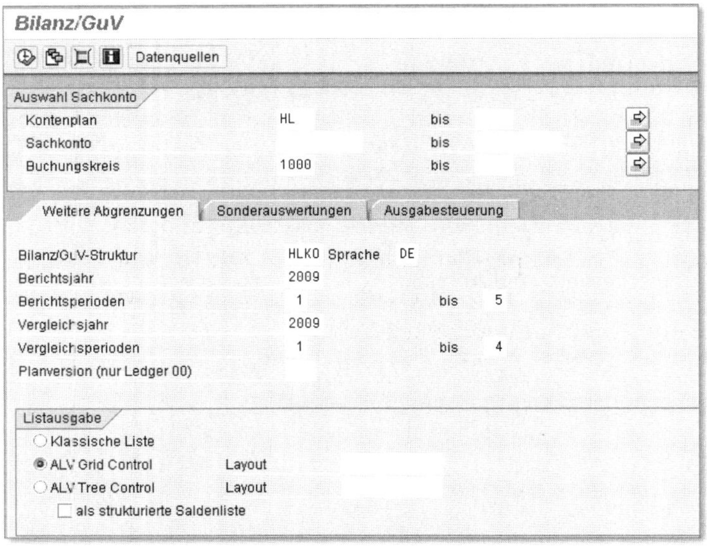

Abbildung 6.8 Bilanz/GuV – Einstieg

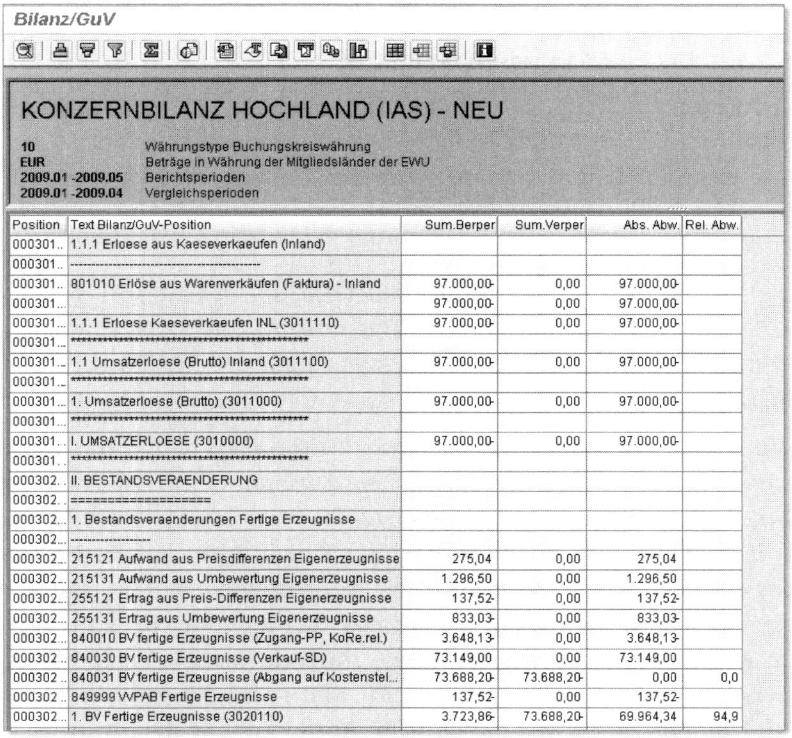

Position	Text Bilanz/GuV-Position	Sum.Berper	Sum.Verper	Abs. Abw.	Rel. Abw.
000301..	1.1.1 Erloese aus Kaeseverkaeufen (Inland)				
000301..	--				
000301..	801010 Erlöse aus Warenverkäufen (Faktura) - Inland	97.000,00-	0,00	97.000,00-	
000301...		97.000,00-	0,00	97.000,00-	
000301...	1.1.1 Erloese Kaeseverkaeufen INL (3011110)	97.000,00-	0,00	97.000,00-	
000301...	***				
000301...	1.1 Umsatzerloese (Brutto) Inland (3011100)	97.000,00-	0,00	97.000,00-	
000301...	***				
000301...	1. Umsatzerloese (Brutto) (3011000)	97.000,00-	0,00	97.000,00-	
000301...	***				
000301...	I. UMSATZERLOESE (3010000)	97.000,00-	0,00	97.000,00-	
000301..	***				
000302..	II. BESTANDSVERAENDERUNG				
000302..	===================				
000302...	1. Bestandsveraenderungen Fertige Erzeugnisse				
000302...	------------------				
000302...	215121 Aufwand aus Preisdifferenzen Eigenerzeugnisse	275,04	0,00	275,04	
000302...	215131 Aufwand aus Umbewertung Eigenerzeugnisse	1.296,50	0,00	1.296,50	
000302...	255121 Ertrag aus Preis-Differenzen Eigenerzeugnisse	137,52-	0,00	137,52-	
000302...	255131 Ertrag aus Umbewertung Eigenerzeugnisse	833,03-	0,00	833,03-	
000302...	840010 BV fertige Erzeugnisse (Zugang-PP, KoRe.rel.)	3.648,13-	0,00	3.648,13-	
000302...	840030 BV fertige Erzeugnisse (Verkauf-SD)	73.149,00	0,00	73.149,00	
000302 ..	840031 BV fertige Erzeugnisse (Abgang auf Kostenstel...	73.688,20-	73.688,20-	0,00	0,0
000302 ..	849999 VVPAB Fertige Erzeugnisse	137,52-	0,00	137,52-	
000302...	1. BV Fertige Erzeugnisse (3020110)	3.723,86-	73.688,20-	69.964,34	94,9

Abbildung 6.9 GuV in SAP ERP – Ausschnitt

GuV verdichtet

Die Liste BILANZ/GUV ist selbst für das kleine Beispiel der Bäckerei Becker zehn Bildschirmseiten lang. Der Bericht ist insgesamt nicht besser lesbar als der Ausschnitt, den Sie in Abbildung 6.9 sehen. Deshalb habe ich für Sie die relevanten Konten übersichtlich zusammengestellt (siehe Abbildung 6.10). In der GuV werden – anders als in den Beispielen in Abschnitt 6.2, »Zahlenbeispiele« – Erlöse als negative Zahlen und Kosten (der Buchhalter sagt »Aufwand«) als positive Zahlen dargestellt. Entsprechend bedeutet die Zahl –3.674,01 in der Zeile BETRIEBSERGEBNIS: Das Unternehmen hat einen Gewinn in dieser Höhe erwirtschaftet und keinen Verlust.

C. GEWINN- UND VERLUSTRECHNUNG	Mai 2009
I. UMSATZERLOESE	
801010 Erlöse aus Warenverkäufen (Faktura) – Inland	–97.000,00
II. BESTANDSVERAENDERUNG	
1. Bestandsveränderungen fertige Erzeugnisse	
215131 Aufwand aus Umbewertung Eigenerzeugnisse	1.296,50
255121 Preis-Differenzen Eigenerzeugnisse	137,52
255131 Ertrag aus Umbewertung Eigenerzeugnisse	–833,03
840010 BV fertige Erzeugnisse (Zugang-PP, KoRe.rel.)	–3.648,13
840030 BV fertige Erzeugnisse (Verkauf-SD)	73.149,00
849999 VVPAB fertige Erzeugnisse	–137,52
1. BV Fertige Erzeugnisse (3020110)	
215123 Preisdifferenzen halbfertige Erzeugnisse	–179,38
841010 BV halbfertige Erzeugn. (Zugang-PP, KoRe.rel.)	–2.864,73
841020 BV halbfertige Erzeugn. (Abgang-PP, KoRe.rel.)	2.864,73
849998 VVPAB halbfertige Erzeugnisse	179,38
IV. MATERIALAUFWAND	
401100 Verbrauch Rohware & Zutaten	1.729,00
403010 Verbrauch Verpackungsmaterial	482,65
V. PERSONALAUFWAND	
431010 Lohn und Gehalt	2.000,00
VI. ABSCHREIBUNGEN	
490011 Kalkulatorische Abschreibungen Sachanlagen	4.800,00
VIII. SONSTIGE BETRIEBLICHE AUFWENDUNGEN	
411101 Ausgangsfrachten	2.000,00
452124 Treibstoffe	50,00
451111 Gebäude-Mieten	2.000,00
451112 Software-Mieten	4.800,00
457211 Telefon, Telefax, Telex	5.500,00
BETRIEBSERGEBNIS	–3.674,01

Abbildung 6.10 GuV für Bäckerei Becker – Mai 2009

Ergebnisrechnung des Controllings

Wenden wir den Blick in Richtung Controlling. Was sagt uns die Ergebnisrechnung zum gleichen Monat (siehe Abbildung 6.11)? Die Vorzeichenregel lautet hier: Der Erlös (Umsatz) wird mit positivem Vorzeichen dargestellt, ebenso die Kosten. Der Gewinn berechnet sich dann aus Erlös minus Kosten. Die Standardkosten ergeben sich aus der Summe von Rohware, Verpackung, Fert.var, Fert.fix und GMKZ. Sie stehen für die Produktkosten gemäß Standardpreiskalkulation. Für die Abweichungen in den Zeilen Kostenstellen Abw., Produktkstsamm.Abw und Restkosten Betrieb gelten die Vorzeichenregeln der Kosten. Alle drei Positionen wirken hier ergebnisverbessernd. Die Zeile Produktkosten zeigt den Saldo aus Standardkosten und den drei Abweichungen. Mit Overhead ist die Summe aus Frachten, Verwaltung und Marketing bezeichnet.

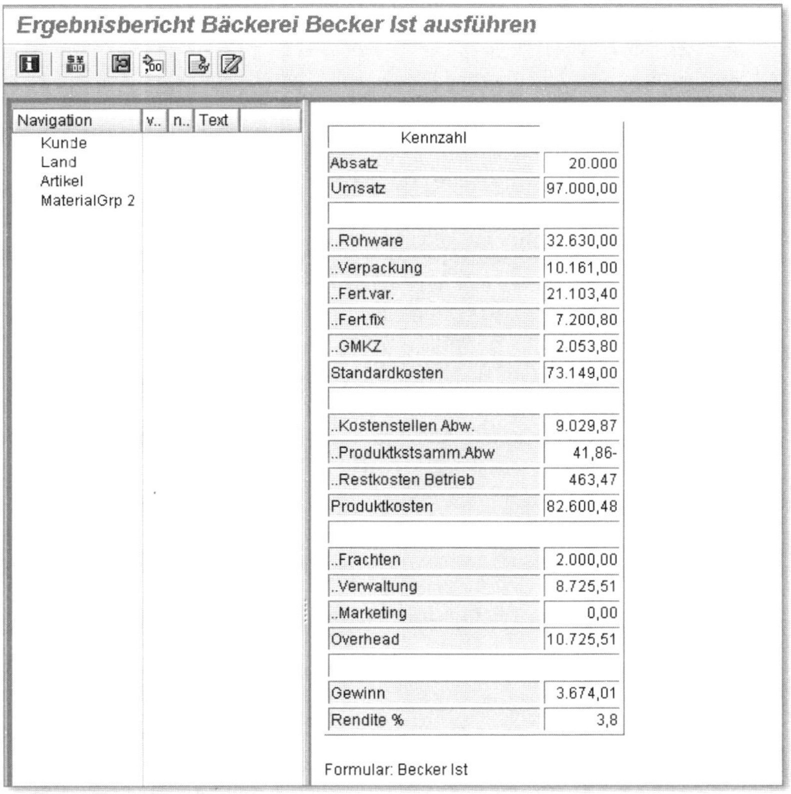

Kennzahl	
Absatz	20.000
Umsatz	97.000,00
..Rohware	32.630,00
..Verpackung	10.161,00
..Fert.var.	21.103,40
..Fert.fix	7.200,80
..GMKZ	2.053,80
Standardkosten	73.149,00
..Kostenstellen Abw.	9.029,87
..Produktkstsamm.Abw	41,86-
..Restkosten Betrieb	463,47
Produktkosten	82.600,48
..Frachten	2.000,00
..Verwaltung	8.725,51
..Marketing	0,00
Overhead	10.725,51
Gewinn	3.674,01
Rendite %	3,8

Abbildung 6.11 Ergebnisrechnung des Controllings

Übereinstimmungen zwischen der GuV und der Ergebnisrechnung finden wir beim ersten Blick nur in den Zeilen UMSATZERLÖSE/UMSATZ (97.000,00 EUR) und BETRIEBSERGEBNIS/GEWINN (3.674,01 EUR). Beim zweiten Blick finden wir noch weitere Zeilen, die übereinstimmen: BV FERTIGE ERZEUGNISSE (VERKAUF-SD)/STANDARDKOSTEN (73.149,00 EUR). Eine weitere Übereinstimmung findet sich bei AUSGANGSFRACHTEN/FRACHTEN (2.000,00 EUR).

Keine andere Zahl stimmt in den beiden Berichten überein. Dass die Rechenwerke trotzdem zum gleichen Ergebnis kommen, grenzt an ein Wunder. Entzaubern wir das Wunder und gehen jedem Vorgang auf den Grund.

6.3.2 Freigabe Kalkulationen

Aus der Vorperiode, dem Monat April 2009, waren 1.000 Stück »Schokoladenkuchen« im Lager. Für April hatten wir einen Standardpreis von 3.764,41 EUR pro 1.000 Stück ermittelt. Dieser Preis stammt aus der Kalkulation von Ende Dezember 2008. Wegen Veränderungen bei Rohwarenpreisen und einer abweichenden Bewertung unserer Leistungen ermitteln wir für Mai 2009 einen neuen Standardpreis von 3.840,14 EUR pro 1.000 Stück Nach den Regeln der Standardkostenrechnung kann ein Fertigerzeugnis einen ganzen Monat lang nur genau einen Preis haben. Dieser Preis wird mit der Freigabe der Kalkulationen festgeschrieben. Der Wert des Lagerbestandes erhöht sich um 75,73 EUR pro 1.000 Stück, und genau dieser Betrag wird als »Ertrag aus Umbewertung« in die Buchhaltung geschrieben.

Belege zur Preisänderung

Die Belege zur Preisänderung finden Sie mit der Transaktion CKMPCD, im Menü: LOGISTIK • MATERIALWIRTSCHAFT • BEWERTUNG • BEWERTUNG • PREISBESTIMMUNG • PREIS ÄNDERN und dann weiter mit dem Button BELEG ANZEIGEN (siehe Abbildungen 6.12 und 6.13).

Bitte stören Sie sich nicht am Buchungsdatum 06.05.2009. Als ich das Beispiel im System aufgebaut habe, war eben der 6. Die Freigabe kann nicht rückwirkend gebucht werden. Im Preisänderungsbeleg sind die beschriebenen Preise für den Artikel 1400 »Schokoladenkuchen« mit der Wertänderung von 75,73 EUR dargestellt (siehe Abbildung 6.12).

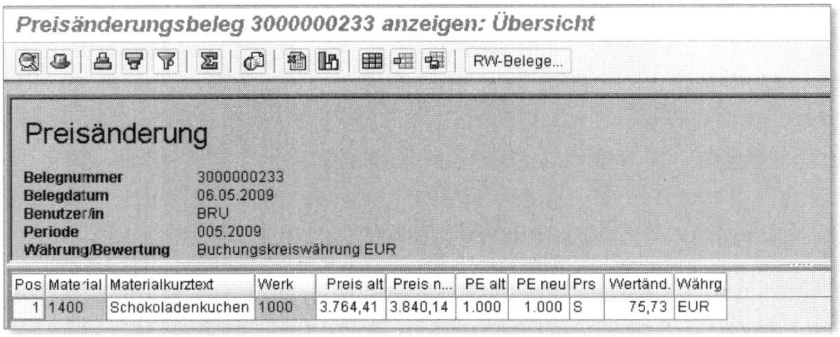

Abbildung 6.12 Preisänderungsbeleg

Auswirkungen in der Buchhaltung

Der Button RW-BELEGE zeigt die Auswirkung der Preisänderung in der Buchhaltung (siehe Abbildung 6.13). Der Bestandswert in der Bilanz steigt (Konto 700000 »Fertige Erzeugnisse«), in der GuV wird ein »Ertrag aus Umbewertung« gebucht (Konto 255131).

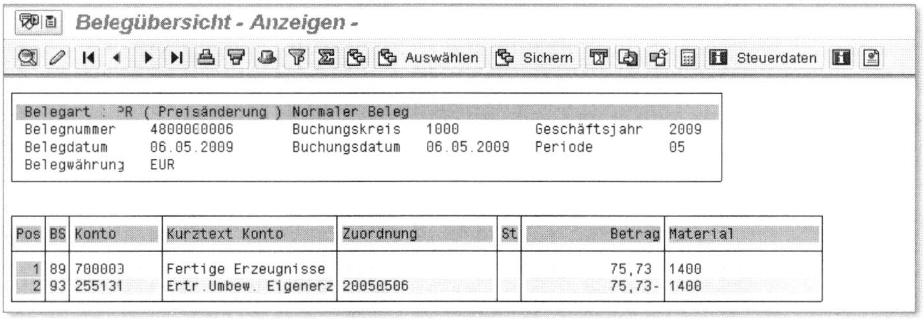

Abbildung 6.13 Buchhaltungsbeleg zur Preisänderung

Wertänderung durch Bestandsaufnahme

Moment mal! Auf dem Konto 255131 in der GuV in Abbildung 6.10 ist aber ein ganz anderer Betrag ausgewiesen, nämlich 833,03 EUR. Außerdem steht in dieser GuV noch ein Betrag von 1.296,50 EUR auf dem Konto 215131 »Aufwand aus Umbewertung«. Der Saldo dieser beiden Konten führt zu einem Aufwand aus Umbewertung von 463,47 EUR. Wie ist das zu erklären?

Tja, das ist so zu erklären: Um für den Verkauf von Waren – wir sehen uns das später im Detail an – Bestände aufzubauen, habe ich nach der Freigabe der Kalkulationen Bestände für »Schokoladenkuchen« (Material 1400) und für »Nusskuchen« (Material 1401) eingebucht. Dabei habe ich zum 30.04.2009 jeweils 10.000 Stück auf Bestand genommen. Das System hat im April die Bestandsaufnahme mit den Werten der April-Standardpreise gebucht. Gleichzeitig wurden mit diesem Vorgang per 01.05.2009 Ertrag bzw. Aufwand aus Umbewertung erkannt, weil die neuen Standardpreise für Mai bereits freigegeben waren (siehe Abbildung 6.14).

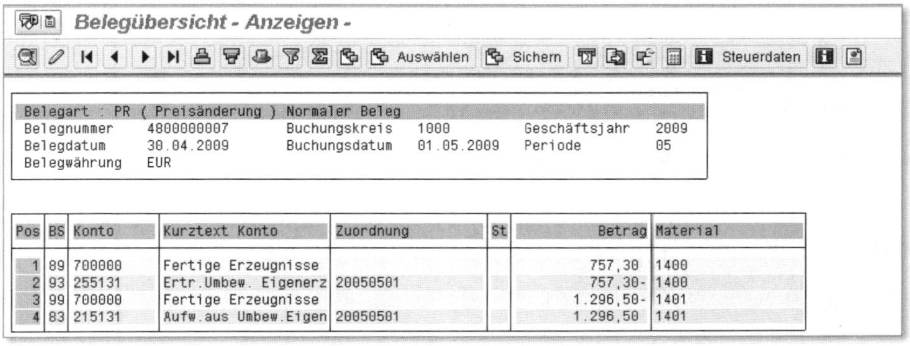

Abbildung 6.14 Umbewertung durch Bestandsaufnahme

Für die Umbewertung der 10.000 Stück »Schokoladenkuchen« ergibt sich ein Ertrag von 757,30 EUR. Der »Nusskuchen« wurde um 129,65 EUR pro 1.000 Stück billiger kalkuliert, entsprechend ergibt sich hier ein Aufwand von 1.296,50 EUR bei der Umbewertung von 10.000 Stück.

Verlust durch neue Kalkulationen?

Was ist bis jetzt geschehen? Wir haben durch die Freigabe von Standardpreisen für Fertigartikel per Saldo 463,47 EUR Verlust gemacht, ohne auch nur einen Finger zu rühren – ist das nicht ein bisschen paradox? Nein, denn diese Buchung nimmt teilweise vorweg, was wir an Verlust realisieren werden, wenn wir im Monat Mai die Produktion aus dem Monat April verkaufen. Beim Verkauf im Mai wird die Lieferung zu den Februarkosten bewertet. Tatsächlich müssten wir allerdings die Januarkosten in Betracht ziehen. Die Standardkostenbewertung – ich sage es hier noch einmal – kennt für jeden Monat nur einen Preis. Dieses Dilemma löst die Freigabe der Standardpreise mit der Buchung eines vorgezogenen Ertrags bzw. Aufwands.

Preisänderung im Controlling

Die Preisänderung wird von der Kalkulation in der Produktkostenrechnung ausgelöst. Damit ist standardmäßig keine Buchung auf einem CO-Objekt (Kostenstelle, Auftrag, Produktkostensammler, Ergebnisrechnung) vorgesehen. Zur Abstimmung von FI und CO können wir aber auf diese Information nicht verzichten. Also erzwingen wir die Übergabe der Preisänderung ins Controlling, indem wir die GuV-Konten 215131 und 255131 als Kostenart definieren. Bei dieser Kostenart wird als Vorschlagskontierung eine Kostenstelle hinterlegt (hier: B210 »Umbewertung Material«). Der Wert der Preisänderung wird jetzt auf diese Kostenstelle gebucht (siehe Abbildung 6.15).

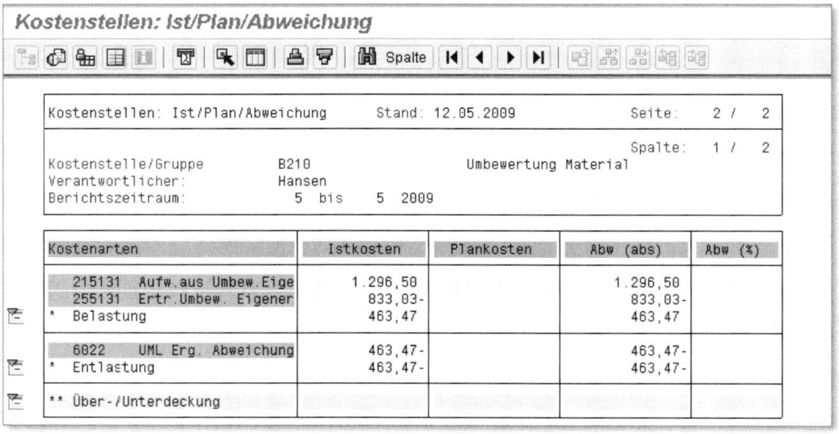

Kostenstellen: Ist/Plan/Abweichung   Stand: 12.05.2009   Seite: 2 / 2
Spalte: 1 / 2
Kostenstelle/Gruppe   B210   Umbewertung Material
Verantwortlicher: Hansen
Berichtszeitraum: 5 bis 5 2009

Kostenarten	Istkosten	Plankosten	Abw (abs)	Abw (%)
215131 Aufw.aus Umbew.Eige	1.296,50		1.296,50	
255131 Ertr.Umbew. Eigener	833,03-		833,03-	
* Belastung	463,47		463,47	
6022 UML Erg. Abweichung	463,47-		463,47-	
* Entlastung	463,47-		463,47-	
** Über-/Unterdeckung				

Abbildung 6.15 Preisänderung im Controlling

Umlage der Abweichung

Später, bei der Umlage von Kostenstellen in die Ergebnisrechnung, wird diese Kostenstelle in das Wertfeld RESTKOSTEN BETRIEB verrechnet. So entsteht die Buchung unter 6022 »UML Erg. Abweichungen« als Entlastung.

6.3.3 Produktion

Materialbeleg

Die Bäckerei Becker produziert im Mai 950 Stück »Schokoladenkuchen«. Bei der Produktion wurden zunächst 1.000 Stück des Halbfabrikats H0002 »Schokoladenkuchen nackt« und danach das Fertigerzeugnis 1400 »Schokoladenkuchen« hergestellt. Die Rückmeldung des Halbfabrikats liefert einen Materialbeleg mit einem Wareneingang – Position 1 – und mehreren Warenausgängen – Position 2 bis 7 (siehe Abbildung 6.16).

Buchhaltungsbeleg

Der Button RW-BELEGE führt zum Buchhaltungsbeleg (siehe Abbildung 6.17). Jede Position des Materialbelegs erzeugt zwei Buchhaltungszeilen. In einer Zeile wird jeweils der Bestand in der Bilanz verändert (Konten 710000 und 301100). Die zweite Zeile wirkt jeweils in der GuV (Konten 841010 und 401100).

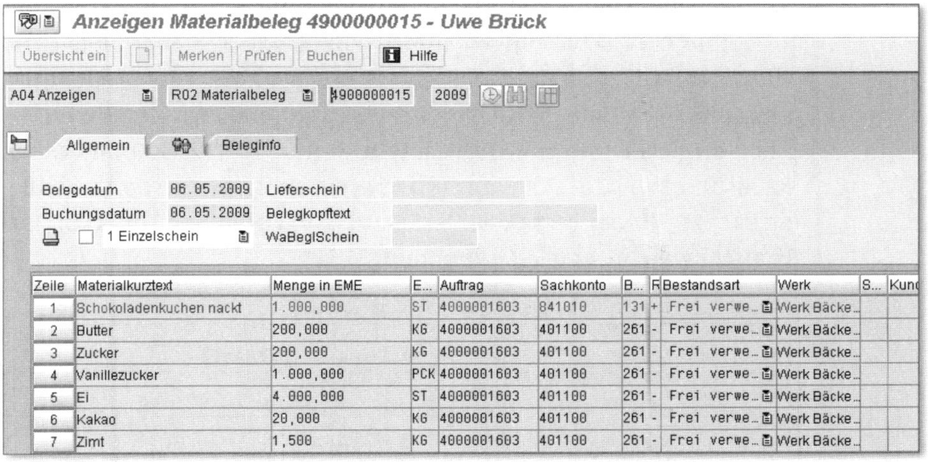

Abbildung 6.16 Materialbeleg zur Produktionsrückmeldung

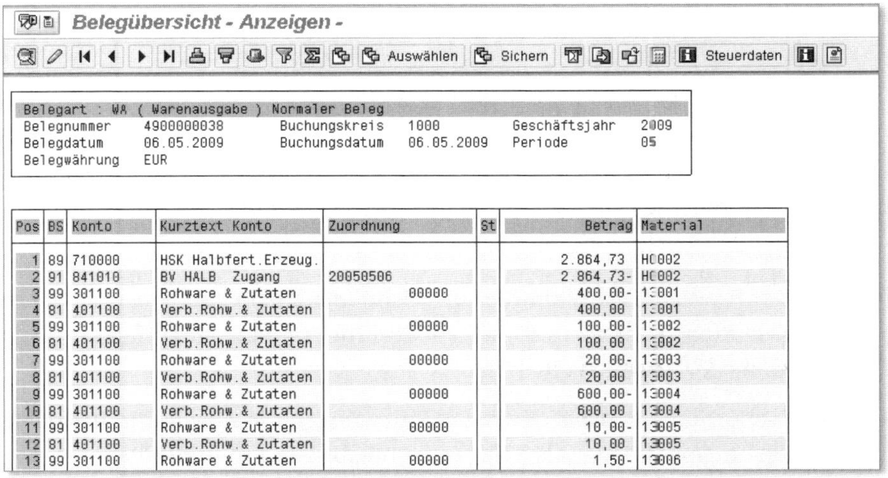

Abbildung 6.17 Buchhaltungsbeleg zur Produktionsrückmeldung

Produktkostensammler für das Halbfabrikat

Die Buchungen der Produktionsrückmeldungen landen auf Produktkostensammlern (siehe Abschnitt 4.6.3, »Datenerfassung – Halbfabrikat«, und Abschnitt 4.6.4, »Datenerfassung – Fertigprodukt«). In Abschnitt 4.6.2, »Fertigungsversionskalkulation«, hatte ich Ihnen Berichte der Kostenträgerrechnung für die Analyse der Produktkostensammler vorgestellt. Allerdings können auch die Berichte für Innenaufträge dazu benutzt werden, Daten von Produktkostensammlern anzuzeigen. Damit verzichten wir dann zwar auf die detaillierte Analyse nach einzelnen Komponenten. Die Innenauftragsbereiche sind allerdings für Auswertungen auf der Ebene von Kostenarten leichter zu handhaben, weil hier eine Verdichtung über mehrere Produktkostensammler mit einem Klick in der Variation möglich ist. Diesen Bericht erreichen Sie mit Transaktion S_ALR_87012993, im Menü: RECHNUNGSWESEN • CONTROLLING • INNENAUFTRÄGE • INFOSYSTEM • BERICHTE ZU INNENAUFTRÄGEN • PLAN/IST-VERGLEICHE AUFTRAG: IST/PLAN/ABWEICHUNG (siehe Abbildung 6.18).

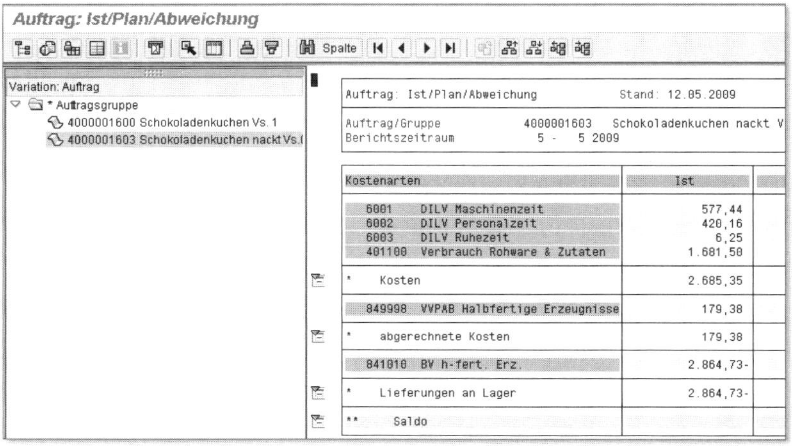

Abbildung 6.18 Produktkostensammler – »Schokoladenkuchen nackt«

Der Produktkostensammler für »Schokoladenkuchen nackt« zeigt die gesamten Kosten und Bestandsveränderungen des Halbfabrikats unter der Kostenart 841010.

Leistungsbuchungen

Die Konten 6001 bis 6003 »DILV ...« zeigen die Kosten für Standardleistungen, die hier als Belastung und auf den Produktionskostenstellen als Entlastung ausgewiesen werden. Die Leistungsbuchungen mit sekundären Kostenarten sind in der Finanzbuchhaltung nicht zu sehen. Dabei erfolgt »nur« eine Kostenverschiebung innerhalb des Controllings.

Abrechnung

Der Produktkostensammler ist bereits abgerechnet, wie Sie an der Buchung 84998 »VVPAB halbfertige Erzeugnisse« erkennen können.

Produktkostensammler verdichtet

Der Klick auf AUFTRAGSGRUPPE im linken Bereich des Bildschirms zeigt die verdichteten Daten für beide Produktkostensammler (siehe Abbildung 6.19). Die Werte der primären Kostenarten (alle 6-stelligen Konten) finden Sie auf den Cent genau in der GuV der Buchhaltung.

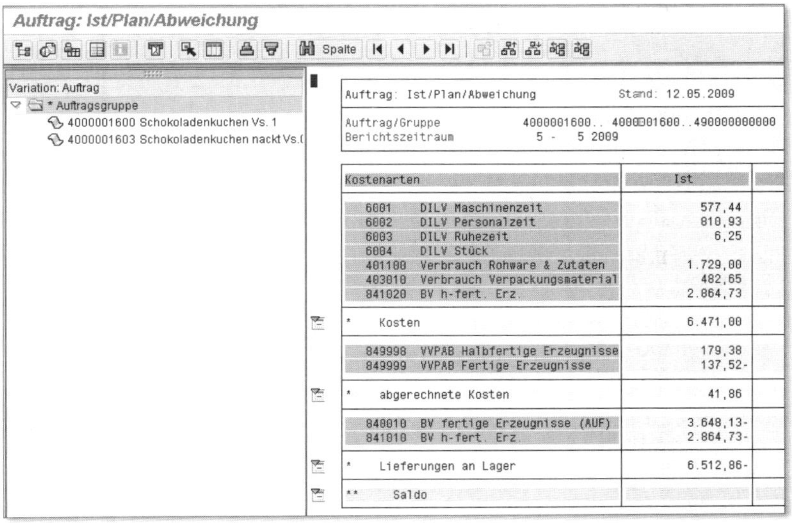

Kostenarten	Ist
6001 DILV Maschinenzeit	577,44
6002 DILV Personalzeit	810,93
6003 DILV Ruhezeit	6,25
6004 DILV Stück	
401100 Verbrauch Rohware & Zutaten	1.729,00
403010 Verbrauch Verpackungsmaterial	482,65
841020 BV h-fert. Erz.	2.864,73
* Kosten	6.471,00
849998 VVPAB Halbfertige Erzeugnisse	179,38
849999 VVPAB Fertige Erzeugnisse	137,52-
* abgerechnete Kosten	41,86
840010 BV fertige Erzeugnisse (AUF)	3.648,13-
841010 BV h-fert. Erz.	2.864,73-
* Lieferungen an Lager	6.512,86-
** Saldo	

Abbildung 6.19 Summe beider Produktkostensammler

6.3.4 Abweichungen auf Produktkostensammlern

Die Abweichungsermittlung und Abrechnung für Produktkostensammler wurden bereits ausführlich in Abschnitt 4.6.5, »Abweichungsermittlung«, und in Abschnitt 4.6.6, »Abrechnung«, beschrieben. Jetzt beschränken wir uns darauf, die bereits erzeugten Abrechnungsbelege aus dem System wieder »auszugraben«. Nutzen Sie hierfür die Transaktion KRMI, im Menü: Rechnungswesen • Controlling • Produktkosten-Controlling • Kostenträgerrechnung • Periodisches Produkt-Controlling • Infosystem • Berichte zum periodischen Produkt-Controlling • Weitere Berichte • Einzelposten • Produktkostensammler • Istkosten (siehe Abbildungen 6.20 und 6.21). Auftragsabrechnungen werden automatisch auf den Letzten des Monats gebucht, gleichgültig, wann die Abrechnung durchgeführt wird; daher lautet das Buchungsdatum 31.05.2009.

Abrechnung in die Ergebnisrechnung

Die Abrechnung wird auf Produktkostensammlern und in der Buchhaltung dargestellt und ist zusätzlich in der Ergebnisrechnung zu sehen (siehe Abbildung 6.11, Produktkstsamm.Abw). In der Ergebnisrechnung wird der soeben gezeigte Abrechnungsbetrag des Halbfabrikats (–179,38 EUR) mit der Abrechnung des Fertigprodukts (+137,32 EUR) zu –41,86 EUR saldiert.

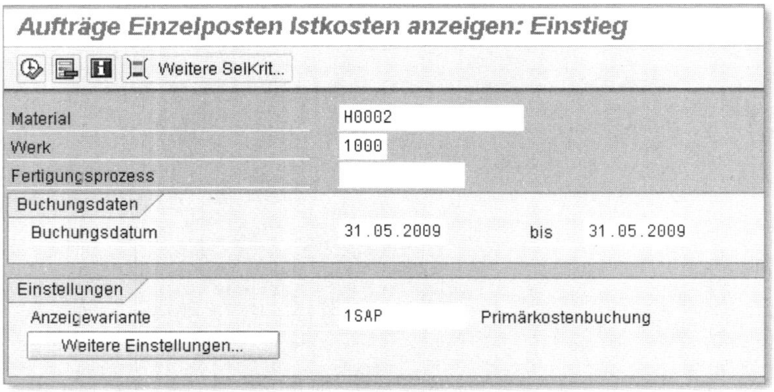

Abbildung 6.20 Selektion von Einzelposten zu Produktkostensammlern

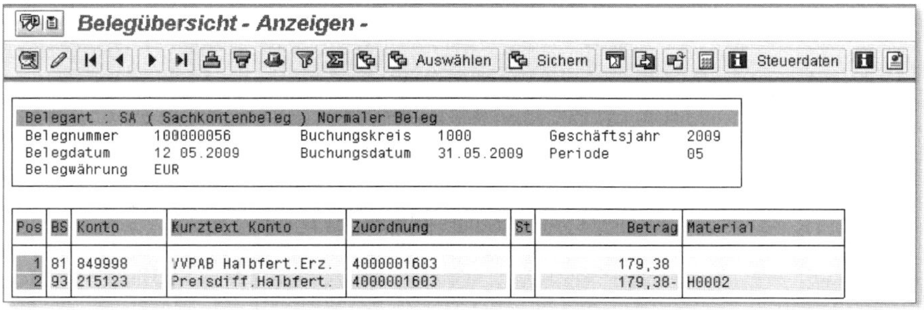

Abbildung 6.21 Abrechnungsbeleg in der Buchhaltung

6.3.5 Umlage von Kostenstellen

Im Bericht IST/PLAN/ABWEICHUNG für alle Kostenstellen sind Belastungen aus primären Kostenarten dargestellt (alle 6-stelligen Konten, siehe Abbildung 6.22). Diese Beträge stimmen exakt mit denen der Finanzbuchhaltung überein.

Kostenstellen drängen danach, ihre Kosten wieder loszuwerden. Die Kostenstellen, die Sie hier sehen, haben dafür zwei Methoden benutzt: die Leistungsverrechnung auf Produktkostensammler und die Umlage in die Ergebnisrechnung.

Leistungsverrechnung

Die Leistungsverrechnung auf Produktkostensammler haben wir als Belastungen auf Produktkostensammlern bereits kennengelernt. Diese Art der Entlastung ist hier in den Konten 6001 bis 6004 zu sehen.

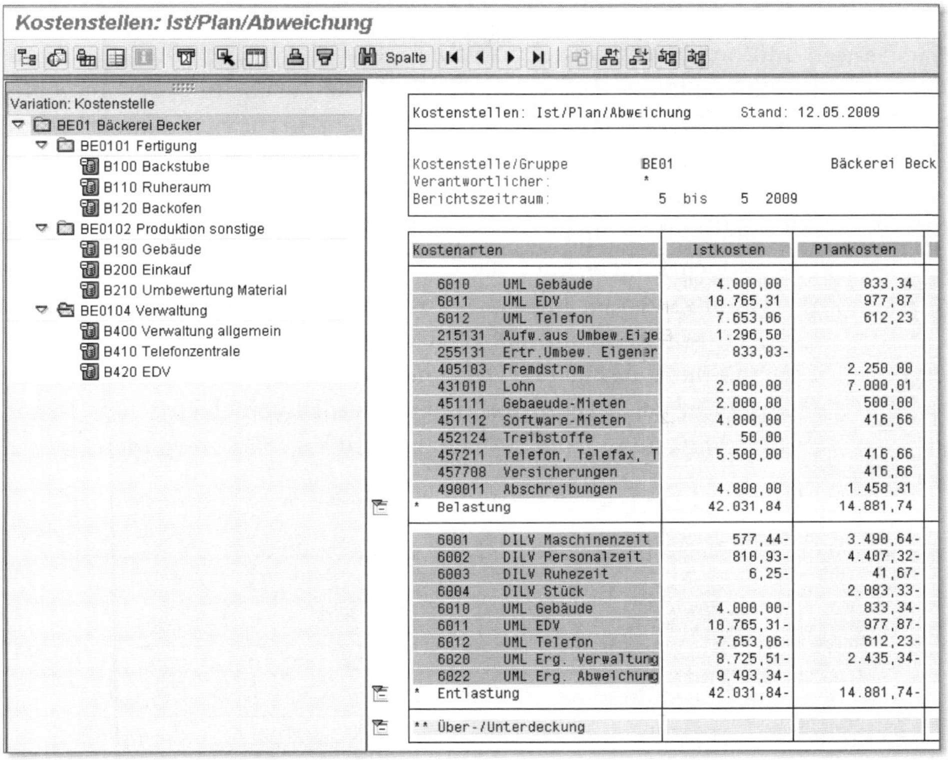

Kostenstellen: Ist/Plan/Abweichung Stand: 12.05.2009

Kostenstelle/Gruppe BE01 Bäckerei Beck
Verantwortlicher: *
Berichtszeitraum: 5 bis 5 2009

Kostenarten	Istkosten	Plankosten
6010 UML Gebäude	4.000,00	833,34
6011 UML EDV	10.765,31	977,87
6012 UML Telefon	7.653,06	612,23
215131 Aufw.aus Umbew.Eige	1.296,50	
255131 Ertr.Umbew. Eigener	833,03-	
405103 Fremdstrom		2.250,00
431010 Lohn	2.000,00	7.000,01
451111 Gebaeude-Mieten	2.000,00	500,00
451112 Software-Mieten	4.800,00	416,66
452124 Treibstoffe	50,00	
457211 Telefon, Telefax, T	5.500,00	416,66
457708 Versicherungen		416,66
490011 Abschreibungen	4.800,00	1.458,31
* Belastung	42.031,84	14.881,74
6001 DILV Maschinenzeit	577,44-	3.490,64-
6002 DILV Personalzeit	810,93-	4.407,32-
6003 DILV Ruhezeit	6,25-	41,67-
6004 DILV Stück		2.083,33-
6010 UML Gebäude	4.000,00-	833,34-
6011 UML EDV	10.765,31-	977,87-
6012 UML Telefon	7.653,06-	612,23-
6020 UML Erg. Verwaltung	8.725,51-	2.435,34-
6022 UML Erg. Abweichung	9.493,34-	
* Entlastung	42.031,84-	14.881,74-
** Über-/Unterdeckung		

Abbildung 6.22 Kostenstellen nach Umlage

Umlage zwischen Kostenstellen

Die Umlagen zwischen Kostenstellen sind in den Konten 6010, 6011 und 6012 abgebildet. Diese Konten müssen bei der Summierung über alle Kostenstellen in den Blöcken Belastung und Entlastung jeweils die gleichen Werte mit umgekehrtem Vorzeichen aufweisen – das ist hier der Fall.

Umlage in die Ergebnisrechnung

Alles, was auf den Kostenstellen übrig bleibt, wird in die Ergebnisrechnung umgelegt. Der Wert zur Kostenart 6020 »UML Erg. Abweichung« repräsentiert Kosten und Abweichungen der Kostenstellen B100 bis B210. In der Ergebnisrechnung ist dieser Wert auf die Felder Kostenstellen.Abw. und Restkosten Betrieb aufgeteilt.

Für die Kostenstelle »Verwaltung allgemein« existiert keine Entlastung durch Leistungsbuchungen. Die gesamte Belastung dieser Kostenstelle von 8.725,51 EUR wird mit Kostenart 6020 »UML Erg. Verwaltung« umgelegt und landet so im Wertfeld Verwaltung der Ergebnisrechnung.

6.3.6 Innenaufträge

Frachtkosten

Mit den Frachten ist das so eine Sache (siehe Abschnitt 5.4.7, »Konditionen in der Ergebnisrechnung«). Die Buchhaltung bekommt einmal im Monat eine Rechnung vom Spediteur für viele Hundert Transporte. Mit Stichproben wird die Korrektheit der Rechnung überprüft. Danach erfasst die Buchhaltung die Rechnung in einem Betrag auf einem Controllinginnenauftrag (siehe Abbildung 6.23). Der Auftrag wird nicht abgerechnet, die Kosten bleiben stehen. In der Ergebnisrechnung werden die Frachtkosten als kalkulatorische Kosten mit CO-PA-Kondition abgebildet (siehe Abschnitt 6.3.8, »Fakturierung«). Die FI-Buchung für Frachten und die Buchung der kalkulatorischen Kosten in der Ergebnisrechnung haben keinen elektrischen Zusammenhang und müssen deshalb manuell abgeglichen werden.

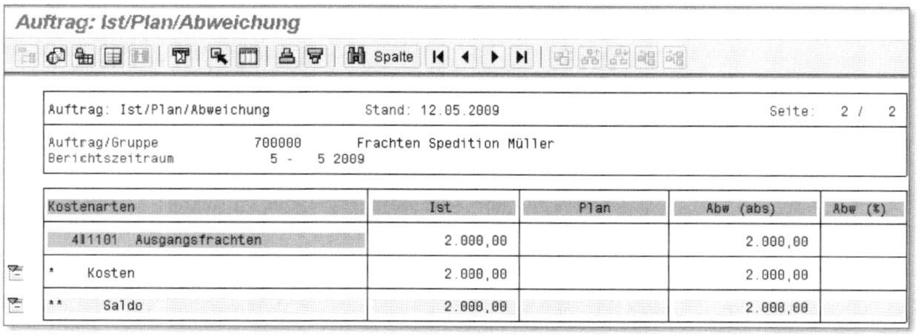

Kostenarten	Ist	Plan	Abw (abs)	Abw (%)
411101 Ausgangsfrachten	2.000,00		2.000,00	
* Kosten	2.000,00		2.000,00	
** Saldo	2.000,00		2.000,00	

Abbildung 6.23 Innenauftrag für Frachtrechnungen

Abstimmung

In diesem Beispiel ist die Abstimmung einfach. Die FI-Buchung auf dem Innenauftrag weist mit 2.000,00 EUR den gleichen Betrag aus wie die Zeile FRACHTEN im Ergebnisbericht (siehe Abbildungen 6.11 und 6.23).

6.3.7 Lieferung

Ware wird an Kunden geliefert

Im Vertrieb wird eine wahre Beleglawine in Bewegung gesetzt, nur um eine einfache Bestellung abzuwickeln. Der Kunde Peters in Hamburg bestellt 10.000 Stück »Schokoladenkuchen« und 10.000 Stück »Nusskuchen«. Die entsprechende Lieferung finden wir mit Transaktion VA05, im Menü: LOGISTIK • VERTRIEB • VERKAUF • INFOSYSTEM • AUFTRÄGE • LISTE AUFTRÄGE. Vom Auftrag »hangele« ich mich zur Lieferung über die Menüleiste mit UMFELD • BELEGFLUSS ANZEIGEN (siehe Abbildung 6.24).

Abbildung 6.24 Lieferbeleg

Belegfluss im Vertrieb

In der Anzeige der Lieferung nutzen wir nochmals die Funktion UMFELD • BELEGFLUSS ANZEIGEN und bekommen so eine Liste aller Dokumente, die das System im Umfeld dieses Vorgangs generiert hat (siehe Abbildung 6.25). Die Belege »EU-Auftrag«, »Normallieferung« und »Kommissionierauftrag« sind reine Vertriebsbelege ohne Auswirkung auf Buchhaltung oder Controlling.

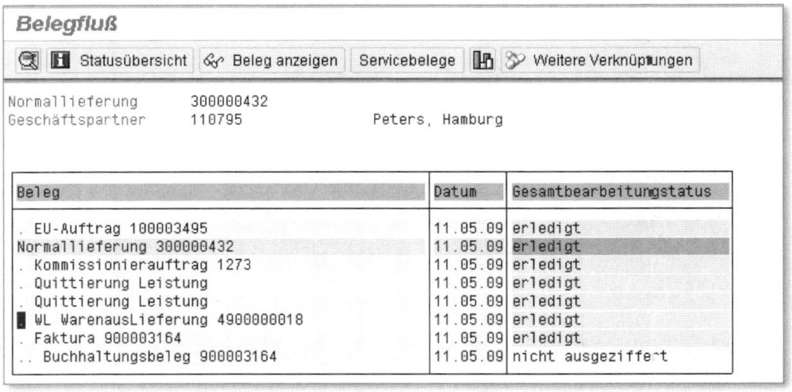

Abbildung 6.25 Belegfluss zur Lieferung

Warenauslieferung

Erst mit dem Beleg »WL Warenauslieferung« ist das Modul FI betroffen, jetzt wird die Fertigware aus dem Lagerbestand gebucht. Der Materialbeleg wird sichtbar, wenn Sie die Zeile »WL Warenauslieferung« markieren und den Button BELEG ANZEIGEN anklicken (siehe Abbildung 6.26).

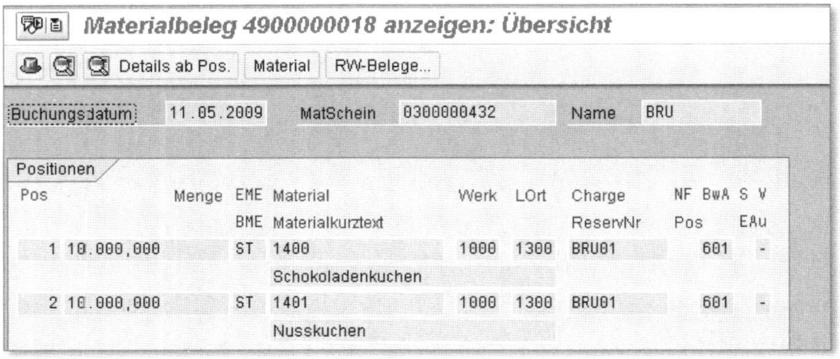

Abbildung 6.26 Materialbeleg zur Auslieferung

Buchhaltungsbeleg zur Lieferung

Den passenden Beleg in der Buchhaltung finden Sie mit dem Button RW-BELEGE (siehe Abbildung 6.27). Der Bestandswert in der Bilanz sinkt (Konto 700000), und in der GuV wird eine Bestandsminderung gebucht (Konto 840030). Die Bewertung des gelieferten Produkts »Schokoladenkuchen« (Material 1400) erfolgt zum Standardpreis der Periode. Den hatten wir zu Beginn dieses Abschnitts kalkuliert: 3.840,14 EUR pro 1.000 Stück (siehe Abschnitt 6.3.2, »Freigabe Kalkulationen«). Der gebuchte Betrag müsste jetzt nachvollziehbar sein:

10.000 Stück × 3.814,40 EUR/1.000 Stück = 38.401,40 EUR

Stimmt!

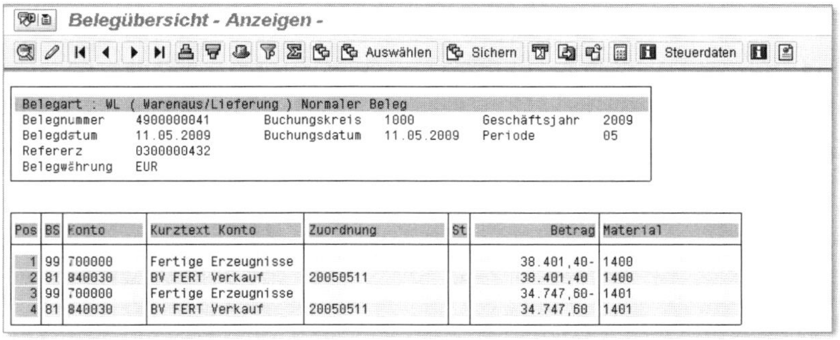

Abbildung 6.27 Buchhaltungsbeleg zur Lieferung

Keine Verbindung zum Controlling

Die Buchung der Lieferung läuft komplett am Controlling vorbei. Erst durch die Fakturierung und die damit verbundene Ermittlung der Produktkalkulation in der Ergebnisrechnung wird der Betrag nachgezogen. Für die Synchronisation von Buchhaltung und Controlling muss also sichergestellt sein, dass Lieferung und Fakturierung am gleichen Tag stattfinden. Falls zwischen diesen Vorgängen ein Monatswechsel mit Umbewertung durch Kalkulation liegt, entstehen Verwerfungen im Datenbestand. Detaillierte Analysen und Kommentare wären dann erforderlich.

6.3.8 Fakturierung

Kunde bekommt eine Rechnung

Für die Abwicklung einer Bestellung wurden diverse Belege im Vertrieb generiert:

- Auftrag
- Lieferung
- Kommissionierung
- Warenauslieferung mit Buchhaltungsbeleg

Bis hierher war das Controlling nicht betroffen. Erst die Rechnung, auch Faktura genannt, erzeugt Daten in der Ergebnisrechnung, und zwar gleich dreifach:

- Erlös
- Produktkosten auf Basis der Kalkulation
- kalkulatorische Kosten auf Basis von CO-PA-Konditionen

Auch die Buchhaltung ist von der Fakturierung betroffen, sie bekommt den Erlös auf ihre Konten gebucht.

Selektion von Fakturen

Sehen wir uns die einzelnen Buchungen an. Wir suchen die Faktura mit Transaktion VF05, im Menü: LOGISTIK • VERTRIEB • FAKTURIERUNG • INFOSYSTEM • FAKTUREN • LISTE FAKTUREN (siehe Abbildung 6.28). In der Rechnung wird nicht mehr der Kunde angezeigt, der die Ware bestellt hat, sondern derjenige, von dem wir die Zahlung erwarten. Dieser Jemand heißt in SAP *Regulierer*. Unser Kunde »Peters« ist dem Edeka-Verbund angeschlossen, deshalb schicken wir die Rechnung an die Edeka-Zentrale.

Belege im Rechnungswesen

Der Button RECHNUNGSWESEN führt uns zu einem Popup-Menü mit Hinweis auf die Belege in der Buchhaltung und der Ergebnisrechnung (siehe Abbildung 6.29).

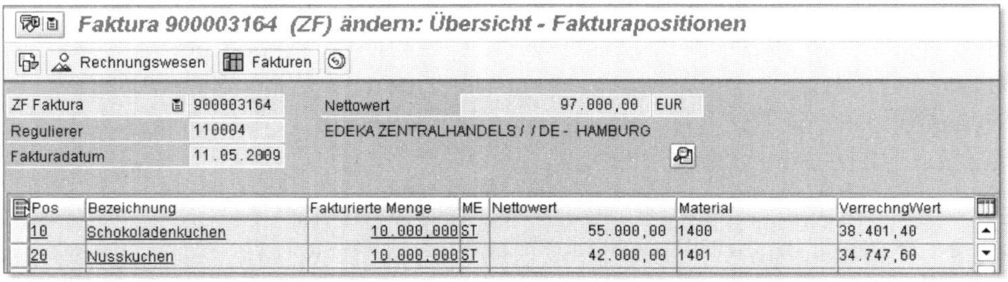

Abbildung 6.28 Faktura anzeigen

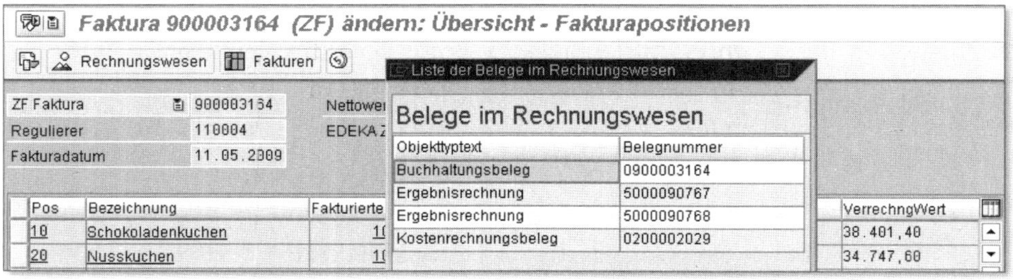

Abbildung 6.29 Rechnungswesenbelege zur Faktura

Beleg in der Buchhaltung

Blicken wir zunächst auf den Buchhaltungsbeleg. Der Nettowert der Rechnung ist beim Konto 801010 zu sehen. Hier werden 10.000 Stück »Schokoladenkuchen« zu 5,50 EUR pro Stück fakturiert und 10.000 Stück »Nusskuchen« zu 4,20 EUR pro Stück. So ergibt sich der Gesamtbetrag von 97.000,00 EUR auf dem Konto 801010 »INL Verkaufserlöse« in der GuV (siehe Abbildung 6.30).

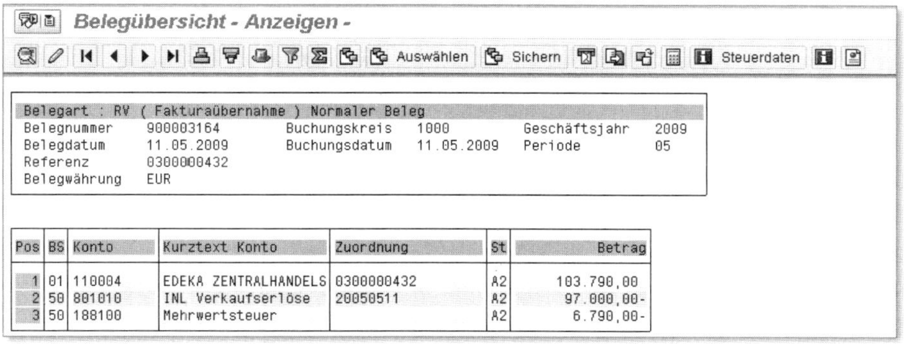

Abbildung 6.30 Buchhaltungsbeleg zur Faktura

Beleg in der Ergebnisrechnung

Die gleiche Faktura sorgt im Beleg der Ergebnisrechnung für ein wahres Feuerwerk an Daten. Im Register WERTFELDER sind zunächst die fakturierte Menge sowie die Produktkosten zu sehen (siehe Abbildung 6.31).

Produktkosten

Hier sind die Produktkosten angezeigt, die aus der Kalkulation ermittelt wurden. Rechnen wir zusammen: Die Summe aus den hier angezeigten Beträgen ergibt 38.401,40 EUR. Das ist der gleiche Betrag, der bei der Lieferung als Bestandsveränderung in der Buchhaltung dargestellt wurde (siehe Abbildung 6.27). Diese Synchronisierung von Buchhaltung und Controlling erreichen wir nur, wenn wir am Beginn der Periode Kalkulationen für die Bewertung der Fertigerzeugnisse mit Standardpreisen heranziehen und genau die gleichen Kalkulationen hier bei der Ermittlung der Produktkosten in der Ergebnisrechnung verwenden.

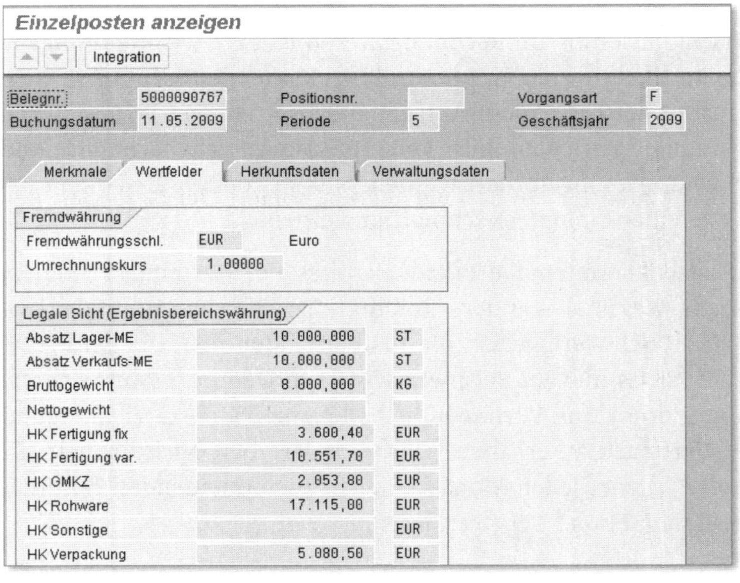

Abbildung 6.31 Ergebnisrechnungsbeleg – Mengen und Produktkosten

Umsatz

In allen bisherigen Abschnitten wurden Kosten ins Controlling gebucht. Auch der Ergebnisrechnungsbeleg lieferte zusätzliche Kosten aus Produktkalkulationen und CO-PA-Konditionen. Was wir bisher vermissen, ist der Umsatz. Er erscheint erst ganz am Ende dieser Liste, weil die Wertfelder hier alphabetisch sortiert sind (siehe Abbildung 6.32).

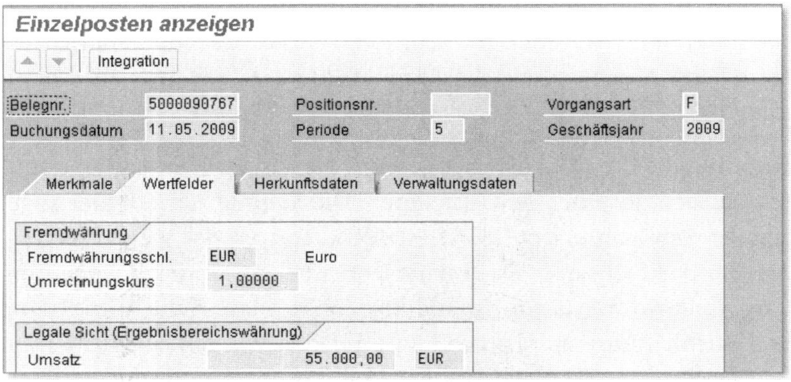

Abbildung 6.32 Ergebnisrechnungsbeleg – Umsatz

6.4 Zusammenfassung

Die Harmonisierung im Rechnungswesen ist eine wichtige Aufgabe für die Buchhaltung und das Controlling. Keiner der Bereiche für sich allein ist in der Lage, diese Aufgabe umzusetzen. Der Wunsch nach abgestimmten Berichten muss vom Topmanagement formuliert und mit Nachdruck eingefordert werden. Nur so können die beiden Bereiche zu einer Einheit verschmolzen werden.

In Ansätzen konnten Sie erkennen, dass die Harmonisierung im Rechnungswesen alles andere als einfach zu erreichen ist. In der Praxis sind die Schwierigkeiten, die zu überwinden sind, um ein Vielfaches größer als hier im Beispiel dargestellt. Dennoch lohnt sich die Harmonisierung, um Vertrauen in die Finanzreports zu schaffen und dieses Vertrauen zu erhalten – insbesondere bei »Nichtfinanzlern«. Ziel sollte es sein, jeden Monat die nicht zu vermeidenden Differenzen zwischen FI und CO zu erklären.

Kapitel 7

Jeder plant für sich – und alle sind zufrieden

Wird durch Planung die Unwissenheit nur durch den Irrtum ersetzt? Welche Aufgaben hat die Planung? Welche Arten der Planung setzen Unternehmen ein? Wie soll die Jahresplanung im Controlling gestaltet werden?

7 Integrierte Planung

7.1 Arten und Inhalte der Planung

Das Wort »Planung« hat in den Unternehmen unterschiedliche Bedeutungen. Im Wesentlichen können drei Arten der Planung unterschieden werden:

- operative Planung
- Jahresplanung
- strategische Planung

Operative Planung

Die *operative Planung* sorgt für die kurzfristige Synchronisation von Vertrieb und Produktion. Im Vertrieb wird ein Absatzplan erstellt, in der Produktion soll die Lieferbereitschaft durch diese Planung sichergestellt werden. Innerhalb der Produktion werden bei der operativen Planung den einzelnen Produktionsaufträgen Ressourcen in Form von Maschinen und Personal zugeordnet. Die zeitnahe Versorgung mit Roh- und Verpackungsmaterial soll ebenfalls sichergestellt werden. Der Zeithorizont der operativen Planung sind der Produktionstag mit Schichten bzw. die unmittelbar folgenden Wochen, maximal Monate. Diese Art der Planung ist das eigentliche Anliegen des Moduls PP in SAP ERP. Darüber hinaus werden neue betriebswirtschaftliche Ansätze mit Softwaretools wie z. B. SAP APO (*Advanced Planning & Optimization*) unterstützt.

Die operative Planung ist eine Aufgabe der Abteilungen Vertrieb, Einkauf und Produktion. Das Controlling ist nicht oder nur am Rande betroffen. Diese Art der Planung wird hier nicht näher behandelt.

Jahresplanung

In der *Jahresplanung* wird im Herbst eines jeden Jahres für das kommende Jahr ein Plan mit dem Fokus auf Finanzzahlen erstellt. Dieser Plan ist nicht so detailliert wie der laufende operative Plan. Produktionszeiten für einzelne Lose oder Einsatzzeiten einzelner Personen werden hier nicht berücksichtigt.

Im Jahresplan werden für die folgenden Elemente Pläne erstellt:

- Preise für Komponenten
- Stücklisten
- Arbeitspläne
- Kostenarten auf Kostenstellen
- Investitionen
- Absätze und Erlöse mit Bezug auf Kunden und Produkte

Aus diesen Eingaben werden abgeleitet:

- Produktkosten für Halbfabrikate und Fertigerzeugnisse
- Erlös, Kosten und Gewinn für das gesamte Unternehmen

Das vorliegende Kapitel beschäftigt sich ausschließlich mit der Jahresplanung. Betroffen von dieser Planung sind die Controllingkomponenten *Ergebnis- und Marktsegmentrechnung* (CO-PA), *Kostenstellenrechnung* (CO-OM-CCA) und *Produktkostenrechnung* (CO-PC) sowie zwei Komponenten aus dem Modul *Produktionsplanung und -steuerung*, nämlich die *Absatz-/Grobplanung* (PP-SOP) und die *Langfristplanung* (PP-MD-LTP). »Integriert« heißt hier, dass die Teilpläne der einzelnen Komponenten aufeinander abgestimmt sind.

Sie werden jetzt sagen: »Aber das ist doch selbstverständlich, dass die einzelnen Pläne zueinanderpassen. Schließlich befinden wir uns innerhalb eines einzigen EDV-Systems, nämlich innerhalb von SAP ERP. Da kann es doch keine Abweichungen geben.« Leider ist das in der Praxis nicht so einfach, wie es im ersten Moment klingt. Aber lesen Sie selbst.

Strategische Planung

Mit *strategischer Planung* meine ich die mittel- bis langfristige Planung für die Jahre X + 2 bis X + 10 (X ist das Jahr, in dem wir uns jetzt befinden). Bei dieser Art der Planung formulieren die Unternehmensleitung oder die Gesellschafter Visionen wie z. B. »Was wäre, wenn wir in einem neuen Markt eine Marketingoffensive starten würden?« oder »Was würde passieren, wenn wir einen neuen Produktionsstandort bauen und dafür drei alte schließen?«. Solche Visionen müssen so lange bearbeitet und detailliert werden, bis konkrete Auswirkungen auf Erlös, Kosten und Gewinn ableitbar sind. Dabei ist eine Detaillierung bis zu einzelnen Komponenten der Produkte und bis zu Kostenstellen in der Produktion nicht darstellbar. Stattdessen wird hier der Fokus auf wenige hochverdichtete Strukturen gelegt.

Für die strategische Planung sind Werkzeuge von SAP ERP ungeeignet. Stattdessen bietet SAP für diesen Zweck die BI-integrierte Planung an. Weitere Informationen zur strategischen Planung finden Sie in Kapitel 9, »BI-integrierte Planung«.

7.2 Absatz- und Erlösplanung

Komponenten in SAP ERP

Blicken wir nun auf die Jahresplanung und die Werkzeuge in SAP ERP, die diesen Prozess unterstützen. Für die Jahresplanung in SAP ERP benötigen wir fünf Komponenten (siehe Abbildung 7.1):

- Ergebnis- und Marktsegmentrechnung: CO-PA
- Absatz-/Grobplanung: PP-SOP
- Langfristplanung: PP-MD-LTP
- Kostenstellenrechnung: CO-OM-CCA
- Produktkostenrechnung: CO-PC

Überblick über die Jahresplanung

Am Beginn der Planung steht die Absatzplanung in der Ergebnisrechnung. Planabsätze sind erforderlich, um Leistungsbedarfe auf Kostenstellen zu ermitteln. Abgleiche mit Kapazitäten müssen durchgeführt werden, um so über notwendige Investitionen entscheiden zu können. Nur mit Planabsätzen und daraus abgeleiteten Bedarfen an Komponenten kann der Einkauf abschätzen, zu welchen Preisen er im nächsten Jahr Material beschaffen kann. Alle diese Informationen sind für die Ermittlung der Produktkosten unverzichtbar

Die Absatzseite, Vertrieb und Marketing, wünscht sich eine andere Reihenfolge. Die Verantwortlichen dort wollen als Erstes Angaben zu den Produktkosten im nächsten Jahr, damit sie abschätzen können, zu welchen Preisen das Unternehmen seine Waren anbieten kann. Erst mit dieser Information sind sie bereit, Absatzpläne zu erstellen. So diskutieren Vertrieb und Marketing auf der einen und die Produktion auf der anderen Seite, als wäre das Thema »die Henne und das Ei«.

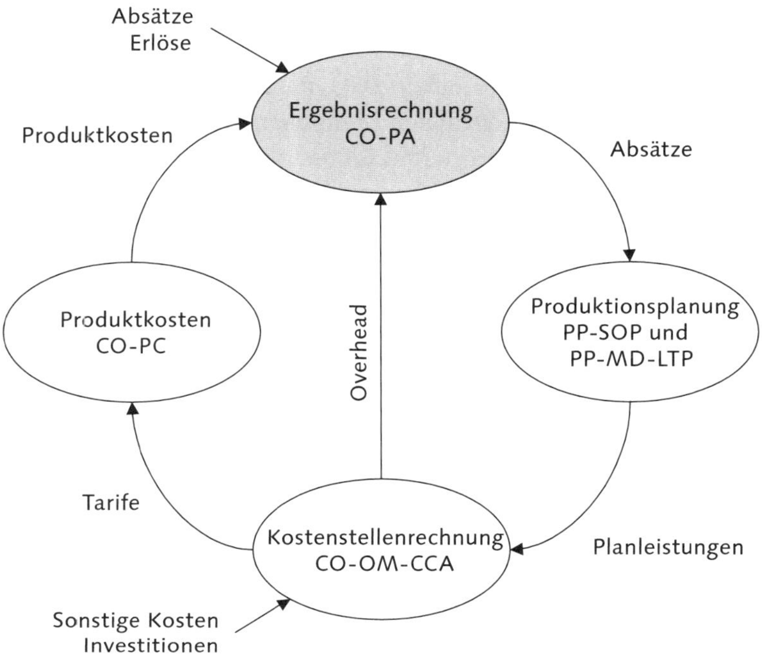

Abbildung 7.1 Integrierte Planung – Ergebnisrechnung

Vielleicht haben beide ein bisschen recht, aber irgendwo müssen wir schließlich anfangen. Also beginnen wir mit der Absatzplanung.

Manuelle Planung

Die Planung von Absätzen kennen Sie bereits aus Abschnitt 5.4.1, »Manuelle Planung«. Für das Jahr 2009 hat sich die Bäckerei Becker in einer zweiten Planungsrunde eine deutliche Absatzsteigerung auf insgesamt 105.000 Stück Kuchen vorgenommen (siehe Abbildung 7.2).

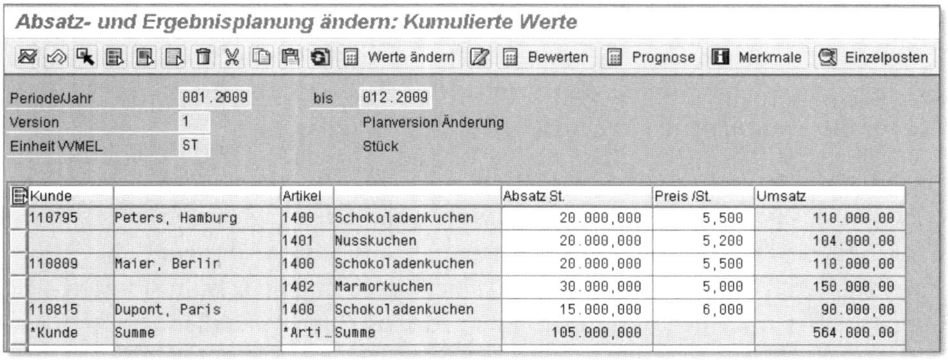
Absatz- und Ergebnisplanung ändern: Kumulierte Werte

Werte ändern | Bewerten | Prognose | Merkmale | Einzelposten

Periode/Jahr 001.2009 bis 012.2009
Version 1 Planversion Änderung
Einheit WMEL ST Stück

Kunde		Artikel		Absatz St.	Preis /St.	Umsatz
110795	Peters, Hamburg	1400	Schokoladenkuchen	20.000,000	5,500	110.000,00
		1401	Nusskuchen	20.000,000	5,200	104.000,00
110809	Maier, Berlin	1400	Schokoladenkuchen	20.000,000	5,500	110.000,00
		1402	Marmorkuchen	30.000,000	5,000	150.000,00
110815	Dupont, Paris	1400	Schokoladenkuchen	15.000,000	6,000	90.000,00
*Kunde	Summe	*Arti…	Summe	105.000,000		564.000,00

Abbildung 7.2 Absatz- und Erlösplanung

Die Planung der Erlöse ist – aus technischer Sicht – noch nicht erforderlich. Sie kann auch später im Planungsprozess durchgeführt werden, im Prinzip sogar als allerletzter Schritt. Hier im Beispiel geben wir die Preise gleich zum Beginn der Planung vor – wir planen marktorientiert und nicht kostenorientiert.

7.3 Produktionsplanung

Planleistungen auf Basis des Absatzplans

Der betriebswirtschaftliche Hintergrund dieses Abschnitts lässt sich in wenigen Worten beschreiben: Auf der Basis des Absatzplans für Fertigerzeugnisse wird durch eine Stücklistenauflösung ermittelt, welche Komponenten beschafft und welche Halbfabrikate erzeugt werden müssen. Über die Arbeitspläne werden dann Leistungsbedarfe für die betroffenen Kostenstellen in der Produktion ermittelt.

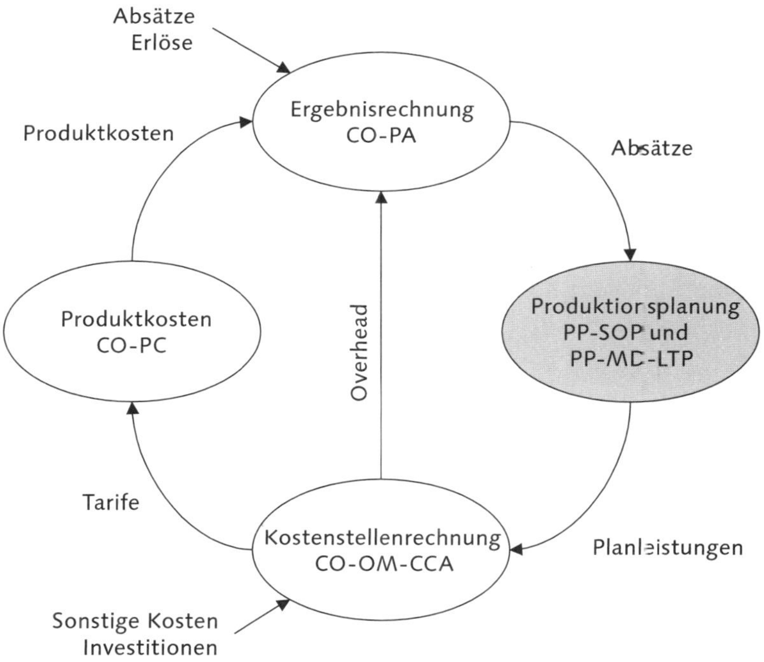

Abbildung 7.3 Integrierte Planung – Produktionsplanung

Im Schaubild zur integrierten Planung befinden wir uns im Prozess rechts, »Produktionsplanung« (siehe Abbildung 7.3).

Die kleinen Schritte Stücklistenauflösung und Ermittlung von Leistungsbedarfen sind große Schritte im System SAP ERP. Diese großen Schritte von der Ergebnisrechnung über die Produktionsplanung bis zur Kostenstellenrechnung sind:

- Übernahme von Absatzdaten aus der Ergebnisrechnung (CO-PA) in die Absatz-/Grobplanung (PP-SOP)
- Kopie von der Absatz-/Grobplanung (PP-SOP) in die Langfristplanung (PP-MD-LTP)
- Stücklistenauflösung mit der Langfristplanung (PP-MD-LTP)
- Übernahme der Leistungsmengen auf Kostenstellen (CO-OM-CCA)

7.3.1 Übernahme der Ergebnisrechnung in die Produktionsplanung

In der Ergebnisrechnung wird der Absatz für Kunden und Artikel geplant. Bei der Kopie dieser Absatzdaten werden nur die Artikelinformationen übergeben. Die Detaillierung der Daten nach Kunden spielt für die Produktionsplanung keine Rolle.

Die einzelnen Schritte der Übernahme sind:

- Daten übernehmen
- Überprüfung der Kopie

Daten übernehmen

Die Transaktion zum Kopieren des Absatzplans aus dem Controlling in die Produktionsplanung heißt KE1E, im Menü: CONTROLLING • RECHNUNGSWESEN • ERGEBNIS- UND MARKTSEGMENTRECHNUNG • PLANUNG • PLANUNGSINTEGRATION • MENGEN AN SOP ÜBERGEBEN (siehe Abbildung 7.4). Die SOP-Version 900 »UEBERGABE CO-PA/SOP« wird, falls sie nicht schon existiert, durch diese Funktion erzeugt.

Auswahl der Artikel

Mit dem Button SELEKTIONSKRITERIEN werden die Artikel ausgewählt, die für den weiteren Planungsprozess relevant sind (siehe Abbildung 7.5). Diese Auswahl ist dann von Bedeutung, wenn Sie in einem Ergebnisbereich für mehrere Verkaufsorganisationen und Werke planen. An dieser Stelle werden für diesen Fall separate SOP-Versionen für die verschiedenen Organisationseinheiten erzeugt.

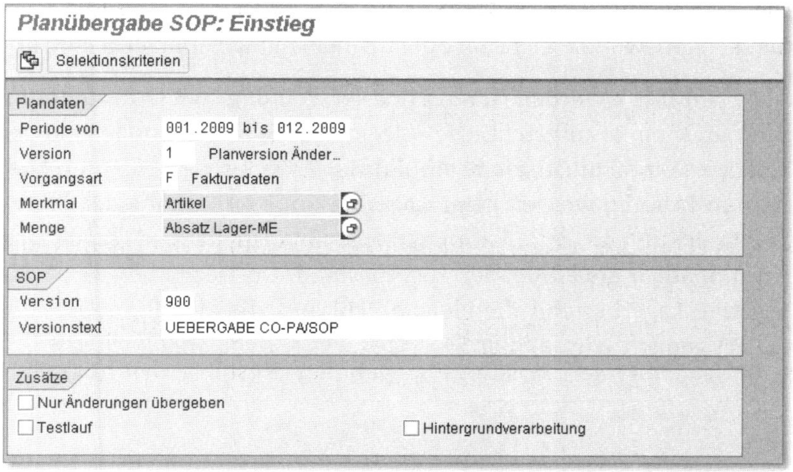

Abbildung 7.4 Übergabe CO-PA nach SOP – Einstiegsbild

Abbildung 7.5 Übergabe CO-PA nach SOP – Selektion von Artikeln

Die Ergebnisse der Kopie werden überprüft mit der Transaktion MC89, im Menü: Logistik • Produktion • Absatz-/Grobplanung • Planung • Für Material • Anzeigen (siehe Abbildung 7.6).

Überprüfung der Kopie

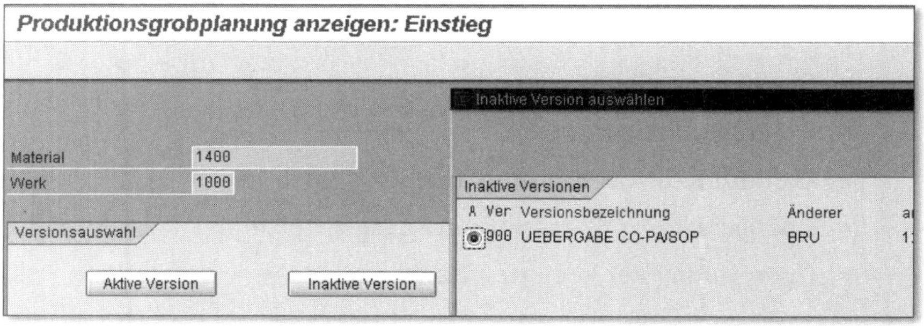

Abbildung 7.6 SOP-Daten überprüfen – Einstiegsbild

Die oben erzeugte Version 900 ist aus Sicht der Produktion eine inaktive Version, weil sie nicht zur operativen Planung herangezogen wird.

Die Planzahlen wurden bereits bei der Planung in CO-PA automatisch auf Monate aufgeteilt. Die einzelnen SOP-Werte sind jetzt in der Zeile ABSATZ sichtbar (siehe Abbildung 7.7). Bei der hier durchgeführten Planung werden keine Lagerbestände am Anfang des Jahres berücksichtigt, die Zeile PRODUKTION bleibt leer. Dadurch ergibt sich ein monatlich abnehmender Lagerbestand. Im Dezember weist der negative Lagerbestand die gleiche Zahl aus, die als Jahresabsatz in CO-PA geplant wurde, hier 55.000 Stück »Schokoladenkuchen«.

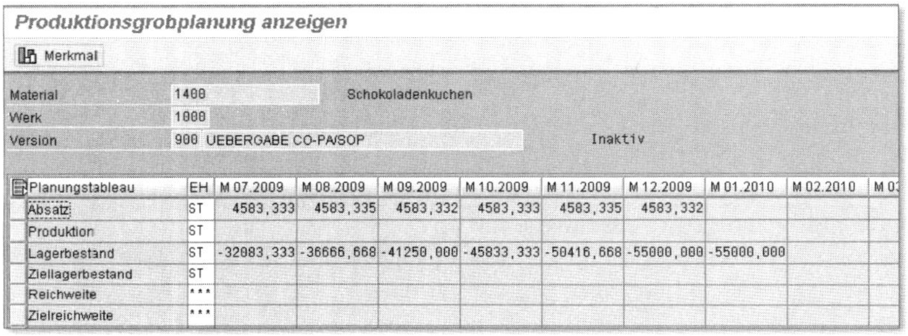

Planungstableau	EH	M 07.2009	M 08.2009	M 09.2009	M 10.2009	M 11.2009	M 12.2009	M 01.2010	M 02.2010	M 0
Absatz	ST	4583,333	4583,335	4583,332	4583,333	4583,335	4583,332			
Produktion	ST									
Lagerbestand	ST	-32083,333	-36666,668	-41250,000	-45833,333	-50416,668	-55000,000	-55000,000		
Ziellagerbestand	ST									
Reichweite	***									
Zielreichweite	***									

Abbildung 7.7 SOP-Daten überprüfen

7.3.2 Kopie innerhalb der Produktionsplanung

Von PP-SOP nach PP-MD-LTP

In diesem Schritt werden die geplanten Absatzdaten innerhalb des Moduls PP kopiert. Bei dieser Kopie werden die Daten aus der Quelle (PP-SOP) vollständig und ohne Ergänzung zum Ziel (PP-MD-LTP) übertragen. Dieser einfache Vorgang ist der technisch schwierigste innerhalb des Abschnitts 7.3, »Produktionsplanung«.

Im Einzelnen werden die folgenden Schritte durchgeführt:

- Planungstyp anlegen
- Übergabeprofil definieren
- Planungsaktivität festlegen
- Definition für Übergabejob anlegen
- Übergabe der SOP-Daten an die Langfristplanung
- Überprüfung der kopierten Daten

Planungstyp anlegen

Die Daten der Absatz-/Grobplanung (PP-SOP) sind die Quelle des vorgesehenen Kopiervorgangs. Diese Quelldaten wurden im vorigen

Abschnitt bereits erzeugt und überprüft. Dennoch muss mit dem Planungstyp eine Pflegemaske (*Planungstableau*) für die SOP-Daten definiert werden. Mit dieser Pflegemaske könnten die Daten bearbeitet werden. Die Planung der Absätze erfolgt im hier vorgestellten Szenario mit den Planungsfunktionen von CO-PA und nicht mit PP-SOP. Daher sind der Planungstyp und das damit verbundene Planungstableau für die manuelle Planung überflüssig, aber für die Kopie von SOP nach LTP technisch nicht zu umgehen.

Der Planungstyp wird angelegt und gepflegt mit der Transaktion MC8B, im Customizing: SPRO • SAP Referenz-IMG • Produktion • Absatz- und Produktionsgrobplanung (SOP) • Werkzeuge • Planungstypen pflegen und dann über die Menüleiste: Springen • Plantypinfo (siehe Abbildung 7.8).

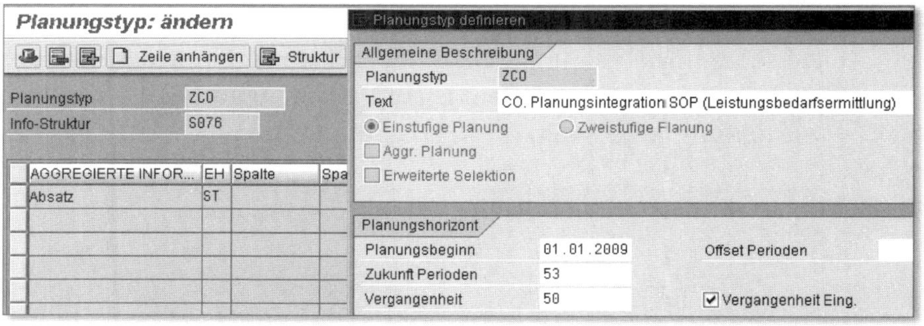

Abbildung 7.8 Planungstyp pflegen

Übergabeprofil definieren

Im *Übergabeprofil* und in der *Planungsaktivität* beschreiben Sie, welche Daten aus SOP nach LTP kopiert werden sollen.

Das Übergabeprofil wird im Customizing angelegt unter SPRO • SAP Referenz-IMG • Produktion • Absatz- und Produktionsgrobplanung (SOP) • Funktionen • Massenverarbeitung • Übergabeprofil pflegen (siehe Abbildung 7.9). Tabelle S076 ist die Standardstruktur von SAP für SOP-Daten. Die Version CO ist das Ziel der Kopie in der Langfristplanung. Die Einträge in Strategie, Feldname und Bedarfsart wurden von jemandem eingestellt, der sich damit auskennt. So funktioniert es jedenfalls.

Planungsaktivität festlegen

Als Nächstes pflegen wir die Planungsaktivität CO1 im System. Die entsprechende Customizingeinstellung wird aufgerufen über: SPRO • SAP Referenz-IMG • Produktion • Absatz- und Produktionsgrob-

PLANUNG (SOP) • FUNKTIONEN • MASSENVERARBEITUNG • AKTIVITÄTEN FESTLEGEN (siehe Abbildung 7.10).

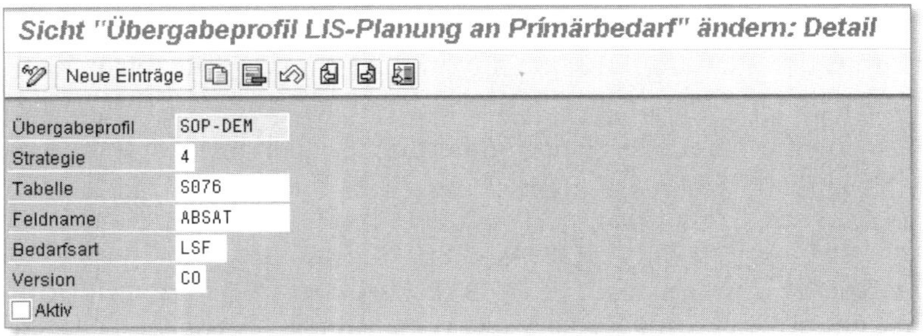

Abbildung 7.9 Übergabeprofil pflegen

Definition für Übergabejob anlegen

Die Massenverarbeitung von Daten erfolgt bei SAP meist über ein Einstiegsbild mit Selektionsmöglichkeiten und einem Button zum Ausführen. Die gewählten Selektionen können bei Bedarf in einer Variante gespeichert werden. Diese Variante wird bei der nächsten Ausführung ausgewählt.

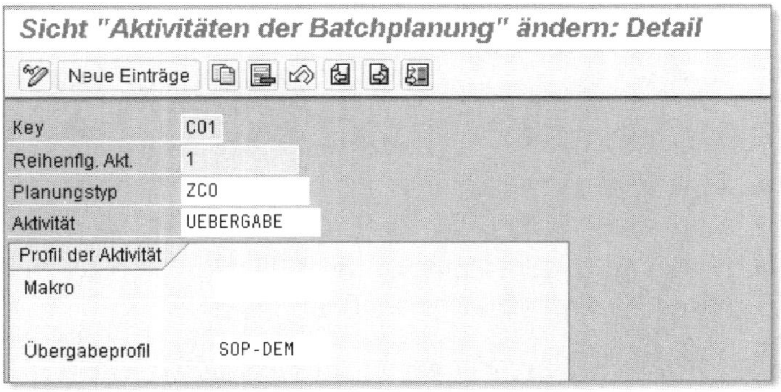

Abbildung 7.10 Planungsaktivität in der Absatz-/Grobplanung pflegen

Bei der Übergabe von SOP nach LTP ist das leider nicht so einfach. Zunächst muss eine Jobdefinition angelegt werden. Diese Jobdefinition wird mit einer Jobnummer und mit einer Bezeichnung gespeichert. Dabei werden die beschriebenen Parameter verknüpft:

- **Infostruktur S076**
  Das ist die SAP-Standardstruktur für die Absatz-/Grobplanung.

- **Version 900**
  Sie wurde bei der Kopie von CO-PA nach SOP angelegt.
- **Planungstyp ZCO**
  Über die Zeile im Planungslayout des Planungstyps werden die zu kopierenden Inhalte bestimmt.
- **Planungsaktivität CO1**
  Hier ist definiert, was geschehen soll.

Außerdem wird in der Jobdefinition das Werk vorgegeben, zu dem die Plandaten angelegt sind.

Mit der Transaktion MC8D wird die Jobdefinition angelegt, im Menü: LOGISTIK • PRODUKTION • ABSATZ-/GROBPLANUNG • PLANUNG • MASSENVERARBEITUNG • ANLEGEN (siehe Abbildung 7.11).

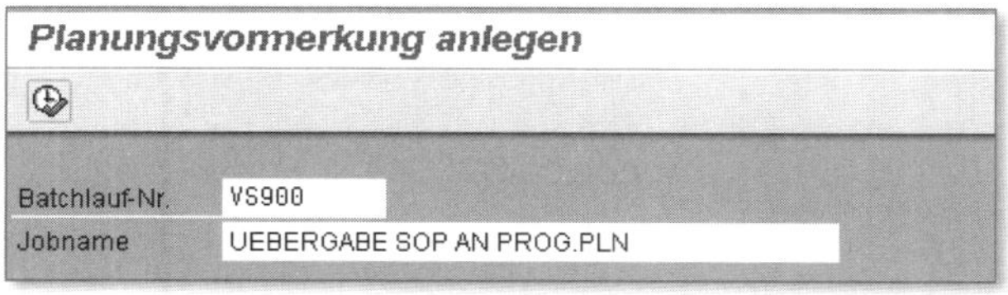

Abbildung 7.11 Jobdefinition für die Übergabe von SOP an die Programmplanung anlegen

Wenn Sie erwarten, dass Sie die notwendigen Angaben einfach auf einem Bild erfassen können, muss ich Sie leider enttäuschen. Die Eingabefelder sind auf vier Masken verteilt. Sie sehen hier das Einstiegsbild.

Übergabe der SOP-Daten an die Langfristplanung

Jetzt geht es endlich los. Mit der Transaktion MC8G wird der Kopiervorgang gestartet, im Menü: LOGISTIK • PRODUKTION • ABSATZ-/GROBPLANUNG • PLANUNG • MASSENVERARBEITUNG • EINPLANEN.

Im Protokoll für diesen Job wird die Meldung ausgegeben: »Bedarfe für PG/Material nnn Werk 1000 an Bedarfsplanung übergeben«. Dabei werden alle Artikel genannt, die jemals in einer SOP-Planung bearbeitet wurden, unabhängig davon, ob beim aktuellen Lauf Plandaten für diesen Artikel vorhanden waren oder nicht.

Überprüfung der kopierten Daten

Die Daten aus der SOP sind jetzt als Planprimärbedarfe in LTP verfügbar. Das können Sie mit der Transaktion MD63 überprüfen, im Menü: LOGISTIK • PRODUKTION • LANGFRISTPLANUNG • LANGFRISTPLANUNG • PLANPRIMÄRBEDARF • ANZEIGEN (siehe Abbildungen 7.12 und

7.13). In diesem Bild steht AUSGEWÄHLTE VERSION für die Version der Langfristplanung, die als Ziel der Kopie im Übergabeprofil angegeben ist.

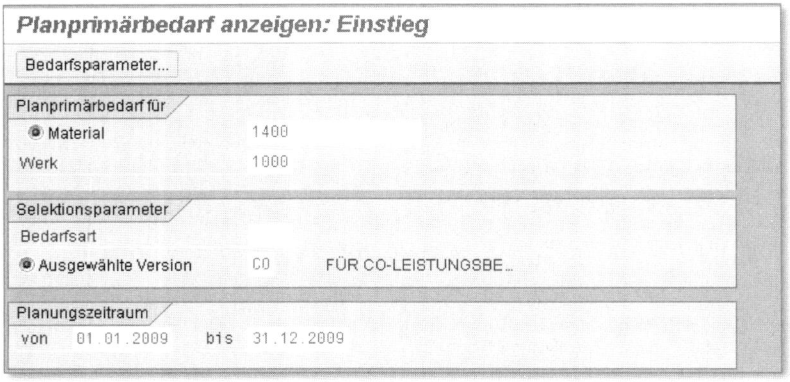

Abbildung 7.12 Planprimärbedarfe der Langfristplanung anzeigen – Einstieg

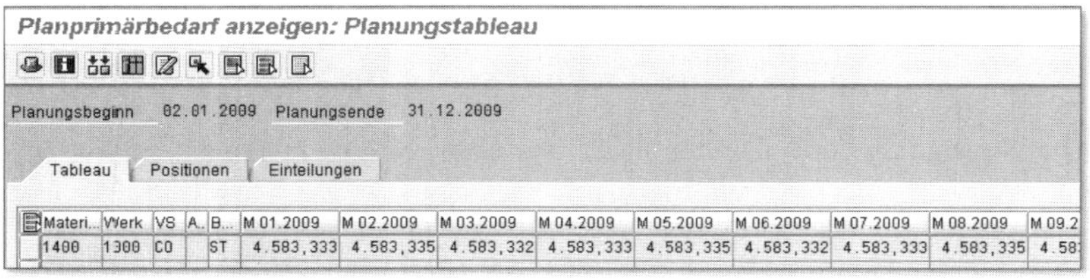

Abbildung 7.13 Planprimärbedarfe der Langfristplanung anzeigen – Ergebnis

7.3.3 Langfristplanung durchführen

Stücklistenauflösung

Jetzt geht es endlich wieder vorwärts, nachdem wir uns im letzten Abschnitt mit viel Mühe nur seitwärts bewegt haben. Das Ziel der Langfristplanung ist die Auflösung der Stücklisten. Auf der Basis von Planprimärbedarfen für Fertigerzeugnisse soll das System ermitteln, welche und wie viele Halbfabrikate produziert werden müssen und welche Komponenten (Verpackung und Rohstoffe) benötigt werden.

Dazu werden die folgenden Schritte beschrieben:

- Szenario für Langfristplanung anlegen
- Langfristplanung durchführen
- Dispoliste anzeigen
- Komponentenbedarfe anzeigen

Szenario für Langfristplanung anlegen

Um die Langfristplanung starten zu können, benötigen Sie ein Szenario. Dieses Szenario wird mit den Transaktionen MS31/MS32/MS33 gepflegt, im Menü: LOGISTIK • PRODUKTION • PRODUKTIONSPLANUNG • LANGFRISTPLANUNG • SZENARIO • ANLEGEN/ÄNDERN/ANZEIGEN (siehe Abbildung 7.14).

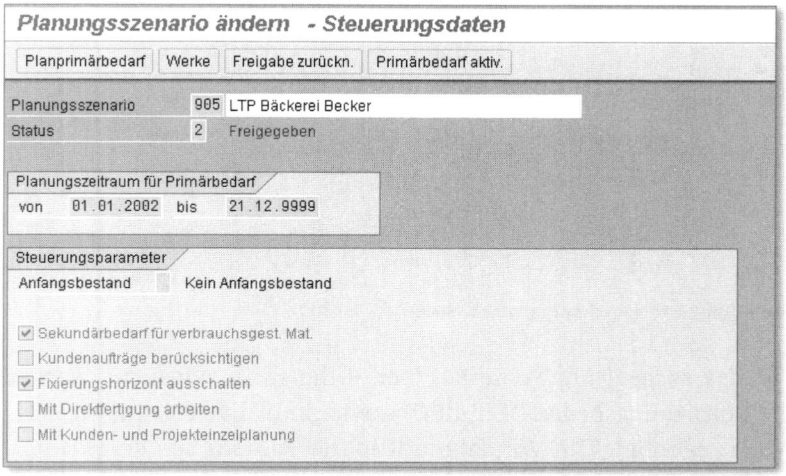

Abbildung 7.14 Szenario für Langfristplanung

Jetzt starten wir die Langfristplanung mit Transaktion MS01, im Menü: LOGISTIK • PRODUKTION • PRODUKTIONSPLANUNG • LANGFRISTPLANUNG • LANGFRISTPLANUNG • PLANUNGSLAUF • ONLINE (siehe Abbildung 7.15).

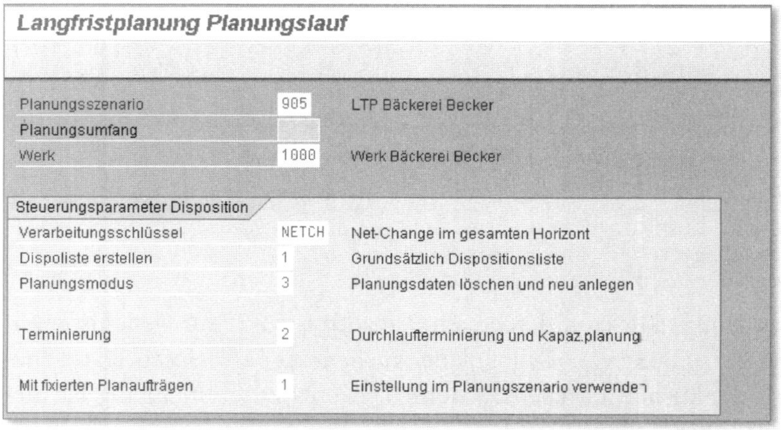

Abbildung 7.15 Langfristplanung durchführen

Dispoliste Das Ergebnis der Planung wird in eine Dispoliste geschrieben. Die Dispolisten aus der Langfristplanung rufen Sie mit Transaktion MS05 auf, im Menü: LOGISTIK • PRODUKTION • PRODUKTIONSPLANUNG • LANGFRISTPLANUNG • LANGFRISTPLANUNG • AUSWERTUNGEN • DISPOLISTE MATERIAL (siehe Abbildungen 7.16 bis 7.18).

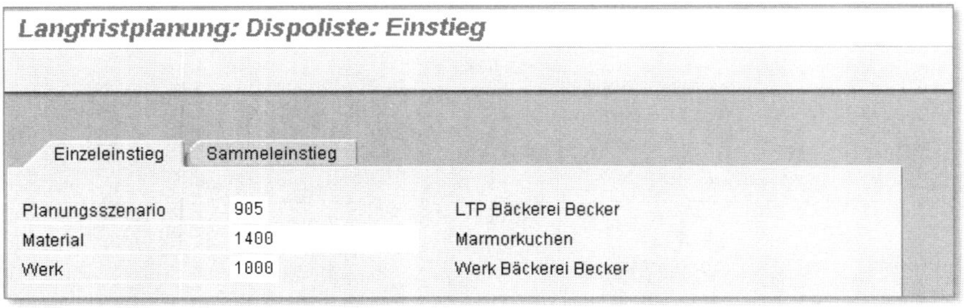

Abbildung 7.16 Langfristplanung Dispoliste – Einstieg

Für das ausgewählte Material, hier »Schokoladenkuchen«, werden die Vorplanungsbedarfe (VP-BED) sowie simulative Planaufträge (PL-AUF) angezeigt. Die Vorplanungsbedarfe wurden aus den Planprimärbedarfen abgeleitet, die Planaufträge erfüllen die einzelnen Vorplanungsbedarfe.

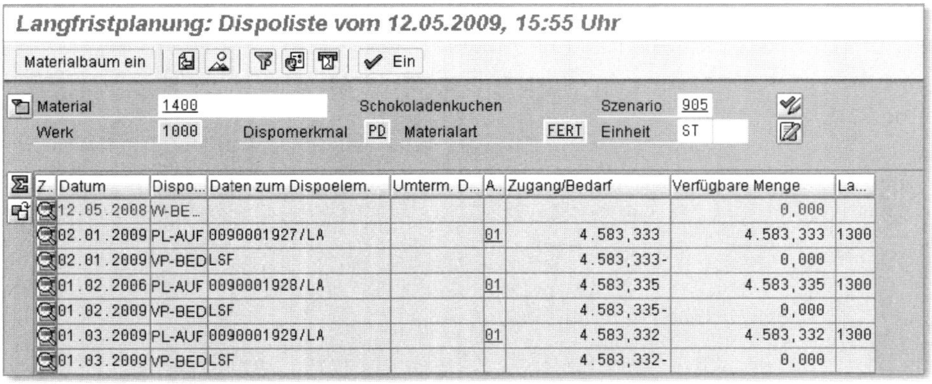

Abbildung 7.17 Dispoliste »Überblick«

Der Doppelklick auf den ersten Planauftrag führt zur Detailliste. Für die Herstellung von »Schokoladenkuchen« ist das Halbfabrikat »Schokoladenkuchen nackt« erforderlich. Dieser Zusammenhang ist hier erkennbar.

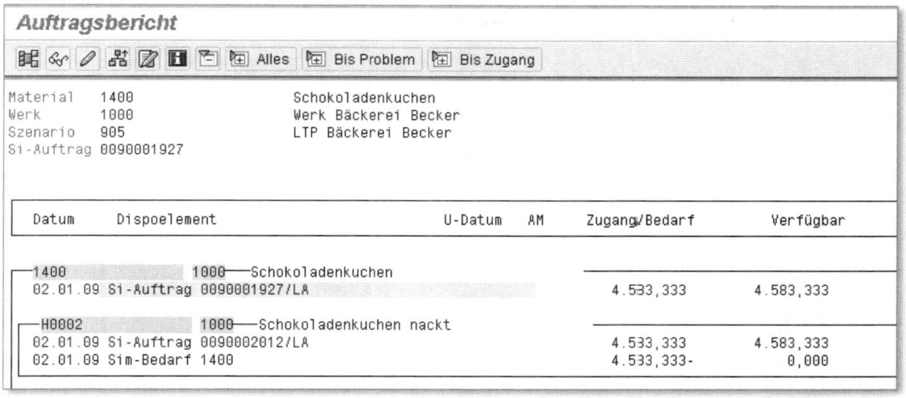

Abbildung 7.18 Dispoliste »Details«

Nebenprodukt: Komponentenbedarfe

Ein Nebenprodukt der Langfristplanung ist eine Liste der benötigten Komponenten. Diese Angaben sind zwar im Controlling für die weitere Planung nicht erforderlich, für den Einkauf sind diese Daten in Jahresverhandlungen mit Lieferanten jedoch sehr hilfreich. Die Komponentenliste erhalten Sie mit Transaktion MCB) – »Klammer zu« gehört zum Transaktionscode und ist kein Druckfehler –, im Menü: Logistik • Produktion • Produktionsplanung • Langfristplanung • Langfristplanung • Auswertungen • Bestandscontrolling • Auswertung (siehe Abbildungen 7.19 und 7.20)

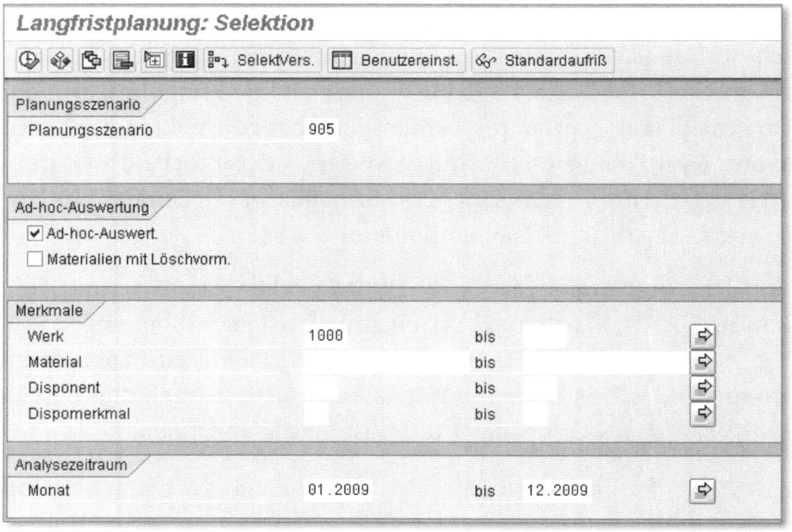

Abbildung 7.19 Überblick über die Langfristplanung – Einstieg

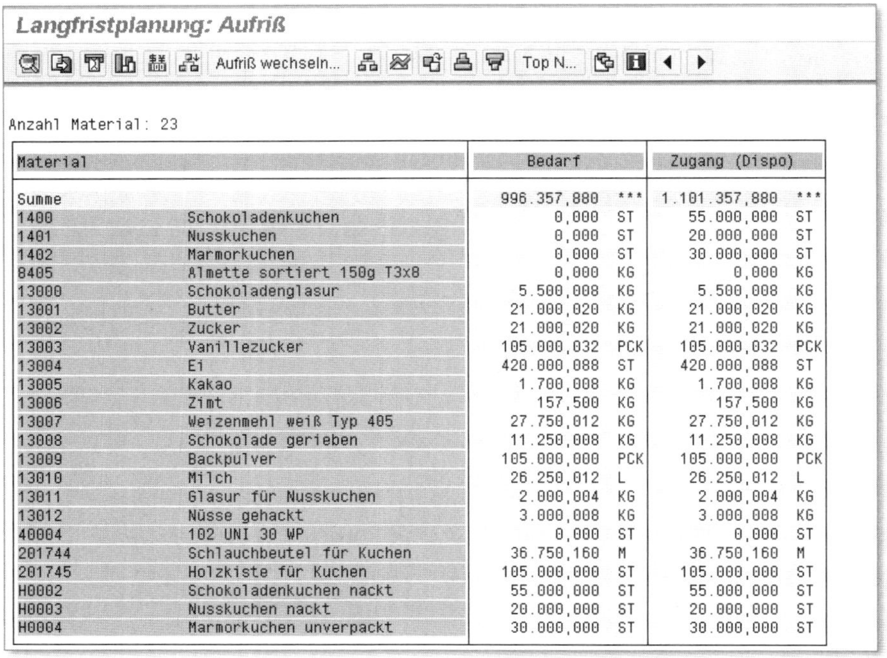

Material		Bedarf		Zugang (Dispo)	
Summe		996.357,880	***	1.101.357,880	***
1400	Schokoladenkuchen	0,000	ST	55.000,000	ST
1401	Nusskuchen	0,000	ST	20.000,000	ST
1402	Marmorkuchen	0,000	ST	30.000,000	ST
8405	Almette sortiert 150g T3x8	0,000	KG	0,000	KG
13000	Schokoladenglasur	5.500,008	KG	5.500,008	KG
13001	Butter	21.000,020	KG	21.000,020	KG
13002	Zucker	21.000,020	KG	21.000,020	KG
13003	Vanillezucker	105.000,032	PCK	105.000,032	PCK
13004	Ei	420.000,088	ST	420.000,088	ST
13005	Kakao	1.700,008	KG	1.700,008	KG
13006	Zimt	157,500	KG	157,500	KG
13007	Weizenmehl weiß Typ 405	27.750,012	KG	27.750,012	KG
13008	Schokolade gerieben	11.250,008	KG	11.250,008	KG
13009	Backpulver	105.000,000	PCK	105.000,000	PCK
13010	Milch	26.250,012	L	26.250,012	L
13011	Glasur für Nusskuchen	2.000,004	KG	2.000,004	KG
13012	Nüsse gehackt	3.000,008	KG	3.000,008	KG
40004	102 UNI 30 WP	0,000	ST	0,000	ST
201744	Schlauchbeutel für Kuchen	36.750,160	M	36.750,160	M
201745	Holzkiste für Kuchen	105.000,000	ST	105.000,000	ST
H0002	Schokoladenkuchen nackt	55.000,000	ST	55.000,000	ST
H0003	Nusskuchen nackt	20.000,000	ST	20.000,000	ST
H0004	Marmorkuchen unverpackt	30.000,000	ST	30.000,000	ST

Abbildung 7.20 Überblick über die Langfristplanung

7.3.4 Übernahme von Leistungen auf Kostenstellen

Zurück im Controlling

Jetzt haben wir's fast geschafft. Ziel des Abschnitts 7.3, »Produktionsplanung«, ist es, Leistungsmengen auf Kostenstellen aus den geplanten Absätzen abzuleiten. Dazu müssen die Arbeitspläne von Fertigerzeugnissen und Halbfabrikaten mit den Planaufträgen der Langfristplanung verknüpft werden – und das geschieht in der Transaktion KSPP, im Menü: RECHNUNGSWESEN • CONTROLLING • KOSTENSTELLENRECHNUNG • PLANUNG • PLANUNGSHILFEN • ÜBERNAHMEN • DISPONIERTE LEISTUNG PP (siehe Abbildung 7.21).

Übernahmesteuerung

Vor der Übernahme werden die erforderlichen Parameter mit dem Button ÜBERNAHMESTEUERUNG eingestellt (siehe Abbildung 7.22). Für jedes Jahr, in dem die Übernahme stattfindet, wird angegeben, wo im Modul *Produktion* die Plandaten gesucht werden und in welcher Version des Controllings die Leistungsdaten landen.

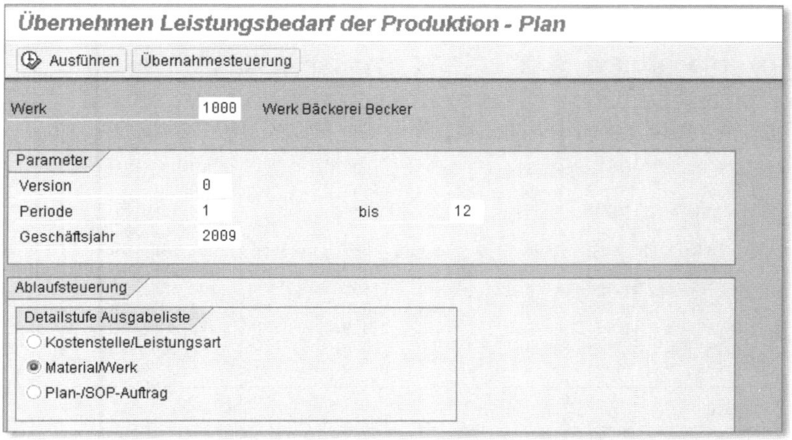

Abbildung 7.21 Disponierte Leistung PP – Einstieg

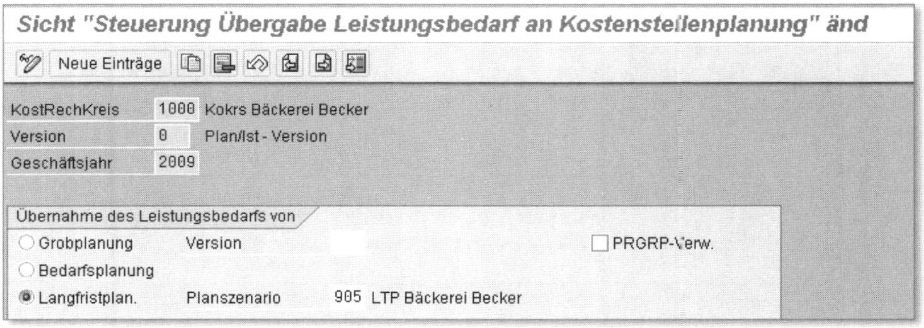

Abbildung 7.22 Disponierte Leistung – Übernahmesteuerung

Übergabe ausführen

Jetzt können wir die Übergabe starten. Das Protokoll zeigt für jeden Artikel die Leistungsbedarfe auf den einzelnen Kostenstellen (siehe Abbildung 7.23). Die Leistungsbedarfe sind in der Spalte DISPONIERTE LEISTG dargestellt.

Auf den Kostenstellen werden nicht die hier dargestellten Daten, sondern nur die Leistungssummen je Leistungsart gespeichert – für die Kostenstelle B100 »Backstube« z. B. 2.502,492 Maschinenstunden (MASCH) und 4.452,504 Personalstunden (PERS). Mir ist keine Auswertung bekannt, mit der die Detaildaten für die einzelnen Artikel nach der Ausführung rekonstruiert werden können. Es lohnt sich also, diese Liste aufzuheben, entweder in gedruckter Form oder nach einem Download als Excel-Datei.

Übernehmen Leistungsbedarf der Produktion - Plan

	Kostenst.	LstArt	Material	Werk	Disponierte Leistg	MEH
	B100	MASCH	H0002	1000	1.310,832	STD
	B100	MASCH	H0003	1000	476,664	STD
	B100	MASCH	H0004	1000	714,996	STD
*	B100	MASCH			2.502,492	STD
	B103	PERS	1400	1000	1.283,340	STD
	B103	PERS	1401	1000	466,668	STD
	B103	PERS	1402	1000	200,004	STD
	B100	PERS	H0002	1000	1.310,832	STD
	B100	PERS	H0003	1000	476,664	STD
	B100	PERS	H0004	1000	714,996	STD
*	B100	PERS			4.452,504	STD
**	B100				6.954,996	STD
	B110	RUHE	H0002	1000	5.500,0	STD
	B110	RUHE	H0003	1000	2.000,004	STD
	B110	RUHE	H0004	1000	3.000,0	STD
*	B110	RUHE			10.500,004	STD
**	B110				10.500,004	STD
	B120	MASCH	H0002	1000	5.500,0	STD
	B120	MASCH	H0003	1000	2.000,004	STD
	B120	MASCH	H0004	1000	3.000,0	STD
*	B120	MASCH			10.500,004	STD
**	B120				10.500,004	STD
	B200	STCK	1400	1000	55.000,000	ST
	B200	STCK	1401	1000	20.000,000	ST
	B200	STCK	1402	1000	30.000,000	ST
*	B200	STCK			105.000,000	ST
**	B200				105.000,000	ST

Abbildung 7.23 Übernahme Disponierte Leistung – Detailliste

7.4 Kostenstellenrechnung

Kostenstellen mit automatischen Leistungsmengen

Nachdem wir uns mit den Funktionen *Absatz-/Grobplanung* und *Langfristplanung* in den fremden Gewässern des Moduls PP bewegt haben, kehren wir jetzt in den sicheren Hafen des Controllings zurück (siehe Abbildung 7.24).

In diesem Abschnitt werden Sie drei Funktionen kennenlernen:

- Planabstimmung
- Tarifermittlung
- Umlage Overhead

Bei der Planabstimmung wird die *Disponierte Leistung* in die *Planleistung* auf Kostenstellen überführt. Die Tarifermittlung und die Umlage von Kostenstellen in die Ergebnisrechnung (Umlage Overhead) sind Ihnen bereits aus den vorigen Kapiteln vertraut (siehe Abschnitt 3.2.3, »Planung mit Kostenstellen«, und Abschnitt 5.4.4, »Umlage von Kostenstellen«).

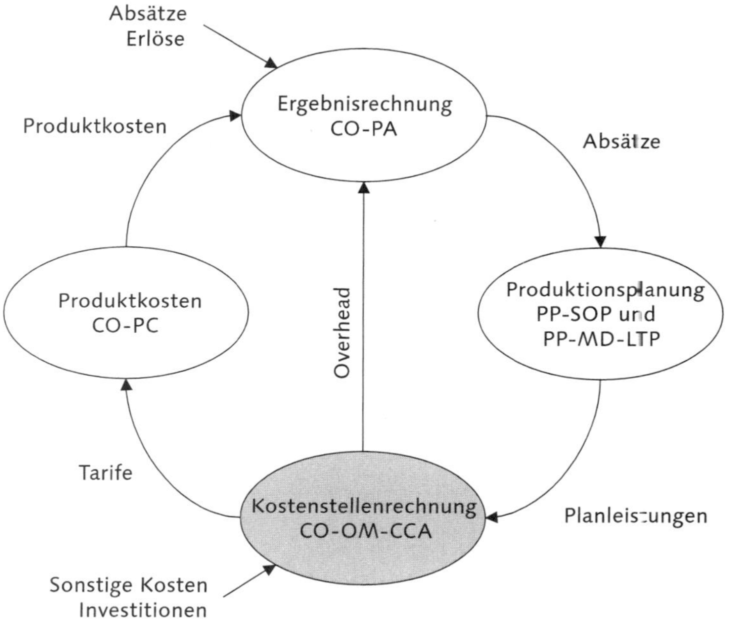

Abbildung 7.24 Integrierte Planung – Kostenstellenrechnung

7.4.1 Planabstimmung

Disponierte Leistung und Planleistung

Mit der Planabstimmung versorgen wir die Kostenstellen automatisch mit Planleistungen für Leistungsarten. In Abschnitt 3.2.3, »Planung mit Kostenstellen«, hatten wir die Leistungsmengen noch manuell geplant. Die automatische Übernahme von Leistungsmengen aus PP, wie wir sie gleich durchführen werden, ist der manuellen Planung selbstverständlich deutlich überlegen. Erst jetzt sprechen wir von einem integrierten Plan.

Leistungsmengen vor Planabstimmung

Bevor wir die Planabstimmung starten, verschaffen wir uns ein Bild von den Leistungsmengen, die wir auf den Kostenstellen vorfinden. Nutzen Sie hierfür den Report S_ALR_87013629, im Menü: Rechnungswesen • Controlling • Kostenstellenrechnung • Infosystem

• BERICHTE ZUR KOSTENSTELLENRECHNUNG • PLANUNGSBERICHTE • LEISTUNGSARTEN: ABSTIMMUNG (siehe Abbildung 7.25).

Die Spalte DISPONIERT enthält die Leistungsdaten, die Sie aus dem Protokoll ÜBERNEHMEN LEISTUNGSBEDARF DER PRODUKTION – PLAN kennen (siehe Abbildung 7.23). Die Spalte PLAN ist leer, weil wir bisher für das Jahr 2009 keine Leistungsplanung durchgeführt haben.

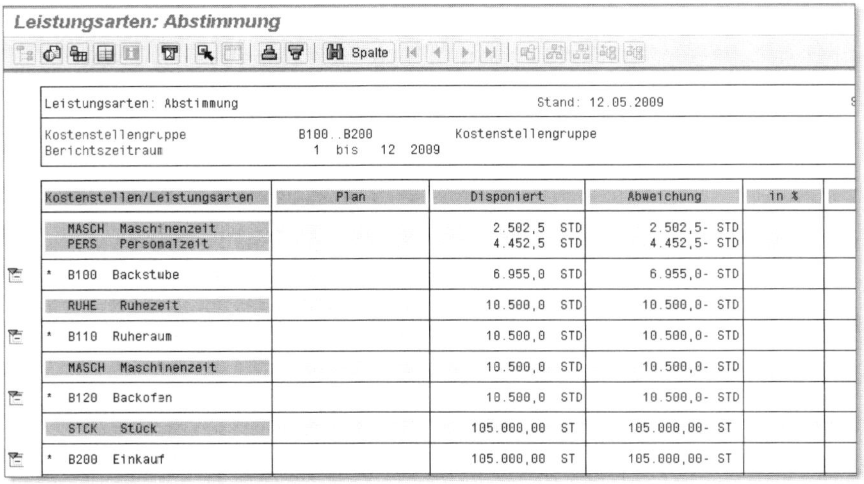
Leistungsarten: Abstimmung

Leistungsarten: Abstimmung Stand: 12.05.2009

Kostenstellengruppe B100..B200 Kostenstellengruppe
Berichtszeitraum 1 bis 12 2009

Kostenstellen/Leistungsarten	Plan	Disponiert	Abweichung	in %
MASCH Maschinenzeit PERS Personalzeit		2.502,5 STD 4.452,5 STD	2.502,5- STD 4.452,5- STD	
* B100 Backstube		6.955,0 STD	6.955,0- STD	
RUHE Ruhezeit		10.500,0 STD	10.500,0- STD	
* B110 Ruheraum		10.500,0 STD	10.500,0- STD	
MASCH Maschinenzeit		10.500,0 STD	10.500,0- STD	
* B120 Backofen		10.500,0 STD	10.500,0- STD	
STCK Stück		105.000,00 ST	105.000,00- ST	
* B200 Einkauf		105.000,00 ST	105.000,00- ST	

Abbildung 7.25 Leistungsarten vor Planabstimmung

Kosten vor Planabstimmung

Die Funktion *Planabstimmung* wird nicht nur Leistungsmengen, sondern auch Kosten verändern. Die Kosten, die als variabel geplant sind, werden mit dem Faktor MENGE DISPONIERT/MENGE GEPLANT angepasst. MENGE DISPONIERT ist die neue Planmenge aus PP. MENGE GEPLANT ist die alte Planmenge aus dem Vorjahr.

Beispiel

Der manuelle Plan für Personalleistungen beläuft sich auf 100 Stunden. Pro Stunde werden variable Kosten in Höhe von 20 EUR geplant, also insgesamt 2.000 EUR. Die Produktionsplanung ermittelt einen höheren Leistungsbedarf von 150 Stunden. Die neuen Kosten errechnen sich dann wie folgt:

Menge neu/Menge alt × Plankosten alt = Plankosten neu

150 Std./100 Std. × 2.000 EUR = 3.000 EUR

Für den Fall, dass die *Menge alt* gleich null ist, wie in unserem Beispiel, funktioniert die Planung von variablen Kostensätzen nur mit der Rezeptplanung, die ich Ihnen in Abschnitt 3.2.3, »Planung mit Kostenstellen«, vorgestellt habe.

Jetzt wird klar, dass wir uns vor der Planabstimmung auch ein Bild von den Kosten auf Kostenstellen verschaffen sollten. Nur so können wir die Auswirkungen dieser Funktion nachvollziehen. Zur Anzeige der Plankosten, getrennt nach fixen und variablen Bestandteilen, nutzen Sie Transaktion KSBL, im Menü: RECHNUNGSWESEN • CONTROLLING • KOSTENSTELLENRECHNUNG • INFOSYSTEM • BERICHTE ZUR KOSTENSTELLENRECHNUNG • PLANUNGSBERICHTE • KOSTENSTELLEN: PLANUNGSÜBERSICHT (siehe Abbildung 7.26).

Außer den fixen Kosten für Abschreibungen und den disponierten Leistungen aus dem SOP-Lauf scheint die Kostenstelle leer zu sein. In diesem Bericht sehen wir die geplanten Kostensätze für Personal und Energie nicht, weil die zugehörigen Planleistungen von MASCHINENZEIT und PERSONALZEIT noch null sind.

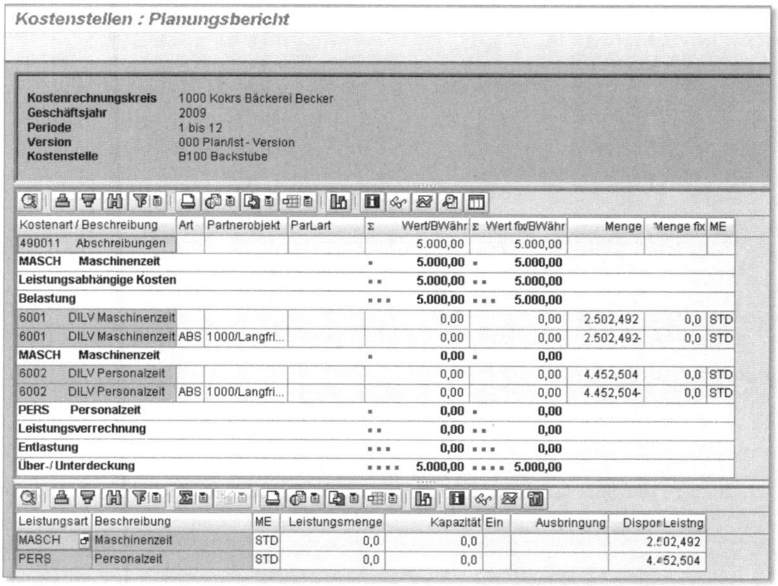
Kostenstellen : Planungsbericht

Kostenrechnungskreis 1000 Kokrs Bäckerei Becker
Geschäftsjahr 2009
Periode 1 bis 12
Version 000 Plan/Ist - Version
Kostenstelle B100 Backstube

Kostenart / Beschreibung	Art	Partnerobjekt	ParLart	Σ	Wert/BWähr	Σ	Wert fix/BWähr	Menge	Menge fix	ME
490011 Abschreibungen					5.000,00		5.000,00			
MASCH Maschinenzeit				▪	**5.000,00**	▪	**5.000,00**			
Leistungsabhängige Kosten				▪▪	**5.000,00**	▪▪	**5.000,00**			
Belastung				▪▪▪	**5.000,00**	▪▪▪	**5.000,00**			
6001 DILV Maschinenzeit					0,00		0,00	2.502,492	0,0	STD
6001 DILV Maschinenzeit	ABS	1000/Langfri...			0,00		0,00	2.502,492-	0,0	STD
MASCH Maschinenzeit				▪	**0,00**	▪	**0,00**			
6002 DILV Personalzeit					0,00		0,00	4.452,504	0,0	STD
6002 DILV Personalzeit	ABS	1000/Langfri...			0,00		0,00	4.452,504-	0,0	STD
PERS Personalzeit				▪	**0,00**	▪	**0,00**			
Leistungsverrechnung				▪▪	**0,00**	▪▪	**0,00**			
Entlastung				▪▪▪	**0,00**	▪▪▪	**0,00**			
Über-/Unterdeckung				▪▪▪▪	**5.000,00**	▪▪▪▪	**5.000,00**			

Leistungsart	Beschreibung	ME	Leistungsmenge	Kapazität	Ein	Ausbringung	Dispor Leistng
MASCH	Maschinenzeit	STD	0,0	0,0			2.502,492
PERS	Personalzeit	STD	0,0	0,0			4.452,504

Abbildung 7.26 Kostenstelle Backstube vor Planabstimmung

Planabstimmung ausführen

Jetzt starten wir die Planabstimmung mit Transaktion KPSI, im Menü: RECHNUNGSWESEN • CONTROLLING • KOSTENSTELLENRECHNUNG • PLANUNG • PLANUNGSHILFEN • PLANABSTIMMUNG (siehe Abbildungen 7.27 und 7.28).

Leistungsmengen nach Planabstimmung

Nach der Planabstimmung zeigt der Bericht LEISTUNGSARTEN: ABSTIMMUNG in der Spalte PLAN die gleichen Werte, die vorher schon bei DISPONIERT eingetragen waren (siehe Abbildung 7.29). Die Spalte

DISPONIERT wurde nicht verändert, entsprechend sind die Abweichungen verschwunden (siehe Abbildung 7.25).

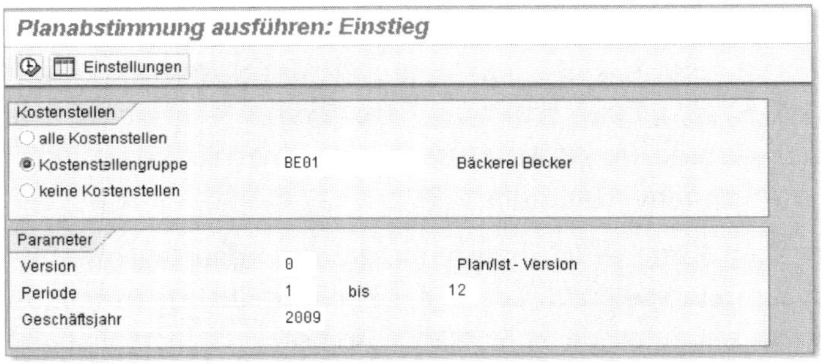

Abbildung 7.27 Planabstimmung ausführen– Einstieg

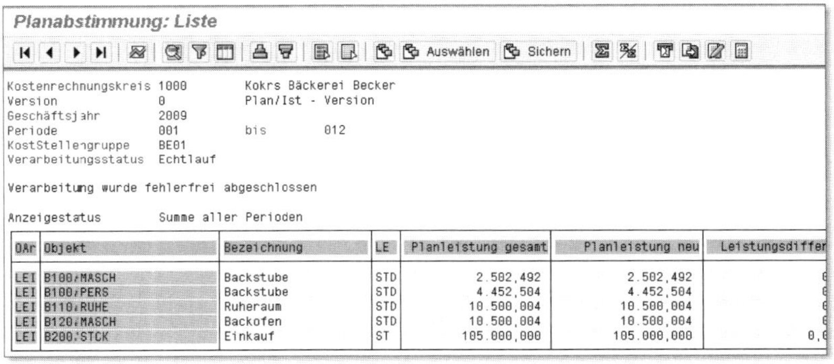

Abbildung 7.28 Planabstimmung – Liste

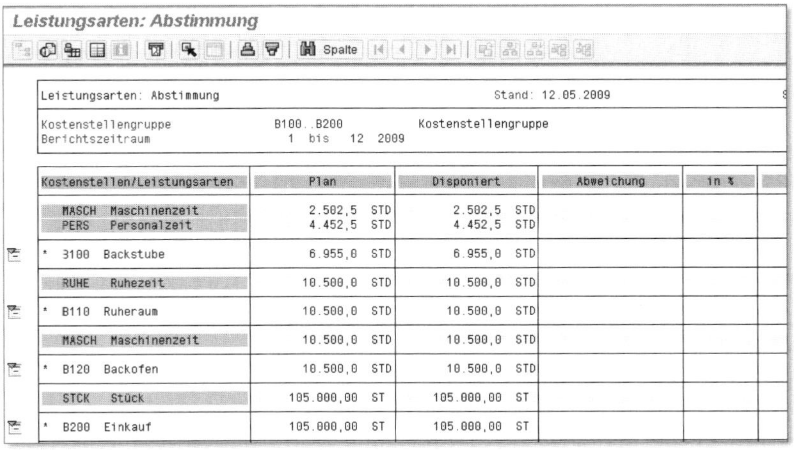

Abbildung 7.29 Leistungsarten nach Planabstimmung

Plankosten nach Planabstimmung

Die variablen Plankosten wurden durch die Abstimmung an die neuen Planmengen angepasst (siehe Abbildung 7.30).

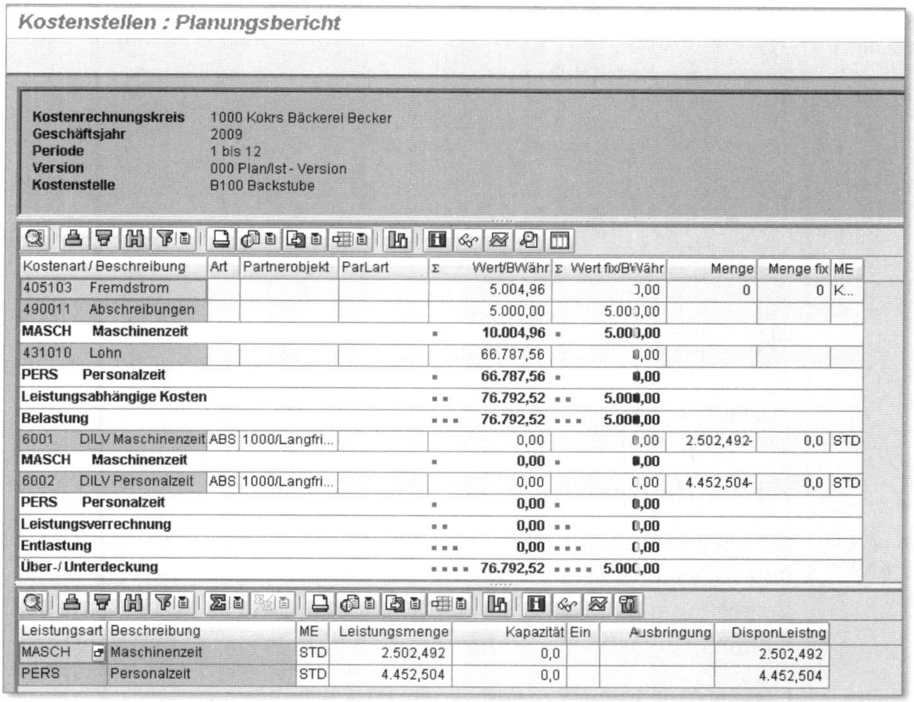
Kostenstellen : Planungsbericht

Kostenrechnungskreis	1000 Kokrs Bäckerei Becker
Geschäftsjahr	2009
Periode	1 bis 12
Version	000 Plan/Ist - Version
Kostenstelle	B100 Backstube

Kostenart / Beschreibung	Art	Partnerobjekt	ParLart	Σ	Wert/BWähr	Σ	Wert fix/BWähr	Menge	Menge fix	ME
405103 Fremdstrom					5.004,96		0,00	0	0	K...
490011 Abschreibungen					5.000,00		5.000,00			
MASCH Maschinenzeit				▪	**10.004,96**	▪	**5.000,00**			
431010 Lohn					66.787,56		0,00			
PERS Personalzeit				▪	**66.787,56**	▪	**0,00**			
Leistungsabhängige Kosten				▪▪	**76.792,52**	▪▪	**5.000,00**			
Belastung				▪▪▪	**76.792,52**	▪▪▪	**5.000,00**			
6001 DILV Maschinenzeit	ABS	1000/Langfri...			0,00		0,00	2.502,492-	0,0	STD
MASCH Maschinenzeit				▪	**0,00**	▪	**0,00**			
6002 DILV Personalzeit	ABS	1000/Langfri...			0,00		0,00	4.452,504-	0,0	STD
PERS Personalzeit				▪	**0,00**	▪	**0,00**			
Leistungsverrechnung				▪▪	**0,00**	▪▪	**0,00**			
Entlastung				▪▪▪	**0,00**	▪▪▪	**0,00**			
Über-/Unterdeckung				▪▪▪▪	**76.792,52**	▪▪▪▪	**5.000,00**			

Leistungsart	Beschreibung	ME	Leistungsmenge	Kapazität	Ein	Ausbringung	DisponLeistng
MASCH	Maschinenzeit	STD	2.502,492	0,0			2.502,492
PERS	Personalzeit	STD	4.452,504	0,0			4.452,504

Abbildung 7.30 Kostenstelle Backstube nach Planabstimmung

Die variablen Kosten für Fremdstrom (5.004,96 EUR) und Lohn (66.787,56 EUR) wurden durch die Planabstimmung automatisch ermittelt. Wir hatten bei der Rezeptplanung für diese Kostenarten variable Kostensätze in Bezug auf die Leistungen hinterlegt: 2,00 EUR Strom pro Maschinenstunde und 15,00 EUR Lohn pro Personalstunde. Diese Kostensätze werden mit den Planleistungen multipliziert, die im unteren Teil des Kostenstellenberichts in der Spalte LEISTUNGSMENGE dargestellt sind.

Die fixen Kosten, z. B. »Kalk. Afa Sachanlagen«, wurden durch die Planabstimmung nicht verändert, und das ist auch gut so. Diese Kosten sind – entsprechend der Definition von fixen Kosten – unabhängig von der Leistungsmenge. Also würde eine automatische Änderung durch die Änderung von Planleistungen auch keinen Sinn ergeben.

7.4.2 Tarifermittlung

Kosten für Leistungseinheiten errechnen

Mit den neuen Planleistungen und den neuen Plankosten kann jetzt eine Tarifermittlung durchgeführt werden (siehe Abbildung 7.31). Diese Funktion wurde bereits in Abschnitt 3.2.3, »Planung mit Kostenstellen«, beschrieben.

Ergebnisse Tarifermittlung Plan: Grundliste

Senderanalyse

				Kreiswährung			
Kostenst.	LstArt	LstMenge	LstEinh	Tarif ges.	Tarif fix	TarEh	TKz
B100	MASCH	2.502,492	STD	3.998,00	1.998,01	1000	1
B100	PERS	4.452,504	STD	15,00	0,00	1	1
B110	RUHE	10.500,004	STD	476,19	476,19	10000	1
B120	MASCH	10.500,004	STD	31.904,75	1.904,76	10000	1
B200	STCK	105.000,000	ST	2.380,95	2.380,95	10000	1

Abbildung 7.31 Tarifermittlung – Liste

7.4.3 Umlage Overhead

Verrechnung von »Rest«-Kosten

Kostenstellen des Produktionsprozesses wurden mithilfe von Tarifen und Arbeitsplänen in Produktkosten dargestellt. Von dieser Art der Verrechnung sind in unserem Beispiel vier Kostenstellen betroffen, nämlich »Backstube«, »Ruheraum«, »Backofen« und »Einkauf«.

Darüber hinaus gibt es in jedem Unternehmen Kostenstellen, die nicht in den Produktkosten zu finden sind. Üblicherweise fallen solche Kosten in den Bereichen Verwaltung, Vertrieb und Marketing an. Mein Sammelbegriff für diese Kosten ist *Overhead*. Im Beispiel der Bäckerei Becker steht die Kostenstelle VERWALTUNG ALLGEMEIN exemplarisch für den Overhead.

Kostenstellen nach Tarifermittlung

Betrachten wir die Kosten aller Kostenstellen (siehe Abbildung 7.32). Wir sehen in der Zeile ÜBER-/UNTERDECKUNG einen Betrag von 20.000 EUR, der noch nicht verrechnet ist.

Verwaltung

Der Klick auf die Kostenstelle VERWALTUNG ALLGEMEIN im linken Bildschirmbereich zeigt die hier geplanten Kosten (siehe Abbildung 7.33). Und siehe da: Die gesamte Über-/Unterdeckung findet sich auf dieser Kostenstelle. Wie soll die Verwaltung, wie soll der Overhead allgemein verrechnet werden?

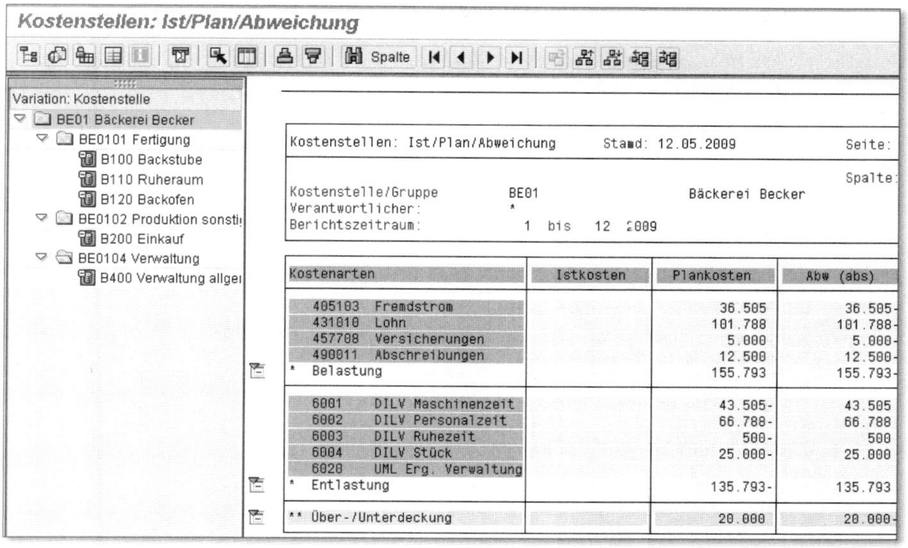

Kostenarten	Istkosten	Plankosten	Abw (abs)
405103 Fremdstrom		36.505	36.505-
431010 Lohn		101.788	101.788-
457708 Versicherungen		5.000	5.000-
490011 Abschreibungen		12.500	12.500-
* Belastung		155.793	155.793-
6001 DILV Maschinenzeit		43.505-	43.505
6002 DILV Personalzeit		66.788-	66.788
6003 DILV Ruhezeit		500-	500
6004 DILV Stück		25.000-	25.000
6020 UML Erg. Verwaltung			
* Entlastung		135.793-	135.793
** Über-/Unterdeckung		20.000	20.000-

Abbildung 7.32 Plankosten für alle Kostenstellen

Kostenarten	Istkosten	Plankosten	Abw (abs)
431010 Lohn		15.000	15.000-
457708 Versicherungen		5.000	5.000-
* Belastung		20.000	20.000-
6020 UML Erg. Verwaltung			
* Entlastung			
** Über-/Unterdeckung		20.000	20.000-

Abbildung 7.33 Plankosten für Verwaltung vor Umlage

Umlage ausführen

Dazu verwenden wir die Funktion *Umlage von Kostenstellen in die Ergebnisrechnung*, die Sie bereits aus Abschnitt 3.2.3, »Planung mit Kostenstellen«, kennen. Wir definieren einen Zyklus, hier BER09P, und lassen das System rechnen (siehe Abbildung 7.34).

Nach der Umlage sind auch die letzten 20.000 EUR aus der Über-/Unterdeckung verschwunden (siehe Abbildung 7.35).

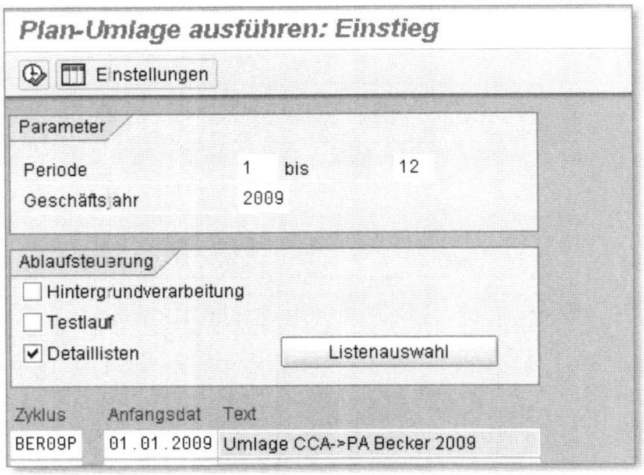

Abbildung 7.34 Umlage ausführen

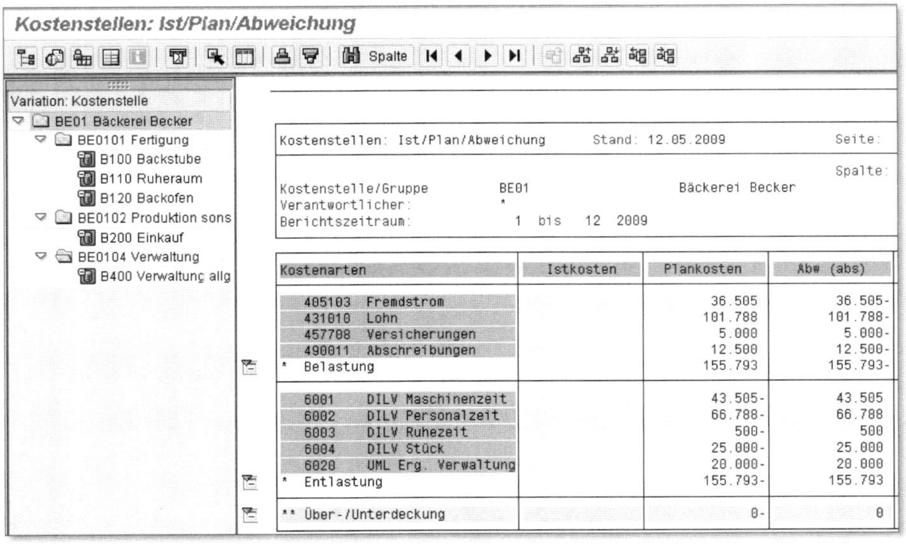

Abbildung 7.35 Alle Kostenstellen nach Umlage

7.5 Produktkosten

Kalkulationen erstellen

Die Kostenstellen haben Tarife für die Produktkostenrechnung zur Verfügung gestellt. Wie werden die Tarife in der Produktkostenrechnung weiterverarbeitet, und welche zusätzlichen Daten benutzt diese Komponente? Betrachten wir die Produktkosten genauer (siehe Abbildung 7.36).

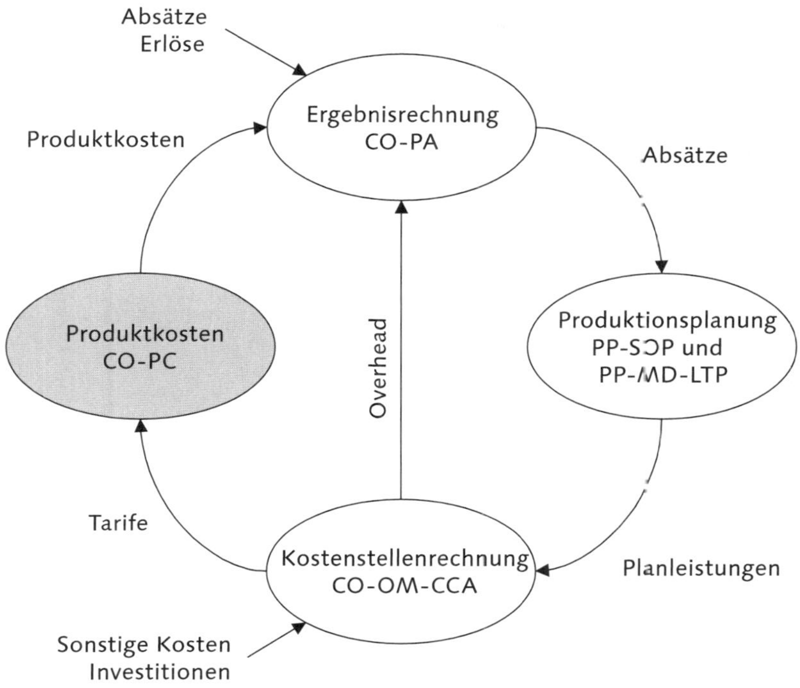

Abbildung 7.36 Integrierte Planung – Produktkosten

In diesem Abschnitt begegnen Ihnen zwei Funktionen:

- Produktkalkulationen anlegen
- Kalkulationen in die Ergebnisrechnung übernehmen

Beides wurde bereits in diesem Buch behandelt (siehe Abschnitt 4.5.1, »Materialkalkulation«, und Abschnitt 5.4.3, »Übernahme von Produktkosten«).

7.5.1 Kalkulationen erstellen

Produktkalkulationen bestehen aus folgenden Elementen:

- Materialstämme
- Stücklisten
- Preise für Komponenten (Rohstoffe und Verpackungen)
- Arbeitspläne
- Tarife von Kostenstellen

Beim Anlegen der Kalkulationen werden die gleichen Materialstämme, Arbeitspläne und Stücklisten gezogen, die wir bereits bei der Langfristplanung und der Übernahme von Leistungen auf Kostenstellen benutzt haben. Neu hinzu kommen Planpreise der Komponenten und die in Abschnitt 7.4.2, »Tarifermittlung«, ermittelten Tarife der Kostenstellen. Aus all diesen Daten gewinnt die Produktkalkulation die Preise für Halbfabrikate und Fertigerzeugnisse (siehe auch Abschnitt 4.5.1, »Materialkalkulation«).

Betrachten wir nun exemplarisch den »Schokoladenkuchen« etwas genauer (siehe Abbildung 7.37).

Abbildung 7.37 Kalkulation für »Schokoladenkuchen«

Hier ist die Kalkulation für das Planjahr 2009 zu sehen. Als Bezugsgröße im Feld KOSTEN BEZOGEN AUF habe ich die Planmenge des Jahres 2009 gewählt: 55.000 Stück. Die jetzt angezeigten Kosten sollten gleich in der Ergebnisrechnung zu finden sein.

7.5.2 Kalkulationen in die Ergebnisrechnung übernehmen

Verknüpfung von CO-PC und CO-PA

Bisher haben wir vier Planungsschritte hinter uns gebracht, nämlich die Absatzplanung, die Produktionsplanung, diverse Funktionen in der Kostenstellenrechnung und die Anlage von Materialkalkulationen in der Produktkostenrechnung. Erst jetzt können wir die zu Beginn der Planung erfassten Absatzmengen mit Produktkosten bewerten. Die Funktion zur Übernahme der Kalkulationen in die Ergebnisrechnung heißt *Bewertung* und ist eine Planungsmethode in der Transaktion KEPM (siehe Abbildung 7.38 und Abschnitt 5.4.3, »Übernahme von Produktkosten«).

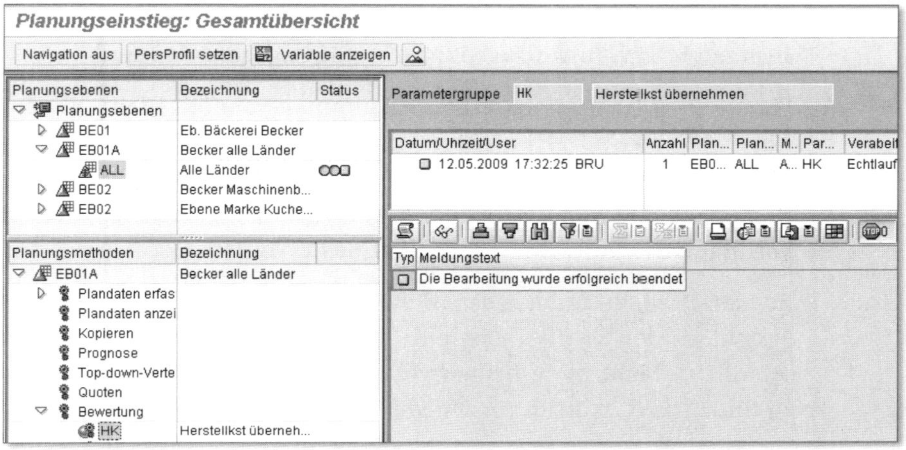

Abbildung 7.38 Übernahme der Kalkulationen in die Ergebnisrechnung

Blick in die Ergebnisrechnung

Nach dieser Übernahme der Produktkosten lohnt ein Blick in die Ergebnisrechnung (siehe Abbildung 7.39). Für die Auswahl »Schokoladenkuchen« sehen wir unter ABSATZ und UMSATZ die Werte, die ganz am Anfang der Planung manuell in der Ergebnisrechnung erfasst wurden. Die Wertfelder ROHWARE, VERPACKUNG, FERTIGUNG VAR., FERTIGUNG FIX und GMKZ wurden durch die soeben erwähnte Übernahme der Produktkosten erzeugt. Jede dieser Zahlen sowie die Summe in der Zeile PRODUKTKOSTEN stimmen genau mit dem überein, was die Materialkalkulation angezeigt hat (siehe Abbildung 7.37).

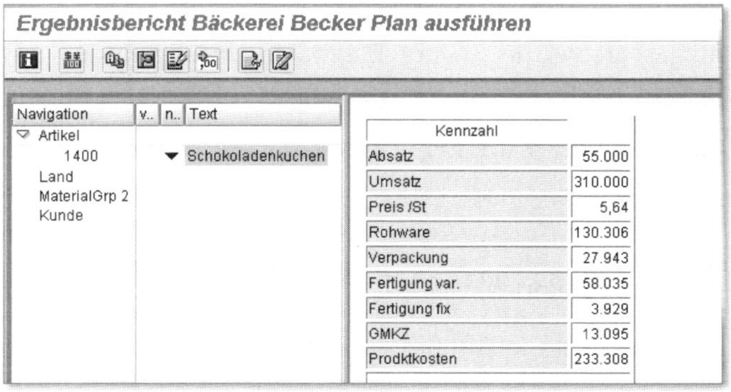

Abbildung 7.39 Produktkosten in der Ergebnisrechnung

7.6 Abstimmung der Kostenstellen

Die integrierte Planung ist hiermit abgeschlossen. Wir sollten jetzt sicherstellen, dass alle Kosten, die auf Kostenstellen geplant wurden, auch tatsächlich in der Ergebnisrechnung angekommen sind.

Overhead Für die Overheadkosten ist diese Abstimmung unnötig, denn hier besteht eine direkte elektrische Verbindung zwischen Kostenstellen und Ergebnisrechnung. Wenn die Kostenstellen nach der Umlage vollständig entlastet sind, können wir sicher sein, dass diese Kosten korrekt in der Ergebnisrechnung verbucht wurden.

Produktion Bei den Produktkostenstellen, die in den Materialkalkulationen dargestellt werden, ist diese Übereinstimmung alles andere als selbstverständlich. Damit diese Kosten vollständig in der Ergebnisrechnung zu finden sind, müssen verschiedene Voraussetzungen erfüllt sein:

- Langfristplanung und Produktkostenrechnung müssen die gleiche Stückliste ziehen.
- Leistungsübernahme auf Kostenstellen und Produktkostenrechnung müssen den gleichen Arbeitsplan ziehen.
- Bei Leistungsmengen und Tarifen dürfen keine manuellen Eingriffe vorgenommen werden.

In der Praxis kann sich der hier beschriebene Planungsprozess über mehrere Tage oder gar Wochen hinziehen. In dieser Zeit arbeiten viele Personen an den Daten für das folgende Jahr – das ganze Unternehmen ist im Planungsfieber. Deshalb ist die Erfüllung der genannten Voraussetzungen eher die Ausnahme als die Regel.

Ergebnisrechnung Prüfen wir nun, ob die integrierte Planung bei der Bäckerei Becker erfolgreich umgesetzt wurde. In der Ergebnisrechnung finden wir die Kosten, die aus Kostenstellen des Fertigungsprozesses stammen, in den Wertfeldern:

- FERTIGUNG VAR.
- FERTIGUNG FIX
- GMKZ (Gemeinkostenzuschläge)

Die folgenden Kosten sind in Abbildung 7.40 zu sehen:

103.295 EUR + 7.500 EUR + 25.000 EUR = 135.795 EUR

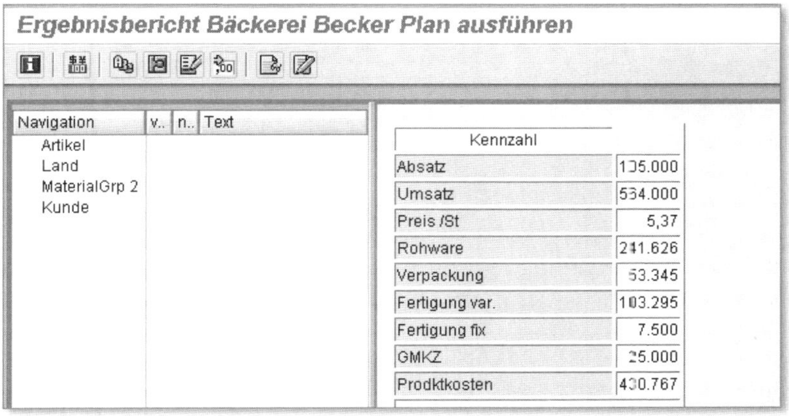

Abbildung 7.40 Kalkulationsbestandteile in der Ergebnisrechnung

Kostenstellen

Auf den Kostenstellen sind die Kosten, die in Kalkulationen dargestellt werden sollen, als Entlastung aus Leistungsverrechnungen zu sehen.

Hier im Beispiel hatten wir die Leistungsverrechnung nur benutzt, um die Verbindung von Kostenstellen und Produkten abzubilden. In der Praxis wird die Funktion *Leistungsverrechnung* auch verwendet, um Beziehungen zwischen Kostenstellen abzubilden. In solchen Fällen sollten die Kostenarten für Leistungen zwischen Kostenstellen deutlich von denen zu unterscheiden sein, die auf Produkte zielen. Diese Unterscheidung wird am besten durch Nummernkreise bei den Kostenarten abgebildet.

Hier repräsentieren alle Kostenarten der »direkten internen Leistungsverrechnung« (DILV) Entlastung für Kalkulationen:

- Maschinenzeit
- Personalzeit
- Ruhezeit
- Stück

Die Kosten sind in Abbildung 7.41 zu sehen:

43.505 EUR + 66.788 EUR + 500 EUR + 25.000 EUR = 135.793 EUR

135.793 EUR – das sind 2 EUR weniger, als wir in der Ergebnisrechnung gefunden hatten. Mit dieser Differenz können wir als Controller aber gut leben, die Abstimmung war also erfolgreich.

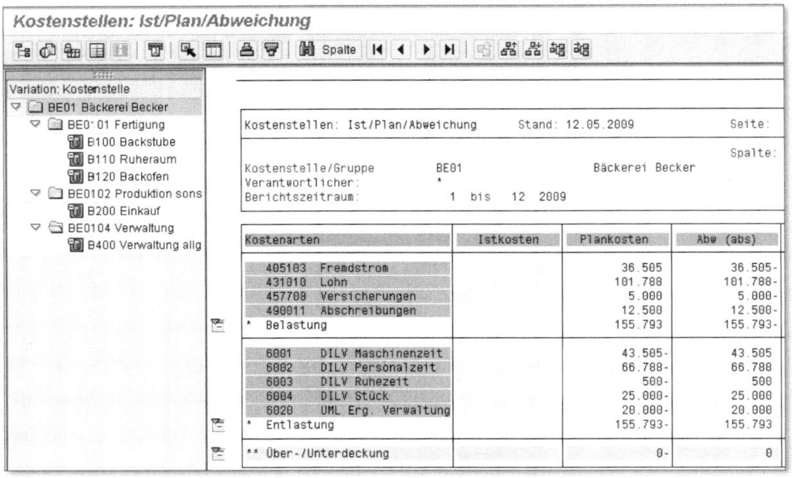

Abbildung 7.41 Kosten der Kostenstellen

Ergebnisse in der Praxis

Mit einiger Disziplin lässt sich die integrierte Planung auch in der Praxis mit dem System SAP ERP abbilden, das habe ich selbst schon erlebt.

7.7 Weitere Kosten

Nicht alle Kosten werden im integrierten Planungsprozess in SAP ERP abgebildet. Zusätzlich zu den Kosten auf Kostenstellen und zu den Produktkosten sind kalkulatorische Kosten und Innenaufträge zu berücksichtigen. Mit beidem sind Sie bereits aus vorigen Kapiteln vertraut (siehe Abschnitt 5.4.5, »Abrechnung von Aufträgen«, bis Abschnitt 5.4.7, »Konditionen in der Ergebnisrechnung«).

7.7.1 Kalkulatorische Kosten

Für die Abbildung von Kosten, die nicht oder nicht so in der Buchhaltung zu finden sind, habe ich Ihnen die Funktion für kalkulatorische Kosten in der Ergebnisrechnung bereits vorgestellt.

Frachten

Im Beispiel wurden die Frachten näher betrachtet (siehe Abschnitt 5.4.7, »Konditionen in der Ergebnisrechnung«). Für die *Integrierte Planung* in diesem Kapitel übernehmen wir diese Kostensätze (siehe Abbildung 7.42).

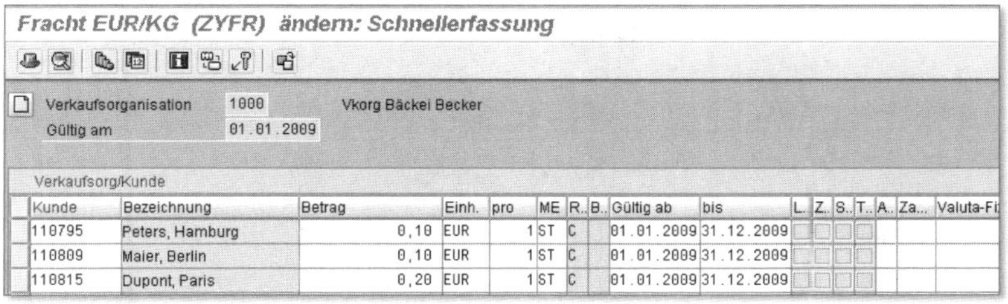

Fracht EUR/KG (ZYFR) ändern: Schnellerfassung

Verkaufsorganisation 1000 Vkorg Bäckei Becker
Gültig am 01.01.2009

Verkaufsorg/Kunde

Kunde	Bezeichnung	Betrag	Einh.	pro	ME	R..	B..	Gültig ab	bis	L.	Z..	S..	T..	A..	Za...	Valuta-Fi
110795	Peters, Hamburg	0,10	EUR	1	ST	C		01.01.2009	31.12.2009							
110809	Maier, Berlin	0,10	EUR	1	ST	C		01.01.2009	31.12.2009							
110815	Dupont, Paris	0,20	EUR	1	ST	C		01.01.2009	31.12.2009							

Abbildung 7.42 Frachtkosten 2009

7.7.2 Innenaufträge

Werbung

Auch auf Werbung soll im Jahr 2009 nicht verzichtet werden. Der bekannte CO-Innenauftrag wird auch in diesem Jahr für die Planung genutzt (siehe Abbildung 7.43). Die Kosten werden in die Ergebnisrechnung abgerechnet und dort mit der Top-down-Verteilung nachbearbeitet (siehe Abschnitt 5.4.5, »Abrechnung von Aufträgen«, und Abschnitt 5.4.6, »Top-down-Verteilung«).

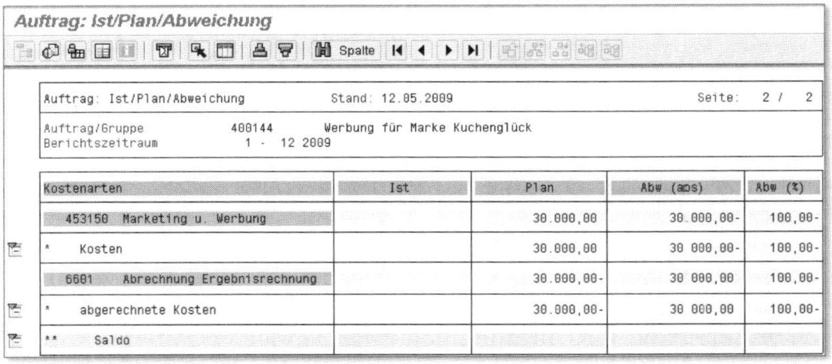

Auftrag: Ist/Plan/Abweichung

Auftrag: Ist/Plan/Abweichung Stand: 12.05.2009 Seite: 2 / 2

Auftrag/Gruppe 400144 Werbung für Marke Kuchenglück
Berichtszeitraum 1 - 12 2009

Kostenarten	Ist	Plan	Abw (abs)	Abw (%)
453150 Marketing u. Werbung		30.000,00	30.000,00-	100,00-
* Kosten		30.000,00	30 000,00-	100,00-
6601 Abrechnung Ergebnisrechnung		30.000,00-	30 000,00	100,00-
* abgerechnete Kosten		30.000,00-	30 000,00	100,00-
** Saldo				

Abbildung 7.43 Innenauftrag für Werbung

Ergebnisbericht

Jetzt sind alle Plandaten in der Ergebnisrechnung verfügbar (siehe Abbildung 7.44). Selbstverständlich sind für diese Daten alle gewünschten Analysen verfügbar. Sie können Selektionen und Gruppierungen für die einzelnen Merkmale KUNDE, LAND, ARTIKEL und MATERIALGRP 2 durchführen. Außerdem sind zusätzlich zur hier gezeigten Vollkostensicht auch Auswertungen nach den Regeln der Deckungsbeitragsrechnung möglich. Das habe ich bereits erwähnt (siehe Abschnitt 5.4.2, »Infosystem«), sodass ich hier auf eine Wiederholung verzichte.

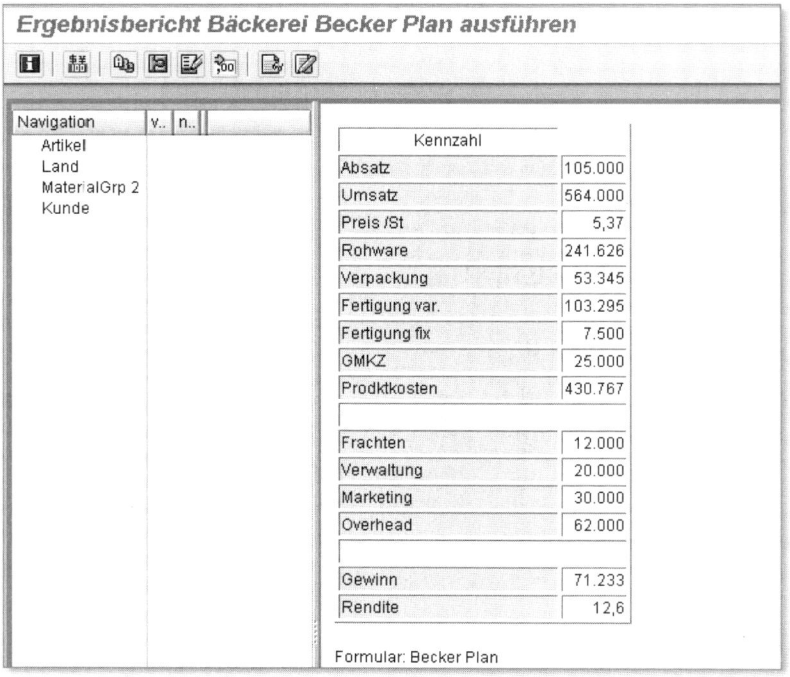

Abbildung 7.44 Ergebnis der Planung in der Ergebnisrechnung

7.8 Zusammenfassung

Plandaten als Basis für bereichsübergreifende Diskussionen

Mit der integrierten Planung haben Sie eine Sammlung von Funktionen kennengelernt, die die verschiedenen Pläne aus den unterschiedlichen Bereichen im Unternehmen miteinander verknüpfen. Innerhalb der Jahresplanung sollten sich die Verantwortlichen aus den Bereichen Einkauf, Produktion, Vertrieb, Marketing und Verwaltung öfter an einen Tisch setzen und sich über die konkreten Ziele klar werden. Basis für diese Diskussion können die hier gezeigten Daten aus der integrierten Planung sein. Wenn diese Daten dabei helfen, zu einem abgestimmten Ergebnis zu gelangen, hat sich die Mühe gelohnt. Als Werkzeug, das der Controller »im stillen Kämmerlein« nutzt, ist die Planung mit den hier gezeigten Methoden dagegen zu komplex.

Kapitel 8

Hinten Datensalat – vorne Ordnung?

Was kann SAP NetWeaver BI, das SAP ERP nicht kann? Wie funktioniert der Business Explorer Analyzer? Werden die Basisdaten durch die neue Plattform besser?

8 SAP NetWeaver BI

8.1 Wozu ein neues System?

In den Kapiteln 2 bis 7 habe ich Ihnen SAP ERP vorgestellt. In diesem Kapitel sowie in Kapitel 9, »BI-integrierte Planung«, beleuchten wir nun neue technische Plattformen, die von SAP zur Unterstützung des Controllings angeboten werden. Diese neuen Plattformen können und sollen die »alte« ERP-Welt nicht ersetzen, sondern ergänzen.

In SAP NetWeaver BI werden Daten aus verschiedenen Vorsystemen für Berichte und Online-Analysen zur Verfügung gestellt. Aus dem Controlling sowie aus beliebigen anderen Modulen von ERP werden Daten kopiert und in dem neuen System abgelegt. Auch die Datenübernahme aus Fremdsystemen ist möglich.

Bei dem Modell, das ich Ihnen in diesem Buch vorgestellt habe, sind alle Informationen zur Bäckerei Becker in SAP ERP verfügbar. Wozu brauchen wir also eine zusätzliche technische Plattform zur Anzeige der Daten?

Fünf Gründe für SAP NetWeaver BI

Dazu fallen mir fünf Gründe ein:

- Online-Reporting von Massendaten ist mit SAP NetWeaver BI schneller als mit ERP.
- Reporting mit SAP NetWeaver BI nimmt Last vom ERP-System.
- Der Business Explorer Analyzer zur Auswertung von Daten in SAP NetWeaver BI ist voll in Microsoft Excel integriert.
- Mit verschiedenen Frontend-Tools von SAP oder von Drittanbietern kann ein anwenderfreundliches Managementreporting aufgebaut werden.

- Für alle Daten in SAP NetWeaver BI stehen einheitliche Reportingwerkzeuge zur Verfügung. So können aus dem Datensalat, der aus verschiedenen Plattformen in SAP NetWeaver BI geladen wird, nützliche Informationen entstehen.

Die Beschreibung des technischen Aufbaus von SAP NetWeaver BI, aber auch weiterführende Erläuterungen zur Datenübernahme von ERP nach SAP NetWeaver BI würden den Rahmen dieses Buches sprengen.

Dieses Kapitel beschränkt sich daher auf die Darstellung der Excel-Funktionalität von SAP NetWeaver BI. Ich zeige Ihnen den Business Explorer Analyzer. Die Basis für das folgende Beispiel ist ein BI-System mit den CO-PA-Daten der Bäckerei Becker.

8.2 Reporting mit Microsoft Excel

Business Explorer Analyzer – BEx

Die Komponente von SAP NetWeaver BI, die zur Darstellung von Daten in Microsoft Excel genutzt wird, heißt Business Explorer Analyzer, kurz BEx Analyzer. Nach meiner Erfahrung ist die Tabellenkalkulation von Microsoft so etwas wie die Muttersprache der Controller. Daher entspricht BI im Zusammenspiel mit Excel genau unseren Neigungen.

InfoProvider

In SAP NetWeaver BI werden Daten in InfoProvidern abgelegt. Ein InfoProvider ist ein Datentopf innerhalb des BI-Systems, in dem betriebswirtschaftlich zusammenhängende Daten gesammelt werden. Beispielsweise könnten in SAP NetWeaver BI für die folgenden Bereiche eigene InfoProvider definiert werden:

- Ergebnisrechnung des Controllings
- Gemeinkostencontrolling mit Kostenstellen und Innenaufträgen
- Bilanz und GuV der Buchhaltung
- Aufträge des Vertriebs

Im folgenden Beispiel arbeiten wir mit dem InfoProvider COPAPROD, einer vollständigen Kopie der CO-PA-Daten aus ERP, wie sie in Kapitel 5, »Ergebnis- und Marktsegmentrechnung«, vorgestellt wurden.

Merkmale und Kennzahlen

Wie CO-PA arbeitet BI mit Merkmalen zur Selektion und Gruppierung von Daten. Typische Merkmale der Ergebnisrechnung sind Material, Materialgruppe, Kunde, Land, Monat. Mit den Merkmalen lässt sich ein Skelett für die gewünschten Informationen bilden. Das Fleisch und Blut der Informationen, die Zahlen, heißen in CO-PA *Wertfelder*, in BI werden sie *Kennzahlen* genannt. Hinter Kennzahlen verbergen sich Absatz, Umsatz und Kosten.

Excel-Reporting mit BEx

Zur Darstellung von BI-Daten in Excel werden die folgenden Schritte durchlaufen:

- Query anlegen
- Merkmale auswählen
- Kennzahlen selektieren
- Query speichern und nach Excel übernehmen
- Navigation in Excel

8.2.1 Query anlegen

Blicken wir nun ins System, und starten wir den Business Explorer Analyzer (siehe Abbildung 8.1).

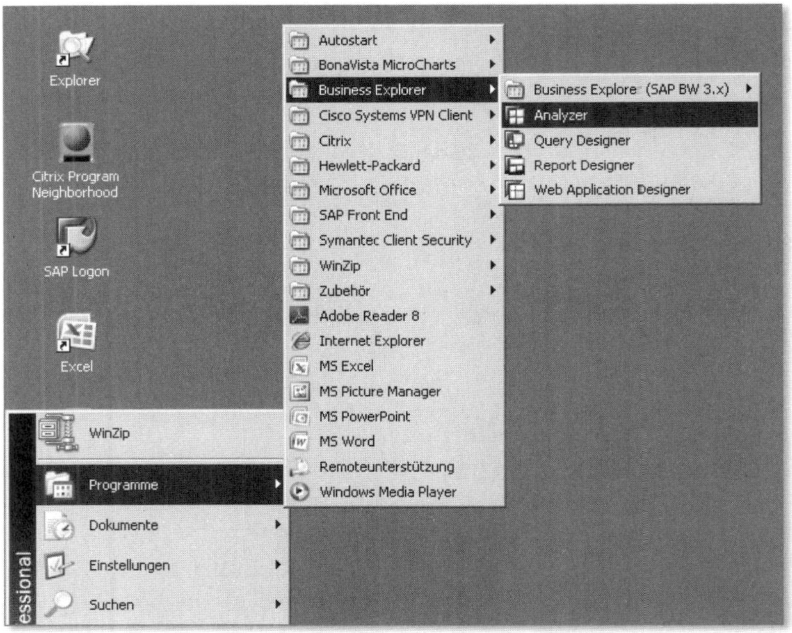

Abbildung 8.1 Einstieg in den »Business Explorer Analyzer«

Mit dem Menüpunkt BUSINESS EXPLORER • ANALYZER öffnet sich Microsoft Excel mit einer zusätzlichen Menüleiste unter ADD-INS (siehe Abbildung 8.2).

Abbildung 8.2 Iconleiste unter Add-Ins zum Zugriff auf BI-Daten

Neue Query anlegen

Beim Zugriff auf BI-Daten müssen wir dem System mitteilen, welche Merkmale und Kennzahlen aus welchem InfoProvider angezeigt werden sollen. Diese Angaben werden in einer Query gespeichert. Mit der Funktion BEX ANALYSIS TOOLBOX: EXTRAS • NEUE QUERY ANLEGEN legen Sie eine neue Query an (siehe Abbildung 8.3).

Abbildung 8.3 Query Designer öffnen

Verbindung zum BI-Server

Erst jetzt wird die Verbindung zu einem SAP-Server hergestellt, genauer gesagt zum BI-System HBT TESTSYSTEM BW (siehe Abbildung 8.4).

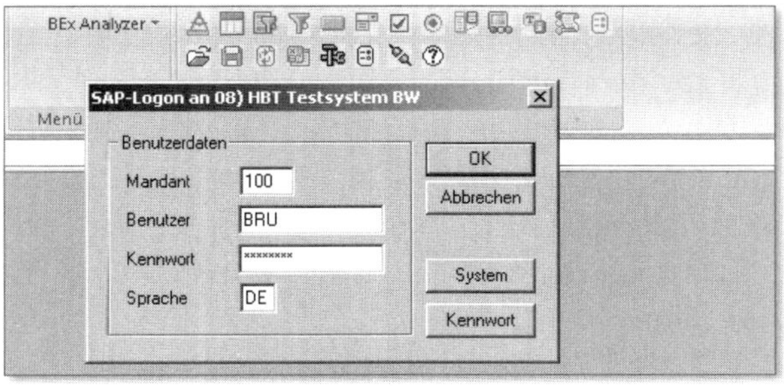

Abbildung 8.4 Anmelden am SAP BI-System

Neue Query

Im folgenden Bild BEx Query Designer wählen Sie die Funktion Neue Query (siehe Abbildung 8.5).

Abbildung 8.5 BEx Query Designer

InfoProvider auswählen

Querys werden immer in Bezug auf einen InfoProvider angelegt. Wir wählen CO-PA Ergebnisrechnung (siehe Abbildung 8.6)

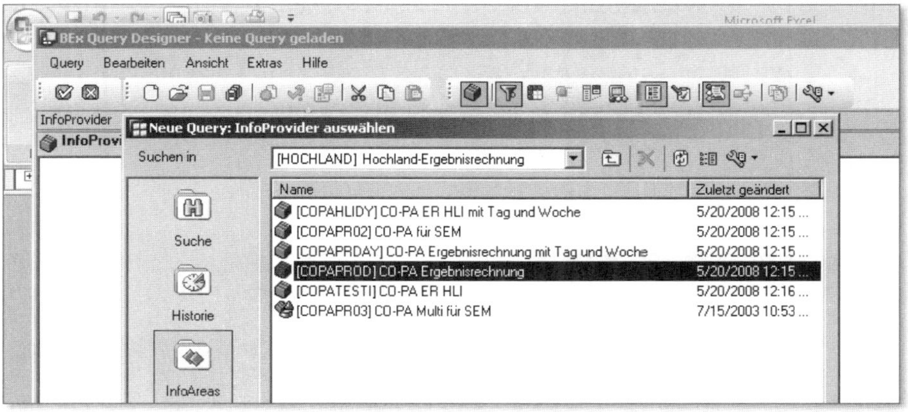

Abbildung 8.6 InfoProvider auswählen

In der linken Spalte des Bildschirms sind jetzt alle Merkmale und Kennzahlen des InfoProviders verfügbar. Die einzelnen Merkmale werden in BI nach Dimensionen gruppiert (siehe Abbildung 8.7). Hinter der Dimension Kunde verbergen sich neben der Kundennummer alle vom Kunden abhängigen Merkmale wie Land, Kundengruppe etc. In der Dimension Artikel finden sich die Materialnummer sowie andere vom Artikel abhängige Merkmale wie Materialgruppe.

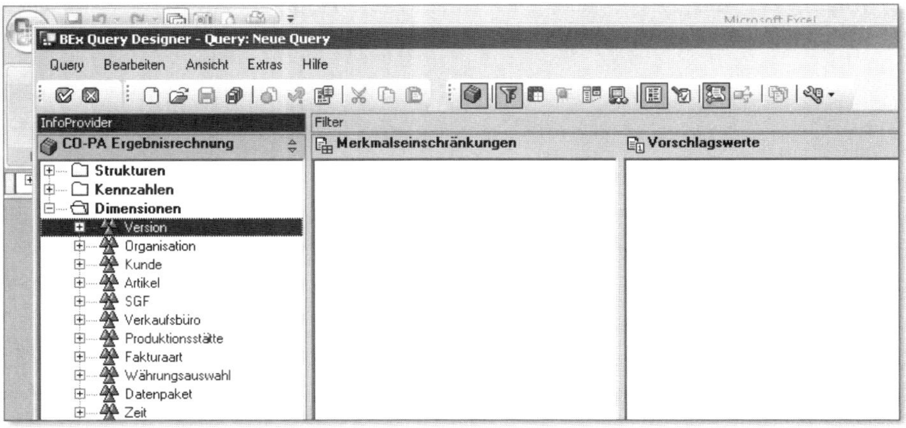

Abbildung 8.7 Dimensionen des InfoProviders

8.2.2 Merkmale auswählen

Filterwerte festlegen

Ein wichtiges Merkmal bei der Betrachtung von Controllingdaten ist der Werttyp, also die Unterscheidung nach Plan und Ist. Der Werttyp ist der Dimension Version zugeordnet. Im Folgenden sollen nur Plandaten angezeigt werden, also übernehmen wir mit Drag & Drop den Wert Plan in den Block Merkmalseinschränkungen (siehe Abbildung 8.8).

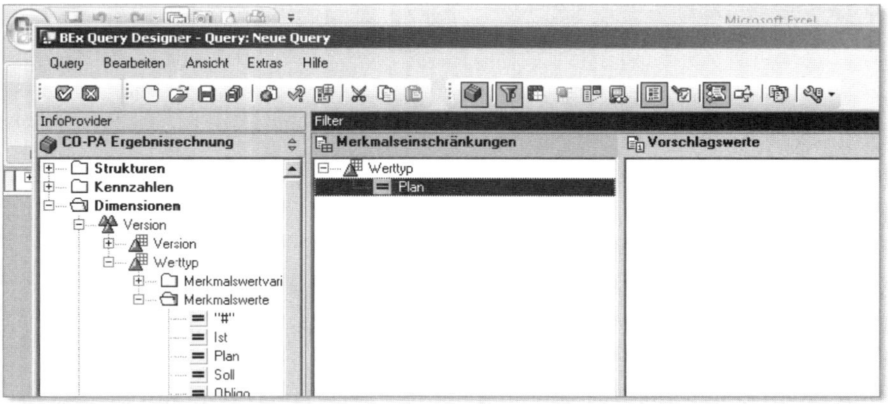

Abbildung 8.8 Filter für das Merkmal »Werttyp Plan«

Genauso verfahren wir mit dem Wert VkOrg Bäckerei Becker des Merkmals Verkaufsorganisation. Auch dieser Eintrag wird in die Merkmalseinschränkungen übernommen.

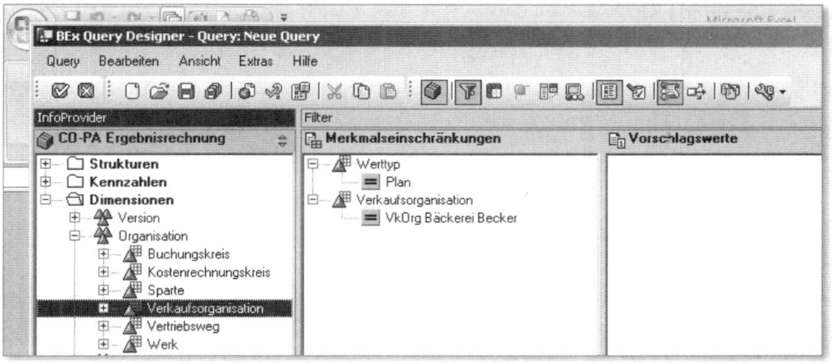

Abbildung 8.9 Filter für »Verkaufsorganisation«

Merkmale können später in Excel für die Navigation benutzt werden, oder sie werden beim Ausführen der Query einmalig als Filter verwendet. Werttyp und Verkaufsorganisation stehen im Block Merkmalseinschränkungen und sind somit in Excel nicht für die Navigation verfügbar. Weitere Merkmale aus den Dimensionen Kunde und Artikel sind für die Navigation vorgesehen und werden deshalb in der Registerkarte Zeilen/Spalten in die Blöcke Freie Merkmale oder Zeilen gezogen. Zunächst wählen wir Kunde und Land und verschieben diese Merkmale in den Block Freie Merkmale (siehe Abbildung 8.10).

Merkmale für die Navigation festlegen

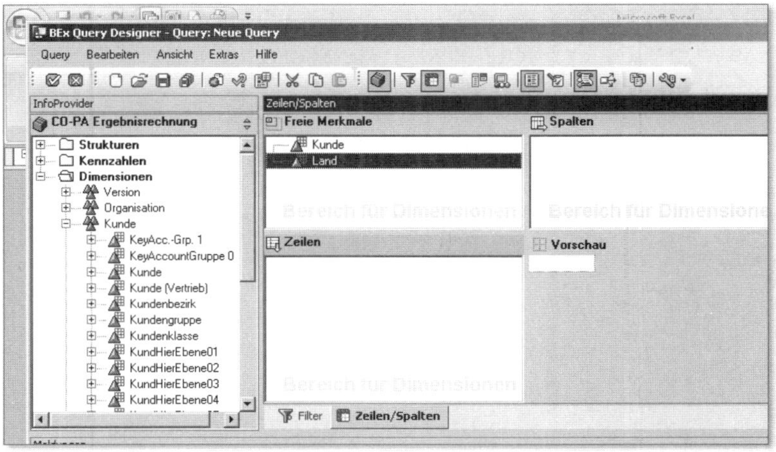

Abbildung 8.10 Freie Merkmale »Kunde« und »Land«

Aus der Dimension Artikel sollen die Merkmale Material und Materialgruppe 2 benutzt werden. Wir stellen Materialgruppe 2 in den

Block FREIE MERKMALE und MATERIAL in den Block ZEILEN (siehe Abbildung 8.11). Mit dem Eintrag von MATERIAL im Block ZEILEN definieren wir die erste Ansicht des Excel-Arbeitsblatts nach dem Ausführen der Query. Für die weitere Navigation sind alle Einträge in FREIE MERKMALE und ZEILEN gleichberechtigt.

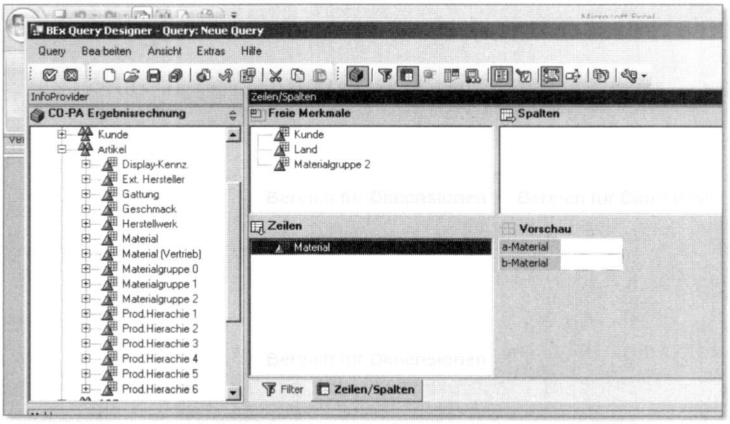

Abbildung 8.11 Merkmale »Material« und »Materialgruppe«

Variablen benutzen

Was fehlt jetzt noch? Die Zeit – der Anwender sollte beim Ausführen der Query wählen können, welche Monate angezeigt werden. Zu diesem Zweck verwenden wir eine Variable. Für das Merkmal KALJAHR/MONAT (Kalenderjahr/Monat) stellen wir die Variable PERIODE A LAUFENDES JAHR zu den MERKMALSEINSCHRÄNKUNGEN in der Registerkarte FILTER (siehe Abbildung 8.12).

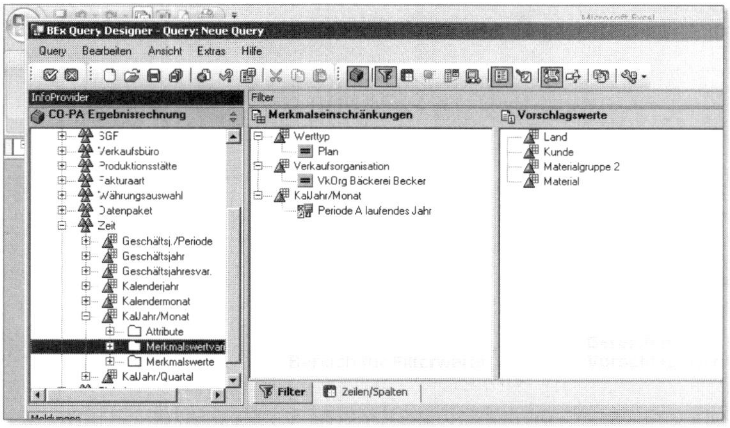

Abbildung 8.12 Variable »Periode A laufendes Jahr« für »Kalenderjahr/Monat«

Die Merkmale sind jetzt ausgewählt. Dazu haben Sie drei Möglichkeiten kennengelernt:

- Merkmal mit Werten als Merkmalseinschränkung verwenden
- Merkmal mit Variable als Merkmalseinschränkung verwenden
- Merkmal ohne Werte in Zeilen oder in freien Merkmalen verwenden

8.2.3 Kennzahlen selektieren

Als letzten Schritt bei der Definition einer Query legen wir fest, welche Kennzahlen angezeigt werden. Im linken Bereich des Bildschirms öffnen wir den Zweig KENNZAHL und ziehen ABSATZ und UMSATZ in den Block SPALTEN in der Registerkarte ZEILEN/SPALTEN (siehe Abbildung 8.13).

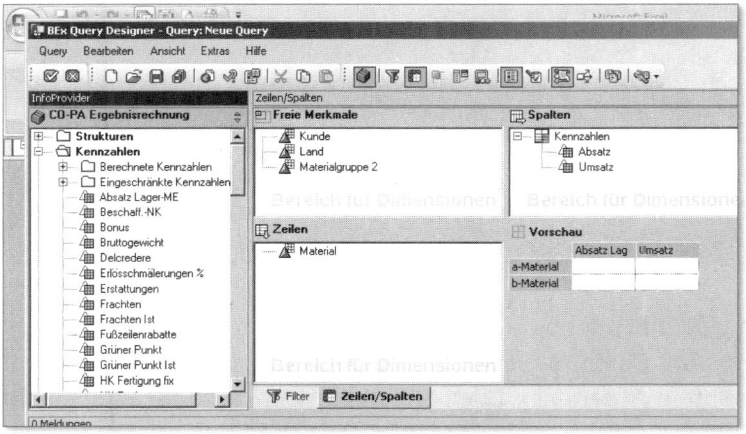

Abbildung 8.13 Kennzahlen für »Absatz« und »Umsatz«

Vergleich mit Ergebnisrechnung

Bei den Berichten in der Ergebnisrechnung haben Sie die Durchführung von Berechnungen mit Formeln kennengelernt (siehe Abschnitte 5.4.2, »Infosystem«, und 5.4.8, »Noch einmal: Infosystem«). Selbstverständlich könnten wir hier bei der Definition der Query ebenfalls Formeln einfügen. Wie bei den Berichten zur Ergebnisrechnung könnten wir hier Vollkosten oder Deckungsbeiträge abbilden. Hier möchte ich Ihnen allerdings nur das Prinzip des Reportings mit dem Business Explorer Analyzer vorstellen. Also beschränken wir uns auf die beiden dargestellten Kennzahlen ABSATZ und UMSATZ ohne weitere Formeln.

8.2.4 Query speichern und nach Excel übernehmen

Query speichern

Vor dem Ausführen muss die Query gesichert werden. Dazu nutzen Sie den Button SICHERN. Sie werden nach einem technischen Namen und einer Beschreibung für die Query gefragt. Die Query wird auf dem BI-Server abgelegt und steht dort für die Ausführung bereit (siehe Abbildung 8.14).

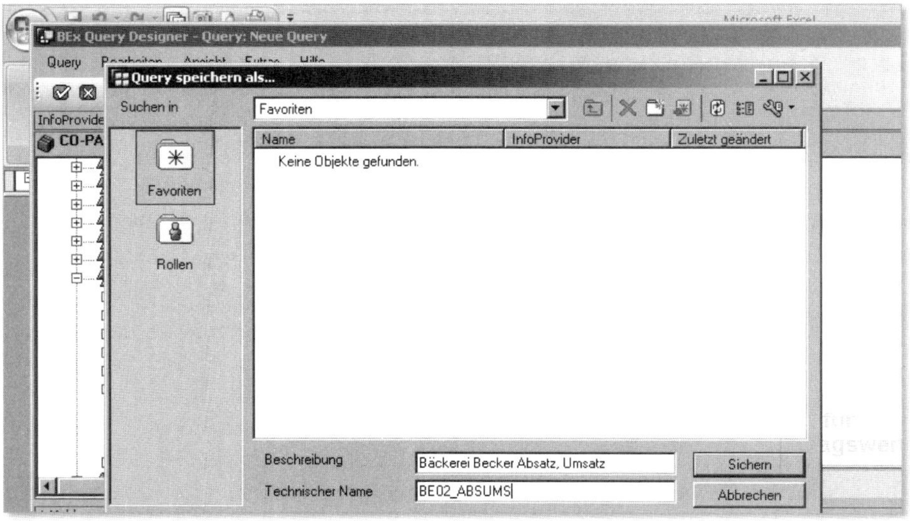

Abbildung 8.14 Query speichern

Query ausführen

Jetzt geht's richtig los. Jetzt wollen wir die soeben gebaute Query nutzen, um Daten aus SAP NetWeaver BI in Excel anzuzeigen. Mit dem Button AUSFÜHREN lösen Sie drei Schritte aus, die automatisch ablaufen:

- neues Excel-Arbeitsblatt anlegen
- Query-Definition als Visual-Basic-Code in dieses Arbeitsblatt übernehmen
- Query ausführen

Bei der ersten Ausführung der Query bemerkt das System, dass wir für das Merkmal KALJAHR/MONAT eine Variable in den MERKMALSEINSCHRÄNKUNGEN hinterlegt hatten. Die Werte für diese Variable werden jetzt abgefragt (siehe Abbildung 8.15).

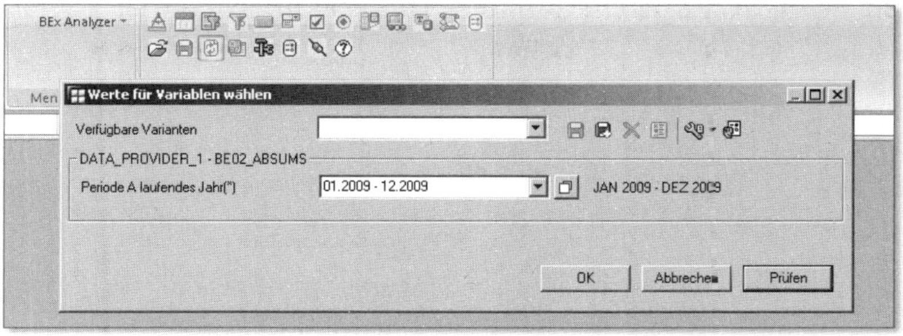

Abbildung 8.15 Abfrage der Periode

Ergebnis anzeigen

Das Ergebnis der Abfrage wird in Excel dargestellt (siehe Abbildung 8.16). Der erste Aufriss zeigt im Bereich F14 bis H19 die gefundenen Materialien in Zeilen mit Werten für Absatz und Umsatz in Spalten. Die angezeigten Daten wurden nicht nur nach Excel kopiert, wir können von hier aus auch weitere Analysen aufrufen.

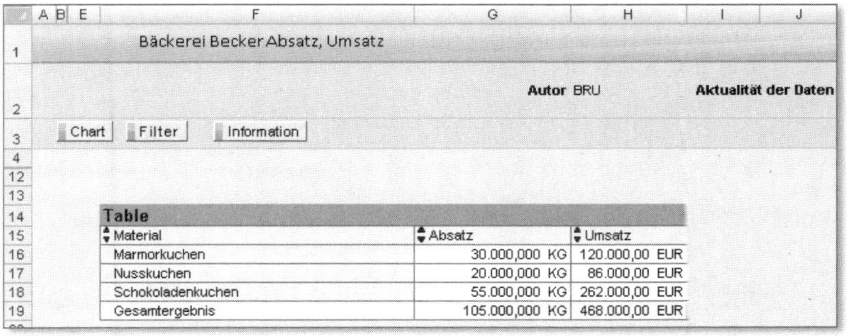

Abbildung 8.16 Erster Aufriss »Material«

8.2.5 Navigation in Excel

Mehrfachaufriss

Mit dem Button Filter öffnet sich eine Liste zur Navigation in Kennzahlen und Merkmalen. Der Doppelklick auf die Zelle C16 Kunde in Abbildung 8.17 liefert einen zusätzlichen Aufriss nach Kunde für jedes angezeigte Material. Schon mit diesem Mehrfachaufriss steht eine Funktion zur Verfügung, die Sie in der Online-Navigation von CO-PA-Berichten vergeblich suchen würden. Der Mehrfachaufriss kann über beliebige Merkmale in jeder gewünschten Reihenfolge durchgeführt werden. Statt des hier gezeigten Aufrisses Material/Kunde könnten Sie z. B. auch den Aufriss Kunde/Material oder den Aufriss Land/Kunde/Materialgruppe 2 wählen.

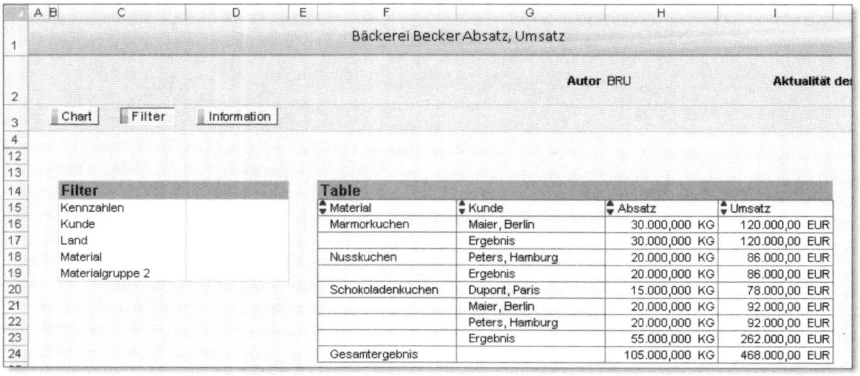

Abbildung 8.17 Mehrfachaufriss »Material/Kunde«

Merkmalswerte filtern

Der Doppelklick auf Zelle F20 in Abbildung 8.17 selektiert den »Schokoladenkuchen« als Filterwert zum Merkmal MATERIAL (siehe Abbildung 8.18). Die Spalte für den Aufriss nach Material verschwindet. Im Ergebnisbereich TABLE werden jetzt nur noch die Daten für dieses eine Material mit Aufriss nach Kunde angezeigt.

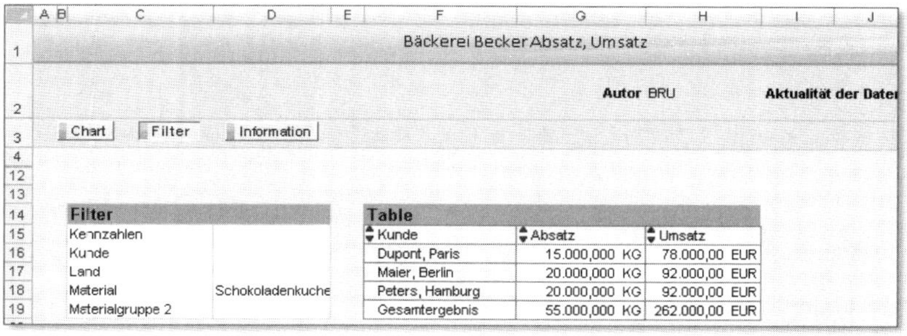

Abbildung 8.18 Daten gefiltert nach »Schokoladenkuchen«

Kreuztabelle

Ausgehend von Abbildung 8.17 könnten wir uns vorstellen, die Kunden nicht in einem zusätzlichen senkrechten Aufriss in Zeilen zu sehen, sondern in Spalten nebeneinander. Die Kombination von Merkmalsaufrissen in Zeilen und Spalten heißt *Kreuztabelle*. Sie wird erzeugt durch das Kontextmenü in Zelle C16 KUNDE (rechte Maustaste) mit AUFRISS ENTSPRECHEND KUNDE IN SPALTEN HINZUFÜGEN (siehe Abbildung 8.19).

Das Ergebnis des Aufrisses für KUNDE in Spalten sehen Sie in Abbildung 8.20.

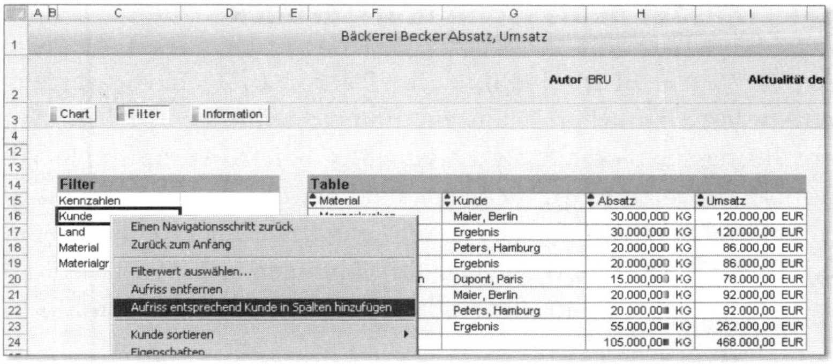

Abbildung 8.19 Aufriss entsprechend Kunde in Spalten hinzufügen

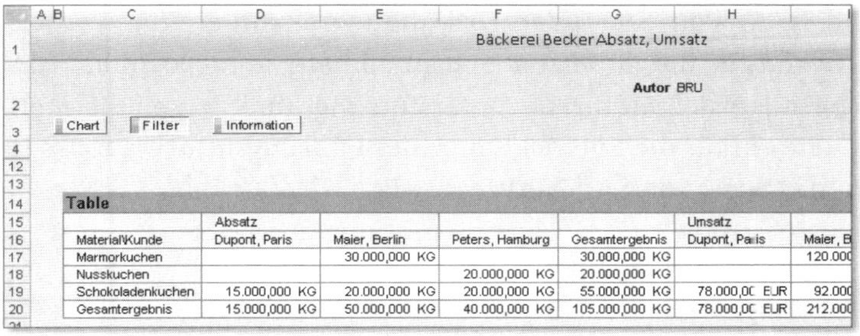

Abbildung 8.20 Aufriss »Material/Kunde« – senkrecht/waagerecht

Alle gezeigten Daten stehen direkt in Excel zur weiteren Bearbeitung zur Verfügung. Jetzt können Sie z. B. sehr einfach aussagekräftige Grafiken erstellen (siehe Abbildung 8.21).

Excel-Grafik

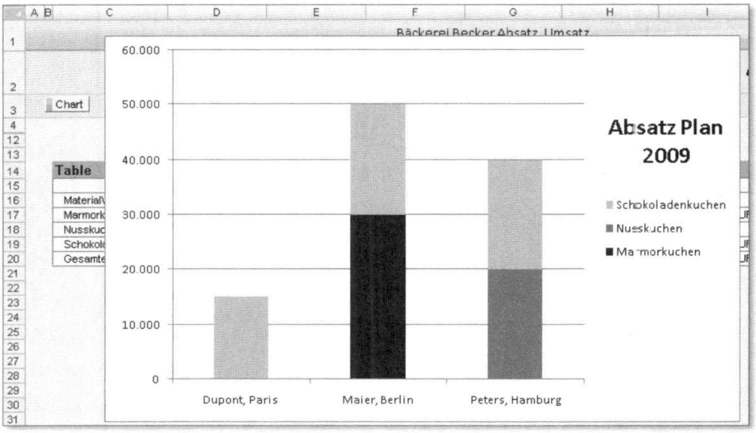

Abbildung 8.21 Excel-Grafik »Absatzplan 2009«

8.3 Zusammenfassung und Ausblick

SAP NetWeaver BI ist eine moderne Plattform für die Auswertung betriebswirtschaftlicher Daten aus unterschiedlichen Quellen. Mit dem Business Explorer Analyzer, kurz BEx, liefert SAP ein voll in Microsoft Excel integriertes Werkzeug mit hervorragenden Möglichkeiten zur freien Analyse. Auch ohne Kenntnisse im Programmieren können EDV-versierte Anwender ihre Abfragen selbst gestalten. Einige mir bekannte Controller sind begeisterte Anwender von BEx.

Für das Managementreporting sind die Funktionen und damit die möglichen Fehlerquellen von BEx zu umfangreich. Zu diesem Zweck müssen die in SAP NetWeaver BI gespeicherten Daten mit anderen Frontend-Tools von SAP oder Drittanbietern aufbereitet werden. Den Aufwand für diesen letzten Schritt sollten Sie nicht unterschätzen. Sichern Sie sich erfahrene Unterstützung, und planen Sie mehrere Monate ein für die Entwicklung eines Führungsinformationssystems auf der Basis von SAP NetWeaver BI.

Kapitel 9

Strategische Planung – auf zu neuen Ufern

Für welche Art von Planung ist BI-integrierte Planung geeignet? Auf welche Datenbasis greift die BI-integrierte Planung zurück? Wie sieht ein einfaches Szenario mit den technischen Details aus?

9 BI-integrierte Planung

9.1 Betriebswirtschaft

Der Bäcker Becker hat das Jahr 2009, sein erstes Jahr als Unternehmer, erfolgreich hinter sich gebracht. Bei allen operativen Prozessen wurde das Controlling von SAP ERP unterstützt (siehe Kapitel 2 bis 6). Die Planung für das Jahr 2010 ist abgeschlossen (siehe Kapitel 7, »Integrierte Planung«).

Strategische Überlegungen

Im Frühjahr 2010 beginnt unser Unternehmer mit Überlegungen bezüglich der weiteren Zukunft seiner Firma. Das Geschäft läuft so gut, dass er sich vorstellen kann, in den kommenden Jahren jeweils bis zu 20 % mehr Kuchen zu verkaufen. Mit den dadurch bedingten größeren Volumina, so plant er, können die Rohwaren und Verpackungen billiger beschafft werden. Das würde die Kosten pro Stück senken. Für diese Expansion müsste natürlich noch einmal in die Produktionskapazität investiert werden. Außerdem wären zusätzliche Ausgaben für Marketing notwendig, und ein Mitarbeiter für Marketing und Vertrieb müsste eingestellt werden. Das alles kostet Geld – und wo geht man hin, wenn man Geld braucht? Zur Bank!

Bei seiner Bank wird Herr Becker freundlich begrüßt und zum erfolgreichen Start seines Unternehmens beglückwünscht. Auf die Bitte um einen zusätzlichen Kredit von 200.000 EUR reagiert die Bank schon deutlich reservierter. Sie möchte einen Geschäftsplan für die kommenden Jahre sehen. Die detaillierte Planung des Jahres 2010 ist der Bank sehr willkommen; allerdings interessiert sie sich nicht für Einzelheiten wie Leistungsmengen auf Kostenstellen, sondern für eine zusammengefasste Darstellung in der Form einer Gewinn-und-Verlust-Rechnung (GuV). Jeweils für das Jahr 2010 und die kommenden vier Jahre müsse eine Plan-GuV vorgelegt werden, so sagt der Herr im Geldinstitut, dann könne man sich über ein zusätzliches finanzielles Engagement seines Hauses unterhalten.

So geht der Bäcker nach Hause und überlegt, wie er die Anforderung der Bank in SAP ERP abbilden soll. Bald reift die Erkenntnis, dass eine solche strategische Planung über mehrere Jahre in diesem System nicht mit angemessenem Aufwand umsetzbar ist. Außerdem sind die Annahmen zu vage.

Herr Becker steht vor einer Anforderung, die fast jeder Controller schon einmal von der Geschäftsleitung gehört hat: »Wir wissen zwar noch nicht genau, was wir an wen verkaufen wollen und was das kosten wird – aber rechnen Sie doch schon einmal. Wir wollen die Auswirkungen verschiedener Annahmen ›simulieren‹.«

In diesem Kapitel erfahren Sie, wie die Simulation einer Gewinn-und-Verlust-Rechnung mit Microsoft Excel und im Anschluss daran mit der *BI-integrierten Planung* von SAP durchgeführt wird.

9.2 Planung mit Microsoft Excel

Mit dem Wunsch, die Gewinn-und-Verlust-Rechnungen der Jahre 2010 bis 2014 zu simulieren, erinnert sich Herr Becker an einen Satz aus Kapitel 8, »SAP NetWeaver BI«: »Die Muttersprache der Controller ist Excel.« Also versucht er, seine Planung mit der Tabellenkalkulation aufzusetzen.

Grundlage für die Planung sind die Plandaten der Ergebnisrechnung und der Kostenstellenrechnung für das Jahr 2010. Dort finden wir:

- Absätze
- Verkaufspreise und Umsätze
- Kostensätze und Kosten für variable Kosten (Rohware, Verpackung, Fertigung, Fracht)
- fixe Kosten (Personal, Abschreibung, Verwaltung, Marketing)

Für die Jahre 2011 bis 2014 möchte Herr Becker keine absoluten Werte planen, sondern nur jährliche prozentuale Veränderungen für Absatz, Verkaufspreise und variable Kostensätze. Das Tabellenblatt soll dann aus den Veränderungen die Werte für jedes einzelne Jahr ermitteln. Aus den errechneten Absätzen, Preisen und Kostensätzen jedes Planjahres werden dann die Umsätze und die Kosten als Betrag ermittelt.

Absatz

Entwicklung der Verkaufsmengen

Die Planung des Absatzes in Microsoft Excel ist in Abbildung 9.1 dargestellt. Die Absätze in der Spalte 2010 St. mit der Zuordnung zu Kunde und Artikel wurden aus der Ergebnisrechnung von ERP übernommen. Die Absätze für die folgenden Jahre werden durch Veränderungen geplant, dargestellt in den Spalten Delta 2011, Delta 2012 etc. Die grau hinterlegten Zellen sind für die Eingabe bereit. Alle anderen Werte werden errechnet.

	A	C	E	G	H	J	K	M	N	P	Q
1	**Absatz**										
2	Kunde	Artikel	2010 St.	Δ 2011	2011 St.	Δ 2012	2012 St.	Δ 2013	2013 St.	Δ 2014	2014 St.
3	Dupont, Paris	Schokoladenkuche	**15.000**	**10%**	16.500	**10%**	18.150	**10%**	19.965	**10%**	21.962
4	Maier, Berlin	Marmorkuchen	**30.000**	**5%**	31.500	**5%**	33.075	**5%**	34.729	**5%**	36.465
5	Maier, Berlin	Schokoladenkuche	**20.000**	**20%**	24.000	**20%**	28.800	**20%**	34.560	**20%**	41.472
6	Peters, Hamburg	Nusskuchen	**20.000**	**10%**	22.000	**10%**	24.200	**10%**	26.620	**10%**	29.282
7	Peters, Hamburg	Schokoladenkuche	**20.000**	**20%**	24.000	**20%**	28.800	**20%**	34.560	**20%**	41.472
8	Summe		105.000		118.000		133.025		150.434		170.653

Abbildung 9.1 Absatzplanung in Excel

Bei der Absatzplanung wird angenommen, dass die Marke »Berliner Gebäck« (Marmorkuchen), eine Marke des Kunden Maier, mit 5 % jährlich wachsen wird. Der Absatz nach Frankreich und der Absatz von »Nusskuchen« in Deutschland werden jährlich um 10 % wachsen. Beim Zugpferd der Bäckerei, dem »Schokoladenkuchen« in Deutschland, sind Absatzsteigerungen von 20 % erreichbar.

Umsatz

Entwicklung der Verkaufspreise

Bei der Planung des Umsatzes werden die Verkaufspreise des Jahres 2010 aus der ERP-Ergebnisrechnung abgeleitet (siehe Abbildung 9.2). Für die folgenden Jahre werden prozentuale Änderungen der Preise geplant. Aus den neuen Preisen und den soeben ermittelten Absätzen werden die Umsätze für die einzelnen Jahre berechnet, wie z. B. in Zelle I12. Der Preis für die Handelsmarke »Berliner Gebäck« (Marmorkuchen) wird sich nicht verändern. In Frankreich (Kunde Dupont, Paris) erwarten wir eine jährliche Anhebung der Verkaufspreise um 2 %.

	A	C	E	G	H	I	J	K
1	**Absatz**							
2	Kunde	Artikel	2010 St.	Δ 2011	2011 St.		Δ 2012	2012 St.
3	Dupont, Paris	Schokoladenkuche	**15.000**	**10%**	16.500		**10%**	18.150
4	Maier, Berlin	Marmorkuchen	**30.000**	**5%**	31.500		**5%**	33.075
5	Maier, Berlin	Schokoladenkuche	**20.000**	**20%**	24.000		**20%**	28.800
6	Peters, Hamburg	Nusskuchen	**20.000**	**10%**	22.000		**10%**	24.200
7	Peters, Hamburg	Schokoladenkuche	**20.000**	**20%**	24.000		**20%**	28.800
8	Summe		105.000		118.000			133.025
9								
10	**Umsatz**							
11	Kunde	Artikel	2010 /St	Δ 2011	2011 /St	2011 €	Δ 2012	2012 /St
12	Dupont, Paris	Schokoladenkuche	**5,200**	**2%**	5,304	=H12*H3	**2%**	5,410
13	Maier, Berlin	Marmorkuchen	**4,000**	**0%**	4,000	126.000	**0%**	4,000
14	Maier, Berlin	Schokoladenkuche	**4,600**	**3%**	4,738	113.712	**3%**	4,880

Abbildung 9.2 Umsatzplanung in Excel

Im Heimatmarkt Deutschland sollte für die Marke »Kuchenglück« (Schokoladenkuchen und Nusskuchen) zusätzlich zu den geplanten Absatzsteigerungen eine Preissteigerung von jährlich 3 % möglich sein. Herr Becker sieht hier offensichtlich ein erhebliches Potenzial.

Variable Kosten

Rohware

Die Planung der variablen Kosten funktioniert im Prinzip wie die Planung der Umsätze (siehe Abbildung 9.3). Die Kostensätze für 2010 werden aus der operativen Planung von ERP übernommen (Spalte 2010 St.). In den Spalten Delta 2011, Delta 2012 etc. sind die jährlichen Veränderungen dargestellt. Die Kostensätze für Rohware werden allerdings nicht in Bezug auf Kunden geplant, sie sind nur vom Artikel abhängig. Entsprechend ist die Ermittlung des Absatzes zur Fortschreibung der Kosten etwas komplizierter als bei der Umsatzplanung (siehe Zelle I21).

	A	C	E	G	H	I	J	K
1	**Absatz**							
2	Kunde	Artikel	2010 St.	Δ 2011	2011 St.		Δ 2012	2012
3	Dupont, Paris	Schokoladenkuche	**15.000**	**10%**	16.500		**10%**	18.
4	Maier, Berlin	Marmorkuchen	**30.000**	**5%**	31.500		**5%**	33.
5	Maier, Berlin	Schokoladenkuche	**20.000**	**20%**	24.000		**20%**	28.
6	Peters, Hamburg	Nusskuchen	**20.000**	**10%**	22.000		**10%**	24.
7	Peters, Hamburg	Schokoladenkuche	**20.000**	**20%**	24.000		**20%**	28.
8	Summe		105.000		118.000			133.
18								
19	**Rohware**							
20	Artikel		2010 /St	Δ 2011	2011 /St	2011 €	Δ 2012	2012
21	Schokoladenkuchen		**1,72147**	**-1%**	1,704	=(H$3+H$5+H$7)*H21		
22	Marmorkuchen		**1,56150**	**-1%**	1,546	48.695	**-1%**	1,
23	Nusskuchen		**1,59350**	**-1%**	1,578	34.706	**-1%**	1,
24	Summe					193.326		

Abbildung 9.3 Planung der Kosten für Rohware in Excel

Wir nehmen hier an, dass durch den höheren Verbrauch die Kostensätze für Rohware bei allen Artikeln in jedem Jahr um 1 % sinken werden.

Weitere variable Kosten

Weitere variable Kosten in der Bäckerei Becker sind:

- Verpackung
- Energie
- Personal
- Frachten

Die Planung dieser Kosten unterscheidet sich nicht von der Planung der Rohware (siehe Abbildung 9.4).

	A	E	G	H	I	J	K	M	N
26	**Verpackung**								
27	Artikel	2010 /St	Δ 2011	2011 /St	2011 €	Δ 2012	2012 /St	Δ 2013	2013 /St
28	Schokoladenkuche	**0,50807**	**-1%**	0,503	32.443	**-1%**	0,498	**-1%**	0,493
29	Marmorkuchen	**0,50807**	**-1%**	0,503	15.844	**-1%**	0,498	**-1%**	0,493
30	Nusskuchen	**0,50807**	**-1%**	0,503	11.066	**-1%**	0,498	**-1%**	0,493
31	Summe				59.353				
32									
33	**Energie**								
34	Artikel	2010 /St	Δ 2011	2011 /St	2011 €	Δ 2012	2012 /St	Δ 2013	2013 /St
35	Schokoladenkuche	**0,34767**	**2%**	0,355	22.873	**1%**	0,358	**0%**	0,358
36	Marmorkuchen	**0,34767**	**2%**	0,355	11.171	**1%**	0,358	**0%**	0,358
37	Nusskuchen	**0,34767**	**2%**	0,355	7.802	**1%**	0,358	**0%**	0,358
38	Summe				41.846				
39									
40	**Personal var.**								
41	Artikel	2010 /St	Δ 2011	2011 /St	2011 €	Δ 2012	2012 /St	Δ 2013	2013 /St
42	Schokoladenkuche	**0,70753**	**-5%**	0,672	43.354	**0%**	0,672	**0%**	0,672
43	Marmorkuchen	**0,45750**	**-5%**	0,435	13.691	**0%**	0,435	**0%**	0,435
44	Nusskuchen	**0,70753**	**-5%**	0,672	14.787	**0%**	0,672	**0%**	0,672
45	Summe				71.832				
46									
47	**Frachten**								
48	Land	2010 /St	Δ 2011	2011 /St	2011 €	Δ 2012	2012 /St	Δ 2013	2013 /St
49	Frankreich	**0,200**	**5%**	0,210	3.465	**5%**	0,221	**5%**	0,232
50	Deutschland	**0,100**	**5%**	0,105	10.658	**5%**	0,110	**5%**	0,116
51	Summe				14.123				

Abbildung 9.4 Weitere variable Kosten in Excel

Wie bei der Rohware sollte auch bei der Verpackung durch die höheren Einkaufsmengen eine Preisreduktion von jährlich 1 % möglich sein. Die neuen Maschinen, die wir anschaffen wollen, können einige manuelle Schritte maschinell erledigen, dadurch steigt der Energiebedarf je produzierte Einheit. Dieser höhere Energiebedarf zeigt sich in einer Steigerung der Energiekosten um 2 % bzw. um 1 % in den Jahren 2011 und 2012. Beim Personal profitieren wir im Jahr

2011 von den Rationalisierungseffekten aus den neuen Maschinen. Die Personalkosten je Einheit sinken einmalig um 5 % und bleiben dann unverändert. Bei den Frachten erwarten wir durch Ökosteuern und Autobahnmaut erhebliche Kostensteigerungen um 5 % pro Jahr.

Fixe Kosten

Versicherungen, Abschreibungen und Marketing

Bei der Planung der fixen Kosten werden die Beträge des Jahres 2010 aus Kostenstellen und CO-Innenaufträgen abgelesen. Für die weiteren Jahre werden die neuen Kosten Jahr für Jahr aus den prozentualen Veränderungen errechnet (siehe Abbildung 9.5). Absätze werden hier nicht berücksichtigt.

	A	F	I	L	O	R
54	**fixe Kosten**	2010 €	2011 €	2012 €	2013 €	2014 €
55	Personal	**35.000**	**70.000**	**70.000**	**70.000**	**70.000**
56	Verwaltung	**5.000**	**5.000**	**5.000**	**5.000**	**5.000**
57	Abschreibungen	**12.000**	**15.000**	**15.000**	**15.000**	**15.000**
58	Marketing	**30.000**	**50.000**	**70.000**	**70.000**	**70.000**

Abbildung 9.5 Fixe Kosten in Excel

Beim Personal werden die Kosten für die Mitarbeiter im Vertrieb mit einer Kostensteigerung um 100 % im Jahr 2011 berücksichtigt. Die Verwaltungskosten bleiben konstant. Durch die zusätzlichen Investitionen in Produktionsmaschinen steigen die Abschreibungen auf 15.000 EUR. Beim Marketing gehen wir mit einer Steigerung des Budgets auf 50.000 EUR und dann auf 70.000 EUR in die Offensive. Nur so sind die geplanten Steigerungen bei Absatz und Verkaufspreisen erreichbar.

Gewinn-und-Verlust-Rechnung

Automatische Berechnung der GuV

Aus den gezeigten Teilplänen lassen sich jetzt sehr einfach Gewinn-und-Verlust-Rechnungen für die Jahre 2010 bis 2014 ableiten (siehe Abbildung 9.6).

Nach einem Ertragsrückgang in den Jahren 2011 und 2012 erwarten wir im Jahre 2013 einen Gewinn von fast 80.000 EUR. Im Jahr 2014 wird nach dem vorliegenden Plan die Rendite auf 15,9 % erhöht. Diese Zahlen erfreuen jede Bank.

	A	F	I	L	O	R
60	**Gewinn- und Verlustrechnung**					
61		**2010**	**2011**	**2012**	**2013**	**2014**
62	Umsatz	468.000	538.378	621.986	721.602	840.619
63						
64	Rohware	-173.396	-193.326	-216.221	-242.580	-272.995
65	Verpackung	-53.347	-59.353	-66.241	-74.161	-83.287
66	Energie	-36.505	-41.846	-47.646	-53.881	-61.123
67	Personal (var.)	-66.790	-71.832	-81.557	-92.866	-106.043
68	Personal (fix)	-35.000	-70.000	-70.000	-70.000	-70.000
69	Frachten	-12.000	-14.123	-16.667	-19.726	-23.412
70	Versicherungen	-5.000	-5.000	-5.000	-5.000	-5.000
71	Abschreibungen	-12.000	-15.000	-15.000	-15.000	-15.000
72	Marketing	-30.000	-50.000	-70.000	-70.000	-70.000
73						
74	Gewinn	43.962	17.899	33.655	78.390	133.759
75	Rendite	9,4%	3,3%	5,4%	10,9%	15,9%

Abbildung 9.6 Gewinn-und-Verlust-Rechnung mit Excel

9.3 Planung mit der BI-integrierten Planung

9.3.1 Einführung

Dieses Buch heißt nicht *Businessplan mit Excel*, sondern *Praxishandbuch SAP-Controlling*. Sie haben recht, wenn Sie jetzt erwarten, dass ich Ihnen die Umsetzung des gezeigten Szenarios mit SAP zeige. Das geht – ich hatte es schon erwähnt – nicht mit ERP. Für die technische Unterstützung von Planungen dieser Art bietet SAP die Komponente *BI-integrierte Planung (BI-IP)*. Die BI-integrierte Planung ist der Nachfolger der SAP-Planungssoftware SAP Strategic Enterprise Management – Business Planning and Simulation (SEM-BPS) Mit Release SAP NetWeaver BI 7.0 wurde die BI-integrierte Planung als neues Planungsinstrument eingeführt. Die BI-integrierte Planung greift auf die Datenbasis des Data Warehouse in SAP NetWeaver BI zurück.

BI-IP ist ein frei definierbarer Werkzeugkasten

Die BI-integrierte Planung bietet, anders als SAP ERP, keine vorgefertigten betriebswirtschaftlichen Lösungen für den praktischen Einsatz. Stattdessen ist die BI-integrierte Planung ein Werkzeugkasten, mit dem Sie Funktionen entwickeln können, die den individuellen Planungsprozess in Ihrem Unternehmen unterstützen. Die betriebswirtschaftlichen Beispiele, die sogenannten Business Contents, die von SAP in der BI-integrierten Planung mit ausgeliefert werden, taugen gut als technische Referenz, für echte Planungen werden sie jedoch nie benutzt. Selbst das soeben in Abschnitt 9.2, »Planung mit Microsoft Excel«, gezeigte einfache Beispiel der Bäckerei Becker ist im Business Content nicht umsetzbar.

Begreifen wir die Möglichkeiten der BI-integrierte Planung als Chance. Sie können die strategische Planung passend für Ihr Unternehmen maßschneidern. Sie entscheiden, welche Stellschrauben den Erfolg wirklich beeinflussen und können ohne die Restriktionen von Organisationseinheiten und Stammdaten Ihre Simulationen durchführen.

Die technische Basis eines BI-Systems ist die gleiche, auf der auch ERP aufsetzt (siehe Abbildung 9.7). Das Look & Feel beim Einstieg ist vergleichbar mit dem, was uns bereits aus dem Modul CO vertraut ist. Die Menüs, die Datenbasis und die Funktionen von BI sind allerdings nicht vergleichbar mit Bekanntem. Als Anwender haben wir es hier mit einem vollständig neuen System zu tun.

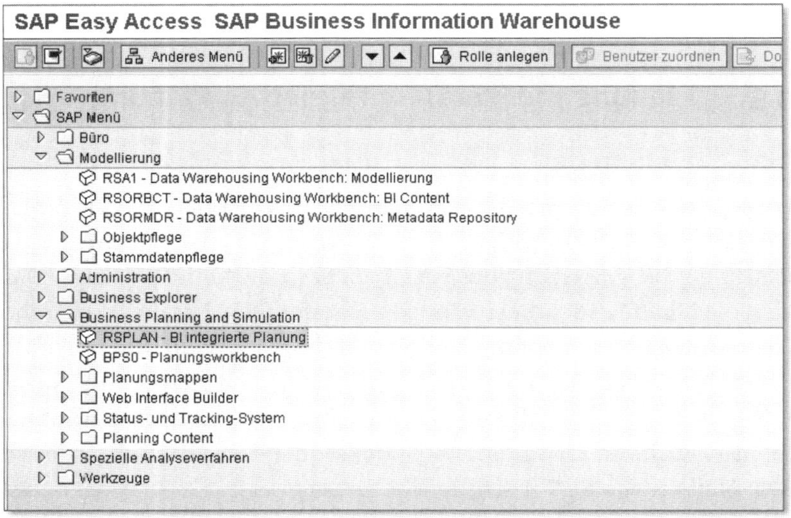

Abbildung 9.7 SAP-Menü im BI-System

9.3.2 Datenstruktur anlegen

InfoCube anlegen

Bevor wir mit den Planungsfunktionen beginnen, müssen wir eine BI-Datenstruktur, einen *InfoCube*, anlegen.

Kennzahlenmodell vs. Kontenmodell

In Kapitel 8, »SAP NetWeaver BI«, habe ich Ihnen BEx-Reports gezeigt, die auf der Ergebnisrechnung (CO-PA) von ERP basieren. Aus ERP werden die Daten in einen InfoCube COPAPROD von BI kopiert. Das Reporting setzt dann auf diesem InfoCube auf.

Ergebnisrechnung im Kennzahlenmodell

Die Datenstruktur des InfoCubes COPAPROD orientiert sich an der Datenbasis in ERP. Hier wird ein Kennzahlenmodell abgebildet. Beim Kennzahlenmodell werden in einer Zeile Merkmale wie KUNDE, LAND und ARTIKEL gespeichert. In der gleichen Zeile finden sich Kennzahlen z. B. für UMSATZ, ROHWARE, VERPACKUNG und FRACHTEN (siehe Abbildung 9.8).

	A	B	C	D	E	F	G
1	**Merkmale**			**Kennzahlen**			
2	**Kunde**	**Land**	**Artikel**	**Umsatz**	**Rohware**	**Verpackung**	**Frachten**
3	Dupont, Paris	FR	Schokoladenkuchen	78.000	25.822	7.621	3.000
4	Maier, Berlin	DE	Marmorkuchen	120.000	47.805	15.241	3.000

Abbildung 9.8 Beispiel für Kennzahlenmodell

GuV im Kontenmodell

Bei einer Gewinn-und-Verlust-Rechnung werden in der Praxis Hunderte Konten verwaltet. Die Abbildung der Konten in einem Kennzahlenmodell, bei dem jedes Konto zu einer eigenen Spalte führt, wäre nicht handhabbar. Deshalb wird bei der GuV-Planung mit der BI-integrierten Planung ein Kontenmodell in der Datenbasis installiert. Dabei enthält der InfoCube nur eine generische Kennzahl BETRAG und ein zusätzliches Merkmal POSITION. Die Ausprägungen des Merkmals POSITION identifizieren das Konto (siehe Abbildung 9.9).

	A	B	C	D	E
1	**Merkmale**				**Kennzahl**
2	**Kunde**	**Land**	**Artikel**	**Position**	**Betrag**
3	Dupont, Paris	FR	Schokoladenkuchen	Umsatz	78.000
4	Dupont, Paris	FR	Schokoladenkuchen	Rohware	25.822
5	Dupont, Paris	FR	Schokoladenkuchen	Verpackung	7.621
6	Dupont, Paris	FR	Schokoladenkuchen	Frachten	3.000
7	Maier, Berlin	DE	Marmorkuchen	Umsatz	120.000
8	Maier, Berlin	DE	Marmorkuchen	Rohware	47.805
9	Maier, Berlin	DE	Marmorkuchen	Verpackung	15.241
10	Maier, Berlin	DE	Marmorkuchen	Frachten	3.000

Abbildung 9.9 Beispiel für Kontenmodell

Grundsätzlich könnten die GuV und die CO-Ergebnisrechnung sowohl mit dem Kontenmodell als auch mit dem Kennzahlenmodell in BI abgebildet werden. Die Wahl des Datenmodells ergibt sich aus praktischen Erwägungen und hängt von der Zahl der Kennzahlen bzw. Konten ab. Daten, die in einem Kennzahlenmodell in BI gespeichert sind, können mit Funktionen der BI-integrierten Planung in ein Kontenmodell überführt werden und umgekehrt.

Im folgenden Beispiel streben wir die Planung einer GuV an und werden deshalb auf einem InfoCube im Kontenmodell aufsetzen.

InfoCube

Zum Anlegen und Pflegen von InfoProvidern und InfoCubes wählen Sie in einem BI-System die Transaktion RSA1, im Menü: MODELLIERUNG • DATA WAREHOUSING WORKBENCH: MODELLIERUNG (siehe Abbildung 9.10). Der InfoCube MLPBE »MLP Becker« wurde von mir bereits angelegt. MLP steht für Mittel- und Langfristplanung.

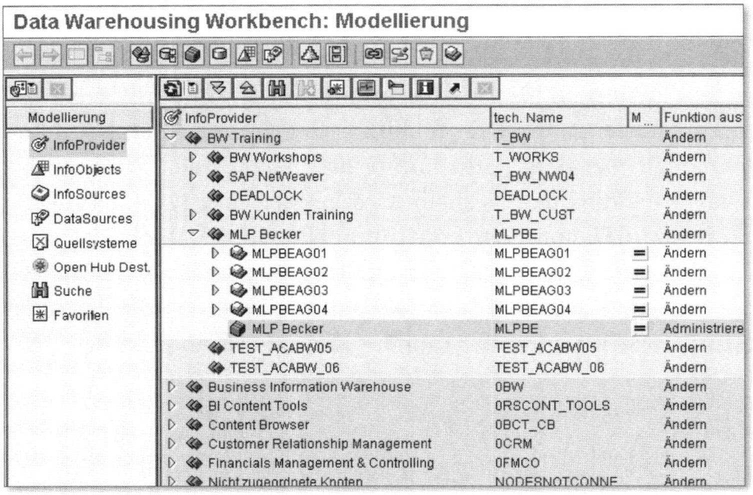

Abbildung 9.10 Pflege von »InfoCube« – Einstieg

Mit einem Doppelklick auf den InfoCube MLPBE werden die Details sichtbar (siehe Abbildung 9.11).

Merkmale

Wir finden sechs Merkmale:

- **Version**
  Kennzeichen für unterschiedliche Planungsversionen
- **Kundennummer, Länderschlüssel, Materialnummer und Materialgruppe**
  Diese Merkmale kennen Sie bereits aus den vorigen Kapiteln und aus dem Excel-Beispiel in Abschnitt 9.2, »Planung mit Microsoft Excel«.

- **Planposition**
  Dieses Merkmal wird für die Unterscheidung der Dateninhalte im Kontenmodell verwendet.

Alle Merkmale beginnen im technischen Namen mit 0 (0VERSION, 0CUSTOMER etc.). Daran erkennen Sie, dass ich ausschließlich Standardmerkmale verwendet habe, die in dieser Form von SAP ausgeliefert werden.

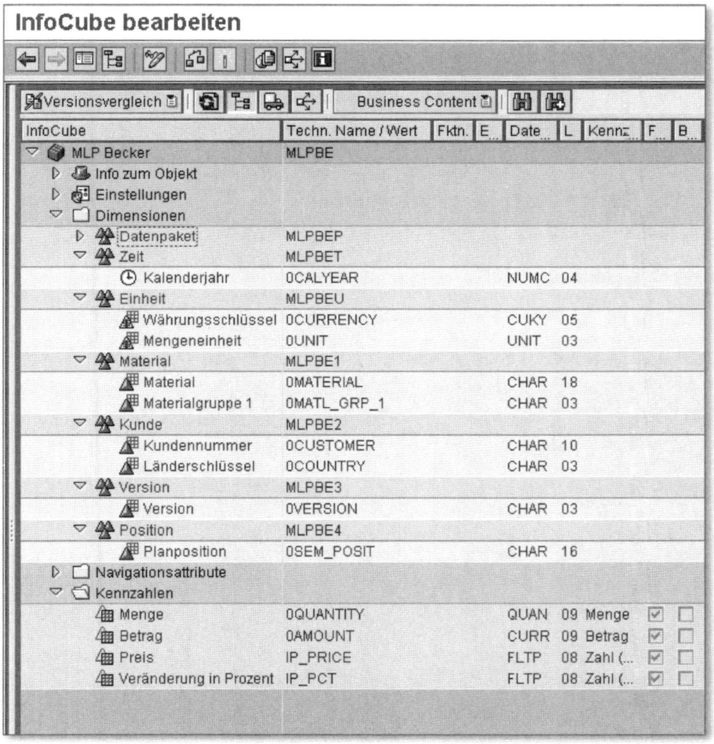

Abbildung 9.11 Details zu »InfoCube«

Details zu Planposition

Betrachten wir das Merkmal PLANPOSITION genauer (siehe Abbildung 9.12). Als Referenzmerkmal ist 0MEASURE angegeben.

Die Inhalte des Merkmals PLANPOSITION bzw. 0MEASURE sehen Sie durch Klick auf den Button PFLEGEN. Für dieses Beispiel habe ich elf Ausprägungen für 0MEASURE erfasst (siehe Abbildung 9.13). Zu diesen elf Planpositionen werden im Anschluss Plandaten erfasst und berechnet.

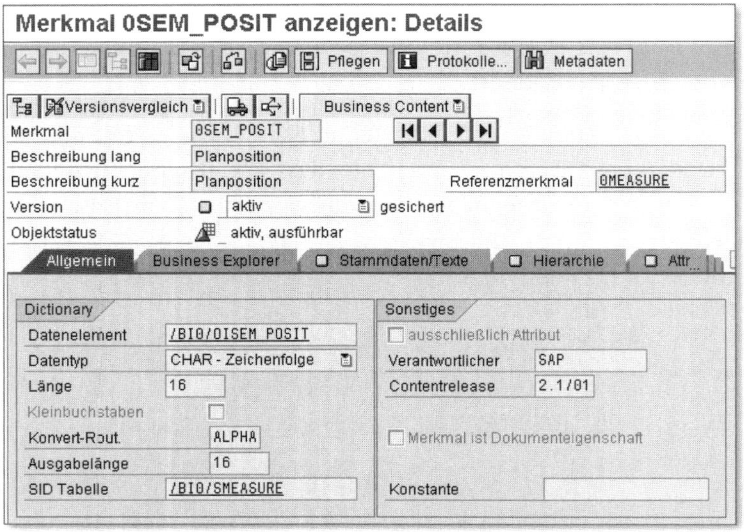

Abbildung 9.12 Details zum Merkmal »Planposition«

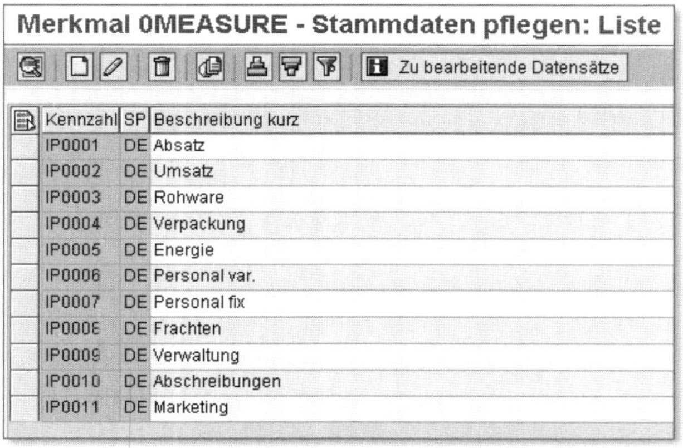

Merkmal 0MEASURE - Stammdaten pflegen: Liste
Zu bearbeitende Datensätze
Kennzahl SP Beschreibung kurz
IP0001 DE Absatz
IP0002 DE Umsatz
IP0003 DE Rohware
IP0004 DE Verpackung
IP0005 DE Energie
IP0006 DE Personal var.
IP0007 DE Personal fix
IP0008 DE Frachten
IP0009 DE Verwaltung
IP0010 DE Abschreibungen
IP0011 DE Marketing

Abbildung 9.13 Werte zum Merkmal »Planposition«

Kennzahlen

Bei der Beschreibung des Kontenmodells habe ich gesagt, dass wir eine generische Kennzahl Betrag verwenden werden. Durch die Ausprägung des Merkmals Planposition wird definiert, ob Betrag einen Wert für Umsatz, Rohware, Verpackung etc. enthält.

Zusätzlich zu Betrag sehen Sie beim InfoCube MLPBE die Kennzahlen Menge, Preis und Veränderung in Prozent (siehe Abbildung 9.11). In der Kennzahl Betrag können nur Werte mit der zusätzlichen Angabe der Währung (hier EUR) erfasst werden. Für die Planung des Absatzes benötigen wir die Kennzahl MENGE. Die Entwicklung von Absatz, Verkaufspreisen und Kostensätzen soll als prozentuale Veränderung von Jahr zu Jahr geplant werden. Diese Information wird gespeichert in VERÄNDERUNG IN PROZENT. Für die Verkaufspreise und die Kostensätze der variablen Kosten ist die Kennzahl PREIS vorgesehen.

Planposition und Kennzahl

Abhängig vom Eintrag im Merkmal PLANPOSITION werden unterschiedliche Kennzahlen benutzt:

- Absatz
  - Menge
  - Veränderung in Prozent
- Umsatz
  - Preis
  - Veränderung in Prozent
  - Betrag
- Rohware, Verpackung etc. (alle variablen Kosten)
  - Preis
  - Veränderung in Prozent
  - Betrag
- Abschreibung, Versicherung etc. (alle fixen Kosten)
  - Betrag

Die Kennzahlen MENGE und BETRAG wurden aus dem SAP-Standard übernommen, VERÄNDERUNG IN PROZENT und PREIS sind selbst definiert.

Details zu Preis

Zur Speicherung von Preisen bietet der SAP-Standard bereits einige Kennzahlen. Warum habe ich für dieses Beispiel die neue Kennzahl IP_PRICE angelegt? Mit Doppelklick auf die Kennzahl PREIS gelangen Sie in das Detailbild (siehe Abbildung 9.14).

Im SAP-Standard sind alle Preisfelder mit dem Datentyp CURR »WÄHRUNGSFELD« definiert. Das hat zur Folge, dass Preise immer mit glatten Cent-Beträgen im System gespeichert werden. In unserem Beispiel werden die Preise allerdings nicht immer vom Anwender erfasst, stattdessen sollen für die Jahre 2011 bis 2014 die Preise aus den prozentualen Veränderungen berechnet werden.

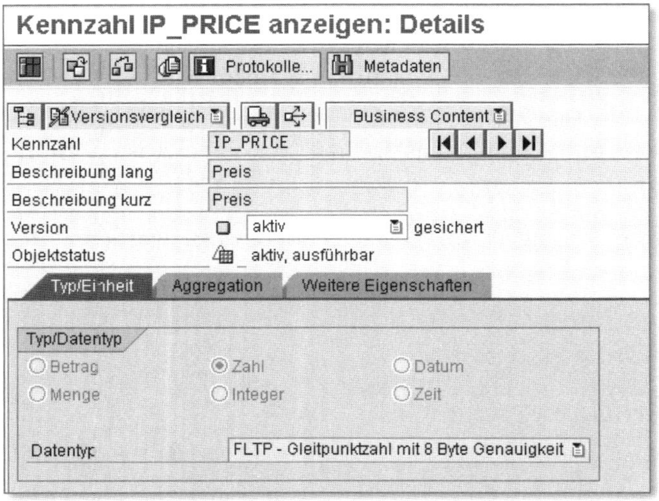

Abbildung 9.14 Details zur Kennzahl »Preis«

Das Runden der Rechenergebnisse auf ganze Cent würde im Ergebnis zu unnötigen Ungenauigkeiten führen. Deshalb speichern wir die Preise mit dem Datentyp FLTP GLEITPUNKTZAHL, d. h. mit 15 gültigen Stellen, unabhängig von der Dimension der gespeicherten Zahl.

Die Datenbasis ist angelegt. Bis jetzt haben wir ausschließlich Funktionen von SAP NetWeaver BI benutzt. Beginnen wir jetzt mit dem eigentlichen Thema dieses Kapitels, der BI-integrierten Planung.

9.3.3 Planning Modeler

Der Planning Modeler der BI-integrierten Planung ist eine Webanwendung, mit der diverse Customizingeinstellungen für die Planung angelegt und verwaltet werden. Sie erreichen den Planning Modeler aus dem SAP-System mit Transaktion RSPLAN, im Menü BUSINESS PLANNING AND SIMULATION • BI INTEGRIERTE PLANUNG; und dann weiter mit dem Button MODELER STARTEN. Dann öffnet sich der Modeler im Internet Browser (siehe Abbildung 9.15). In der ersten Registerkarte des Modelers INFOPROVIDER habe ich den Provider MLPBE ausgewählt, in dem wir unsere Planung ablegen wollen.

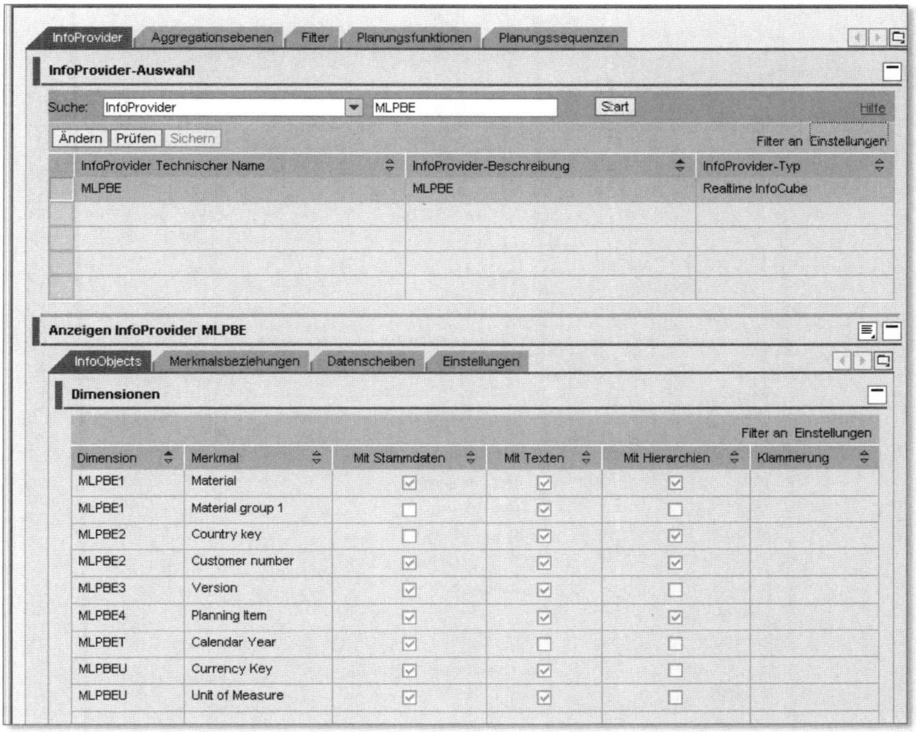

Abbildung 9.15 Planning Modeler – »InfoProvider«

9.3.4 Aggregationsebenen

Voraussetzung für die Arbeit mit BI-integrierter Planung sind Aggregationsebenen. Sie werden in Bezug auf InfoProvider definiert. Mit Aggregationsebenen selektieren Sie aus dem Vorrat an Merkmalen und Kennzahlen diejenigen, die für die jeweilige Planung relevant sind.

Hier, in Abbildung 9.16, sehen Sie die Aggregationsebene MLPBEAG01 AGGREGATIONSEBENE KUNDE, MATERIAL. Alle Merkmale, bis auf 0COUNTRY (Land) und 0MATL_GRP_1 (Materialgruppe), und alle Kennzahlen sind selektiert und somit für die Planung verfügbar.

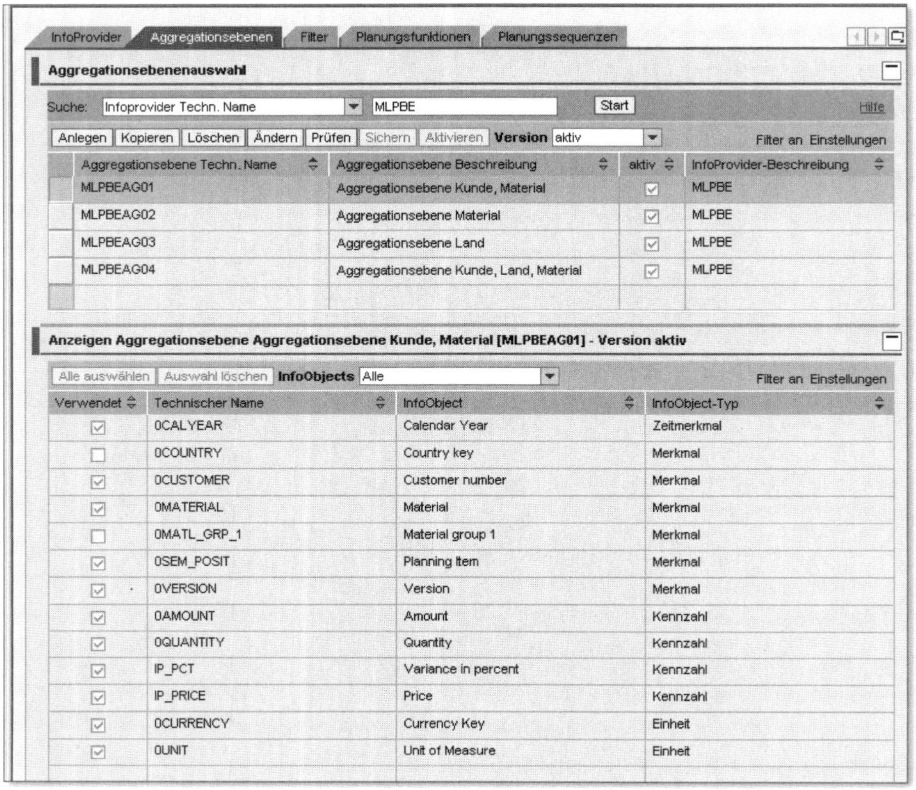

Abbildung 9.16 »Aggregationsebenen«

9.3.5 Planquery

In Kapitel 8, »SAP NewWeaver BI«, haben Sie den *Business Explorer Analyzer* (BEx Analyzer) als Werkzeug zur Auswertung von Daten kennengelernt. Jetzt nutzen wir BEx, um Daten via Excel zu erfassen und im SAP InfoProvider MLPBE zu speichern.

Mit dem Start des BEx Analyzers öffnet sich Microsoft Excel mit zwei zusätzlichen Iconleisten (siehe Abbildung 9.17).

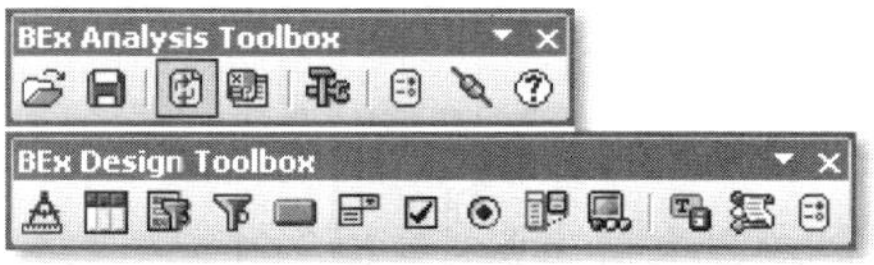

Abbildung 9.17 BEx-Iconleisten in Microsoft Excel

Extras

Wir legen eine neue Planquery MLPBE ABSATZ an mit EXTRAS • NEUE QUERY ANLEGEN. Wichtig ist, dass wir die Query in Bezug auf eine Aggregationsebene, hier MLPBEAG01 anlegen, sonst bekommen wir keine eingabebereiten Zellen in Excel. Wir wählen Merkmale für den Filter und definieren Zeilen und Spalten (siehe Abbildung 9.18).

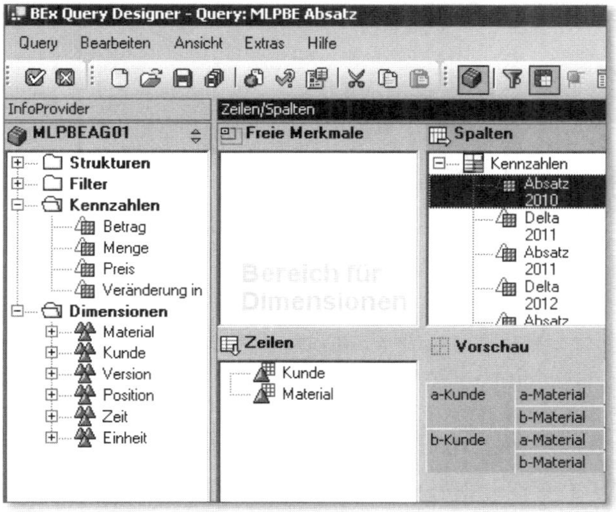

Abbildung 9.18 BEx Query Designer

Bei den Eigenschaften für die Selektion ABSATZ 2010 markieren wir unter PLANUNG die Option DATEN KÖNNEN DURCH BENUTZEREINGABEN ODER PLANUNGSFUNKTIONEN GEÄNDERT WERDEN (siehe Abbildung 9.19).

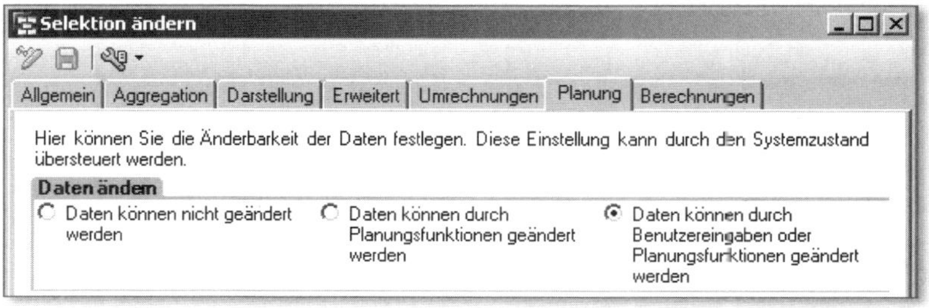

Abbildung 9.19 Optionen zur Planung

Analysetabelle

Mit der BEx-Funktion ANALYSETABELLE EINFÜGEN verknüpfen wir die Query MLPBE ABSATZ mit einer Excel-Arbeitsmappe (siehe Abbildung 9.20). Das Ergebnis der Analysetabelle ist in Excel als DataProvider DP_1 verfügbar und wird im Zellbereich A6:K16 zu sehen sein.

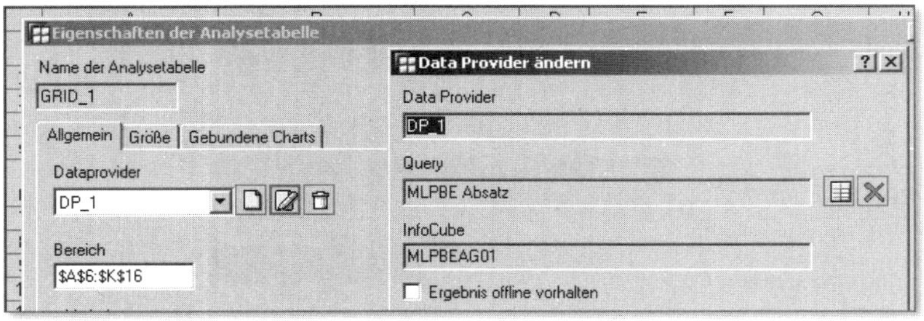

Abbildung 9.20 Analysetabelle anlegen

Das Ergebnis dieser Aktion ist eine Planquery in Excel (siehe Abbildung 9.21). Na das sieht doch schon gar nicht schlecht aus. Dieses Bild kennen Sie aus dem Beispiel in Abschnitt 9.2, »Planung mit Microsoft Excel«. Neu ist hier, dass die Daten nicht in Excel gespeichert werden, sondern in im BI-System im DataProvider MLPBE. Excel ist jetzt nur die Benutzerschnittstelle zum Anzeigen und zum Erfassen der Daten. In den Spalten ABSATZ 2010 und in allen mit DELTA bezeichneten Spalten können wir Planzahlen manuell erfassen.

	A	B	C	D	E	F	G	H	I
1	***Absatz***								
2									
3	Sichern								
4	Absatz								
5									
6	**Kunde**	**Material**	Absatz 2010	Delta 2011	Absatz 2011	Delta 2012	Absatz 2012	Delta 2013	Absatz 2013
7	Dupont, Paris	Schokoladenkuchen	15,000 ST	10.0	16,500 ST	10.0	18,150 ST	10.0	19,965 ST
8		**Ergebnis**	**15,000 ST**	**10.0**	**16,500 ST**	**10.0**	**18,150 ST**	**10.0**	**19,965 ST**
9	Meier, Berlin	Marmorkuchen	30,000 ST	5.0	31,500 ST	5.0	33,075 ST	5.0	34,729 ST
10		Schokoladenkuchen	20,000 ST	20.0	24,000 ST	20.0	28,800 ST	20.0	34,560 ST
11		**Ergebnis**	**50,000 ST**	**25.0**	**55,500 ST**	**25.0**	**61,875 ST**	**25.0**	**69,289 ST**
12	Peters, Hamburg	Nusskuchen	20,000 ST	10.0	22,000 ST	10.0	24,200 ST	10.0	26,620 ST
13		Schokoladenkuchen	20,000 ST	20.0	24,000 ST	20.0	28,800 ST	20.0	34,560 ST
14		**Ergebnis**	**40,000 ST**	**30.0**	**46,000 ST**	**30.0**	**53,000 ST**	**30.0**	**61,180 ST**
15	**Gesamtergebnis**		**105,000 ST**	**65.0**	**118,000 ST**	**65.0**	**133,025 ST**	**65.0**	**150,434 ST**

Abbildung 9.21 Planquery in Excel

Button einfügen

In der Zelle A3 in Abbildung 9.21 sehen Sie den Button SICHERN. Diesen Button habe ich mit der BEx-Funktion BUTTON EINFÜGEN generiert (siehe Abbildung 9.22). Mit diesem Button wird nicht die Excel-

Datei gespeichert, sondern es erfolgt eine Speicherung der Daten im InfoProvider.

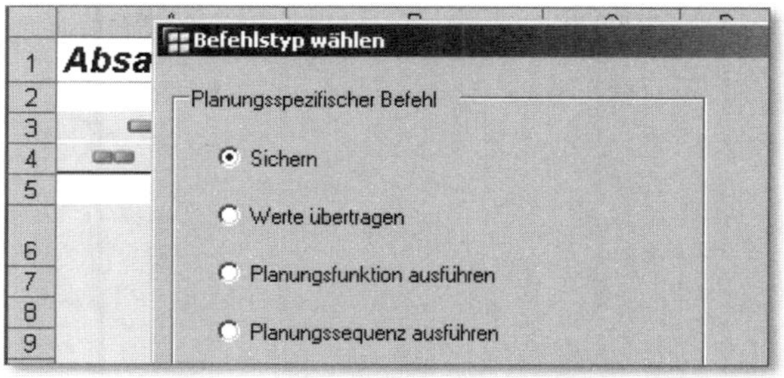

Abbildung 9.22 Button zum Sichern von Plandaten generieren

9.3.6 Planungsfunktionen

Die Absätze für 2011, 2012 etc. in Abbildung 9.21 sollen jeweils aus dem Absatz des Vorjahres und der Veränderung berechnet werden. Dazu richten wir eine Planungsfunktion ein, mit der die Berechnung in der SAP-Datenbasis durchgeführt wird. Eine einfache Excel-Formel zur Berechnung der Absätze 2011, 2012 etc. genügt nicht, weil wir die Daten für weitere Berechnungen im InfoProvider verfügbar machen müssen.

Springen wir zunächst zurück in den Planning Modeler auf die Registerkarte PLANUNGSFUNKTIONEN (siehe Abbildung 9.23). Die Planungsfunktion MLPBE_PF01 ABSATZ BERECHNEN ist eine Planungsfunktion vom Typ FORMULA. Mit diesem Funktionstyp stellt die BI-integrierte Planung eine Makrosprache (FOX) zur Verfügung, mit der beliebig komplexe Operationen in der Datenbasis programmiert werden können.

Wir wählen zunächst unter MERKMALSVERWENDUNG die Merkmale, auf die wir im Programm zugreifen wollen. Für unsere Aufgabe reicht der Zugriff auf das Merkmal 0CALYEAR (Kalenderjahr).

Im Bild PARAMETER zur Planungsfunktion MLPBE_PF01 erfassen wir den Programmcode (siehe Abbildung 9.24). Ganz unten sehen Sie einen wichtigen Hinweis auf die Gestaltung dieser Funktion:

```
Operand: {Kennzahlname, 0CALYEAR}
```

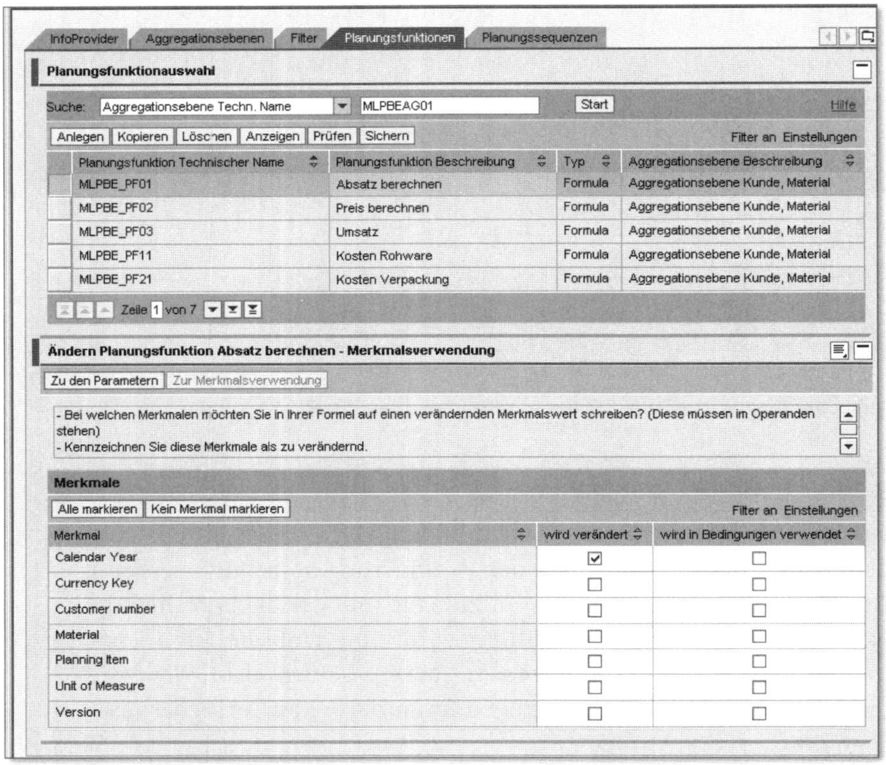

Abbildung 9.23 Planungsfunktion – »Merkmalsverwendung«

0CALYEAR hatten wir bei der Merkmalsverwendung markiert, deshalb steht uns dieses Merkmal hier als Operand zur Verfügung. Kennzahlname als ist in jeder Formel als erster Operand verfügbar. Operanden können Sie in Formeln nutzen, um Daten zu lesen (rechts vom Gleichheitszeichen) oder um Daten in die Datenbank zu schreiben (links vom Gleichheitszeichen).

Beispiel 1

Schreibe 500 als Absatz für das Jahr 2010 in die Datenbank:

`{0QUANTITY,2010} = 500.`

Beispiel 2

Berechne die Summe aus dem Absatz der Jahre 2009 und 2010 und schreibe diesen Wert als Absatz für das Jahr 2011 in die Datenbank:

`{0QUANTITY,2011} = {0QUANTITY,2009} + {0QUANTITY,2010}.`

Beispiel 3

Oder wie hier in der Planungsfunktion MLPBE_PF01: Berechne die prozentuale Veränderung des Absatzes zum Jahr 2010 und schreibe diesen Wert als Absatz für das Jahr 2011 in die Datenbank. Die Veränderung ist in der Kennzahl IP_PCT gespeichert:

```
{0QUANTITY,2011} =
  {0QUANTITY,2010} * (1 + {IP_PCT,2011} / 100).
```

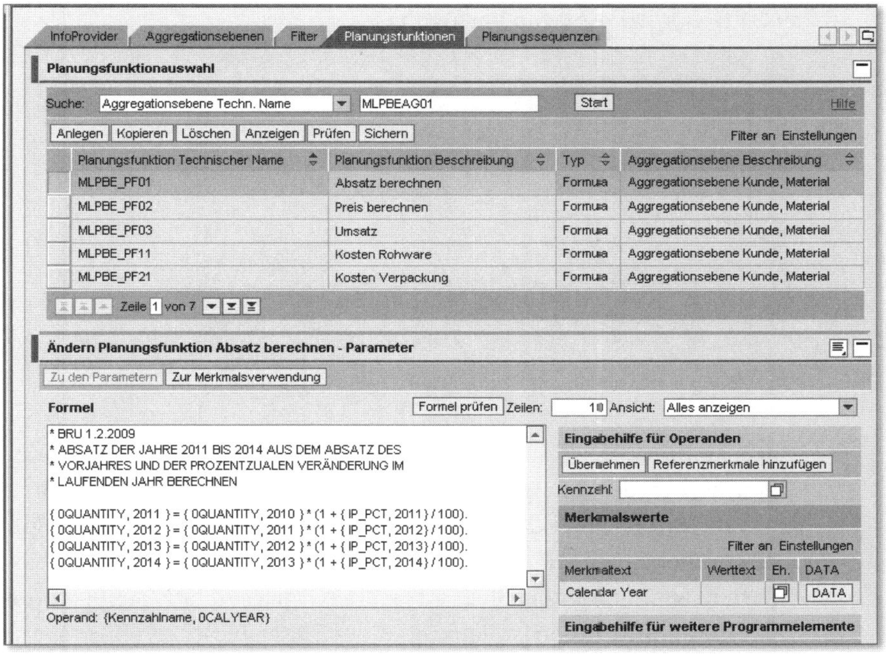

Abbildung 9.24 Planungsfunktion – »Parameter«

»Ja und was ist mit dem Rest? Was passiert mit den Merkmalen KUNDE, MATERIAL und allen anderen?«, fragen Sie mich jetzt zu Recht. Die werden bei der Ausführung der Planungsfunktion »geblockt«, d. h., die Funktion wird für alle vorkommenden Merkmalskombinationen durchlaufen. »Wirklich für alle?« lautet wiederum Ihre berechtigte Frage. Wenn Sie z. B. verschiedene Planversionen haben, wollen Sie die Planungsfunktionen sicher jeweils nur für eine bestimmte Version ausführen und nicht für alle. Zur Einschränkung z. B. auf eine Planversion nutzen Sie Filter, die Sie im Planning Modeler auf der entsprechenden Registerkarte definieren, oder Sie nutzen einen DataProvider in Excel.

Genau so habe ich es hier gemacht. In der zuvor beschriebenen Query MLPBE ABSATZ ist die Planversion 1 bei den Merkmalseinschränkungen ausgewählt. Diese Query hatten wir als Analysetabelle mit dem Namen DP_1 in Excel eingefügt. Jetzt richten wir in Excel einen Button ein, der die soeben beschriebene Planungsfunktion MLPBE_PF01 ABSATZ BERECHNEN mit Bezug auf diese Analysetabelle DP_1 (= Query MLPBE ABSATZ) ausführt (siehe Abbildung 9.25). Der so generierte Button steht mit der Bezeichnung ABSATZ in Abbildung 9.21 in der Zelle A4 zur Verfügung.

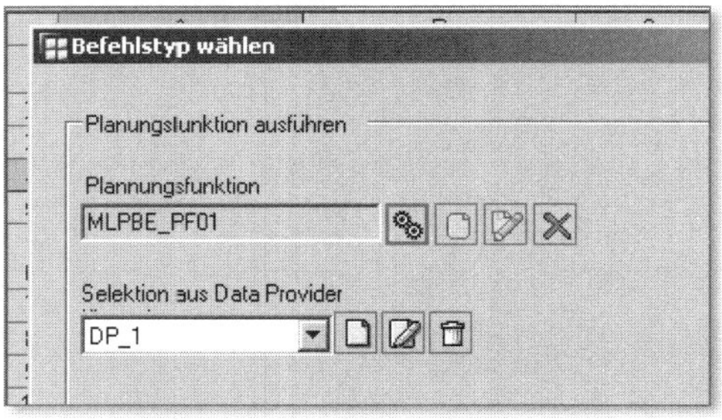

Abbildung 9.25 Button mit Planungsfunktion generieren

Jetzt kennen Sie alles, was Sie in der BI-integrierten Planung brauchen, um eine Planung in Microsoft Excel als Frontend-Tool einzurichten. Am Beispiel der Absatzplanung habe ich Ihnen eine Aggregationsebene, eine Planquery und eine Planungsfunktion gezeigt. Werfen wir nun einen Blick auf weitere ausgewählte Teilpläne bei der Mittel- und Langfristplanung in der Bäckerei Becker.

9.3.7 Weitere Teilpläne

Umsatz

In die Arbeitsmappe für die Umsatzplanung habe ich zwei Analysetabellen eingefügt. Im oberen Bereich, in den Zeilen 11 bis 16, sehen Sie die Preisplanung mit einer Query, die in den Spalten PREIS 2010 und in allen DELTA-Spalten eingabebereit ist (siehe Abbildung 9.26). Die Planungsfunktion, die mit dem Button PREISE in der Zelle A4 aufgerufen wird, funktioniert genauso, wie die Funktion für die Absatzplanung, die wir uns im vorigen Abschnitt angesehen hatten.

In den Zeilen 26 bis 36 des gleichen Arbeitsblattes ist der berechnete Umsatz zu sehen (siehe Abbildung 9.27).

	A	B	C	D	E	F	G	H	I
1	***Umsatz***								
2									
3	Sichern								
4	Presie								
5									
11	**Kunde**	**Material**	Preis 2010	Delta 2011	Preis 2011	Delta 2012	Preis 2012	Delta 2013	Preis 2013
12	Dupont, Paris	Schokoladenkuchen	5.200	2.0	5.304	2.0	5.410	2.0	5.518
13	Meier, Berlin	Marmorkuchen	4.000	0.0	4.000	0.0	4.000	0.0	4.000
14		Schokoladenkuchen	4.600	3.0	4.738	3.0	4.880	3.0	5.027
15	Peters, Hambu	Nusskuchen	4.300	3.0	4.429	3.0	4.562	3.0	4.699
16		Schokoladenkuchen	4.600	3.0	4.738	3.0	4.880	3.0	5.027
17									

Abbildung 9.26 Teilplan »Umsatz« – Preise

19	Umsatz						
20							
26			Umsatz 2010	Umsatz 2011	Umsatz 2012	Umsatz 2013	Umsatz 2014
27	**Kunde**	**Material**	EUR	EUR	EUR	EUR	EUR
28	Dupont, Paris	Schokoladenkuchen	78,000	87,516	98,193	110,172	123,614
29		**Ergebnis**	**78,000**	**87,516**	**98,193**	**110,172**	**123,614**
30	Meier, Berlin	Marmorkuchen	120,000	126,000	132,300	138,915	145,861
31		Schokoladenkuchen	92,000	113,712	140,548	173,717	214,715
32		**Ergebnis**	**212,000**	**239,712**	**272,848**	**312,632**	**360,575**
33	Peters, Hambu	Nusskuchen	86,000	97,438	110,397	125,080	141,716
34		Schokoladenkuchen	92,000	113,712	140,548	173,717	214,715
35		**Ergebnis**	**178,000**	**211,150**	**250,945**	**298,797**	**356,430**
36	**Gesamtergebnis**		**468,000**	**538,378**	**621,986**	**721,602**	**840,619**
37							

Abbildung 9.27 Berechneter Umsatz

Die Planungsfunktion zur Berechnung des Umsatzes wird mit dem Button UMSATZ (Zelle A19 in Abbildung 9.27) gestartet. Für diese Funktion ist die PLANPOSITION im Bild MERKMALSVERWENDUNG markiert. Dadurch ergibt sich als Operand:

```
Operand: {Kennzahlname, 0SEM_POSIT}
```

Wir wollen hier für jeden Kunden, jeden Artikel und jedes Jahr den Umsatz als Ergebnis aus Preis mal Absatz berechnen (siehe Abbildung 9.28).

Sollen wir, wenigstens für eine Zelle, nachrechnen, ob's stimmt?

Absatz für Dupont, »Schokoladenkuchen«, im Jahr 2010: 15.000 Stück

Preis für Dupont, »Schokoladenkuchen«, im Jahr 2010: 5,20 EUR/Stück

Umsatz = Preis × Absatz =
5,20 EUR/Stück × 15.000 Stück = 78.000 EUR

Ja, es stimmt!

```
* BRU 1.2.2009
* UMSATZ BERECHNEN AUS PREIS MAL ABSATZ

{ 0AMOUNT, IP0002 } = { IP_PRICE, IP0002 } * {0QUANTITY, IP0001 }.

Operand: {Kennzahlname, 0SEM_POSIT}
```

Abbildung 9.28 Formel für Umsatz

Rohwarenkosten

Bei der Planung der Rohwarenpreise (oder Kostensätze) planen wir in Bezug auf die Materialien und nicht wie bei Absatz und Umsatz mit Bezug auf Kunde und Material (siehe Abbildung 9.29).

Rohware

Sichern

Preis

Material	Preis 2010	Delta 2011	Preis 2011	Delta 2012	Preis 2012	Delta 2013	Preis 2013	Delta 2014	Preis 2014
Schokoladenku	1.72147	-1.0	1.70426	-1.0	1.68721	-1.0	1.67034	-1.0	1.65364
Nusskuchen	1.59350	-1.0	1.57757	-1.0	1.56179	-1.0	1.54617	-1.0	1.53071
Marmorkuchen	1.56150	-1.0	1.54589	-1.0	1.53043	-1.0	1.51512	-1.0	1.49997

Abbildung 9.29 Teilplan »Rohware« – Preise

Die Funktion hinter dem Button KOSTEN in Abbildung 9.30 rechnet richtig, wie wir wieder anhand eines Beispiels überprüfen:

Absatz für Dupont, »Schokoladenkuchen«, im Jahr 2010: 15.000 Stück

Rohwarenpreis für »Schokoladenkuchen« im Jahr 2010: 1,72147 EUR/Stück

Kosten = Preis × Absatz =

1,72147 EUR/Stück × 15.000 Stück = 25.822 EUR

Und das ist genau der Wert, den wir in Abbildung 9.30 für Dupont im Jahr 2010 sehen.

12	Kosten						
13							
14			Kosten 2010	Kosten 2011	Koster 2012	Kosten 2013	Kosten 2014
15	**Kunde**	**Material**	EUR	EUR	EUR	EUR	EUR
16	Dupont, Paris	Schokoladenkuchen	25,822	28,120	30,623	33,348	36,316
17		**Ergebnis**	**25,822**	**28,120**	**30,623**	**33,348**	**36,316**
18	Meier, Berlin	Marmorkuchen	46,845	48,695	50,619	52,618	54,697
19		Schokoladenkuchen	34,429	40,902	48,592	57,727	68,580
20		**Ergebnis**	**81,274**	**89,598**	**99,211**	**110,345**	**123,276**
21	Peters, Hambur	Nusskuchen	31,870	34,706	37,795	41,159	44,822
22		Schokoladenkuchen	34,429	40,902	48,592	57,727	68,580
23		**Ergebnis**	**66,299**	**75,609**	**86,387**	**98,886**	**113,402**
24	**Gesamtergebnis**		**173,396**	**193,326**	**216,221**	**242,580**	**272,995**

Abbildung 9.30 Rohwarenkosten

Wie muss die Planungsfunktion gestaltet werden, um dieses korrekte Ergebnis zu ermitteln? Wir erinnern uns, dass die Rohwarenpreise mit Bezug auf Material gespeichert sind, die Absätze aber zusätzlich zum Material- einen Kundenbezug haben. Bei der Formel verwenden wir deshalb nicht nur die Position (0SEM_POSIT), sondern auch den Kunden (0CUSTOMER) als Operand (siehe Abbildung 9.31). Wir programmieren eine Schleife über alle Kunden:

```
FOREACH CUSTOMER.
```

Damit haben wir die Möglichkeit für jeden vorhandenen Kunden die Rohwarenkosten zu berechnen:

```
{ 0AMOUNT, CUSTOMER, IP0003 },
```

indem wir den Absatz für diesen Kunden

```
{ 0QUANTITY, CUSTOMER, IP0001 }
```

mit dem Preis (= Kostensatz) ohne Kundenbezug # multiplizieren

```
{ IP_PRICE, #, IP0003 }
```

```
* BRU 1.2.2009
* ROHWARENKOSTEN AUS DEM ABSATZ UND DEM PREIS BERECHNEN

DATA CUSTOMER TYPE 0CUSTOMER.

FOREACH CUSTOMER.

  { 0AMOUNT,CUSTOMER ,IP0003} = { IP_PRICE,#, IP0003} *
     {0QUANTITY,CUSTOMER, IP0001 }.

ENDFOR.

Operand: {Kennzahlname, 0CUSTOMER, 0SEM_POSIT}
```

Abbildung 9.31 Formel für Rohware

Fixe Kosten

Der Teilplan für die fixen Kosten ist schlicht im Vergleich zum bisher gezeigten. Die Daten werden in Bezug auf die Planpositionen PERSONAL FIX, VERWALTUNG, ABSCHREIBUNGEN und MARKETING manuell in einer Planquery erfasst (siehe Abbildung 9.32). Eine Planungsfunktion ist hier nicht erforderlich.

	A	B	C	D	E	F
1	***fixe Kosten***					
2						
3	Sichern					
4						
5	**Planposition**	2010	2011	2012	2013	2014
6	Personal fix	35,000 EUR	70,000 EUR	70,000 EUR	70,000 EUR	70,000 EUR
7	Verwaltung	5,000 EUR	5,000 EUR	5,000 EUR	5,000 EUR	5,000 EUR
8	Abschreibungen	12,000 EUR	15,000 EUR	15,000 EUR	15,000 EUR	15,000 EUR
9	Marketing	30,000 EUR	50,000 EUR	70,000 EUR	70,000 EUR	70,000 EUR

Abbildung 9.32 Teilplan »fixe Kosten«

9.3.8 Auswertung

Für die Auswertung der Planung in Form einer Gewinn-und-Verlust-Rechnung nutzen wir den Business Explorer Analyzer, der uns auch für die Datenerfassung zur Verfügung stand (siehe Abbildung 9.33). Die Query, die wir jetzt anlegen, kann direkt auf dem InfoProvider MLPBE aufsetzen, weil wir keine Daten mehr in die Datenbasis schreiben, sondern »nur noch« lesen wollen.

	A	B	C	D	E	F	G
1	***Gewinn- und Verlustrechnung***						
2							
3		**Kalend**	2010	2011	2012	2013	2014
4	Umsatz	EUR	468,000	538,378	621,986	721,602	840,619
5	Rohware	EUR	173,396	193,326	216,221	242,580	272,995
6	Verpackung	EUR	53,347	59,353	66,241	74,161	83,287
7	Energie	EUR	36,505	41,846	47,646	53,881	61,123
8	Personal	EUR	101,790	141,832	151,557	162,865	176,043
9	Frachten	EUR	12,000	14,123	16,667	19,726	23,412
10	Verwaltung	EUR	5,000	5,000	5,000	5,000	5,000
11	Abschreibung	EUR	12,000	15,000	15,000	15,000	15,000
12	Marketing	EUR	30,000	50,000	70,000	70,000	70,000
13	Kosten	EUR	424,038	520,479	588,331	643,213	706,860
14	Gewinn	EUR	43,962	17,899	33,655	78,390	133,759
15	Rendite	%	9.4	3.3	5.4	10.9	15.9

Abbildung 9.33 Gewinn-und-Verlust-Rechnung für 2010 bis 2014

9.4 Zusammenfassung

In diesem Kapitel haben Sie einen ersten Einblick in die *BI-integrierte Planung* von SAP bekommen. Schon dieser erste Eindruck macht Ihnen klar, wie mächtig dieses Werkzeug ist. Mit der BI-integrierten Planung ist die strategische Finanzplanung in jedem Unternehmen individuell umsetzbar.

Einmal geschriebene und getestete Funktionen erzeugen zuverlässig reproduzierbare Ergebnisse. In Planungsszenarien mit vielen beteiligten Personen können mit den Planquerys die Vorgaben klar strukturiert werden. Die Plandaten, die die BI-integrierte Planung in der Datenbasis erzeugt, können mit allen Funktionen einer mehrdimensionalen Datenbank analysiert werden.

Anhang

A Transaktionscodes

Rechnungswesen • Controlling • Kostenstellenrechnung

OKKS: Umfeld • Kostenrechnungskreis setzen

KA01, KA02, KA03, KA06: Stammdaten • Kostenart • Einzelbearbeitung • Anlegen Primär, Ändern, Anzeigen, Anlegen Sekundär

KS01, KS02, KS03: Stammdaten • Kostenstelle • Einzelbearbeitung • Anlegen, Ändern, Anzeigen

KSH1, KSH2, KSH3: Stammdaten • Kostenstellengruppe • Anlegen, Ändern, Anzeigen

KL01, KL02, KL03: Stammdaten • Leistungsart • Einzelbearbeitung • Anlegen, Ändern, Anzeigen

S_ALR_87013611: Infosystem • Berichte zur Kostenstellenrechnung • Plan/Ist-Vergleiche • Kostenstellen

S_ALR_87013625: Infosystem • Berichte zur Kostenstellenrechnung • Soll/Ist-Vergleiche • Kostenstellen

KSBL: Infosystem • Berichte zur Kostenstellenrechnung • Planungsberichte • Kostenstellen

S_ALR_87013629: Infosystem • Berichte zur Kostenstellenrechnung • Planungsberichte • Leistungsarten

KSBT: Infosystem • Berichte zur Kostenstellenrechnung • Tarife • Kostenstellen

KB21N: Istbuchungen • Leistungsverrechnung • Erfassen

KSU5: Periodenabschluss • Einzelfunktionen • Verrechnungen • Umlage

S_ALR_87005830: Planung • Laufende Einstellungen • Versionen pflegen

KP04: Planung • Planerprofil setzen

KP06, KP07: Planung • Kosten/Leistungsaufnahmen • Ändern, Anzeigen

KP26, KP27: Planung • Leistungserbringung/Tarife • Ändern, Anzeigen

KSUB: Planung • Verrechnungen • Umlage

KSPI: Planung • Verrechnungen • Tarifermittlung

KSPP: Planung • Planungshilfen • Übernahmen • Disponierte Leistung PP

KPSI: Planung • Planungshilfen • Planabstimmung

Rechnungswesen • Controlling • Innenaufträge

KO04: Stammdaten • Order Manager

S_ALR_87012993: Infosystem • Berichte zu Innenaufträgen • Plan-Ist-Vergleiche • Auftrag

KO8G: Periodenabschluss • Einzelfunktionen • Abrechnung • Sammelverarbeitung

KP04: Planung • Planerprofil setzen

KPF6, KPF7: Planung • Kosten/Leistungsaufnahmen • Ändern, Anzeigen

KO9G : Planung • Verrechnungen • Abrechnung • Sammelverarbeitung

Rechnungswesen • Controlling • Ergebnis- und Marktsegmentrechnung

KE30: Infosystem • Bericht ausführen

KE31: Infosystem • Bericht definieren • Ergebnisbericht anlegen

KE34: Infosystem • Laufende Einstellungen • Formulare für Ergebnisberichte definieren

KE24: Infosystem • Einzelpostenliste anzeigen • Ist

KE25: Infosystem • Einzelpostenliste anzeigen • Plan

KE41, KE42, KE43: Stammdaten • Konditionssätze/Preise • Anlegen, Ändern, Anzeigen

KE28: Istbuchungen • Periodische Anpassungen • Top-down-Verteilung

KEU5: Istbuchungen • Kostenstellen-/Prozesskosten übernehmen • Umlage

KEPM: Planung • Plandaten bearbeiten

KEUB: Planung • Planungsintegration • Kostenstellen-/Prozessplanung übernehmen • Umlage

KEU7, KEU8, KEU9: Planung • Planungsintegration • Kostenstellen-/Prozessplanung übernehmen • Umlage

KEUB: Planung • Planungsintegration • Kostenstellen-/Prozessplanung übernehmen • Umlage

KE1E: Planung • Planungsintegration • Mengen an SOP übergeben

Rechnungswesen • Controlling • Produktkosten-Controlling

KKBC_PKO: Kostenträgerrechnung • Periodisches Produkt-Controlling • Infosystem • Berichte zum periodischen Produkt-Controlling • Detailberichte • zu Produktkostensammlern

KKRV: Kostenträgerrechnung • Periodisches Produkt-Controlling • Infosystem • Werkzeuge • Datenbeschaffung • Produktrecherche

S_ALR_87013142: Kostenträgerrechnung • Periodisches Produkt-Controlling • Infosystem • Berichte zum periodischen Produkt-Controlling • Verdichtete Analyse • mit Produktrecherche • Abweichungsanalyse • Soll/Ist-Vergleich • kumuliert

KRMI: Kostenträgerrechnung • Periodisches Produkt-Controlling • Infosystem • Berichte zum periodischen Produkt-Controlling • Weitere Berichte • Einzelposten • Produktkostensammler • Istkosten

KKS5: Kostenträgerrechnung • Periodisches Produkt-Controlling • Periodenabschluss • Einzelfunktionen

CO88: Kostenträgerrechnung • Periodisches Produkt-Controlling • Periodenabschluss • Einzelfunktionen

CK11N, CK13N: Produktkostenplanung • Materialkalkulation • Kalkulation mit Mengengerüst • Anlegen, Anzeigen

CK24: Produktkostenplanung • Materialkalkulation • Preisfortschreibung

KKF6N: Kostenträgerrechnung • Periodisches Produkt-Controlling • Stammdaten • Produktkostensammler • Bearbeiten

MF30: Kostenträgerrechnung • Periodisches Produkt-Controlling • Planung • Vorkalkulation Produktkostensammler

Rechnungswesen • Finanzwesen • Hauptbuch

FS00: Stammdaten • Einzelbearbeitung • Zentral

S_ALR_87012284: Infosystem • Berichte zum Hauptbuch • Bilanz/GuV/Cash Flow • Allgemein • Ist-/Istvergleiche • Bilanz/GuV

Logistik • Materialwirtschaft • Materialstamm

MM01: Material • Anlegen allgemein • Sofort

MM02: Material • Ändern • Sofort

MM03: Material • Anzeigen • Anzeigen akt. Stand

MM17: Material • Massenpflege...

MM60: Sonstige • Materialverzeichnis

Logistik • Materialwirtschaft • Bestandsführung

MB5L: Periodische Arbeiten • Bestandswertliste

Logistik • Materialwirtschaft • Bewertung

CKMPCD: Bewertung • Preisbestimmung • Preis ändern

Logistik • Produktion • Absatz-/Grobplanung

MC89: Planung • Für Material • Anzeigen

MC8D: Planung • Massenverarbeitung • Anlegen

MC8G: Planung • Massenverarbeitung • Einplanen

Logistik • Produktion • Langfristplanung

MD63: Langfristplanung • Planprimärbedarf • Anzeigen

Logistik • Produktion • Produktionsplanung

MS31, MS32, MS33: Langfristplanung • Szenario • Anlegen, Ändern, Anzeigen

MS01: Langfristplanung • Langfristplanung • Planungslauf • Online

MS05: Langfristplanung • Langfristplanung • Auswertungen • Dispoliste Material

MCB): Langfristplanung • Langfristplanung • Auswertungen • Bestandscontrolling • Auswertung

Logistik • Produktion • Serienfertigung

MFBF: Datenerfassung • Rückmeldung Serienfertigung

C223: Stammdaten • Fertigungsversionen

Logistik • Produktion • Stammdaten

CA21, CA22, CA23: Arbeitspläne • Arbeitspläne • Linienpläne • Anlegen, Ändern, Anzeigen

CA31, CA32, CA33: Arbeitspläne • Arbeitspläne • Standardlinienpläne • Anlegen, Ändern, Anzeigen

CR01, CR02, CR03: Arbeitsplätze • Arbeitsplatz • Anlegen, Ändern, Anzeigen

CS01, CS02, CS03: Stücklisten • Stückliste • Materialstückliste • Anlegen, Ändern, Anzeigen

Logistik • Vertrieb • Fakturierung

VF05: Infosystem • Faktura • Faktura anzeigen

B Glossar

Abrechnung Methode zur Verrechnung von Aufträgen (Innenaufträge, Fertigungsaufträge, Produktkostensammler) auf Kostenstellen oder in die Ergebnisrechnung

Absatz Menge verkaufter Materialien

Abschreibung Periodischer (monatlicher oder jährlicher) Wertverlust von Maschinen oder Gebäuden

Aktiva Vermögenswerte und Bestände eines Unternehmens

Anlage Maschinen oder Gebäude, die vom Unternehmen genutzt werden

Arbeitsplan Stammdatum der Produktion; gibt an, auf welchen Arbeitsplätzen die Produktion eines Materials welche Leistung in welcher Menge in Anspruch nimmt

Arbeitsplatz Stammdatum der Produktion; Ort, an dem Materialien bearbeitet werden

Aufwand Geld, das ein Unternehmen ausgibt, z. B. für Rohstoffe, Personal, Energie, Wertverlust von Maschinen – hier: Synonym für Kosten

Balanced Scorecard Ergänzend zu den klassischen Reportingmethoden des Rechnungswesens wird der Erfolg des Unternehmens in den Perspektiven Führung, Mitarbeiter, Strategie, Ressourcen und Prozesse gemessen

Beyond Budgeting Betriebswirtschaftlicher Ansatz, bei dem die klassischen Budgets durch flexiblere Steuerungswerkzeuge ersetzt werden

BI → Business Intelligence (BI)

BI-integrierte Planung Planungssoftware von SAP, die auf den Datenstrukturen des SAP NetWeaver BI aufsetzt

Bilanz Darstellung von Aktiva und Passiva, also von Vermögenswerten, Beständen, Schulden und Eigenkapital eines Unternehmens

Buchungskreis Organisationseinheit, die rechtlich selbstständig ist und einen eigenen Abschluss in der Finanzbuchhaltung erstellt

Business Intelligence (BI) Softwarebausteine von SAP, die das System SAP ERP ergänzen, dazu gehören SAP NetWeaver BI und BI-integrierte Planung

Business Process Management Betriebswirtschaftlicher Ansatz, der die Anforderungen der Fachbereiche (Einkauf, Verkauf, Produktion, Rechnungswesen) mit der technischen Umsetzung in der IT verknüpft

CO-Innenauftrag → Innenauftrag

Controllingobjekt Sammelbegriff für Kostenstelle, Innenauftrag,

Fertigungsauftrag, Produktkostensammler und Ergebnisobjekt

CO-Objekt Kurz für Controllingobjekt

Customizing Anpassung des ERP-Systems an den Kundenwunsch; Kunde meint hier den Nutzer der Software SAP ERP, also den SAP-Kunden

Dimension Gruppierung von Merkmalen

ECC → ERP Central Component (ECC)

Ergebnis Umsatz minus Kosten – Synonym für Gewinn

Ergebnisbereich Organisationseinheit für die Erstellung von Ergebnisrechnungen im Controlling

Ergebnisobjekt Kombination von Merkmalen in der Ergebnisrechnung

Erlös Geld, das ein Unternehmen für den Verkauf seiner Produkte oder Dienstleistungen einnimmt – hier: Synonym für Umsatz

ERP steht für Enterprise Resource Planning; Software für die Planung und Istabwicklung des laufenden Geschäftes mit Buchhaltung, Kostenrechnung, Materialwirtschaft, Vertriebsabwicklung etc.

ERP Central Component (ECC) Kern der ERP-Software von SAP

Fertigungsauftrag Stammdatum im Controlling und in der Produktion zur Sammlung von Materialkosten und Leistungen; wird genutzt, wenn in der Produktion die Komponenten Einzelfertigung oder Werkstattfertigung eingesetzt werden

FI-Konto Stammdatum im Finanzwesen zur Gliederung von GuV und Bilanz – Synonym für Sachkonto

Gewinn Umsatz minus Kosten – Synonym für Ergebnis

Gewinn-und-Verlust-Rechnung Darstellung von Erlös, Aufwand und Gewinn aus der Sicht der Finanzbuchhaltung

GuV Kurz für Gewinn-und-Verlust-Rechnung

Innenauftrag Stammdatum im Controlling; Projekt oder Maßnahmen, die Kosten verursachen

Innenauftrag, echt wird unabhängig von einer Kostenstelle mit Kosten belastet

Innenauftrag, statistisch »Anhängsel« einer Kostenstelle zur zusätzlichen Gliederung von Kosten

Ist Tatsächlich eingetretene Absätze, Erlöse, Kosten und Leistungen

Kalkulation Zusammenstellung der Kosten, die bei der Herstellung eines Produkts anfallen

Kennzahl Datenspalte für Absatz, Umsatz oder Kosten (in CO-PA: Wertfeld; in BW: Kennzahl)

Komponente Baustein der Software SAP ERP

Kosten Geld, das ein Unternehmen ausgibt, z. B. für Rohstoffe, Personal, Energie, Wertverlust von Maschinen – hier: Synonym für Aufwand

Kosten, fix Kosten, die unabhängig von der produzierten Menge entstehen

Kosten, variabel Kosten, die proportional zur Produktionsmenge steigen und fallen

Kostenart, primär Stammdatum im Controlling; Kopie derjenigen FI-Konten, die Aufwand oder Erlös repräsentieren

Kostenart, sekundär Stammdatum im Controlling; wird angelegt, um Verrechnungen zwischen Controllingobjekten zu ermöglichen

Kostenrechnungskreis Organisationseinheit, in der Kostenstellen und Innenaufträge geführt werden

Kostenstelle Stammdatum im Controlling; wird definiert für Personen, die an einem bestimmten Ort in einem Unternehmen vergleichbare Tätigkeiten ausführen

Lagerort Organisationseinheit, in der Materialien gelagert werden

Leistungsart Stammdatum im Controlling; Verrechnungseinheit für Leistungen von Kostenstellen

Leistungsverrechnung Methode zur Verrechnung von Kosten auf der Basis von Leistungsarten

Material Sammelbegriff für Waren, die ein Unternehmen einkauft, herstellt, weiter verarbeitet oder verkauft

Merkmal Schlüssel zur Identifikation von Plandaten; Beispiele: Kunde, Material, Land, Produktgruppe

Modul Hauptbaustein der Software SAP ERP

NetWeaver Basistechnologie der neuen Softwaregeneration von SAP u. a. mit Data Warehouse und BI-integrierter Planung

Organisationseinheit Element in einer Unternehmensstruktur

Passiva Schulden und Eigenkapital eines Unternehmens

Plan Vorschau auf Absätze, Erlöse, Kosten und Leistungen

Planungsebene Struktur, in der Merkmale und Kennzahlen bzw. Wertfelder für die Planung ausgewählt werden

Planungslayout Erfassungsmaske für die manuelle Planung

Planungsmethode Funktion zur manuellen oder automatischen Veränderung von Plandaten

Planungspaket Struktur, in der Merkmalwerte für die Planung selektiert werden

Produktkostensammler Stammdatum im Controlling und in der Produktion zur Sammlung von Materialkosten und Leistungen; wird genutzt, wenn in der Produktion die Komponente Serienfertigung eingesetzt wird

R/3 Bezeichnung des Produkts von SAP, das heute als SAP ERP angeboten wird

Sachkonto Stammdatum im Finanzwesen zur Gliederung von GuV und Bilanz – Synonym für FI-Konto

SAP Systeme, Anwendungen und Produkte in der Datenverarbeitung; deutsches Softwarehaus mit Hauptsitz in Walldorf, Baden-Württemberg

Soll Messlatte für Produktionskosten: Welche Kosten hätten unter der Berücksichtigung von fixen und variablen Plankosten und Istleistungen oder Istmengen anfallen dürfen?

Sparte Grobe Gliederung von Waren oder Dienstleistungen aus der Sicht des Vertriebs

Stückliste Stammdatum der Produktion; gibt an, welche Komponenten in welcher Menge für die Herstellung eines Materials eingesetzt werden

Top-down-Verteilung Methode zur automatischen Verteilung von Plandaten

Umlage, in die Ergebnisrechnung Methode zur Verrechnung von Kostenstellen in die Ergebnisrechnung

Umlage, zwischen Kostenstellen Methode zur Verrechnung von Kosten zwischen Kostenstellen

Umsatz Geld, das ein Unternehmen einnimmt für den Verkauf seiner Produkte oder Dienstleistungen – hier: Synonym für Erlös

Verkaufsorganisation Organisationseinheit, die Waren oder Dienstleistungen verkauft

Vertriebsbereich Organisationseinheit des Vertriebs; Kombination aus Verkaufsorganisation, Vertriebsweg und Sparte

Vertriebsweg Methode, mit der Waren oder Dienstleistungen verkauft werden; Beispiele: Großhandel, Direktvertrieb, Internet

Vorgabewert Stammdatum der Produktion; Angabe von Zeit oder Leistungsmenge in einem Arbeitsplan

Werk Organisationseinheit, die Materialien einkauft, lagert, produziert oder verkauft

Wertfeld Datenspalte für Absatz, Umsatz oder Kosten (in CO-PA: Wertfeld; in BI: Kennzahl)

Zyklus speichert die Rechenregeln, nach denen die Umlagen ausgeführt werden

C Literatur

- Brück, U. (2006), Integrierte Planung mit SAP BW-BPS in der Praxis, SAP PRESS
- Brück, U. u.a. (2004), Gemeinkosten-Controlling mit SAP, SAP PRESS
- Dickersbach, J. u.a. (2006), Produktionsplanung und -steuerung mit SAP, SAP PRESS
- Dobler, M. u.a. (2008), Konsolidierte Abschlüsse mit SAP SEM-BCS, SAP PRESS
- Egger, N. u.a. (2006), SAP Business Intelligence SAP PRESS
- Egger, N. u.a. (2004), SAP BW – Datenmodellierung, SAP PRESS
- Egger, N. u.a. (2005), SAP BW – Datenbeschaffung, SAP PRESS
- Egger, N. u.a. (2005), SAP BW – Planung und Simulation, SAP PRESS
- Egger, N. u.a. (2005), SAP BW – Reporting und Analyse, SAP PRESS
- Forsthuber, H. (2005), Praxishandbuch SAP-Finanzwesen, SAP PRESS
- Heuser, R. u.a. (2002), Integrierte Planung mit SAP, SAP PRESS
- Hope, J. (2003), Beyond Budgeting, Schäffer-Poeschel
- Horváth & Partners (Hrsg.) (2004), Beyond Budgeting umsetzen, Schäffer-Poeschel
- Horváth, P. (2002), Controlling, Vahlen
- Horváth, P. (2003), Das Controllingkonzept, DTV-Beck
- Kießwetter, M. u.a. (2007), Integrierte Planungsanwendungen mit SAP NetWeaver BI 7.0 entwickeln, SAP PRESS
- Klenger, F. (2005), Kostenstellenrechnung mit SAP R/3, Vieweg
- Knapp, D. (2009), Praktische Datenmodellierung für SAP NetWeaver BI, SAP PRESS
- Männel, W. u.a. (1999), Kostenrechnung (zwei Bände), Gabler
- Olfert, K. (2008), Kostenrechnung, Kiehl

- Scheibler, J. (2007), Vertrieb mit SAP, SAP PRESS
- Schöb, O. (2008), Segmentberichterstattung nach IFRS, SAP PRESS
- Siebert, J. (2006), mySAP ERP Financials, SAP PRESS
- Ziegenbein, K. u. a. (2007), Controlling, Kiehl

D Der Autor

Uwe Brück ist seit 2002 selbstständiger Unternehmensberater, Autor, Referent und Trainer; er berät international tätige Unternehmen bei der Gestaltung und der technischen Umsetzung ihrer Prozesse im Controlling.

Uwe Brück war 1991 bis 2001 bei der Hochland AG in Heimenkirch (Allgäu) beschäftigt. Das Unternehmen produziert und vermarktet Käse als einer der führenden Hersteller in Europa. Während der ersten sechs Jahre bei Hochland war er im Bereich Informationstechnologie beschäftigt. Im Zuge der Einführung von SAP R/3 wechselte er 1997 in den Bereich Controlling, wo er zunächst in der Zentrale im Allgäu die Leitung der Abteilung übernahm. Als Bereichsleiter Controlling folgte dann in den Jahren 2000 und 2001 eine Position mit Verantwortung für die Controllingsysteme und das Berichtswesen aller neun Standorte in sechs Ländern Europas.

Danksagung

Als Erstes möchte ich Ihnen danken, liebe Leserin und lieber Leser, schön, dass Sie mir bis hierher gefolgt sind. Es hat mir große Freude bereitet, dieses Buch für Sie zu schreiben. Wenn Sie möchten, können Sie mir gerne mitteilen, was Ihnen an diesem Buch gut oder weniger gut gefallen hat. In einer möglichen weiteren Auflage werde ich Ihre Anregungen gerne aufgreifen. Nutzen Sie hierfür doch bitte die Möglichkeiten zur Online-Rezension beim Verlag unter *www.sap-press.de*, bei einem Händler, z. B. *www.amazon.de*, oder nutzen Sie einen der Kommunikationswege, die auf meiner eigenen Homepage genannt sind: *www.uwebrueck.de*.

Mein herzlicher Dank gilt den Menschen bei der Hochland AG. Besonders danken möchte ich den drei Persönlichkeiten, die dort das Finanzressort in den letzten 20 Jahren gestaltet haben: Fritz Summer, Peter Stahl und Hubert Staub. Ohne ihr Vertrauen und ihre aktive

Unterstützung wäre dieses Buch nicht möglich gewesen. Thomas Künnemann begleitet mich seit vielen Jahren als mein SAP-Lehrer. Michaela Kohnle hat mir als Probeleserin viele hilfreiche Tipps gegeben.

Besonders hilfreich waren die Ideen und die Unterstützung von Heinz-Günther Bauer, Freya Blösl, Peter Butschkow, Rainer Butzke, Ulrich Christ, Peter Dambon, Dominique Diebolt, Robert Diesch, Nataliya Dryhynych, Monika Finkel, Richard Fischer, Rainer Gritto, Katharina Haas, Petra Hagg, Alfred Hanke, Walter Hartmann, Nicoleta Hatiegan, Max Höß, Peter Jordan, Ingo Kerschnitzki, Wolfgang Kirchmann, Stephan Klauser, Frank Koch, Elena Kosogorova, Heiko Kroy, Karin Kühfuß, Christoph Lau, Simone Laux, Serge Mosser, Bernhard Neher, Thierry Perotta, Sven Piechota, Herbert Rasch, Jürgen Rixgens, Peter Röhrig-von Oehsen, Adam Osses, Manfred Scheuerl, Waldek Sikora, Igor Smirnov, Monika Speer, Ulrich Schirmer, Hans Schuwald, Erwin Speiser, Alfred Staub, Hubert Staub, Christian Steiner, Herbert Summer, Rolf Summer, Barbara Sutter, Rainer Träger, Christoph Vortkamp, Sabine Wagner, Pawel Walkowski, Daniela Weise, Nina Widholm und Sandra Wösle.

Und herzlichsten Dank natürlich meiner Frau Tanja.

Index

A

B

C

D

L

M

N

O

P

V

W

Z

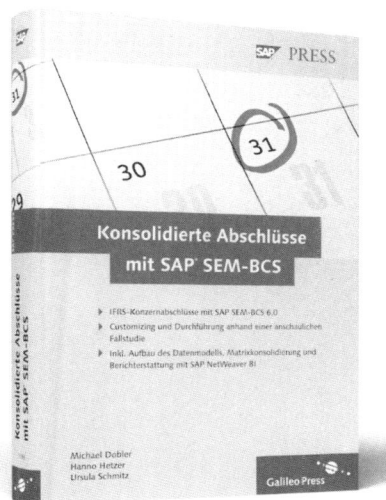

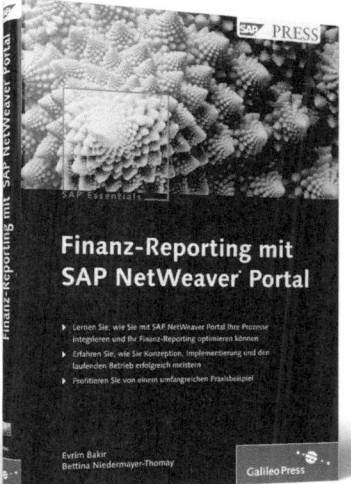

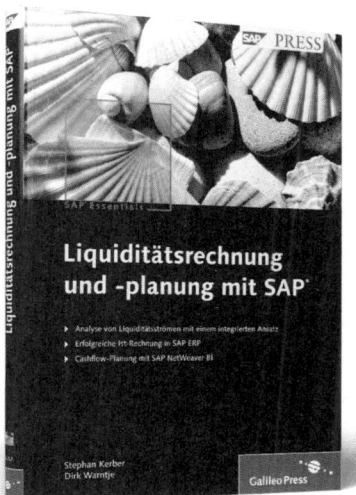

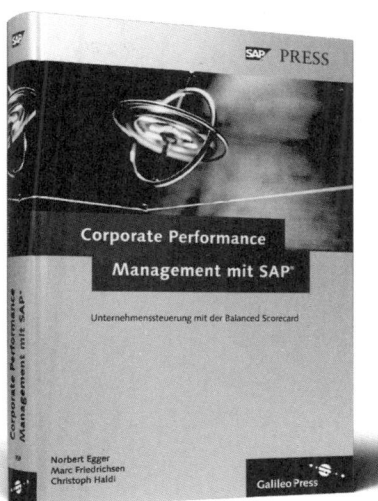

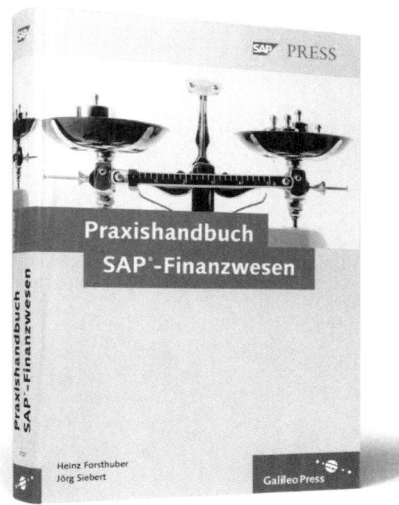

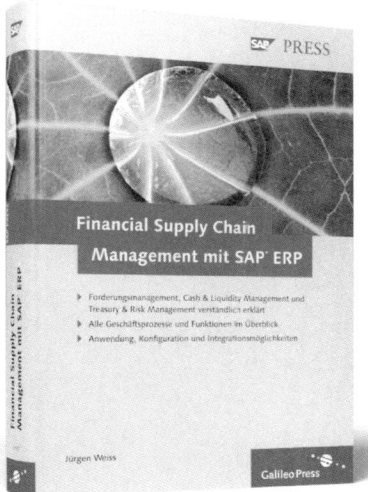

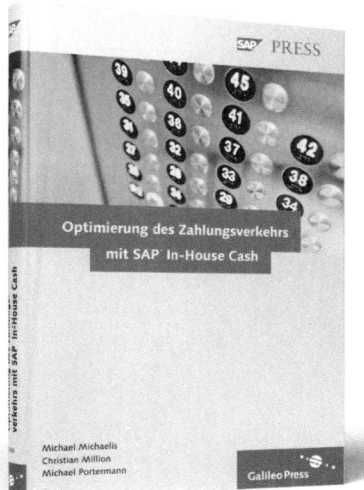

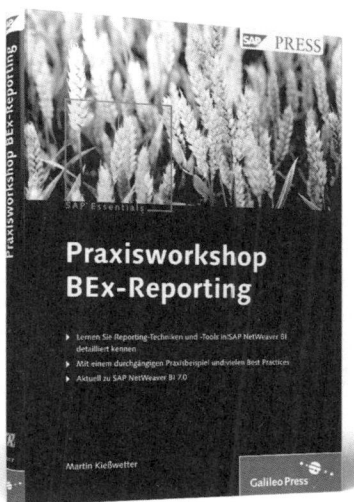

SAP PRESS

MITMACHEN & GEWINNEN!

Sagen Sie uns Ihre Meinung und gewinnen Sie einen von 5 SAP PRESS-Buchgutscheinen, die wir jeden Monat unter allen Einsendern verlosen. Zusätzlich haben Sie mit dieser Karte die Möglichkeit, unseren aktuellen Katalog und/oder Newsletter zu bestellen. Einfach ausfüllen und abschicken. Die Gewinner der Buchgutscheine werden persönlich von uns benachrichtigt. Viel Glück!

▸ Wie lautet der Titel des Buches, das Sie bewerten möchten?

▸ Wegen welcher Inhalte haben Sie das Buch gekauft?

▸ Haben Sie in diesem Buch die Informationen gefunden, die Sie gesucht haben? Wenn nein, was haben Sie vermisst?

- ☐ Ja, ich habe die gewünschten Informationen gefunden.
- ☐ Teilweise, ich habe nicht alle Informationen gefunden.
- ☐ Nein, ich habe die gewünschten Informationen nicht gefunden. Vermisst habe ich:

▸ Welche Aussagen treffen am ehesten zu? (Mehrfachantworten möglich)

- ☐ Ich habe das Buch von vorne nach hinten gelesen.
- ☐ Ich habe nur einzelne Abschnitte gelesen.
- ☐ Ich verwende das Buch als Nachschlagewerk.
- ☐ Ich lese immer mal wieder in dem Buch.

▸ Wie suchen Sie Informationen in diesem Buch? (Mehrfachantworten möglich)

- ☐ Inhaltsverzeichnis
- ☐ Marginalien (Stichwörter am Seitenrand)
- ☐ Index/Stichwortverzeichnis
- ☐ Buchscanner (Volltextsuche auf der Galileo-Website)
- ☐ Durchblättern

▸ Wie beurteilen Sie die Qualität der Fachinformationen nach Schulnoten von 1 (sehr gut) bis 6 (ungenügend)?

☐ 1 ☐ 2 ☐ 3 ☐ 4 ☐ 5 ☐ 6

▸ Was hat Ihnen an diesem Buch gefallen?

▸ Was hat Ihnen nicht gefallen?

▸ Würden Sie das Buch weiterempfehlen?

☐ Ja ☐ Nein

Falls nein, warum nicht?

▸ Was ist Ihre Haupttätigkeit im Unternehmen?
(z.B. Management, Berater, Entwickler, Key-User etc.)

▸ Welche Berufsbezeichnung steht auf Ihrer Visitenkarte?

▸ Haben Sie dieses Buch selbst gekauft?

- ☐ Ich habe das Buch selbst gekauft.
- ☐ Das Unternehmen hat das Buch gekauft.